军兵种统编教材

航天发射飞行力学

王建华　刘党辉　程　龙　于沫尧　编著

国防工业出版社

·北京·

内 容 简 介

本书以航天发射弹道设计、弹道计算和运动规律分析为应用背景，从概念内涵、基础理论、多场耦合力学环境、弹道方程、弹道设计与计算、弹道规划、动态特性分析等方面系统阐述了航天发射弹道学和航天运载器动态特性等问题。主要内容包括：绪论；基础知识；变质量运动体的附加力与附加力矩；航天发射飞行的力学环境；弹道方程；发射弹道设计；弹道计算；满足入轨要求的发射弹道规划；扰动运动方程；动态特性分析。

本书可作为航天发射专业的本科生教材，也可作为航天运载器总体设计、飞行动力学与控制、弹道与制导等专业的研究生及从事航天发射工作的设计、试验等科研工作者的参考书。

图书在版编目(CIP)数据

航天发射飞行力学/王建华等编著.—北京：国防工业出版社，2022.9

ISBN 978-7-118-12613-6

Ⅰ.①航…　Ⅱ.①王…　Ⅲ.①航天学—飞行力学　Ⅳ.①V412

中国版本图书馆 CIP 数据核字(2022)第 156296 号

※

国防工业出版社出版发行

(北京市海淀区紫竹院南路 23 号　邮政编码 100048)

天津嘉恒印务有限公司印刷

新华书店经售

*

开本 710×1000　1/16　**插页** 2　**印张** 22½　**字数** 405 千字

2022 年 9 月第 1 版第 1 次印刷　**印数** 1—2000 册　**定价** 78.00 元

国防书店：(010)88540777　　书店传真：(010)88540776

发行业务：(010)88540717　　发行传真：(010)88540762

前言

航天发射飞行力学是研究航天运载器总体性能、运动规律及其伴随现象的科学，是航天发射运载装备需求论证、总体设计、飞行试验、演示验证、演训演练和综合应用研究的理论基础。以飞行力学为基础的航天运载器发射弹道设计、弹道计算、性能分析与评估、飞行现象解读和动态特性分析预测等能力是航天发射任务执行人员的重要能力构成，也是从事航天发射测试控制、航天器测量控制的工程技术人员和航天发射指挥人员必须掌握的专业基础知识。中国人民解放军战略支援部队航天工程大学承担航天发射、航天测控、空间信息支援等方向的本科生、研究生培养教育工作，学校成立后十分重视飞行力学、弹道学、姿态动力学、制导控制等专业学科的发展，以及航天发射专业方向的课程体系建设和教材建设，本书就是在该背景下立项的。为了紧贴教学大纲和人才培养方案的需求，本书重点围绕弹道方程建立、弹道设计、弹道计算和弹道应用等，从飞行力学基础理论、多场耦合力学环境、弹道方程、弹道设计与计算、动态特性分析等方面系统阐述了航天发射弹道学和发射飞行运动规律。本书注重理论性和应用性的统一，权衡了理论深度、专业抽象性和知识应用直观性等问题，广泛参考了飞行力学专业领域的多部著作，融合了作者近年来学习研究中对动力学与运动学、弹道学、姿态动力学等飞行力学问题的理解。

本书共分 10 章。第 1 章阐述航天发射飞行力学的概念与内容、研究方法和学习目的；第 2 章介绍坐标系统、动力学基本定理和变质量物体的动力学基本方程；第 3 章介绍雷诺输运公式、轴对称结构变质量运动体的附加力与附加力矩；第 4 章介绍地球引力、空气动力、空气动力矩、发动机推力、控制力与控制力矩等；第 5 章介绍发射弹道与弹道方程构成、质心/绕质心动力学与运动学方程、弹道解算辅助方程、六自由度弹道计算方程和空间弹道简化计算方程；第 6 章介绍有控飞行与方案弹道、方案弹道基本设计方法、主动段发射弹道设计和多级运载器主动段程序角设计；第 7 章介绍解析解与数值解、动力学与运动学微分方程解析计算和数值计算、地面发射惯性坐标系内弹道积分计算和标准弹道与偏差弹道;第8章介绍航天器二体运动、利用发射弹道数据解算入轨点参数、基于任务的轨道参数提取和满足入轨要求的弹道规划;第9章介绍扰动运动过程、运动微分方程线性化、动力学与运动学方程线性化和纵向/侧向扰动运动方程组;第10章介绍运动稳定性、运动稳定性求解方法、纵向运动稳定性分析和动态操纵性分析。

本书由王建华提出总体设想并拟制内容框架,第2章、第4章至第8章由王建华编写,第1章和第3章由王建华、刘党辉和程龙编写,第9章和第10章由于沫尧、刘党辉、程龙编写,王建华负责统稿和修改定稿。李岩、云成虎、王惺丞、马健行、陈晓康、赵中原、聂清政、朱明玮等参与了本书的校核工作。本书在编写过程中参考了贾沛然、钱杏芳、张毅、赵汉元、陈克俊、张雅声、刘鲁华、赵文策等弹道学与制导控制领域专家的相关书籍的内容。在本书编写过程中,国防科技大学汤国建、郑伟、张洪波、王鹏、王奕迪、何睿智也给予了作者大量帮助,胡洋、王慕旸和刘斌也给予了编者极大的支持与鼓励。在此,谨致以衷心感谢。

本书得到了航天工程大学"双重"建设项目"航天测试与控制教学创新团队"和国家自然科学基金项目(61903379)的支持。本书在编写时特别注重结合航天发射任务需求,强调理论与应用相结合,以增强工程实用性,并力求做到概念清晰、叙述准确、结论正确。由于编著者水平有限,疏漏之处在所难免,需要通过教学实践逐一订正,也恳请专家、读者随时提出宝贵意见。

编著者

2022年1月于北京怀柔

目录

第1章 绪论

探索浩瀚宇宙,发展航天事业,建设航天强国,是我们不懈追求的航天梦。航天梦不仅是中华民族矢志追逐的梦想,也是全人类共同的殷切期盼。几十年来,人类依靠自己的智慧一次又一次地圆满完成了多项航天壮举,从探空火箭到低轨卫星,从中、高轨卫星到载人登月,从太空漫步到星际探索,人类的视野越来越宽,追求的飞行距离越来越远,实现的航天梦想也越来越宏大。近些年,随着先进材料制造技术、电子技术、计算机技术、系统设计技术、发动机技术、导航制导技术和控制技术等航空航天技术的迅速发展,人类进出太空空间和探索空间的活动愈发频繁,各类新型的空天飞行器和探测器的研发试验也越发繁多。航天发射作为空间进入、空间控制、空间应用的最基本环节,其任务执行的能力、发射效率、发射快速性和灵活性等直接决定空间探索的成败,也因此航天发射一直是航天系统工程和航天事业建设的重要内容。随着航天发射需求的不断增加,建设灵活快速、高可靠性航天发射力量的需求和意义日益凸显。以飞行力学为基础的航天运载器发射弹道设计、弹道计算、性能分析与评估、飞行现象解读和动态特性分析预测等能力是航天发射任务执行人员的重要能力构成,也是从事航天发射测试控制、航天器测量控制的工程技术人员和航天发射指挥人员必须掌握的专业基础知识。在正式阐述航天发射飞行力学的具体内容之前,首先对航天发射飞行力学的基本概念、主要内容、研究方法和学习目的等内容进行明确阐述。

1.1 航天发射飞行力学的概念与内容

需要说明,航天发射飞行力学是一个比较新的词汇,因此本节首先对航天发射飞行力学的基本概念和研究内容进行明确。

1.1.1 航天发射飞行力学的概念

为了科学界定航天发射飞行力学的基本概念,首先要明确该组成词中各名词的含义,主要包括“航天”、“发射”、“航天发射”和“飞行力学”四个名词。1967 年 09 月 11 日,钱学森教授在返回式卫星方案论证会开幕式的讲话中,首次提出“航天”一词,1982 年 05 月 04 日,第五届全国人大常委会第 23 次会议将“机械工业部”改为“航天工业部”,标志着“航天”一词被国家最高立法机关采纳。根据《中国大百科全书·航空航天卷》中的定义:“(航天器)发射”是指运载器运送有效载荷起飞、加速、进入预定轨道的过程。“航天发射”含义相对广泛,又可细分为航天发射活动和航天发射任务。航天发射活动是指以航天器及其运载器为对象,运用测试技术、发射技术,按照一定的程序和规范,进行技术准备和实施发射的过程。航天发射任务是一系列试验活动的总称,包括航天器和运载器进入发射场后进行的全部检查、测试、装配、转运、起竖、对接、推进剂加注、发射前检查、发射及事故处理等工作,包括航天发射场相应的勤务准备、地面测量控制和飞行结果分析,航天发射成功的标志是将航天器按预定程序送入期望轨道并开展正常工作。显然,航天发射任务包含一系列专业的、规范性的航天发射活动,任何一个航天发射任务的执行都是程序化、流程化航天发射活动依次完成的结果,图 1-1-1 所示为长征-2F 运载火箭执行载人航天发射任务。

图 1-1-1　航天发射任务

客观来讲,“航天发射”一词在平常的航天任务执行过程中或学术研究分析时都是比较常见的,但是目前公开的文献资料中明确地给出航天发射概念的文献却是相对比较少的。2003 年出版的《发射工程学概论》曾对航天发射的概念做出过如下阐述:航天发射是航天器及其运载器通过空运、海运或陆路运输进入航天发射场，依靠在发射场的设施、设备，完成装配、检测等技术准备后，运载器在发射装置上点火产生推力，当运载器推力大于其地球引力，运载器携带航天器离开发射装置升空，并按一定的飞行程序进入空间预定轨道的过程。显然，航天发射既包括在航天发射场内对航天运载器和航天器进行的一系列检查测试、装配转运、起竖加注等任务动作，也包含从航天运载器点火起飞直至航天器入轨工作这一飞行过程的全部内容。而且随着航天发射不断向快速性、灵活性、自主性等方向发展，地面活动和点火起飞后的飞行过程将更加紧密，地面活动和飞行运动的一体化集成发展也将是一个重要的趋势。同时，航天发射由陆基发射场发射逐渐延伸到海基移动平台发射和空基自主发射，航天发射的模式越来越多样，航天发射任务执行的灵活性、快速性要求也越来越高，航天发射地面活动与飞行运动的匹配、耦合与协同发展也将变得愈发重要。

航天发射的实质是利用航天运载器将测试仪器、人员、卫星及其他航天器等有效载荷以一定的方式，安全、准确地运送到空间指定位置并具备要求的运动状态，并最终完成既定的飞行任务。如果从力学角度讲，航天运载器本身是一种遵循飞行力学原理的飞行受控体，是一个复杂的动力学系统，如图 1-1-2 所示，因此在航天运载器设计、试验、定型和使用过程中，飞行力学一直都起着主导的作用。飞行力学是一门相对传统的学科，经过几十年的发展，飞行力学的概念、内涵、研究内容及其研究方法都是比较明确的。理论研究、工程实践和实际应用表明，飞行力学是研究飞行器总体性能、运动规律及其伴随现象的科学，是一般力学的一个分支，是飞行器设计、试验、演示验证、训练和运用研究的理论基础。

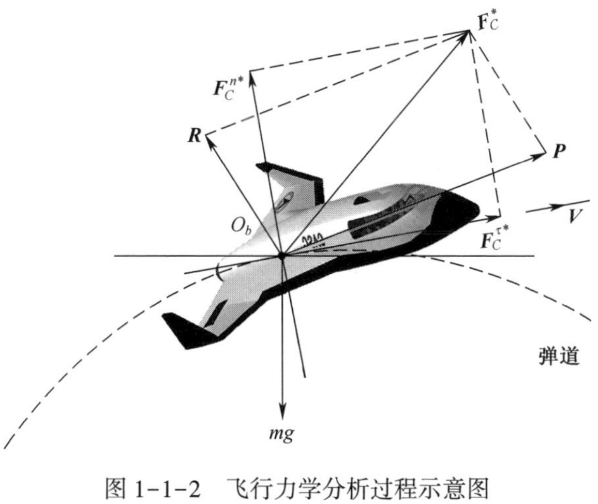

图 1-1-2　飞行力学分析过程示意图

考虑到航天运载器和航天器在发射飞行过程中都是典型的飞行力学问题和飞行控制问题，它们在发射飞行的过程中会受到空气动力、发动机推力、地球引力、科里奥利力(简称科氏力)、附加力、附加力矩、牵引力、飞行器弹性变形、控制执行机构的控制力和控制力矩,所以航天发射飞行的过程本质上是飞行力学问题。前面已作阐述,航天发射既包含地面发射场内航天运载器和航天器的检查、测试、装配、转运、吊装、对接、加注等技术工作及其行为事件,还包括运载器点火起飞直至航天器入轨的全程飞行过程,而本书要讲述的航天发射飞行力学就是重点分析运载器飞行过程、运动规律及其伴随现象等内容。综上,航天发射飞行力学的概念可明确如下:航天发射飞行力学是研究航天运载器总体性能、运动规律及其伴随现象的科学,是航天发射运载装备需求论证、总体设计、飞行试验、演示验证、演训演练和综合应用研究的理论基础。从学术角度讲,航天发射飞行力学是根据理论力学体系的普遍规律,深入分析航天运载器及其有效载荷等力学对象做机械运动时的特殊变化机理和内在矛盾,建立描述其运动的微分方程并揭示航天运载器机械运动的客观规律,进而运用这些规律来解决实际工程问题的一门科学。

已知力学是研究物体机械运动规律的科学,而机械运动是指物体的空间位置与形状随着时间变化的过程,移动、转动、流动、变形等都属于机械运动,那么在航天发射飞行过程中都存在哪些机械运动呢?在航天发射飞行过程中,航天运载器(包含有效载荷/航天器)可以视为一个复杂的受控运动体,该受控运动体的质心从初始的发射点运动至预设的空间入轨点,该受控运动体的姿态从竖立在发射架到调整至入轨时刻需要的姿态。除此之外,在飞行过程中航天运载器的形状、温度和力学特性等都在时刻变化,运载器内部的推进剂、运载器伺服控制机构、导航制导控制系统、运载器结构以及运载器动力系统等都在进行机械运动。上述诸多机械运动中,我们特别关心航天运载器的质心运动和姿态运动,因为这两种机械运动状态直接决定着航天运载器总体性能、运动规律、战术技术指标、任务效果等诸多关键问题。而且描述航天运载器质心运动和绕质心运动的微分方程组会随着任务要求指标要求、技术精度指标要求的提高而愈发复杂,在工程上为了简化分析过程也通常会将航天运载器的运动分为质心运动和绕质心运动,因此该空间运动体的机械运动也就主要包含了质心的平动运动和绕质心的转动运动两种运动模式。相应地,航天发射飞行中的质心的平动运动称为航天发射弹道学,航天发射飞行中的绕质心的转动运动称为动态特性分析,这也是航天发射飞行力学的主要研究内容,也是本书要重点阐述的内容。

1.1.2 航天发射弹道学

本书所讲述的航天发射弹道学主要研究航天运载器在复杂多力场耦合环境下的空间弹道方程建立、弹道设计、发射方案规划以及弹道计算等问题,也就是研究将航天运载器视为空间运动刚体后该刚体的质心运动问题的科学。航天运载器空间弹道计算方程建立、发射弹道设计、弹道计算、性能分析与评估等能力是航天发射任务执行人员的重要能力构成，也是从事航天发射测试控制、航天器测量控制的工程技术人员和航天发射指挥人员必须掌握的专业基础知识。

从力学的角度分析，航天发射弹道是航天运载器质心的空间位置在空气动力、地球引力、发动机推力（附加相对力）、控制力、附加科氏力和惯性力（离心惯性力与哥氏惯性力）等复杂耦合力场的作用下在三维空间内的时间积累，图 1-1-3 所示为典型的航天发射飞行弹道。也就是说，航天发射弹道是航天运载器的质心在复杂受力的作用下在空间中的位置变化，从航天运载器在发射架点火起飞开始，航天运载器就会在诸多外力的作用下改变其质心的运动速度和空间位置，相应地也就会在空间形成一条发射弹道。若从运动角度讲，航天运载器受到力的作用会产生加速度，加速度会改变航天运载器质心的速度大小和方向，速度改变后运载器在空间的位置就会发生变化，并最终生成发射弹道。然而，有两个问题是值得讨论的。第一个问题，航天运载器的发射弹道必须要真正发射一枚运载器才能准确获得吗？第二个问题，航天运载器的发射弹道需要提前设计好这是肯定的，可是期望的发射弹道又如何进行设计呢？这两个问题都需要利用发射弹道的数学模型来解答，这就涉及航天发射弹道学的弹道方程建立问题。

图 1-1-3　航天发射飞行弹道

1. 弹道方程

弹道方程也称弹道的数学模型，它直观反映的是空间中航天运载器的质心位置随时间的变化关系，此时将航天运载器的运动看成是空间可控质点的运动，且假设运载器的控制系统是理想瞬时工作的，航天运载器的质量集中在质心上，在发射飞行过程的任一瞬间作用在航天运载器上的所有外力的合力矩都为零。此时，研究作用在航天运载器上的力和运动之间的关系，就可以求出运载器质心在空间的运动轨迹，同时得到任意时刻的飞行速度、位置、过载等飞行参数。如前所述，弹道反映的是运载器质心空间位置的变化，空间位置由运载器飞行速度矢量决定，飞行速度矢量由运载器质心的合力加速度矢量决定，而加速度矢量则由运载器质量和其质心所受合外力共同决定，表征加速度矢量与合外力关系的是运载器质心动力学方程,表征速度矢量与位置矢量空间关系的是质心运动学方程。质心动力学方程是计算运载器质心位置、速度和加速度的基础模型,在计算加速度时必须知道运载器质心的合外力大小,合外力是由发动机推力、地球引力、空气动力、控制力、附加科氏力和惯性力等复杂力场综合作用的结果。为了计算飞行弹道,则必须建立航天运载器各项受力的计算模型,考虑到计算上述各力时需要用到航天运载器的姿态角和角速率信息,所以弹道方程中也包含运载器绕质心的动力学和运动学方程;同时计算各力时还需要用到运载器的飞行参数如海拔高度、相对于大气的速度、攻角、侧滑角、经度、纬度等信息,所以弹道方程还包含所需参数的辅助解算方程。动力学与运动学方程是典型的非线性常微分方程,而常微分方程之间又存在着气动交叉耦合、惯性矩耦合和运动学耦合等,也因此建立弹道方程是一个比较复杂的问题。本书将重点阐述矢量方程的建立、矢量变量在特定坐标系的投影、不同坐标系内的空间弹道方程、弹道自由度、弹道计算简化条件、瞬时平衡假设、伪六自由度弹道和三自由度弹道等问题。弹道方程建立后,如何利用弹道方程让航天运载器按照期望的弹道飞行,这就是弹道设计问题。

2. 弹道设计

弹道方程是描述飞行弹道的数学模型,是位置与速度、速度与加速度、加速度与受力、受力与运动状态等互相关联、紧密耦合的直观数学表征,利用弹道方程可以用数学的方法分析运载器的运动状态与所受力、力矩之间的内在关系。

第一种思路是首先建立期望的飞行任务与运载器运动状态变量之间的内在关系;然后根据期望飞行动态设计好运载器特定运动状态变量的变化规律,最后利用弹道方程建立满足一定变化规律的状态变量与运载器受力、力矩之间的关系,并确定运载器所受力、力矩随着时间或某状态变量的变化规律,该思路其实就是弹道设计的基本过程。简单来讲,弹道设计就是根据期望的飞行任务确定航天运载器在任意时刻的期望受力的大小和方向的过程,显然确定了运载器的受力大小和方向后,其加速度、速度和位置等状态就可以一一确定,也就设计生成了一条满足任务要求的飞行弹道。在设计弹道时,首先根据期望的飞行任务选取合适的待设计运动状态是首要的工作,飞行弹道的任务特征主要根据经验和飞行弹道的几何特性来确定,如垂直起飞、平面转弯、直线爬升、等速巡航等,通过分析任务特征需要梳理出与任务紧密关联的运动状态量;然后再设计运动状态量的特定变化来实现相应的飞行任务和弹道特征。根据工程经验和理论实践表面,在设计运动状态量的特定变化时通常会依据常见的初等数学函数,如直线函数、三角函数、抛物线函数或分段函数等,将时间、速度或高度等递增的变量作为自变量,将待设计运动状态量作为因变量,根据飞行任务的特点和期望飞行弹道的特点确定数学函数的参数。完成运动状态变量期望变化规律的数学表征后,就可以利用弹道方程分析运动状态量在按照特定的规律变化时航天运载器的受力和力矩应如何变化,进而设计确定运载器所受力和力矩的相应的变化规律。从本质上讲，弹道设计其实就是根据期望的飞行任务和符合预期特征的弹道，利用弹道方程一步步完成航天运载器在任意时刻或任意运动状态对应的期望受力与力矩的大小和方向的过程。

第二种思路是已知运载器所受力、力矩随时间或某运动变量的变化规律，此时可以利用弹道方程依次计算得到运载器的加速度矢量、速度矢量、位置矢量、弹道参数等运动状态量，这个过程称为弹道计算。

3. 弹道计算

弹道方程组由微分方程和辅助解算方程组成。微分方程包括质心动力学与运动学方程、绕质心动力学与运动学方程，辅助解算方程包括姿态角速率、姿态欧拉角、速度倾角、航迹偏航角、高度、经度、纬度等变量的解算方程。弹道方程组各方程之间的耦合非常显著，各方程中空气动力耦合、空气动力矩耦合、运动状态量耦合、非线性耦合和三角函数耦合等普遍存在，因此求解弹道方程是十分复杂的。因为弹道方程十分复杂难以求解，为了降低难度通常将弹道方程进行简化，简化分析时要紧密结合具体的飞行任务和飞行特点，可以将弹道计算时的一些小量忽略，将一些非线性的、三角函数型的弹道方程式简化为线性的、代数的形式，然后利用纯数学的、解析求解的方法完成简化弹道方程的计算。因为借助了假设条件并简化了弹道方程，所以利用数学解析方法计算所得的弹道与实际的弹道会存在较大的偏差，但是解析方法计算速度快，适合运载器箭载计算机的在线解算和预测，在航天运载器在线弹道规划、制导系统设计和姿态控制系统设计中应用广泛。若要提高弹道计算精度，则必须保证弹道方程的完好性和真实性，为了求解时变、非线性、复杂耦合的弹道方程，就需要采用数值计算的方法并依托计算机完成仿真计算，如图 1-1-4 所示。弹道数值计算时，质心动力学与运动学方程和绕质心动力学与运

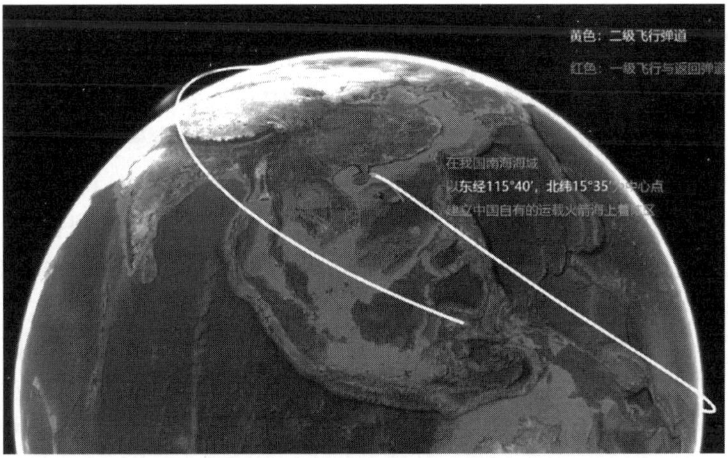

图 1-1-4 （见彩图）设计计算所得弹道

动学方程是待积分的常微分方程;首先需要根据基础数据、准备数据、初始数据依次求出常微分方程表达式中的各个变量;然后得到常微分方程对应状态变量的导数值,得到了状态变量的导数值和当前时刻该状态变量的初值,就可以利用数值积分计算的方法求出下一时间步长的状态变量值,以此累计进行数值积分计算直至达到计算终止条件,最终任意时刻的运动状态变量和弹道参数就全部计算完毕。需要说明,在航天运载器论证、设计、研制、试验、应用等不同的阶段进行弹道计算的目的是不同的,上述不同阶段的弹道在计算时也会有不同的计算要求、不同的初始条件、不同的参数设置并采用不同的弹道计算方程,在进行弹道计算时应根据具体情况具体分析。

1.1.3 发射飞行动态特性

运载器动态特性是研究航天运载器绕质心运动规律的学科,也可以称为运载器姿态动力学、运载器箭体稳定性和操纵性分析等。分析动态特性时,航天运载器将被视为一个质点系,此时不仅要考虑作用在质心上的力,还要重点考虑绕质心作用的力矩,并把运载器看成控制系统的控制对象,进而研究它的动态特性,即在干扰作用下能否保持原来的飞行状态,在操纵机构作用下航天运载器改变飞行状态的能力如何,也就是研究稳定性与操纵性问题,航天运载器的动态特性分析也可以称为运载器质点系动力学。航天运载器的动态特性如果只考虑运载器箭体本身的动态特性,认为控制执行机构固定或者以某种形式输入的情况下运载器运动参数的变化,称为箭体的动态特性或箭体的稳定性和操纵性。如果考虑航天运载器控制系统的工作过程,研究航天运载器对外界干扰的反应和有误差输入时的响应,称为运载器的动态特性或运载器的稳定性和操纵性,此时更多的是分析其控制精度或入轨点精度,也即精度分析。

明确动态特性分析的概念和基本内容后,下面重点阐述运载器稳定性和操纵性的具体内容以及动态特性分析的意义。在研究弹道学问题时,通常会借助小量假设和瞬时平衡假设等假设条件,认为航天运载器在发射飞行中的任意瞬时其绕质心的力矩都处于平衡状态,也即运载器绕质心运动的合力矩恒为零。此时,运载器被视为一个可控的空间质点,且认为运载器由一个平衡的飞行状态转变到另一个平衡状态是在瞬间完成的,所以只需要研究作用在运载器质点的力和运动之间的关系,就可以计算和分析运载器的飞行弹道。然而,在实际的飞行过程中,航天运载器绕质心转动运动的合力矩是不可能每时每刻都处于平衡状态,因为控制飞行的基本原理就是形成并有效运用运载器控制机构产生的控制力和控制力矩,进而控制运载器绕质心转动运动以达到改变运载器运动参数和状态的目标。已知航天运载器本身和其制导控制系统的各个环节都是有惯性的,而且制导控制系统也不可能达到瞬时理想工作的条件,所以运载器从初始平衡状态达到新的平衡飞行状态的过程必然要经历一定的时间过程，该时间过渡过程中的运载器运动状态变化及其伴随现象就是运载器动态特性分析的主要内容（图 1-1-5）。

图 1-1-5　航天运载器发射飞行姿态示意图

同时，运载器在发射飞行过程中，除了制导控制系统的控制执行机构的作用外，还会受到各种不同的干扰作用和未知的不确定项的影响。大气中的风会引起空气动力和空气动力矩的变化，运载器箭体制造过程中肯定会存在工艺误差、安装误差以及其他部件的安装误差，这些误差都会导致运载器结构外形偏离理论值，从而产生附加的力和力矩作用。此外，动力系统在工作时的实际推力与额定推力也会存在差异，发动机开机或关机瞬间也会引起力和力矩的突然变化；制导控制系统的元器件会有工艺误差和受外界干扰产生起伏误差等，这些误差会使控制执行机构产生不必要的偏转。由于上述未知干扰因素和不确定项的存在，运载器在飞行过程中总是在期望绕质心运动的同时不停地进行附加的额外转动运动，这些转动显然会导致运载器在实际飞行过程中的弹道参数与按力矩平衡假设的理想条件下计算的结果存在差异。动态特性分析就是将运载器视为质点系并考虑其运动特性的，不仅要考虑作用在质心上的受力，还要充分考虑绕质心转动运动的力矩，研究运载器在干扰力和干扰力矩的作用下能够保持原来飞行状态的稳定性能，也研究运载器在控制执行机构的作用下改变飞行状态能力的操纵性能。由此可见，稳定性是一种表征航天运载器在各种复杂的未知干扰和不确定性的影响下维持其规定飞行特征的能力，它直接决定运载器能否按照期望的飞行状态飞行，同时是否能抵消各类不确定项和外界干扰。操纵性是一种表征运载器在自身控制执行机构的作用下，从初始飞行状态改变至新飞行状态的响应能力，它决定着运载器控制执行机构的控制能力和运载器总体的改变飞行状态的能力，也是飞行性能优劣的体现。

1.2 研究方法与学习目的

近些年,随着先进材料制造技术、电子技术、计算机技术、无线电技术、系统设计技术、发动机技术、导航技术、制导技术和控制技术等航空航天技术的迅速发展,人类进出太空空间和探索宇宙的活动愈发频繁,各类新型的空天飞行器和探测器的设计研发和发射试验也越发繁多,航天发射飞行力学作为一门具有显著航天特色的学科,在先进运载器(空天飞行器)设计、研制、试验及使用等领域的作用将日益重要。从学科角度讲,航天发射飞行力学不仅涉及刚体力学、流体力学、弹性力学和空气动力学等应用力学方面的知识,还要根据求解问题的需要统筹应用控制科学与工程、系统工程、通信工程、信息工程、计算机科学和数理统计等诸多学科的专业知识,因此航天发射飞行力学并非单纯只是一个应用力学学科的分支,而是已经逐渐成为一门多学科交叉、多专业耦合的综合性学科。综上所述,无论是从技术研发角度还是从试验应用角度讲,航天发射飞行力学的总体性牵头作用和专业性指导作用都是十分明显的,学习和掌握航天发射飞行力学的相关知识和理论体系具有重要的作用,本节就航天发射飞行力学的研究方法、研究途径以及学习航天发射飞行力学的目的意义进行简单阐述。

1.2.1 研究方法

随着航空航天、导航制导、自动控制、计算机、信息通信等技术的快速发展,飞行力学已经从传统飞行力学逐步发展成为有控飞行力学和计算飞行力学,相应的研究方法、研究深度和研究广度等均被赋予了新的内涵,航天发射飞行力学的知识体系及其学习方法也呈现出新的特点。众所周知,飞行力学贯穿于飞行器的设计、研发、试验和使用的全部周期,也是各类空天飞行任务设计、规划、执行和实现的理论基础。从狭义角度讲,飞行力学主要采用力学原理研究飞行器的运动规律和飞行特性,是力学学科的分支。从广义上讲,由于飞行器运动特性与其所受空气动力/力矩、发动机推力、控制执行机构的控制力/力矩及飞行器结构弹性变形、飞行控制等密切相关。上述强耦合、快时变综合力场直接决定了飞行器的总体特性、任务能力和使用需求,因此飞行力学已成为飞行器设计的出发点和归宿点,并逐步发展成为一门飞行器设计领域的系统性、综合性学科,如图1-2-1所示。

现代飞行力学的学科体系包含并不限于理论力学、刚体力学、应用力学、弹性结构力学、模拟/仿真技术、计算机科学、工程数学、控制科学、数理统计等多个专业学科知识,以质心动力学和绕质心动力学为基础又区分衍生出弹道学、导航制导、精度分析、姿态控制、飞行品质、稳定性分析、操纵性分析、飞行器综合应用、操作训

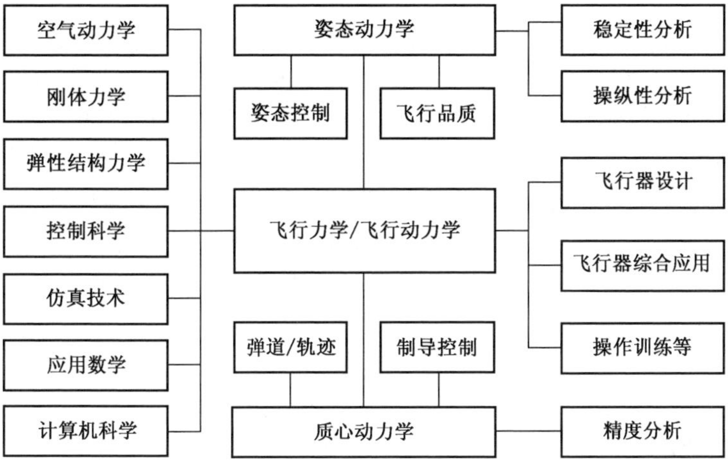

图 1-2-1　飞行力学的多学科交叉特性

练和飞行控制等多个技术门类,完整串联了航空宇航类飞行器从总体方案设计、关键理论/技术攻关、分系统设计、模拟器研制、样机总体研制、飞行试验评估、型号定型、训练综合、作战使用和评估分析等全部工作周期。基于飞行力学学科的上述特点,同时结合飞行器设计研发的基本流程以及飞行力学问题的解决步骤,经过几十年的总结、归纳和验证,飞行力学研究领域逐渐形成了以下几种主要的研究方法,如图 1-2-2 所示。

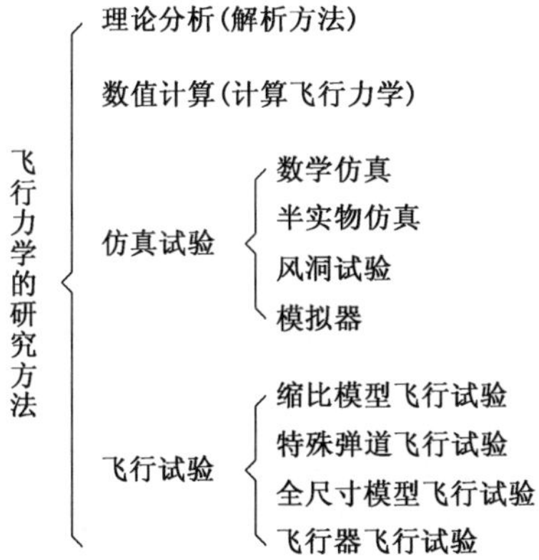

图 1-2-2　飞行力学的基本研究方法

1. 理论分析

理论分析方法是通过纯数学分析和数理推导的方式求解得到飞行力学问题解

析解的一种分析方法，该方法是航天运载器和其他飞行器前期总体论证和简化计算分析的重要依据。该方法首先将所要分析的飞行力学问题进行数学化表征，利用相关的数理定理和逻辑关系建立待求解问题的数学模型，将飞行力学问题转化为数学求解问题；然后再利用纯数学方法得到所建立数学模型的一般解或通解。考虑到复杂的数学模型一般较难得到其解析解，所以在利用理论分析的方法时，通常要借助必要的假设条件和近似原则将飞行力学问题的数学模型进行简化，然后再求解其解析解。显然，利用理论分析所得的解析解只能反映飞行力学问题的总体规律和运动特性，求解简化后的数学模型所得的解析解的精度也会与真实解存在较大偏差。

2. 数值分析

采用理论分析方法时会简化飞行力学问题的数学模型，以便于解析求解，相应的解析所得的解的精度就会比较低，而为了提高精度就需要尽量保留数学模型的完整性和复杂度，数学模型复杂则无法采用理论分析方法，这时就要用到数值分析方法。因为有直观的解析表达式，所以理论分析方法可以用所求得的解析解方便地计算得到任意时刻、任意状态下的解的数值，而数值分析方法则并不关心任意时刻或状态的解的数值，而是重点计算特定的时间节点或状态节点处对应的解的值，从而将任意时刻的解的计算问题转化为特定状态点对应的解的数值的计算问题。定量化、最优化和可视化数值计算是现代飞行力学研究的重要手段，内容主要包括工程计算、科学计算、计算机辅助设计以及模型计算机仿真（实时仿真、硬件在环仿真和人在回路仿真）等。发射弹道和发射飞行动态分析主要面对的数学模型是常微分方程（组），因此在研究航天发射飞行力学问题时，通常需要借助常微分方程的数值分析方法（主要是数值积分方法），在讲述弹道计算和发射方案设计时会重点讲述该部分的内容。

3. 仿真实验/试验

对于设计人员和应用人员比较关心的飞行力学问题，只进行理论分析和数值仿真计算分析是不够的，必须要进行仿真实验和仿真试验（如硬件在环路的半实物实时仿真实验、模型风洞试验、火箭撬试验等），仿真实验/试验也是航天运载器需求论证、总体设计、系统设计以及工程研制的必备环节。仿真实验一般是为了检验航天发射飞行力学领域的某特定科学理论或假设而进行的某种科学操作或科学活动，仿真试验则是为了查看某事件的结果或某物体的性能而从事的某项试验活动，实验和试验在层次、范围和深度上都存在差别。在进行航天发射飞行力学问题的分析时，如果是为了验证飞行力学领域某一个新的理论则需设计对应的仿真实验，而若是为了验证空天飞行器某一项具体的性能则应设计相应的仿真试验，如验证空气动力特性需进行风洞试验、验证发动机性能则需要进行地面发动机试车试验等，如图 1-2-3 所示。

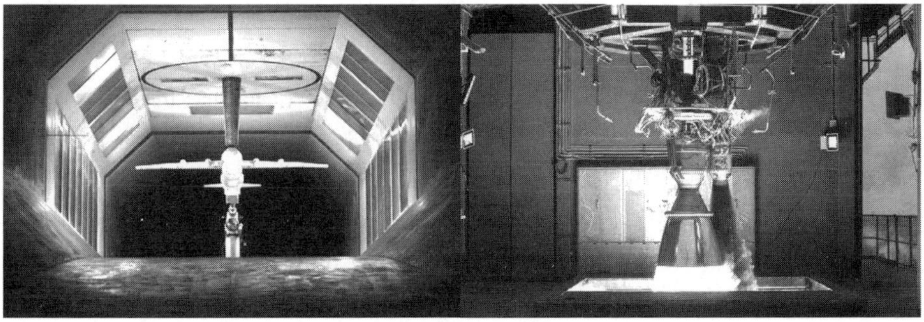

图 1-2-3 （见彩图）风洞试验与发动机试验

4. 飞行试验

借助专用高性能仿真计算机可以快速便捷地完成航天发射飞行的三自由度、六自由度数值仿真和半实物仿真，但是仅仅完成地面的仿真实验/试验是远远不够的，还必须进行必要的飞行试验，主要包括缩比模型飞行试验、特殊弹道飞行试验、全尺寸模型飞行试验和真实飞行试验等。近年随着航空航天技术及其基础支撑技术的快速发展，飞行试验技术也有了长足的发展，先进的大容量遥测设备、高精度遥测传感器、光学测量设备和雷达测量设备，以及自动化的试验数据处理技术，大大地提高了运载器飞行试验测量数据的质量。基于丰富的飞行试验测量数据，就可以建立可靠的航天运载器飞行试验数据库，并在参数辨识和模型验证的基础上，完成运载器弹道重构、实现飞行试验和仿真试验的一体化，从而大幅提高运载器的试验和鉴定水平。

需要说明，本节所讲述理论分析、数值计算、仿真实验/试验和飞行试验四种研究方法是逐次递进、环环相扣、层层深入又相互辅助的，这四种方法也是目前飞行力学研究领域最主要、使用也最广泛的研究方法。在遇到实际的飞行力学问题时，应结合具体的问题特点及其对应的分析阶段，择优选择最为合适的分析方法进行研究，要熟练掌握各研究方法的特点及应用场景，理论联系实际活学活用。当然，随着数学、物理、计算机、航空航天、信息等学科和技术的快速发展，飞行力学的研究方法和技术途径也会不断丰富、完善和提高，从事飞行力学研究的专家学者、技术人员、试验人员和使用人员必须时刻开拓进取、革新观念、不断提高，续写飞行力学研究的新篇章。

1.2.2 学习飞行力学的目的

从一定角度讲，任何航空宇航类飞行器的设计研发以及任意空天飞行任务的工程实现都可归纳为“始于飞行力学，终于飞行力学”或“始于弹道，终于弹道”，飞行力学在飞行器设计和飞行任务执行中的总体性和串联性理论指导作用是十分显著的,本节将从学习的角度阐释学习航天发射飞行力学的目的与意义。

关于飞行力学的作用,中国科学院和中国工程院院士顾诵芬曾总结:飞行器性能达到预期的战术、技术性能,能否易于操作和安全使用,其评定的直接的手段是靠飞行力学的研究。如图 1-2-4 所示,任意型号的高性能航天运载器(空天飞行器)从本质上讲都是一个由多个学科构成的复杂的高阶非线性、变系数、复杂耦合的动力学系统,运载器诸多设计变量相互紧密耦合、非线性和快时变特点明显,可见当前任何飞行器的设计与研制都会涉及不同种类的理论技术、学科门类和专业知识,飞行力学相关的知识贯穿其中并发挥总体指导性作用。为了紧跟未来新的飞行力学设计理念、技术与飞行力学设计方法的发展,也为了适应新时代航天技术蓬勃发展的迫切要求,同时匹配新型运载器和新技术航天器的使用需求,航天人才必须强化飞行力学知识架构的塑造和培养。

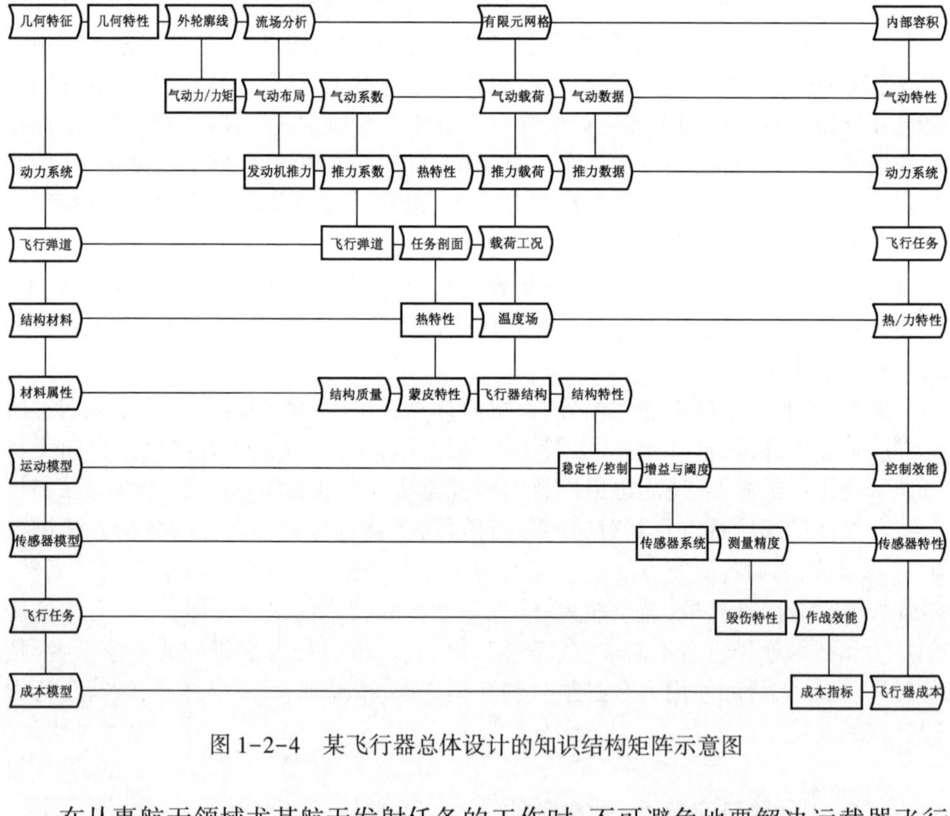

图 1-2-4　某飞行器总体设计的知识结构矩阵示意图

在从事航天领域尤其航天发射任务的工作时,不可避免地要解决运载器飞行性能计算与分析、力学问题建模、标准/干扰弹道的设计与计算、稳定性与操纵性分析、制导与控制、级间分离、航天回收动力学、伺服控制系统、飞行试验、试验数据处理等与飞行力学密切相关的技术问题。因此,要想成为一名合格的高素质、专业化航天人才,必须要具备深厚的现代飞行力学理论知识体系,该知识体系主要包括:

①工程数学、计算数学、变分法、最优化理论、数理统计、随机过程、微分对策和试验设计等应用数学知识;②理论力学、分析力学和天体力学等理论力学知识体系;③空气动力学、气体动力学、流体力学、稀薄空气动力学和电磁流体力学等流体力学知识体系;④结构力学、振动理论、气动弹性力学和伺服气动弹性力学等弹性力学知识体系;⑤气动加热、气动光学、伺服气动热弹性热力学等热力学知识体系;⑥经典控制理论、现代控制理论、最优控制等控制科学知识体系;⑦电磁环境、火力环境、信息环境、气象环境、天象环境和地理环境等飞行环境学知识体系;⑧系统学、运筹学、人工智能、计算机科学等知识体系。另外,航天人才还需要掌握与飞行力学直接相关的风洞试验、仿真试验、飞行试验等飞行器试验技术,以及光测技术、遥测技术以及数据处理技术等。航空航天历史的发展事实证明,具有良好的飞行力学知识基础,不仅对飞行器设计益处良多,而且对自动控制、有效载荷、飞行仿真、飞行试验、可靠性、任务规划、攻防对抗、作战效能等诸多专业领域的学习和理解也大有帮助。

作为各类学科紧密关联的纽带,航天发射飞行力学与运载器的工程设计和实际应用有着非常密切的关系。航天发射飞行力学是运载器型号设计的重要理论基础,决定着运载器的飞行性能、使用条件,与运载器总体设计、制导和控制系统设计、结构设计有密切关系,是新型号设计和改进运载器性能的关键技术之一。同时,飞行力学也是研究运载器的可靠性、入轨精度、效能和飞行规划的理论基础,是运载器计算机辅助设计(CAD)、飞行仿真和飞行试验的理论基础。除了上述的情况,在实际的工程中我们一般都会直接或间接地遇到与飞行力学相关的问题,有些工程问题可以直接用航天发射飞行力学的基本理论去解决,有一些比较复杂的问题则需要用飞行力学和其他专业知识共同来解决,所以学习飞行力学是为解决工程问题打下理论基础。航天发射飞行力学是研究发射飞行运动中最普遍、最基本的规律,很多工程专业的课程都要以飞行力学为基础,所以航天发射飞行力学是学习一系列后续课程的重要基础。航天发射飞行力学的研究方法与其他学科的研究方法有不少相同之处,因此充分理解飞行力学的研究方法,不仅可以深入地掌握这门学科,而且有助于学习其他科学技术理论,有助于培养辩证唯物主义世界观,培养正确的分析问题和解决问题的能力,从而为今后解决实际的工程问题,进而从事科学研究工作和航天技术工作打下坚实的基础。

习　　题

1. 航天发射飞行力学的基本概念与主要研究内容是什么?
2. 航天发射弹道学的本质及其主要研究内容是什么?
3. 发射飞行动态特性主要包括哪些内容?
4. 航天发射飞行力学的主要研究方法有哪些?
5. 学习航天发射飞行力学需要重点掌握哪些理论知识?
6. 简述学习飞行力学的目的与意义。

第2章 基础知识

航天发射飞行力学主要讲述航天发射弹道学和发射飞行动态特性分析两个部分的内容,两项内容都与质心动力学和绕质心动力学直接相关。航天运载器在发射飞行时是典型的变质量空间运动体,其受力分析、动态特性、运动规律都与理论力学知识体系中的变质量物体动力学方程有关。航天发射飞行过程中的加速度、速度和位置等运动状态都是空间矢量,描述航天运载器力学特性和航天发射飞行运动状态都需要依托直角坐标系。所以,本章简要介绍航天发射飞行力学的基础理论知识,主要包括空间坐标系统、动力学基本概念与定理和变质量物体动力学方程。

2.1 常用坐标系与坐标转换矩阵

在航天发射飞行力学分析中,不管是弹道学还是发射飞行动态特性都直接和力与加速度、速度与位置、力矩与转动角速度等状态量相关,这些状态变量都是既有大小又有方向的空间矢量。在现代解析几何和航天发射飞行力学研究中,空间坐标系是描述状态矢量的最基本参考,也是航天发射飞行力学研究的空间基准,研究航天发射弹道学和发射飞行动态特性,必须建立方便、准确的坐标系统。本部分介绍航天发射飞行力学分析和计算中常用的直角坐标系以及各坐标系之间的坐标转换矩阵。

2.1.1 常用坐标系

坐标系统在飞行力学分析中有着非常重要的作用,从物理意义上讲坐标系会起到参照物的作用,在不同的坐标系中描述的物体运动规律可能是不一样的,因此描述物体运动时必须首先选定参考坐标系;而从数学意义上讲,我们要用力学理论建立矢量形式的运动方程,矢量方程虽然简洁直观,但无法直接求解,必须将其投影到特定坐标系中才能解算。在航天发射飞行力学研究中，为方便描述航天运载器的运动状态变量，也为了方便建立质心运动模型和绕质心运动模型，常需要建立以下坐标系统。

1. 地心惯性坐标系（简称地心惯性系）

地心惯性坐标系 $O_E-X_IY_IZ_I$ 的原点为地心 O_E，O_EX_I 轴位于地球赤道平面内且由地心指向平春分点方向，O_EZ_I 轴垂直于赤道平面且与地球自转轴重合指向北极，O_EY_I 轴位于赤道平面内并与 O_EX_I、O_EZ_I 轴满足右手笛卡儿坐标系准则，如图 2-1-1所示。考虑到平春分点随时间呈现进动变化，地心惯性坐标系的空间指向也随之发生变化，为保证地心惯性坐标系空间方向的不变性，这里对 O_EX_I 轴指向的平春分点位置进行限定。显然，如果能确定某一个特殊的瞬时时刻，并将该时刻春分点位置作为基准，那以平春分点位置为参考确定的地心惯性坐标系指向就能保证惯性不变性。已知 1976 年国际天文学联合会（International Astronomical Union，IAU）决定从 1984 年起将天体动力学理论研究和天体历表的编算用动力学时取代原来的历书时，天文年历统一采用标准历元 J2000.0 代替 B1900.0，J2000.0 对应时刻为 2000 年 01 月 1.5 日的质心动力学时。相应地，人们就将该时刻的平春分点定义为地心惯性坐标系 O_EX_I，Y_IZ_I 的 O_EX_I 轴指向的平春分点。

由上述定义可知，地心惯性坐标系 $O_EX_IY_IZ_I$ 的各坐标轴在惯性空间的指向是恒定的，该坐标系是一个惯性坐标系，用大写字母 I（Inertial 首字母）表示。地心惯性坐标系常用来描述航天运载器、远程火箭、弹道导弹、空天飞行器的飞行弹道以及卫星、航天器、宇宙飞船等飞行器的空间轨道。

2. 地心坐标系（简称地心系）

如图 2-1-2 所示，地心坐标系 $O_E-X_EY_EZ_E$ 原点为地心，O_EX_E 轴在赤道平面内指向某一时刻起始子午线方向（一般取格林尼治子午线），O_EZ_E 轴垂直于赤道平面指向地球北极点方向（与地球自转轴重合），O_EY_E 轴位于赤道平面内与 O_EX_E、O_EZ_E 轴满足右手准则。

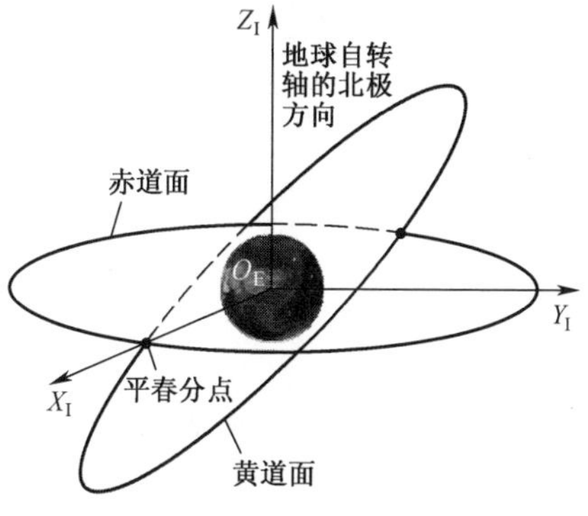

图 2-1-1　（见彩图）地心惯性坐标系

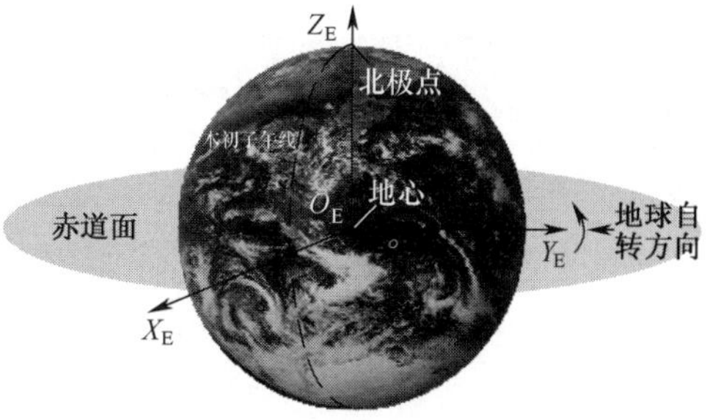

图 2-1-2　（见彩图）地心坐标系

由上述定义可知,地心坐标系 $O_EX_EY_EZ_E$ 为动坐标系,坐标系的 O_EX_E、O_EY_E 轴在赤道平面内随地球的自转转动,常用大写字母 E(Earth 首字母)表示。因与地球固连,地心坐标系常用来描述运载火箭、卫星、航天器和弹道导弹等空天飞行器相对于地球表面的位置和速度信息等。地心坐标系中描述空间任一点的位置常用两种方式:①笛卡儿坐标表征方法,即用空间位置矢量 $\boldsymbol{r}$ 在地心坐标系三个坐标轴的投影 (x_E,y_E,z_E) 来表示;②极坐标表征方法,用该点到地球地心的距离 r,该点在地球的投影对应的地心纬度 ϕ(或地理纬度 B)和地心经度 λ 来表示,即 (r,ϕ,λ) 或 (r,B,λ)。

3. 地面发射坐标系(简称地面发射系)

该坐标系也称地面坐标系,以航天运载器的初始位置为基准进行定义,它是与地球固连的动参考系。如图 2-1-3 所示,该坐标系原点为运载器发射点 O,Ox 轴在发射位置水平面内指向发射瞄准方向(运载器纵向飞行方向),Oy 轴垂直于发射位置水平面指向上方,xOy 平面常称为射面,Oz 轴与 xOy 平面垂直并构成右手直角坐标系。

上面给出的是发射坐标系的一般定义,若针对不同的地球模型(圆球或椭球),则坐标系具体含义不同。如图 2-1-4 所示,地球为圆球模型时,坐标系 Oy 轴延长线通过地心 O_E,与过发射点 O 的地心矢径 O_EO 重合,O_Ey 与赤道平面的夹角 $\angle OO_EQ$ 称为地心纬度,用 ϕ 表示。在发射点 O 处的水平面内,Ox 轴与 O 点子午线切线正北方向的夹角称为地心方位角(用 α_0 表示),地心方位角实质是子午平面 PO_EQ 与铅垂平面 xOy 的面夹角。

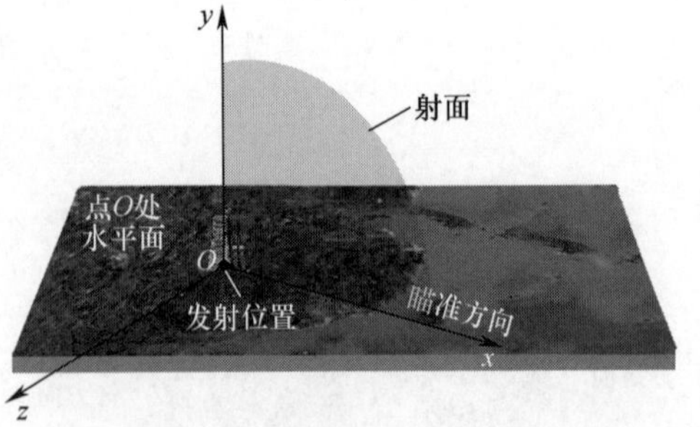

图 2-1-3 (见彩图)地面发射坐标系

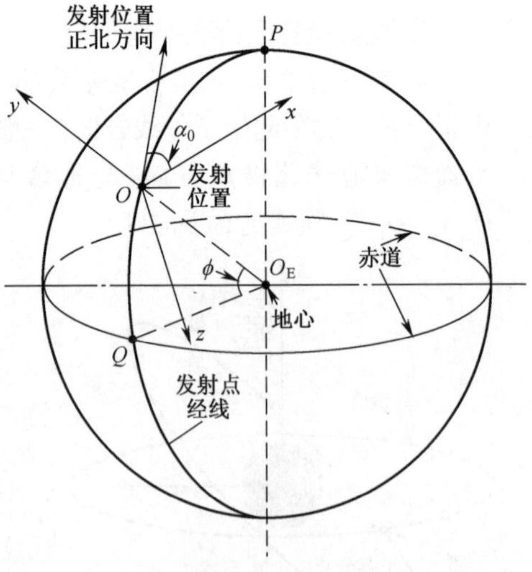

图 2-1-4 圆球地球模型时地面发射坐标系

在图 2-1-4 中,点 P 为地球的北极点,点 Q 为经过发射点 O 的子午线与地球赤道的交点。若将地球视为椭球体,则通过发射点 O 且与发射点水平面垂直的主法线不会通过地心 O_E,而是会与地球的自转轴交于点 O',如图 2-1-5 所示。通过椭球表面上点 O 的主法线 OO' 与赤道平面内的 O_EQ 相交于点 O'',角度 $\angle OO''Q$ 称为点 O 的地理纬度(地图上标示的纬度数),地理纬度常用 B 表示。在点 O 所处的水平面内,Ox 轴与该点子午线切线正北方向的夹角称为射击方位角,用 A_0 表示。地心方位角 α_0 和射击方位角 A_0 的符号都是以对着 Oy 轴的方向看去顺时针为正(顺着 Oy 轴的方向看去逆时针为正),两者的取值范围均为 0°~360°。

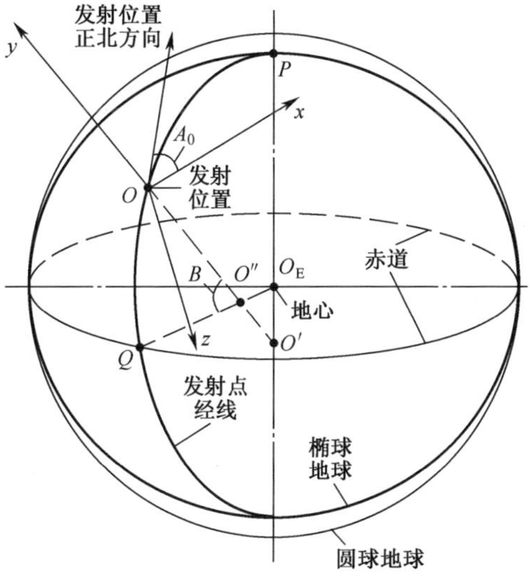

图 2-1-5　椭球地球模型时地面发射坐标系

地面发射坐标系随地球自转而转动,因此该坐标系常用来建立运载器相对于地面的运动方程,相对于地面的运动状态量也以此坐标系为参考进行计量,同时该坐标系也用于描述运载器相对于地球大气运动所受到的作用力,可用 G 来表示。

4. 地面发射惯性坐标系(简称发惯系)

初始瞬时时刻(一般为航天运载器起飞时刻),该坐标系的原点 O_{GI} 与地面发射坐标系原点 O 重合,三个坐标轴也与地面发射坐标系的各轴对应重合。此后任意时刻,原点 O_{GI} 以及坐标系的 $O_{GI}x_{GI}$、$O_{GI}y_{GI}$、$O_{GI}z_{GI}$ 三轴均在惯性空间保持不变,该坐标系通常用 $\boldsymbol{G}_I$ 来表示。发射惯性坐标系一般用来建立航天运载器相对于惯性空间的运动方程,同时用来描述航天运载器相对于惯性空间的运动状态。

5. 平移坐标系

平移坐标系是一个辅助坐标系,其原点 O_T 可根据分析问题的需要选择不同的原点位置,一般选择地面发射坐标系的原点 O 或航天运载器的质心 O_B 作为平移坐标系的坐标原点,原点 O_T 始终与 O 或 O_B 重合,但是平移坐标系的三个坐标轴却始终与地面发射惯性坐标系的各轴保持平行,等价于将地面发射惯性坐标系平移至需要的原点位置处,该坐标系通常用 T(Translation 首字母)表示。平移坐标系常用于惯性器件(如航天运载器惯性平台)的对准和调平。

6. 体坐标系(简称体系)

体坐标系的原点为运载器的质心 O_B,O_Bx_B 轴与运载器纵向主对称轴平行,指向运载器头部方向,O_By_B 轴位于运载器的主对称面内,与 O_Bx_B 轴垂直,通常情况下 $x_BO_By_B$ 平面在发射瞬时时刻会与地面发射坐标系 xOy 平面重合,O_Bz_B 轴垂直于运载器主对称面并满足右手准则,从运载器尾部观察 O_Bz_B 轴指向右侧方向,如图 2-1-6 所示。体坐标系常用 B 表示,体坐标系在空间的瞬时位置可准确反映运载器在空中的飞行姿态。

需要说明,体坐标系针对不同的空天飞行器类型也可简称为箭体坐标系、弹体坐标系、星体坐标系和机体坐标系等。体坐标系 O_Bx_B 轴方向又称轴向,O_By_B 轴方向又称法向,O_Bz_B 轴方向又称横向。

7. 速度坐标系(简称速度系)

取航天运载器的质心 O_B 为速度坐标系的原点,O_Bx_V 指向运载器的飞行速度矢量方向,O_By_V 轴在运载器主对称面内垂直于 O_Bx_V 轴,O_Bz_V 轴与 $x_VO_By_V$ 平面垂直并满足右手准则,顺着运载器速度方向看去,O_Bz_V 轴指向右侧方向(图 2-1-7)。

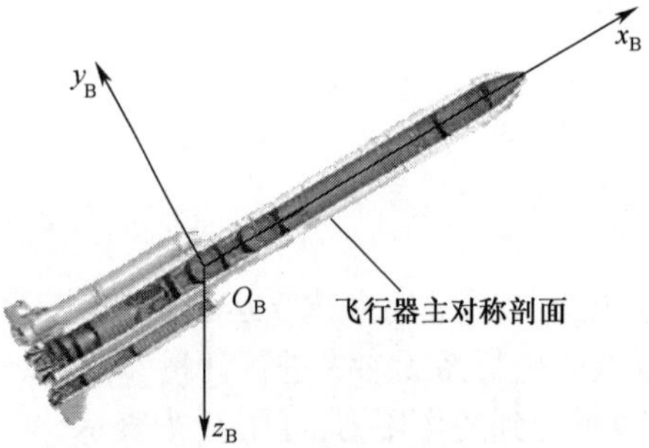

图 2-1-6　体坐标系

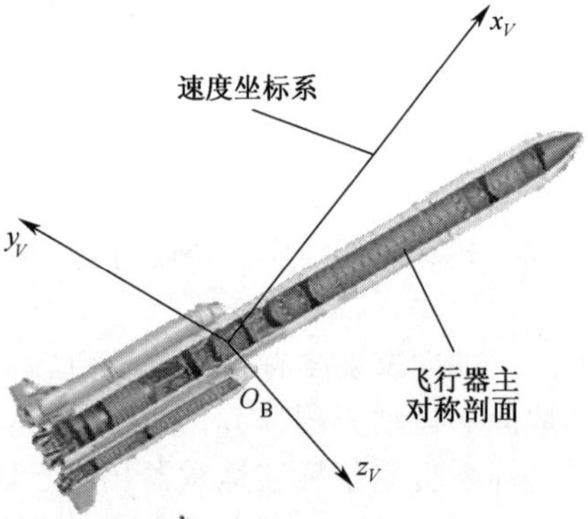

图 2-1-7　速度坐标系

速度坐标系 O_Bx_V 轴由速度矢量决定,O_By_V 轴与运载器的空间姿态相关且与体坐标系 O_By_B 轴共面,故速度坐标系与体坐标系可通过两次欧拉旋转实现重合,进而产生攻角和侧滑角两个重要的状态变量。不仅如此,速度坐标系也可利用与其他坐标系的关系反映出运载器的飞行弹道和绕质心状态等信息。在后续章节中会具体介绍。

8. 弹道坐标系(简称弹道系)

弹道坐标系也称半速度坐标系。该坐标系的原点为航天运载器的质心 O_B,O_Bx_H 轴指向运载器速度矢量方向(与速度坐标系 O_Bx_V 轴重合),地心 O_E 指向运

载器质心 O_B 的矢径 O_EO_B 与 O_Bx_H 轴可构成一个平面(假设矢径 O_EO_B 与 O_Bx_H 轴不平行,矢径 O_EO_B 与地球表面相交于点 P),在该平面内 O_By_H 与 O_Bx_H 轴垂直,O_Bz_H 轴与 O_Bx_H、O_By_H 轴构成右手直角坐标系,如图 2-1-8 所示。

9. 地心轨道坐标系(简称地心轨道系)

地心轨道坐标系的原点为地心 O_E,O_EX_O 轴指向空间轨道的近地点方向,O_EY_O 轴在空间轨道所在平面内垂直于 O_EX_O 轴,O_EZ_O 轴垂直于空间轨道所在的平面且满足右手直角坐标系准则。地心轨道坐标系反映空天飞行器的轨道在空间的位置和方向,该坐标系也称为地心第二轨道坐标系(地心第一轨道坐标系的 O_EX_O 轴指向升交点方向,地心第三轨道坐标系的 O_EX_O 轴指向空天飞行器的质心(图 2-1-9)。

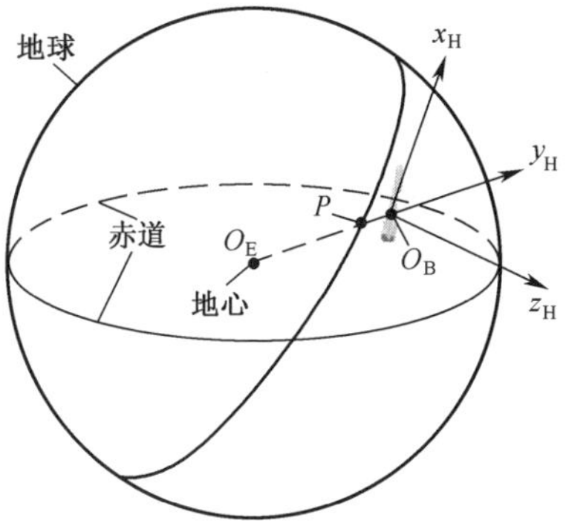

图 2-1-8　弹道坐标系

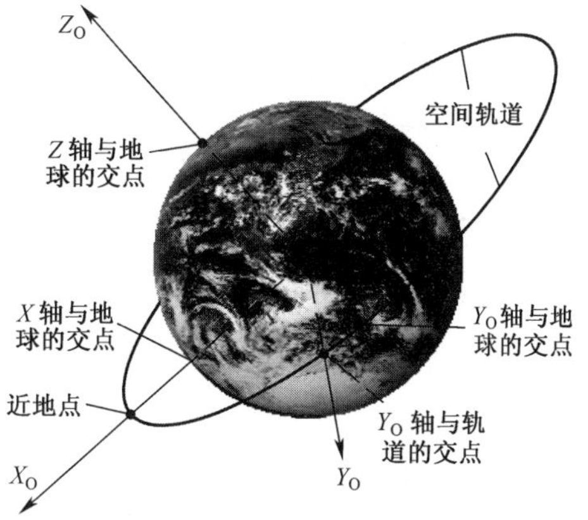

图 2-1-9　(见彩图)地心轨道坐标系

10. 地理坐标系(简称地理系)

地理坐标系也称北天东坐标系,该坐标系原点为地心 O_E 与航天运载器质心 O_B 的连线与地球表面的交点 O_G,O_Gy_G 轴在地球球心 O_E 与运载器质心 O_B 的连线方向(即 O_G 点的天顶方向),O_Gx_G 轴在过 O_G、O_B 点的子午面内垂直于 O_Gy_G 轴,指向正北方向,O_Gz_G 轴与 O_Gx_G、O_Gy_G 轴构成右手笛卡儿坐标系。地理坐标系是非惯性坐标系,即使地球不旋转,由于空天飞行器的运动,坐标系的位置和方向也会发生变化,反之假设飞行器不动,由于地球旋转,该坐标系的位置和方向相对于地心惯性坐标系也要发生变化(图 2-1-10)。

本节介绍了航天发射飞行力学分析时常用的空间坐标系,对各坐标系的定义、特点及使用要求进行了详细阐述。需要说明,坐标系是为力学问题和矢量问题分析提供便利的工具,坐标系的建立和使用应结合具体的问题灵活选取。

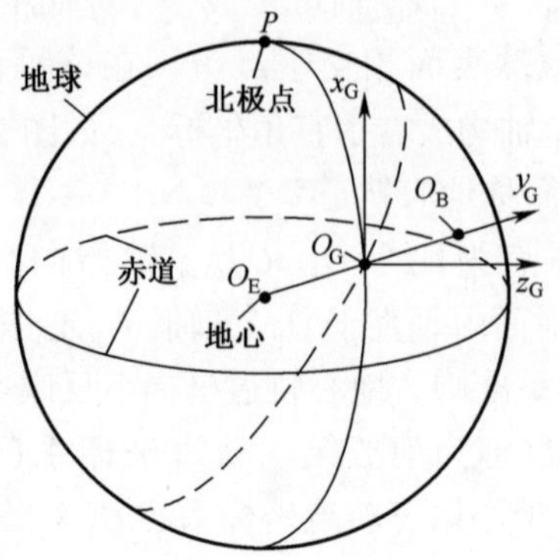

图 2-1-10 地理坐标系

2.1.2 坐标系的转换矩阵

如图 2-1-11 所示,假设 P 坐标系 $O_P-X_PY_PZ_P$ 与 Q 坐标系 $O_Q-X_QY_QZ_Q$ 是惯性空间中任意两个原点不重合、坐标轴方向也不重合的右手笛卡儿坐标系,P 坐标系 O_PX_P、O_PY_P、O_PZ_P 三个坐标轴的单位矢量分别为 $\boldsymbol{x}_P^0$、$\boldsymbol{y}_P^0$、$\boldsymbol{z}_P^0$,Q 坐标系 O_QX_Q、O_QY_Q、O_QZ_Q 三个坐标轴的单位矢量分别为 $\boldsymbol{x}_Q^0$、$\boldsymbol{y}_Q^0$、$\boldsymbol{z}_Q^0$。

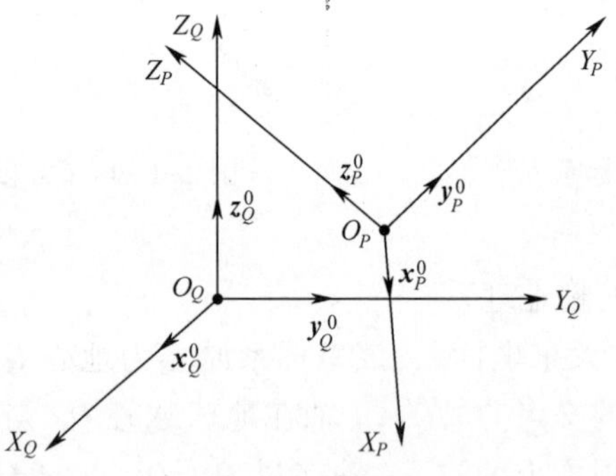

图 2-1-11 地理坐标系

为了表述方便,也为了便于坐标系转换矩阵的推导,将上述两坐标系各坐标轴的单位矢量表示为

$$\begin{cases}\boldsymbol{E}_P=[\boldsymbol{x}_P^0,\boldsymbol{y}_P^0,\boldsymbol{z}_P^0]^{\mathrm{T}}\\ \boldsymbol{E}_Q=[\boldsymbol{x}_Q^0,\boldsymbol{y}_Q^0,\boldsymbol{z}_Q^0]^{\mathrm{T}}\end{cases}\tag{2-1-1}$$

式中:$\boldsymbol{E}_P$、$\boldsymbol{E}_Q$ 均为由三个单位矢量组成的矢量。显然,$\boldsymbol{E}_P$、$\boldsymbol{E}_Q$ 都是三行一列的列

矢量,假设 $\boldsymbol{E}_P$、$\boldsymbol{E}_Q$ 满足

$$\boldsymbol{E}_P = \boldsymbol{T}_{PQ} \cdot \boldsymbol{E}_Q \tag{2-1-2}$$

式中:矩阵 $\boldsymbol{T}_{PQ} \in \boldsymbol{R}^{3\times3}$ 称为将 Q 坐标系各轴单位矢量转换为 P 坐标系各轴单位矢量的转换矩阵。将式(2-1-2)等号两侧右乘矢量 $\boldsymbol{E}_Q$ 的转置矢量 $\boldsymbol{E}_Q^{\mathrm{T}}$ 可得

$$\boldsymbol{E}_P \cdot \boldsymbol{E}_Q^{\mathrm{T}} = \boldsymbol{T}_{PQ} \cdot \boldsymbol{E}_Q \cdot \boldsymbol{E}_Q^{\mathrm{T}} \tag{2-1-3}$$

式(2-1-3)左侧展开得

$$\boldsymbol{E}_P \cdot \boldsymbol{E}_Q^{\mathrm{T}} = \begin{bmatrix} \boldsymbol{x}_P^0 \\ \boldsymbol{y}_P^0 \\ \boldsymbol{z}_P^0 \end{bmatrix} \cdot [\boldsymbol{x}_Q^0, \boldsymbol{y}_Q^0, \boldsymbol{z}_Q^0] = \begin{bmatrix} \boldsymbol{x}_P^0 \cdot \boldsymbol{x}_Q^0 & \boldsymbol{x}_P^0 \cdot \boldsymbol{y}_Q^0 & \boldsymbol{x}_P^0 \cdot \boldsymbol{z}_Q^0 \\ \boldsymbol{y}_P^0 \cdot \boldsymbol{x}_Q^0 & \boldsymbol{y}_P^0 \cdot \boldsymbol{y}_Q^0 & \boldsymbol{y}_P^0 \cdot \boldsymbol{z}_Q^0 \\ \boldsymbol{z}_P^0 \cdot \boldsymbol{x}_Q^0 & \boldsymbol{z}_P^0 \cdot \boldsymbol{y}_Q^0 & \boldsymbol{z}_P^0 \cdot \boldsymbol{z}_Q^0 \end{bmatrix} \tag{2-1-4}$$

式(2-1-3)右侧展开得

$$\boldsymbol{T}_{PQ} \cdot \boldsymbol{E}_Q \cdot \boldsymbol{E}_Q^{\mathrm{T}} = \boldsymbol{T}_{PQ} \cdot \left(\begin{bmatrix} \boldsymbol{x}_Q^0 \\ \boldsymbol{y}_Q^0 \\ \boldsymbol{z}_Q^0 \end{bmatrix} \cdot [\boldsymbol{x}_Q^0, \boldsymbol{y}_Q^0, \boldsymbol{z}_Q^0] \right) = \boldsymbol{T}_{PQ} \cdot \begin{bmatrix} \boldsymbol{x}_Q^0 \cdot \boldsymbol{x}_Q^0 & \boldsymbol{x}_Q^0 \cdot \boldsymbol{y}_Q^0 & x_Q^0 \cdot \boldsymbol{z}_Q^0 \\ \boldsymbol{y}_Q^0 \cdot \boldsymbol{x}_Q^0 & \boldsymbol{y}_Q^0 \cdot \boldsymbol{y}_Q^0 & y_Q^0 \cdot \boldsymbol{z}_Q^0 \\ \boldsymbol{z}_Q^0 \cdot \boldsymbol{x}_Q^0 & \boldsymbol{z}_Q^0 \cdot \boldsymbol{y}_Q^0 & \boldsymbol{z}_Q^0 \cdot \boldsymbol{z}_Q^0 \end{bmatrix} = T_{PQ} \tag{2-1-5}$$

则转换矩阵 $\boldsymbol{T}_{PQ} \in \boldsymbol{R}^{3\times3}$ 可描述为

$$\boldsymbol{T}_{PQ} = \begin{bmatrix} \boldsymbol{x}_P^0 \cdot \boldsymbol{x}_Q^0 & \boldsymbol{x}_P^0 \cdot \boldsymbol{y}_Q^0 & \boldsymbol{x}_P^0 \cdot \boldsymbol{z}_Q^0 \\ \boldsymbol{y}_P^0 \cdot \boldsymbol{x}_Q^0 & \boldsymbol{y}_P^0 \cdot \boldsymbol{y}_Q^0 & \boldsymbol{y}_P^0 \cdot \boldsymbol{z}_Q^0 \\ \boldsymbol{z}_P^0 \cdot \boldsymbol{x}_Q^0 & \boldsymbol{z}_P^0 \cdot \boldsymbol{y}_Q^0 & \boldsymbol{z}_P^0 \cdot \boldsymbol{z}_Q^0 \end{bmatrix} \tag{2-1-6}$$

式中:$\boldsymbol{m}_i^0 \cdot \boldsymbol{n}_i^0 (i = P, Q, \boldsymbol{m} = \boldsymbol{x}, \boldsymbol{y}, \boldsymbol{z}, \boldsymbol{n} = \boldsymbol{x}, \boldsymbol{y}, \boldsymbol{z})$ 为转换矩阵的元素。已知矢量点乘可转化为两矢量的模及其夹角余弦的乘积

$$\boldsymbol{m}_i^0 \cdot \boldsymbol{n}_i^0 = |\boldsymbol{m}_i^0| \cdot |\boldsymbol{n}_i^0| \cdot \cos(\boldsymbol{m}_i^0, \boldsymbol{n}_i^0) = \cos(\boldsymbol{m}_i^0, \boldsymbol{n}_i^0) \tag{2-1-7}$$

则转换矩阵可整理为

$$\boldsymbol{T}_{PQ} = \begin{bmatrix} \cos(\boldsymbol{x}_P^0, \boldsymbol{x}_Q^0) & \cos(\boldsymbol{x}_P^0, \boldsymbol{y}_Q^0) & \cos(\boldsymbol{x}_P^0, \boldsymbol{z}_Q^0) \\ \cos(\boldsymbol{y}_P^0, \boldsymbol{x}_Q^0) & \cos(\boldsymbol{y}_P^0, \boldsymbol{y}_Q^0) & \cos(\boldsymbol{y}_P^0, \boldsymbol{z}_Q^0) \\ \cos(\boldsymbol{z}_P^0, \boldsymbol{x}_Q^0) & \cos(\boldsymbol{z}_P^0, \boldsymbol{y}_Q^0) & \cos(\boldsymbol{z}_P^0, \boldsymbol{z}_Q^0) \end{bmatrix} \tag{2-1-8}$$

式中:P 坐标系各轴的单位矢量与 Q 坐标系各轴的单位矢量的夹角也即为对应坐标轴之间的夹角,因此转换矩阵 $\boldsymbol{T}_{PQ}$ 的各元素实则是 P、Q 坐标系各轴间夹角的余弦,故两坐标系之间的转换矩阵也称为坐标系的方向余弦阵。根据坐标系转换矩阵的基本定义,下面分析坐标转换矩阵的一些基本规律。

1. 坐标转换矩阵具有传递性

假设在惯性空间有三个右手笛卡儿坐标系分别为 P 坐标系、Q 坐标系和 S 坐标系,其中 $\boldsymbol{E}_P$、$\boldsymbol{E}_Q$、$\boldsymbol{E}_S$ 分别为由 P、Q、S 坐标系坐标轴单位矢量构成的矢量,则下式成立:

$$\begin{cases}\boldsymbol{E}_S = \boldsymbol{T}_{SP} \cdot \boldsymbol{E}_P \\ \boldsymbol{E}_P = \boldsymbol{T}_{PQ} \cdot \boldsymbol{E}_Q \\ \boldsymbol{E}_S = \boldsymbol{T}_{SQ} \cdot \boldsymbol{E}_Q\end{cases} \tag{2-1-9}$$

联立式(2-1-9)中第一式和第二式,并与第三式比较可得

$$\boldsymbol{T}_{SQ} = \boldsymbol{T}_{SP} \cdot \boldsymbol{T}_{PQ} \tag{2-1-10}$$

由此可见,坐标系之间的方向余弦阵具有传递性,即通过一个过渡坐标系的两次坐标转移与单次坐标转移具有相同的效果。

2. 坐标系转换矩阵为正交矩阵

假设将 $\boldsymbol{E}_P$ 转换为 $\boldsymbol{E}_Q$ 的转换矩阵为 $\boldsymbol{T}_{QP}$,则

$$\boldsymbol{E}_Q = \boldsymbol{T}_{QP} \cdot \boldsymbol{E}_P \tag{2-1-11}$$

则

$$\boldsymbol{T}_{QP} = \boldsymbol{E}_Q \cdot \boldsymbol{E}_P^{\mathrm{T}} = (\boldsymbol{E}_P \cdot \boldsymbol{E}_Q^{\mathrm{T}})^{\mathrm{T}} = \boldsymbol{T}_{PQ}^{\mathrm{T}} \tag{2-1-12}$$

又由 $\boldsymbol{E}_P = \boldsymbol{T}_{PQ} \cdot \boldsymbol{E}_Q$ 可得

$$E_Q = \boldsymbol{T}_{PQ}^{-1} \cdot \boldsymbol{E}_P \tag{2-1-13}$$

故

$$\boldsymbol{T}_{QP} = \boldsymbol{T}_{PQ}^{-1} = \boldsymbol{T}_{PQ}^{\mathrm{T}} \tag{2-1-14}$$

最终

$$\begin{cases}\boldsymbol{T}_{QP} \cdot \boldsymbol{T}_{QP}^{\mathrm{T}} = \boldsymbol{I} \\ \boldsymbol{T}_{PQ} \cdot \boldsymbol{T}_{PQ}^{\mathrm{T}} = \boldsymbol{I}\end{cases} \tag{2-1-15}$$

式中:$\boldsymbol{I} \in \boldsymbol{R}^{3\times3}$ 为单位矩阵,由式(2-1-15)可知坐标系方向余弦阵是正交矩阵。

正交矩阵的性质同样可根据方向余弦阵的矩阵元素得到证明。首先证明方向余弦矩阵的每一列(行)自身点乘等于1,即

$$(\boldsymbol{x}_P^0 \cdot \boldsymbol{x}_Q^0) \cdot (\boldsymbol{x}_P^0 \cdot \boldsymbol{x}_Q^0) + (\boldsymbol{x}_P^0 \cdot \boldsymbol{y}_Q^0) \cdot (\boldsymbol{x}_P^0 \cdot \boldsymbol{x}_Q^0) + (\boldsymbol{x}_P^0 \cdot \boldsymbol{z}_Q^0) \cdot (\boldsymbol{x}_P^0 \cdot \boldsymbol{z}_Q^0) = 1 \tag{2-1-16}$$

以式(2-1-6)第一行与其自身点乘为例,该式其实是单位矢量 $\boldsymbol{x}_P^0$ 在坐标系 Q 的三轴的投影的自身点乘,点乘结果就是单位矢量 $\boldsymbol{x}_P^0$ 的模,等于1。其他的行与列的自身点乘以此类推。方向余弦矩阵的行与行(列与列)之间的互相点乘等于0,以第一行与第二行点乘为例,即

$$(\boldsymbol{x}_P^0 \cdot \boldsymbol{x}_Q^0) \cdot (\boldsymbol{y}_P^0 \cdot \boldsymbol{x}_Q^0) + (\boldsymbol{x}_P^0 \cdot \boldsymbol{y}_Q^0) \cdot (\boldsymbol{y}_P^0 \cdot \boldsymbol{y}_Q^0) + (\boldsymbol{x}_P^0 \cdot \boldsymbol{z}_Q^0) \cdot (\boldsymbol{y}_P^0 \cdot \boldsymbol{z}_Q^0) = 0 \tag{2-1-17}$$

式(2-1-6)第一行与第二行的点乘的实质是单位矢量 $\boldsymbol{x}_P^0$ 在坐标系 Q 的 $\boldsymbol{x}_Q^0$、$\boldsymbol{y}_Q^0$、$\boldsymbol{z}_Q^0$ 三轴的投影与单位矢量 $\boldsymbol{y}_P^0$ 在坐标系 Q 的 $\boldsymbol{x}_Q^0$、$\boldsymbol{y}_Q^0$、$\boldsymbol{z}_Q^0$ 三轴的投影的点乘,考虑到单位矢量 $\boldsymbol{x}_P^0$ 与 $\boldsymbol{y}_P^0$ 相互垂直,则两者的投影的点乘等于0。方向余弦阵其他行之间的点乘与列之间的点乘计算可以此类推,都等于0。

3. 初等坐标转换矩阵

已知方向余弦阵有 9 个元素(9 个未知量),要求解这 9 个元素则需要 9 个相互独立的方程。考虑到方向余弦阵的各行(列)自身点乘为 1,行与行(列与列)互相点乘为 0。利用该特性可得到 6 个等式,相应的求解 9 个矩阵元素只需 3 个方程即可,也就是说方向余弦阵中的 9 个未知元素其实只有 3 个是相互独立的,航天发射飞行力学中用坐标系之间的 3 个旋转欧拉角来表征坐标系方向余弦阵的 3 个独立变量。显然,坐标系方向余弦阵会因特殊的坐标系空间位置而呈现特殊的形式,从而产生出只绕单个坐标轴旋转的坐标系初等转换矩阵。根据方向余弦阵的一般表述形式,若 P 坐标系的 $\boldsymbol{x}_P^0$ 轴与 Q 坐标系的 $\boldsymbol{x}_Q^0$ 轴平行,则 $\boldsymbol{T}_{PQ}$ 可简化为

$$\boldsymbol{T}_{PQ}=\begin{bmatrix}1 & 0 & 0\\ 0 & \cos(\boldsymbol{y}_P^0,\boldsymbol{y}_Q^0) & \cos(\boldsymbol{y}_P^0,\boldsymbol{z}_Q^0)\\ 0 & \cos(\boldsymbol{z}_P^0,\boldsymbol{y}_Q^0) & \cos(\boldsymbol{z}_P^0,\boldsymbol{z}_Q^0)\end{bmatrix} \tag{2-1-18}$$

图 2-1-12 中,假设 $\boldsymbol{y}_P^0$、$\boldsymbol{y}_Q^0$ 轴与 $\boldsymbol{z}_P^0$、$\boldsymbol{z}_Q^0$ 轴的夹角为 θ,则式(2-1-18)转化为

$$\boldsymbol{T}_{PQ}(\theta)=\begin{bmatrix}1 & 0 & 0\\ 0 & \cos\theta & \cos(\pi/2-\theta)\\ 0 & \cos(\pi/2+\theta) & \cos\theta\end{bmatrix}=\begin{bmatrix}1 & 0 & 0\\ 0 & \cos\theta & \sin\theta\\ 0 & -\sin\theta & \cos\theta\end{bmatrix}=\boldsymbol{T}_x(\theta) \tag{2-1-19}$$

式(2-1-19)为 Q 坐标系绕 $\boldsymbol{x}_Q^0$ 轴旋转 θ 至 P 坐标系的方向余弦阵,该矩阵记为 $\boldsymbol{T}_x(\theta)$ 。

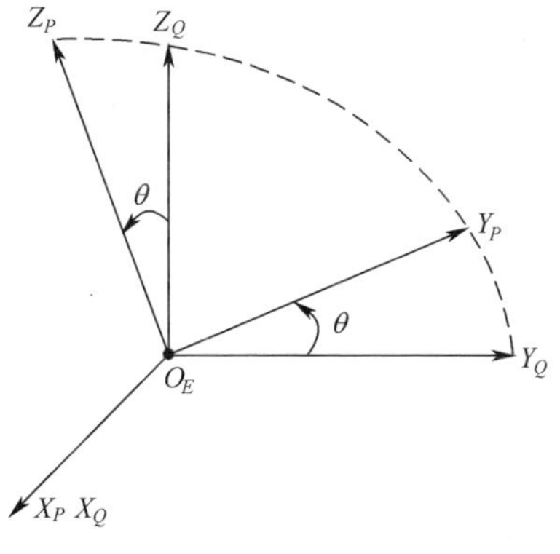

图 2-1-12　初等坐标系转换示意图

采用同样的方法,可得绕 $\boldsymbol{y}_Q^0$ 轴和 $\boldsymbol{z}_Q^0$ 轴旋转的方向余弦阵:

$$\boldsymbol{T}_y(\theta)=\begin{bmatrix}\cos\theta & 0 & -\sin\theta\\ 0 & 1 & 0\\ \sin\theta & 0 & \cos\theta\end{bmatrix} \tag{2-1-20}$$

$$
\boldsymbol{T}_z(\theta)=\begin{bmatrix}\cos\theta & -\sin\theta & 0\\ -\sin\theta & \cos\theta & 0\\ 0 & 0 & 1\end{bmatrix} \tag{2-1-21}
$$

上述两坐标系中有一组对应的坐标轴平行,而其他相应两轴旋转一个角度所得到的方向余弦矩阵 $\boldsymbol{T}_x(\theta)$、$\boldsymbol{T}_y(\theta)$、$\boldsymbol{T}_z(\theta)$ 称为初等转换矩阵。

2.1.3 常用坐标系之间的坐标系转换矩阵

前面介绍了惯性空间中任意两个坐标系之间的坐标转换矩阵的定义、数学描述及其遵循的基本规律,本节详细阐述航天发射飞行力学研究中常用的各坐标系之间的坐标系转换矩阵的具体形式和特点。

1. 地心惯性坐标系到地心坐标系

已知地心惯性坐标系的 O_EZ_I 轴与地心坐标系的 O_EZ_E 轴重合,地心惯性坐标系 O_EX_I 轴指向平春分点,地心坐标系 O_EX_E 轴指向当前讨论时刻格林尼治天文台所在子午面与地球赤道的交点, O_EX_I 轴与 O_EX_E 轴均在赤道平面内且两轴的夹角可通过查询天文年历表得到。若记两轴夹角为 $\Omega_{I,E}$,则地心惯性坐标系绕其 O_EZ_I 轴旋转 $\Omega_{I,E}$ 即可与地心坐标系重合,故地心惯性坐标系到地心坐标系的转换矩阵可表示为

$$
\boldsymbol{T}_{EI}=\boldsymbol{T}_z(\Omega_{I,E})=\begin{bmatrix}\cos\Omega_{I,E} & \sin\Omega_{I,E} & 0\\ -\sin\Omega_{I,E} & \cos\Omega_{I,E} & 0\\ 0 & 0 & 1\end{bmatrix} \tag{2-1-22}
$$

式中: $\boldsymbol{T}_{EI}$ 为地心惯性坐标系到地心坐标系的坐标转换矩阵。显然,从地心坐标系到地心惯性坐标系的转移矩阵为 $\boldsymbol{T}_{IE}=\boldsymbol{T}_{EI}^{T}=\boldsymbol{T}_{EI}^{-1}$ 。

2. 地心坐标系到地面发射坐标系

考虑到地球几何模型不同,地面发射坐标系的定义便不同,则采用不同的地球几何模型,该坐标系转换矩阵也会有不同的形式,下面分别讨论。首先讨论地球为圆球模型的情形,已知地面发射坐标系的原点 O 在地球表面的位置可以用经度 λ_0 和地心纬度 ϕ_0 来表示,Ox 轴在当地水平面内指向发射方向,与过 O 点子午面切线方向的夹角为地心方位角 α_0。如图 2-1-13 所示,如果要让地心坐标系 O_E-$X_EY_EZ_E$ 旋转使得其各轴与 O-xyz 坐标系的各轴相应平行,则坐标系 O_E-$X_EY_EZ_E$ 首先绕 O_EZ_E 轴顺时针旋转 $\pi/2-\lambda_0$,使 $Y_EO_EZ_E$ 平面与过点 O 的子午面重合,然后绕新坐标系的 O_EX_E' 轴逆时针旋转 ϕ_0 使得 $O_EY''_E$ 轴与 Oy 轴平行;最后再绕 $O_EY''_E$ 轴顺时针旋转 $\pi/2+\alpha_0$ 从而使得 $O_EZ''_E$ 轴与 Oz 轴平行、$O_EX''_E$ 轴与 Ox 轴平行。

根据坐标系坐标转换矩阵的传递特性可得

$$\boldsymbol{T}_{\mathrm{GE}} = \boldsymbol{T}_y[-(\pi/2+\alpha_0)]\cdot \boldsymbol{T}_x(\phi_0)\cdot \boldsymbol{T}_z[-(\pi/2-\lambda_0)] \tag{2-1-23}$$

将式(2-1-23)展开可得

$$\boldsymbol{T}_{\mathrm{GE}} = \begin{bmatrix} T_{11,\mathrm{GE}} & T_{12,\mathrm{GE}} & T_{13,\mathrm{GE}} \\ T_{21,\mathrm{GE}} & T_{22,\mathrm{GE}} & T_{23,\mathrm{GE}} \\ T_{31,\mathrm{GE}} & T_{32,\mathrm{GE}} & T_{33,\mathrm{GE}} \end{bmatrix} \tag{2-1-24}$$

式中：$T_{ij,\mathrm{GE}}(i=1,2,3;j=1,2,3)$为地心坐标系到地面发射坐标系的坐标转移矩阵$\boldsymbol{T}_{\mathrm{GE}}$的矩阵元素，其具体形式为

$$\begin{cases} T_{11,\mathrm{GE}} = -\sin\alpha_0\cdot\sin\lambda_0 - \cos\alpha_0\cdot\sin\phi_0\cdot\cos\lambda_0 \\ T_{12,\mathrm{GE}} = \sin\alpha_0\cdot\cos\lambda_0 - \cos\alpha_0\cdot\sin\phi_0\cdot\sin\lambda_0 \\ T_{13,\mathrm{GE}} = \cos\alpha_0\cdot\cos\phi_0 \end{cases} \tag{2-1-25a}$$

$$\begin{cases} T_{21,\mathrm{GE}} = \cos\phi_0\cdot\cos\lambda_0 \\ T_{22,\mathrm{GE}} = \cos\phi_0\cdot\sin\lambda_0 \\ T_{23,\mathrm{GE}} = \sin\phi_0 \end{cases} \tag{2-1-25b}$$

$$\begin{cases} T_{31,\mathrm{GE}} = -\cos\alpha_0\cdot\sin\lambda_0 + \sin\alpha_0\cdot\sin\phi_0\cdot\cos\lambda_0 \\ T_{32,\mathrm{GE}} = \cos\alpha_0\cdot\cos\lambda_0 + \sin\alpha_0\cdot\sin\phi_0\cdot\sin\lambda_0 \\ T_{33,\mathrm{GE}} = \sin\alpha_0\cdot\cos\phi_0 \end{cases} \tag{2-1-25c}$$

式中：α_0为发射点处地心方位角；λ_0为发射点处经度；ϕ_0为发射点处地心纬度。若将地球几何模型视为椭球体，则发射点O在椭球体上的位置可用地理纬度B_0和经度λ_0确定，发射系Ox轴与当地正北方向的夹角用射击方位角A_0表示，则椭球体模型中建立的地面发射坐标系与地心坐标系之间的转换矩阵只需将式(2-1-25)中的α_0、ϕ_0用相应的A_0、B_0来代替即可，转换矩阵$\boldsymbol{T}_{\mathrm{GE}}$的元素的计算式不变。

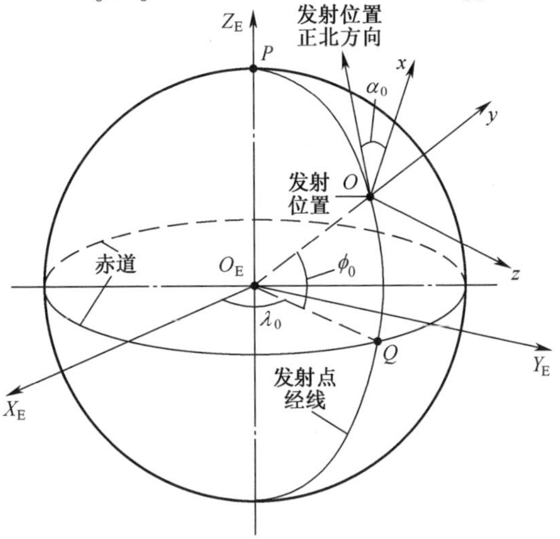

图 2-1-13　地心坐标系与地面发射坐标系坐标转换示意图

在实际应用中，地面上的发射点、目标点、特征点以及运载器的瞬时质心位置、地面投影点和再入落点（再入落区）等状态信息通常需要用地心坐标系来确定，并以经度和纬度来表征。然而，考虑到工程应用中导航器件的初始标定和弹道制导方案，描述航天运载器质心运动的动力学和运动学微分方程却通常在地面发射坐标系（或地面惯性发射坐标系）中建立，利用本部分建立的地心坐标系到地面发射坐标系的转换矩阵可以方便地完成两坐标系中各项状态变量的转换和解算。

3. 地面发射坐标系到体坐标系

地面发射坐标系到体坐标系的转换关系（欧拉角）直接反映航天运载器相对于地面发射坐标系的姿态角信息。为了讨论这两个坐标系之间的坐标转换关系，可以将体坐标系 $O_B - x_B y_B z_B$ 平移到地面发射坐标系 $O - xyz$ 的原点 O 处，两坐标系之间的转换关系可用三个欧拉角来描述。但转换次序不同会产生不同大小和物理意义的欧拉角，在空天飞行力学研究中常用 3-2-1 转序和 2-3-1 转序两种转动次序。

3-2-1 转序：如图 2-1-14 所示，地面发射坐标系 $O-xyz$ 首先绕 Oz 轴逆时针旋转 φ 角（产生新的坐标系 $O-x'y'z$），然后绕新出现的 Oy' 轴逆时针旋转 Ψ 角（产生新的坐标系 $O - x''y'z''$），最后绕新生成的 Ox'' 轴正向旋转 γ 角（产生坐标系 $O - x''y''z''$，即体坐标系 $O_B - x_B y_B z_B$）。该转动是按照 3-2-1 的转动次序实现坐标转换（3、2、1 分别表征 z、y、x 轴），在飞行力学中这种转动次序称为先俯仰、后偏航、再滚转次序。

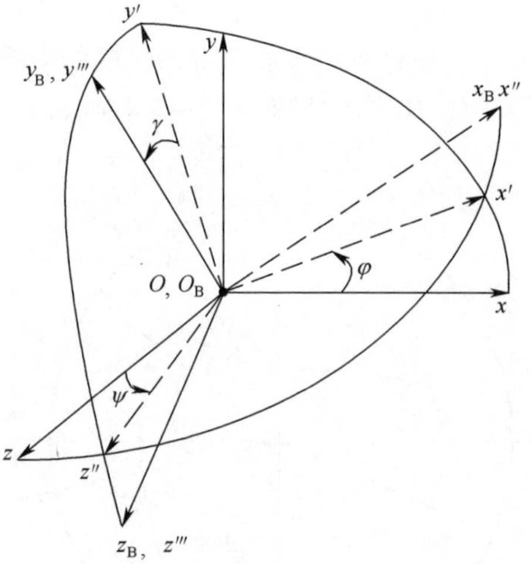

图 2-1-14　地面发射坐标系与体坐标系 3-2-1 转序示意图

角 φ 称为俯仰角，实质是运载器纵轴 $O_B x_B$ 在 xOy 平面上的投影与 Ox 轴的夹角；角 ψ 称为偏航角，是纵轴 $O_B x_B$ 与 xOy 平面的夹角；角 γ 称为滚转角，是运载器

本身绕 O_Bx_B 轴旋转的角度。俯仰、偏航和滚转角的正负符号可根据形成该角的角速度方向来确定,与瞬时转动轴同方向则该角定义为正,反之定义为负。根据转换矩阵传递特性可知

$$\boldsymbol{T}_{BG}=\boldsymbol{T}_x(\gamma)\cdot\boldsymbol{T}_y(\Psi)\cdot\boldsymbol{T}_z(\varphi) \tag{2-1-26}$$

将上式展开可得

$$\boldsymbol{T}_{BG}=\begin{bmatrix} T_{11,BG} & T_{12,BG} & T_{13,BG} \\ T_{21,BG} & T_{22,BG} & T_{23,BG} \\ T_{31,BG} & T_{32,BG} & T_{33,BG} \end{bmatrix} \tag{2-1-27}$$

式中:矩阵元素 $T_{ij,BG}(i=1,2,3,j=1,2,3)$ 的具体形式为

$$\begin{cases} \begin{cases} T_{11,BG}=\cos\varphi\cdot\cos\psi \\ T_{12,BG}=\sin\varphi\cdot\cos\psi \\ T_{13,BG}=-\sin\psi \end{cases} \\ \begin{cases} T_{21,BG}=\cos\varphi\cdot\sin\psi\cdot\sin\gamma-\sin\varphi\cdot\cos\gamma \\ T_{22,BG}=\sin\varphi\cdot\sin\psi\cdot\sin\gamma+\sin\varphi\cdot\cos\gamma \\ T_{23,BG}=\cos\psi\cdot\sin\gamma \end{cases} \\ \begin{cases} T_{31,BG}=\cos\varphi\cdot\sin\psi\cdot\cos\gamma+\sin\varphi\cdot\sin\gamma \\ T_{32,BG}=\sin\varphi\cdot\sin\psi\cdot\cos\gamma-\cos\varphi\cdot\sin\gamma \\ T_{33,BG}=\cos\psi\cdot\cos\gamma \end{cases} \end{cases} \tag{2-1-28}$$

式中:φ、ψ、γ 分别为俯仰角、偏航角和滚转角。通常情况下,3-2-1 转序的方式多用于运载火箭和弹道导弹等空天飞行器。本书主要使用该坐标转序方式。

2-3-1 转序:在图 2-1-15 中,该转序需要依次绕 Oy、Oz、Ox 轴旋转完成地面发射坐标系到体坐标系的转换,通常 2-3-1 转动次序称为先偏航、后俯仰、再滚转转序。地面发射坐标系 $O-xyz$ 先绕 Oy 轴逆时针旋转偏航角 ψ(产生新的坐标系 $O-x'yz'$),然后绕新产生的 Oz'轴正向旋转俯仰角 ψ(产生坐标系 $O-x_By''z'$),最后绕新产生的 Ox''轴正向旋转滚转角 γ(产生坐标系 $O-x_By'''z'''$,也就是最终的体坐标系 $O_B-x_By_Bz_B$)。

利用该转序时,俯仰角 φ 实质是飞行器纵轴 O_Bx_B 与 xOz 平面的夹角,偏航角 ψ 是纵轴 O_Bx_B 在 xOz 平面的投影与 Ox 轴的夹角,滚转角 γ 是飞行器本体绕 O_Bx_B 轴的转动角。该转序方式的坐标转换矩阵可表示为

$$\boldsymbol{T}_{BG}=\boldsymbol{T}_x(\gamma)\cdot\boldsymbol{T}_z(\varphi)\cdot\boldsymbol{T}_y(\boldsymbol{\psi}) \tag{2-1-29}$$

将式(2-1-29)展开可得

$$\boldsymbol{T}_{BG}=\begin{bmatrix} T_{11,BG} & T_{12,BG} & T_{13,BG} \\ T_{21,BG} & T_{22,BG} & T_{23,BG} \\ T_{31,BG} & T_{32,BG} & T_{33,BG} \end{bmatrix} \tag{2-1-30}$$

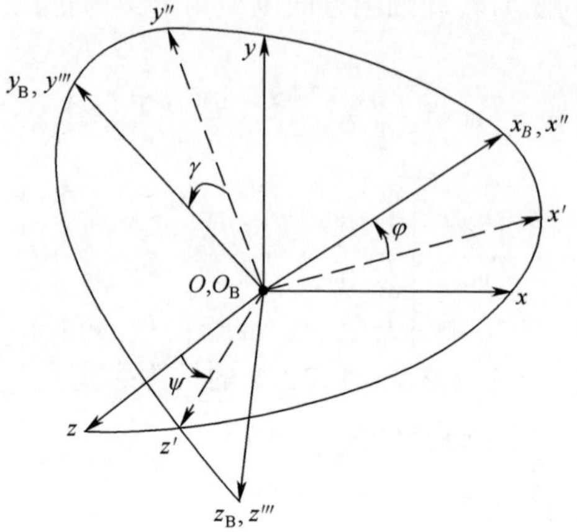

图 2-1-15　地面发射坐标系与体坐标系 2-3-1 转序示意图

式中:矩阵元素 $T_{ij,\mathrm{BG}}(i=1,2,3\ ,j=1,2,3)$ 的具体形式为

$$
\begin{cases}
\begin{cases}
T_{11,\mathrm{BG}} = \cos\varphi \cdot \cos\psi \\
T_{12,\mathrm{BG}} = \sin\psi \\
T_{13,\mathrm{BG}} = -\cos\varphi \cdot \sin\psi
\end{cases} \\
\begin{cases}
T_{21,\mathrm{BG}} = -\cos\gamma \cdot \sin\varphi \cdot \cos\psi + \sin\gamma \cdot \sin\psi \\
T_{22,\mathrm{BG}} = \cos\gamma \cdot \cos\varphi \\
T_{23,\mathrm{BG}} = \cos\gamma \cdot \sin\varphi \cdot \sin\psi + \sin\gamma \cdot \cos\psi
\end{cases} \\
\begin{cases}
T_{31,\mathrm{BG}} = \sin\gamma \cdot \sin\varphi \cdot \cos\psi + \cos\gamma \cdot \sin\psi \\
T_{32,\mathrm{BG}} = -\sin\gamma \cdot \cos\varphi \\
T_{33,\mathrm{BG}} = -\sin\gamma \cdot \sin\varphi \cdot \sin\psi + \cos\gamma \cdot \cos\psi
\end{cases}
\end{cases}
\tag{2-1-31}
$$

式中:φ、ψ、γ 分别为俯仰角、偏航角和滚转角。需要说明,2-3-1 转序的方式多用于水平起降空天飞机、航空飞行器、飞航导弹和高超声速飞行器等类型的飞行器。

4. 地面发射坐标系到速度坐标系

地面发射坐标系到速度坐标系之间的转换关系可以直观地反映运载器的速度矢量相对于地面发射坐标系的空间方位信息,类似于体坐标系与地面发射坐标系之间的关系,地面发射坐标系与速度坐标系之间的三个欧拉角也因转动次序的不同而不同。

3-2-1 转序:在图 2-1-16 中,将地面发射坐标系平移至速度坐标系原点使两坐标系原点重合。坐标系 $O-xyz$ 先绕 Oz 轴逆时针旋转 θ 角(产生坐标系 $O-x'y'z$),再绕新轴 Oy'轴正向旋转 σ 角(产生坐标系 $O-x_V y'z''$),最后绕 $O_\mathrm{B} x_\mathrm{V}$ 轴逆

时针转动 υ 角(产生坐标系 $O - x_V y''' z'''$,也即速度坐标系 $O_B - x_V y_V z_V$),则坐标系转换矩阵可表示为

$$\boldsymbol{T}_{VG} = \boldsymbol{T}_x(\upsilon) \cdot \boldsymbol{T}_y(\sigma) \cdot \boldsymbol{T}_z(\theta) \tag{2-1-32}$$

将式(2-1-32)展开可得

$$\boldsymbol{T}_{VG} = \begin{bmatrix} T_{11,VG} & T_{12,VG} & T_{13,VG} \\ T_{21,VG} & T_{22,VG} & T_{23,VG} \\ T_{31,VG} & T_{32,VG} & T_{33,VG} \end{bmatrix} \tag{2-1-33}$$

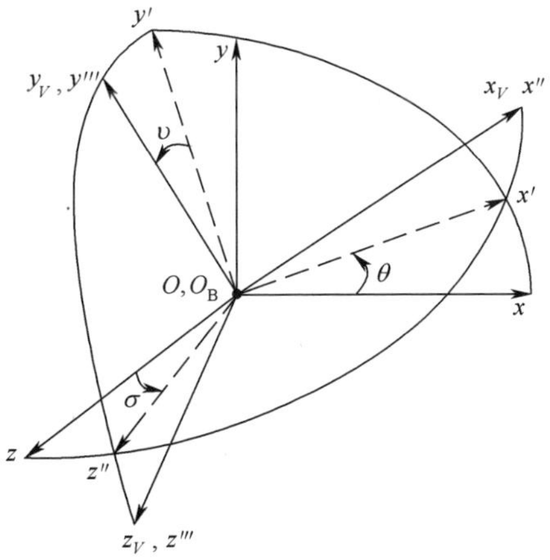

图 2-1-16 地面发射坐标系与速度坐标系 3-2-1 转序示意图

式中:矩阵元素 $T_{ij,VG}(i = 1,2,3;j = 1,2,3)$ 的具体形式为

$$\begin{cases} \begin{cases} T_{11,VG} = \cos\theta \cdot \cos\sigma \\ T_{12,VG} = \sin\theta \cdot \cos\sigma \\ T_{13,VG} = -\sin\sigma \end{cases} \\ \begin{cases} T_{21,VG} = \cos\theta \cdot \sin\sigma \cdot \sin\upsilon - \sin\theta \cdot \cos\upsilon \\ T_{22,VG} = \sin\theta \cdot \sin\sigma \cdot \sin\upsilon + \cos\theta \cdot \cos\upsilon \\ T_{23,VG} = \cos\sigma \cdot \sin\upsilon \end{cases} \\ \begin{cases} T_{31,VG} = \cos\theta \cdot \sin\sigma \cdot \cos\upsilon + \sin\theta \cdot \sin\upsilon \\ T_{32,VG} = \sin\theta \cdot \sin\sigma \cdot \cos\upsilon - \cos\theta \cdot \sin\upsilon \\ T_{33,VG} = \cos\sigma \cdot \cos\upsilon \end{cases} \end{cases} \tag{2-1-34}$$

式中:θ 为速度倾角,是速度矢量方向在 xOy 平面内的投影与 Ox 轴的夹角;σ 为航迹偏航角,是速度矢量方向与 xOy 平面的夹角;υ 为倾侧角(也可称为速度滚转角,常用 γ_V、γ_C 表示)。

2-3-1 转序:在图 2-1-17 中,与 3-2-1 转序不同,2-3-1 转序是先绕 Oy 轴

按逆时针正方向旋转 σ 角(产生新的坐标系 $O-x'yz'$),然后再绕新产生的坐标轴 Oz' 正向逆时针旋转 θ 角(产生新的坐标系 $O-x_Vy''z'$),最后绕 O_Bx_V 轴正向逆时针旋转 υ 角(产生新的坐标系 $O-x_Vy'''z'''$,也即速度坐标系 $O_B-x_Vy_Vz_V$)。

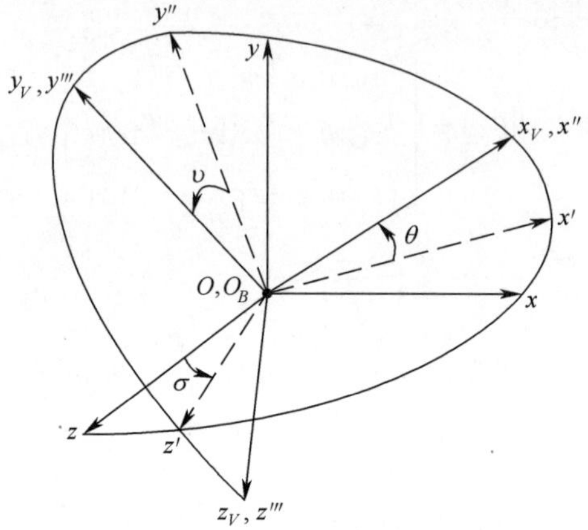

图 2-1-17　地面发射坐标系与速度坐标系 2-3-1 转序示意图

根据先偏航、后俯仰、再滚转的 2-3-1 转动次序,依据坐标系转换矩阵传递性的基本特点,2-3-1 转动次序的坐标转换矩阵可表示为

$$\boldsymbol{T}_{VG}=\boldsymbol{T}_x(\upsilon)\cdot\boldsymbol{T}_z(\theta)\cdot\boldsymbol{T}_y(\sigma) \tag{2-1-35}$$

将式(2-1-35)展开得

$$\boldsymbol{T}_{VG}=\begin{bmatrix} T_{11,VG} & T_{12,VG} & T_{13,VG} \\ T_{21,VG} & T_{22,VG} & T_{23,VG} \\ T_{31,VG} & T_{32,VG} & T_{33,VG} \end{bmatrix} \tag{2-1-36}$$

式中:矩阵元素 $T_{ij,VG}(i=1,2,3;j=1,2,3)$ 的具体形式为

$$\begin{cases} \begin{cases} T_{11,VG}=\cos\theta\cdot\cos\sigma \\ T_{12,VG}=\sin\theta \\ T_{13,VG}=-\cos\theta\cdot\sin\sigma \end{cases} \\ \begin{cases} T_{21,VG}=-\cos\upsilon\cdot\sin\theta\cdot\cos\sigma+\sin\upsilon\cdot\sin\sigma \\ T_{22,VG}=\cos\upsilon\cdot\cos\theta \\ T_{23,VG}=\cos\upsilon\cdot\sin\theta\cdot\sin\sigma+\sin\upsilon\cdot\cos\sigma \end{cases} \\ \begin{cases} T_{31,VG}=\sin\upsilon\cdot\sin\theta\cdot\cos\sigma+\cos\upsilon\cdot\sin\sigma \\ T_{32,VG}=-\sin\upsilon\cdot\mathrm{cois}\theta \\ T_{33,VG}=-\sin\upsilon\cdot\sin\theta\cdot\sin\sigma+\cos\upsilon\cdot\cos\sigma \end{cases} \end{cases} \tag{2-1-37}$$

式中:θ 为速度倾角;σ 为航迹偏航角;υ 为倾侧角。利用 2-3-1 转序时,速度倾角 θ 实质是速度矢量方向与 xOz 平面的倾斜角,反映速度方向对 xOz 平面的倾斜程

度；航迹偏航角 σ 是速度矢量方向在 xOz 平面的投影与 Ox 轴正向的夹角，σ 反映了速度方向对预定飞行方向 Ox 的偏航；倾侧角 υ 实质上是反映了气动升力对铅垂平面 xOy 的倾斜。

需要说明，3-2-1 转序和 2-3-1 转序两种坐标系转换方式都可以准确地反映地面发射坐标系和速度坐标系之间的转换关系，但是由于速度倾角、航迹偏航角和倾侧角的几何表征在不同的转序中具有不同的物理含义，所以这两种转序方式会有其各自的应用对象。一般来讲，2-3-1 转序多用于水平飞行状态较多的空天飞行器飞行力学和飞航式导弹飞行力学，因为该转序时速度倾角 θ 可以直观反映速度矢量方向对地平面（假设 xOz 为地平面）的倾斜，航迹偏航角 σ 则直观反映速度方向对预设航线的偏航。但是 2-3-1 转序却不适用于运载火箭和弹道式导弹的垂直发射飞行阶段，垂直起飞阶段速度矢量在 xOz 平面的投影是一个点，无法确定该点与 Ox 轴正向的夹角，也即无法确定航迹偏航角。同样，2-3-1 转序实现的地面发射坐标系到体坐标系的转换也不适用于运载火箭和弹道式导弹的垂直飞行阶段，垂直起飞时若空天飞行器主轴 O_Bx_B 稍微偏离 xOy 平面，则 O_Bx_B 轴在 xOz 平面的投影便垂直于 Ox 轴，偏航角为 90°，显然是不合理的。因此，对于运载火箭和弹道式导弹飞行力学以及惯性导航讨论中通常用 3-2-1 转序方式，而航空飞行器等水平飞行状态较多的空天飞行器，则利用 2-3-1 转序。如果空天飞行器飞行中既有水平飞行（平行地平面）状态，又有垂直地平飞行状态，则为了精确分析相关问题，需要在不同阶段采用不同的转动次序。

5. 速度坐标系到体坐标系

根据坐标系的定义，速度坐标系的 O_By_V 轴与体坐标系的 O_By_B 轴都在航天运载器本体的主对称平面 $x_BO_By_B$ 内，故而速度坐标系只通过两次坐标轴的旋转即可与体坐标系实现三轴重合，相应地两坐标系的转换会对应两个欧拉角。首先将速度坐标系先绕 O_By_V 逆时针旋转 β 角；然后绕新产生的 O_Bz' 轴逆时针正向旋转 α 角，就可以实现两坐标系的重合。两坐标系之间的转换矩阵可表示为

$$\boldsymbol{T}_{BV}=\boldsymbol{T}_z(\alpha)\cdot\boldsymbol{T}_y(\beta) \tag{2-1-38}$$

将上式展开得

$$\boldsymbol{T}_{BV}=\begin{bmatrix}\cos\alpha\cdot\cos\beta & \sin\alpha & -\cos\alpha\cdot\sin\beta\\ -\sin\alpha\cdot\cos\beta & \cos\alpha & \sin\alpha\cdot\sin\beta\\ \sin\beta & 0 & \cos\beta\end{bmatrix} \tag{2-1-39}$$

式中：α 为攻角，β 为侧滑角。由图 2-1-18 的坐标系转换示意图可知，侧滑角 β 实际是速度坐标系 O_Bx_V 轴与运载器本体主对称面 $x_BO_By_B$ 的夹角，顺着体坐标系 O_Bx_B 轴的方向看去，O_Bx_V 轴在主对称面 $x_BO_By_B$ 的右侧时侧滑角 β 为正，反之为负。攻角 α 实质是速度系 O_Bx_V 轴在运载器主对称面 $x_BO_By_B$ 内的投影与 O_Bx_B 轴的夹角，顺着体坐标系 O_Bx_B 轴的方向看去，速度坐标系 O_Bx_V 轴的投影在 O_Bx_B 轴的下方时为正，上方时为负。

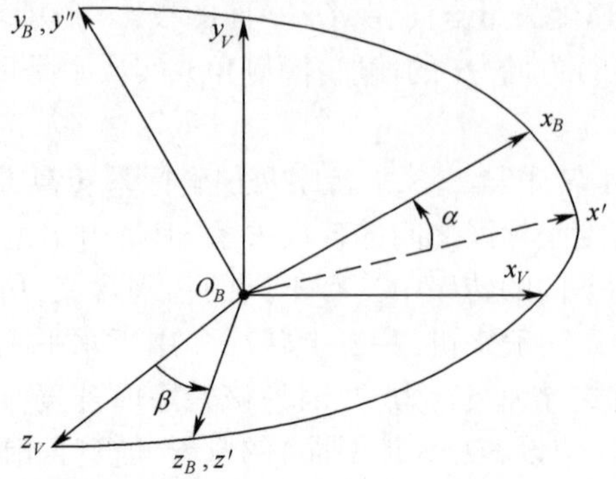

图 2-1-18　速度坐标系与体坐标系的坐标转换示意图

6. 地面发射惯性坐标系到地面发射坐标系

因地球自转,地面发射惯性坐标系与地面发射坐标系的空间关系随时间时刻发生变化,首先讨论地球为圆球模型时两坐标系的坐标系转换矩阵。假设从发射瞬时时刻到当前时刻的时间间隔为 t,则地面发射坐标系相对于地面发射惯性坐标系来讲绕地球自转轴旋转了 $\omega_e t$ 角度,同时地面发射惯性坐标系原点 O_I 与地面发射坐标系原点 O 地心纬度相同,恒为 ϕ_0。两个坐标系其实只是绕地球自转轴做了转动运动,若能建立两坐标系与其各自原点所在子午面的转换关系,则两个坐标系间的坐标转换就能方便地表征。为此引入辅助坐标系 O_I-$x'y'z'$(该坐标系在原点 O 处的平移坐标系用 $G'_{I,T}$ 表示)和 O-$x''y''z''$。坐标系 O_I-$x'y'z'$ 的原点与地面发射惯性坐标系原点重合,O_Ix'轴与地球自转轴平行与地球自转角速度方向相同,O_Iy'轴在过 O_I 点的子午面内垂直于 O_Ix'轴,O_Iz'轴满足右手准则指向 O_I 点正东方向(图 2-1-19)。首先将地面发射惯性坐标系 O_I-$x_Iy_Iz_I$(该坐标系在原点 O 处的平移坐标系用 $G_{I,T}$表示)转换至辅助坐标系 O-$x'y'z'$,地面发射惯性坐标系 O_I-$x_Iy_Iz_I$ 先绕 O_Iy_I 轴逆时针正向旋转 α_0 角使得 $O_Ix'_I$、O_Iy_I 轴同处于子午面内,然后绕新产生的 $O_Iz'_I$ 轴正向旋转 ϕ_0 角度便可与坐标系 O_I-$x'y'z'$ 重合。两个坐标系之间的转换矩阵可表示为

$$\boldsymbol{T}_{G'G_I} = \boldsymbol{T}_z(\phi_0) \cdot \boldsymbol{T}_y(\alpha_0) \tag{2-1-40}$$

将式(2-1-40)展开,可得

$$\boldsymbol{T}_{G'G_I} = \begin{bmatrix} \cos\phi_0 \cdot \cos\alpha_0 & \sin\phi_0 & -\cos\phi_0 \cdot \sin\alpha_0 \\ -\sin\phi_0 \cdot \cos\alpha_0 & \cos\phi_0 & \sin\phi_0 \cdot \sin\alpha_0 \\ \sin\alpha_0 & 0 & \cos\alpha_0 \end{bmatrix} \tag{2-1-41}$$

式中:α_0 为地心方位角;ϕ_0 为发射点地心纬度。地面发射惯性坐标系的平移坐标系 $G_{I,T}$ 到辅助坐标系 $O_I - x'y'z'$ 的平移坐标系 $G'_{I,T}$ 的转换矩阵与式(2-1-41)相同。

$$\boldsymbol{T}_{G'_{\mathrm{I,T}}G_{\mathrm{I,T}}} = \boldsymbol{T}_{G'G_{\mathrm{I}}}$$

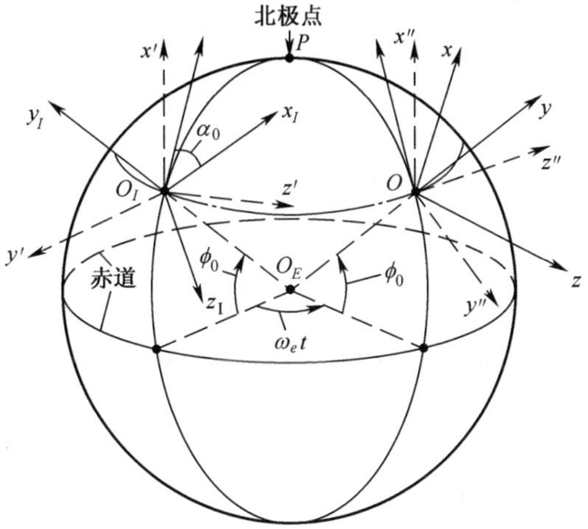

图 2-1-19　地面发射坐标系与地面发射惯性坐标系的坐标转换示意图

因涉及的坐标系太多,平移坐标系 $G'_{\mathrm{I,T}}$ 和 $G_{\mathrm{I,T}}$ 并未在图中画出。采用同样的方式,可将地面发射坐标系 $O\text{-}xyz$ 旋转至辅助坐标系 $O\text{-}x''y''z''$,两个坐标系间的转换矩阵同样为

$$\boldsymbol{T}_{G''G} = \boldsymbol{T}_{G'_{\mathrm{I,T}}G_{\mathrm{I,T}}} = \boldsymbol{T}_{G'G_{\mathrm{I}}} \tag{2-1-42}$$

显然,辅助坐标系 $O_I - x'y'z'$ 的平移坐标系 $G'_{\mathrm{I,T}}$ 到辅助坐标系 $O - x''y''z''$ 的转换矩阵为

$$\boldsymbol{T}_{G''G'_{\mathrm{I,T}}} = \boldsymbol{T}_x(\omega_e t) = \begin{bmatrix} 1 & 0 & 0 \\ 0 & \cos(\omega_e t) & \sin(\omega_e t) \\ 0 & -\sin(\omega_e t) & \cos(\omega_e t) \end{bmatrix} \tag{2-1-43}$$

根据上面的分析,地面发射惯性坐标系的平移坐标系 $G_{I,T}$ 到地面发射坐标系的转换矩阵可表示为

$$\boldsymbol{T}_{GG_{\mathrm{I,T}}} = \boldsymbol{T}_{GG''} \cdot \boldsymbol{T}_{G''G'_{\mathrm{I,T}}} \cdot \boldsymbol{T}_{G'_{I,T}G_{\mathrm{I,T}}} \tag{2-1-44}$$

将式(2-1-44)展开可得

$$\boldsymbol{T}_{GG_{\mathrm{I,T}}} = \begin{bmatrix} T_{11,GG_{\mathrm{I,T}}} & T_{12,GG_{\mathrm{I,T}}} & T_{13,GG_{\mathrm{I,T}}} \\ T_{21,GG_{\mathrm{I,T}}} & T_{22,GG_{\mathrm{I,T}}} & T_{23,GG_{\mathrm{I,T}}} \\ T_{31,GG_{\mathrm{I,T}}} & T_{32,GG_{\mathrm{I,T}}} & T_{33,GG_{\mathrm{I,T}}} \end{bmatrix} \tag{2-1-45}$$

矩阵元素 $T_{ij,GG_{\mathrm{I,T}}}(i = 1,2,3,j = 1,2,3)$ 的具体形式为

$$\begin{cases}\begin{cases}T_{11,GG_{I,T}}=\cos^2\alpha_0\cdot\cos^2\phi_0[1-\cos(\omega_e t)]+\cos(\omega_e t)\\T_{12,GG_{I,T}}=\cos\alpha_0\cdot\sin\phi_0\cdot\cos\phi_0[1-\cos(\omega_e t)]-\sin\alpha_0\cdot\cos\phi_0\cdot\sin(\omega_e t)\\T_{13,GG_{I,T}}=-\sin\alpha_0\cdot\cos\alpha_0\cdot\cos^2\phi_0[1-\cos(\omega_e t)]-\sin\phi_0\cdot\sin(\omega_e t)\end{cases}\\\begin{cases}T_{21,GG_{I,T}}=\cos\alpha_0\cdot\sin\phi_0\cdot\cos\phi_0[1-\cos(\omega_e t)]+\sin\alpha_0\cdot\cos\phi_0\cdot\sin(\omega_e t)\\T_{22,GG_{I,T}}=\sin^2\phi_0[1-\cos(\omega_e t)]+\cos(\omega_e t)\\T_{23,GG_{I,T}}=\sin\alpha_0\cdot\sin\phi_0\cdot\cos\phi_0[1-\cos(\omega_e t)]+\cos\alpha_0\cdot\cos\phi_0\cdot\sin(\omega_e t)\end{cases}\\\begin{cases}T_{31,GG_{I,T}}=-\sin\alpha_0\cdot\cos\alpha_0\cdot\cos^2\phi_0[1-\cos(\omega_e t)]+\sin\phi_0\cdot\sin(\omega_e t)\\T_{32,GG_{I,T}}=-\sin\alpha_0\cdot\sin\phi_0\cdot\cos^2\phi_0[1-\cos(\omega_e t)]-\cos\alpha_0\cdot\cos\phi_0\cdot\sin(\omega_e t)\\T_{33,GG_{I,T}}=\sin^2\alpha_0\cdot\cos^2\phi_0[1-\cos(\omega_e t)]+\cos(\omega_e t)\end{cases}\end{cases}\tag{2-1-46}$$

式中：α_0 为地心方位角；ϕ_0 为发射点地心纬度；ω_e 为地球自转角速率；t 为发射起飞时刻至当前时刻的时间间隔。考虑到坐标系转换矩阵只是表征两坐标系原点重合时的角度关系，故而 $\boldsymbol{T}_{GG_\mathrm{I}}=\boldsymbol{T}_{GG_\mathrm{I,T}}$ 也即地面发射惯性坐标系到地面发射坐标系的转换矩阵。考虑到坐标转换矩阵 $\boldsymbol{T}_{GG_\mathrm{I}}$ 的各项元素形式复杂且包含多项三角函数，为了减少该坐标转换矩阵的计算量，常将地面发射惯性系到地面发射系的转换矩阵做如下简化

$$\boldsymbol{T}_{GG_\mathrm{I}}=\begin{bmatrix}1&\omega_{ez}t&-\omega_{ey}t\\-\omega_{ez}t&1&\omega_{ex}t\\\omega_{ey}t&-\omega_{ex}t&1\end{bmatrix}\tag{2-1-47}$$

式中：ω_{ex}、ω_{ey}、ω_{ez} 分别为地球自转角速率 ω_e 在地面发射坐标系中的分量，具体形式为

$$\begin{cases}\omega_{ex}=\omega_e\cdot\cos\phi_0\cdot\cos\alpha_0\\\omega_{ex}=\omega_e\cdot\sin\phi_0\\\omega_{ez}=-\omega_e\cdot\cos\phi_0\cdot\sin\alpha_0\end{cases}\tag{2-1-48}$$

式中：ϕ_0 为发射点地心纬度；α_0 为地心方位角。

说明：分析问题时如果将地球视为椭球体，则只需将上述方向余弦阵中的发射点地心纬度 ϕ_0 和地心方位角 α_0 用地理纬度 B_0 和射击方位角 A_0 替代即可。

2.1.4 矢量在坐标系内分量的计算

已知坐标系和坐标转换矩阵是用于空间矢量分析和计算的数学工具，前面介绍了航天发射飞行力学分析时常用的坐标系和坐标转换矩阵的相关内容，本节就空间矢量在坐标系内的分量的计算和空间矢量在坐标系内的求导法则两部分内容进行阐述。讨论空间矢量在坐标系内的分量计算时，会考虑空间位置、速度矢量、

加速度矢量、转动角速度矢量等常用矢量，也会考虑坐标原点重合的两个不同坐标系以及坐标原点不重合的两个坐标系的矢量分量的计算。空间矢量在坐标系内的求导法则主要是介绍矢量的求导过程以及矢量的求导法则等相关内容。

首先讨论航天发射飞行力学分析中常见的加速度矢量、速度矢量、转动角速度矢量等空间矢量，上述矢量有大小有方向，而且可以在空间中平移。为了阐述的一般性，用空间中任一矢量 $\boldsymbol{r}$ 来进行分析，如图 2-1-20 所示。

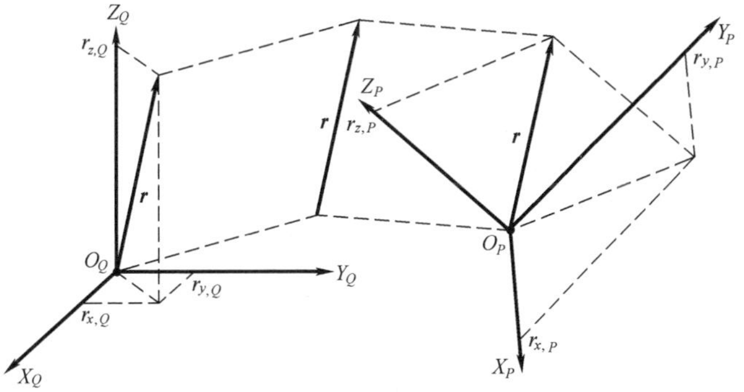

图 2-1-20　空间任意矢量在不同坐标系内的投影示意图

矢量 $\boldsymbol{r}$ 在三维空间可以自由平移，P 坐标系 O_P-$X_PY_PZ_P$ 和 Q 坐标系 O_Q-$X_QY_QZ_Q$ 为三维空间中任意两个原点不重合的直角坐标系。若要表征空间矢量 $\boldsymbol{r}$ 在 P 坐标系和 Q 坐标系的坐标分量，则只需将矢量 $\boldsymbol{r}$ 的端点分别平移至 P 坐标系的原点 O_P 和 Q 坐标系的原点 O_Q 并在各坐标系分别投影即可，其在 P 坐标系和 Q 坐标系的分量可分别表示为

$$\boldsymbol{r} = r_{x,P} \cdot \boldsymbol{x}_P^0 + r_{y,P} \cdot \boldsymbol{y}_P^0 + r_{z,P} \cdot \boldsymbol{z}_P^0 = \boldsymbol{r}_{x,Q} \cdot \boldsymbol{x}_Q^0 + \boldsymbol{r}_{y,Q} \cdot \boldsymbol{y}_Q^0 + \boldsymbol{r}_{z,Q} \cdot \boldsymbol{z}_Q^0 \tag{2-1-49}$$

该式等价于

$$\boldsymbol{r} = [\boldsymbol{x}_P^0, \boldsymbol{y}_P^0, \boldsymbol{z}_P^0] \cdot \begin{bmatrix} r_{x,P} \\ r_{y,P} \\ r_{z,P} \end{bmatrix} = [\boldsymbol{x}_Q^0, \boldsymbol{y}_Q^0, \boldsymbol{z}_Q^0] \cdot \begin{bmatrix} r_{x,Q} \\ r_{y,Q} \\ r_{z,Q} \end{bmatrix} \tag{2-1-50}$$

将式(2-1-50)右侧等式两边同时左乘 $[\boldsymbol{x}_P^0, \boldsymbol{y}_P^0, \boldsymbol{z}_P^0]^{\mathrm{T}}$ 得

$$\begin{bmatrix} \boldsymbol{x}_P^0 \\ \boldsymbol{y}_P^0 \\ \boldsymbol{z}_P^0 \end{bmatrix} \cdot [\boldsymbol{x}_P^0, \boldsymbol{y}_P^0, \boldsymbol{z}_P^0] \cdot \begin{bmatrix} \boldsymbol{r}_{x,P} \\ \boldsymbol{r}_{y,P} \\ \boldsymbol{r}_{z,P} \end{bmatrix} = \begin{bmatrix} \boldsymbol{x}_P^0 \\ \boldsymbol{y}_P^0 \\ \boldsymbol{z}_P^0 \end{bmatrix} \cdot [\boldsymbol{x}_Q^0, \boldsymbol{y}_Q^0, \boldsymbol{z}_Q^0] \cdot \begin{bmatrix} r_{x,Q} \\ r_{y,Q} \\ r_{z,Q} \end{bmatrix} \tag{2-1-51}$$

将式(2-1-51)展开得

$$\begin{bmatrix} \boldsymbol{x}_P^0 \cdot \boldsymbol{x}_P^0 & \boldsymbol{x}_P^0 \cdot \boldsymbol{y}_P^0 & \boldsymbol{x}_P^0 \cdot \boldsymbol{z}_P^0 \\ \boldsymbol{y}_P^0 \cdot \boldsymbol{x}_P^0 & \boldsymbol{y}_P^0 \cdot \boldsymbol{y}_P^0 & \boldsymbol{y}_P^0 \cdot \boldsymbol{z}_P^0 \\ \boldsymbol{z}_P^0 \cdot \boldsymbol{x}_P^0 & \boldsymbol{z}_P^0 \cdot \boldsymbol{y}_P^0 & \boldsymbol{z}_P^0 \cdot \boldsymbol{z}_P^0 \end{bmatrix} \cdot \begin{bmatrix} \boldsymbol{r}_{x,P} \\ \boldsymbol{r}_{y,P} \\ \boldsymbol{r}_{z,P} \end{bmatrix} = \begin{bmatrix} \boldsymbol{x}_P^0 \cdot \boldsymbol{x}_Q^0 & \boldsymbol{x}_P^0 \cdot \boldsymbol{y}_Q^0 & \boldsymbol{x}_P^0 \cdot \boldsymbol{z}_Q^0 \\ \boldsymbol{x}_P^0 \cdot \boldsymbol{x}_Q^0 & \boldsymbol{y}_P^0 \cdot \boldsymbol{y}_Q^0 & \boldsymbol{y}_P^0 \cdot \boldsymbol{z}_Q^0 \\ \boldsymbol{z}_P^0 \cdot \boldsymbol{x}_Q^0 & \boldsymbol{z}_P^0 \cdot \boldsymbol{y}_Q^0 & \boldsymbol{z}_P^0 \cdot \boldsymbol{z}_Q^0 \end{bmatrix} \cdot \begin{bmatrix} \boldsymbol{r}_{x,Q} \\ \boldsymbol{r}_{y,Q} \\ \boldsymbol{r}_{z,Q} \end{bmatrix} \tag{2-1-52}$$

显然,式(2-1-52)左侧三行三列矩阵为单位矩阵,式(2-1-52)右侧三行三列矩阵为 Q 坐标系到 P 坐标系的坐标转换矩阵,因此等式可整理简化为

$$\begin{bmatrix} \boldsymbol{r}_{x,P} \\ \boldsymbol{r}_{y,P} \\ \boldsymbol{r}_{z,P} \end{bmatrix} = \boldsymbol{T}_{PQ} \cdot \begin{bmatrix} \boldsymbol{r}_{x,Q} \\ \boldsymbol{r}_{y,Q} \\ \boldsymbol{r}_{z,Q} \end{bmatrix} \tag{2-1-53}$$

式中: $\boldsymbol{T}_{PQ}$ 为 Q 坐标系到 P 坐标系的坐标转换矩阵。根据式(2-1-53)可知,如果已知空间矢量 $\boldsymbol{r}$ 在 Q 坐标系三轴的分量,那么利用 P 坐标系与 Q 坐标系之间的坐标转换矩阵就可以直接计算得到空间矢量 $\boldsymbol{r}$ 在 P 坐标系三轴的分量。

需要说明,这里所说的空间矢量 $\boldsymbol{r}$ 是指加速度矢量、速度矢量、转动角速度矢量等可以在空间中自由平移的矢量,之所以可以自由平移,是因为上述这些矢量的起始端点的空间位置并不影响该矢量在直角坐标系内分量的数值大小,而矢量 $\boldsymbol{r}$ 在不同的坐标系内的投影就可以用坐标转换矩阵相互解算。同样,如果 P 坐标系和 Q 坐标系是坐标原点重合的两个坐标系,那么空间任一矢量 $\boldsymbol{r}$ 在 P 坐标系和 Q 坐标系内的投影分量也可以直接用式(2-1-53)所示进行解算。

刚才讨论了加速度矢量、速度矢量、转动角速度矢量等可以在空间自由平移的矢量在不同坐标系内分量的计算方法,下面讨论空间中的位置矢量或空间中任意一点在不同坐标系内投影的计算公式。

如图 2-1-21 所示,P 坐标系 $O_P - X_P Y_P Z_P$ 和 Q 坐标系 $O_Q - X_Q Y_Q Z_Q$ 为三维空间中任意两个原点不重合的直角坐标系,空间中有一质点 M,质点 M 相对于 P 坐标系原点 O_P 的位置矢径为 $\boldsymbol{r}_P$,质点 M 相对于 Q 坐标系原点 O_Q 的位置矢径为 $\boldsymbol{r}_Q$,坐标分量分别为

$$\begin{cases} \boldsymbol{r}_P = \boldsymbol{r}_{x,P} \cdot \boldsymbol{x}_P^0 + r_{y,P} \cdot \boldsymbol{y}_P^0 + r_{z,P} \cdot \boldsymbol{z}_P^0 \\ \boldsymbol{r}_Q = \boldsymbol{r}_{x,Q} \cdot \boldsymbol{x}_Q^0 + r_{y,Q} \cdot \boldsymbol{y}_Q^0 + r_{z,Q} \cdot \boldsymbol{z}_Q^0 \end{cases} \tag{2-1-54}$$

式中: $r_{x,P}$、$r_{y,P}$、$r_{z,P}$ 为矢径 $\boldsymbol{r}_P$ 在 P 坐标系三轴的分量; $r_{x,Q}$、$\boldsymbol{r}_{y,Q}$、$\boldsymbol{r}_{z,Q}$ 为矢径 $\boldsymbol{r}_Q$ 在 Q 坐标系三轴的分量。为了建立两个不同坐标系内分量的关系,我们先将 P 坐标系原点平移至 Q 坐标系的原点位置。

图 2-1-22 中, $r_{x,Q}$、$r_{y,Q}$、$r_{z,Q}$ 为矢径 $\boldsymbol{r}_Q$ 在 Q 坐标系三轴的分量, $r_{Px,Q}$、$r_{Py,Q}$、$r_{Pz,Q}$ 为矢径 $\boldsymbol{r}_Q$ 在 P 坐标系三轴的分量,假设 Q 坐标系到 P 坐标系的坐标转换矩阵为 $\boldsymbol{T}_{PQ}$,则

$$\boldsymbol{r}_Q = \begin{bmatrix} r_{Px,Q} \\ r_{Py,Q} \\ r_{Pz,Q} \end{bmatrix} = \boldsymbol{T}_{PQ} \cdot \begin{bmatrix} r_{x,Q} \\ r_{y,Q} \\ r_{z,Q} \end{bmatrix} \tag{2-1-55}$$

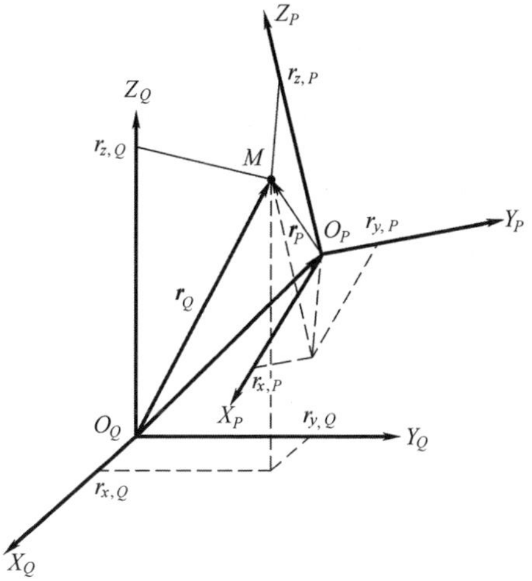

图 2-1-21　空间任一点在不同坐标系内的位置矢量投影示意图

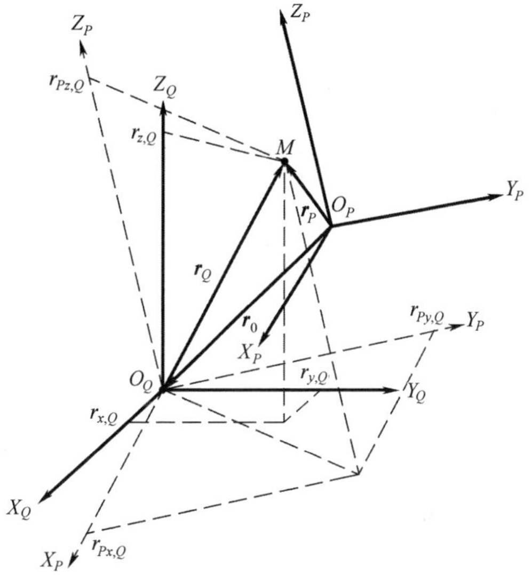

图 2-1-22　位置矢量在原点重合的坐标系内的投影示意图

从空间几何关系可知，

$$\boldsymbol{r}_P = \boldsymbol{r}_0 + \boldsymbol{r}_Q \tag{2-1-56}$$

式中：矢径 $\boldsymbol{r}_0$ 为原点 O_P 指向原点 O_Q 的矢径。已知 $\boldsymbol{r}_P$ 在 P 坐标系的分量为 $r_{x,P}$、$r_{y,P}$、$r_{z,P}$，而矢径 $\boldsymbol{r}_Q$ 在 P 坐标系三轴的分量为 $r_{Px,Q}$、$r_{Py,Q}$、$r_{Pz,Q}$。如果假设矢径 $\boldsymbol{r}_0$ 在 P 坐标系三轴的分量为 $x_{Q0,P}$、$y_{Q0,P}$、$z_{Q0,P}$，则

$$\begin{bmatrix} r_{x,P} \\ r_{y,P} \\ r_{z,P} \end{bmatrix} = \begin{bmatrix} x_{Q0,P} \\ y_{Q0,P} \\ z_{Q0,P} \end{bmatrix} + \begin{bmatrix} r_{Px,Q} \\ r_{Py,Q} \\ r_{Pz,Q} \end{bmatrix} \tag{2-1-57}$$

已知分量 $r_{Px,Q}$、$r_{Px,Q}$、$r_{Pz,Q}$ 可以由分量 $r_{x,Q}$、$r_{y,Q}$、$r_{z,Q}$ 和坐标转换矩阵 $\boldsymbol{T}_{PQ}$ 计算，则式 2-1-57 可最终转化为

$$\begin{bmatrix} r_{x,P} \\ r_{y,P} \\ r_{z,P} \end{bmatrix} = \boldsymbol{T}_{PQ} \cdot \begin{bmatrix} r_{x,Q} \\ r_{y,Q} \\ r_{z,Q} \end{bmatrix} + \begin{bmatrix} x_{Q0,P} \\ y_{Q0,P} \\ z_{Q0,P} \end{bmatrix} \tag{2-1-58}$$

式(2-1-58)说明，空间中任意一个质点在某坐标系 P 内的位置分量等于该质点在另一坐标系 Q 内的位置分量与 Q 坐标系到 P 坐标系坐标转换矩阵 $\boldsymbol{T}_{PQ}$ 的乘积，再加上 Q 坐标系的原点 O_Q 在 P 坐标系内的位置分量的矢量和。如果 P 坐标系和 Q 坐标系的原点重合，则原点 O_Q 在 P 坐标系内的位置分量均为零，直接利用坐标转换矩阵就可以解算 P 坐标系和 Q 坐标系内各自的位置分量。在航天发射飞行

力学分析和研究中，空间矢量在不同坐标系内的分量的数值计算是很常见的计算过程，下面在应用本节所讲的内容去解答相关问题时，务必要先明确所分析的矢量是位置矢量、速度矢量、加速度矢量亦或是转动角速度矢量，然后再选择合适的计算公式去完成计算。

讨论完空间矢量在不同坐标系内的分量的计算后，下面讨论空间矢量在不同的坐标系内的导数计算问题，即矢量导数法则。如图 2-1-23 所示，假设有两个原点相互重合的 P 坐标系和 Q 坐标系，其中 Q 坐标系相对于 P 坐标系以角速度 $\boldsymbol{\omega}$ 转动。

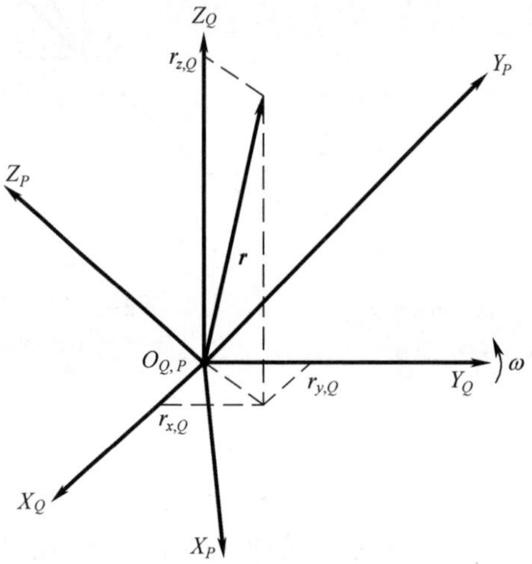

图 2-1-23　空间中一个坐标系相对于另一坐标系转动的示意图

假设 $\boldsymbol{x}_Q^0$、$\boldsymbol{y}_Q^0$、$\boldsymbol{z}_Q^0$ 为 Q 坐标系三个坐标轴的单位矢量，则矢量 $\boldsymbol{r}$ 在 Q 坐标系内可表示为

$$\boldsymbol{r} = r_{x,Q} \cdot \boldsymbol{x}_Q^0 + r_{y,Q} \cdot \boldsymbol{y}_Q^0 + r_{z,Q} \cdot z_Q^0 \tag{2-1-59}$$

式中：$r_{x,Q}$、$r_{y,Q}$、$r_{z,Q}$ 为矢量 $\boldsymbol{r}$ 在 Q 坐标系三轴的分量，将(2-1-59)式微分得

$$\frac{\mathrm{d}\boldsymbol{r}}{\mathrm{d}t} = \frac{\mathrm{d}r_{x,Q}}{\mathrm{d}t} \cdot \boldsymbol{x}_Q^0 + \frac{\mathrm{d}r_{y,Q}}{\mathrm{d}t} \cdot \boldsymbol{y}_Q^0 + \frac{\mathrm{d}r_{z,Q}}{\mathrm{d}t} \cdot \boldsymbol{z}_Q^0 + r_{x,Q} \cdot \frac{\mathrm{d}\boldsymbol{x}_Q^0}{\mathrm{d}t} + r_{y,Q} \cdot \frac{\mathrm{d}\boldsymbol{y}_Q^0}{\mathrm{d}t} + r_{z,Q} \cdot \frac{\mathrm{d}\boldsymbol{z}_Q^0}{\mathrm{d}t} \tag{2-1-60}$$

为表示方便，定义如下：

$$\frac{\delta \boldsymbol{r}}{\delta t} = \frac{\mathrm{d}r_{x,Q}}{\mathrm{d}t} \cdot \boldsymbol{x}_Q^0 + \frac{\mathrm{d}r_{y,Q}}{\mathrm{d}t} \cdot \boldsymbol{y}_Q^0 + \frac{\mathrm{d}r_{z,Q}}{\mathrm{d}t} \cdot z_Q^0 \tag{2-1-61}$$

上式表示的物理意义是处于转动的 Q 坐标系内的观察者所看到的空间矢量 $\boldsymbol{r}$ 随时间的变化率。对于处在 Q 坐标系内的观察者而言，Q 坐标系三轴的单位矢量 x_Q^0、$\boldsymbol{y}_Q^0$、$\boldsymbol{z}_Q^0$ 是固定不变的，变化的只有矢量 $\boldsymbol{r}$ 在 Q 坐标系内的分量。

同时,根据泊松定理可知 Q 坐标系上固连的单位矢量 $\boldsymbol{x}_Q^0$、$\boldsymbol{y}_Q^0$、$\boldsymbol{z}_Q^0$ 在 P 坐标系内对时间的导数等于 Q 坐标系的角速度矢量与该矢量的乘积,则

$$\frac{\mathrm{d}\boldsymbol{x}_Q^0}{\mathrm{d}t}=\boldsymbol{\omega}\times\boldsymbol{x}_Q^0,\frac{\mathrm{d}\boldsymbol{y}_Q^0}{\mathrm{d}t}=\boldsymbol{\omega}\times\boldsymbol{y}_Q^0,\frac{\mathrm{d}\boldsymbol{z}_Q^0}{\mathrm{d}t}=\boldsymbol{\omega}\times\boldsymbol{z}_Q^0 \tag{2-1-62}$$

该式的物理意义是,对于处在 P 坐标系内的观察者来说, $\mathrm{d}\boldsymbol{x}_Q^0/\mathrm{d}t$ 本质上是具有位置矢量 $\boldsymbol{x}_Q^0$ 的点由于转动 ω 而产生的速度。联立式(2-1-60)~式(2-1~62)可得

$$\frac{\mathrm{d}\boldsymbol{r}}{\mathrm{d}t}=\frac{\delta\boldsymbol{r}}{\delta t}+\omega\times\boldsymbol{r} \tag{2-1-63}$$

式中:矢量 $\boldsymbol{r}$ 相对于 P 坐标系的导数 $\mathrm{d}\boldsymbol{r}/\mathrm{d}t$ 称为绝对导数,相对于 Q 坐标系的导数 $\delta\boldsymbol{r}/\delta t$ 称为相对导数。叉乘项 $\boldsymbol{\omega}\times\boldsymbol{r}$ 表示由于 Q 坐标系相对于 P 坐标系转动而引起的矢量 $\boldsymbol{r}$ 随时间的变化,也称为牵连导数项。式(2-1-63)矢量导数的计算法则,它反映了矢量相对于不同坐标系的导数所遵循的基本规律,也是表征空间任一矢量相对于惯性坐标系和动坐标系导数的计算关系式,在建立矢量形式的运动方程时经常用到。

2.2 动力学基本概念与基本定理

动力学是研究受力物体的运动与其作用力之间关系的学科,是研究航天运载器的质心运动、绕质心运动、弹道学和动态特性分析的基础。下面简单介绍常用的动力学基本概念和定理。

2.2.1 动力学基本概念

力:物体间相互的机械作用,该作用使物体的机械运动状态发生变化。

内力:质点系中各质点之间相互的作用力。

外力:质点系以外的物体对质点系内各质点的作用力。

质点:理想化的力学模型,有质量但不存在体积与形状的点。

刚体:理想化的力学模型,力的作用下内部任意两点间距离始终保持不变的物体。

质点系:由许多有相互联系的质点组成的力学系统。它可以是刚体,也可以是流体、弹性体等变形体,也可以是若干物体的集合。

质心:质点系的质量分布的中心。由 n 个质点组成的质点系统,第 i 个质点的质量为 m_i,第 i 个质点相对于惯性坐标系原点的矢径为 $\boldsymbol{r}_i$,则该质点系统的质心 $O_{\mathrm{c,m.}}$ 对同一惯性坐标系原点的矢径为

$$\boldsymbol{r}_{c.m.}=\frac{\sum_{i=1}^{n} m_i \cdot \boldsymbol{r}_i}{\sum_{i=1}^{n} m_i}=\frac{\sum_{i=1}^{n} m_i \cdot \boldsymbol{r}_i}{m} \tag{2-2-1}$$

式中：m 为质点系统的质量。虽然质心和重心在计算表达式上十分相似，但是质心与重心是两个不同的概念。质心反映的是物体系统质量分布的平均位置，与作用在系统上的力无关，质心在任何地方都存在且不会随位置变化。

平行力系的中心：平行力系合力通过的一个点，平行力系合力作用点的位置仅与各平行力的大小和作用点有关，与各平行力的方向无关。

重心：将地球表面物体的重力视为平行力系，此平行力系的中心称为重心。重心与平行力系的合力直接相关，是物体系统内各体积元所受重力的合力作用点，重心是只有物体系统受到重力作用时才存在。在均匀重力场中质心与重心重合，在非均匀重力场中质心与重心不重合。

动量：物体的质量与其速度矢量的乘积，动量是物体机械运动的一种度量。若质点系的质心保持静止，则质点系的动量恒为零。对于平动刚体，其运动状态可由动量全面描述；相对于质心有运动的系统，则动量只能描述系统随质心平动的运动状态，至于相对于质心的运动状态只能利用其他物理量（动量矩）来描述。

质点系的动量：质点系内各质点的动量的矢量和，也即质点系的质量与质点系质心的速度矢量的乘积

$$\begin{cases}\boldsymbol{K}_i = m_i \cdot \boldsymbol{V}_i \\ \boldsymbol{K} = \sum m_i \cdot \boldsymbol{V}_i = m \cdot \boldsymbol{V}_{c.m.}\end{cases} \tag{2-2-2}$$

式中：m_i 为质点系内第 i 个质点的质量；$\boldsymbol{V}_i$ 为第 i 个质点的速度矢量；$\boldsymbol{K}_i$ 为第 i 个质点的动量；m 为该质点系的质量；$\boldsymbol{V}_{c.m.}$ 为该质点系质心的速度矢量。

质点对点的动量矩：质点 P 某瞬时时刻的动量为 $m \cdot \boldsymbol{V}$，该质点相对于点 O 的位置用矢径 $\boldsymbol{r}$ 表示，则质点 P 对点 O 的动量矩为

$$\boldsymbol{M}_O(m \cdot \boldsymbol{V}) = \boldsymbol{r} \times (m \cdot \boldsymbol{V}) \tag{2-2-3}$$

式中：$\boldsymbol{M}_O$ 为质点 P 对点 O 的动量矩（$kg \cdot m^2/s$）。质点 P 对某定点 O 的动量矩 $\boldsymbol{M}_O$ 在过点 O 的某轴上的投影即为该质点 P 对该轴的动量矩。

质点系的动量矩：质点系内各质点对某点 O 的动量矩的矢量和，也称为质点系动量对点 O 的主矩，即

$$\boldsymbol{L}_O = \sum \boldsymbol{M}_O(m_i \cdot \boldsymbol{V}_i) \tag{2-2-4}$$

式中：$\boldsymbol{L}_o$ 为质点系对 O 的动量矩。

质点系对固定点的动量矩与对质心的动量矩的关系：质点系对任意点 O 的动量矩等于质点系对质心平动参考系的动量矩加上随质心一起平动的动量对该点的动量矩。

$$\boldsymbol{M}_O = \sum_{i=1}^{n} \boldsymbol{r}_i' \times (m_i \cdot \boldsymbol{V}_{i,r}) + \boldsymbol{r}_{\text{c.m.}} \times (m \cdot \boldsymbol{V}_{\text{c.m.}}) \tag{2-2-5}$$

式中：$\boldsymbol{M}_O$ 为质点系对点 O 的动量矩；$\boldsymbol{r}_i'$ 为质点系中第 i 个质点相对于质心 $O_{\text{c.m.}}$ 的矢径；m_i 为第 i 个质点质量；V_i, r 为质点系中第 i 个质点相对于质心 $O_{\text{c.m.}}$ 的相对速度；$r_{\text{c.m.}}$ 为质心 $O_{\text{c.m.}}$ 相对于点 O 的矢径；m 为质点系的质量；$\boldsymbol{V}_{\text{c.m.}}$ 为质心 $O_{\text{c.m.}}$ 相对于点 O 的速度。

力的冲量：力 $\boldsymbol{F}$ 与该力作用时间 t 的乘积，冲量一般用 $\boldsymbol{S}$ 表示。若力 $\boldsymbol{F}$ 为常量，则冲量 $\boldsymbol{S}=\boldsymbol{F}\cdot t$ 。当力 $\boldsymbol{F}$ 不是常量时，$\mathrm{d}\boldsymbol{S}=\boldsymbol{F}\cdot\mathrm{d}t$，$\mathrm{d}\boldsymbol{S}$ 称为力 $\boldsymbol{F}$ 的元冲量，$\mathrm{d}t$ 为无限小的时间间隔，则变化力 $\boldsymbol{F}$ 在 $t_1 \sim t_2$ 时间间隔内的冲量可表示为

$$\boldsymbol{S} = \int_{t_1}^{t_2} \boldsymbol{F} \cdot \mathrm{d}t \tag{2-2-6}$$

式中：$\boldsymbol{S}$ 为冲量，$\boldsymbol{F}$ 为作用力，两者皆为矢量。

2.2.2 动力学的基本定理

一般来说，定理是经过受逻辑限制的证明为真的陈述，而定律则是对客观事实的一种表达形式，是通过大量具体的客观事实归纳而成的结论。公理是指依据人类理性的不证自明的基本事实，经过人类长期反复实践的考验，不需要再加证明的基本命题。本部分对动力学的基本定理、定律、公理等进行简单介绍。

牛顿第一定律（惯性定律）：不受力作用的质点（包括受平衡力系作用的质点），将保持静止或做匀速直线运动，这种性质称为惯性。

牛顿第二定律（力与加速度之间的关系定律）：

$$\frac{\mathrm{d}}{\mathrm{d}t}(m \cdot \boldsymbol{V}) = m \cdot \boldsymbol{a} = \boldsymbol{F} \tag{2-2-7}$$

式中：m 为质点的质量；$\boldsymbol{V}$ 为质点的速度；$\boldsymbol{F}$ 为质点所受的力。在经典力学范围内，质点的质量是守恒的，故而式(2-2-7)成立，该式是质点动力学的基本方程，建立了质点的加速度、质量与作用力之间的定量关系。

牛顿第三定律（作用力与反作用力定律）：两个物体间的作用力与反作用力总是大小相等，方向相反，沿同一直线，且同时分别作用在这两个物体上。

质心运动定理：质点系的质量与该质点系的质心加速度的乘积，等于作用在该质点系上的外力系的主矢量。

$$m \cdot \boldsymbol{a}_{\text{c.m.}} = \sum \boldsymbol{F}_i = \boldsymbol{R} \tag{2-2-8}$$

式中：m 为质点系的质量；$\boldsymbol{a}_{\text{c.m.}}$ 为质点系质心的加速度；$\boldsymbol{F}_i$ 为作用在质点系第 i 个质点上的外力；$\boldsymbol{R}$ 为作用在质点系上的外力系的主矢量。

质心运动守恒定律：①作用在质点系上的外力系主矢量恒为零，则系统的质心做匀速直线运动或静止；②作用在质点系上的外力系主矢量在某方向的投影恒为

零,则系统的质心在该方向做匀速直线运动或静止。

质点系微分形式的动量定理:质点系的动量对时间的导数,等于作用在该质点系上的外力系的主矢量,即

$$\frac{d\boldsymbol{K}}{dt}=\sum \boldsymbol{F}_i=\boldsymbol{R} \tag{2-2-9}$$

式中:$\boldsymbol{K}$ 为质点系的动量;$\boldsymbol{F}_i$ 为作用在质点系第 i 个质点上的外力;$\boldsymbol{R}$ 为作用在质点系上的外力系的主矢量。

质点系积分形式的动量定理(冲量定理):在某一时间间隔 $t_1 \sim t_2$ 内,质点系动量的变化量等于作用在该质点系上所有外力的冲量的矢量和,即

$$\boldsymbol{K}_2-\boldsymbol{K}_1=\sum_{i=1}^{n}\int_{t_1}^{t_2}\boldsymbol{F}_i\cdot dt=\sum_{i=1}^{n}\boldsymbol{S}_i=\boldsymbol{S} \tag{2-2-10}$$

式中:$\boldsymbol{K}_2$ 为质点系在 t_2 时刻的动量;$\boldsymbol{K}_1$ 为质点系在 t_1 时刻的动量;$\boldsymbol{F}_i$ 为质点系内第 i 个质点所受的外力,$\boldsymbol{S}_i$ 为质心系内第 i 个质点在时间间隔 $t_1 \sim t_2$ 内所受外力的冲量;$\boldsymbol{S}$ 为质点系上所有外力的冲量的矢量和。

动量守恒定律:①作用于质点系的外力系的主矢量恒为零,质点系的动量保持不变;②作用于质点系的外力系的主矢量在某一个方向的投影恒为零,则质点系的动量在该方向的投影保持不变。

质点的动量矩定理:质点对任意一个固定点 O 的动量矩对时间的导数,等于作用在质点上的力对固定点 O 之矩,即

$$\frac{d\boldsymbol{M}_O(m\cdot V)}{dt}=\boldsymbol{M}_O(\boldsymbol{F}) \tag{2-2-11}$$

式中:m 为质点质量;$\boldsymbol{V}$ 为质点速度矢量;$\boldsymbol{M}_O(m\cdot\boldsymbol{V})$ 为质点对固定点 O 的动量矩;$\boldsymbol{F}$ 为质点所受外力;$\boldsymbol{M}_O(\boldsymbol{F})$ 为力 $\boldsymbol{F}$ 对固定点 O 之矩。

质点系对固定点的动量矩定理:质点系对某一个固定点 O 的动量矩对时间的导数,等于作用在质点系上的外力系对点 O 的主矩,即

$$\frac{d}{dt}\left[\sum_{i=1}^{n}\boldsymbol{r}_i\times(\boldsymbol{m}_i\cdot\boldsymbol{V}_i)\right]=\sum_{i=1}^{n}\boldsymbol{r}_i\times\boldsymbol{F}_i \tag{2-2-12}$$

式中:$\boldsymbol{r}_i$ 为质点系中第 i 个质点相对于固定点 O 的矢径,m_i 是第 i 个质点的质量;V_i 为第 i 个质点的速度矢量;$\boldsymbol{F}_i$ 为第 i 个质点所受的外力。

质点系对固定轴的动量矩定理:质点系对某一固定轴的动量矩对时间的导数,等于作用于质点系上的外力系对同一轴的主矩。

质点系相对于动点的动量矩定理:质点系相对于动点 P 的动量矩对时间的导数,等于作用在该质点系上的外力系对该动点的主矩与加在质心上的牵连惯性力的合力对该动点之矩的矢量和,即

$$\frac{d}{dt}\left[\sum_{i=1}^{n}\boldsymbol{r}'_i\times(\boldsymbol{m}_i\cdot\boldsymbol{V}_i)\right]=\sum_{i=1}^{n}\boldsymbol{r}'_i\times\boldsymbol{F}_i+\boldsymbol{r}'_{c.m.}\times(-m\cdot\boldsymbol{a}_P) \tag{2-2-13}$$

式中：$\boldsymbol{r}_i'$ 为质点系中第 i 个质点相对于动点 P 的矢径；m_i 为第 i 个质点的质量；$\boldsymbol{V}_{i,r}$ 为第 i 个质点相对于动点 P 的速度矢量；$\boldsymbol{F}_i$ 为第 i 个质点所受的外力；$\boldsymbol{r}_{c.m.}'$ 为质点系质心相对于动点 P 的矢径；m 为整个质点系的质量；$\boldsymbol{a}_P$ 为动点 P 的绝对加速度。

质心在有心力场中运动的开普勒定律：①行星绕太阳做椭圆运动，太阳位于椭圆的一个焦点上；②行星和太阳之间的连线，在相同的时间内扫过相同的面积；③行星公转周期的平方与轨道半长轴的立方成正比。

万有引力定律：任何两个物体间均存在一个相互吸引的力，这个力与它们的质量的乘积成正比，与这两个物体间距离的平方成反比。

$$F = G \cdot \frac{m_1 \cdot m_2}{r^2} \tag{2-2-14}$$

式中：G 为万有引力常数；m_1、m_2 为两个物体的质量；r 为它们之间的距离。

2.3 变质量物体的动力学基本方程

航天运载器在发射飞行的过程中是一个典型的变质量空间运动体，运载器发动机工作时要不断消耗推进剂和氧化剂，燃料燃烧后要不断地由发动机喷管喷出，运载器质量不断减少；同时，运载器控制系统以及冷却系统工作时也要不断地消耗工质，且伴随着级间分离、整流罩分离等动作，运载器的质量都在时刻发生着变化。显然，运载器在发射飞行过程中不能视为一个定质点系，这样理论力学课程中讲述的动力学的经典理论就不能直接用来分析运载器的运动，有必要介绍有关变质量系统运动的动力学原理。

2.3.1 变质量质点的动力学方程

为了由易到难、由浅入深地介绍变质量物体的动力学原理，下面首先介绍最简单的情形，即变质量质点的动力学方程。如图 2-3-1 所示，在航天运载器发射飞行过程中，若只研究运载器的加速度、速度、位置以及其他弹道问题，则运载器可以近似视为一个质量时刻变化的质点。该质点随质量的变化其加速度、速度和位置都在时刻发生变化，其机械变化遵循的基本规律就是变质量质点力学原理。

为了阐述的一般性，下面从力学模型的角度进行分析。假设在惯性空间的某瞬时时刻 t，变质量质点 M 的质量为 $m(t)$，该质点具有绝对速度矢量 $\boldsymbol{V}(t)$，同时受到外力 $\boldsymbol{F}$ 作用，如图 2-3-2 所示。

若在 Δt 时间间隔内有一个微小单元质量 Δm 相对于质点 M 以速度矢量 $\boldsymbol{V}_r$ 做远离 M 的运动，且在 Δt 时间内，质点 M 获得速度增量矢量 ΔV，显然质点 M 的质量

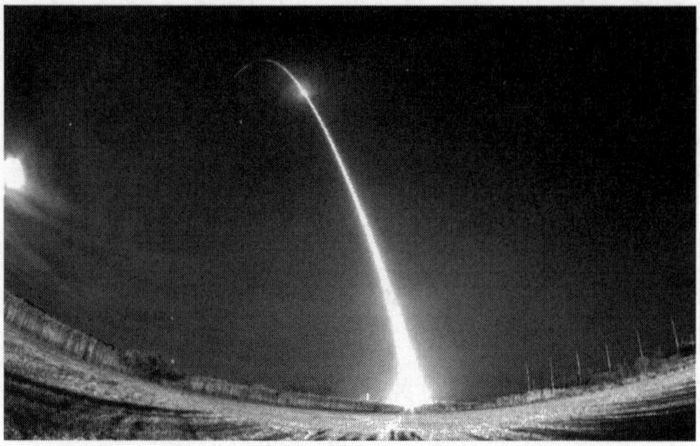

图 2-3-1　运载器视为变质量质点的情形

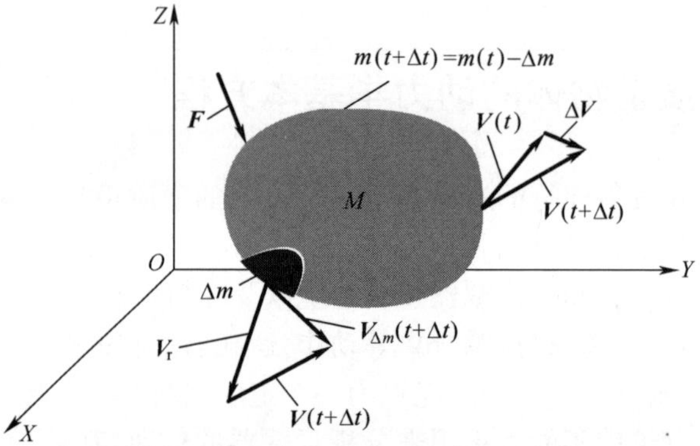

图 2-3-2　变质量质点的瞬时状态示意图

满足

$$m(t + \Delta t) = m(t) - \Delta m \tag{2-3-1}$$

除上述质量方程，质点 M 的速度变为 $\boldsymbol{V}(t + \Delta t) = \boldsymbol{V}(t) + \Delta\boldsymbol{V}$，远离的单元质量 Δm 的速度变为 $\boldsymbol{V}_r + \boldsymbol{V}(t + \Delta t)$。则在 $t + \Delta t$ 时刻，质点 M 的动量可表示为

$$\boldsymbol{Q}(t + \Delta t) = [m(t) - \Delta m] \cdot [\boldsymbol{V}(t) + \Delta\boldsymbol{V}] + \Delta m \cdot [\boldsymbol{V}(t) + \Delta\boldsymbol{V} + \boldsymbol{V}_{\mathrm{r}}] \tag{2-3-2}$$

为便于分析，将式 2-3-2 展开并化简为

$$\boldsymbol{Q}(t + \Delta t) = m(t) \cdot \boldsymbol{V}(t) + m(t) \cdot \Delta\boldsymbol{V} + \Delta m \cdot \boldsymbol{V}_{\mathrm{r}} \tag{2-3-3}$$

已知 t 瞬时时刻质点 M 的动量为

$$\boldsymbol{Q}(t) = m(t) \cdot \boldsymbol{V}(t) \tag{2-3-4}$$

则在 Δt 时间间隔内，质点 M 的动量增量为

$$\Delta\boldsymbol{Q}(t) = \boldsymbol{Q}(t + \Delta t) - \boldsymbol{Q}(t) = m(t) \cdot \Delta\boldsymbol{V} + \Delta m \cdot \boldsymbol{V}_{\mathrm{r}} \tag{2-3-5}$$

已知质点 M 动量的改变与外力 $\boldsymbol{F}$ 在 Δt 时间内作用的冲量相等，即

$$\Delta \boldsymbol{Q}(t)=m(t)\cdot\Delta\boldsymbol{V}+\Delta m\cdot\boldsymbol{V}_{\mathrm{r}}=\boldsymbol{F}\cdot\Delta t \tag{2-3-6}$$

式中质点 M 的质量变化量 Δm 可表示为

$$\Delta m=-\dot{m}\cdot\Delta t \tag{2-3-7}$$

因质点 M 的质量在减少，故而其质量的导数为负。代入冲量定理公式得

$$m(t)\cdot\frac{\Delta V}{\Delta t}=\boldsymbol{F}+\dot{m}\cdot\boldsymbol{V}_{\mathrm{r}}\Rightarrow m\cdot\frac{\mathrm{d}\boldsymbol{V}}{\mathrm{d}t}=\boldsymbol{F}+\frac{\mathrm{d}m}{\mathrm{d}t}\cdot\boldsymbol{V}_{\mathrm{r}} \tag{2-3-8}$$

质点质量减少的情形符合航天运载器发射飞行的过程，运载器氧化剂和推进剂都由自身提供，其飞行过程中质量基本遵循递减的变化规律。但未来空天飞行器的动力系统可能会利用大气层内的氧化剂并设计有进气道等结构，此时飞行器不仅会因为从发动机喷管喷出燃烧产物使得质量减少，还会因为利用大气内的氧化剂使得质量增加。为了阐述此复杂质量变化的情形下式(2-3-8)所示变质量质点力学方程还是否成立，下面推导质点系统质量增加时的动力学基本方程。

已知任意瞬时 t 时刻质量为 m 的质点 M 以速度矢量 $\boldsymbol{V}(t)$ 在惯性空间运动，且受到外力 $\boldsymbol{F}$ 的作用，在 Δt 时间间隔内一单元质量 Δm 以相对速度 $\boldsymbol{V}_{\mathrm{r}}$ 靠近该质点，m 与 Δm 构成变质量质点 M，如图 2-3-3 所示。在 $t+\Delta t$ 瞬时时刻，质量为 $m+\Delta m$ 的质点 M 获得速度增量 $\Delta\boldsymbol{V}$。则在 t 瞬时时刻，质点 M 的动量为

$$\boldsymbol{Q}(t)=m(t)\cdot\boldsymbol{V}(t)+\Delta m\cdot[\boldsymbol{V}(t)+\boldsymbol{V}_{\mathrm{r}}] \tag{2-3-9}$$

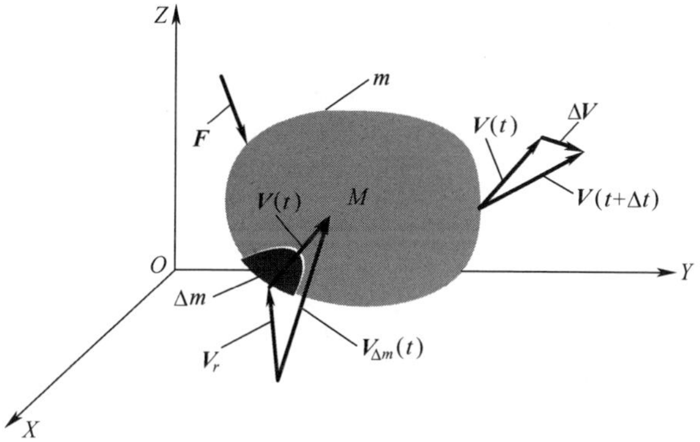

图 2-3-3　变质量质点质量增加时的瞬时状态示意图

瞬时 $t+\Delta t$ 时刻，质点 M 的动量为

$$\boldsymbol{Q}(t+\Delta t)=[m(t)+\Delta m]\cdot[\boldsymbol{V}(t)+\Delta\boldsymbol{V}] \tag{2-3-10}$$

则在 Δt 时间间隔内，质点 M 动量增量为

$$\Delta\boldsymbol{Q}(t)=m(t)\cdot\Delta\boldsymbol{V}+\Delta m\cdot\Delta\boldsymbol{V}-\Delta m\cdot\boldsymbol{V}_{\mathrm{r}} \tag{2-3-11}$$

根据冲量定理将式(2-3-11)转化为

$$m(t)\cdot\frac{\Delta \boldsymbol{V}}{\Delta t}=\boldsymbol{F}+\frac{\Delta m}{\Delta t}\cdot\boldsymbol{V}_{\mathrm{r}}-\frac{\Delta m\cdot\Delta \boldsymbol{V}}{\Delta t} \tag{2-3-12}$$

因质点 M 质量增加,质量增量 Δm 可表示为

$$\Delta m=\dot{m}\cdot\Delta t \tag{2-3-13}$$

将式(2-3-13)代入并将 $\Delta m\cdot\Delta \boldsymbol{V}$ 视为小量,则质量增加情形下的变质量质点力学方程为

$$m\cdot\frac{\mathrm{d}\boldsymbol{V}}{\mathrm{d}t}=\boldsymbol{F}+\frac{\mathrm{d}m}{\mathrm{d}t}\cdot\boldsymbol{V}_{\mathrm{r}} \tag{2-3-14}$$

上式(2-3-14)与质量减少情形下的变质量质点的动力学方程是一致的,也即该式不论对于质量增加($\mathrm{d}m>0$)、质量减少($\mathrm{d}m<0$)还是质量增加与减少同时进行的情形均是成立的。变质量质点的动力学方程中 $\mathrm{d}m/\mathrm{d}t\cdot\boldsymbol{V}_{\mathrm{r}}$ 项具有与力相同的特征,可视为作用在质点 M 上的力,该力称为喷射反作用力,记为 P_{r} 。当 $\mathrm{d}_m>0$ 时,喷射反作用力的方向与相对速度 $\boldsymbol{V}_{\mathrm{r}}$ 的方向一致;当 $\mathrm{d}m<0$ 时,喷射反作用力的方向与相对速度 $\boldsymbol{V}_{\mathrm{r}}$ 的方向相反。综上所述,物体产生运动状态的变化,除了从外界施加作用力外,还可以通过物体本身向所需运动的反方向喷射物质来实现加速,这种方式称为直接反作用原理。

式(2-3-14)是俄国力学家密歇尔斯基在 1897 以应用数学博士学位论文《变质量质点动力学》正式发表的故也称密歇尔斯基方程。密歇尔斯基(И. В. Мещерский,1859—1935)是一位认真的、富有创新精神的教师,对俄国和苏联的力学教育事业做出了重要贡献,开创了理论力学的新领域。密歇尔斯基编著的《理论力学教程》和《理论力学习题集》都很经典。从表达式可知,密歇尔斯基方程对于质量不变的质点同样成立,当 $\mathrm{d}m/\mathrm{d}t$,变质量质点动力学基本方程变为

$$m\cdot\frac{\mathrm{d}\boldsymbol{V}}{\mathrm{d}t}=\boldsymbol{F} \tag{2-3-15}$$

该式即为牛顿第二定律。可见密歇尔斯基方程是牛顿第二定律的有益拓展,从常质量物体的运动推广到变质量物体的运动,丰富了物体运动动力学理论。

根据变质量质点动力学方程,下面讨论不受外力时变质量质点的运动特性,即

$$m\cdot\frac{\mathrm{d}\boldsymbol{V}}{\mathrm{d}t}=\frac{\mathrm{d}m}{\mathrm{d}t}\cdot\boldsymbol{V}_{\mathrm{r}} \tag{2-3-16}$$

假设 $\boldsymbol{V}$ 与 $\boldsymbol{V}_{\mathrm{r}}$ 方向相反,式(2-3-16)可化为标量形式

$$\mathrm{d}V=-V_{\mathrm{r}}\cdot\frac{\mathrm{d}m}{m} \tag{2-3-17}$$

若相对速度 V_{r} 为常值,积分式 2-3-17 可得

$$V(t)=V_0-V_{\mathrm{r}}\cdot\ln\frac{m(t)}{m_0} \tag{2-3-18}$$

式中: $V(t)$ 为当前 t 时刻变质量质点的速度大小; V_0 为初始时刻速度; $m(t)$ 为当

前 t 时刻变质量质点的质量大小；m_0 为初始时刻变质量质点的质量。给定变质量质点的初值速度和初值质量，则任意时刻的速度均可计算获得。假设质点初值质量 m_0 由可喷射质量 m_T 和结构质量 m_k 构成，且初值速度为零，则当可喷射质量全部喷射完毕时，有

$$V_k = - V_r \cdot \ln \frac{m_k}{m_0} \tag{2-3-19}$$

式(2-3-19)即为著名的齐奥尔科夫斯基公式，用该式计算的终端速度称为理想速度。该式于 1903 年由苏联科学家齐奥尔科夫斯基在《利用喷气工具研究工具》一文中提出并发表，人们常利用这个公式来近似地估计运载火箭需要携带的推进剂质量和发动机参数对理想速度的影响。

由式(2-3-19)可知，当质点不受外力作用时，变质量质点在给定的初始质量 m_0 中可喷射物质占有的质量 m_T 越多，或可喷射物质质量一定但喷射元质量的相对速度 V_r 越大，则质点的理想速度就越大。若忽略外力作用，从静止状态发射的火箭的最大速度 V_k 只与燃料喷出速度 V_r 和质量比 m_k/m_0 有关。该式表征了火箭的基本性能，用该式计算的终端速度称为火箭的理想速度。简单说明一下，关于式(2-3-19)的推导和正式发表还有一个争议观点：英国著名数学家威廉·摩尔(William Moore)在名为《关于火箭运动的论述》的著作中显示，英国皇家军事学院已于 1813 年推导出该式并应用于最初的武器研究，但由于该理论从未公开发表，故在业界并不被承认。另外，由于现知的公式是由康斯坦丁·艾多尔道维奇·齐奥尔科夫斯基于 1898 年独立推导并首次公开发表，且该火箭方程式已在世界范围内广泛承认，故该火箭方程式的名称仍然继续以“齐奥尔科夫斯基火箭方程式”作为命名。齐奥尔科夫斯基公式是计算运载火箭特征速度的基本依据，是进行运载火箭总体设计和分析的基础方程。

上面讨论了外力为零时密歇尔斯基方程的特性，为更贴合运载器的实际受力，下面详细分析运载器在垂直方向的质心运动情况。设运载器垂直发射，原始质量为 m，推进剂耗尽时剩余质量为 m_k，发动机燃气喷出的相对速度为常值 V_r。运动过程只考虑重力(近似为常值)，不计空气动力。铅垂方向的运载器质心的动力学方程为

$$m \cdot \frac{dV}{dt} = - mg - V_r \cdot \frac{dm}{dt} \tag{2-3-20}$$

为便于积分将式(2-3-20)化简为

$$dV = - g \cdot dt - V_r \cdot \frac{dm}{m} \tag{2-3-21}$$

设初始时刻 $t=0$ 时 $V=0$，可得速度公式为

$$V(t) = - g \cdot t + V_r \cdot \ln \frac{m_0}{m(t)} \tag{2-3-22}$$

式中：t 为当前时刻；原始质量 m_0 由推进剂质量 m_T 和结构质量 m_k 构成；$-g \cdot t$ 为重力引起的加速度损失。设 t_k 时刻推进剂燃烧完毕，则运载器在真空均匀重力场中铅垂向上发射所能达到的最大速度为

$$V_k = -g \cdot t_k + V_r \cdot \left(1 + \frac{m_T}{m_k}\right) \tag{2-3-23}$$

考虑到推进剂的燃烧速度极快，即式(2-3-23)右侧第一项远小于第二项，则式(2-3-23)便又可转化为齐奥尔科夫斯基公式的形式。

2.3.2 变质量质点系内任一质点的动力学方程

前面介绍了变质量质点的动力学方程，阐述了密歇尔斯基方程和齐奥尔科夫斯基方程的特点，但将运载器简单视为一个变质量的质点显然并不能解释发射飞行过程中的所有的变质量运动规律。因为在航天发射飞行过程中，运载器除了作为一个质心在进行变质量运动之外，喷管喷出的燃烧产物相对于运载器产生相对运动的同时也会跟随运载器本身做牵连运动，而且运载器本身也在相对于惯性空间做转动运动，这些相互耦合的运动都会对运载器受力产生影响，所以在推导变质量质点的动力学方程时只简单地认为燃烧产物只相对于质心做相对运动会存在明显的严谨性和科学性问题。运载器也不能只简单地视为一个变质量的质点，而应该考虑将其视为质点系时的运动特性，故而本节介绍变质量质点系和变质量物体的质心动力学方程。

为了突出一般性，建立下述飞行力学分析模型：假设在惯性空间中有一个连续质点系类型的物体系统 S，该系统 S 相对于惯性坐标系 $O\text{-}XYZ$ 的转动角速度为 $\boldsymbol{\omega}$，如图 2-3-4 所示。$O_{\mathrm{c.m.}}$ 为物体 S 的质心(下标 c.m. 为 Center of Mass 的缩写)，$\boldsymbol{r}_{\mathrm{c.m.}}$ 为物体 S 的质心矢径，$\boldsymbol{r}$ 为物体系统内任一质点 P 相对于惯性坐标系 $O-XYZ$ 的矢径，$\boldsymbol{\rho}$ 为质点 P 相对于质心 $O_{\mathrm{c.m.}}$ 的矢径。

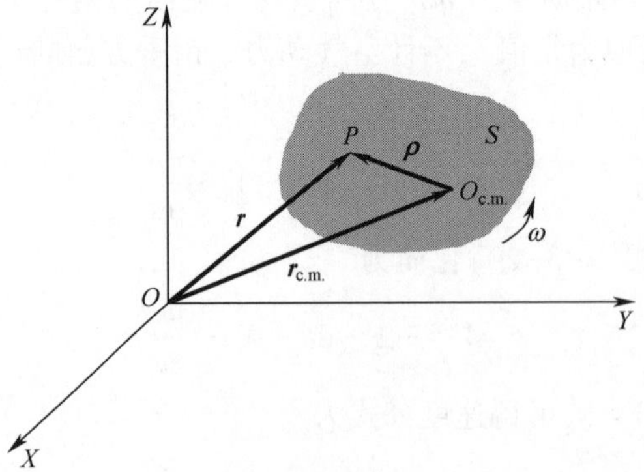

图 2-3-4　变质量物体内的任意质点与质心示意图

根据上述描述，显然下式成立

$$\boldsymbol{r}=\boldsymbol{r}_{\mathrm{c.m.}}+\boldsymbol{\rho} \tag{2-3-24}$$

则物体系统 S 内任一质点 P 的绝对速度为

$$\boldsymbol{V}_P=\frac{\mathrm{d}\boldsymbol{r}_P}{\mathrm{d}t}=\frac{\mathrm{d}\boldsymbol{r}_{\mathrm{c.m.}}}{\mathrm{d}t}+\frac{\mathrm{d}\boldsymbol{\rho}}{\mathrm{d}t} \tag{2-3-25}$$

式中：$\boldsymbol{V}_P$ 为质点 P 相对于惯性空间的绝对速度矢量。根据泊松定理，转动刚体上任一固连矢量在固定参考系内对时间的导数等于该刚体的角速度矢量与该矢量的乘积，进而可知空间任一矢量对时间的绝对导数等于该矢量的相对导数与其牵连导数的矢量和，也即空间矢量的导数计算公式，则

$$\frac{\mathrm{d}\boldsymbol{r}_p}{\mathrm{d}t}=\frac{\mathrm{d}\boldsymbol{r}_{\mathrm{c.m.}}}{\mathrm{d}t}+\frac{\delta\boldsymbol{\rho}}{\delta\boldsymbol{t}}+\boldsymbol{\omega}\times\boldsymbol{\rho} \tag{2-3-26}$$

式中：$\mathrm{d}(\cdot)/\mathrm{d}t$ 为相对于惯性空间的绝对导数；$\delta(\cdot)/\delta t$ 为相对于物体系统 S 的相对导数。由此，可将任一质点 P 的绝对运动用系统质心 $O_{\mathrm{c.m.}}$ 的运动和质点 P 相对于质心 $O_{\mathrm{c.m.}}$ 的运动来表征。进一步，质点 P 的绝对加速度可对 $\boldsymbol{V}_P$ 再次求关于时间的一阶导数得到

$$\boldsymbol{a}_P=\frac{\mathrm{d}\boldsymbol{V}_P}{\mathrm{d}t}=\frac{\mathrm{d}}{\mathrm{d}t}\left(\frac{\mathrm{d}\boldsymbol{r}_P}{\mathrm{d}t}\right)=\frac{\mathrm{d}^2\boldsymbol{r}_P}{\mathrm{d}t^2} \tag{2-3-27}$$

式中：$\boldsymbol{a}_P$ 为质点 P 相对于惯性空间的绝对加速度矢量。式(2-3-27)等价于

$$\boldsymbol{a}_P=\frac{\mathrm{d}}{\mathrm{d}t}\left(\frac{\mathrm{d}\boldsymbol{r}_{\mathrm{c.m.}}}{\mathrm{d}t}\right)+\frac{\mathrm{d}}{\mathrm{d}t}\left(\frac{\delta\boldsymbol{\rho}}{\delta\boldsymbol{t}}+\boldsymbol{\omega}\times\boldsymbol{\rho}\right) \tag{2-3-28}$$

式(2-3-28)右侧第一项为系统质心 $O_{\mathrm{c.m.}}$ 的绝对加速度矢量。

$$\frac{\mathrm{d}}{\mathrm{d}t}\left(\frac{\mathrm{d}\boldsymbol{r}_{\mathrm{c.m.}}}{\mathrm{d}t}\right)=\frac{\mathrm{d}^2\boldsymbol{r}_{\mathrm{c.m.}}}{\mathrm{d}t^2} \tag{2-3-29}$$

质点 P 绝对加速度表达式中式(2-3-28)右侧的第二项等价于

$$\frac{\mathrm{d}}{\mathrm{d}t}\left(\frac{\delta\boldsymbol{\rho}}{\delta t}+\boldsymbol{\omega}\times\boldsymbol{\rho}\right)=\frac{\delta}{\delta\boldsymbol{t}}\left(\frac{\delta\boldsymbol{\rho}}{\delta\boldsymbol{t}}+\boldsymbol{\omega}\times\boldsymbol{\rho}\right)+\boldsymbol{\omega}\times\left(\frac{\delta\boldsymbol{\rho}}{\delta\boldsymbol{t}}+\boldsymbol{\omega}\times\boldsymbol{\rho}\right) \tag{2-3-30}$$

式(2-3-30)右侧第一项和第二项分别为

$$\begin{cases}\dfrac{\delta}{\delta t}\left(\dfrac{\delta\boldsymbol{\rho}}{\delta\boldsymbol{t}}+\boldsymbol{\omega}\times\boldsymbol{\rho}\right)=\dfrac{\delta^2\boldsymbol{\rho}}{\delta\boldsymbol{t}^2}+\dfrac{\delta\boldsymbol{\omega}}{\delta t}\times\boldsymbol{\rho}+\boldsymbol{\omega}\times\dfrac{\delta\boldsymbol{\rho}}{\delta t}\\[2ex]\boldsymbol{\omega}\times\left(\dfrac{\delta\boldsymbol{\rho}}{\delta t}+\boldsymbol{\omega}\times\boldsymbol{\rho}\right)=\boldsymbol{\omega}\times\dfrac{\delta\boldsymbol{\rho}}{\delta t}+\boldsymbol{\omega}\times(\boldsymbol{\omega}\times\boldsymbol{\rho})\end{cases} \tag{2-3-31}$$

则任意质点 P 的绝对加速度可表示为

$$\boldsymbol{a}_P=\frac{\mathrm{d}^2\boldsymbol{r}_P}{\mathrm{d}t^2}=\frac{\mathrm{d}^2\boldsymbol{r}_{\mathrm{c.m.}}}{\mathrm{d}t^2}+\frac{\delta^2\boldsymbol{\rho}}{\delta\boldsymbol{t}^2}+\frac{\delta\boldsymbol{\omega}}{\delta t}\times\boldsymbol{\rho}+2\boldsymbol{\omega}\times\frac{\delta\boldsymbol{\rho}}{\delta\boldsymbol{t}}+\boldsymbol{\omega}\times(\boldsymbol{\omega}\times\boldsymbol{\rho}) \tag{2-3-32}$$

物体系统 S 的转动角速度 $\boldsymbol{\omega}$ 的绝对导数 $\mathrm{d}\boldsymbol{\omega}/\mathrm{d}t=\delta\boldsymbol{\omega}/\delta t+\boldsymbol{\omega}\times\boldsymbol{\omega}$ 与相对导数 $\delta\boldsymbol{\omega}/\delta t$ 其实是等价的，且转动角速度 $\boldsymbol{\omega}$ 相对于物体系统的相对导数在力学分析和模型建立时一般不会用到，故而将式(2-3-32)中转动角速度的相对导数 $\delta\boldsymbol{\omega}/\delta t$ 用绝对导数 $\mathrm{d}\boldsymbol{\omega}/\mathrm{d}t$ 来替代。

$$\boldsymbol{a}_P=\frac{\mathrm{d}^2\boldsymbol{r}_P}{\mathrm{d}t^2}=\frac{\mathrm{d}^2\boldsymbol{r}_{\mathrm{c.m.}}}{\mathrm{d}t^2}+\frac{\delta^2\boldsymbol{\rho}}{\delta t^2}+2\boldsymbol{\omega}\times\frac{\delta\boldsymbol{\rho}}{\delta t}+\frac{d\boldsymbol{\omega}}{\mathrm{d}t}\times\boldsymbol{\rho}+\boldsymbol{\omega}\times(\boldsymbol{\omega}\times\boldsymbol{\rho})\tag{2-3-33}$$

式(2-3-33)为连续质点系物体系统 S 中任一质点 P 的矢量动力学方程，即任意变质量物体内任一质点 P 相对于惯性空间的绝对加速度 $\boldsymbol{a}_P$ 的计算式。由此可见，变质量物体内任一质点 P 的绝对加速度 $\boldsymbol{a}_P$ 是由该变质量物体质心 $O_{\mathrm{c.m.}}$ 的绝对加速度、质点 P 相对于物体质心 $O_{\mathrm{c.m.}}$ 的相对加速度以及由于变质量物体系统相对于惯性空间进行转动运动而产生的牵连加速度(哥氏加速度)共同决定的。

已知质点是研究力学规律最为简单的力学模型，也是飞行力学研究中构成物体的最基本的模型单位，既然式(2-3-33)建立了组成物体系统的任意质点的动力学方程，那么我们就可以利用该质点的动力学去推导整个物体系统的运动规律。然而，在研究整个变质量质点系统或变质量物体的运动时，如果将待研究对象中的任何一个质点的运动都十分精确地描述，则会使工作变得极为复杂。为了能够尽可能真实地揭示物体的运动规律，同时又不会产生较大的工作量和研究难度，飞行力学研究中通常将物体的运动分解成物体质心的运动和物体绕质心的运动两个部分。研究质心的运动时将物体视为一个质点，分析该质点的运动规律对应的就是弹道学的内容；研究绕质心的运动时将物体视为刚体，绕质心运动规律就是动态特性分析的内容。

因此，本书要重点阐述的航天发射飞行力学所包含的航天发射弹道学和发射飞行动态特性分析两部分内容，从力学本质上就分别对应于质心动力学运动和绕质心动力学运动两个理论。我们知道，由许多有相互联系的质点组成的力学系统在力学分析中统称为质点系，根据该定义可知质点系可以是由若干质点组成的离散集合，也可以是刚体、弹性体、流体等变形体，质点系可以是现实世界中的任意物体，也可以是现实世界中若干物体的集合。显然，我们在航天发射飞行力学研究中主要针对的航天运载器就是一个典型的质点系模型，我们刚才讨论了物体系统内任一质点的动力学方程，也就是建立了航天运载器内任意一个质点的运动模型。下面我们就根据式(2-3-33)所示的运载器内任意一个质点的动力学方程来推导建立航天运载器的质心和绕质心的动力学方程。

2.3.3 变质量物体的质心动力学方程

为了体现所讨论问题的理论性和广泛性，我们分别将航天运载器视为离散质点系和连续质点系，进而从力学模型和力学分析的纯理论角度进行详细阐述，而文中所述的“变质量物体”从力学分析的角度讲则等价于“变质量质点系”。假设在任一惯性空间参考坐标系 $O-X_IY_IZ_I$ 中，有一离散质点系 S，该质点系由 N 个质点离散构成。质点系内任一质点 m_i 在惯性坐标系中的矢径为 $\boldsymbol{r}_i$，外界作用于质点系 S 的整体合外力为 $\boldsymbol{F}_S$，则质点系系统 S 的平动方程可表示为

$$\sum_{i=1}^{N}\left(m_i \cdot \frac{\mathrm{d}^2\boldsymbol{r}_i}{\mathrm{d}t^2}\right) = \boldsymbol{F}_S \tag{2-3-34}$$

因为待研究的航天运载器可视为一个连续的质点系，所以可以将上述的离散质点系 S 进行扩展，从而将任意物体视为由无数个无穷小质量的质点组成的质量系统，相应地将式(2-3-34)的求和符号 $\sum(\cdot)$ 用式(2-3-35)的积分符号来代替，即

$$\int_m\left(\frac{\mathrm{d}^2\boldsymbol{r}}{\mathrm{d}t^2}\right)\mathrm{d}m = \boldsymbol{F}_S \tag{2-3-35}$$

式中：积分项 $\int_m(\cdot)\mathrm{d}m$ 是针对质量的积分。因质量可表示为密度与体积的乘积，而体积是三维的，所以该式的积分是三重积分。

已知式(2-3-35)中矢径 $\boldsymbol{r}$ 是连续的质点系内任意一个质点的矢径，因而可以将 2.3.2 节推导的任意质点 P 的动力学方程代入式(2-3-35)得

$$\int_m\left[\frac{\mathrm{d}^2\boldsymbol{r}_{\mathrm{c.m.}}}{\mathrm{d}t^2} + \frac{\delta^2\boldsymbol{\rho}}{\delta t^2} + 2\boldsymbol{\omega}\times\frac{\delta\boldsymbol{\rho}}{\delta t} + \frac{\mathrm{d}\boldsymbol{\omega}}{\mathrm{d}t}\times\boldsymbol{\rho} + \boldsymbol{\omega}\times(\boldsymbol{\omega}\times\boldsymbol{\rho})\right]\mathrm{d}m = \boldsymbol{F}_S \tag{2-3-36}$$

式中：$\boldsymbol{F}_S$ 为连续质点系受到的合外力。根据积分符号运算法则，并以矢径 $\boldsymbol{\rho}$ 导数的阶数为基本划分准则，将式(2-3-36)整理为

$$\int_m\left(\frac{\mathrm{d}^2\boldsymbol{r}_{\mathrm{c.m.}}}{\mathrm{d}t^2} + \frac{\delta^2\boldsymbol{\rho}}{\delta t^2} + 2\boldsymbol{\omega}\times\frac{\delta\boldsymbol{\rho}}{\delta t}\right)\mathrm{d}m + \int_m\left(\frac{\mathrm{d}\boldsymbol{\omega}}{\mathrm{d}t}\times\boldsymbol{\rho}\right)\mathrm{d}m + \int_m[\boldsymbol{\omega}\times(\boldsymbol{\omega}\times\boldsymbol{\rho})]\mathrm{d}m = \boldsymbol{F}_S \tag{2-3-37}$$

式(2-3-37)各积分项均是对质量元的积分。下面对等式左侧各积分项进行化简。假设连续质点系质量的变化不影响质点系本身绕惯性坐标系的转动运动，也即连续质点系 S 的旋转角速度矢量 $\boldsymbol{\omega}$ 与质量元 $\mathrm{d}m$ 无关，所以可以将转动角速度 $\boldsymbol{\omega}$ 相关的运算项移到积分号的外侧，可得

$$\int_m\frac{\mathrm{d}^2\boldsymbol{r}_{\mathrm{c.m.}}}{\mathrm{d}t^2}\mathrm{d}m + \int_m\frac{\delta^2\boldsymbol{\rho}}{\delta t^2}\mathrm{d}m + 2\boldsymbol{\omega}\times\int_m\frac{\delta\boldsymbol{\rho}}{\delta t}\mathrm{d}m + \frac{\mathrm{d}\omega}{\mathrm{d}t}\times\int_m\rho\,\mathrm{d}m + \boldsymbol{\omega}(\boldsymbol{\omega}\times\int_m\boldsymbol{\rho}\,\mathrm{d}m) = \boldsymbol{F}_S \tag{2-3-38}$$

式中：等号左侧第一项为变质量物体质心矢径的绝对导数的积分项，表征的是质心的运动信息；左侧第二项和第三项是变质量物体内任一质点相对于物体质心的矢径的相对导数的积分项，表征质点相对于质心运动时产生的运动影响；第四项和第

五项是任一质点相对于质心的矢径$\boldsymbol{\rho}$本身的积分项,下面借助质心的定义对该式第四项和第五项进行进一步简化。假设由 N 个质点组成的质点系统,第 i 个质点的质量为 m_i,相对于惯性参考系原点 O 的矢径为 $\boldsymbol{r}_i$,则该质点系统的质量为

$$m = \sum_{i=1}^{N} m_i \tag{2-3-39}$$

若假设该质点 M 的质心为 $O_{\text{c. m.}}$,根据定义,则质心 $O_{\text{c. m.}}$ 相对于惯性参考系原点 O 的矢径可表示为

$$\boldsymbol{r}_{\text{c. m.}} = \frac{\sum_{i=1}^{N} m_i \cdot \boldsymbol{r}_i}{\sum_{i=1}^{N} m_i} \tag{2-3-40}$$

式中:$\boldsymbol{r}_{\text{c. m.}}$ 为质心 $O_{\text{c. m.}}$ 相对于惯性坐标系原点 O 的矢径。将式(2-3-40)作变换得

$$\sum_{i=1}^{N} m_i \cdot \boldsymbol{r}_i - \sum_{i=1}^{N} m_i \cdot \boldsymbol{r}_{\text{c. m.}} = 0 \Rightarrow \sum_{i=1}^{N} m_i \cdot (\boldsymbol{r}_i - \boldsymbol{r}_{\text{c. m.}}) = 0 \tag{2-3-41}$$

对于连续的质点系,则

$$\sum_{i=1}^{N} m_i \cdot (\boldsymbol{r}_i - \boldsymbol{r}_{\text{c. m.}}) = 0 \Rightarrow \int_m \boldsymbol{\rho} \, \mathrm{d}m = 0 \tag{2-3-42}$$

将式(2-3-42)代入(2-3-38),变质量物体的动力学方程可简化为

$$\int_m \frac{\mathrm{d}^2 \boldsymbol{r}_{\text{c. m.}}}{\mathrm{d}t^2} \mathrm{d}m + \int_m \frac{\delta^2 \boldsymbol{\rho}}{\delta t^2} \mathrm{d}m + 2\boldsymbol{\omega} \times \int_m \frac{\delta \boldsymbol{\rho}}{\delta t} \mathrm{d}m = \boldsymbol{F}_S \tag{2-3-43}$$

该式(2-3-43)即为适用于任意变质量物体的一般动力学方程,它综合表征了变质量物体的质心运动、物体内任意质点相对于物体质心的运动和物体所受外力之间的代数关系。因为变质量物体质心的运动是我们最为关心的问题,所以式(2-3-43)可整理为

$$\int_m \frac{\mathrm{d}^2 \boldsymbol{r}_{\text{c. m.}}}{\mathrm{d}t^2} \mathrm{d}m = m \cdot \frac{\mathrm{d}^2 \boldsymbol{r}_{\text{c. m.}}}{\mathrm{d}t^2} = \boldsymbol{F}_S + \boldsymbol{F}'_{\text{rel}} + \boldsymbol{F}'_k \tag{2-3-44}$$

需要说明,为了简化计算,式(2-3-44)在推导时假设物体质心相对于惯性坐标系原点的位置矢径 $\boldsymbol{r}_{\text{c. m.}}$ 与物体的质量变化没有关系,也即近似认为每一瞬时时刻物体的质量变化不影响物体质心的位置,而是将物体视为一个刚体,所以才将矢径 $\boldsymbol{r}_{\text{c. m.}}$ 的二阶绝对导数移出积分号外。同时我们发现,物体内任意质点相对于物体质心的相对位置矢径的一阶导数和二阶导数对质量元的积分具有与力相同的特性,为了便于描述和计算表征,分别称为附加相对力和附加科氏力,具体表达式为

$$\begin{cases} \boldsymbol{F}'_{\mathrm{rel}} = -\int_m \dfrac{\delta^2 \boldsymbol{\rho}}{\delta t^2} \mathrm{d}m \\ \boldsymbol{F}'_k = -2\boldsymbol{\omega} \times \int_m \dfrac{\delta \boldsymbol{\rho}}{\delta t} \mathrm{d}m \end{cases} \tag{2-3-45}$$

式中：$\boldsymbol{F}'_{\mathrm{rel}}$ 为连续质点系的附加相对力；$\boldsymbol{F}'_k$ 为连续质点系的附加科氏力。根据两个附加力的计算表达式可知，附加相对力 $\boldsymbol{F}'_{\mathrm{rel}}$ 是物体内部的质点相对于物体质心相对运动而产生的力，反映的是物体内的质点相对于物体本身运动而产生的对物体的力。附加科氏力 $\boldsymbol{F}'_k$ 是物体内部的质点相对于物体质心的相对运动速度矢量相对于惯性空间进行转动运动而产生，反映了相对于物体本身运动的质点又同时相对于惯性空间转动从而产生的对物体的附加力。在航天发射飞行力学研究中，附加相对力直接决定航天运载器动力系统产生的推力大小，是运载器受力分析的重要一项；而航天运载器相对于惯性空间转动的角速度一般不是很大，故附加科氏力在量值上一般也不大。附加相对力和附加科氏力的具体计算公式在后面的章节会详细介绍。

2.3.4 变质量物体的绕质心动力学方程

变质量物体的质心动力学方程是研究物体质心运动规律的基本依据，任何与质心直接相关的状态变量如加速度、速度和位置等信息都需要根据质心动力学方程来分析。但是在进行航天发射飞行力学研究时，除了要关心被研究物体的质心的运动规律，还要研究物体的转动角速度、空间的姿态、飞行姿态的稳定性和姿态环路的稳定控制等问题，而这些问题均需要依据物体的绕质心动力学方程。

为了讨论的一般性，我们依次以离散质点系和连续质点系为基本的力学模型来进行阐述。假设惯性空间中存在一个离散的质点系 S，该质点系内任一质点 m_i 在惯性参考系中的矢径为 $\boldsymbol{r}_i$，作用于离散质点系 S 的外界合力 $\boldsymbol{F}_S$ 产生的力矩为 $\boldsymbol{M}_S$，则离散质点系 S 相对于惯性空间任一点 O 的转动方程可表示为

$$\boldsymbol{M}_O(\boldsymbol{F}_S) = \sum_{i=1}^{N} \left[\frac{\mathrm{d}}{\mathrm{d}t}(\boldsymbol{r}_i \times m_i \cdot \boldsymbol{V}_i) \right] \tag{2-3-46}$$

该式(2-3-46)由离散质点系的动量矩定理得到，等式右侧与式(2-3-47)等价

$$\sum_{i=1}^{N} \left[\frac{\mathrm{d}}{\mathrm{d}t}(\boldsymbol{r}_i \times m_i \cdot \boldsymbol{V}_i) \right] = \sum_{i=1}^{N} \left[\frac{\mathrm{d}\boldsymbol{r}_i}{\mathrm{d}t} \times m_i \cdot \boldsymbol{V}_i + \left(m_i \cdot \boldsymbol{r}_i \times \frac{\mathrm{d}^2 \boldsymbol{r}_i}{\mathrm{d}t^2} \right) \right] = \sum_{i=1}^{N} m_i \cdot \boldsymbol{r}_i \times \frac{\mathrm{d}^2 \boldsymbol{r}_i}{\mathrm{d}t^2} \tag{2-3-47}$$

式中：$\boldsymbol{V}_i$ 为质点 m_i 的绝对速度矢量。

离散质点系 S 相对于点 O 的转动方程转化为

$$\sum_{i=1}^{N} m_i \cdot \boldsymbol{r}_i \times \frac{\mathrm{d}^2 \boldsymbol{r}_i}{\mathrm{d}t^2} = \boldsymbol{M}_O(\boldsymbol{F}_S) \tag{2-3-48}$$

如果将离散质点系扩展至连续质点系,则只需将该式等号左侧的求和符号用积分符号来代替即可。

$$\int_m \left(\boldsymbol{r} \times \frac{\mathrm{d}^2 \boldsymbol{r}}{\mathrm{d}t^2} \right) \mathrm{d}m = \boldsymbol{M}_O(\boldsymbol{F}_S) \tag{2-3-49}$$

利用式(2-3-49)可得任意变质量物体系统 S 在外力 $\boldsymbol{F}_S$ 的作用下产生的分别绕惯性坐标系的原点 O_I 和绕变质量物体系统 S 质心 $O_{\mathrm{c.m.}}$ 转动的力矩方程,有

$$\begin{cases} \int_m \left(\boldsymbol{r} \times \dfrac{\mathrm{d}^2 \boldsymbol{r}}{\mathrm{d}t^2} \right) \mathrm{d}m = \boldsymbol{M}_{O_I}(\boldsymbol{F}_S) \\ \int_m \left(\boldsymbol{\rho} \times \dfrac{\mathrm{d}^2 \boldsymbol{r}}{\mathrm{d}t^2} \right) \mathrm{d}m = \boldsymbol{M}_{O_{\mathrm{c.m.}}}(\boldsymbol{F}_S) \end{cases} \tag{2-3-50}$$

式中:$\boldsymbol{r}$ 为物体系统 S 内任一质点相对于惯性坐标系 $O_I - X_I Y_I Z_I$ 的原点 O_I 的矢径;$\boldsymbol{\rho}$ 为物体系统 S 内任一质点相对于物体系统 S 的质心 $O_{\mathrm{c.m.}}$ 的矢径;$\boldsymbol{M}_{O_I}(\boldsymbol{F}_S)$ 为外力 $\boldsymbol{F}_S$ 相对于惯性坐标系原点 O_I 的力矩;$\boldsymbol{M}_{O_{\mathrm{c.m.}}}(\boldsymbol{F}_S)$ 为外力 $\boldsymbol{F}_S$ 相对于质心 $O_{\mathrm{c.m.}}$ 的力矩。需要说明式,第二式积分号中矢径的二阶导数项为何是质点相对于惯性空间的矢径 $\boldsymbol{r}$ 而非相对于物体质心的矢径 $\boldsymbol{\rho}$,因为根据动量定理和动量矩定理可知,只有矢径叉乘质量元与绝对加速度 $\mathrm{d}^2\boldsymbol{r}/\mathrm{d}t^2$ 的乘积才表征力对点之矩的效果,所以与矢径 $\boldsymbol{\rho}$ 叉乘的项是 $\mathrm{d}^2\boldsymbol{r}/\mathrm{d}t^2$ 而不是相对矢径 $\boldsymbol{\rho}$ 的二级导数 $\mathrm{d}^2\boldsymbol{\rho}/\mathrm{d}t^2$。其实从另一个角度也能解释,当研究物体绕其质心 $O_{\mathrm{c.m.}}$ 的转动运动时,可假设该瞬时时刻物体质心 $O_{\mathrm{c.m.}}$ 在惯性空间是固定的,则物体内任意质点相对于惯性坐标系原点的矢径 $\boldsymbol{r}$ 等于物体质心相对于惯性坐标系原点的矢径 $\boldsymbol{r}_{\mathrm{c.m.}}$ 与该质点相对于物体质心的相对矢径 $\boldsymbol{\rho}$ 的矢量和 $\boldsymbol{r} = \boldsymbol{r}_{\mathrm{c.m.}} + \boldsymbol{\rho}$,考虑到物体质心在该瞬时时刻也是固定的,则矢径 $\boldsymbol{r}_{\mathrm{c.m.}}$ 的二阶导数等于零,所以 $\mathrm{d}^2\boldsymbol{r}/\mathrm{d}t^2$ 与 $\mathrm{d}^2\boldsymbol{\rho}/\mathrm{d}t^2$ 是等价的。

需要说明,物体的姿态变化是直接由该物体所受合力相对于该物体的质心产生的力矩引起,为了更方便准确地分析物体的绕质心运动规律,人们通常将式(2-3-50)中第二个等式作为分析航天运载器绕质心运动的基本方程。下面针对该式进行详细讨论。将物体中任一质点 P 的绝对加速度 $\mathrm{d}^2\boldsymbol{r}/\mathrm{d}t^2$ 的表达式代入式(2-3-50)可得

$$\int_m \left\{ \boldsymbol{\rho} \times \left(\frac{\mathrm{d}^2 \boldsymbol{r}_{\mathrm{c.m.}}}{\mathrm{d}t^2} + \frac{\delta^2 \boldsymbol{\rho}}{\delta t^2} + 2\boldsymbol{\omega} \times \frac{\delta \boldsymbol{\rho}}{\delta t} + \frac{\mathrm{d}\boldsymbol{\omega}}{\mathrm{d}t} \times \boldsymbol{\rho} + \boldsymbol{\omega} \times (\boldsymbol{\omega} \times \boldsymbol{\rho}) \right) \right\} \mathrm{d}m = \boldsymbol{M}_{O_{\mathrm{c.m.}}}(\boldsymbol{F}_S) \tag{2-3-51}$$

为了简化该方程,下面根据积分运算法则将该式等号左侧的各项依次展开。首先是与质心矢径 $\boldsymbol{r}_{\mathrm{c.m.}}$ 相关的项:

$$\int_m \boldsymbol{\rho} \times \frac{\mathrm{d}^2\boldsymbol{r}_{\mathrm{c.m.}}}{\mathrm{d}t^2}\mathrm{d}m = 0 \tag{2-3-52}$$

因假设每一瞬时时刻该连续质点系为刚体,可知质心矢径 $\boldsymbol{r}_{\mathrm{c.m.}}$ 与质量元 $\mathrm{d}m$ 相互独立,故式(2-3-52)可转化为 $\int_m \rho\mathrm{d}m$ 与质心矢径 $\boldsymbol{r}_{\mathrm{c.m.}}$ 二阶导数的叉乘,因质点相对质心的位置矢量 $\boldsymbol{\rho}$ 对质量的积分为零(前面已详细介绍),故绕质心动力学基本方程中与质心矢径 $\boldsymbol{r}_{\mathrm{c.m.}}$ 相关的积分项等于零。

式(2-3-51)等号左侧第二项含有任意质点相对于物体质心的相对位置矢径 $\boldsymbol{\rho}$ 的二阶导数,可知该项是质点相对于质心做相对运动时产生的力矩项为

$$\boldsymbol{M}'_{\mathrm{rel}} = -\int_m \boldsymbol{\rho} \times \frac{\delta^2\rho}{\delta t^2}\mathrm{d}m \tag{2-3-53}$$

定义该积分项为附加相对力矩,用 $\boldsymbol{M}'_{\mathrm{rel}}$ 标识,附加相对力矩是变质量物体中的质点相对于物体质心做相对运动产生的力矩。相应地,与相对位置矢径 $\boldsymbol{\rho}$ 的一阶导数相关的项称为附加科氏力矩,即

$$\boldsymbol{M}'_k = -\int_m 2\boldsymbol{\rho} \times \left(\boldsymbol{\omega} \times \frac{\delta\boldsymbol{\rho}}{\delta t}\right)\mathrm{d}m \tag{2-3-54}$$

式中:$\boldsymbol{M}'_k$ 为附加科氏力矩,是物体内做相对运动的质点相对于惯性参考系旋转而产生的力矩。

至此,变质量物体的绕质心动力学基本方程的等式右侧均为力矩计算项,等式左侧反映的是物体本身的旋转角速度大小的计算项:

$$\int_m \boldsymbol{\rho} \times \left(\frac{\mathrm{d}\boldsymbol{\omega}}{\mathrm{d}t} \times \boldsymbol{\rho}\right)\mathrm{d}m + \int_m \boldsymbol{\rho} \times [\boldsymbol{\omega} \times (\boldsymbol{\omega} \times \boldsymbol{\rho})]\mathrm{d}m = \boldsymbol{M}_{O_{\mathrm{c.m.}}}(\boldsymbol{F}_S) + \boldsymbol{M}'_{\mathrm{rel}} + \boldsymbol{M}'_k \tag{2-3-55}$$

为了继续揭示绕质心运动的机械变化规律以及如何通过设计力矩来实现物体绕质心姿态控制的内在机理,下面继续对式(2-3-55)所示绕质心动力学基本方程进行简化,以推导建立更为直观的绕质心动力学方程。

为便于计算和推导,定义一个与该变质量物体系统固连的坐标系 $O_{\mathrm{c.m.}}-X_{\mathrm{B}}Y_{\mathrm{B}}Z_{\mathrm{B}}$,相应的物体系统内任一质点相对于物体质心 $O_{\mathrm{c.m.}}$ 的位置矢径 $\boldsymbol{\rho}$ 和物体相对于惯性空间的转动角速度矢量 $\boldsymbol{\omega}$ 在坐标系 $O_{\mathrm{c.m.}}-X_{\mathrm{B}}Y_{\mathrm{B}}Z_{\mathrm{B}}$ 三轴的分量可表示为

$$\begin{cases}\boldsymbol{\rho} = [x, y, z]^{\mathrm{T}} \\ \boldsymbol{\omega} = [\omega_x, \omega_y, \omega_z]^{\mathrm{T}}\end{cases} \tag{2-3-56}$$

将式(2-3-56)代入式(2-3-55)等号左侧第一项,并利用叉乘计算法则得到

$$\frac{\mathrm{d}\boldsymbol{\omega}}{\mathrm{d}t} \times \boldsymbol{\rho} = \begin{bmatrix}\dot{\omega}_y z - \dot{\omega}_z y \\ \dot{\omega}_z x - \dot{\omega}_x z \\ \dot{\omega}_x y - \dot{\omega}_y x\end{bmatrix} \tag{2-3-57}$$

$$\boldsymbol{\rho}\times\frac{\mathrm{d}\boldsymbol{\omega}}{\mathrm{d}t}\times\boldsymbol{\rho}=\begin{bmatrix}\dot{\omega}_x y^2+\dot{\omega}_x z^2-\dot{\omega}_y xy-\dot{\omega}_z xz\\ \dot{\omega}_y x^2+\dot{\omega}_y z^2-\dot{\omega}_z yz-\dot{\omega}_x xy\\ \dot{\omega}_z x^2+\dot{\omega}_z y^2-\dot{\omega}_x xz-\dot{\omega}_y yz\end{bmatrix}=\begin{bmatrix}y^2+z^2 & -xy & -xz\\ -xy & x^2+z^2 & -yz\\ -xz & -yz & x^2+y^2\end{bmatrix}\begin{bmatrix}\dot{\omega}_x\\ \dot{\omega}_y\\ \dot{\omega}_z\end{bmatrix}\tag{2-3-58}$$

将式(2-3-58)等号两侧对质量积分,可得

$$\int_m\boldsymbol{\rho}\times\left(\frac{\mathrm{d}\boldsymbol{\omega}}{\mathrm{d}t}\times\boldsymbol{\rho}\right)\mathrm{d}m=\int_m\left(\begin{bmatrix}y^2+z^2 & -xy & -xz\\ -xy & x^2+z^2 & -yz\\ -xz & -yz & x^2+y^2\end{bmatrix}\begin{bmatrix}\dot{\omega}_x\\ \dot{\omega}_y\\ \dot{\omega}_z\end{bmatrix}\right)\mathrm{d}m\tag{2-3-59}$$

假设物体的转动角速度分量的导数 $\dot{\omega}_x$、$\dot{\omega}_y$、$\dot{\omega}_z$ 与质量元 $\mathrm{d}m$ 是相互独立的,则

$$\int_m\left(\begin{bmatrix}y^2+z^2 & -xy & -xz\\ -xy & x^2+z^2 & -yz\\ -xz & -yz & x^2+y^2\end{bmatrix}\begin{bmatrix}\dot{\omega}_x\\ \dot{\omega}_y\\ \dot{\omega}_z\end{bmatrix}\right)\mathrm{d}m=\int_m\begin{bmatrix}y^2+z^2 & -xy & -xz\\ -xy & x^2+z^2 & -yz\\ -xz & -yz & x^2+y^2\end{bmatrix}\mathrm{d}m\cdot\begin{bmatrix}\dot{\omega}_x\\ \dot{\omega}_y\\ \dot{\omega}_z\end{bmatrix}\tag{2-3-60}$$

采用相同的思路,分别计算下列叉乘:

$$\boldsymbol{\omega}\times\boldsymbol{\rho}=\begin{bmatrix}\omega_y z-\omega_z y\\ \omega_z x-\omega_x z\\ \omega_x y-\omega_y x\end{bmatrix}\tag{2-3-61}$$

$$\boldsymbol{\omega}\times(\boldsymbol{\omega}\times\boldsymbol{\rho})=\begin{bmatrix}\omega_x\omega_y y+\omega_x\omega_z z-\omega_y^2 x-\omega_z^2 x\\ \omega_x\omega_y x+\omega_y\omega_z z-\omega_z^2 y-\omega_x^2 y\\ \omega_x\omega_z x+\omega_y\omega_z y-\omega_x^2 z-\omega_y^2 z\end{bmatrix}\tag{2-3-62}$$

$$\boldsymbol{\rho}\times\boldsymbol{\omega}\times\boldsymbol{\rho}=\begin{bmatrix}\omega_x y^2+\omega_x z^2-\omega_y xy-\omega_z xz\\ \omega_y x^2+\omega_y z^2-\omega_z yz-\omega_x xy\\ \omega_z x^2+\omega_z y^2-\omega_x xz-\omega_y yz\end{bmatrix}=\begin{bmatrix}y^2+z^2 & -xy & -xz\\ -xy & x^2+z^2 & -yz\\ -xz & -yz & x^2+y^2\end{bmatrix}\begin{bmatrix}\omega_x\\ \omega_y\\ \omega_z\end{bmatrix}\tag{2-3-63}$$

根据上述叉乘式将式(2-3-64)化简得

$$\boldsymbol{\rho}\times[\boldsymbol{\omega}\times(\boldsymbol{\omega}\times\boldsymbol{\rho})]=\begin{bmatrix}\omega_x\omega_z xy-\omega_x\omega_y xz+\omega_z^2 yz-\omega_y^2 yz+\omega_y\omega_z y^2-\omega_y\omega_z z^2\\ \omega_x\omega_y yz-\omega_y\omega_z xy+\omega_x^2 xz-\omega_z^2 xz+\omega_x\omega_z z^2-\omega_x\omega_z x^2\\ \omega_y\omega_z xz-\omega_x\omega_z yz+\omega_y^2 xy-\omega_x^2 xy+\omega_x\omega_y x^2-\omega_x\omega_y y^2\end{bmatrix}$$

$$
=\begin{bmatrix}\omega_x\\ \omega_y\\ \omega_z\end{bmatrix}\times\left(\begin{bmatrix}y^2+z^2 & -xy & -xz\\ -xy & x^2+z^2 & -yz\\ -xz & -yz & x^2+y^2\end{bmatrix}\begin{bmatrix}\omega_x\\ \omega_y\\ \omega_z\end{bmatrix}\right)=\boldsymbol{\omega}\times[\boldsymbol{\rho}\times(\boldsymbol{\omega}\times\boldsymbol{\rho})]
$$

(2-3-64)

则

$$
\int_m \boldsymbol{\rho}\times[\boldsymbol{\omega}\times(\boldsymbol{\omega}\times\boldsymbol{\rho})]\mathrm{d}m=\boldsymbol{\omega}\times\left[\int_m \boldsymbol{\rho}\times(\boldsymbol{\omega}\times\boldsymbol{\rho})\mathrm{d}m\right] \qquad (2-3-65)
$$

将式(2-3-56)、式(2-3-61)代入式(2-3-65),简化可得

$$
\int_m \boldsymbol{\rho}\times[\boldsymbol{\omega}\times(\boldsymbol{\omega}\times\boldsymbol{\rho})]\mathrm{d}m=\begin{bmatrix}\omega_x\\ \omega_y\\ \omega_z\end{bmatrix}\times\left(\int_m\begin{bmatrix}y^2+z^2 & -xy & -xz\\ -xy & x^2+z^2 & -yz\\ -xz & -yz & x^2+y^2\end{bmatrix}\mathrm{d}m\cdot\begin{bmatrix}\omega_x\\ \omega_y\\ \omega_z\end{bmatrix}\right)
$$

(2-3-66)

根据积分运算法则可得

$$
\int_m\begin{bmatrix}y^2+z^2 & -xy & -xz\\ -xy & x^2+z^2 & -yz\\ -xz & -yz & x^2+y^2\end{bmatrix}\mathrm{d}m=\begin{bmatrix}\int_m(y^2+z^2)\mathrm{d}m & -\int_m xy\mathrm{d}m & -\int_m xz\mathrm{d}m\\ -\int_m xy\mathrm{d}m & \int_m(x^2+z^2)\mathrm{d}m & -\int_m yz\mathrm{d}m\\ -\int_m xz\mathrm{d}m & -\int_m yz\mathrm{d}m & \int_m(x^2+y^2)\mathrm{d}m\end{bmatrix}
$$

(2-3-67)

定义如下变量

$$
\begin{cases}I_{xx}=\int_m(y^2+z^2)\mathrm{d}m\\ I_{yy}=\int_m(x^2+z^2)\mathrm{d}m\\ I_{zz}=\int_m(x^2+y^2)\mathrm{d}m\\ I_{xy}=I_{yx}=\int_m xy\mathrm{d}m\\ I_{yz}=I_{zy}=\int_m yz\mathrm{d}m\\ I_{xz}=I_{zx}=\int_m xz\mathrm{d}m\end{cases} \qquad (2-3-68)
$$

式中:I_{xx}、I_{yy}、I_{zz} 为转动惯量,分别表征变质量物体绕与其固连的坐标系 $O_{\mathrm{c.m.}}-X_BY_BZ_B$ 的 $O_{\mathrm{c.m.}}X_B$、$O_{\mathrm{c.m.}}Y_B$、$O_{\mathrm{c.m.}}Z_B$ 三轴转动惯量的度量,转动惯量是物体内各质点的质量与该质点到转动轴距离平方的乘积之和,是描述物体惯性的基本量。转动惯量的值不仅与物体的质量有关,还与物体相对于转轴的质量分布有关,质量

分布离转轴越远，转动惯量的值越大。I_{xy}、I_{yx}为物体对 $O_{c.m.}X_B$ 轴和 $O_{c.m.}Y_B$ 轴的惯量积，I_{yz}、I_{zy}为物体对 $O_{c.m.}Y_B$ 轴和 $O_{c.m.}Z_B$ 轴的惯量积，I_{xz}、I_{zx}称为物体对 $O_{c.m.}X_B$ 轴和 $O_{c.m.}Z_B$ 轴的惯量积，惯量积也是描述物体质量分布的物理量，与转动惯量的量纲和单位相同。定义矩阵为

$$\boldsymbol{I}=\begin{bmatrix} I_{xx} & -I_{xy} & -I_{xz} \\ -I_{yx} & I_{yy} & -I_{yz} \\ -I_{zx} & -I_{zy} & I_{zz} \end{bmatrix} \tag{2-3-69}$$

式中：$\boldsymbol{Z}$ 为惯量张量，为变质量物体系统相对于质心 $O_{c.m.}$ 的惯量张量，$\boldsymbol{I}\in\boldsymbol{R}^{3\times 3}$ 。惯量张量不是标量也不是矢量，一般为 3×3 的实对称矩阵。矩阵的对角元素是物体对坐标系三轴的转动惯量，惯量张量的非对角元素是物体对相关坐标轴的惯量积。当旋转参考点相对于物体的位置确定后，则物体对该点的转动惯性随之确定，但是相应的惯量张量的元素值会因为计算坐标系的不同而不同。

根据上面对各项积分项的计算和化简，进而联立变质量物体系统绕其质心转动的力矩方程的基本形式，可得

$$\begin{cases} \int_m \boldsymbol{\rho}\times\left(\dfrac{\mathrm{d}\boldsymbol{\omega}}{\mathrm{d}t}\times\boldsymbol{\rho}\right)\mathrm{d}m=\boldsymbol{I}\cdot\dfrac{\mathrm{d}\boldsymbol{\omega}}{\mathrm{d}t} \\ \int_m \boldsymbol{\rho}\times[\boldsymbol{\omega}\times(\boldsymbol{\omega}\times\boldsymbol{\rho})]\mathrm{d}m=\boldsymbol{\omega}\times(\boldsymbol{I}\cdot\boldsymbol{\omega}) \end{cases} \tag{2-3-70}$$

最终，变质量物体绕其质心转动的动力学方程可简化为

$$\boldsymbol{I}\cdot\frac{\mathrm{d}\boldsymbol{\omega}}{\mathrm{d}t}+\boldsymbol{\omega}\times(\boldsymbol{I}\cdot\boldsymbol{\omega}))=\boldsymbol{M}_{O_{c.m.}}(\boldsymbol{F}_S)+\boldsymbol{M}'_{rel}+\boldsymbol{M}'_k \tag{2-3-71}$$

式中：$\boldsymbol{I}\cdot\mathrm{d}\boldsymbol{\omega}/\mathrm{d}t+\omega x(I\cdot\omega)$ 式(2－3－71)的等号左侧为惯性力矩项(表征物体的绕质心运动特性)；$\boldsymbol{M}_{O_{c.m}}(\boldsymbol{F}_S)$ 为合外力力矩、$\boldsymbol{M}'_{rel}$ 为附加相对力矩；$\boldsymbol{M}'_k$ 为附加科氏力矩。该式反映了变质量物体系统所受力矩的大小和物体本身的转动角速度变化之间的内在关系。至此，变质量物体的质心动力学方程和绕质心动力学方程推导建立完毕，联系 2.3.3 节和 2.3.4 节的内容，我们最终可以得到变质量物体系统的质心动力学基本方程和绕质心动力学基本方程为

$$\begin{cases} m\cdot\dfrac{\mathrm{d}^2\boldsymbol{r}_{c.m.}}{\mathrm{d}t^2}=\boldsymbol{F}_S+\boldsymbol{F}'_{rel}+\boldsymbol{F}'_k \\ \boldsymbol{I}\cdot\dfrac{\mathrm{d}\boldsymbol{\omega}}{\mathrm{d}t}+\boldsymbol{\omega}\times(\boldsymbol{I}\cdot\boldsymbol{\omega})=\boldsymbol{M}_{O_{c.m.}}(\boldsymbol{F}_S)+\boldsymbol{M}'_{rel}+\boldsymbol{M}'_k \end{cases} \tag{2-3-72}$$

已知理论力学中刚体的一般运动的动力学方程为

$$\begin{cases} m\cdot\dfrac{\mathrm{d}^2\boldsymbol{r}_{c.m.}}{\mathrm{d}t^2}+m\cdot\boldsymbol{\omega}\times\dfrac{\mathrm{d}\boldsymbol{r}_{c.m.}}{\mathrm{d}t}=\boldsymbol{F}_S \\ \dfrac{\mathrm{d}(\boldsymbol{I}\cdot\boldsymbol{\omega})}{\mathrm{d}t}+\boldsymbol{\omega}\times(\boldsymbol{I}\cdot\boldsymbol{\omega})=\boldsymbol{M}_{O_{c.m.}}(\boldsymbol{F}_S) \end{cases} \tag{2-3-73}$$

观察变质量物体和刚体的一般运动动力学方程可知,变质量物体的质心动力学和绕质心动力学方程在形式上与刚体的质心和绕质心动力学方程是相似的。为了建立更准确的力学分析依据,这里基于理论力学的刚化原理对变质量物体的质心动力学方程和绕质心动力学方程做如下针对性说明:一般情况下,空间中任意一个变质量物体系统在某瞬时时刻的质心动力学方程和绕质心动力学方程,可以用一个与之对应的刚体的质心动力学方程和绕质心动力学方程来表示,这个刚体的质量等于变质量物体系统在该瞬时时刻的质量,刚体的受力除了所受的真实的合外力之外还要加上附加相对力、附加科氏力,刚体所受力矩除了真实的合外力矩之外还要加上附加相对力矩、附加科氏力矩。该定性说明既符合人们长久以来的工程实践经验,也与航天发射飞行力学分析时可将待研究航天运载器视为刚体的假设相吻合。而且在变质量物体符合所建动力学方程的前提下将该变质量物体更换为对应的刚体,那么该刚体肯定也符合所建的动力学和运动学模型。本书后续章节的分析讨论中,都会基于本部分所建的动力学方程展开。

习 题

1. 简述速度坐标系的定义。

2. 简述地面发射坐标系到体坐标系转动采用 2-3-1 转序和 3-2-1 转序的区别。

3. 写出齐奥尔科夫斯基公式和变质量物体绕质心动力学方程。

4. 矢量 $\boldsymbol{E}$ 按照 1-3-2 的转动顺序变化为矢量 $\boldsymbol{K}$,对应欧拉角为 ε、η、γ ,画出转换图,并用转换矩阵的形式说明转换后矢量分量与转换前矢量分量的关系。

5. 假设地面为平面,地球引力场为平行力场,引力加速度 g_0 为常量,不计地球自转。初始质量为 m_0 的空对地导弹,在水平方向施加推力的火箭发动机的作用下,从高度 h 以速度 V_0 做水平匀速直线飞行的飞机上发射。设火箭发动机的有效排气速度为 $\boldsymbol{u}_{\mathrm{e}}$,质量秒耗量为 $\dot{m}$,工作时间为 t_k,若认为导弹在发射后即在真空中飞行,试求出此导弹从发射点到地面落点之间的水平飞行距离。

第3章 变质量运动体的附加力与附加力矩

第 2 章详细介绍了变质量物体在运动时所遵循的基本力学原理,从理论角度分析了变质量质点、变质量物体的质心和绕质心的基本运动规律,基于纯数理的方法推导建立了变质量质点的动力学基本方程、变质量物体的质心动力学方程和变质量物体的绕质心动力学方程。在建立变质量物体的质心动力学方程和变质量物体的绕质心动力学方程时引入了因物体内质点相对于物体质心运动而产生的附加力和附加力矩的概念和基本物理意义,同时建立了附加相对力、附加科氏力、附加相对力矩和附加科氏力矩的积分形式的初始数学模型。需要说明,第 2 章建立的附加力和附加力矩的计算模型偏重于基础理论性,只是从数学和力学角度揭示了附加力和附加力矩计算的数学表征,而且附加力和附加力矩的计算模型都是三重积分形式,计算量大、解算难度也十分明显,很不便于量化计算和数值分析。因此,本章将第 2 章所讲的具有一般意义的变质量运动物体落实聚焦到我们比较关心的航天运载器上,结合航天发射飞行的基本特点和航天运载器的基本结构,将附件力和附加力矩的初始计算模型转化为便于计算分析的形式,为后续航天运载器的受力分析和弹道方程建立奠定理论基础。

3.1 航天发射的变质量动态过程

附加力和附加力矩反映的是变质量物体内的质点相对于物体质心运动时所产生的力与力矩作用,航天运载器自点火起飞开始,其质量就在不断发生变化,若要计算因运载器质量变化而产生的附加力和附加力矩的大小,则首先要明确航天发射时的变质量飞行过程以及变质量飞行过程中的力学特点。

3.1.1 变质量飞行过程

航天运载器发射飞行的变质量过程,运载器飞行时的质量变化方式,以及运载器发射飞行的变质量运动特点，都直接或间接地影响因变质量运动而产生的附加力和附加力矩的大小。本节结合附加力和附加力矩的积分计算式来阐述航天运载器的变质量飞行过程，已知附加力的表达式为

$$\begin{cases} \boldsymbol{F}'_{\mathrm{rel}} = -\int_m \dfrac{\delta^2 \boldsymbol{\rho}}{\delta t^2} \mathrm{d}m \\ \boldsymbol{F}'_k = -2\boldsymbol{\omega} \int_m \dfrac{\delta \boldsymbol{\rho}}{\delta t} \mathrm{d}m \end{cases} \tag{3-1-1}$$

式中：$\boldsymbol{F}'_{\mathrm{rel}}$ 为附加相对力；$\boldsymbol{F}'_k$ 为附加科氏力。附加相对力积分式中，矢量 $\boldsymbol{\rho}$ 是运载器内任一质点相对于运载器质心的位置矢径，积分号内是矢量 $\boldsymbol{\rho}$ 相对于运载器的二阶相对导数项，可见矢量 $\boldsymbol{\rho}$ 本身及其一阶导数、二阶导数都会决定附加相对力的大小。附加科氏力计算式中包含运载器相对于惯性空间的转动角速度 $\boldsymbol{\omega}$ 和运载器内任一质点相对于运载器质心的位置矢径 $\boldsymbol{\rho}$ ，则转动角速度 $\boldsymbol{\omega}$ 和位置矢径 $\boldsymbol{\rho}$ 的变化都会直接影响附加科氏力的大小。需要说明，矢径 $\boldsymbol{\rho}$ 与运载器的质量变化过程密切相关，在航天运载器发射飞行过程中，推进剂、氧化剂在动力系统管道内的流动/输送，低温推进剂和低温氧化剂的自然蒸发，发动机燃烧室内的燃烧以及发动机喷管喷出的燃烧产物等，以及贮箱内推进剂、氧化剂的晃动，都可视为运载器内质点相对于质心的运动过程，上述过程也都直接与矢径 $\boldsymbol{\rho}$ 的变化有关，进而与附加相对力、附加科氏力的计算相关，如图 3-1-1 所示。与此同时，航天运载器的级间分离过程、整流罩抛离、伺服作动机构消耗工质等一切与运载器质量变化有关的现象，也都会直接或间接地影响附加力的大小和方向。也必须明确指出，上述航天发射飞行时的质量变化原因很多都是与流体力学的运动直接相关的。

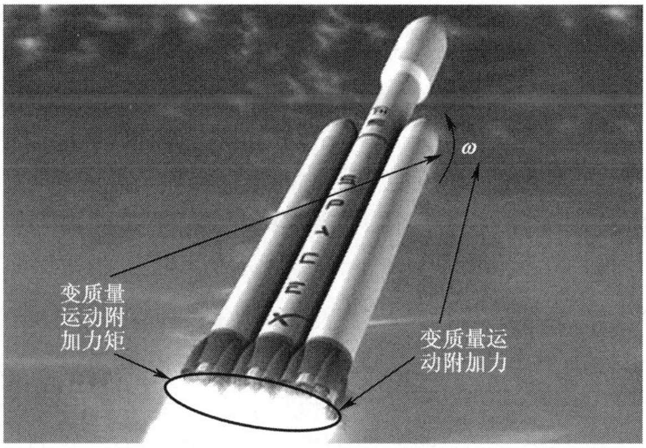

图 3-1-1　运载器变质量运动示意图

同样，航天运载器的变质量飞行过程也时刻影响附加相对力矩和附加科氏力矩的大小和方向，已知附加力矩的积分计算式为

$$
\begin{cases}
\boldsymbol{M}'_{\text{rel}} = -\int_m \boldsymbol{\rho} \times \dfrac{\delta^2 \boldsymbol{\rho}}{\delta t^2} \mathrm{d}m \\
\boldsymbol{M}'_k = -\int_m 2\boldsymbol{\rho} \times \left(\boldsymbol{\omega} \times \dfrac{\delta \boldsymbol{\rho}}{\delta t} \right) \mathrm{d}m
\end{cases}
\tag{3-1-2}
$$

式中：$\boldsymbol{M}'_{\text{rel}}$ 为附加相对力矩，$\boldsymbol{M}'_k$ 为附加科氏力矩。附加相对力矩计算式的积分号中只包含矢量 $\boldsymbol{\rho}$，附加科氏力矩计算式的积分号中不仅包括矢量 $\boldsymbol{\rho}$ 还包含运载器相对于惯性空间的转动角速度 $\boldsymbol{\omega}$，可见运载器内任一质点相对质心的运动都会直接影响附加力矩的大小，而且运载器相对于惯性空间转动的快慢也会直接影响附加科氏力矩。显然，前面提到会使矢量 $\boldsymbol{\rho}$ 变化的燃料消耗、燃料输送/晃动、燃料燃烧从发动机喷管喷出、级间分离等变质量过程也都会直接影响附加力矩的大小和方向。

本节结合附加相对力、附加科氏力、附加相对力矩和附加科氏力矩的积分计算式，从定性的角度阐述了运载器变质量运动过程对附加力、附加力矩的影响，只是结合运载器的具体特点解释了第 2 章中给出的变质量运动物体的附加力、附加力矩与变质量运动过程的内在关系，还是无法解决附加力、附加力矩的直接计算问题。要计算附加力和附加力矩就必须进行三重积分计算（难度较大），可否将三重积分转化为二重积分，进而将附加力、附加力矩的积分计算转化为运载器质量动态变化的状态量如质量变化率、质量秒耗量、发动机等效排气速度等的数值计算过程。要回答这个问题，我们必须要首先明确能够准确反映航天发射变质量飞行过程的力学描述方式，确定描述方式后才能用正确、合适的方法去简化附加力和附加力矩的计算。

3.1.2 发射飞行过程的力学描述

在进行力学问题描述时，目前主要有拉格朗日描述和欧拉描述两种描述方式，拉格朗日描述简称拉式描述，欧拉描述简称欧式描述。拉式描述主要适用于固体力学领域，在描述时关注的对象是被研究物体（如物理课程中经常提到的小木块，以及在飞行力学问题研究时经常用到的质点、刚体、质点系等）。在本书中常见的对质点的受力分析就是典型的拉式描述，整个分析过程我们关注的都是该质点或者质点系，都是在分析被研究的力学对象的受力。然而，流体力学却无法这样分析，因为流体的形变很大，若要对流体本身进行受力分析，则极为复杂和困难，而且对不同形状的流体做受力分析，其外部力向内部的传递方式也是不一样的，所以才有了欧式描述。欧式描述并不关心待研究的质点/质点系，而是重点分析一个固定的空间（控制体），不同的质点可以进出该控制体，且遵循质量守恒、动量守恒、能量守恒等基本定律，即流经该控制体的流体。在期间受到的力决定其动量变化、受到的功则决定热量/能量的变化，同时流进流出的流体的质量守恒，可见欧式描述的关注对象是“场”，描述的是特定空间的变化规律，欧式描述在流体力学领域广泛使用。

对力学分析的拉式描述和欧式描述进行简单介绍后，下面讨论航天发射飞行过程应选择的描述方式。如图 3-1-2 所示，在进行航天发射弹道学和发射飞行动态特性分析时，我们通常在合理的假设下将运载器分别视为质点和刚体进行研究。建立发射飞行弹道方程和分析发射弹道特性时，只需对运载器质心进行受力分析并研究其变化规律即可；而在进行发射飞行动态特性分析时，我们通常假设在瞬时时刻运载器是一个刚体，然后研究其合力矩与其运动状态的内在关系。显然，我们进行弹道学和姿态动力学分析时采用的是拉式描述的方式。但是，在进行运载器质心受力分析和绕质心运动的控制力矩时，必然要考虑发动机推力和控制力，对于以火箭发动机为控制执行机构（通过摆动喷管或安装游机）的运载器来讲，发动机推力和控制力都由运载器动力系统产生，火箭发动机工作时，推进剂和氧化剂在燃烧室和喷管内后以几百米每秒至几千米每秒的速度流动。显然，动力系统工作并产生推力的过程属于流体力学的研究范畴，应使用欧式描述方法来描述。综上可知，在进行航天发射飞行过程的力学描述时，既要用到拉式描述方式也要用到欧式描述方式，依赖欧式描述的动力系统产生的推力又对运载器质心和绕质心的运动关系密切，为了能准确描述发射飞行过程的力学问题，必须将拉式描述和欧式描述进行综合，这就必须要用到雷诺输运定理。

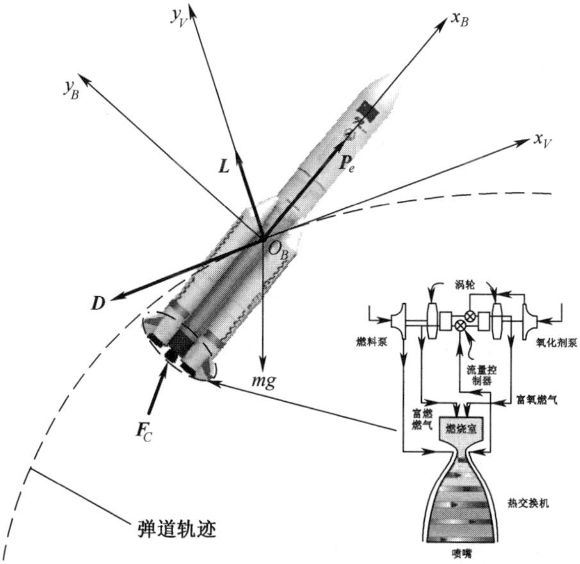

图 3-1-2 发射飞行的拉式描述与欧式描述

3.2 雷诺输运公式

雷诺输运定理是连接拉式描述与欧式描述的桥梁,是求解变质量运动体产生的附加力和附加力矩的重要理论,本节详细介绍该定理的具体内容及其使用方法。

3.2.1 雷诺输运定理

已知发射飞行过程的力学问题描述既要用到拉式描述,也要用到欧式描述,为了完成发射飞行过程的力学描述,则必须明确两种力学描述方式的内在机理,建立两种力学描述方式的表征模型,雷诺输运定理就是两种力学描述方式内在机理的直接体现。雷诺输运定理(Reynolds transport theorem),通常也称为雷诺传输方程、莱布尼兹-雷诺传输定理或者雷诺定理,是以积分符号内取微分闻名的莱布尼兹积分定律的三维推广,其具体表达式为

$$\frac{\mathrm{d}}{\mathrm{d}t}\int_V \Phi \mathrm{d}V = \frac{\partial}{\partial t}\int_V \Phi \mathrm{d}V + \iint_S \Phi(\boldsymbol{V}\cdot\boldsymbol{n})\mathrm{d}S \tag{3-2-1}$$

式中:$\frac{\partial}{\partial t}\int_V \Phi \mathrm{d}V$ 表示单位时间内控制体 V 中所含物理量 $\int_V \Phi \mathrm{d}V$ 的增量,即系统位置不变时,仅由被积函数 Φ 随时间变化而产生的积分式增量,这是流场的非定常性导致的。而面积分 $\oiint_S \Phi(\boldsymbol{V}\cdot\boldsymbol{n})\mathrm{d}S$ 表示单位时间内通过控制体的表面 S 流出的相应的物理量,若被积函数 Φ 不随时间变化,则其表示由于系统位置的变化(流体的质点运动引起的系统边界的变化)而产生的积分增量,它是由流场的非均匀性导致的。由雷诺输运定理的表达式的形式可知,式(3-2-1)等号左侧表示物质的导数,属于拉氏描述的表达方法,而等号右侧则是典型的控制体分析的表述方法,即欧式描述的表达方法。相应地,该定理的物理意义也可通俗地表述为:物理量 Φ 的变化量等于控制体内物理量 Φ 的当地变化量与物理量 Φ 流入或流出该控制体的量的和,即某瞬时时刻一可变体积上系统总物理量对时间的变化率,等于该时刻所处控制体中物理量的时间变化率加上单位时间通过该控制体边界净输运的流体物理量。

下面从定性的角度简单解释,为什么雷诺输运定理中式(3-2-1)等号左侧的微分符号在积分符号外部,而右侧的微分符号在积分符号的内部。考虑到拉氏描述关注质点的基本特点,等号左边的时间导数是针对某些特定的质点的,当这些质点随着时间变化而移动后,它们所在的位置发生改变,而由这些质点组成的空间也会随时间改变,所以应将时间导数放在积分号外侧,因为拉氏描述下对象空间也是随时间改变的,时间导数需要将空间的变化也考虑进去。相应地,等号右侧的时间

导数则是欧氏描述的方式，因为目标空间（控制体）是固定的，所以空间控制体不是时间的函数，于是时间导数符号就放在了积分号的内部。雷诺输运定理是以英国力学家、物理学家、工程师雷诺（Osborne Reynolds，1842—1912）的名字命名，雷诺一生中有近 70 篇论文都有很深远的影响，这些论文涵盖力学、热力学、电学、航空学、蒸汽机特性等诸多领域，其中后世公认比较重要的有 1886 年发表的关于润滑理论的论文、1893 年发表的动力相似律论文和 1895 年发表的关于湍流中雷诺应力的论文。关于雷诺输运定理的详细描述以及雷诺的其他科学发现，大家可以查阅相关文献资料。

3.2.2 适用于流动变质量过程的雷诺输运公式

已经明确的是，发射飞行中航天运载器的质量变化尤其动力系统消耗燃料产生推力的过程是与流体力学的运动密切相关的。为了利用数学的方法表征运载器内部的流体力学过程，我们将运载器视为一个内部有流动运动但形状固定的物体。为了能够利用雷诺输运定理来分析运载器的附加力和附加力矩，我们将雷诺输运定理中的被积函数 $\boldsymbol{\Phi}$ 用流体的密度 ρ 和表征流体微元空间位置的矢量 $\boldsymbol{H}$ 的乘积来表示，进而推导变质量过程是因为流体运动造成的变质量物体的雷诺输运定理的应用公式。

首先给出《远程火箭弹道学》一书中的推导过程。引入一个矢量函数 $\boldsymbol{A}$，并且 $\boldsymbol{A}$ 是密度 ρ 与矢量点函数 $\boldsymbol{H}$ 的乘积，即

$$\boldsymbol{A} = \rho \boldsymbol{H} \tag{3-2-2}$$

一般来讲，对于具有流动且形状固定，并且有内部运动的流体，都可以用该式表征。假设固定形状的体积为 V，其表面积为 S，流体流经 S 时，相对于 S 的速度为 $\boldsymbol{V}_{\mathrm{rel}}$，流体的绝对速度为 $\boldsymbol{V}$，则表面 S 的速度 $\boldsymbol{V}_S$ 可表示为

$$\boldsymbol{V}_S = \boldsymbol{V} - \boldsymbol{V}_{\mathrm{rel}} \tag{3-2-3}$$

将变量 $\boldsymbol{A}$ 代入雷诺输运定理表达式(3-2-1)得

$$\frac{\mathrm{d}}{\mathrm{d}t}\int_V (\rho \boldsymbol{H})\,\mathrm{d}V = \int_V \frac{\partial(\rho \boldsymbol{H})}{\partial t}\mathrm{d}V + \int_S (\rho \boldsymbol{H})(\boldsymbol{V}_S \cdot \boldsymbol{n})\,\mathrm{d}S \tag{3-2-4}$$

将 $\boldsymbol{V}_S$ 的表达式代入式(3-2-4)，得

$$\frac{\mathrm{d}}{\mathrm{d}t}\int_V (\rho \boldsymbol{H})\,\mathrm{d}V = \int_V \frac{\partial(\rho \boldsymbol{H})}{\partial t}\mathrm{d}V + \int_S (\rho \boldsymbol{H})(\boldsymbol{V} \cdot \boldsymbol{n} - \boldsymbol{V}_{\mathrm{rel}} \cdot \boldsymbol{n})\,\mathrm{d}S \tag{3-2-5}$$

式(3-2-5)与式(3-2-6)等价，即

$$\frac{\mathrm{d}}{\mathrm{d}t}\int_V (\rho \boldsymbol{H})\,\mathrm{d}V = \int_V \frac{\partial(\rho \boldsymbol{H})}{\partial t}\mathrm{d}V + \int_S (\rho \boldsymbol{H})(\boldsymbol{V} \cdot \boldsymbol{n})\,\mathrm{d}S - \int_S (\rho \boldsymbol{H})(\boldsymbol{V}_{\mathrm{rel}} \cdot \boldsymbol{n})\,\mathrm{d}S \tag{3-2-6}$$

已知高斯定理（也称为高斯通量理论、散度定理、高斯散度定理、高斯-奥斯特

罗格拉德斯基公式、奥氏定理或高-奥公式)表达式如下：

$$\oiint_S \Phi(\boldsymbol{V}\cdot\boldsymbol{n})\mathrm{d}S=\int_V \mathrm{div}(\boldsymbol{\Phi V})\mathrm{d}V \tag{3-2-7}$$

则

$$\int_S(\rho\boldsymbol{H})(\boldsymbol{V}\cdot\boldsymbol{n})\mathrm{d}S=\int_m \mathrm{div}(V\boldsymbol{H})\mathrm{d}m=\int_m V\mathrm{div}(\boldsymbol{H})\mathrm{d}m+\int_m \frac{1}{\rho}\mathrm{div}(\rho V)\boldsymbol{H}\mathrm{d}m \tag{3-2-8}$$

相应地，有

$$\frac{\mathrm{d}}{\mathrm{d}t}\int_V(\rho\boldsymbol{H})\mathrm{d}V=\int_V\frac{\partial(\rho\boldsymbol{H})}{\partial t}\mathrm{d}V+\int_m V\mathrm{div}(\boldsymbol{H})\mathrm{d}m+\int_m\frac{1}{\rho}\mathrm{div}(\rho V)\boldsymbol{H}\mathrm{d}m-\int_S(\rho\boldsymbol{H})(\boldsymbol{V}_{\mathrm{rel}}\cdot\boldsymbol{n})\mathrm{d}S \tag{3-2-9}$$

即

$$\frac{\mathrm{d}}{\mathrm{d}t}\int_V(\rho\boldsymbol{H})\mathrm{d}V=\int_V\left[\frac{\partial(\rho\boldsymbol{H})}{\partial t}+\mathrm{div}(\rho\boldsymbol{H})(\boldsymbol{V}\cdot\boldsymbol{n})+\rho\boldsymbol{H}\mathrm{div}(\boldsymbol{V}\cdot\boldsymbol{n})\right]\mathrm{d}V-\int_S(\rho\boldsymbol{H})(\boldsymbol{V}_{\mathrm{rel}}\cdot\boldsymbol{n})\mathrm{d}S \tag{3-2-10}$$

则

$$\frac{\mathrm{d}}{\mathrm{d}t}\int_m\boldsymbol{H}\mathrm{d}m=\int_V\frac{\partial\rho}{\partial t}\boldsymbol{H}\mathrm{d}V+\int_m\frac{\partial\boldsymbol{H}}{\partial t}\mathrm{d}m+\int_m V\mathrm{div}(\boldsymbol{H})\mathrm{d}m+\int_m\frac{1}{\rho}\mathrm{div}(\rho V)\boldsymbol{H}\mathrm{d}m-\int_S(\rho\boldsymbol{H})(\boldsymbol{V}_{\mathrm{rel}}\cdot\boldsymbol{n})\mathrm{d}S$$

已知随体导数为

$$\frac{\mathrm{d}\boldsymbol{H}}{\mathrm{d}t}=\frac{\partial\boldsymbol{H}}{\partial t}+(V\cdot\mathrm{div}\boldsymbol{H}) \tag{3-2-11}$$

则

$$\int_m\frac{\mathrm{d}\boldsymbol{H}}{\mathrm{d}t}\mathrm{d}m=\int_m\frac{\partial\boldsymbol{H}}{\partial t}\mathrm{d}m+\int_m V\mathrm{div}(\boldsymbol{H})\mathrm{d}m \tag{3-2-12}$$

故而有

$$\frac{\mathrm{d}}{\mathrm{d}t}\int_m\boldsymbol{H}\mathrm{d}m=\int_V\frac{\partial\rho}{\partial t}\boldsymbol{H}\mathrm{d}V+\int_m\frac{\mathrm{d}\boldsymbol{H}}{\mathrm{d}t}\mathrm{d}m+\int_m\frac{1}{\rho}\mathrm{div}(\rho V)\boldsymbol{H}\mathrm{d}m-\int_S(\rho\boldsymbol{H})(\boldsymbol{V}_{\mathrm{rel}}\cdot\boldsymbol{n})\mathrm{d}S \tag{3-2-13}$$

在一定条件下，假设下式成立：

$$\begin{cases}\displaystyle\int_V\frac{\partial\rho}{\partial t}\boldsymbol{H}\mathrm{d}V=0\\ \displaystyle\int_m\frac{1}{\rho}\mathrm{div}(\rho V)\boldsymbol{H}\mathrm{d}m=0\end{cases} \tag{3-2-14}$$

则

$$\int_m\frac{\mathrm{d}\boldsymbol{H}}{\mathrm{d}t}\mathrm{d}m=\frac{\mathrm{d}}{\mathrm{d}t}\int_m\boldsymbol{H}\mathrm{d}m+\int_S(\rho\boldsymbol{H})(\boldsymbol{V}_{\mathrm{rel}}\cdot\boldsymbol{n})\mathrm{d}S \tag{3-2-15}$$

以 $\delta/\delta t$ 来替代 $\mathrm{d}/\mathrm{d}t$,并表示某一旋转的动系统中的导数,同时考虑到 $\rho\mathrm{d}V = \mathrm{d}m$,则式(3-2-15)转化为

$$\int_m \frac{\delta \boldsymbol{H}}{\delta t}\mathrm{d}m = \frac{\delta}{\delta t}\int_m \boldsymbol{H}\mathrm{d}m + \int_S (\rho \boldsymbol{H})(\boldsymbol{V}_{\mathrm{rel}} \cdot \boldsymbol{n})\mathrm{d}S \tag{3-2-16}$$

式中:m 为质量; $\mathrm{d}m$ 为积分质量元; S 为流体经过的表面积; $\boldsymbol{V}_{\mathrm{rel}}$ 为流体流经表面积 S 时相对于 S 的速度矢量; $\boldsymbol{n}$ 为表面积微元 $\mathrm{d}S$ 的法向单位矢量; ρ 为流体的密度; $\boldsymbol{H}$ 为具有物理意义的矢量函数。式(3-2-16)即为很多现有文献和书籍中直接给出的用于计算附加力和附加力矩的原始公式,本书将该式的推导过程给出,以便读者更为深入地了解变质量物体飞行力学的相关知识和基础理论。

以雷诺输运定理的表达式为基础,结合高斯通量理论/散度定理、随体导数及其基本性质,对适用于因流体运动而造成的变质量物体的附加力和附加力矩的计算公式也进行了推导,下面给推导方法。已知雷诺输运定理的表达式为

$$\frac{\mathrm{d}}{\mathrm{d}t}\|_V \boldsymbol{\Phi}\mathrm{d}V = \frac{\partial}{\partial t}\int_V \boldsymbol{\Phi}\mathrm{d}V + \oiint_S \boldsymbol{\Phi}(\boldsymbol{V}\cdot\boldsymbol{n})\mathrm{d}S \tag{3-2-17}$$

根据高斯公式,可得

$$\oiint_S \boldsymbol{\Phi}(\boldsymbol{V}\cdot\boldsymbol{n})\mathrm{d}S = \int_V \mathrm{div}(\boldsymbol{\Phi}\boldsymbol{V})\mathrm{d}V \tag{3-2-18}$$

考虑到控制体的空间坐标不会随时间变化,即控制体空间坐标与时间互为独立变量,同时假设被积分函数 $\boldsymbol{\Phi}$ 对时间可微分且 $\boldsymbol{\Phi}$ 对时间 t 的一阶偏导数是连续的,则雷诺输运定理可转化为

$$\frac{\mathrm{d}}{\mathrm{d}t}\int_V \boldsymbol{\Phi}\mathrm{d}V = \frac{\partial}{\partial t}\int_V \boldsymbol{\Phi}\mathrm{d}V + \int_V \mathrm{div}(\boldsymbol{\Phi}\boldsymbol{V})\mathrm{d}V \tag{3-2-19}$$

考虑到

$$\mathrm{div}(\boldsymbol{\Phi}\boldsymbol{V}) = \boldsymbol{V}\mathrm{div}\boldsymbol{\Phi} + \boldsymbol{\Phi}\mathrm{div}\boldsymbol{V} \tag{3-2-20}$$

已知随体导数

$$\frac{\mathrm{d}\boldsymbol{\Phi}}{\mathrm{d}t} = \frac{\partial\boldsymbol{\Phi}}{\partial t} + (\boldsymbol{V}\cdot\mathrm{div}\boldsymbol{\Phi}) \Leftrightarrow \int_V (\boldsymbol{V}\mathrm{div}\boldsymbol{\Phi})\mathrm{d}V = \int_V \frac{\mathrm{d}\boldsymbol{\Phi}}{\mathrm{d}t}\mathrm{d}V - \int_V \frac{\partial\boldsymbol{\Phi}}{\partial t}\mathrm{d}V \tag{3-2-21}$$

则

$$\frac{\mathrm{d}}{\mathrm{d}t}\int_V \boldsymbol{\Phi}\mathrm{d}V = \frac{\partial}{\partial t}\int_V \boldsymbol{\Phi}\mathrm{d}V + \int_V \frac{\mathrm{d}\boldsymbol{\Phi}}{\mathrm{d}t}\mathrm{d}V - \int_V \frac{\partial\boldsymbol{\Phi}}{\partial t}\mathrm{d}V + \int_V (\boldsymbol{\Phi}\mathrm{div}\boldsymbol{V})\mathrm{d}V \tag{3-2-22}$$

即

$$\begin{cases} \dfrac{\mathrm{d}}{\mathrm{d}t}\displaystyle\int_V \boldsymbol{\Phi}\mathrm{d}V = \dfrac{\partial}{\partial t}\displaystyle\int_V \boldsymbol{\Phi}\mathrm{d}V + \oiint_S \boldsymbol{\Phi}(\boldsymbol{V}\cdot\boldsymbol{n})\mathrm{d}S \\ \dfrac{\mathrm{d}}{\mathrm{d}t}\displaystyle\int_V \boldsymbol{\Phi}\mathrm{d}V = \dfrac{\partial}{\partial t}\displaystyle\int_V \boldsymbol{\Phi}\mathrm{d}V + \int_V \dfrac{\mathrm{d}\boldsymbol{\Phi}}{\mathrm{d}t}\mathrm{d}V - \int_V \dfrac{\partial\boldsymbol{\Phi}}{\partial t}\mathrm{d}V + \int_V (\boldsymbol{\Phi}\mathrm{div}\boldsymbol{V})\mathrm{d}V \end{cases} \tag{3-2-23}$$

故而

$$\int_V \frac{\mathrm{d}\boldsymbol{\Phi}}{\mathrm{d}t}\mathrm{d}V = \frac{\partial}{\partial t}\int_V \boldsymbol{\Phi}\mathrm{d}V + \oiint_S \boldsymbol{\Phi}(\boldsymbol{V}\cdot\boldsymbol{n})\mathrm{d}S - \int_V (\boldsymbol{\Phi}\mathrm{div}\boldsymbol{V})\mathrm{d}V \tag{3-2-24}$$

假设 $\boldsymbol{\Phi}=\rho\boldsymbol{H}$，则

$$\int_V \frac{\mathrm{d}(\rho\boldsymbol{H})}{\mathrm{d}t}\mathrm{d}V = \frac{\partial}{\partial t}\int_V (\rho\boldsymbol{H})\mathrm{d}V + \oiint_S (\rho\boldsymbol{H})(\boldsymbol{V}\cdot\boldsymbol{n})\mathrm{d}S - \int_V [(\rho\boldsymbol{H})\mathrm{div}\boldsymbol{V}]\mathrm{d}V \tag{3-2-25}$$

将式(3-2-25)等号左侧乘积的导数展开

$$\begin{aligned}&\int_V \frac{\mathrm{d}(\rho)}{\mathrm{d}t}\boldsymbol{H}\mathrm{d}V + \int_V \frac{\mathrm{d}(\boldsymbol{H})}{\mathrm{d}t}\rho\mathrm{d}V = \\ &\frac{\partial}{\partial t}\int_V (\rho\boldsymbol{H})\mathrm{d}V + \oiint_S (\rho\boldsymbol{H})(\boldsymbol{V}\cdot\boldsymbol{n})\mathrm{d}S - \int_V [(\rho\boldsymbol{H})\mathrm{div}\boldsymbol{V}]\mathrm{d}V\end{aligned} \tag{3-2-26}$$

进而

$$\int_m \frac{\mathrm{d}\boldsymbol{H}}{\mathrm{d}t}\mathrm{d}m = \frac{\partial}{\partial t}\int_m \boldsymbol{H}\mathrm{d}m + \oiint_S (\rho\boldsymbol{H})(\boldsymbol{V}\cdot\boldsymbol{n})\mathrm{d}S - \int_V [(\rho\boldsymbol{H})\mathrm{div}\boldsymbol{V}]\mathrm{d}V - \int_V \frac{\mathrm{d}\rho}{\mathrm{d}t}\boldsymbol{H}\mathrm{d}V$$

在一定条件下，假设下式成立

$$\begin{cases}\displaystyle\int_V \frac{\partial\rho}{\partial t}\boldsymbol{H}\mathrm{d}V = 0\\ \displaystyle\int_m \frac{1}{\rho}\mathrm{div}(\rho V)\boldsymbol{H}\mathrm{d}m = 0\end{cases} \tag{3-2-27}$$

则

$$\int_m \frac{\mathrm{d}\boldsymbol{H}}{\mathrm{d}t}\mathrm{d}m = \frac{\partial}{\partial t}\int_m \boldsymbol{H}\mathrm{d}m + \oiint_S (\rho\boldsymbol{H})(\boldsymbol{V}\cdot\boldsymbol{n})\mathrm{d}S \tag{3-2-28}$$

用 $\delta/\delta t$ 来替代 $\mathrm{d}/\mathrm{d}t$，同时考虑到 $\rho\mathrm{d}V=\mathrm{d}m$，则式(3-2-28)转化为

$$\int_m \frac{\delta\boldsymbol{H}}{\delta t}\mathrm{d}m = \frac{\delta}{\delta t}\int_m \boldsymbol{H}\mathrm{d}m + \int_S (\rho\boldsymbol{H})(\boldsymbol{V}_{\mathrm{rel}}\cdot\boldsymbol{n})\mathrm{d}s \tag{3-2-29}$$

式中：$\boldsymbol{V}_{\mathrm{rel}}$ 为流体流经横截面 S 时相对于 S 的速度（即燃烧产物相对于运载器本体的速度）；ρ 为流体质量密度；$\boldsymbol{H}$ 为一个矢量点函数；$\boldsymbol{n}$ 为横截面 S（发动机喷管截面）的外法向单位矢量。本节所推导的公式可大大简化附加力和附加力矩的计算，也可以为其他的相关力学问题提供帮助。

3.3 轴对称结构变质量运动体的附加力

3.2 节推导建立了适用于变质量物体的流动过程的雷诺输运公式，本节结合航天运载器的轴对称结构特点，对附加相对力和附加科氏力的计算式进行简化，建立用航天运载器的特征参数描述的附加力的计算模型。已知附加相对力和附加科

氏力的积分型计算公式分别为

$$\begin{cases}\boldsymbol{F}'_{\mathrm{rel}} = -\int_m \dfrac{\delta^2\boldsymbol{\rho}}{\delta t^2}\mathrm{d}m \\ \boldsymbol{F}'_k = -2\boldsymbol{\omega}\times\int_m \dfrac{\delta\boldsymbol{\rho}}{\delta t}\mathrm{d}m\end{cases} \tag{3-3-1}$$

式中：$\boldsymbol{F}'_{\mathrm{rel}}$ 为变质量物体的附加相对力；$\boldsymbol{F}'_k$ 为变质量物体的附加科氏力。附加相对力 $\boldsymbol{F}'_{\mathrm{rel}}$ 是物体内部质点相对于物体质心运动而产生的力，附加科氏力 $\boldsymbol{F}'_k$ 是物体内部质点相对于质心运动的速度矢量相对于惯性空间进行转动运动而产生的力。

3.3.1 附加相对力

如图 3-3-1 所示，航天运载器通常是一个轴对称结构的变质量系统，发动机喷管出口截面积为 S_e，运载器的质心记为 O_{B}，在燃料（推进剂和氧化剂）燃烧过程中 t 瞬时时刻质心 O_{B} 相对于运载器本体的运动速度矢量记为 $\boldsymbol{V}_{\mathrm{r.c.m.}}$，而运载器内任一质点 P 相对于运载器本体的速度矢量为 $\boldsymbol{V}_{\mathrm{r.b.}}$（对燃烧产物来讲就是燃烧产物相对于发动机喷管截面的速度，即雷诺传输定理表达式中的 $\boldsymbol{V}_{\mathrm{rel}}$，$\boldsymbol{V}_{\mathrm{r.b.}} = \boldsymbol{V}_{\mathrm{rel}}$）。

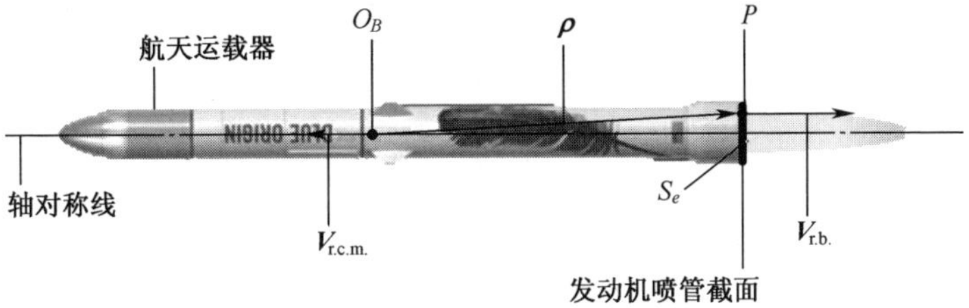

图 3-3-1 速度和矢量示意图

若记质点 P 相对于运载器质心 O_{B} 的矢径为 $\boldsymbol{\rho}$，则以运载器为参考系，质点 P 相对于可变质心 O_{B} 的速度矢量满足

$$\frac{\delta\boldsymbol{\rho}}{\delta t} = \boldsymbol{V}_{\mathrm{r.b.}} - \boldsymbol{V}_{\mathrm{r.c.m.}} \tag{3-3-2}$$

式中：$\delta\boldsymbol{\rho}/\delta t$ 为质点 P 相对于质心 O_{B} 的速度矢量。3.2 节中已推导得到适用于流动变质量过程的雷诺输运公式，即

$$\int_m \frac{\delta\boldsymbol{H}}{\delta t}\mathrm{d}m = \frac{\delta}{\delta t}\int_m \boldsymbol{H}\mathrm{d}m + \int_S (\rho_m\boldsymbol{H})(\boldsymbol{V}_{\mathrm{rel}}\cdot\boldsymbol{n})\mathrm{d}S \tag{3-3-3}$$

式中：$\boldsymbol{V}_{\mathrm{rel}}$ 为流体流经横截面 S 时相对于 S 的速度（该速度即为燃烧产物相对于航天运载器本体的速度）；ρ_{m} 为流体的质量密度；$\boldsymbol{H}$ 为一个矢量点函数；$\boldsymbol{n}$ 为横截面 S（发动机喷管截面）的外法向单位矢量。假设矢量点函数 $\boldsymbol{H}$ 为质点 P 相对于运动质心 O_{B} 的速度矢量 $\delta\boldsymbol{\rho}/\delta t$，即

$$\boldsymbol{H}=\frac{\delta \boldsymbol{\rho}}{\delta t} \tag{3-3-4}$$

将式(3-3-4)代入式(3-3-3)可得

$$\int_m \frac{\delta}{\delta t}\left(\frac{\delta \boldsymbol{\rho}}{\delta t}\right) \mathrm{d}m=\frac{\delta}{\delta t}\int_m\left(\frac{\delta \boldsymbol{\rho}}{\delta t}\right) \mathrm{d}m+\int_S\left(\frac{\delta \boldsymbol{\rho}}{\delta t}\right)(\rho_m \boldsymbol{V}_{\text{rel}} \cdot \boldsymbol{n}) \mathrm{d}S \tag{3-3-5}$$

式中：$V_{\text{rel}} \cdot \boldsymbol{n}$ 为一个标量；质量密度 ρ_m 也为标量，故可将两者直接相乘。联立附加相对力的积分形式的计算式可知

$$\boldsymbol{F}'_{\text{rel}}=-\int_m \frac{\delta^2 \boldsymbol{\rho}}{\delta t^2} \mathrm{d}m=-\frac{\delta}{\delta t}\left(\int_m \frac{\delta \boldsymbol{\rho}}{\delta t} \mathrm{d}m\right)-\int_{S_e} \frac{\delta \boldsymbol{\rho}}{\delta t}(\rho_m \boldsymbol{V}_{\text{r. b.}} \cdot \boldsymbol{n}) \mathrm{d}S_e \tag{3-3-6}$$

式中：ρ_m 为流体质量密度；$V_{\text{r. b.}}$ 为燃烧产物相对于运载器本体的速度(即燃烧产物相对于发动机喷管截面的速度)，$\boldsymbol{V}_{\text{r. b.}}=\boldsymbol{V}_{\text{rel}}$；$\boldsymbol{n}$ 为发动机喷管截面的外法向单位矢量；S_e 为发动机喷管截面。将 $\delta \boldsymbol{\rho}/\delta t=\boldsymbol{V}_{\text{r. b.}}-\boldsymbol{V}_{\text{r. c. m.}}$ 代入式(3-3-6)，分别计算式中各项。

由式(3-3-3)雷诺输运公式知

$$\int_m \frac{\delta \boldsymbol{\rho}}{\delta t} \mathrm{d}m=\frac{\delta}{\delta t}\int_m \boldsymbol{\rho} \mathrm{d}m+\int_S(\rho_m \boldsymbol{\rho})(\boldsymbol{V}_{\text{r. b.}} \cdot \boldsymbol{n}) \mathrm{d}S \tag{3-3-7}$$

根据质心的定义

$$\frac{\delta}{\delta t}\int_m \boldsymbol{\rho} \mathrm{d}m=0 \tag{3-3-8}$$

如图3-3-2所示，航天运载器质心 O_B 到发动机喷管截面上任一质点 P 的矢径 $\boldsymbol{\rho}$ 可表示为

$$\boldsymbol{\rho}=\boldsymbol{\rho}_{S_e}+\boldsymbol{v} \tag{3-3-9}$$

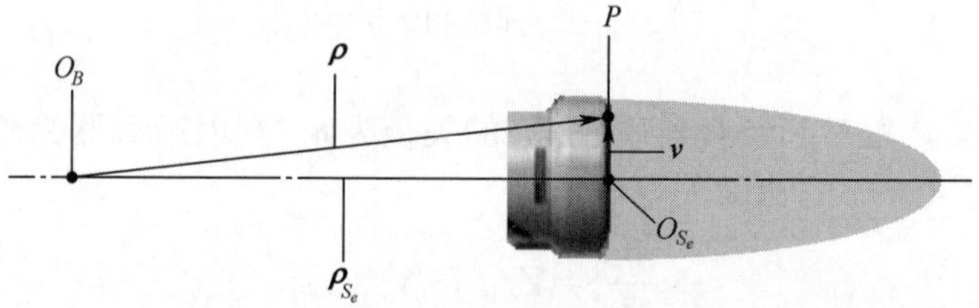

图3-3-2 (见彩图)矢径空间结构示意图

则

$$\int_S(\rho_m \boldsymbol{\rho})(\boldsymbol{V}_{\text{rel}} \cdot \boldsymbol{n}) \mathrm{d}S=\int_S \boldsymbol{\rho}_{S_e}(\rho_m \boldsymbol{V}_{\text{r. b.}} \cdot \boldsymbol{n}) \mathrm{d}S+\int_S \boldsymbol{v}(\rho_m \boldsymbol{V}_{\text{r. b.}} \cdot \boldsymbol{n}) \mathrm{d}S \tag{3-3-10}$$

式(3-3-10)右侧第一个积分式，当发动机喷管确定则喷管截面 S_e 便可确定，可认为运载器质心 O_{B} 到喷管截面中心 O_{S_e} 的矢径 $\boldsymbol{\rho}_{S_e}$ 为常量，则

$$\int_S \boldsymbol{\rho}_{S_e}(\rho_m \boldsymbol{V}_{\text{r. b.}} \cdot \boldsymbol{n})\mathrm{d}S = \boldsymbol{\rho}_{S_e}\int_S (\rho_m \boldsymbol{V}_{\text{r. b.}} \cdot \boldsymbol{n})\mathrm{d}S = \boldsymbol{\rho}_{S_e} \cdot \dot{m} \qquad (3-3-11)$$

式中：$\dot{m}$ 为发动机喷管每单位时刻流出的燃烧产物质量，也就是航天运载器的质量秒耗量，$\int_S (\rho_m \boldsymbol{V}_{\text{r. b.}} \cdot \boldsymbol{n})\mathrm{d}S = \dot{m}$ 。为更直观地分析发动机喷管截面处的数学关系，给出如图 3-3-3 所示发动机喷管截面 S_e 的底面正视图。

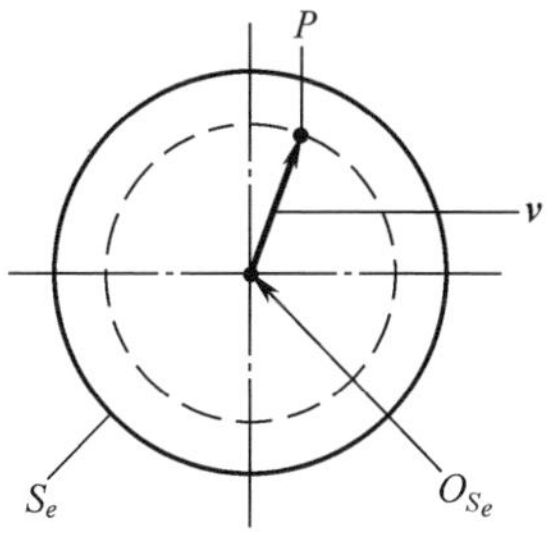

图 3-3-3　喷管出口的示意图

若发动机喷管截面 S_e 相对于其中心点 O_{S_e} 为对称平面，有

$$\int_S \boldsymbol{v}(\rho_m \boldsymbol{V}_{\text{r. b.}} \cdot \boldsymbol{n})\mathrm{d}S = 0 \qquad (3-3-12)$$

则

$$-\frac{\delta}{\delta t}\left(\int_m \frac{\delta \boldsymbol{\rho}}{\delta t}\mathrm{d}m\right) = -\frac{\delta}{\delta t}(\boldsymbol{\rho}_{S_e} \cdot \dot{m}) = -\dot{m}\dot{\boldsymbol{\rho}}_{S_e} - \ddot{m}\rho_{S_e} \qquad (3-3-13)$$

下面对 $\int_{S_e}(\delta\boldsymbol{\rho}/\delta t)(\rho_m \boldsymbol{V}_{\text{r. b.}} \cdot \boldsymbol{n})\mathrm{d}S_e$ 进行简化。将等式 $\delta\boldsymbol{\rho}/\delta t = \boldsymbol{V}_{\text{r. b.}} - \boldsymbol{V}_{\text{r. c. m.}}$ 代入式(3-3-6)得

$$\int_{S_e} \frac{\delta \boldsymbol{\rho}}{\delta t}(\rho_m \boldsymbol{V}_{\text{r. b.}} \cdot \boldsymbol{n})\mathrm{d}S_e = \int_{S_e} \boldsymbol{V}_{\text{r. b.}}(\rho_m \boldsymbol{V}_{\text{r. b.}} \cdot \boldsymbol{n})\mathrm{d}S_e - \int_{S_e} \boldsymbol{V}_{\text{r. c. m.}}(\rho_m \boldsymbol{V}_{\text{r. b.}} \cdot \boldsymbol{n})\mathrm{d}S_e \qquad (3-3-14)$$

对于航天运载器来讲，其质心 O_{B} 相对于本体的速度 $\boldsymbol{V}_{\text{r. c. m.}}$ 与喷管横截面 S_e 无关，可直接移到积分号外。同时，运载器中的任一流动质点 P 只能从运载器的发动机喷口截面 S_e 处流出运载器体外，$\boldsymbol{V}_{\text{r. b.}}$ 是指截面 S_e 上的质点相对于运载器本体的速度，如果把发动机喷口截面 S_e 上质点的排出速度 $\boldsymbol{V}_{\text{r. b.}}$ 近似认为是相同的，记为 $\boldsymbol{V}_{\text{r. b.}}(S_e) = \boldsymbol{u}_e$，则 $\boldsymbol{V}_{\text{r. b.}}$ 可以直接移动到积分号外，即

$$\int_{S_e} \frac{\delta \boldsymbol{\rho}}{\delta t}(\rho_m \boldsymbol{V}_{\text{r. b.}} \cdot \boldsymbol{n})\mathrm{d}S_e = \boldsymbol{V}_{\text{r. b.}}\int_{S_e}(\rho_m \boldsymbol{V}_{\text{r. b.}} \cdot \boldsymbol{n})\mathrm{d}S_e - \boldsymbol{V}_{\text{r. c. m.}}\int_{S_e}(\rho_m \boldsymbol{V}_{\text{r. b.}} \cdot \boldsymbol{n})\mathrm{d}S_e \qquad (3-3-15)$$

而且从物理意义上来说，有

$$\int_{S_e}(\rho_m \boldsymbol{V}_{\mathrm{r.b.}} \cdot \boldsymbol{n})\mathrm{d}S_e = \dot{m} \tag{3-3-16}$$

式中：$\boldsymbol{V}_{\mathrm{r.b.}} \cdot \boldsymbol{n}\mathrm{d}S_e$ 为喷口截面 S_e 上单位面积单位时间内流出的燃烧产物体积；$\rho_m \boldsymbol{V}_{\mathrm{r.b.}} \cdot \boldsymbol{n}\mathrm{d}S_e$ 表示喷口截面上单位面积单位时间内流出的燃烧产物的质量。

对喷口截面 S_e 进行闭合积分即为整个喷口截面单位时间内流出的燃烧产物质量，也就是质量秒耗量 $\dot{m}$：

$$\dot{m} = |\mathrm{d}m/\mathrm{d}t| \tag{3-3-17}$$

将式(3-3-16)代入式(3-3-15)，可得

$$\int_{S_e}\frac{\delta \boldsymbol{\rho}}{\delta t}(\rho_m \boldsymbol{V}_{\mathrm{r.b.}} \cdot \boldsymbol{n})\mathrm{d}S_e = \dot{m}\boldsymbol{V}_{\mathrm{r.b.}} - \dot{m}\boldsymbol{V}_{\mathrm{r.c.m.}} = \dot{m}\boldsymbol{u}_e - \dot{m}\boldsymbol{V}_{\mathrm{r.c.m.}} \tag{3-3-18}$$

其实，若通过喷口截面 S_e 的各个质点的速度 $\boldsymbol{V}_{\mathrm{r.b.}}$ 不相同，即 $\boldsymbol{V}_{\mathrm{r.b.}}(S_e) = \boldsymbol{u}_e$ 不成立，则

$$\boldsymbol{u}_e = \frac{1}{\dot{m}}\int_{S_e}\boldsymbol{V}_{\mathrm{r.b.}}(\rho_m \boldsymbol{V}_{\mathrm{r.b.}} \cdot \boldsymbol{n})\mathrm{d}S_e \tag{3-3-19}$$

可以得到通用性更强的计算式

$$\int_{S_e}\frac{\delta \boldsymbol{\rho}}{\delta t}(\rho_m \boldsymbol{V}_{\mathrm{r.b.}} \cdot \boldsymbol{n})\mathrm{d}S_e = \dot{m}\boldsymbol{V}_{\mathrm{r.b.}} - \dot{m}\boldsymbol{V}_{\mathrm{r.c.m.}} = \dot{m}\boldsymbol{u}_e - \dot{m}\boldsymbol{V}_{\mathrm{r.c.m.}} \tag{3-3-20}$$

至此，附加相对力 $\boldsymbol{F}'_{\mathrm{rel}}$ 计算式等号右侧的两项积分可分别转化为

$$\begin{cases}\dfrac{\delta}{\delta t}\left(\displaystyle\int_m \frac{\delta \boldsymbol{\rho}}{\delta t}\mathrm{d}m\right) = \dfrac{\delta}{\delta t}(\dot{m}\boldsymbol{\rho}_e) = \ddot{m}\boldsymbol{\rho}_{S_e} + \dot{m}\dot{\boldsymbol{\rho}}_{S_e} \\ \displaystyle\int_{S_e}\frac{\delta \boldsymbol{\rho}}{\delta t}(\rho_m \cdot \boldsymbol{V}_{\mathrm{r.b.}} \cdot \boldsymbol{n})\mathrm{d}S_e = \dot{m}\boldsymbol{u}_e - \dot{m}\boldsymbol{V}_{\mathrm{r.c.m.}}\end{cases} \tag{3-3-21}$$

式中：$\ddot{m}$ 为航天运载器质量的二阶导数；$\boldsymbol{\rho}_{S_e}$ 为运载器质心 O_B 到发动机喷管截面中心点的矢量；$\dot{m}$ 为质量秒耗量，$\dot{m} \geqslant 0$；$\boldsymbol{u}_e$ 为发动机喷管截面上的流动质点（燃烧产物）相对于喷口截面的排出速度；$\boldsymbol{V}_{\mathrm{r.c.m.}}$ 为航天运载器的质心相对于飞行器本体的速度矢量。最终，附加相对力 $\boldsymbol{F}'_{\mathrm{rel}}$ 可表示为

$$\boldsymbol{F}'_{\mathrm{rel}} = -\dot{m}\boldsymbol{u}_e - \ddot{m}\boldsymbol{\rho}_{S_e} - \dot{m}\dot{\boldsymbol{\rho}}_{S_e} + \dot{m}\boldsymbol{V}_{\mathrm{r.c.m.}} \tag{3-3-22}$$

考虑到航天运载器的发动机正常工作后运载器内的质点相对流动的非定常性会十分微弱，可以近似认为是定常流动，即 $\ddot{m} \approx 0$。同时，考虑到航天运载器的质心 O_{B} 相对于运载器本体的运动速度 $V_{\mathrm{r.c.m.}}$ 和运载器质心 O_{B} 相对于发动机喷管截面中心点 O_{S_e} 的矢径的变化率 $\dot{\rho}_{S_e}$ 都远远小于燃烧产物喷出速度 $\boldsymbol{u}_e$。因此，在航天发射飞行力学分析时，通常可将附加相对力简化为

$$\boldsymbol{F}'_{\text{rel}} = -\dot{m} \cdot \boldsymbol{u}_e \tag{3-3-23}$$

由式(3-3-23)可知附加相对力主要由航天运载器的质量秒耗量和燃烧产物的喷出速度决定,同时该式也说明,附加相对力的大小与通过发动机喷管出口截面 S_e 的线动量通量大小相等,方向相反。

3.3.2 附加科氏力

航天运载器内的运动质点相对于运载器质心的运动速度为 $\delta\boldsymbol{\rho}/\delta t$,该相对速度相对于惯性坐标系以角速度为 $\boldsymbol{\omega}_I$ 转动,进而产生附加科氏力:

$$\boldsymbol{F}'_k = -2\omega_{\text{I}} \times \int_m \frac{\delta\boldsymbol{\rho}}{\delta t}\mathrm{d}m \tag{3-3-24}$$

在进行附加相对力分析时,得到

$$\int_m \frac{\delta\boldsymbol{\rho}}{\delta t}\mathrm{d}m = \dot{m}\boldsymbol{\rho}_{S_e} \tag{3-3-25}$$

式中:$\dot{m}$ 为质量秒耗量;$\boldsymbol{\rho}_{S_e}$ 为运载器质心到发动机喷管出口截面中心点的矢径。

附加科氏力的计算式可表示为

$$\boldsymbol{F}'_k = -2\dot{m}\boldsymbol{\omega}_{\text{I}} \times \boldsymbol{\rho}_{S_e} \tag{3-3-26}$$

由式(3-3-26)可知附加科氏力本质上是表征运载器本体的一个特定矢径矢量 $\boldsymbol{\rho}_{S_e}$ 相对于惯性空间旋转产生的,同时附件科氏力也融合了运载器的质量秒耗量信息。

3.4 轴对称结构变质量运动体的附加力矩

本节主要介绍轴对称结构变质量空间运动体(航天运载器)的附加相对力矩和附加科氏力矩的简化计算公式。已知变质量物体的绕质心动力学方程为

$$\boldsymbol{I} \cdot \frac{\mathrm{d}\boldsymbol{\omega}}{\mathrm{d}t} + \boldsymbol{\omega} \times (\boldsymbol{I} \cdot \boldsymbol{\omega}) = \boldsymbol{M}_{O_{\text{c.m.}}}(\boldsymbol{F}_S) + \boldsymbol{M}'_{\text{rel}} + \boldsymbol{M}'_k \tag{3-4-1}$$

式(3-4-1)右侧第二项含相对位置矢径 $\boldsymbol{\rho}$ 的二阶导数,该项是物体内任一质点相对于物体质心做相对运动而产生的力矩项,即

$$\boldsymbol{M}'_{\text{rel}} = -\int_m \boldsymbol{\rho} \times \frac{\delta^2\boldsymbol{\rho}}{\delta t^2}\mathrm{d}m \tag{3-4-2}$$

式(3-4-2)称为附加相对力矩,是变质量物体中的质点相对于物体质心做相对运动产生的力矩。相应地,与相对位置矢径 $\boldsymbol{\rho}$ 的一阶导数相关的项称为附加科氏力矩,即

$$\boldsymbol{M}'_k = -\int_m 2\boldsymbol{\rho} \times \left(\boldsymbol{\omega} \times \frac{\delta\boldsymbol{\rho}}{\delta t}\right)\mathrm{d}m \tag{3-4-3}$$

式中：$\boldsymbol{M}'_k$ 为附加科氏力矩，是物体内做相对运动的质点相对于惯性参考系旋转而产生的附加力矩。

3.4.1 附加相对力矩

已知式(3-4-2)附加相对力矩计算式等价于

$$\boldsymbol{M}'_{\text{rel}} = -\int_m \left[\frac{\delta}{\delta t}\left(\boldsymbol{\rho} \times \frac{\delta \boldsymbol{\rho}}{\delta t}\right)\right] \mathrm{d}m \tag{3-4-4}$$

已知适用于流动变质量过程的雷诺输运公式为

$$\int_m \frac{\delta \boldsymbol{H}}{\delta t}\mathrm{d}m = \frac{\delta}{\delta t}\int_m \boldsymbol{H}\mathrm{d}m + \int_S (\rho_m \boldsymbol{H})(\boldsymbol{V}_{\text{rel}} \cdot \boldsymbol{n})\mathrm{d}S \tag{3-4-5}$$

显然，附加相对力矩可表示为

$$\boldsymbol{M}'_{\text{rel}} = -\frac{\delta}{\delta t}\int_m \left(\boldsymbol{\rho} \times \frac{\delta \boldsymbol{\rho}}{\delta t}\right)\mathrm{d}m - \int_{S_e}\left(\boldsymbol{\rho} \times \frac{\delta \boldsymbol{\rho}}{\delta t}\right)(\rho_m \boldsymbol{V}_{\text{r. b.}} \cdot \boldsymbol{n})\mathrm{d}S_e \tag{3-4-6}$$

已知

$$\begin{cases} \dfrac{\delta \boldsymbol{\rho}}{\delta t} = \boldsymbol{V}_{\text{r. b.}} - \boldsymbol{V}_{\text{r. c. m.}} \\ \displaystyle\int_m \frac{\delta \boldsymbol{\rho}}{\delta t}\mathrm{d}m = \int_{S_e} \boldsymbol{\rho}(\rho_m \boldsymbol{V}_{\text{r. b.}} \cdot \boldsymbol{n})\mathrm{d}S_e = \dot{m}\boldsymbol{\rho}_{S_e} \end{cases} \tag{3-4-7}$$

将式(3-4-7)代入式(3-4-4)可得

$$\boldsymbol{M}'_{\text{rel}} = -\frac{\delta}{\delta t}\int_m \left(\boldsymbol{\rho} \times \frac{\delta \boldsymbol{\rho}}{\delta t}\right)\mathrm{d}m - \int_{S_e}(\boldsymbol{\rho} \times \boldsymbol{V}_{\text{r. b.}})(\rho_m \boldsymbol{V}_{\text{r. b.}} \cdot \boldsymbol{n})\mathrm{d}S_e + \dot{m}\boldsymbol{\rho}_{S_e} \times \boldsymbol{V}_{\text{r. c. m.}} \tag{3-4-8}$$

已知 $\boldsymbol{\rho} = \boldsymbol{\rho}_{S_e} + \boldsymbol{v}$ 且可近似认为 $\boldsymbol{V}_{\text{r. b.}}(\mathrm{d}S_e) \approx \boldsymbol{u}_{\text{e}}$，式(3-4-8)可化简为

$$\boldsymbol{M}'_{\text{rel}} = -\frac{\delta}{\delta t}\int_m \left(\boldsymbol{\rho} \times \frac{\delta \boldsymbol{\rho}}{\delta t}\right)\mathrm{d}m - \int_{S_e}(\boldsymbol{v} \times \boldsymbol{V}_{\text{r. b.}})(\rho_m \boldsymbol{V}_{\text{r. b.}} \cdot \boldsymbol{n})\mathrm{d}S_e - \dot{m}\boldsymbol{\rho}_{S_e} \times \boldsymbol{u}_e + \dot{m}\boldsymbol{\rho}_{S_e} \times \boldsymbol{V}_{\text{r. c. m.}}$$

考虑到 $\int_S \boldsymbol{v}\,(\rho_m \boldsymbol{V}_{\text{r. b.}} \cdot \boldsymbol{n})\mathrm{d}S = 0$，则

$$\boldsymbol{M}'_{\text{rel}} = -\frac{\delta}{\delta t}\int_m \left(\boldsymbol{\rho} \times \frac{\delta \boldsymbol{\rho}}{\delta t}\right)\mathrm{d}m - \dot{m}\boldsymbol{\rho}_{S_e} \times \boldsymbol{u}_e + \dot{m}\boldsymbol{\rho}_{S_e} \times \boldsymbol{V}_{\text{r. c. m.}} \tag{3-4-9}$$

式(3-4-9)等号右侧第一项近似为

$$-\frac{\delta}{\delta t}\int_m \left(\boldsymbol{\rho} \times \frac{\delta \boldsymbol{\rho}}{\delta t}\right)\mathrm{d}m \approx -\frac{\delta}{\delta t}\int_m \rho \times \left(\frac{\delta \boldsymbol{\rho}}{\delta t}\mathrm{d}m\right) \tag{3-4-10}$$

该式(3-4-10)的物理意义可阐述为：变质量物体内运动质点 P 相对于变质量物体质心的角动量的总量的一阶导数。已知航天运载器内的运动质点主要包含两类：①运载器内部的液体介质；②发动机喷管出口处的燃烧产物。运载器内部的液体介质的相对速度 $\delta\boldsymbol{\rho}/\delta t$ 很小(可认为是定常流动)，其角动量总量的变化率也

是比较小的,在一定条件下可以忽略。对于发动机喷管出口处的燃烧产物,虽然其相对于质心的相对速度很大,但是每一瞬时喷出的质量也是相对较小的,而且其速度方向与其相对于质心的矢径的夹角通常也比较小,故而燃烧产物的角动量总量的一阶导数在一定条件下也可以忽略。综上所述,式(3-4-10)对于附加相对力矩的贡献相对于 $\dot{m}\boldsymbol{\rho}_{S_e}\times\boldsymbol{u}_e+\dot{m}\boldsymbol{\rho}_{S_e}\times\boldsymbol{V}_{\mathrm{r.c.m.}}$ 来讲是比较小的,为简化理论计算,可将该式忽略。最终,附加相对力矩的计算式为

$$\boldsymbol{M}'_{\mathrm{rel}}=-\dot{m}\boldsymbol{\rho}_{S_e}\times\boldsymbol{u}_e+\dot{m}\boldsymbol{\rho}_{S_e}\times\boldsymbol{V}_{\mathrm{r.c.m.}}\approx-\dot{m}\boldsymbol{\rho}_{S_e}\times\boldsymbol{u}_e \tag{3-4-11}$$

式中:$\dot{m}$ 为变质量物体系统的质量秒耗量;$\boldsymbol{\rho}_{S_e}$ 为发动机喷管出口截面中心相对于运载器质心的矢径;$\boldsymbol{u}_e$ 为燃烧产物的平均喷出速度。

3.4.2 附加科氏力矩

已知附加科氏力矩的积分计算式为

$$\boldsymbol{M}'_k=-\int_m 2\boldsymbol{\rho}\times\left(\boldsymbol{\omega}\times\frac{\delta\boldsymbol{\rho}}{\delta t}\right)\mathrm{d}m \tag{3-4-12}$$

下面将式(3-4-12)等号右侧积分号内的表达式进行化简,已知等式

$$\begin{aligned}\frac{\delta}{\delta t}[\boldsymbol{\rho}\times(\boldsymbol{\omega}\times\boldsymbol{\rho})]&=\frac{\delta\boldsymbol{\rho}}{\delta t}\times(\boldsymbol{\omega}\times\boldsymbol{\rho})+\boldsymbol{\rho}\times\frac{\delta}{\delta t}(\boldsymbol{\omega}\times\boldsymbol{\rho})\\&=\frac{\delta\boldsymbol{\rho}}{\delta t}\times(\boldsymbol{\omega}\times\boldsymbol{\rho})+\boldsymbol{\rho}\times\left(\frac{\delta\boldsymbol{\omega}}{\delta t}\times\boldsymbol{\rho}\right)+\boldsymbol{\rho}\times\left(\boldsymbol{\omega}\times\frac{\delta\boldsymbol{\rho}}{\delta t}\right)\end{aligned} \tag{3-4-13}$$

又

$$\frac{\mathrm{d}\boldsymbol{\omega}}{\mathrm{d}t}=\frac{\delta\boldsymbol{\omega}}{\mathrm{d}t}+\boldsymbol{\omega}\times\boldsymbol{\omega}=\frac{\delta\boldsymbol{\omega}}{\delta t} \tag{3-4-14}$$

则

$$\frac{\delta}{\delta t}[\boldsymbol{\rho}\times(\boldsymbol{\omega}\times\boldsymbol{\rho})]=\frac{\delta\boldsymbol{\rho}}{\delta t}\times(\boldsymbol{\omega}\times\boldsymbol{\rho})+\boldsymbol{\rho}\times\left(\frac{\mathrm{d}\boldsymbol{\omega}}{\mathrm{d}t}\times\boldsymbol{\rho}\right)+\boldsymbol{\rho}\times\left(\boldsymbol{\omega}\times\frac{\delta\boldsymbol{\rho}}{\delta t}\right) \tag{3-4-15}$$

已知矢量三重叉乘满足

$$\boldsymbol{A}\times(\boldsymbol{B}\times\boldsymbol{C})=\boldsymbol{B}\times(\boldsymbol{A}\times\boldsymbol{C})+\boldsymbol{C}\times(\boldsymbol{B}\times\boldsymbol{A})=(\boldsymbol{A}\cdot\boldsymbol{C})\boldsymbol{B}-(\boldsymbol{A}\cdot\boldsymbol{B})\boldsymbol{C} \tag{3-4-16}$$

将 $\boldsymbol{A}=\delta\boldsymbol{\rho}/\delta t,\boldsymbol{B}=\boldsymbol{\omega},\boldsymbol{C}=\boldsymbol{\rho}$ 代入式(3-4-16),可得

$$\frac{\delta\boldsymbol{\rho}}{\delta t}\times(\boldsymbol{\omega}\times\boldsymbol{\rho})=\boldsymbol{\omega}\times\left(\frac{\delta\boldsymbol{\rho}}{\delta t}\times\boldsymbol{\rho}\right)+\boldsymbol{\rho}\times\left(\boldsymbol{\omega}\times\frac{\delta\boldsymbol{\rho}}{\delta t}\right) \tag{3-4-17}$$

联立式(3-4-17)和式(3-4-13),可得

$$2\rho \times \left(\boldsymbol{\omega} \times \frac{\delta \boldsymbol{\rho}}{\delta t}\right) = \frac{\delta}{\delta t}[\boldsymbol{\rho} \times (\boldsymbol{\omega} \times \boldsymbol{\rho})] - \boldsymbol{\omega} \times \left(\frac{\delta \boldsymbol{\rho}}{\delta t} \times \boldsymbol{\rho}\right) - \boldsymbol{\rho} \times \left(\frac{\mathrm{d}\boldsymbol{\omega}}{\mathrm{d}t} \times \boldsymbol{\rho}\right) \tag{3-4-18}$$

则附加科氏力矩计算式可转化为

$$\boldsymbol{M}_k' = -\int_m \frac{\delta}{\delta t}[\boldsymbol{\rho} \times (\boldsymbol{\omega} \times \boldsymbol{\rho})]\mathrm{d}m + \int_m \boldsymbol{\omega} \times \left(\frac{\delta \boldsymbol{\rho}}{\delta t} \times \boldsymbol{\rho}\right)\mathrm{d}m + \int_m \boldsymbol{\rho} \times \left(\frac{\mathrm{d}\boldsymbol{\omega}}{\mathrm{d}t} \times \boldsymbol{\rho}\right)\mathrm{d}m \tag{3-4-19}$$

已知雷诺输运公式

$$\int_m \frac{\delta \boldsymbol{H}}{\delta t}\mathrm{d}m = \frac{\delta}{\delta t}\int_m \boldsymbol{H}\mathrm{d}m + \int_S (\rho_m \boldsymbol{H})(\boldsymbol{V}_{\mathrm{r.b.}} \cdot \boldsymbol{n})\mathrm{d}S \tag{3-4-20}$$

将式(3-4-19)等号右侧第一项作下式变换

$$-\int_m \frac{\delta}{\delta t}[\boldsymbol{\rho} \times (\boldsymbol{\omega} \times \boldsymbol{\rho})]\mathrm{d}m = -\frac{\delta}{\delta t}\int_m \boldsymbol{\rho} \times (\boldsymbol{\omega} \times \boldsymbol{\rho})\mathrm{d}m - \int_S [\boldsymbol{\rho} \times (\boldsymbol{\omega} \times \boldsymbol{\rho})](\rho_m \boldsymbol{V}_{\mathrm{r.b.}} \cdot \boldsymbol{n})\mathrm{d}S \tag{3-4-21}$$

在前面进行惯量张量分析时已知

$$\begin{cases} -\dfrac{\delta}{\delta t}\displaystyle\int_m \boldsymbol{\rho} \times (\boldsymbol{\omega} \times \boldsymbol{\rho})\mathrm{d}m = -\dfrac{\delta}{\delta t}(\boldsymbol{I} \cdot \boldsymbol{\omega}) = -\dfrac{\delta \boldsymbol{I}}{\delta t} \cdot \boldsymbol{\omega} - \boldsymbol{I} \cdot \dfrac{\delta \boldsymbol{\omega}}{\delta t} \\ -\boldsymbol{I} \cdot \dfrac{\delta \boldsymbol{\omega}}{\delta t} = -\displaystyle\int_m \boldsymbol{\rho} \times \left(\dfrac{\mathrm{d}\boldsymbol{\omega}}{\mathrm{d}t} \times \boldsymbol{\rho}\right)\mathrm{d}m \end{cases} \tag{3-4-22}$$

将式(3-4-22)代入附加科氏力矩计算式(3-4-19)中,可得

$$\boldsymbol{M}_k' = -\frac{\delta \boldsymbol{I}}{\delta t} \cdot \boldsymbol{\omega} - \int_S [\boldsymbol{\rho} \times (\boldsymbol{\omega} \times \rho)](\rho_m \boldsymbol{V}_{\mathrm{r.b.}} \cdot \boldsymbol{n})\mathrm{d}S + \int_m \boldsymbol{\omega} \times \left(\frac{\delta \boldsymbol{\rho}}{\delta t} \times \boldsymbol{\rho}\right)\mathrm{d}m \tag{3-4-23}$$

针对式(3-4-2)等号右侧第二项进行化简处理,可得

$$\int_S [\boldsymbol{\rho} \times (\boldsymbol{\omega} \times \boldsymbol{\rho})](\rho_m \boldsymbol{V}_{\mathrm{r.b.}} \cdot \boldsymbol{n})\mathrm{d}S = \int_S [(\boldsymbol{\rho}_{S_e} + \boldsymbol{v}) \times (\boldsymbol{\omega} \times \boldsymbol{\rho}_{S_e} + \boldsymbol{\omega} \times \boldsymbol{v})](\rho_m \boldsymbol{V}_{\mathrm{r.b.}} \cdot \boldsymbol{n})\mathrm{d}S \tag{3-4-24}$$

式(3-4-24)等号右侧叉乘项展开

$$\begin{aligned} &\int_S [(\boldsymbol{\rho}_{S_e} + \boldsymbol{v}) \times (\boldsymbol{\omega} \times \boldsymbol{\rho}_{S_e} + \boldsymbol{\omega} \times \boldsymbol{v})](\rho_m \boldsymbol{V}_{\mathrm{r.b.}} \cdot \boldsymbol{n})\mathrm{d}S \\ &= \int_S [\boldsymbol{\rho}_{S_e} \times (\boldsymbol{\omega} \times \boldsymbol{\rho}_{S_e}) + \boldsymbol{v} \times (\boldsymbol{\omega} \times \boldsymbol{\rho}_{S_e}) + \boldsymbol{\rho}_{S_e} \times (\omega \times \boldsymbol{v}) + \boldsymbol{v} \times (\boldsymbol{\omega} \times \boldsymbol{v})](\rho_m \boldsymbol{V}_{\mathrm{r.b.}} \cdot \boldsymbol{n})\mathrm{d}S \\ &= \rho_{S_e} \times (\boldsymbol{\omega} \times \boldsymbol{\rho}_{S_e})\int_S (\rho_m \boldsymbol{V}_{\mathrm{r.b.}} \cdot \boldsymbol{n})\mathrm{d}S + \int_S \boldsymbol{v}(\rho_m \boldsymbol{V}_{\mathrm{r.b.}} \cdot \boldsymbol{n})\mathrm{d}S \times (\boldsymbol{\omega} \times \boldsymbol{\rho}_{S_e}) + \\ &\quad \boldsymbol{\rho}_{S_e} \times \left[\boldsymbol{\omega} \times \int_S \boldsymbol{v}(\rho_m \boldsymbol{V}_{\mathrm{r.b.}} \cdot \boldsymbol{n})\mathrm{d}S\right] + \int_S [\boldsymbol{v} \times (\boldsymbol{\omega} \times \boldsymbol{v})](\rho_m \boldsymbol{V}_{\mathrm{r.b.}} \cdot \boldsymbol{n})\mathrm{d}S \end{aligned} \tag{3-4-25}$$

已知

$$\begin{cases} \iint_S (\rho_m \boldsymbol{V}_{\text{r. b.}} \cdot \boldsymbol{n})\,\mathrm{d}S = \dot{m} \\ \iint_S \boldsymbol{v}\,(\rho_m \boldsymbol{V}_{\text{r. b.}} \cdot \boldsymbol{n})\,\mathrm{d}S = 0 \end{cases} \tag{3-4-26}$$

则附加科氏力矩计算式(3-4-19)最终转化为

$$\boldsymbol{M}'_k = -\frac{\delta \boldsymbol{I}}{\delta t} \cdot \boldsymbol{\omega} - \dot{m}\boldsymbol{\rho}_{S_e} \times (\boldsymbol{\omega} \times \boldsymbol{\rho}_{S_e}) - \int_S [\boldsymbol{v} \times (\boldsymbol{\omega} \times \boldsymbol{v})](\rho_m \boldsymbol{V}_{\text{r. b.}} \cdot \boldsymbol{n})\,\mathrm{d}S + \int_m \boldsymbol{\omega} \times \left(\frac{\delta \boldsymbol{\rho}}{\delta t} \times \boldsymbol{\rho}\right)\mathrm{d}m \tag{3-4-27}$$

下面对式(3-4-27)进行进一步简化,已知发动机喷口截面的尺寸相对于航天运载器的纵向尺寸要小得多,因此式(3-4-27)中针对喷口截面 S_e 的积分项可做省略处理。式(3-4-27)中最后一项其实是航天运载器内部的运动质点相对于运载器质心因相对运动而产生的角动量,该项的数值大小已在附件相对力矩计算时做了详细说明,也可以在一定条件下省略。最终,附加科氏力矩的计算式可简化表示为

$$\boldsymbol{M}'_k = -\frac{\delta \boldsymbol{I}}{\delta t} \cdot \boldsymbol{\omega} - \dot{m}\boldsymbol{\rho}_{S_e} \times (\boldsymbol{\omega} \times \boldsymbol{\rho}_{S_e}) \tag{3-4-28}$$

需要说明,式(3-4-28)右侧第一项本质上是变质量物体系统的转动惯量变化引起的力矩,对飞行中的航天运载器来讲,因为 $\delta \boldsymbol{I}/\delta t$ 矩阵的各分量为负值,所以式(3-4-28)右侧第一项为正值可起到减小阻尼的作用,其大小一般为等式右侧第二项燃烧产物喷气阻尼的30%左右。式(3-4-28)右侧第二项可看作单位时间内喷出的燃烧产物气流产生的力矩,该力矩一般被称为喷气阻尼力矩,起到阻尼作用。

习　　题

1. 阐述雷诺输运定理及其等价式。
2. 推导附加力和附加力矩的积分计算式。
3. 推导附加力和附加力矩的简化计算式。

第4章 航天发射飞行的力学环境

航天运载器在发射飞行过程中,除了会因其变质量动态过程产生附加相对力、附加相对力矩、附加科氏力、附加科氏力矩之外,还会受到其他力和力矩的作用,这些力和力矩包括地球引力、空气动力、空气动力矩、发动机推力、控制力和控制力矩等,上述各项力和力矩的产生机理、特征特点以及量化计算便是本章要讲述的航天发射飞行的力学环境。航天运载器搭载有效载荷从地面进入绕地运行的空间轨道,运载器始终处于地球的引力场中,必然会受到地球的引力作用。航天运载器在飞出地球进入空间的过程中必须要穿过地球的大气层,运载器在飞行过程中与地球大气相互作用会产生空气动力和空气动力矩。为了克服地球引力并将载荷加速至期望的速度,运载器的动力系统需要源源不断地提供推力,为了完成制导和控制任务运载器的控制执行机构也会根据当前飞行状态提供期望的控制力和控制力矩。上述力和力矩决定了运载器的空间姿态、受力、加速度、速度和弹道,本章将重点阐述它们的计算模型,为后续的弹道方程建立和空间弹道计算奠定力学基础和模型基础。

4.1 地球引力加速度

航天运载器的引力分析、运动状态、飞行轨迹和力学特性等问题与地球的质量、形状和几何特性直接相关,必须明确地球的运动规律和地球的形状等相关知识。

4.1.1 地球的运动

地球的自转与运载器相对于惯性空间的转动角速度、弹下点经度、纬度解算等直接相关,是航天发射飞行力学分析的重要基础。

众所周知,地球绕地轴自西向东进行自转运动,地轴与地球表面的交点分别称

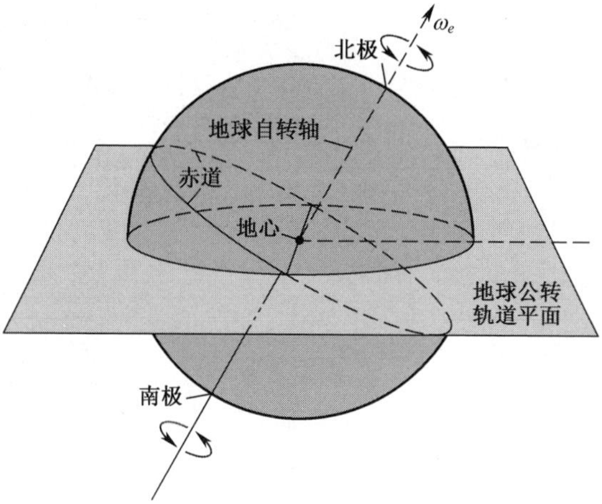

图 4-1-1 （见彩图）地球自转示意图

为北极和南极，地球自转角速度矢量 $\boldsymbol{\omega}_e$ 与地轴重合，指向北极方向，如图 4-1-1 所示。地球自转长期以来一直被人们当作时间计量的基础。20 世纪以来，人们逐渐认识到地球自转存在自转速度不均匀、自转轴空间方向变化和自转轴相对于地球表面位置变化等不均匀性的特点（将地球自转时间与原子钟时间进行对比时发现）。因潮汐摩擦原因，地球自转角速度是逐渐变慢的，约每 100 年自转周期增加 1.6ms；由于风的季节性影响，地球自转速度呈现春季较慢、秋季较快的周年变化，周年变化幅值为 20~25ms。此外，地球自转速度也呈现时快时慢的不规则变化特点。地球自转轴在空间的变化类似于一个旋转陀螺在外力作用下的进动和章动，而且地球自转轴在地球内部的移动会造成南北两极的极移。需要说明的是，上述地球自转的不均匀因素对航天运载器的影响是极小的，均可以不作考虑。在进行航天发射飞行力学相关问题的讨论时，认为地球的自转角速度的大小和方向均是不变的，即地球自转角速度 $\boldsymbol{\omega}_e$ 的方向恒与地球自转轴重合并指向北极方向，自转角速度的大小为 $\omega_e = 7.2921151467 \times 10^{-5}\text{rad/s}$。

地球在绕地轴自西向东自转的同时，也绕太阳进行周年公转。如图 4-1-2 所示，地球是围绕太阳运动的八大行星（水星、金星、地球、火星、木星、土星、天王星和海王星）之一，是太阳系中直径、质量和密度最大的类地行星，40 亿~46 亿岁；月球是地球的天然卫星，与地球共同组成地月天体系统。地球公转轨道为椭圆，轨道半长轴约为 149597870km，轨道偏心率为 0.0167（近圆轨道）。地球公转的轨道面即为黄道面，其与地球赤道面的交角约为 23°27′，称为黄赤交角。地球自转产生昼夜变化，地球公转和黄赤交角的存在造成四季的交替。一般来讲，地球公转运动对航天发射弹道学和发射飞行动态特性的影响是极小的，没有特殊要求时可以直接忽略。

图 4-1-2　地球与太阳系

4.1.2　地球的质量与形状

地球的质量与地球引力直接相关,而精确测量地球质量的难度是十分巨大的,一直以来人们主要是利用地球万有引力定律来间接测量地球的质量,最早测出地球质量并被人们广泛认可的是英国科学家亨利·卡文迪许。1798 年,卡文迪许利用约翰·米切尔设计、沃拉斯顿转送的“扭秤实验装置”测量出了地球的密度和质量,他首先解算出地球平均密度是水密度的 5.481 倍,约为 5.481g/cm^3(与现今数据相比仅有 0.65%误差);然后利用当时测算的地球半径计算得到地球的质量约为 5.977×10^{24}kg。虽然卡文迪许的实验记录中计算万有引力常数的数据已经齐全,但是因为当时还没有引入引力常数的概念,所以卡文迪许并未解算出万有引力常数的数值,不过人们为了纪念这位伟大的实验物理学家,还是决定将测出万有引力常数的头衔授予他。此后,科学家一直沿用亨利·卡文迪许的实验原理来测量万有引力常数并以此推算地球的质量。2003 年,美国华盛顿大学的物理学家默科维茨博士和贡德拉克教授经过 4 年的反复精确测量提出地球的质量为 5.965×10^{24} kg,该数值目前被人们广泛接受。万有引力常数是公认的测量精度最差的基本物理常数,因为与万有引力的计算直接相关,万有引力常数的数值目前仍然被许多科学家精益求精地测算。2018 年,《Nature》期刊发表了华中科技大学罗俊院士团队最新测量的万有引力常数结果,被认为是目前国际上测量精度最高的万有引力常数值。罗俊院士的科研团队分别采用扭秤周期方法和扭秤角加速度反馈方法两种独立的万有引力常数实验方案进行测量,并得到了 $6.674184\times10^{-11}\mathrm{N\cdot m^2/kg^2}$ 和 $6.674484\times10^{-11}\mathrm{N\cdot m^2/kg^2}$ 两个测量值,两者的相对精度约为 11.6×10^{-6}。

地球的几何形状对航天运载器地面航迹解算、相对运动状态确定和受力计算等直接相关,在进行航天发射飞行力学讨论之前明确地球的形状并确定其数学模型是十分必要的。地球是一个形状复杂的不规则三轴椭球体,地球赤道近似为椭圆形,赤道的椭圆半长轴约为6378.351km,半短轴约为6378.139km,地球赤道的扁率为1/30000。地球的极半径约为6356.752km,将赤道视为圆形时其平均半径约为6378.137km,该假设下地球的经向剖面的扁率约为1/298.257。除了形状复杂,地球的物理表面也极不规则,陆地约占地球表面的30%,剩余的70%为海洋。地球陆地部分的最高点为珠穆朗玛峰峰顶,峰顶岩石面的海拔高程为8844.43m,海洋部分的最深处是位于太平洋海域的马里亚纳海沟,深度约为11022m(目前各国测量数据并不统一)。显然地球的物理表面是不能用数学方法精确描述的,但是经过人们长期的实践和总结,在进行飞行力学分析时,可将地球形状近似为便于数学描述的近似模型。目前主要有3种近似模型。

1. 均质圆球近似模型

该模型将地球近似为一个均质圆球,假设地球为一个各处密度均匀相等的球体,球体的体积等于地球的体积,均质圆球体的半径近似为6371004m,该近似模型是研究航天发射飞行力学的重要假设,也是研究二体问题的基础。通常,在进行总体方案设计论证、初步设计仿真或数值计算精度的要求不高时,可采用均质圆球假设。本书在建立纵向平面弹道方程和简化的弹道方程时就利用了该近似模型。

2. 旋转椭球体近似模型

旋转椭球体近似模型是航天发射飞行力学分析时最常用的地球形状模型,该模型是地球形状的二级近似,比均质圆球模型更接近于地球的真实形状,由一个椭圆绕其短轴旋转一周所得。地球由于自身的自转,形成南北两极扁平、赤道隆起的椭球与旋转椭球体形状十分近似,而且不管是从地球的真实影像图来看,还是把地球上的水全部抽干后地球的几何形状来看,都可将其视为一个旋转椭球体,如图4-1-3所示。需要说明,利用两轴旋转椭球体几何模型近似地球的形状时通常需要满足以下4个基本条件:①旋转椭球体的中心与地球的质心重合;②椭球体的赤道平面与地球的赤道平面重合;③旋转椭球体的体积与大地水准面包围的体积相等;④椭球体的表面与大地水准面的表面的高度差的平方和最小。按上述条件确定的椭球体称为总椭球体,总椭球体表面与大地水准面的真实最大偏差仅为几十米。

为了建立地球形状的数学模型,通常规范以下5项用于等效地球真实形状的参考旋转椭球体的参数:①椭球体半长轴a;②椭球体的扁率/椭率$e=1-a/b$,b为旋转椭球体的半短轴;③地球的引力常数$\mu=GM$,G为万有引力常数,M为地球质量;④地球重力场的二阶带系数J_2;⑤椭球体的自转角速度ω_e。在进行航天发射飞行力学分析时,上述参数通常选取1976年国际天文学联合会天文常数系统公布的数据,两轴旋转椭球体地球的赤道半径(半长轴)为6378.140km,扁率/椭率为1/298.257,地球引力常数$\mu=GM=398600.5\times10^9\text{m}^3/\text{s}^2$(两轴旋转椭球体模型下地球的引力位函数与时间无关),地球自转角速度$\omega_e=7.2921151467\times$

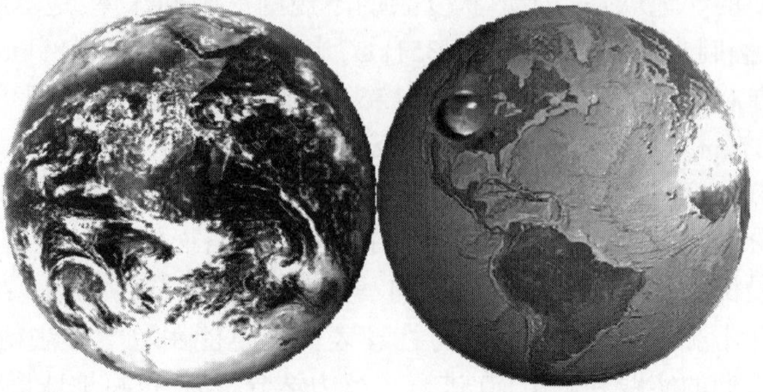

（a）　　　　　　　　　　　　（b）

图 4-1-3　地球的真实影像与真实形状

10^{-5}rad/s 。通过长期的研究和实测,人们发现两轴旋转椭球体模型是模拟地球形状最简单有效的数学模型,故两轴旋转椭球体也称为地球椭球,本书主要使用旋转椭球体模型。地球形状除了可以近似为均质圆球和旋转椭球体之外,还可以用三轴椭球体来近似。通过对地球形状更加深入地研究,人们发现地球的形状并非严格的两轴旋转椭球形,而是接近三轴椭球体。通过大量的测量和研究发现,真实的地球赤道不是圆形而是椭圆形,地球的南北半球以赤道面为中心互为对称,地球赤道椭圆的半长轴测量值约为 6378.351km,半短轴测量值约为 6378.139km,赤道的扁率为 1/30000,赤道的长轴方向在西经 35°附近。因为不是轴对称结构,所以三轴椭球体假设下的地球的引力位函数与时间有关。

4.1.3　地球引力场势函数

地球引力的大小与地球的质量分布、密度、形状及其自转都有关系,在航天发射飞行力学分析时,仅考虑地球近似为均质圆球和两轴旋转椭球体的近似模型,这两种近似模型下地球的质量只与其质量分布与几何形状有关。下面详细介绍均质圆球地球模型和两轴旋转椭球体地球模型两种近似模型对应的地球引力的计算模型。对于均质圆球模型,可把质量为 M 的地球等效为一个质量为 M 的位于地球球心 O_E 的质点,此时地球对其外部任一单位质量质点的引力势函数为

$$\boldsymbol{U}=\frac{f\cdot M}{\boldsymbol{r}} \tag{4-1-1}$$

式中: $\boldsymbol{U}$ 为地球引力场势函数(也称引力位函数); f 为万有引力常数; $\boldsymbol{r}$ 为单位质量质点距离地球球心的地心距; $fM=\mu$,μ 称为地球引力系数。已知地球引力场势函数 $\boldsymbol{U}$,则地心距为 r 的单位质量质点所受到的引力可表示为

$$\boldsymbol{g}=-\frac{\mu}{r^2}\cdot\boldsymbol{r}^0 \tag{4-1-2}$$

式中：$\boldsymbol{r}^0$ 为单位质点相对于地球地心的地心距矢量，$\boldsymbol{r}$ 的单位矢量，$\boldsymbol{g}$ 称为地球引力场的场强，也即单位质点在地球引力场中所具有的引力加速度矢量。显然，地球外任一质量为 m 的质点，地球对该质点的引力均可表示为

$$\boldsymbol{F} = m\boldsymbol{g} \tag{4-1-3}$$

式中：$\boldsymbol{F}$ 为该质点所受地球引力；$\boldsymbol{g}$ 为该质点所处位置的地球引力场强。需要说明，均质圆球地球的引力场和引力大小计算模型，一般用于航天运载器总体飞行方案的初始论证阶段（或计算精度要求不高时）。

为了更精确地表征和计算地球的引力大小，下面将介绍航天发射飞行力学分析时最常用的两轴旋转椭球体近似地球的引力计算模型。我们知道，地球是一个形状极为复杂的非均质物体，若要准确计算地球的引力，可首先计算地球内任一单元体积质量 dm 对地球外任一点 P 的引力势函数，即

$$\boldsymbol{U}(x_P, y_P, z_P) = f \cdot \int_m \frac{1}{\Delta} \mathrm{d}m \tag{4-1-4}$$

式中：f 为万有引力常数。

如图 4-1-4 所示，O_{E} 为地球地心，$O_{\mathrm{E}} - X_I Y_I Z_I$ 为地心惯性系，地球外一点 P 在地心惯性系的坐标为 (x_P, y_P, z_P)，点 P 的地心矢径为 $\boldsymbol{r}$。点 Q 为单元体积质量 dm 所在的空间位置点，点 Q 位于地球内部，点 Q 在地心惯性系的坐标为 (x_Q, y_Q, z_Q)，点 Q 的地心矢径用 $\boldsymbol{\rho}$ 表示，Δ 为点 P 与点 Q 之间的距离。则

$$\begin{cases} r = \sqrt{x_P^2 + y_P^2 + z_P^2} \\ \rho = \sqrt{x_Q^2 + y_Q^2 + z_Q^2} \\ \Delta = \sqrt{(x_P - x_Q)^2 + (y_P - y_Q)^2 + (z_P - z_Q)^2} \end{cases} \tag{4-1-5}$$

将 Δ 的表达式展开并作整理，可得

$$\Delta = \sqrt{r^2 + \rho^2 - 2(x_P x_Q + y_P y_Q + z_P z_Q)} \tag{4-1-6}$$

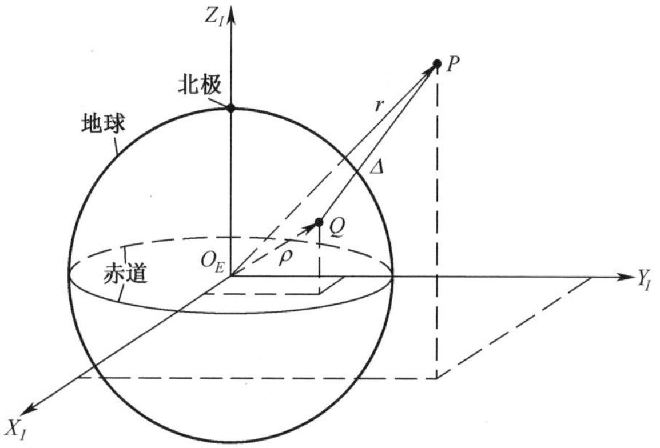

图 4-1-4　地球内任一质量元对任一单元质量质点的引力

考虑到

$$x_P x_Q + y_P y_Q + z_P z_Q = \boldsymbol{r} \cdot \boldsymbol{\rho} = r \cdot \rho \cdot \cos\angle PO_E Q \tag{4-1-7}$$

记 $\cos\angle PO_E Q = \eta$,则式(4-1-6)可转化为

$$\Delta = \sqrt{r^2 + \rho^2 - 2r \cdot \rho \cdot \eta} = r \cdot \sqrt{1 + \left(\frac{\rho}{r}\right)^2 - 2 \cdot \frac{\rho}{r} \cdot \eta} \tag{4-1-8}$$

已知勒让德多项式生成函数为

$$\sum_{n=0}^{\infty} P_n(x) \cdot t^n = \frac{1}{\sqrt{1 - 2xt + t^2}} \tag{4-1-9}$$

因 $\rho < r$, 则对比式(4-1-8)和式(4-1-9)可得

$$\frac{1}{\Delta} = \frac{1}{r} \cdot \sum_{n=0}^{\infty} P_n(\eta) \cdot \left(\frac{\rho}{r}\right)^n \tag{4-1-10}$$

式中:$P_n(\eta)$ 为 n 阶勒让德多项式。式(4-1-10)等号右侧前几项为

$$\begin{cases} P_0(\eta) = 1, P_1(\eta) = \eta, P_2(\eta) = \dfrac{1}{2}(3\eta^2 - 1), P_3(\eta) = \dfrac{1}{2}(5\eta^3 - 3\eta) \\ P_4(\eta) = \dfrac{1}{8}(35\eta^4 - 30\eta^2 + 3) \\ \vdots \end{cases} \tag{4-1-11}$$

将式(4-1-10)代入引力势函数计算式(4-1-4)

同时为表述简洁,将 $\boldsymbol{U}(x_P, y_P, z_P)$ 简记为 $\boldsymbol{U}$, 展开求和式的第一项和第二项

$$\boldsymbol{U} = f \cdot \int_m \left\{\frac{1}{\boldsymbol{r}} \cdot \left[P_0(\eta) \cdot \left(\frac{\rho}{\boldsymbol{r}}\right)^0 + P_1(\eta) \cdot \left(\frac{\rho}{\boldsymbol{r}}\right)^1\right]\right\} \mathrm{d}m + f \cdot \int_m \left[\frac{1}{\boldsymbol{r}} \cdot \sum_{n=2}^{\infty} P_n(\eta) \cdot \left(\frac{\rho}{\boldsymbol{r}}\right)^n\right] \mathrm{d}m \tag{4-1-12}$$

将式(4-1-11)代入式(4-1-12),得

$$\boldsymbol{U} = \frac{f}{\boldsymbol{r}} \cdot \int_m \mathrm{d}m + f \cdot \int_m \left(\frac{1}{\boldsymbol{r}} \cdot \eta \cdot \frac{\rho}{\boldsymbol{r}}\right) \mathrm{d}m + f \cdot \int_m \left[\frac{1}{\boldsymbol{r}} \cdot \sum_{n=2}^{\infty} P_n(\eta) \cdot \left(\frac{\rho}{\boldsymbol{r}}\right)^n\right] \mathrm{d}m \tag{4-1-13}$$

将式(4-1-13)右侧第一项和第二项化简,得

$$\frac{f}{\boldsymbol{r}} \cdot \int_m \mathrm{d}m = \frac{fM}{\boldsymbol{r}} = \frac{\mu}{\boldsymbol{r}}, f \cdot \int_m \left(\frac{1}{\boldsymbol{r}} \cdot \eta \cdot \frac{\rho}{\boldsymbol{r}}\right) \mathrm{d}m = \frac{f}{\boldsymbol{r}^3} \cdot \int_m (r \cdot \rho \cdot \eta) \mathrm{d}m = \frac{f}{r^3} \cdot \boldsymbol{r} \cdot \int_m \boldsymbol{\rho} \mathrm{d}m = 0 \tag{4-1-14}$$

式中:M 为地球质量;μ 为地球引力常数。联立式(4-1-13)和式(4-1-14)得

$$\boldsymbol{U} = \frac{\mu}{\boldsymbol{r}} + \sum_{n=2}^{\infty} \left\{\frac{f}{r^{n+1}} \cdot \int_m [P_n(\eta) \cdot \rho^n] \mathrm{d}m\right\} \tag{4-1-15}$$

在球坐标系中,勒让德多项式 $P_n(\eta)$ 与其缔合勒让德多项式满足

$$P_n(\eta) = \sum_{k=0}^{n} P_n^k(\sin\phi)[\bar{A}_{nk} \cdot \cos(k \cdot \lambda) + \bar{B}_{nk} \cdot \sin(k \cdot \lambda)] \tag{4-1-16}$$

式中:λ 为点 P 的经度。缔合勒让德多项式 $P_n^k(\sin\phi)$ 具体形式为

$$P_n^k(\sin\phi) = (1 - \sin^2\phi)^{k/2} \frac{\mathrm{d}^k P_n(\sin\phi)}{\mathrm{d}(\sin\phi)^k} \tag{4-1-17}$$

勒让德多项式 $P_n(\sin\phi)$ 的具体形式为

$$P_n(\sin\phi) = \frac{1}{2^n \cdot n!} \cdot \frac{d^n}{\mathrm{d}(\sin\phi)^n}((\sin^2\phi - 1)^n) \tag{4-1-18}$$

地球引力势函数可转化为

$$\boldsymbol{U} = \frac{\mu}{\boldsymbol{r}} + \sum_{n=2}^{\infty} \left\{ \frac{f}{\boldsymbol{r}^{n+1}} \cdot \int_m \left\{ \rho^n \cdot \sum_{k=0}^{n} P_n^k(\sin\phi)[\bar{A}_{nk} \cdot \cos(k \cdot \lambda) + \bar{B}_{nk} \cdot \sin(k \cdot \lambda)] \right\} \mathrm{d}m \right\} \tag{4-1-19}$$

式中:$\bar{A}_{nk}$、$\bar{B}_{nk}$ 为与点 Q 的位置 x_Q、y_Q、z_Q 有关的系数,并与 λ、ϕ 相互独立。对式(4-1-19)积分可得地球引力场势函数的一般形式:

$$\boldsymbol{U} = \frac{\mu}{\boldsymbol{r}} + \frac{\mu}{\boldsymbol{r}} \cdot \sum_{n=2}^{\infty} \sum_{k=0}^{n} \left(\frac{R_e}{r}\right)^n P_n^k(\sin\phi)[A_{nk} \cdot \cos(k \cdot \lambda) + B_{nk} \cdot \sin(k \cdot \lambda)] \tag{4-1-20}$$

式中:R_e 为地球赤道半径;A_{nk}、B_{nk} 为与地球的形状和密度分布有关的常数。

为简化表达便于计算,记 $A_{n0} = C_n$(式中 $k=0$ 时)为地球引力带谐系数,A_{nk}、$B_{nk}(k \geqslant 1)$ 称为地球引力田谐系数。上式为地球引力场势函数的一般形式,假设地球为绕自身旋转轴形成的旋转椭球体,且自转角速率均匀,则引力势函数与经度无关,即 $k > 0$ 时,有

$$A_{nk} = 0, B_{nk} = 0 \tag{4-1-21}$$

地球引力场势函数可简化为

$$\boldsymbol{U} = \frac{\mu}{\boldsymbol{r}} + \frac{\mu}{\boldsymbol{r}} \cdot \sum_{n=2}^{\infty} C_n \cdot \left(\frac{R_e}{r}\right)^n \cdot P_n(\sin\phi) \tag{4-1-22}$$

式中:系数 C_n 需根据地球形状和引力实测数据确定。1969 年,日本学者古才由秀公开发表一组 $C_2 \sim C_7$ 的数值,该组系数被业内广泛认可:

$$\begin{cases} C_2 = -1082.628 \times 10^{-6}, C_3 = 2.538 \times 10^{-6} \\ C_4 = 1.593 \times 10^{-6}, C_5 = 0.230 \times 10^{-6} \\ C_6 = -0.502 \times 10^{-6}, C_7 = 0.361 \times 10^{-6} \end{cases} \tag{4-1-23}$$

使用该模型时,常取到 C_4,并将 C_4 以上的系数项省略,得地球引力势函数为

$$\boldsymbol{U}=\frac{\mu}{\boldsymbol{r}}+\frac{\mu}{\boldsymbol{r}}\cdot C_2\cdot\left(\frac{R_e}{r}\right)^2\cdot\left(\frac{3}{2}\sin^2\phi-\frac{1}{2}\right)+\frac{\mu}{\boldsymbol{r}}\cdot C_3\cdot\left(\frac{R_e}{r}\right)^3\cdot\left(\frac{5}{2}\sin^3\phi-\frac{3}{2}\sin\phi\right)+\frac{\mu}{\boldsymbol{r}}\cdot C_4\cdot\left(\frac{R_e}{r}\right)^4\cdot\left(\frac{35}{8}\sin^4\phi-\frac{15}{4}\sin^2\phi+\frac{3}{8}\right) \tag{4-1-24}$$

式中：$\boldsymbol{r}$ 为地心距；R_e 为地球赤道半径；ϕ 为地心纬度。

给定地球外任意一点，利用该点的地心距和该点与地心连线的交点的经纬度就可解算出该点的引力势函数。对于两轴旋转椭球体地球模型，在目前常见的文献资料和书籍中，地球引力场势函数的一般形式也通常写为

$$U=\frac{\mu}{\boldsymbol{r}}-\frac{\mu}{\boldsymbol{r}}\cdot\sum_{n=1}^{\infty}J_{2n}\left(\frac{a_e}{r}\right)^{2n}P_{2n}(\sin\phi) \tag{4-1-25}$$

式中：$\boldsymbol{r}$ 为单位质点的地心距；a_e 为地球赤道平均半径；J_{2n} 为偶阶带谐系数；$P_{2n}(\sin\phi)$ 为勒让德多项式；ϕ 为地球外质点的地心纬度。

式(4-1-25)所示地球引力势函数通常称为正常引力势函数，因偶阶带谐系数取至 J_4 即可满足工程实际应用时的精度，故将式(4-1-25)简化为

$$U=\frac{\mu}{\boldsymbol{r}}-\frac{\mu}{\boldsymbol{r}}\cdot J_2\left(\frac{a_e}{r}\right)^2P_2(\sin\phi)-\frac{\mu}{\boldsymbol{r}}\cdot J_4\left(\frac{a_e}{r}\right)^4P_4(\sin\phi) \tag{4-1-26}$$

因偶阶带谐系数的值与地球模型有关，不同的模型对应的带谐系数存在差异（J_2、J_4 的数值是一致的，J_6 及以后的存在差异）。目前我国普遍采用的是 1975 年国际大地测量协会推荐的数值为

$$J_2=1.08263\times10^{-3},J_4=-2.37091\times10^{-6} \tag{4-1-27}$$

勒让德多项式 $P_2(\sin\phi)$、$P_4(\sin\phi)$ 分别为

$$P_2(\sin\phi)=\frac{3}{2}\sin^2\phi-\frac{1}{2},P_4(\sin\phi)=\frac{35}{8}\sin^4\phi-\frac{15}{4}\sin^2\phi+\frac{3}{8} \tag{4-1-28}$$

在航天发射飞行力学分析时，为了简化计算，常将 J_4 项省略只保留 J_2 项，则两轴旋转椭球体地球近似模型的引力场势函数可简化为

$$U=\frac{\mu}{\boldsymbol{r}}-\frac{\mu}{\boldsymbol{r}}\cdot J_2\left(\frac{a_e}{r}\right)^2P_2(\sin\phi) \tag{4-1-29}$$

式中：$\boldsymbol{r}$ 为空间某点的矢径；ϕ 为该点与地心的连线与地球赤道的夹角（地心纬度）；μ 为地球引力系数；J_2 为常值系数，$J_2=1.08263\times10^{-3}$；a_e 为地球的长半轴。通过长期的仿真实验分析发现，两轴旋转椭球体近似模型对应的保留 J_2 项的地球引力场势函数完全可以满足一般的航天发射飞行力学问题的求解精度，故而本书后续章节的讨论都将使用该地球引力场势函数模型。

4.1.4 地球引力加速度及其分量

4.1.3 节讨论了两轴旋转椭球体地球近似模型的引力场势函数,本节分析地球引力加速度和地球引力加速度的分量。单纯从计算表达式来看,地球的引力场势函数只与地心矩 $\boldsymbol{r}$ 和地心纬度 ϕ 有关:

$$U = \frac{\mu}{\boldsymbol{r}} - \frac{\mu}{\boldsymbol{r}} \cdot J_2\left(\frac{a_e}{r}\right)^2 P_2(\sin\phi) \tag{4-1-30}$$

式中,其他变量都是常量。已知引力场势函数的计算模型,则引力场势函数的梯度即为地球的引力加速度 $\boldsymbol{g}$,根据梯度的定义,有

$$\boldsymbol{g} = \mathrm{grad}(\boldsymbol{U}) = \frac{\partial U}{\partial r} \cdot \boldsymbol{r}^0 + \frac{\partial U}{\partial \phi} \cdot \phi^0 \tag{4-1-31}$$

式中:grad 为梯度函数; $\partial U/\partial r$ 为地球引力场势函数对地心距 r 的偏导数; $\boldsymbol{r}^0$ 为地心距方向的单位矢量; $\partial U/\partial \phi$ 为地球引力场势函数对地心纬度 ϕ 的偏导数;ϕ^0 为地心纬度增加方向的单位矢量(垂直于地心距指向地心纬度增加的方向)。显然,在进行航天发射飞行力学分析时,如果将地球视为两轴旋转椭球体,则地球引力场势函数仅由被研究空间某点的地心距 $\boldsymbol{r}$ 和该点的地心纬度 ϕ 决定,而且地球的引力加速度 $\boldsymbol{g}$ 总是在地球自转轴与所讨论的空间点构成的平面内,同时该平面与包含被讨论点的地心矢径 $\boldsymbol{r}$ 在内的子午面重合,如图 4-1-5 所示。

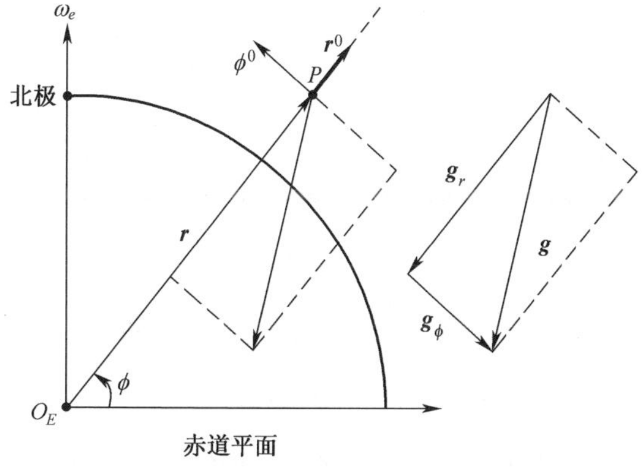

图 4-1-5　地球引力场势函数的梯度

假设地球外任意一点 P,点 P 的地心矢径为 $\boldsymbol{r}$,$\boldsymbol{r}^0$ 为矢径 $\boldsymbol{r}$ 的单位矢量,点 P 的地心纬度为 ϕ,ϕ^0 为垂直于地心矢径 $\boldsymbol{r}$ 并指向地心纬度增加方向的单位矢量。已知地球引力场势函数 U 的计算表达式,利用求偏导数的基本方法可分别求出引力场势函数 U 相对于地心距 r 和地心纬度 ϕ 的偏导数,即 $\boldsymbol{r}^0$ 和 ϕ^0 两个单位矢量方向

的梯度,即

$$\begin{cases} g_r = \dfrac{\partial U}{\partial r} = \dfrac{\mu}{r^2}\left[1 + J \cdot \left(\dfrac{a_e}{r}\right)^2 \cdot (1 - 3\sin^2\phi)\right] \\ g_\phi = \dfrac{1}{r} \cdot \dfrac{\partial U}{\partial \phi} = -\dfrac{\mu}{r^2} \cdot J \cdot \left(\dfrac{a_e}{r}\right)^2 \cdot \sin2\phi \end{cases} \tag{4-1-32}$$

式中:g_r 为地球引力加速度 $\boldsymbol{g}$ 在地心矢径 $\boldsymbol{r}$ 方向的分量;g_ϕ 为地球引力加速度 $\boldsymbol{g}$ 在地心纬度 ϕ 角度增加方向的分量;J 为常值的谐系数,$J = 1.5J_2$;r 为地心距大小;μ 为地球引力常数;a_e 为地球的长半轴。显然,如果不考虑含 J 的项,则 $g_r = -\mu/r^2$,$g_\phi = 0$,此时地球引力加速度即为均质圆球模型时的引力加速度计算模型。由此可见,引力加速度式中含 J 的项,其实是考虑地球的扁率后进行的对均质圆球假设的地球引力加速度的修正。从物理意义角度讲,当考虑地球扁率时,引力加速度分量的矢量和 $\boldsymbol{g}$ 刚好指向地球赤道的方向,而这恰好是因为地球的赤道略微隆起使得质量略大造成的。

根据地球引力场势函数的表达式,利用梯度的定义虽然可以分别求出地球引力加速度在地心距方向和地心纬度角度增加方向的分量。但是,两个引力加速度分量的方向都是随空间点位置的变化而变化的,不便于确定地球引力的方向。因此,除了将地球引力加速度分解到 $\boldsymbol{r}^0$ 和 $\boldsymbol{\phi}^0$ 方向,在进行航天发射飞行力学问题分析时,通常还可以将地球引力加速度分解到地心矢径单位 $\boldsymbol{r}^0$ 方向和地球自转角速度 $\boldsymbol{\omega}_e$ 方向,这是因为地球自转角速度的方向相对固定,便于进行地球引力的分析。已知

$$\boldsymbol{g} = g_r \cdot \boldsymbol{r}^0 + g_\phi \cdot \boldsymbol{\phi}^0 \tag{4-1-33}$$

式中:g_r 为地球引力加速度在地心矢径单位矢量 $\boldsymbol{r}^0$ 方向的分量,故只需再将地球引力加速度的分量 g_ϕ 分解至 $\boldsymbol{r}^0$ 方向和 $\boldsymbol{\omega}_e$ 方向即可,如图 4-1-6 所示。

根据地球引力加速度矢量和地球自转角速度矢量的空间关系,地球引力加速度的分量 g_ϕ 在 $\boldsymbol{r}^0$ 方向的分量 g_ϕ^r 的大小和 g_ϕ 在 $\boldsymbol{\omega}_e$ 方向的分量 $g^{\omega_e}\phi$ 的大小满足

$$g_\phi^{\omega_e} = \frac{-g_\phi}{\cos\phi}, g_\phi^r = -g_\phi \cdot \tan\phi \tag{4-1-34}$$

式中:$g_\phi^{\omega_e}$ 为地球引力分量 $\boldsymbol{g}_\phi$ 在地球自转角速度方向的分量的数值大小,$g_\phi^{\omega e} > 0$;g_ϕ^r 为地球引力分量 $\boldsymbol{g}_\phi$ 在地心矢径方向分量的数值大小,$g_\phi^r > 0$;ϕ 为地心纬度。已知 $g_\phi < 0$,故而式(4-1-34)中有负号。

综上可知,地球引力加速度 $\boldsymbol{g}$ 可分别投影至地心矢径与地心纬度方向和地心矢径与地球自转角速度方向

$$\boldsymbol{g} = g_r \cdot \boldsymbol{r}^0 + g_\phi \cdot \boldsymbol{\phi}^0 = g_r' \cdot \boldsymbol{r}^0 + (-g_{\omega_e}) \cdot \boldsymbol{\omega}_e^0 \tag{4-1-35}$$

式中:$\boldsymbol{\omega}_e^0$ 为地球自转角速度方向的单位矢量,因 $g_{\omega_e} > 0$,但 $\boldsymbol{g}_\phi$ 在地球自转角速度方向的分量与地球自转角速度方向相反,故而加负号。显然分量 g_r' 是分量 $g_r \cdot \boldsymbol{r}^0$

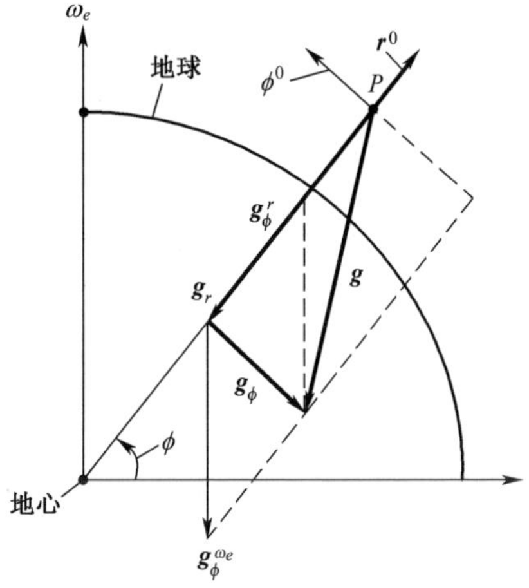

图 4-1-6　地球引力加速度的空间分量

与分量 $g_\phi^r \cdot \boldsymbol{r}^0$ 的矢量和,因 $g_r < 0$ 但 $g_\phi^r > 0$,且两个分量方向相反,则

$$g_r' = -\frac{\mu}{r^2}\left[1 + J \cdot \left(\frac{a_e}{r}\right)^2 \cdot (1 - 3\sin^2\phi)\right] + \left(\frac{\mu}{r^2} \cdot J \cdot \left(\frac{a_e}{r}\right)^2 \cdot \sin 2\phi\right) \cdot \tan\phi \tag{4-1-36}$$

化简式(4-1-36)可得

$$g_r' = -\frac{\mu}{r^2}\left[1 + J \cdot \left(\frac{a_e}{r}\right)^2 \cdot \left(\frac{a_e}{r}\right)^2 \cdot (1 - 5\sin^2\phi)\right] \tag{4-1-37}$$

已知引力加速度分量 $\boldsymbol{g}_\phi$ 在地球自转角速度方向的分量 g_{ω_e} 的大小为

$$g_{\omega_e} = g_\phi^{\omega_e} = \frac{-g_\phi}{\cos\phi} = 2\frac{\mu}{r^2} \cdot J \cdot \left(\frac{a_e}{r}\right)^2 \cdot \sin\phi \tag{4-1-38}$$

式中:r 为地心距大小;ϕ 为地心矢径 $\boldsymbol{r}$ 对应的地心纬度。

至此,均质圆球地球近似模型和两轴旋转椭球体地球近似模型的地球引力加速度计算模型都已建立完毕,在后续进行受力分析和建立弹道方程时:首先根据分析问题的需要分别将地球引力加速度在空间不同方向的分量进行再次分解;然后再将地球引力加速度分解至期望的空间坐标系内,这个过程在后续的章节会详细介绍。

4.2　空气动力与空气动力矩

航天运载器从地面点火起飞进入空间的过程必然要穿过地球的大气层,运载器与大气相互作用必然产生空气动力和空气动力矩。本节将重点阐述标准大气参数的计算模型和空气动力、空气动力矩的计算模型。

4.2.1 地球的大气

为了更为详细地了解空气动力和空气动力矩的计算方式,本节首先介绍地球大气的基本知识和主要特征。自然状态下,地球的大气是由混合气体、水汽和杂质组成,地球大气的总质量约为 5.15 亿 kg,相当于地球总质量的 0.86/1000000。因地球引力影响,地球大气几乎所有的气体都集中在距离地面 100km 高度以内的空间范围(100km 高度为卡门线高度,是目前公认的航空和航天的临界高度),而大气中的 99%的气体又都集中在离地面 25~30km 高度之间。地球大气的质量和体积相对于地球本身的质量和体积来讲,都是十分小的,如图 4-2-1 所示。为了讨论地球大气的一般特性,常用的办法是根据地球大气的温度分布,将地球大气进行分层。地球大气的分层示意图如图 4-2-2 所示。

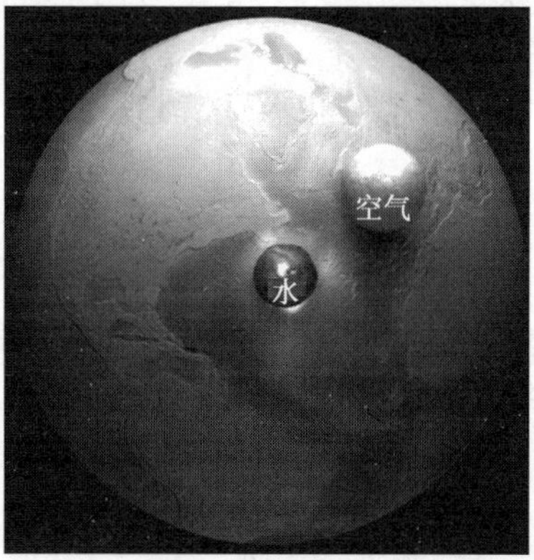

图 4-2-1　地球上水和大气的体积与地球体积对比示意图

1. 对流层

地球大气的最低层,从地球表面开始向高空伸展,直至对流层顶,对流层平均厚度约为 12km。对流层厚度在地球两极上空约为 8km,在地球赤道上空则增加至约 17km,是地球大气中最稠密的一层,集中了约 75%的大气质量和 90%以上的水汽质量。对流层的厚度不仅与纬度有关,还与季节变化有关,一般来讲夏季时的对流层厚度要大于冬季时的对流层厚度。对流层的主要特点是气温随着高度升高而降低,离地面愈远温度愈低。对流层内空气具有强烈的垂直对流运动和水平对流运动,从而导致了水的三态变化,产生了一系列物理变化过程,风、霜、雨、雪、云、雾、冰雹等常见的天气现象,都发生在对流层内。

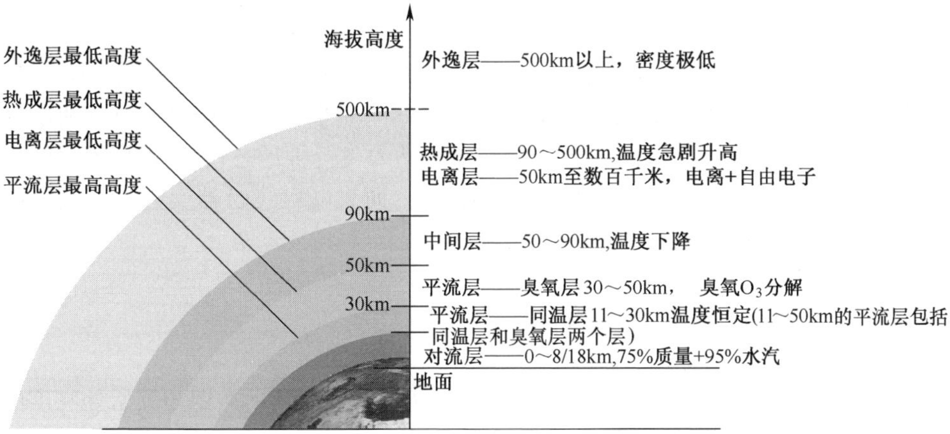

图 4-2-2　地球大气的分层示意图

2. 平流层

平流层在对流层上面，高度范围为 11~50km，平流层气流主要表现为水平方向的运动，对流现象减弱、气流比较平稳，平流层基本上没有水气，晴朗无云，很少发生天气变化，适合于飞机航行。高度范围为 11~30km 的平流层也称同温层，同温层大气从太阳吸收的热量等于散射的热量，温度几乎保持不变。而高度范围为 30~50km 的大气因存在臭氧被称为臭氧层，如图 4-2-2 所示。臭氧对太阳辐射的波长在 0.2~0.3μm 区间的短波紫外线的吸收能力很强，越接近太阳吸收能力越强，在这种辐射作用下臭氧发生分解、产生热量，使得臭氧层的温度随着高度的增加而升高。在平流层中，大气的密度和气压随着高度的升高一直下降，在 50km 高度处，大气的密度和压强只有地球表面位置的相应值的 0.08%。

3. 中间层

高度区间为 50~90km，因为该层臭氧浓度降低为零，没有辐射放热现象，而且也没有可使温度明显变化的其他放热化学反应，所以中间层大气的温度随高度增加而下降。该层的大气垂直对流强烈，大气电离程度强烈，极光产生。

4. 电离层

从高度 50km 开始延伸至地球上空数百千米的高度区间，该层大气成分被强烈地电离，存在大量的自由电子和离子，可使无线电波改变传播速度，发生折射、反射和散射，产生极化面的旋转并受到不同程度的吸收。电离层的主要特性由电子密度、电子温度、碰撞频率、离子密度、离子温度和离子成分等分布的基本参数来表示。

5. 热成层

高度范围为 90~500km 的区域，温度随着高度的增加急剧升高，热成层的大气状况受太阳活动的强烈影响。

6. 外逸层

高度 500km 以上的大气称为外逸层，该层的大气密度极低，在 1000km 高度位置，地球大气密度已小于 10^{-13} kg/m^3，作用在飞行器上的空气动力和空气动力矩基本上可以忽略不计。需要说明，虽然地球大气的质量和体积相对于地球的质量和体积来讲都很小，但大气对于航天运载器的动力飞行段动态特性、近地卫星轨道和空间飞行器再入飞行的影响却是十分重要的，而大气对飞行器受力和运动的影响则主要与地球大气的一些参数有关。

4.2.2 地球标准大气的参数

在航天发射飞行力学分析时，运载器的空气动力与空气动力矩与其所处高度的大气状态参数关系密切，这些大气参数主要包括大气压强、大气密度、大气温度和声速。已知地球大气参数的数值会随着高度、地理经纬度、季节、昼夜等因素的变化而变化，而在飞行力学分析时高度的变化引起的大气参数数值的变化是最为显著的，所以航天发射飞行力学研究中通常主要考虑高度变化对大气参数的影响。同时，在进行航天运载器动力学分析、弹道设计、制导律设计、姿态控制系统设计和数值仿真计算时，通常只需要掌握大气变化的基本规律和基本状态即可，没有必要也不可能考虑完全真实的大气变化规律和天气状态。目前，在理论分析、工程应用和实际工作中常采用下面两种方法来求解有关地球大气参数的基本规律和基本状态。

1. 标准大气数据表

标准大气数据表主要用以表征某地区垂直方向上气温、气压、密度、湿度等参数的近似平均分布，是以实际大气的特征参数的统计平均值为基础，结合一定的近似数值计算，综合编制而成，可反映地球大气参数的年平均情况。多年来，除了美国、苏联等国家编制的标准大气数据表以外，还有包括国际标准化组织、世界气象组织、国际民用航空组织和空间研究委员会等在内的多个组织和机构都发布过各自的标准大气或参考大气，但是在国际上影响较大的是 1962 年和 1976 年的美国标准大气。1962 年，美国标准大气（U. S. Standard Atmosphere，USSA-1962）是由美国标准大气推广委员会（Committee on Extension to the Standard Atmosphere，COESA）提出，它能反映太阳黑子数从最小值到最大值期间的地球中纬度地区在 -5～700km 高度范围的地球大气的全年平均状况。但是，随着之后火箭和卫星探测数据的不断丰富，人们发现 1962 年美国标准大气的大气密度值在 70～80km 高度内约偏大 10%，而在 90km 高度附近大气密度值则约偏小 10%，所规定的外逸层温度也偏高 500K。因此，COESA 对 USSA-1962 进行了修订，编制出 1976 年美国标准大气（USSA-1976）。USSA-1976 能代表中等太阳活动期间，中纬度地区由地面到 1000km 高度区间的理想静态大气的平均结构。这个标准在位势高度 51km 以下和 USSA-1962 完全相同，50～80km 高度范围与国际标准化组织的暂用国际标准一致。COESA 工作组认为,USSA—1976 是表示大气平均状况的最佳模式。1980 年,我国国家标准总局根据航空航天部门的工作需要,发布了以 USSA-1976 为基础,将 USSA—1976 中 30km 以下数据作为标准的中华人民共和国国家标准大气(GB 1920—80)数据,30km 高度以上的数据作为选用值。2018 年,我国标准化管理委员会根据全国航天器标准化技术委员会和中国航空工业集团公司等部门的工作需要,发布了最新的标准大气数据 GB/T 35853. 6—2018。

需要说明,利用标准大气数据表计算得到的运载器的飞行弹道、动态特性和机械运动规律等,能反映的只是运载器的“平均状态”的运动规律。其实,对于固定型号的航天运载器的设计与应用来讲,“平均状态”或“标称状态”的运动规律恰好正是人们比较关心的,所以利用标准大气数据表进行分析和计算是可行的,也是目前人们普遍采用的分析方法。当进行航天运载器的飞行试验时,可首先将基于标准大气数据表所得的运动规律作为参考依据,然后再考虑实际大气条件与该标准大气条件的偏差对飞行试验结果的影响,来对航天运载器的运动规律进行科学地综合分析。航天运载器在飞行过程中如果要进行在线的弹道规划与计算、制导方案重构与控制律在线计算时(离线计算也是一样的),将标准大气数据表的上万个数据都输入到弹载计算机(或仿真计算机)中,那么计算机的工作量、计算量和存储量都将变得十分巨大。因为标准大气参数表包含地势高度/几何高度、大气温度、大气密度、大气压强、分子量、压力标高等参数的离散的数据列表,在进行计算时需要根据当前的高度值插值计算当前高度对应的大气参数的标准值,这个插值计算过程的计算量显然是比较大的。因此,如果能够用解析的公式来表征并直接计算地球大气的温度、密度、压强和声速等大气参数,那么就可以省略大量的数据插值计算过程,从而大大地节省计算机的内存容量和计算负担,最终大幅度地减少计算量和计算时间、提高计算效率。

目前,在进行航天发射飞行力学分析时,通常以高度为准则分为两个高度区间,分别是从海平面到 91km 的高度区间和 90km 以上的高度区间,这两个高度区间分别采用不同的标准大气参数的解析计算模型。海平面到 91km 的高度范围的标准大气参数的解析模型目前普遍采用 1983 年杨炳尉在《宇航学报》上发表的《标准大气参数的公式表示》一文中描述的地球大气参数计算公式。杨炳尉大气参数解析计算公式以标准大气数据为基础采用拟合方法得到,拟合公式计算得到的大气参数数值与原标准大气参数表中的数值十分接近,两者的相对误差仅小于 0. 3‰。而对于 90km 以上的高度区间范围,目前则普遍采用 Jacchia-Roberts 地球大气参数解析计算模型,该模型是由美国学者 Charles E. Roberts, JR. 在其论文《An analytic model for upper atmosphere densities based upon JACCHIA's 1970 models》中详细描述,论文于 1971 年在“Celestial Mechanics”第 4 期刊出。经过长期的实践验证和理论分析,人们普遍认为利用上述的地球大气参数解析计算模型进行航天发射飞行力学的相关问题分析与求解都是足够精确的,可以替代 USSA-1976

标准大气数据表。需要说明,对于航天运载器来讲,高度大于 91km 的地球大气的空气动力和空气动力矩的影响很小,可以不予考虑,所以本节只介绍 0~91km 的杨炳尉大气参数解析计算模型。

2. 杨炳尉大气参数计算模型

已知标准大气数据表中用 Z 表示几何高度(即海拔高度),Z 是该大气参数计算模型的输入,几何高度 Z 与重力位势高度 H 满足关系为

$$\begin{cases} Z = H \cdot \dfrac{R_0}{R_0 - H} \\ H = Z \cdot \dfrac{R_0}{R_0 + Z} \end{cases} \tag{4-2-1}$$

式中:$R_0 = 6356.766\text{km}$;H 为重力位势高度。H 等价于具有相同势能的均匀重力场中的高度,也称地势高度,即

$$H = \frac{1}{g_{SL}}\int_0^h g\mathrm{d}h \tag{4-2-2}$$

式中:g_{SL}为海平面高度的地球重力加速度;g 为距离地面 h 高度处的重力加速度。重力位势高度总是小于几何高度,且在高度不大时两者相差很小。

杨炳尉标准大气模型中以大气温度、大气压强和大气密度等大气参数的海平面的标称值作为参考值,即

$$\begin{cases} T_{SL} = 288.15\text{K} \\ p_{SL} = 101325\text{N/m}^2 = 101325\text{Pa} \\ \rho_{SL} = 1.2250\text{kg/m}^3 \\ g_{SL} = 9.80665\text{m/s}^2 \\ a_{SL} = 340.294\text{m/s} \end{cases} \tag{4-2-3}$$

式中:下标 SL 为海平面(Sea Level)的缩写;T_{SL}为海平面标准大气温度;p_{SL}为海平面标准大气压强;ρ_{SL}为海平面标准大气密度;g_{SL}为海平面标准重力加速度;a_{SL}为海平面标准声速。标准大气参数计算模型以几何高度 Z 为自变量进行分段,引入一个中间变量 W,然后分别给出大气温度 T(单位 K)、大气压强 p、大气密度 ρ、声速 a 和重力加速度 g 的解析计算式。当 $0\text{km} \leqslant Z \leqslant 11.0191\text{km}$ 时,有

$$\begin{cases} W = 1 - \dfrac{H}{44.308} \\ T = 288.15W \\ p = p_{SL} \cdot W^{5.2559} \\ \rho = \rho_{SL} \cdot W^{4.2559} \end{cases} \tag{4-2-4}$$

当 $11.0191\text{km} < Z \leqslant 20.0631\text{km}$ 时,有

$$\begin{cases} W = \mathrm{e}^{\frac{14.9647-H}{6.3416}} \\ T = 216.650 \\ p = 0.11953W \cdot p_{SL} \\ \rho = 0.15898W \cdot \rho_{SL} \end{cases} \tag{4-2-5}$$

当 20.0631km<Z≤32.1619km 时，有

$$\begin{cases} W = 1 + \dfrac{H - 24.9021}{221.552} \\ T = 211.552W \\ p = 0.025158W^{-34.1629} \cdot p_{SL} \\ \rho = 0.032722W^{-35.1629} \cdot \rho_{SL} \end{cases} \tag{4-2-6}$$

当 32.1619km<Z≤47.3501km 时，有

$$\begin{cases} W = 1 + \dfrac{H - 39.7499}{89.4107} \\ T = 250.350W \\ p = 0.0028338W^{-12.2011} \cdot p_{SL} \\ \rho = 0.0032618W^{-13.2011} \cdot \rho_{SL} \end{cases} \tag{4-2-7}$$

当 47.3501km<Z≤51.4125km 时，有

$$\begin{cases} W = \mathrm{e}^{\frac{48.6252-H}{7.9233}} \\ T = 270.654 \\ p = 8.9155 \times 10^{-4} W \cdot p_{SL} \\ \rho = 9.4920 \times 10^{-4} W \cdot \rho_{SL} \end{cases} \tag{4-2-8}$$

当 51.4125km<Z≤71.8020km 时，有

$$\begin{cases} W = 1 - \dfrac{H - 59.4390}{88.2218} \\ T = 247.021W \\ p = 2.1671 \times 10^{-4} W^{12.2011} \cdot p_{SL} \\ \rho = 2.5280 \times 10^{-4} W^{11.2011} \cdot \rho_{SL} \end{cases} \tag{4-2-9}$$

当 71.8020km < Z ≤ 86.0000km 时，有

$$\begin{cases} W = 1 - \dfrac{H - 78.0303}{100.2950} \\ T = 200.590W \\ p = 1.2274 \times 10^{-5} W^{17.0816} \cdot p_{SL} \\ \rho = 1.7632 \times 10^{-5} W^{16.0816} \cdot \rho_{SL} \end{cases} \tag{4-2-10}$$

当 86.0000km<Z≤91.0000km 时，有

$$\begin{cases} W = e^{\frac{87.2848-H}{5.4700}} \\ T = 186.870 \\ p = (2.2730 + 1.0420 \times 10^{-3}H) \times 10^{-6}W \cdot p_{SL} \\ \rho = 3.6411 \times 10^{-6}W \cdot \rho_{SL} \end{cases} \tag{4-2-11}$$

声速 a、重力加速度 g 和黏度 μ 的计算公式对于 0~91km 高度范围内的各段均通用,它们的表达式为

$$\begin{cases} a = 20.0468\sqrt{T}\,(\mathrm{m/s}) \\ g = 9.80665 \cdot \dfrac{R_0^2}{(R_0 + Z)^2}(\mathrm{m/s^2}) \\ \mu = \dfrac{1.458 \times 10^{-6}\sqrt{T^3}}{T + 110.4}(\mathrm{N \cdot s/m^2}) \end{cases} \tag{4-2-12}$$

本节给出了 0~91km 高度区间的标准大气参数计算模型,该模型可用于航天运载器进入空间和再入大气层等飞经地球大气层阶段的运动动态特性、飞行动力学、弹道设计与技术以及制导控制系统设计与仿真等工作中。杨炳尉解析计算模型是以高度为自变量的分段函数,为了更加简化地球大气参数的计算过程,当高度变化范围不大时可利用气体状态方程和流体静力学平衡方程建立大气参数的解析计算模型。

3. 基于气体状态方程的标准大气参数计算模型

除了上述的基于标准大气数据表给出便于快速计算的分段解析函数外,还可以利用气体状态方程和流体静力学平衡方程推导得出大气参数的变化规律作为地球大气参数的标准分布状态。根据物理学知识可知气体状态方程为

$$p = \rho T\bar{R}\mu^{-1} \Rightarrow p = \rho T R g_0 \tag{4-2-13}$$

式中:p 为大气压强;ρ 为大气密度;T 为大气温度;$\bar{R}$ 为通用气体常数,$\bar{R}=8.31431 \pm 0.31\mathrm{J/mol \cdot K}$;$\mu$ 为气体分子数(0~90km 高度区间取值为 28.964);R 为标准气体常数,$R = \bar{R}/\mu g_0$;g_0 为海平面重力加速度。

根据气体状态方程可知,大气压强、密度和温度 3 个变量中只有两个是独立的,已知任意两个就可以求出第三个大气参数。已知在 0~80km 高度,可以近似用一组折线来表征大气温度 T 随高度的变化规律,相应的可以用分段直线方程来描述大气温度的标准分布:

$$T(H_{\mathrm{rel}}) = T_0 + G \cdot H_{\mathrm{rel}} \tag{4-2-14}$$

式中:H_{rel} 为分层大气的每一层级的相对高度,也就是每一个大气分层中距离该分层底层的高度;T_0 为每一分层底层的大气温度;G 为各大气分层的温度梯度。显然,针对不同的分层,T_0 和 G 都是不相同的,已知高度 H_{rel} 就可以利用该式计算该

大气分层内任意高度的大气温度。考虑到大气压强 p 变化复杂,影响因素繁多,为了能够明晰其标准分布状态,引入"大气垂直平衡"假设(认为地球大气在铅垂方向是静止的,并处于力的平衡状态)。如图 4-2-3 所示,根据该假设,若距离地面 h 高度处有一圆柱状空气气柱,气柱高为 dh,空气气柱的上底面和下底面的面积均为 ds,记上底面的大气压强为 $p+dp$,下底面的压强为 p,则该空气气柱的质量可表示为

$$m = \rho \cdot dS \cdot dh$$

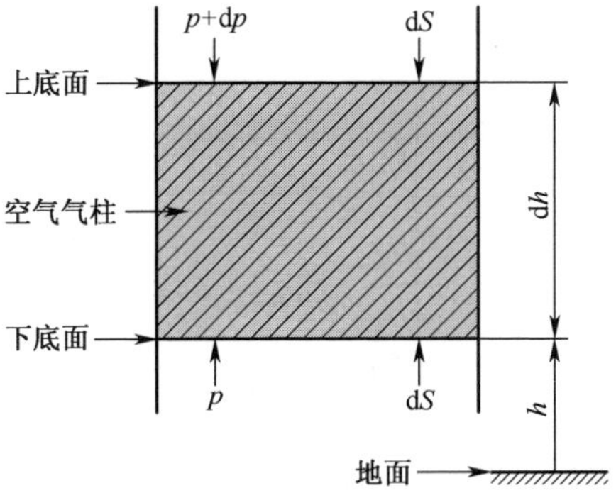

图 4-2-3 地球大气标准气柱示意图

假设在铅垂方向上空气柱重力、上底面大气压力和下底面大气压力满足三力平衡条件:

$$(p + dp)dS + \rho \cdot dS \cdot dh \cdot g - p \cdot dS = 0 \tag{4-2-15}$$

将式(4-2-15)化简可得

$$dp = -\rho g \cdot dh \tag{4-2-16}$$

由式(4-2-16)可知,大气压强本质上是由单位面积的空气气柱的重力产生,将气体状态方程式(4-2-13)代入该式(4-2-16),得

$$\frac{dp}{p} = -\frac{g}{RTg_0} \cdot dh \tag{4-2-17}$$

积分式(4-2-17)可得

$$p = p_0 \cdot e^{\left(-\frac{1}{R \cdot g_0}\int_0^h \frac{g}{T} dh\right)} \tag{4-2-18}$$

式中:p_0 为 $h=0$km 高度处的大气压强。联立式(4-2-2)和式(4-2-18)得

$$p = p_0 \cdot e^{\left(-\frac{1}{R}\int_0^H \frac{dH}{T}\right)} \tag{4-2-19}$$

在飞行力学分析中,为了简化计算,在不影响计算精度的前提下可以忽略重力位势高度 H 与距地面高度 h 的区别,则

$$p = p_0 \cdot e^{\left(-\frac{1}{R}\int_0^h \frac{1}{T(h)} dh\right)} \tag{4-2-20}$$

已知高度后将大气温度 T 的计算式代入式(4-2-20)即可得到大气压强的基本变化规律,大气压强将随着高度的增加而减小。联立气体状态方程式(4-2-13)和大气压强随高度变化的计算式,得

$$p = \rho TRg_0 \Rightarrow \rho_0 T_0 p = \rho_0 T_0 \rho TRg_0 \Rightarrow \rho_0 T_0 p = p_0 \rho T \Rightarrow \frac{\rho}{\rho_0} = \frac{T_0 p}{p_0 T} = \frac{T_0}{T} \cdot \mathrm{e}^{\left(-\frac{1}{R}\int_0^H \frac{\mathrm{d}H}{T}\right)}$$

在进行飞行力学分析时,在保证计算精度并兼顾实际工程经验的条件下,可将大气压强和大气密度的计算进一步简化,假设某一高度范围 $H_1 \sim H_2$ 内大气的温度恒定,则

$$\begin{cases} T_1 = T_2 \\ p_2 = p_1 \mathrm{e}^{-\frac{H_2 - H_1}{H_\beta}} \\ \rho_2 = \rho_1 \mathrm{e}^{-\frac{H_2 - H_1}{H_\beta}} \\ H_\beta = RT_1 \end{cases} \tag{4-2-21}$$

式中:H_β 称为标准高或标高, $H_\beta = RT_1$。

在部分文献常将 0~80km 高度范围的标准高近似视为常值 $H_\beta = 7.11km$,则大气压强和大气密度的计算式可进一步简化为

$$\begin{cases} p = p_{\mathrm{SL}} \mathrm{e}^{-\beta h} \\ \rho = \rho_{\mathrm{SL}} \mathrm{e}^{-\beta h} \end{cases} \tag{4-2-22}$$

式中:β 为常值, $\beta = 1/H_\beta$ 。

总体来讲,利用上述大气参数近似模型计算所得的大气压强和大气密度与实际大气模型中的参数值是比较接近的,可以满足一般条件下的飞行力学计算精度要求,在实际应用时可以根据分析问题的需求,灵活选择地球大气参数的计算方式和计算模型。考虑到航天运载器的飞行特点,本节只给出 0~91km 高度范围的地球大气参数计算模型,而如果要计算高度大于 91km 时地球大气参数的标准数值,通常会采用 Jacchia-Roberts 地球大气模型,读者可自行查阅相关资料。本节详细介绍了地球大气的构成、分层以及标准大气参数的平均状态的计算方式和计算模型,特别是大气压强、大气密度、大气温度随高度的变化规律及其计算式,这些参数与空气动力和空气动力矩的大小直接相关。在确定了地球大气参数的计算后,下面介绍空气动力和空气动力矩的计算公式及其各自对应的气动系数的主要特点。

4.2.3 空气动力的计算

当航天运载器相对于地球大气运动时,大气会在运载器的表面形成空气作用力,即空气动力。空气动力是作用在运载器表面的分布力系,而如何确定作用在运载器上的空气动力是一个十分复杂的问题,很难通过理论计算准确确定。目前的

通用思路是理论计算与实验验证相结合的方法，即首先用空气动力学理论进行计算，然后再用空气动力实验进行校正。空气动力实验是在可产生一定马赫数的均匀气流的风洞中进行，马赫数 Ma 是气流的速度 V 与声速 a 的比值。在实验时，首先按照一定比例等比缩小的实物模型静止放在风洞内；然后使气流按照一定的马赫数吹过该模型，通过测量该模型所受的空气动力并进行适当的换算后，求得运载器实物在同样马赫数下所受的空气动力。在航天运载器研制过程中，由研究空气动力学的专门人员根据运载器模型，利用上述方法给出该型运载器的空气动力计算所必需的图表、曲线和数据等，正确地使用这些气动数据资料就可以确定作用在运载器上的空气动力和空气动力矩。

需要说明，空气动力和空气动力矩的产生机理、理论分析、风洞试验、空气动力系数以及空气动力矩系数的测算等都是十分专业的问题，也都有针对性的理论和成熟的工程方法，为了突出“计算”的重点，本节只讨论空气动力和空气动力矩的计算问题以及与计算相关的各个变量与系数。已知空气动力的大小和方向是由地球大气的气流相对于航天运载器的空间相对运动决定的，从数学角度讲空气动力是一个空间矢量，而为了描述该矢量，需要将该矢量投影至空间直角坐标系。第一种方式是把作用在航天运载器上的空气动力 $\boldsymbol{R}$ 在投影至速度坐标系 $O_B\text{-}x_Vy_Vz_V$ 各轴，即

$$\boldsymbol{R}=[-D,L,N]\begin{bmatrix}\boldsymbol{x}_{V,x}^0\\ \boldsymbol{y}_{V,y}^0\\ \boldsymbol{z}_{V,z}^0\end{bmatrix}=-D\boldsymbol{x}_{V,x}^0+L\boldsymbol{y}_{V,y}^0+N\boldsymbol{z}_{V,z}^0 \tag{4-2-23}$$

式中：$\boldsymbol{R}$ 在速度坐标系 O_Bx_V、O_By_V、O_Bz_V 三轴的分量分别称为气动阻力 D、气动升力 L 和气动侧向力 N；$\boldsymbol{x}_{V,x}^0$、$\boldsymbol{y}_{V,y}^0$、$\boldsymbol{z}_{V,z}^0$ 为速度坐标系三个坐标轴的单位矢量（图 4-2-4）。

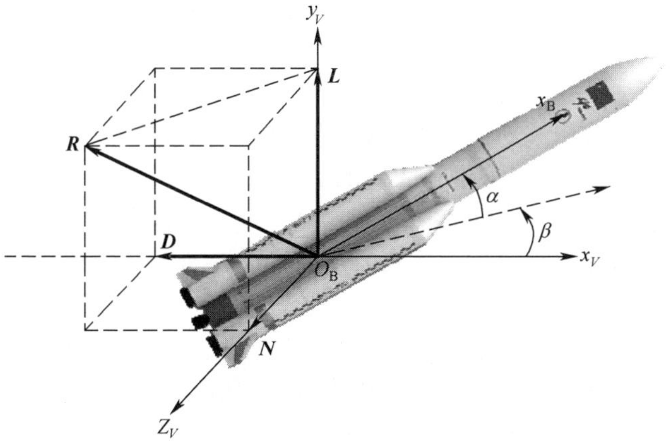

图 4-2-4　空气动力在速度坐标系的分量

在进行航天运载器的受力分析、弹道计算和动态特性分析时，关键的问题是空气动力的计算，基于长期的工程实践和理论验证，目前主要采用的计算公式为

$$\begin{cases} D = q \cdot S_{\mathrm{ref}} \cdot C_D \\ L = q \cdot S_{\mathrm{ref}} \cdot C_L \\ N = q \cdot S_{\mathrm{ref}} \cdot C_N \end{cases} \tag{4-2-24}$$

式中：S_{ref} 为航天运载器的气动参考面积（也称特征面积），由运载器的外形结构和气动布局确定，一般取运载器的最大横截面积；q 为飞行动压，也称动压头或速度头，其计算公式为

$$q = \frac{1}{2}\rho V^2 \tag{4-2-25}$$

式中：ρ 为当前时刻运载器所处高度的大气密度，可通过插值标准大气数据表或利用大气参数解析公式计算得到；V 为运载器相对于大气的速度，因为地球大气随着地球自转而自转，在不考虑大气自身流动/运动的情况下，运载器相对于大气的速度与运载器相对于地面的速度是相同的，所以在计算时可以用运载器相对于地面发射坐标系的速度来等效运载器相对于大气的速度。式（4-2-24）中 C_D、C_L、C_N 分别为航天运载器的气动阻力系数、升力系数和侧向力系数，三个系数均为无因次变量，并且与飞行速度 V、飞行高度 H、运载器飞行攻角 α、侧滑角 β、攻角一阶导数 $\dot{\alpha}$、侧滑角一阶导数 $\dot{\beta}$、滚转角速率 ω_x、偏航角速率 ω_y、俯仰角速率 ω_z、等效俯仰舵偏角 δ_φ、等效偏航舵偏角 δ_ψ 和等效滚转舵偏角 δ_γ 等运动参数有关，可以用广义函数的形式来表示为

$$\begin{cases} C_D = f_D(V, H, \alpha, \beta, \dot{\alpha}, \dot{\beta}, \omega_x, \omega_y, \omega_z, \delta_\varphi, \delta_\psi, \delta_\gamma, \cdots) \\ C_L = f_L(V, H, \alpha, \beta, \dot{\alpha}, \dot{\beta}, \omega_x, \omega_y, \omega_z, \delta_\varphi, \delta_\psi, \delta_\gamma, \cdots) \\ C_N = f_N(V, H, \alpha, \beta, \dot{\alpha}, \dot{\beta}, \omega_x, \omega_y, \omega_z, \delta_\varphi, \delta_\psi, \delta_\gamma, \cdots) \end{cases} \tag{4-2-26}$$

式中：$f_D(\cdot)$、$f_L(\cdot)$、$f_N(\cdot)$ 为空气动力系数的广义函数。

在进行飞行力学分析时，空气动力系数一般是通过数据曲线、数据列表或解析函数的形式给出。若空气动力系数以数据列表的形式给出，则应根据当前时刻的运载器飞行速度、高度、攻角、侧滑角等状态信息对数据列表进行依次插值计算，获得当前飞行状态对应的气动阻力、升力和侧向力系数，然后再结合当前飞行高度的大气密度和飞行速度计算得到空气动力。如果空气动力系数是以解析函数的形式给出，则可以利用当前时刻的飞行状态信息，直接将变量代入解析函数求得当前运动状态对应的气动力系数，然后再计算得到空气动力。显然，不管是插值计算还是解析计算，式（4-2-26）括号内运动状态变量越多，空气动力系数的计算过程就越复杂、计算量也就越大，为了简化计算，在分析和计算空气动力时，并不是将式（4-2-26）括号内的参数都加以考虑，一般可以忽略影响较小的与绕质心相关的参数，因为航天运载器绕质心转动对空气动力大小的影响是比较小的。同时，航天运载器都相对

于其体坐标系的 $x_B O_B y_B$ 平面(运载器的纵向主对称面)对称,而且人们在设计时通常会尽量减少运载器纵向运动和侧向运动以及运载器各通道之间的运动耦合,也就是说人们总是希望侧向力不与纵向参数有关,因此运载器的空气动力通常可简写为

$$\begin{cases}D = q \cdot S_{\mathrm{ref}} \cdot C_D = q \cdot S_{\mathrm{ref}} \cdot f_D(V,H,\alpha,\beta)\\ L = q \cdot S_{\mathrm{ref}} \cdot C_L = q \cdot S_{\mathrm{ref}} \cdot f_L(V,H,\alpha,\delta_\varphi)\\ N = q \cdot S_{\mathrm{ref}} \cdot C_N = q \cdot S_{\mathrm{ref}} \cdot f_N(V,H,\beta,\delta_\psi)\end{cases} \tag{4-2-27}$$

式中:运载器的气动阻力系数 C_D、升力系数 C_L 和侧向力系数 C_N 均已简化为只与速度、高度、攻角、侧滑角和偏转角等少数参数有关,从而可以大大简化空气动力系数的计算过程,进而简化空气动力的计算过程。当运载器定型后,其结构和气动布局均可确定,由研究空气动力学的专门人员就可以根据运载器的具体模型,利用风洞试验和计算机辅助分析计算的方法给出该型运载器的空气动力计算所必需的图表、曲线和数据等,我们就可以利用气动数据资料完成气动阻力、升力和侧向力的计算。

将空气动力分解到速度坐标系是因为空气动力的产生与速度矢量密切相关,通过设定风洞中模拟气流的速度和方向就可以近似等效运载器相对于大气的相对运动过程,从而设置传感器方便地测定空气动力的大小和方向。除了可以将空气动力投影至速度坐标系,人们通常也将运载器的空气动力投影至体坐标系 $O_B\text{-}x_B y_B z_B$ 的三个坐标轴,然后分析空气动力及其在体坐标系分量的计算方法:

$$\boldsymbol{R} = [-R_X, R_Y, R_Z]\begin{bmatrix}\boldsymbol{x}_{B,x}^0\\ \boldsymbol{y}_{B,y}^0\\ \boldsymbol{z}_{B,z}^0\end{bmatrix} = -R_X\boldsymbol{x}_{B,x}^0 + R_Y\boldsymbol{y}_{B,y}^0 + R_Z\boldsymbol{z}_{B,z}^0 \tag{4-2-28}$$

式中:R_X、R_Y、R_Z 分别称为气动轴向力、气动法向力和气动横向力;$\boldsymbol{x}_{B,x}^0$、$\boldsymbol{y}_{B,y}^0$、$\boldsymbol{z}_{B,z}^0$ 为体坐标系三个坐标轴的单位矢量,如图 4-2-5 所示。

图 4-2-5 中,R_X 为空气动力在体坐标系 $O_B x_B$ 轴的分量;R_Y 为空气动力在体坐标系 $O_B y_B$ 轴的分量;R_Z 为空气动力在体坐标系 $O_B z_B$ 轴的分量。根据长期的工程实践验证和理论计算验证,体坐标系内各分量的计算式为

$$\begin{cases}R_X = q \cdot S_{\mathrm{ref}} \cdot C_X\\ R_Y = q \cdot S_{\mathrm{ref}} \cdot C_Y\\ R_Z = q \cdot S_{\mathrm{ref}} \cdot C_Z\end{cases} \tag{4-2-29}$$

式中:S_{ref}为运载器的气动参考面积(常值,一般为运载器最大横截面积);q 为运载器飞行动压;C_X、C_Y、C_Z 分别为运载器的气动轴向力系数、法向力系数和横向力系数,三者均为无因次变量。与气动阻力系数、升力系数和侧向力系数类似,轴向力系数、法向力系数和横向力系数同样是运载器飞行状态的函数,可用下式表征:

$$C_i = f_i(V,H,\alpha,\beta,\dot{\alpha},\dot{\beta},\omega_x,\omega_y,\omega_z,\delta_\varphi,\delta_\psi,\delta_\gamma),\ i = X,Y,Z \tag{4-2-30}$$

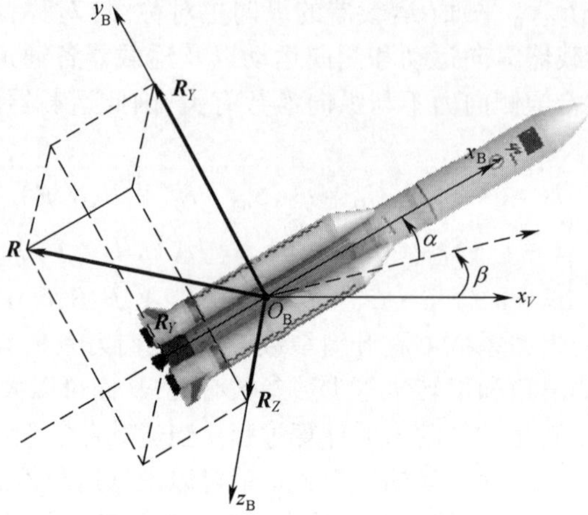

图 4-2-5　空气动力在体坐标系的分解

式中：$f_i(\cdot)$，$i=X,Y,Z$ 为气动轴向力系数、法向力系数和横向力系数的等效广义函数，式中括号内各状态变量的含义与前面描述的一致。同样地，为了简化计算，同时也经过长期的工程实践验证，空气动力在体坐标系内分量的气动力系数同样可以进行简化，将其化简为只与关键参数相关的函数

$$\begin{cases} R_X = q\cdot S_{\text{ref}}\cdot C_X = q\cdot S_{\text{ref}}\cdot f_X(V,H,\alpha,\beta) \\ R_Y = q\cdot S_{\text{ref}}\cdot C_Y = q\cdot S_{\text{ref}}\cdot f_Y(V,H,\alpha,\delta_\varphi) \\ R_Z = q\cdot S_{\text{ref}}\cdot C_Z = q\cdot S_{\text{ref}}\cdot f_Z(V,H,\beta,\delta_\psi) \end{cases} \tag{4-2-31}$$

显然，当运载器的飞行速度 V、高度 H、攻角 α、侧滑角 β、等效俯仰偏转角 δ_φ 和等效偏航偏转角 δ_ψ 确定后，就可以通过插值或解析计算的方法得到气动轴向力系数、法向力系数和横向力系数，进而利用该式计算得到轴向力、法向力和横向力。需要说明，根据空气动力公式计算得到的气动阻力 D 和气动轴向力 R_X 的数值为正值，但是实际上空气动力 $\boldsymbol{R}$ 在速度坐标系 O_Bx_V 轴和体坐标系 O_Bx_B 的投影均是指向坐标轴的负方向，均是负值，故而应在气动阻力 D 和气动轴向力 R_X 前加上符号。

如图 4-2-6 所示，已知空气动力 $\boldsymbol{R}$ 是空间中的一个矢量，我们将该矢量分别投影至速度坐标系和体坐标系的各轴并定义了各轴分量的名称，而且速度坐标系和体坐标系的原点都是运载器的质心 O_B，所以空气动力矢量 $\boldsymbol{R}$ 在速度坐标系和体坐标系内的分量可以用两个坐标系间的坐标转换矩阵进行相互转化，即

$$\boldsymbol{R}=\begin{bmatrix}-D\\L\\N\end{bmatrix}=\boldsymbol{T}_{VB}\cdot\begin{bmatrix}-R_X\\R_Y\\R_Z\end{bmatrix}=\begin{bmatrix}\cos\alpha\cdot\cos\beta & -\sin\alpha\cdot\cos\beta & \sin\beta\\ \sin\alpha & \cos\alpha & 0\\ -\cos\alpha\cdot\sin\beta & \sin\alpha\cdot\sin\beta & \cos\beta\end{bmatrix}\cdot\begin{bmatrix}-R_X\\R_Y\\R_Z\end{bmatrix} \tag{4-2-32}$$

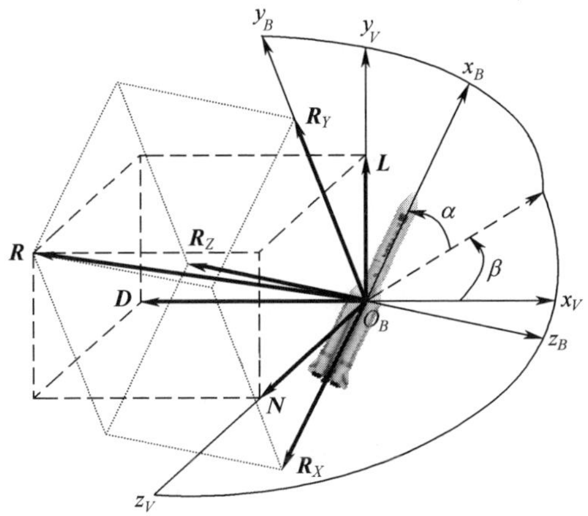

图 4-2-6　空气动力在体系和速度系分解的空间关系

式中：$\boldsymbol{T}_{VB}$ 为体坐标系到速度坐标系的坐标转换矩阵；α 为飞行攻角；β 为侧滑角。

将式(4-2-32)右侧矩阵与矢量点乘转换为矢量形式，显然下式成立

$$D = R_X \cdot \cos\alpha \cdot \cos\beta + R_Y \cdot \sin\alpha \cdot \cos\beta - R_Z \cdot \sin\beta \tag{4-2-33}$$

式中：D 为气动阻力；R_X、R_Y、R_Z 分别为气动轴向力、法向力和横向力。

为便于分析，我们根据工程经验将气动轴向力 R_X 分解为两部分，即

$$R_X = R_{X0} + \Delta R_X \tag{4-2-34}$$

式中：R_{X0} 为运载器的攻角和侧滑角均为零时产生的轴向力；ΔR_X 为运载器的攻角和侧滑角不全等于零时引起的阻力增量，则

$$D = R_{X0} \cdot \cos\alpha \cdot \cos\beta + \Delta R_X \cdot \cos\alpha \cdot \cos\beta + R_Y \cdot \sin\alpha \cdot \cos\beta - R_Z \cdot \sin\beta \tag{4-2-35}$$

对于轴对称结构的运载器来讲，空气动力系数的函数形式相对简单。根据长期的工程实践验证和理论分析，我们发现运载器的气动升力系数近似为攻角的一阶线性函数，气动侧向力系数近似为侧滑角的一阶线性函数，气动法向力系数近似为攻角的一阶函数，气动横向力系数近似为侧滑角的一阶线性函数，即

$$\begin{cases} C_L = C_L^\alpha \cdot \alpha, C_N = C_N^\beta \cdot \beta \\ C_Y = C_Y^\alpha \cdot \alpha, C_Z = C_Z^\beta \cdot \beta \end{cases} \tag{4-2-36}$$

式中：α 为攻角；β 为侧滑角；C_L^α 为气动升力系数对攻角的偏导数；C_N^β 为气动侧向力系数对侧滑角的偏导数；C_Y^α 为气动法向力系数对攻角的偏导数；C_Z^β 为气动横向力系数对侧滑角的偏导数。

因为运载器通常是轴对称结构，根据攻角和侧滑角的空间关系以及气动升力与侧向力、法向力与横向力的空间关系可知

$$\begin{cases} C_L^{\alpha} = - C_N^{\beta} \\ C_Y^{\alpha} = - C_Z^{\beta} \end{cases} \tag{4-2-37}$$

考虑到航天运载器在飞行过程中的攻角和侧滑角都很小，可近似认为

$$\begin{cases} \cos\alpha \approx 1, \sin\alpha \approx \alpha \\ \cos\beta \approx 1, \sin\alpha \approx \beta \end{cases} \tag{4-2-38}$$

则气动阻力 D 的计算式可简化为

$$D = R_{X0} + \Delta R_X + R_Y \cdot \alpha - R_Z \cdot \beta \tag{4-2-39}$$

将式(4-2-31)代入式(4-2-39)可得

$$D = R_{X0} + \Delta R_X + qS_{\text{ref}} C_Y^{\alpha}(\alpha^2 + \beta^2) = R_{X0} + D_i \tag{4-2-40}$$

考虑到式(4-2-40)中 ΔR_X 是当攻角和侧滑角不全为零时产生的阻力增量，故而式中新的变量 D_i 一般称为攻角和侧滑角引起的诱导阻力（下标 i 为 induced drag 的缩写）。将该式(4-2-40)左右两侧同时消去 qS_{ref} 可得气动力系数的关系式，即

$$C_D = C_{X0} + C_{D,i} \tag{4-2-41}$$

式中：C_{X0}为攻角和侧滑角均为零时的阻力系数（与攻角和侧滑角无关），是马赫数和飞行高度的函数，在马赫数等于 1 附近（跨声速飞行阶段）C_{X0}会因波阻原因急剧增加，超声速以后因激波顶角减小 C_{X0}也会减小。

同时，C_{X0}也会随着高度的增加而增加，因为气体流过运载器表面时会由于表面凸凹不平使得气体分子受到阻滞，加上气体有一定的黏性，从而形成摩擦阻力，即

$$R_{Xf} \propto \mu_q \cdot \frac{V_q}{L} \cdot S_{\max} \tag{4-2-42}$$

式中：μ_q 为气体黏性系数；$S_{\max}$为运载器的最大横截面积；V_q 气体的速度；L 运载器的表面长度。

摩擦阻力系数 C_{Xf} 满足

$$C_{Xf} = \frac{R_{Xf}}{qS_{\text{ref}}} \propto \mu_q \cdot \frac{V_q}{L} \cdot S_{\max} \cdot \frac{2}{\rho V^2 S_{\text{ref}}} \tag{4-2-43}$$

由此可知，当马赫数一定时，大气密度ρ 会随着高度的增加而减少，相应地 C_{Xf} 会随着高度的增加而增大，使得摩擦阻力在气动阻力中所占比重增加，并使得气动阻力系数随着高度的增加而增大。

同时，诱导阻力 D_i 中包含气动法向力和气动横向力在气动阻力方向的分量，因此在计算时常对诱导阻力系数 $C_{D,i}$ 做式(4-2-44)形式的修正处理，以使得诱导阻力同时表征气动阻力增量和法向、横向气动力分量。

$$C_{D,i} = K_D C_Y^{\alpha}(\alpha^2 + \beta^2) \tag{4-2-44}$$

式中：K_D 为与运载器形状相关的系数项，在进行气动阻力计算和分析时通常可根据工程经验和运载器的具体模型确定。

根据坐标转换矩阵，我们讨论了空气动力的阻力分量与轴向力、法向力和横向力分量之间的关系，并对气动阻力系数的构成以及基本变化规律进行了简单分析，采用同样的方法我们也可以发现气动升力和气动侧向力的相关规律。根据坐标转换矩阵计算式（4-2-32）可以得到气动阻力 L 与法向力 R_Y、横向力 R_Z 的关系式为

$$L = R_Y\cos\alpha - R_X\sin\alpha = R_Y\cos\alpha - (R_{X0} + \Delta R_X)\sin\alpha \tag{4-2-45}$$

当攻角和侧滑角比较小时，两者引起的阻力增量 ΔR_X 也会比较小，可作为小量省略，从而式（4-2-45）可简化为

$$L = R_Y\cos\alpha - R_{X0}\sin\alpha \Rightarrow C_L = C_Y\cos\alpha - C_{X0}\sin\alpha \tag{4-2-46}$$

同时，当攻角较小时气动升力系数 C_L 与攻角近似呈线性关系 $C_L = C_L^{\alpha}\alpha$，将 $C_L = C_L^{\alpha}\alpha$ 代入式（4-2-46）并同时将法向力系数写为与攻角同为线性函数的形式，可得

$$C_L^{\alpha} \cdot \alpha = C_Y^{\alpha} \cdot \alpha - C_{X0} \cdot \alpha \Rightarrow C_L^{\alpha} = C_Y^{\alpha} - C_{X0} \tag{4-2-47}$$

式中：$\cos\alpha \approx 1$，$\sin\alpha \approx \alpha$，对于轴对称形式的运载器来讲，$C_L^{\alpha}$ 可近似认为与高度无关，故而运载器的空气动力系数数据表或数学计算式中通常只会给出 C_L^{α} 与马赫数之间的数据关系。

同样，气动侧向力 N 与气动轴向力 R_X、法向力 R_Y、横向力 R_Z 满足

$$N = R_X \cdot \cos\alpha \cdot \sin\beta + R_Y \cdot \sin\alpha \cdot \sin\beta + R_Z \cdot \cos\beta \tag{4-2-48}$$

当攻角和侧滑角为小量时，式（4-2-48）可简化为

$$N = R_X \cdot \beta + R_Z \tag{4-2-49}$$

将式（4-2-27）和式（4-2-29）代入式（4-2-49），可得气动力系数关系方程为

$$C_N = C_{X0}\beta + C_Z \tag{4-2-50}$$

已知气动侧向力系数和横向力系数近似满足

$$\begin{cases} C_N = C_N^{\beta}\beta \\ C_Z = C_Z^{\beta}\beta \end{cases} \tag{4-2-51}$$

则

$$C_N^{\beta} = C_{X0} + C_Z^{\beta} \tag{4-2-52}$$

由式（4-2-52）可见，气动侧向力主要与侧滑角有关，同时气动侧向力系数也主要由气动轴向力系数和横向力系数决定。本节介绍了运载器的空气动力的计算方法，因为空气动力是一个空间矢量，为了方便对其数值进行计算，将空气动力分别投影至速度坐标系和体坐标系，详细描述了空气动力在各坐标系内分量的计算公式。根据速度坐标系和体坐标系的坐标转换矩阵，分析了气动阻力、升力、侧向力与气动轴向力、法向力、横向力直接的数学关系式，并阐述了各气动力系数之间的关系和基本变化规律。在后续的章节或实际的工程应用中，如果要计算空气动力的大小，则可以直接利用该节介绍的空气动力的计算公式并基于运载器的飞行状态完成空气动力的计算。

4.2.4 空气动力矩的计算

航天运载器相对于大气运动时,作用于运载器表面的所有空气动力的合力 $\boldsymbol{R}$ 在航天运载器上的作用点称为气动压力中心,简称压心,记为 $O_{c.p.}$。通常情况下,航天运载器的压心 $O_{c.p.}$ 是不与运载器质心(重心)$O_{c.m.}$ 重合的,如图 4-2-7 所示,压心的位置是通过空气动力计算和风洞试验确定的,而质心的位置则一般是通过航天运载器的具体质量分布和剩余燃料的质量与位置实时计算得到的。

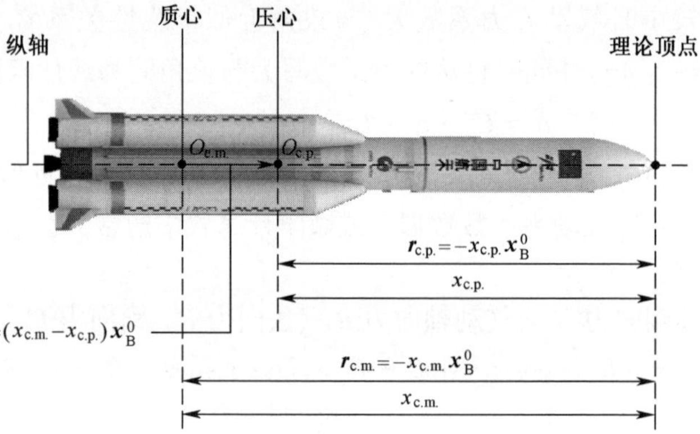

图 4-2-7 运载器质心与压心以及空气动力的力臂

1. 稳定力矩

我们知道,航天运载器的绕质心运动模型通常建立在体坐标系中,相应的空气动力矩一般会用空气动力 $\boldsymbol{R}$ 相对于体坐标系三个坐标轴的力对轴之矩来表示。已知空气动力在体坐标系三轴的分量为

$$\boldsymbol{R} = R_X\boldsymbol{x}_B^0 + R_Y\boldsymbol{y}_B^0 + R_Z\boldsymbol{z}_B^0 \tag{4-2-53}$$

式中:R_X 为气动轴向力;R_Y 为气动法向力;R_Z 为气动横向力。

已知航天运载器一般都是轴对称结构,显然运载器质心 $O_{c.m.}$ 和压心 $O_{c.p.}$ 都会处在运载器的纵轴 O_Bx_B 上。压心相对于质心的距离矢量 $\boldsymbol{r}$ 可表示为

$$\boldsymbol{r} = \boldsymbol{r}_{c.p.} - \boldsymbol{r}_{c.m.} = -x_{c.p.}\boldsymbol{x}_B^0 - (-x_{c.m.}\boldsymbol{x}_B^0) = (x_{c.m.} - x_{c.p.})\boldsymbol{x}_B^0 \tag{4-2-54}$$

式中:$\boldsymbol{x}_B^0$ 为运载器体坐标系 O_Bx_B 轴的单位矢量;$x_{c.p.}$ 为压心 $O_{c.p.}$ 相对于运载器头部理论顶点的距离;$x_{c.m.}$ 为质心 $O_{c.m.}$ 相对于航天运载器头部理论顶点的距离,两者均用正值表示。

根据力对点之矩的定义,空气动力 $\boldsymbol{R}$ 相对于质心 $O_{c.m.}$ 的稳定力矩为

$$\boldsymbol{M}_{s.t.} = \boldsymbol{r} \times \boldsymbol{R} = (x_{c.m.} - x_{c.p.})\boldsymbol{x}_B^0 \times (R_X\boldsymbol{x}_B^0 + R_Y\boldsymbol{y}_B^0 + R_Z\boldsymbol{z}_B^0) \tag{4-2-55}$$

式中：$\boldsymbol{M}_{\text{s. t.}}$ 为稳定力矩。

根据叉乘运算法则展开并转换为矢量相乘形式，即

$$\boldsymbol{M}_{\text{s. t.}}=[0,\ -(x_{\text{c. m.}}-x_{\text{c. p.}})R_Z,(x_{\text{c. m.}}-x_{\text{c. p.}})R_Y]\begin{bmatrix}\boldsymbol{x}_{\text{B}}^0\\ \boldsymbol{y}_{\text{B}}^0\\ \boldsymbol{z}_{\text{B}}^0\end{bmatrix} \tag{4-2-56}$$

式中各长度的物理意义如图 4-2-7 所示。为了表述简洁，定义

$$\begin{cases}\boldsymbol{M}_{y,\text{s. t.}}=-(x_{\text{c. m.}}-x_{\text{c. p.}})R_Z\boldsymbol{y}_{\text{B}}^0=qS_{\text{ref}}m_{y,\text{s. t.}}\boldsymbol{y}_{\text{B}}^0\\ \boldsymbol{M}_{z,\text{s. t.}}=(x_{\text{c. m.}}-x_{\text{c. p.}})R_Y\boldsymbol{z}_{\text{B}}^0=qS_{\text{ref}}L_{\text{ref}}m_{z,\text{s. t.}}\boldsymbol{z}_{\text{B}}^0\end{cases} \tag{4-2-57}$$

式中：$\boldsymbol{M}_{y,\text{s. t.}}$ 为使得运载器绕体坐标系 $O_{\text{B}}y_{\text{B}}$ 轴转动的稳定力矩；$\boldsymbol{M}_{z,\text{s. t.}}$ 为使得运载器绕体坐标系 $O_{\text{B}}z_{\text{B}}$ 轴转动的稳定力矩；q 为动压；S_{ref} 为运载器气动参考面积；L_{ref} 为气动参考长度；$m_{y,\text{s. t.}}$ 为稳定偏航力矩系数；$m_{z,\text{s. t.}}$ 为稳定俯仰力矩系数。

变换式(4-2-57)为

$$\begin{cases}m_{y,\text{s. t.}}=\dfrac{-(x_{\text{c. m.}}-x_{\text{c. p.}})R_Z}{qS_{\text{ref}}L_{\text{ref}}}=\dfrac{-(x_{\text{c. m.}}-x_{\text{c. p.}})qS_{\text{ref}}C_Z}{qS_{\text{ref}}L_{\text{ref}}}=(\bar{x}_{\text{c. p.}}-\bar{x}_{\text{c. m.}})C_Z\\ m_{z,\text{s. t.}}=\dfrac{(x_{\text{c. m.}}-x_{\text{c. p.}})R_Y}{qS_{\text{ref}}L_{\text{ref}}}=\dfrac{(x_{\text{c. m.}}-x_{\text{c. p.}})qS_{\text{ref}}C_Y}{qS_{\text{ref}}L_{\text{ref}}}=(\bar{x}_{\text{c. m.}}-\bar{x}_{\text{c. p.}})C_Y\end{cases} \tag{4-2-58}$$

式中：$\bar{x}_{\text{c. p.}}$、$\bar{x}_{\text{c. m.}}$ 为无量纲特征长度，$\bar{x}_{\text{c. p.}}=x_{\text{c. p.}}/L_{\text{ref}}$，$\bar{x}_{\text{c. m.}}=x_{\text{c. m.}}/L_{\text{ref}}$；$C_Y$ 为气动法向力系数；C_Z 为气动横向力系数。

根据 4.2.3 节的分析可知，对于轴对称结构的航天运载器来讲，空气动力系数一般是攻角和侧滑角的一阶线性函数，即

$$\begin{cases}C_Y=C_Y^{\alpha}\alpha\\ C_Z=C_Z^{\beta}\beta\\ C_Y^{\alpha}=-C_Z^{\beta}\end{cases} \tag{4-2-59}$$

将式(4-2-59)代入式(4-2-58)可得

$$\begin{cases}m_{y,\text{s. t.}}=(\bar{x}_{\text{c. m.}}-\bar{x}_{\text{c. p.}})C^{Y}\beta\\ m_{z,\text{s. t.}}=(\bar{x}_{\text{c. m.}}-\bar{x}_{\text{c. p.}})C_Y^{\alpha}\alpha\end{cases} \tag{4-2-60}$$

记

$$\begin{cases}m_{y,\text{s. t.}}^{\beta}=(\bar{x}_{\text{c. m.}}-\bar{x}_{\text{c. p.}})C^{Y}\beta\\ m_{z,\text{s. t.}}=(\bar{x}_{\text{c. m.}}-\bar{x}_{\text{c. p.}})C_Y^{\alpha}\end{cases} \tag{4-2-61}$$

式中：$m_{y,\text{s. t.}}^{\beta}$ 为偏航稳定力矩系数对侧滑角的偏导数；$m_{z,\text{s. t.}}^{\alpha}$ 为俯仰稳定力矩系数对攻角的偏导数。将式(4-2-61)代入式(4-2-57)可得

$$\begin{cases}M_{y,\text{s. t.}}=qS_{\text{ref}}L_{\text{ref}}m_{y,\text{s. t.}}^{\beta}\beta\\ M_{z,\text{s. t.}}=qS_{\text{ref}}L_{\text{ref}}m_{z,\text{s. t.}}^{\alpha}\alpha\end{cases} \tag{4-2-62}$$

根据式(4-2-62)可以直观地发现,运载器的稳定力矩与其质心和压心的相对位置有关,而运载器的稳定性也同样与两者的位置关系密切。

(1) 静稳定力矩:当 $\bar{x}_{c.m.}-\bar{x}_{c.p.}<0, m_{y,s.t.}^{\beta}<0, m_{z,s.t.}^{\alpha}$ 0时,若航天运载器飞行过程中产生攻角(绕 O_Bz_B 轴转动)和侧滑角(绕 O_By_B 轴转动),则俯仰稳定力矩 $\boldsymbol{M}_{z,s.t.}$ 将指向 O_Bz_B 轴的负方向,同时偏航稳定力矩 $\boldsymbol{M}_{z,s.t.}$ 也将指向 O_Bz_B 轴的负向,也就是说在俯仰稳定力矩和偏航稳定力矩的作用下运载器的攻角和侧滑角均会逐渐减少,从而抑制攻角和侧滑角的持续增加,此时,称运载器是静稳定的,称 $\boldsymbol{M}_{y,s.t.}$、$\boldsymbol{M}_{z,s.t.}$ 为静稳定力矩。

(2) 静不稳定力矩:当 $\bar{x}_{c.m.}-\bar{x}_{c.p.}>0, m_{y,s.t.}^{\beta}>0, m_{z,s.t.}^{\alpha}>0$ 时,若运载器飞行过程中产生攻角(绕 O_Bz_B 轴转动)和侧滑角(绕 O_By_B 轴转动),则俯仰稳定力矩 $\boldsymbol{M}_{z,s.t.}$ 将指向 O_Bz_B 轴的正方向,同时偏航稳定力矩 $\boldsymbol{M}_{y,s.t.}$ 也将指向 O_By_B 轴的正向,也就是说在俯仰稳定力矩和偏航稳定力矩的作用下运载器的攻角和侧滑角均会逐渐增大,促使攻角和侧滑角的持续增加,此时,称运载器是静不稳定的,称 $\boldsymbol{M}_{y,s.t.}$、$\boldsymbol{M}_{z,s.t.}$ 为静不稳定力矩。

而无量纲变量 $\bar{x}_{c.m.}-\bar{x}_{c.p.}$ 称为静稳定裕度,当该值为负且越小时,则对运载器的稳定性越有益,但是此时会导致运载器结构上有较大的弯矩,这对于大型的运载器是不允许的。需要说明,静稳定性表征的是运载器在不加控制的情形下的一种空气动力特性,如果在工程实践中运载器是静不稳定的,而只要能够设计性能较好的控制系统,那么运载器在控制力的作用下,仍然可以保证稳定飞行。因此,不要将运载器的固有的空气动力静稳定性与飞行控制系统的操纵稳定性互为混淆。

2. 阻尼力矩

当航天运载器绕质心转动时,地球大气会产生阻碍其转动的空气动力矩,该力矩称为阻尼力矩。阻尼力矩的方向总是与转动方向相反,对航天运载器的转动角速度起阻尼作用,与绕质心转动运动过程密切相关(图 4-2-8)。

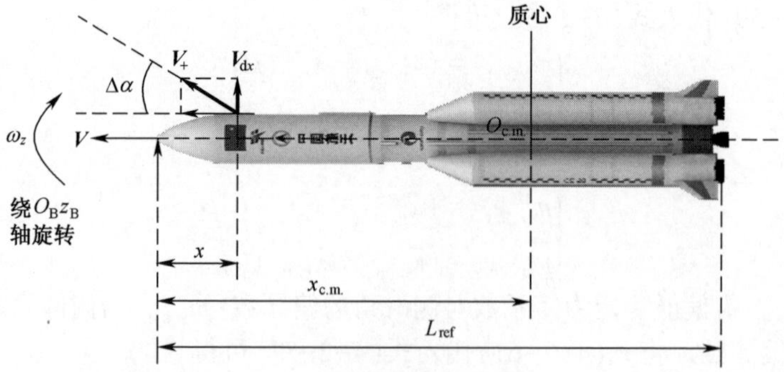

图 4-2-8　运载器的阻尼力矩

以纵向平面俯仰运动为例，假设航天运载器绕 $O_B z_B$ 轴旋转的角速度为 $\boldsymbol{\omega}_z$ ，相对于大气的速度为 $\boldsymbol{V}$ ，飞行攻角 $\alpha = 0$，在纵向方向距离航天运载器的理论顶点为 x 处有一单元长度 $\mathrm{d}x$ ，该单元长度相对于质心的矢径为

$$\boldsymbol{r} = (x_{\mathrm{c.m.}} - x)\boldsymbol{x}_{\mathrm{B}}^{0} \tag{4-2-63}$$

该单元长度相对质心的线速度为

$$\boldsymbol{V}_{\mathrm{d}x} = \boldsymbol{r} \times \boldsymbol{\omega}_z = (x_{\mathrm{c.m.}} - x)\omega_z \boldsymbol{y}_{\mathrm{B}}^{0} \tag{4-2-64}$$

线速度 $\boldsymbol{V}_{\mathrm{d}x}$ 垂直于航天运载器的纵轴，并与速度 $\boldsymbol{V}$ 在空间构成新的速度 $\boldsymbol{V}_{+}$，并构成局部的攻角 $\Delta\alpha$，则

$$\tan(\Delta\alpha) = \frac{V_{\mathrm{d}x}}{V} = \frac{(x_{\mathrm{c.m.}} - x)\omega_z}{V} \tag{4-2-65}$$

考虑到局部攻角 $\Delta\alpha$ 为小量，所以式(4-2-65)可近似为

$$\Delta\alpha \approx \frac{(x_{\mathrm{c.m.}} - x)\omega_z}{V} \tag{4-2-66}$$

局部攻角会造成对质心的附加力矩

$$\mathrm{d}\boldsymbol{M}_{zd} = \boldsymbol{r} \times \boldsymbol{F}_{zd} = [C_{Y,\mathrm{sec}}^{\alpha} \cdot \Delta\alpha \cdot q \cdot S_{\mathrm{ref}}(x_{\mathrm{c.m.}} - x)\mathrm{d}x] z_{\mathrm{B}}^{0} \tag{4-2-67}$$

式中：$C_{Y,\mathrm{sec}}^{\alpha}$ 为纵向方向上某一单位长度上的法向力系数对局部攻角的导数。

则运载器全部机身的俯仰阻尼力矩可表示为

$$M_{zd} = \int_{0}^{L_{\mathrm{ref}}} C_{Y,\mathrm{sec}}^{\alpha} \cdot \frac{(x_{\mathrm{c.m.}} - x)\omega_z}{V} \cdot q \cdot S_{\mathrm{ref}}(x_{\mathrm{c.m.}} - x)\mathrm{d}x \tag{4-2-68}$$

为便于计算，将式(4-2-68)转化为

$$\begin{cases} M_{zd} = q \cdot S_{\mathrm{ref}} \cdot L_{\mathrm{ref}} \cdot m_z^{\omega_z} \cdot \overline{\omega}_z \\ \overline{\omega}_z = \dfrac{\omega_z L_{\mathrm{ref}}}{V} \\ m_z^{\omega_z} = \displaystyle\int_{0}^{L_{\mathrm{ref}}} C_{Y,\mathrm{sec}}^{\alpha} \cdot (\overline{x}_{\mathrm{c.m.}} - \overline{x})^2 \mathrm{d}x \end{cases} \tag{4-2-69}$$

式中：$\overline{\omega}_z$ 为无因次俯仰角速度；$m_z^{\omega_z}$ 为俯仰阻尼力矩系数对无因次俯仰角速度的导数。

利用与稳定力矩类似的分析过程，可得

$$\begin{cases} M_{xd} = q \cdot S_{\mathrm{ref}} \cdot L_{\mathrm{ref}} \cdot m_x^{\omega_z} \cdot \overline{\omega}_x \\ M_{yd} = q \cdot S_{\mathrm{ref}} \cdot L_{\mathrm{ref}} \cdot m_y^{\omega_y} \cdot \overline{\omega}_y \end{cases} \tag{4-2-70}$$

式中：$\overline{\omega}_x$、$\overline{\omega}_y$ 分别为无因次滚转角速度和无因次偏航角速度；$m_x^{\omega_x}$ 为滚转阻尼力矩系数对无因次滚转角速度的导数；$m_y^{\omega_y}$ 为偏航阻尼力矩系数对无因次偏航角速度的导数。一般来讲，滚转阻尼力矩相较于俯仰阻尼力矩和偏航阻尼力矩要小得多。至此，空气动力矩的计算方法介绍完毕，在应用时应当根据运载器当前时刻的飞行

状态信息解算其所受空气动力矩的大小,计算时必须严格按照计算式中各变量的真实数值代入进行计算,切勿混淆变量的物理意义与数值,进而计算得到正确的力矩值。

4.3 发动机推力的计算

发动机推力是航天运载器的重要受力项,也是运载器实施飞行控制的主要控制力与控制力矩来源。本节简要介绍火箭发动机的相关基础知识,然后重点对发动机推力的组成以及发动机推力的计算方法进行详细阐述。

4.3.1 火箭发动机推力的组成与计算

航天运载器的动力系统也称为火箭发动机,运载器自身携带推进剂供给火箭发动机工作并产生推力,火箭发动机不需要外界提供燃料,所以在大气层中、大气层以外的空间都可以正常工作,目前世界各国主要使用的是火箭发动机类型是化学火箭发动机。化学火箭发动机利用推进剂的化学能,在发动机燃烧室中进行化学反应,产生高温、高压燃气,然后高速气流通过发动机喷管向后喷出,产生反作用推力,如图 4-3-1 所示。从能量角度来看,运载器携带的推进剂在发动机燃烧室内燃烧,将推进剂的化学能转化为内能进而再转化为推进剂工质的动能,完成从化学能到动能的转换过程。

(a)

(b)

图 4-3-1 运载器发动机点火与地面试车

火箭发动机推力产生的直接原因是从发动机喷管处高速喷出的高速气流，这些高速喷出的气流反作用于运载器进而形成运载器的推力，这一过程与前面章节建立变质量物体质心动力学方程时介绍的变质量运动的动态过程十分类似。通过发动机喷管高速喷出的气流可视为相对于运载器质心运动的质点集合，气流喷出使得运载器质量变化，喷出的气流相对于运载器质心运动的同时也伴随运载器本身的运动做牵连运动，从发动机喷管喷出的高速气流是运载器附加相对力和附加科氏力产生的重要因素。其实该分析思路在前面章节介绍轴对称空间运动体的附加相对力和附加科氏力的简化计算时已经进行了数理推导和理论验证，因为对于轴对称结构的航天运载器来讲，附加相对力的计算式可表示为

$$\boldsymbol{F}'_{\mathrm{rel}} = -\dot{m}\boldsymbol{u}_e - \ddot{m}\boldsymbol{\rho}_{S_e} - \dot{m}\dot{\boldsymbol{\rho}}_{S_e} + \dot{m}V_{r.\mathrm{c.m.}} \tag{4-3-1}$$

式中：$\boldsymbol{F}_{\mathrm{rel}}$ 为附加相对力；$\dot{m}$ 是运载器的质量秒耗量；$\boldsymbol{u}_e$ 为发动机喷管出口处的等效喷气速度；$\boldsymbol{\rho}_{S_e}$ 为运载器质心指向发动机喷管截面中心的矢径；$\boldsymbol{V}_{r.\mathrm{c.m.}}$ 为运载器质心相对于运载器本体的相对运动速度。

考虑到质量秒耗量的一阶导数 $\ddot{m}$ 、矢径 $\boldsymbol{\rho}_{S_e}$ 的一阶导数以及相对速度 $\boldsymbol{V}_{r.\mathrm{c.m.}}$ 都比较小，在计算时可将式(4-3-1)等号右侧后三项省略，进而将附加相对力的计算式简化为

$$\boldsymbol{F}'_{\mathrm{rel}} = -\dot{m}\boldsymbol{u}_e \tag{4-3-2}$$

由式(4-3-2)可知附加相对力主要由发动机喷管处喷出的气流质量(质量秒耗量)和气流喷出喷管的等效速度决定，这也是火箭发动机推力的主要来源。其实，火箭发动机的推力除了与附加相对力有关以外，还与发动机的表面积所受的压力差产生的静压力有关，因压力差而产生的推力称为火箭发动机的静推力。

发动机的静推力 $\boldsymbol{P}_{\mathrm{s.t.}}$ 是火箭发动机表面的大气静压力(除发动机喷管出口以外的全部表面积)和发动机喷管出口截面上尾焰燃气的静压力在火箭发动机轴向方向形成的静压力的合力。其数学描述为

$$\boldsymbol{P}_{\mathrm{s.t.}} = \int_{S_e} p_{S_e}\mathrm{d}s + \int_{S_b} p_{S_b}\mathrm{d}s \tag{4-3-3}$$

式中：S_e 为发动机喷口横截面；p_{S_e} 为发动机喷口截面上的尾焰燃气静压(一般取截面上的平均值 p_e)；S_b 为火箭发动机的表面积(不包括发动机喷口截面 S_e)；p_{S_b} 为火箭发动机所在高度的地球大气压；p_{S_b} 垂直于表面积 S_b。

考虑到火箭发动机一般都是轴对称结构，则地球大气在除却喷管出口的发动机表面的压强可等效为作用在发动机喷管出口截面上，因为轴对称结构的火箭发动机的一周的大气压强是相互抵消的，而作用在发动机头部的压强刚好可以等效为发动机喷口截面处，垂直于喷口截面指向发动机尾部，如图 4-3-2 所示。因此，大气压 p_{S_b} 的作用力可简化为

$$\int_{S_b} p_{S_b}\mathrm{d}s = -p_{S_b}S_e\boldsymbol{x}_{\mathrm{B}}^0 \tag{4-3-4}$$

式中：$\boldsymbol{x}_{\mathrm{B}}^0$ 为火箭发动机纵轴方向(指向头部方向,即运载器体坐标系 $O_{\mathrm{B}}x_{\mathrm{B}}$ 轴的方向)的单位矢量。同理,发动机喷管出口的尾焰燃气产生的压力也可等效为垂直作用于喷管出口截面 S_e 上平均气压 p_{S_e} 产生的压力。

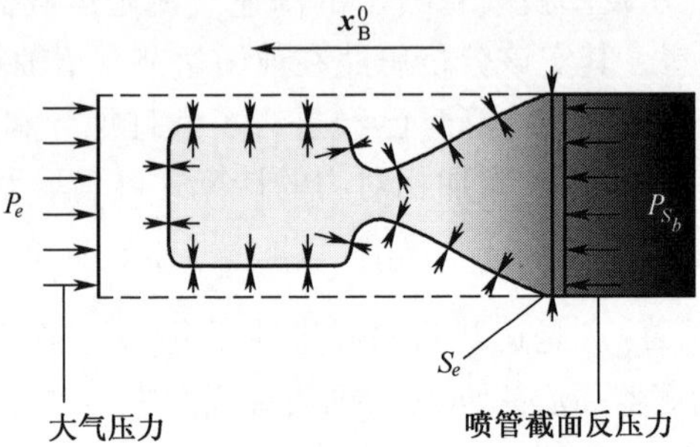

图 4-3-2 (见彩图)因压力差产生的火箭发动机静推力

利用火箭发动机轴对称结构的特点,我们可以将火箭发动机静推力 $\boldsymbol{P}_{\mathrm{s.t.}}$ 的积分型数学描述式简化为

$$\boldsymbol{P}_{\mathrm{s.t.}} = (p_{S_e}S_e - p_{S_b}S_e)\boldsymbol{x}_{\mathrm{B}}^0 \tag{4-3-5}$$

式中：S_e 为发动机喷口横截面；p_{S_e} 为发动机喷口处的燃气平均压强；S_b 为发动机的表面积(不含发动机喷口截面)；p_{S_b} 为发动机所在高度的地球大气压,可见火箭发动机的推力方向与纵轴重合或平行。

在航天发射飞行力学中,将附加相对力 $\boldsymbol{F}'_{\mathrm{rel}}$ 和静推力 $\boldsymbol{P}_{\mathrm{s.t.}}$ 之和称为火箭发动机的推力

$$\boldsymbol{P}_{\mathrm{r.e.}} = -\dot{m}\boldsymbol{u}_e + (p_{S_e} - p_{S_b})S_e\boldsymbol{x}_{\mathrm{B}}^0 \tag{4-3-6}$$

式中：$\boldsymbol{P}_{\mathrm{r.e.}}$ 为火箭发动机的推力,其中附加相对力 $\boldsymbol{F}'_{\mathrm{rel}} = -\dot{m}\boldsymbol{u}_e$ 也称为动推力或推力的动分量(与静推力 $\boldsymbol{P}_{\mathrm{s.t.}}$ 呼应)。而且,通常来讲火箭发动机燃烧产物的平均速度 $\boldsymbol{u}_e$ 与运载器体坐标系的单位矢量 $\boldsymbol{x}_{\mathrm{B}}^0$ 是反向的,故发动机推力的大小可表示为

$$P_{\mathrm{r.e.}} = \dot{m}u_e + (p_{S_e} - p_{S_b})S_e \tag{4-3-7}$$

长期的工程实践经验、大量的流体力学计算结果和试验结果表明：①当火箭发动机稳定工作时,其尾焰燃气的排出速度 u_e 可认为是恒定的,而且在发动机从开机到关机的全部工作时段内,也可近似认为 u_e 恒定；②发动机喷管出口截面处燃气的平均压强 p_{S_e} 与质量秒耗量 $\dot{m}$ 成正比,则

$$P_{\mathrm{r.e.}} = \dot{m}u'_e - p_{S_b}S_e \tag{4-3-8}$$

式中：u_e' 称为有效排气速度，与外部的大气压强无关。显然有效排气速度满足

$$u_e' = u_e + \frac{1}{\dot{m}} p_{S_e} S_e \tag{4-3-9}$$

而且，有效排气速度 u_e' 可以通过发动机的地面试车来测算，火箭发动机在进行地面试车时，可以利用试车系统的压力传感器测出发动机的地面推力 P_0、试车装置所处环境的大气压强 p_0 和发动机的质量秒耗量 $\dot{m}_0$，则有效排气速度可表示为

$$u_e' = \frac{p_0 + p_0 S_e}{\dot{m}_0} \tag{4-3-10}$$

为了更为准确地描述和计算火箭发动机的推力，这里引入一个表征火箭发动机性能的重要指标：比推力也称为比冲量，单位为 s。比推力的基本定义是火箭发动机在无限小时间间隔内产生的冲量与该段时间间隔内消耗的推进剂重量的比值，表达如下：

$$P_{S.I.} = \frac{P_{\mathrm{r.e.}} \delta t}{\dot{m} \delta t g_0} = \frac{P_{\mathrm{r.e.}}}{\dot{m} g_0} \tag{4-3-11}$$

式中：$P_{S.I.}$ 为发动机的比推力；δt 为无限小的时间间隔；$P_{\mathrm{r.e.}}$ 为火箭发动机推力；$\dot{m}$ 为质量秒耗量；g_0 为海平面标准重力加速度。已知推力 $P_{\mathrm{r.e.}}$ 可由有效排气速度和当地大气压强表示，则

$$P_{S.I.} = \frac{\dot{m} u_e' - p_{S_b} S_e}{\dot{m} \cdot g_0} = \frac{u_e'}{g_0} - \frac{p_{S_b} S_e}{\dot{m} g_0} \tag{4-3-12}$$

综上，可将火箭发动机的真空比推力和地面比推力表示为

$$\begin{cases} P_{S.I.,V.} = \dfrac{u_e'}{g_0} \\ P_{S.I.,0} = \dfrac{P_0}{\dot{m} g_0} \end{cases} \tag{4-3-13}$$

式中：$P_{S.I.,V.}$ 为真空比推力，此时大气压强 p_{S_b} 为零，真空比推力只与有效排气速度和重力加速度有关；下标 $V.$ 为 Vacuum 的缩写；$P_{S.I.,0}$ 为地面比推力，地面比推力等于火箭发动机的地面推力与质量秒耗量的重量的比值。因为不考虑大气压强的影响，所以真空比推力要大于地面比推力，从地面到真空发动机的比推力可增加 10%～15%。

4.3.2 推进剂的比推力

虽然火箭发动机的比推力是由包含推力、质量秒耗量、大气压强和重力加速度等的计算式定义的，其实比推力还与火箭发动机的推进剂的形态和燃料有关，本节

简单介绍火箭发动机常用的推进剂的比推力。因为化学火箭发动机性能优异，储存和结构的可靠性较高、技术成熟，所以化学火箭发动机作为主动力装置和各种辅助动力装置，已广泛应用在运载火箭、导弹、卫星和其他各种飞行器上。化学火箭发动机的推进剂包括燃烧剂和氧化剂，它们既是能源又是工质，从物理形态上讲火箭发动机使用的推进剂有两种形式：一种是液态物质；另一种是固态物质。

液体推进剂的氧化剂主要包括液氧、过氧化氢、N_2O_4 和液氟等，相对应的液态燃料主要包括煤油、液氢、酒精、偏二甲肼、肼和甲烷等。液氧与煤油组合是成本低廉的环保燃料，性能较高，“土星”5 号火箭的 F1 发动机、俄罗斯的 RD170/180 发动机、SpaceX 公司的 Merlin 系列发动机和 CZ-5 号运载火箭助推器的 YF-100 火箭发动机都是液氧煤油发动机。液氢液氧火箭发动机也是目前主要使用的火箭发动机推进剂类型，美国的 SSME 发动机、俄罗斯的 RD120 和 RS68 发动机以及我国的 YF-77 发动机都是液氢液氢火箭发动机，液氢液氧推进剂的比冲高达 457S、无积炭、无污染，是多级运载火箭上面级动力系统的最佳选择。除此之外，液氧甲烷发动机、四氧化二氮-偏二甲肼发动机等火箭发动机也是常见的液体火箭发动机，各种液体推进剂组合在 10MPa 燃烧室压力和 70 喷管扩张比时的真空比推力如表 4-3-1所列。

表 4-3-1　液体推进剂比冲

序号	燃烧室压力 10MPa 和发动机喷管扩张比 70 时测算结果		
	氧化剂	燃料	理论真空比冲/s
1	液氧	煤油	367.2
2	液氧	92%酒精	357.1
3	90%过氧化氢	煤油	319.2
4	N_2O_4	偏二甲肼	347.2
5	N_2O_4	肼	349.5
6	液氧	液氢	463.4
7	液氧	甲烷	379.0
8	液氟	液氢	490.2

除了上述的液体推进剂和液体火箭发动机以外，火箭发动机的推进剂形态也有很多是固体状态的，即火箭发动机的氧化剂和还原剂是以固体的形式同时存在于火箭的燃烧室内，不同于液体燃料中氧化剂与还原剂分别储存的方式。将固体推进剂的燃料、氧化剂并掺杂黏合剂做成固体形态的推进剂，安装在固体火箭发动机的燃烧室中，点火后固体推进剂从内向外燃烧，产生反作用发动机推力作用。固体推进剂药柱的截面形状需要根据飞行任务进行特定设计，假设推进剂截面形状为均匀圆形的话，则刚点火时因为燃烧面积最小，所以推力最低，随着越烧面积增

大推力会逐渐变大；若推进剂截面形状为星状，则在刚开始燃烧时，燃烧面积最大，推力也就最大，随着星状的突出部不断燃烧，其燃烧面积逐渐变小，推力也会不断减小。固体火箭发动机可以通过设计固体推进剂的截面形状来设计推力相对时间的变化曲线，产生工程需要的推力。不同于液体火箭发动机的燃烧室（比较小），固体火箭的箭体本身都是固体火箭发动机的燃烧室，由于燃烧室很高会导致上下方向的压力振荡，使得固体火箭发动机燃烧室内的燃烧不稳定。固体火箭作为助推器与液体火箭发动机配合工作时，通常都是芯级的液体火箭发动机先点火工作，检查一切工况正常后再点火固体火箭发动机。固体推进剂的比冲力/比冲量大致在 200~300s，相较液体推进剂比冲量 250~460s 较小，而固-液混合推进剂的比推力通常会略高于固体推进剂的比推力，液体推进剂和固体推进剂的比推力、体积、储存时间、制作难度以及主要的应用方式如表 4-3-2 所列。

表 4-3-2　液体推进剂和固体推进剂

燃料类型	固体燃料	N_2O_4/联胺类	液氧/煤油	液氧/液氢
比冲	最低	低	高	最高
体积	最小	小	大	最大
难度	最易	中等	难	最难
存储时间	最长	长	短	最短
应用	洲际导弹/固体助推	“长征”二号、三号、四号系列火箭	猎鹰/土星火箭	“长征”五号

不管是液体火箭发动机还是固体火箭发动机，当发动机点火指令发出后，发动机的推力会从零开始快速增加，当运载器的发动机总推力等于运载器的自身重力时，运载器开始加速并离开发射台。火箭发动机从点火开始到达到额定工作状态需要一段时间，从点火起飞后运载器离地面的高度会不断增加，使得运载器所处高度的大气静压力不断减小，从而使得火箭发动机的静推力不断增大，相应的发动机的推力也会不断增大，直至达到最大的真空推力。当运载器的运动状态达到所要求的指标时，会给火箭发动机发出关机指令，但是关机指令发出后发动机燃烧室内的剩余推进剂会继续燃烧并产生推力，直到燃烧室内推进剂燃烧完毕，发动机的推力才会减小至零。从发动机关机指令下达到燃烧室内剩余推进剂燃烧完毕，这段时间发动机会持续提供推力并产生推力冲量，该时间段内的推力冲量称为后效冲量。后效冲量的数值是随机的，其瞬时变化特性对运载器的级间分离或载荷分离是有影响的，而且会直接影响入轨精度；为了减少后效冲量对运载器运动的影响，在发动机关机前可以先下达“预备关机指令”，使火箭发动机工作在输入较少推进剂的状态。当运载器运动状态达到期望值时，再下达全部关闭发动机的指令并停止发动机推进剂的供应，此时燃烧室内剩余的推进剂就会比较少，从而达到减小后效冲量的目标。除了上述方法以外，现代的运载器也常采用主发动机和小推力游动发动机配合关机的方式，以减小发动机关机指令下达后的后效冲量影响，即先关

闭运载器的主发动机,只剩余几个提供很小推力的游动发动机继续工作,使运载器的运动状态达到期望的值,然后再关闭游动发动机。

4.4 控制力与控制力矩的计算

航天运载器的动力系统不仅要提供推力,还要提供运载器的控制力和控制力矩,以控制运载器按照期望飞行程序飞行并最终达到期望的运动状态。在惯性空间中,运载器主要受到发动机推力、空气动力、地球引力、附加科氏力和控制力,其中附加科氏力和发动机推力中的附加相对力是运载器变质量运动过程产生的,运载器的控制力由动力系统的控制执行机构提供。需要说明,当运载器的控制执行机构不作用时,运载器动力系统产生的推力合力与运载器的纵轴方向一致指向运载器头部方向;当控制执行机构作用时,运载器的控制执行机构会产生控制力,由于控制执行机构与运载器固连,所以控制力通常被分解到运载器的体坐标系内,控制力的分量相对于运载器的质心会产生力对点之矩,从而产生控制力矩。控制力矩改变运载器的转动角速度,进而改变运载器在空间的姿态。当运载器的空间姿态改变后,与运载器固连的动力系统产生的推力方向也就会发生变化,运载器与大气相对运动的空气动力和空气动力矩也会发生变化,进而影响运载器的总体受力以及飞行状态(图 4-4-1)。

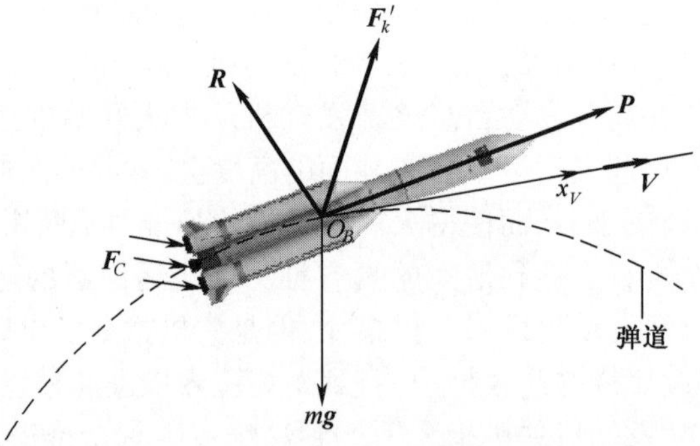

图 4-4-1 运载器在惯性空间的受力

控制力的主要作用是用来产生控制力矩,控制力本身对运载器受力以及加速度的影响是相对比较小的,但是控制力产生的控制力矩改变运载器的空间姿态后,最终改变的推力方向和空气动力却是十分显著的。发动机推力方向的改变和空气动力的大小和方向的改变会明显影响运载器的运动状态和飞行弹道等,所以控制力和控制力矩对运载器的受力分析及其运动规律是十分重要的。

控制力的产生过程也要根据具体的控制执行机构来具体分析，因为有的控制执行机构可以直接产生控制力，而有的控制执行机构自身不能直接产生控制力。例如，“快舟”运载火箭就装配了可以直接产生控制力的小型直接作用的侧喷流发动机，该发动机直接喷射工作产生控制力，控制力相对于火箭的质心产生控制力矩，从而改变运载器的空间姿态。同时，“快舟”运载火箭还装配了栅格舵控制执行机构，栅格舵是空气动力型的控制执行机构。火箭飞行时栅格舵与大气相互作用，在栅格舵的舵面会产生空气动力，栅格舵舵面的空气动力对运载火箭来讲就是控制力，控制力会产生运载器的控制力矩并最终改变运载器的空间姿态。其实，对于大多数的运载器尤其大型运载器来讲，目前主要使用的控制执行机构是燃气舵和摇摆发动机，如图 4-4-2 所示，其中燃气舵主要在固体火箭发动机上使用，摇摆发动机主要在液体火箭发动机上使用。本节重点对运载器的燃气舵控制执行机构和摇摆发动机控制执行机构产生控制力和控制力矩的基本过程以及控制力和控制力矩的计算进行详细阐述。

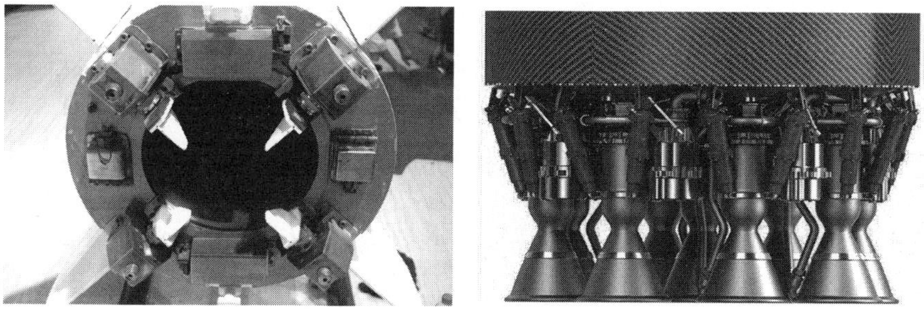

(a) (b)

图 4-4-2　运载器常用的控制执行机构

(a)燃气舵控制执行机构；(b)摇摆发动机控制执行机构。

图 4-4-2(a)是燃气舵控制执行机构的实物图片，燃气舵通常安装在固体火箭发动机的尾部，即图中呈对称十字型分布的白色舵片，燃气舵均匀分布在火箭发动机喷管出口处，与发动机的尾焰燃气相互作用，然后产生作用在燃气舵片上的作用力，这个作用力就是燃气舵控制执行机构的控制力。图 4-4-2(b)为“猎鹰”9 运载火箭的摇摆发动机控制执行实物图片，图中所有的火箭发动机上都配备有两个伺服作动机构，伺服作动机构通过伸缩来改变发动机喷管的方向，以此改变发动机尾焰燃气的喷出方向和发动机的推力方向，即火箭发动机是通过自身摇摆来实现发动机推力方向的变化的，改变方向的推力相对于运载器质心会产生力矩作用，进而产生运载器的控制力和控制力矩。下面详细讨论燃气舵和摇摆发动机的控制力与控制力矩的计算方法。

4.4.1 燃气舵产生的控制力与控制力矩

燃气舵控制执行机构普遍配置在固体火箭发动机上，因为固体火箭发动机点火以后其推力大小主要与推进剂的燃烧面积有关，而推力方向则由发动机喷管出口决定，固体火箭发动机的推力大小和方向都很难直接改变（目前固体火箭发动机可以通过柔性喷管来改变推力方向，但是柔性喷管的技术难度和成本都较高），所以通常配置燃气舵控制执行机构来完成控制力与控制力矩的生成。燃气舵产生控制力的原理过程可简单描述如下：固体火箭发动机工作且喷出高速尾焰时，发动机的尾焰燃气可视为运动的流体，处于发动机喷管出口位置的燃气舵与高速流体相互作用，肯定会产生相互作用的力（与空气动力产生的原理类似），也即燃气舵的舵片会受到高速尾焰气流的力的作用，燃气舵是与运载器固连的，也就是说这个力通过燃气舵的舵片直接作用在了运载器上，从而转化为运载器的控制力。因为这个力直接作用在了燃气舵的舵片上，所以该力相对于运载器的质心肯定会产生力对点之矩，也就形成了运载器的控制力矩。

由于直接与高温、高速、高压的火箭发动机尾焰接触，因此燃气舵通常需要用石墨或其他耐高温、耐腐蚀材料制成，然后对称安装在固体火箭发动机喷管出口处。之所以对称安装并呈十字型，这也与运载器的控制模式与控制过程密切相关，因为对于小型固体航天运载器和弹道导弹来讲，一般只需要控制其俯仰通道和偏航通道两个运动通道即可，图 4-4-3 所示为飞航导弹和小型弹道导弹尾部的燃气舵控制执行机构。俯仰通道的运动是指运载器绕体坐标系 O_Bz_B 轴的转动运动，偏航通道的运动是指运载器绕体坐标系 O_By_B 轴的运动，为了实现上述两个运动通道的控制，通常将控制执行机构配置在运载器的纵向主对称面 $x_BO_By_B$ 平面内和 $x_BO_Bz_B$ 平面内，即一个平面内配备 2 个，共计 4 个燃气舵的舵片，其中配置在

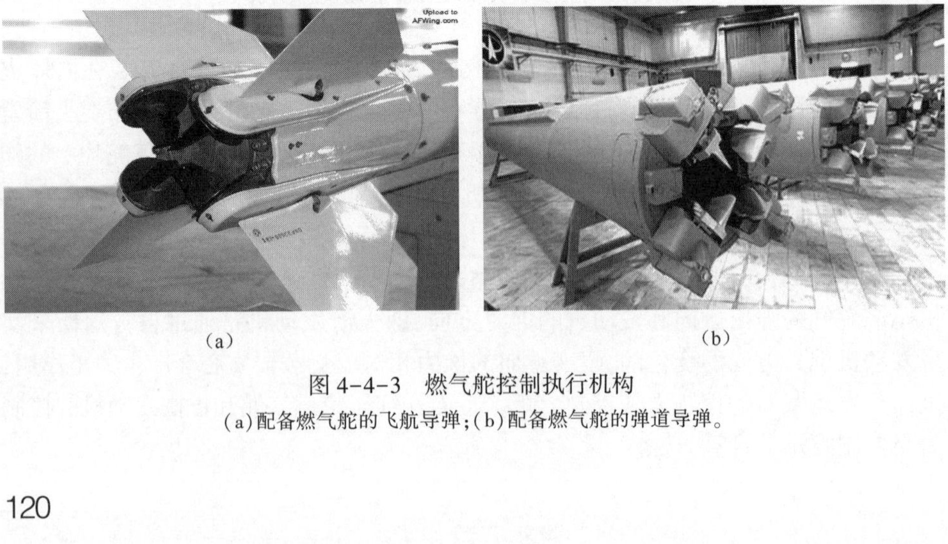

(a) (b)

图 4-4-3 燃气舵控制执行机构

(a)配备燃气舵的飞航导弹；(b)配备燃气舵的弹道导弹。

$x_B O_B y_B$ 平面内的燃气舵控制运载器的偏航运动，配置在 $x_B O_B z_B$ 平面内的燃气舵控制运载器的俯仰运动。

下面以运载器为例，讨论燃气舵控制执行机构的控制力与控制力矩的计算方法；以航天运载器（运载器底部的视角）为例，当竖立在火箭的发射台并完成射前瞄准时，运载器的纵向主对称面与发射的射击平面会调整至重合，此时航天运载器体坐标系 $O_B y_B$ 轴指向射击方向的反方向，如图 4-4-4 所示。

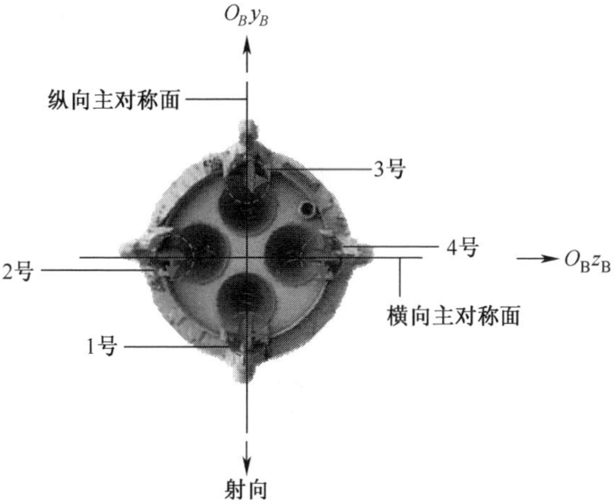

图 4-4-4 （见彩图）十字型燃气舵示意图

从运载器的底部看去，配置在运载器纵向主对称面的 2 个燃气舵正好处在射击平面内，为了便于描述，将靠近射击方向的燃气舵编为 1 号燃气舵，然后按逆时针顺序分别为另外 3 个燃气舵编号为 2 号、3 号和 4 号，4 个燃气舵构成十字型布局，1 号和 3 号燃气舵可以绕 $O_B y_B$ 轴方向进行偏转，2 号和 4 号燃气舵可以绕 $O_B z_B$ 轴方向进行偏转。在进行控制力计算时，为了减少复杂度并提高控制机构的效能，同时也为了便于计算控制力和控制力矩，通常将燃气舵分配到相同控制通道内的燃气舵的偏转角度和偏转方向设置为一致的。也就是说，在进行分析时，可认为 1 号和 3 号燃气舵的偏转方向和偏转角度是一致的，用于控制偏航通道；2 号和 4 号燃气舵的偏转方向和偏转角度也一致，用来控制运载器的俯仰通道。

以运载器尾部的燃气舵布局示意图为准，逆着 $O_B z_B$ 轴看向运载器的示意图如图 4-4-5 所示，2 号或 4 号燃气舵的舵片向下偏转（即舵片的尾部向下），此时燃气舵的舵片受到的作用力指向左上方向，作用在 2 号或 4 号燃气舵上的力 $\boldsymbol{F}_{CJ}^{2,4}$ 在运载器本体的法向方向（也即体坐标系 $O_B y_B$ 轴的方向）会有分量，下标 CJ 是燃气舵 Control Jet Vane 首字母的缩写。该分量力会产生绕体坐标系 $O_B z_B$ 轴旋转的力对轴之矩，该力矩的方向指向 $O_B z_B$ 轴的负方向。也就是说当 2 号和 4 号燃气舵向下方偏转时，燃气舵会产生使得运载器俯仰角减小的指向 $O_B z_B$ 轴负方向的控制力矩，我们将 2 号和 4 号燃气舵此时偏转的方向定义为燃气舵偏转的正方向（十字型燃气舵示意图中红色虚线圆圈中红色箭头指向的方向)。综上可知,配置在 $x_B O_B z_B$ 平面内的 2 号燃气舵和 4 号燃气舵可以完成对运载器俯仰通道的控制。为了便于描述,记 2 号燃气舵的偏转角为 δ_2,记 4 号燃气舵的偏转角为 δ_4,因为 2 号燃气舵和 4 号燃气舵的偏转方向和偏转角度通常是一致的,而且是用来控制运载器俯仰通道的运动,所以我们可以定义一个等效俯仰舵偏角,即

$$\delta_\varphi = \frac{1}{2}(\delta_2 + \delta_4) \tag{4-4-1}$$

式中:δ_φ 为运载器的等效俯仰舵偏角。显然 δ_φ 可以更加直观地描述运载器的燃气舵的偏转角度与运载器俯仰通道的运动与控制之间的关系。

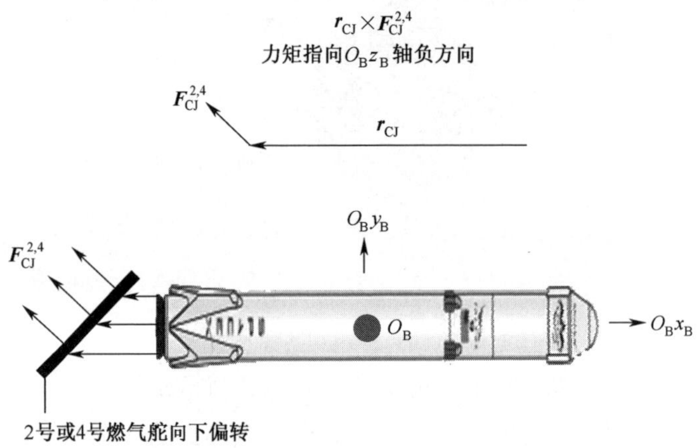

图 4-4-5 逆着 $O_B z_B$ 轴看向运载器的示意图

同理,配置在 $x_B O_B y_B$ 平面内的 1 号燃气舵和 3 号燃气舵可以产生与运载器体坐标系 $x_B O_B y_B$ 平面垂直的力,也即与运载器体坐标系 $O_B z_B$ 轴平行的控制力。该力相对于运载器质心 O_B 的力对点之矩的方向与 $O_B y_B$ 轴平行,该力矩可以改变运载器偏航通道的转动运动。以运载器尾部的燃气舵布局示意图为准,逆着 $O_B y_B$ 轴的方向看向运载器,可得到如图 4-4-6 所示的示意图,O_B 为运载器的质心,$\boldsymbol{F}_{CJ}^{1,3}$ 为作用在 1 号或 3 号燃气舵上的作用力,显然 $\boldsymbol{F}_{CJ}^{1,3}$ 在体坐标系的 $O_B z_B$ 轴的平行方向有力的分量,而且在 $x_B O_B z_B$ 平面内 $\boldsymbol{F}_{CJ}^{1,3}$ 对质心 O_B 的力对点之矩指向 $O_B y_B$ 轴的负方向。可见当 1 号或 3 号燃气舵的尾部向右侧偏转时(从运载器底部看去),会产生让运载器偏航角减小的指向 $O_B y_B$ 轴负方向的控制力矩,定义此时燃气舵的舵片的偏转方向为正向,即十字型燃气舵示意图中标注方向。

与 2 号、4 号燃气舵相同,处于同一平面内的 1 号和 3 号燃气舵的偏转角度和偏转方向也是相同的,1 号和 3 号燃气舵偏转时会产生偏航通道的控制力矩,所以将 1 号和 3 号燃气舵偏转角的加和的平均定义为等效偏航舵偏角,即

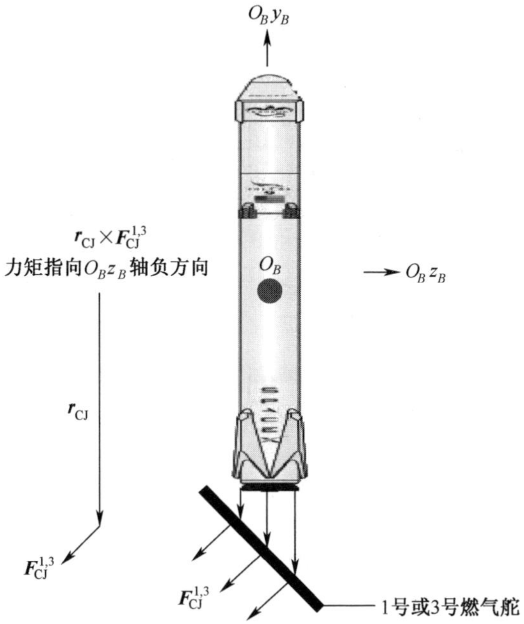

图 4-4-6　逆着 O_By_B轴看向运载器的示意图

$$\delta_\psi = \frac{1}{2}(\delta_1 + \delta_3) \tag{4-4-2}$$

式中：δ_ψ 为等效偏航舵偏角；δ_1 为 1 号燃气舵的偏转角；δ_3 为 3 号燃气舵的偏转角。

我们讨论了用于俯仰通道和偏航通道控制的燃气舵，分别分析了不同通道内的燃气舵偏转产生控制力矩的过程，之所以重点分析俯仰通道和偏航通道，是因为运载器在发射飞行过程中绕质心的运动主要就是俯仰运动和偏航运动，但是并不是说运载器绕体坐标系的 O_Bx_B 轴转动的滚转通道就没有运动。事实上，由于各种未知因素和控制偏差等原因，运载器的滚转通道不可能一直处于平衡状态，相应地就会产生非零的滚转角，但是滚转通道的控制目标是使得滚转角恒为零，当滚转角不为零时，就需要消除该角度。显然，当 1 号和 3 号燃气舵的偏转角度不同或者 2 号和 4 号燃气舵偏转角度不同时，就可以产生使运载器绕体坐标系 O_Bx_B 轴旋转的滚转控制力矩，根据前面描述的等效俯仰舵偏角和等效偏航舵偏角的描述，不难得出等效滚转舵偏角的表达式为

$$\delta_\gamma = \frac{1}{2}\left[\frac{1}{2}(\delta_3 - \delta_1) + \frac{1}{2}(\delta_4 - \delta_2)\right] = \frac{1}{4}(\delta_3\delta_1 + \delta_4 - \delta_2) \tag{4-4-3}$$

式中：δ_γ 为等效滚转舵偏角；δ_1 为 1 号燃气舵的偏转角；δ_2 为 2 号燃气舵的偏转

角;δ_3 为 3 号燃气舵的偏转角;δ_4 为 4 号燃气舵的偏转角。与等效俯仰舵偏角和等效偏航舵偏角相同,定义能够产生指向 $O_B x_B$ 轴负方向的控制力矩的燃气舵的偏转方向为正向。

讨论完等效舵偏角,下面分析燃气舵的燃气动力的计算方法以及燃气舵控制执行机构产生的控制力和控制力矩的计算方法。当火箭发动机喷管喷出的燃气流遇到燃气舵的舵片时,燃气流与燃气舵会产生相互的作用力,该力称为燃气舵受到的燃气动力,而且该力就是作用到燃气舵的舵片上的控制力。因为作用在燃气舵上的力与空气动力的形成十分类似,所以燃气舵的舵片上的燃气动力的计算可以参考空气动力的计算方法。通过长期的工程实践验证和理论推算,燃气动力的计算可表示如下:

$$F_{CJ} = q_{CJ} \cdot S_{ref,CJ} \cdot C_{CJ} = \frac{1}{2} \cdot \rho_{CJ} \cdot V_{CJ}^2 \cdot S_{ref,CJ} \cdot C_{CJ} \tag{4-4-4}$$

式中:F_{CJ} 为作用在燃气舵舵片上的燃气动力;q_{CJ}为发动机尾焰燃气的动压;ρ_{CJ}为尾焰燃气的密度;V_{CJ}为尾焰燃气的速度;$S_{ref,CJ}$为燃气舵舵片的参考面积;C_{CJ}为燃气舵的气动系数(主要与燃气舵舵片偏转的角度 δ 有关)。因为运载器上配置的燃气舵都是一致的,所以各个燃气舵的气动特性也相同,都利用式(4-4-4)进行计算。

前面已做讨论,2 号燃气舵和 4 号燃气舵在运载器体坐标系的 $x_B O_B z_B$ 平面内,当它们的舵片偏转时,作用在 2 号和 4 号燃气舵舵片上的力 $\boldsymbol{F}_{CJ}^{2,4}$ 可以分解到与 $O_B x_B$ 轴平行和与 $O_B y_B$ 轴平行的方向上。分解到 $O_B x_B$ 轴平行方向的力称为燃气舵的燃气阻力,而分解到 $O_B y_B$ 轴平行方向的力称为燃气舵的燃气升力。由于与空气动力类似,因此 2 号燃气舵和 4 号燃气舵中任一舵片的燃气阻力和燃气升力可表示为

$$\begin{cases} D_{CJ} = q_{CJ} \cdot S_{ref,CJ} \cdot C_{D,CJ} \\ L_{CJ} = q_{CJ} \cdot S_{ref,CJ} \cdot C_{L,CJ} \end{cases} \tag{4-4-5}$$

式中:D_{CJ} 为单个燃气舵的燃气阻力;$C_{D,CJ}$ 为单个燃气舵的燃气阻力系数(与气动系数一样是无量纲的量);L_{CJ} 为单个燃气舵的燃气升力;$C_{L,CJ}$为单个燃气舵燃气动力的升力系数。

通过理论分析和工程试验发现,当燃气舵的偏转角在其预设范围内时,可以近似认为燃气舵的升力系数 $C_{L,CJ}$ 是燃气舵偏转角度的一阶线性函数。即

$$C_{L,CJ} = C_{L,CJ}^{\delta} \cdot \delta \tag{4-4-6}$$

式中:δ 为燃气舵的偏转角度;$C_{L,CJ}^{\delta}$ 为燃气升力系数对燃气舵偏转角的导数。

不难发现,不管 2 号燃气舵和 4 号燃气舵是正向偏转还是反向偏转,燃气动力在 $O_B x_B$ 轴平行方向的分量都指向 $O_B x_B$ 轴的负向;当 2 号燃气舵和 4 号燃气舵正向偏转时,燃气动力在 $O_B y_B$ 轴平行方向的分量指向 $O_B y_B$ 轴的正向;当 2 号燃气舵

和 4 号燃气舵负向偏转时，燃气动力在 O_By_B 轴平行方向的分量指向 O_By_B 轴的负方向。

与 2 号燃气舵和 4 号燃气舵类似，安装在运载器体坐标系的 $x_BO_By_B$ 平面内的 1 号燃气舵和 3 号燃气舵的舵片偏转时，作用在 1 号舵片和 3 号舵片上的作用力 $\boldsymbol{F}_{CJ}^{1,3}$ 可分解到与 O_Bx_B 轴平行和与 O_Bz_B 轴平行的方向上。分解到 O_Bx_B 轴平行方向的力称为燃气舵的燃气阻力，而分解到 O_Bz_B 轴平行方向的力称为燃气舵的燃气侧向力。显然，1 号燃气舵和 3 号燃气舵中任一舵片的燃气阻力和燃气侧向力的大小可表示为

$$\begin{cases} D_{CJ} = q_{CJ} \cdot S_{ref,CJ} \cdot C_{D,CJ} \\ N_{CJ} = q_{CJ} \cdot S_{ref,CJ} \cdot C_{N,CJ} \end{cases} \tag{4-4-7}$$

式中：D_{CJ} 为单个燃气舵的燃气阻力；$C_{D,CJ}$ 为单个燃气舵的燃气阻力系数（与气动系数一样是无量纲的量）；N_{CJ} 为单个燃气舵的燃气侧向力；$C_{N,CJ}$ 为单个燃气舵燃气动力的侧向力系数。

同理，当燃气舵的偏转角在其预设范围内时，可以近似认为燃气舵的侧向力系数 $C_{N,CJ}$ 是燃气舵偏转角度的一阶线性函数，即

$$C_{N,CJ} = C_{N,CJ}^{\delta} \cdot \delta \tag{4-4-8}$$

式中：δ 为燃气舵的偏转角度；$C_{N,CJ}^{\delta}$ 为燃气侧向力系数对燃气舵偏转角的导数。

显然，不管 1 号燃气舵和 3 号燃气舵是正向偏转还是反向偏转，燃气动力在 O_Bx_B 轴平行方向的分量都指向 O_Bx_B 轴的负向；而当 1 号燃气舵和 3 号燃气舵正向偏转时，燃气动力在 O_Bz_B 轴平行方向的分量指向 O_Bz_B 轴的负方向；当 1 号燃气舵和 3 号燃气舵负向偏转时，燃气动力在 O_Bz_B 轴平行方向的分量指向 O_Bz_B 轴的正方向。

通过上面的分析，我们将作用在 4 个燃气舵的舵片上的燃气动力分别分解到运载器体坐标系的各轴，不同的燃气舵偏转，分解到体坐标系各轴的力就不同。我们利用前面定义的等效俯仰舵偏角和等效偏航舵偏角来表征燃气舵产生的控制力为

$$\begin{cases} \boldsymbol{F}_{C,x_B} = -4D_{CJ} \cdot \boldsymbol{x}_B^0 = 4q_{CJ} \cdot S_{ref,CJ} \cdot C_{D,CJ} \cdot \boldsymbol{x}_B^0 \\ \boldsymbol{F}_{C,y_B} = 2L_{CJ} \cdot \boldsymbol{y}_B^0 = 2q_{CJ} \cdot S_{ref,CJ} \cdot C_{L,CJ} \cdot \boldsymbol{y}_B^0 = 2q_{CJ} \cdot S_{ref,CJ} \cdot C_{L,CJ}^{\delta} \cdot \delta_{\varphi} \cdot \boldsymbol{y}_B^0 \\ \boldsymbol{F}_{C,z_B} = -2N_{CJ} \cdot \boldsymbol{z}_B^0 = -2q_{CJ} \cdot S_{ref,CJ} \cdot C_{N,CJ} \cdot \boldsymbol{z}_B^0 = -2q_{CJ} \cdot S_{ref,CJ} \cdot C_{N,CJ}^{\delta} \cdot \delta_{\psi} \cdot z_B^0 \end{cases} \tag{4-4-9}$$

式中：$\boldsymbol{F}_{C,x_B}$ 为 4 个燃气舵产生的燃气阻力在运载器体坐标系 O_Bx_B 轴的分量；$\boldsymbol{x}_B^0$ 为体坐标系 O_Bx_B 轴的单位矢量；$\boldsymbol{F}_{C,y_B}$ 为 2 号燃气舵和 4 号燃气舵产生的燃气升力在运载器体坐标系 O_By_B 轴的分量；$\boldsymbol{y}_B^0$ 是体坐标系 O_By_B 轴的单位矢量，当等效俯仰舵偏角 δ_{ψ} 正向偏转时，2 号和 4 号燃气舵的燃气升力在 O_By_B 轴的正向方向产生分量；$\boldsymbol{F}_{C,z_B}$ 为 1 号和 3 号燃气舵产生的燃气侧向力在运载器体坐标系 O_Bz_B

轴的分量；z_B^0 为体坐标系 O_Bz_B 轴的单位矢量，当等效偏航舵偏角 δ_ψ 正向偏转时，1 号和 3 号燃气舵的燃气侧向力在 O_Bz_B 轴的负向方向产生分量，故而计算式中含有负号。

将作用在燃气舵上的控制力分解到运载器体坐标系各轴后，除了会改变运载器的质心受力从而影响运载器运动以外，控制力对运载器运动的影响最主要的体现其实是控制力在体坐标系各轴的分量会产生控制力矩。不难发现，2 号和 4 号燃气舵产生的分解在运载器体坐标系 O_By_B 轴的分量 $\boldsymbol{F}_{C,y_B}$ 会产生相对于运载器质心的力对点之矩，并影响运载器俯仰通道的绕质心运动；1 号和 3 号燃气舵产生的分解在运载器体坐标系 O_Bz_B 轴的分量 $\boldsymbol{F}_{C,z_B}$ 也会产生相对于质心的力对点之矩，从而影响运载器偏航通道的绕质心运动特性。若记燃气舵的压心为 O_{CJ}，燃气舵的压心 O_{CJ} 到航天运载器头部顶端的距离在纵轴方向的分量记为 x_{CJ}，则对称分布的 4 片燃气舵的压心距离运载器头部顶端的距离在纵轴方向的分量都是 x_{CJ}。同时，记运载器的质心 $O_{c.m.}$ 距离其头部顶端的距离在纵轴方向的分量为 $x_{c.m.}$，则 $x_{CJ}-x_{c.m.}$ 即为作用在燃气舵上的控制力相对于运载器质心 $O_{c.m.}$ 的力对点之矩的力臂长度。此时，2 号和 4 号燃气舵的等效俯仰舵偏角产生的分解在 O_By_B 轴的分量 $\boldsymbol{F}_{C,y_B}$ 相对于质心 $O_{c.m.}$ 的力矩 M_{C,z_B} 可表示为

$$M_{C,z_B}=-2\cdot q_{CJ}\cdot S_{ref,CJ}\cdot C_{L,CJ}^{\delta_\varphi}\cdot\delta_\varphi\cdot(x_{CJ}-x_{c.m.}) \tag{4-4-10}$$

式中：M_{C,z_B} 为燃气舵的控制力产生的俯仰控制力矩。

同样，1 号和 3 号舵偏角的等效偏航舵偏角产生的侧向力相对于质心 $O_{c.m.}$ 的力矩 M_{C,y_B} 的计算式可表示为

$$M_{C,y_B}=-2\cdot q_{CJ}\cdot S_{ref,CJ}\cdot C_{N,CJ}^{\delta_\psi}\cdot\delta_\psi\cdot(x_{CJ}-x_{c.m.}) \tag{4-4-11}$$

式中：M_{C,y_B}为燃气舵的控制力产生的偏航控制力矩。

当 1 号和 3 号、2 号和 4 号燃气舵偏转的方向或角度不相同时，每个燃气舵产生的分解在 O_Bx_B 轴方向的控制力分量都可以产生绕运载器体坐标系 O_Bx_B 轴转动的滚转控制力矩，结合等效滚转舵偏角，滚转控制力矩可表示如下：

$$M_{C,x_B}=-4\cdot r_{CJ}\cdot q_{CJ}\cdot S_{ref,CJ}\cdot C_{L,CJ}^{\delta_\varphi}\cdot\delta_\gamma \tag{4-4-12}$$

式中：r_{CJ} 为燃气舵的压心到运载器纵轴 O_Bx_B 的距离。

燃气舵的压心一般为燃气舵的铰链轴的位置。为了便于计算，我们通常可以将 4 个燃气舵构成的控制执行机构产生的控制力矩的计算式表述为

$$\begin{cases}\boldsymbol{M}_{C,z_B}=M_{C,z_B}^{\delta}\cdot\delta_\varphi\cdot\boldsymbol{z}_B^0\\ \boldsymbol{M}_{C,y_B}=M_{C,y_B}^{\delta}\cdot\delta_\psi\cdot\boldsymbol{y}_B^0\\ \boldsymbol{M}_{C,x_B}=M_{C,x_B}^{\delta}\cdot\delta_\gamma\cdot\boldsymbol{x}_B^0\end{cases} \tag{4-4-13}$$

式中：M_{C,z_B}^{δ} 为俯仰控制力矩梯度；M_{C,y_B}^{δ} 为偏航控制力矩梯度；M_{C,x_B}^{δ} 为滚转控制力矩梯度。考虑到运载器的动力系统正常工作时可近似认为其尾焰燃气的密度、

速度为常值,而且燃气舵的舵片的参考面积以及燃气动力系数都是已知的,所以在进行航天发射飞行力学分析时,可以将俯仰、偏航和滚转控制力矩梯度视为常值,并将控制力矩的计算近似为等效舵偏角的一阶线性函数。同样,在进行控制力的计算时,也可以将燃气舵的动压、参考面积以及燃气动力的相关系数视为常值,从而将控制力的计算公式近似为等效舵偏角的一阶线性函数。也就是说,燃气舵的控制力与控制力矩都直接由运载器控制执行机构的等效舵偏角决定,而等效舵偏角指令又由运载器的程序角指令跟踪偏差和导引偏差等共同决定,运载器的飞行控制信息通过等效舵偏角来表征并直接反应运载器的绕质心转动运动过程,进而完成运载器的飞行控制任务,该过程会在后续的章节中详细介绍。至此,燃气舵控制执行机构产生控制力和控制力矩的基本过程以及计算方法就阐述完毕,在应用时应根据燃气舵具体的配置情况进行具体分析。

4.4.2 摇摆发动机产生的控制力与控制力矩

为了增强航天运载器的自主控制能力,完成更多类型、更加复杂困难的空天飞行任务,同时也为了提高飞行性能,运载器通常会配置可摇摆的发动机控制执行机构。与燃气舵通过尾焰燃气与燃气舵舵片相互作用从而产生作用在燃气舵舵片上的控制力不同的是,摇摆发动机是通过摆动发动机的喷管来直接改变发动机的推力方向,进而改变运载器的运动状态,这种控制方式便捷可靠且控制效能高。

在人类航天历史上有很多经典的运载器都是使用摇摆发动机来控制其飞行的,苏联的 N-1 运载火箭和 Space X 公司的 Falcon 9 运载火箭,都配置了摇摆发动机控制执行机构,我国的“长征”三号甲运载火箭和俄罗斯的“联盟”号运载火箭也都配备了摇摆发动机控制执行机构,如图 4-4-7 所示。摇摆发动机既可以是运载

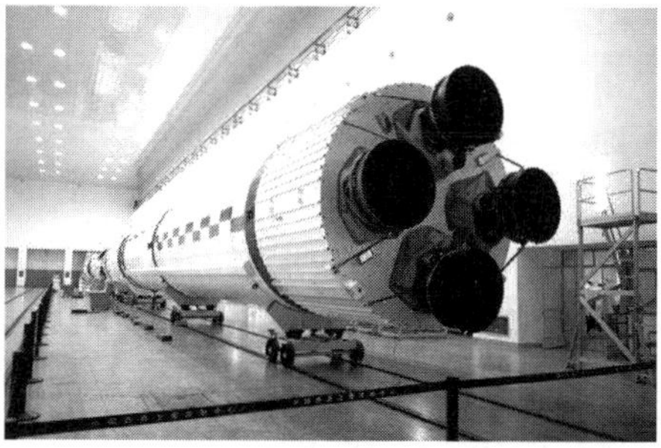

(a)

(b)

图 4-4-7 运载器常用的控制执行机构

(a)中国“长征”三号甲运载火箭;(b)俄罗斯“联盟”号运载火箭。

器的芯级主发动机(图中“长征”三号甲运载火箭),也可以是小推力的游动发动机(简称游机,图中“联盟”号火箭),而且从直观的角度讲,并联的发动机越多,其设计难度和控制难度就越大,各发动机之间的耦合和协同控制的难度也就越大。综合考虑,很多航天运载器都配置 4 台摇摆发动机,即能很好地使用摇摆发动机完成运载器的控制,又能保证较高的可靠性和技术成熟度。下面重点针对 4 台摇摆发动机配置的十字型控制执行机构和 X 型控制执行机构产生的控制力和控制力矩的过程及计算进行讨论。

1. 十字型配置

如图 4-4-8 所示,从运载器底部看去,运载器的芯一级装配了 4 台摇摆火箭发动机,每个摇摆发动机的喷管都可以按照事先设计的摆动方向自由摆动,其中 1 号和 3 号摇摆发动机可以左右自由摆动,2 号和 4 号摇摆发动机可以上下自由摆动。

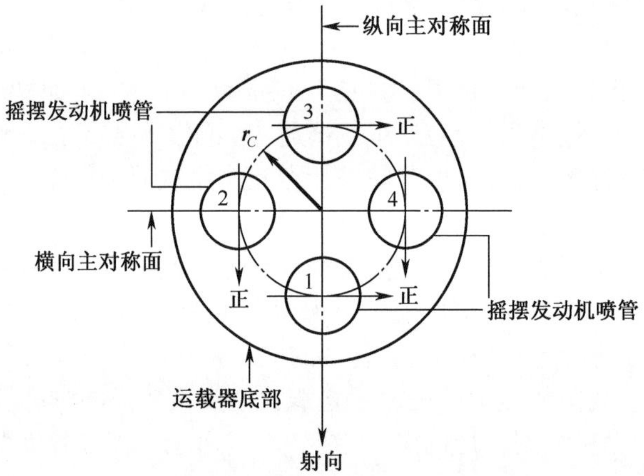

图 4-4-8　十字型配置摇摆发动机

与燃气舵控制执行机构类似,十字型配置的摇摆发动机控制执行机构在安装时也会将两台发动机配置在运载器的射击平面内。另外两台配置在垂直于射击平面的对称平面内。在射击平面内靠近射击方向的摇摆发动机通常被编为 1 号,从运载器底部看去按顺时针方向分别将另外 3 台摇摆发动机编为 2 号、3 号和 4 号。需要说明,摇摆发动机的正向摆角的定义与运载器的俯仰通道、偏航通道和滚转通道的控制力矩直接相关,其摆动方向的正负符号的定义与燃气舵控制执行机构完全相同,即规定摇摆发动机产生的控制力矩为负时(相对于体坐标系的各轴),其对应的摆角为正向,图 4-4-8 中标注“正”的箭头指向为对应的摇摆发动机的正向摆角方向。4 台摇摆发动机均匀分布在运载器的底部截面上(围绕截面中心点对称分布),运载器的纵轴距离发动机喷管截面中心的距离为 r_C。

4 台摇摆发动机型号一致、性能参数相同，每台摇摆发动机稳定工作后产生的额定推力相同，记为 P_C。若 4 台摇摆发动机均不发生摆动，则发动机推力线与运载器的纵轴平行，此时运载器的总推力可表示为

$$P = 4P_C \tag{4-4-14}$$

式中：P 为运载器的总推力大小，该推力即为运载器质心动力学方程中的推力项。

需要说明，摇摆发动机安装时通常是与运载器的主受力结构固连在一起的。为了便于记录，一般将摇摆发动机产生的控制力分解到运载器体坐标系 $O_B\text{-}x_B y_B z_B$ 的各轴上，而控制力和控制力矩的大小则与摇摆发动机摆动的角度直接相关。

若摇摆发动机的喷管进行摆动，则摇摆发动机产生的推力不仅有可分解至运载器纵轴的分量，还会有可分解至喷管摆动方向的推力分量，则 4 台摇摆发动机摆动时会产生可分解至运载器体坐标系三轴的推力分量。如图 4-4-9 所示，假设 1 号摇摆发动机摆动 δ_1 角度（发动机喷管的对称轴偏离运载器纵向主对称面的角度，可正可负），2 号摇摆发动机摆动 δ_2 角度，3 号摇摆发动机摆动 δ_4 角度，4 号摇摆发动机摆动 δ_4 角度，则 4 台摇摆发动机产生的推力就可以分解在体坐标系的各轴上。根据摇摆发动机的布局以及摇摆发动机摆动的角度的物理意义，4 台摇摆发动机在运载器体坐标系 $O_B x_B y_B z_B$ 各轴产生的推力分量表示为

$$\begin{cases} F_{C,x_B} = P_C(\cos\delta_1 + \cos\delta_2 + \cos\delta_3 + \cos\delta_4) - 4P_C \\ F_{C,y_B} = P_C(\sin\delta_2 + \sin\delta_4) \\ F_{C,z_B} = - P_C(\sin\delta_1 + \sin\delta_3) \end{cases} \tag{4-4-15}$$

式中：P_C 为单个摇摆发动机产生的推力；F_{C,x_B}、F_{C,y_B}、F_{C,z_B} 为运载器的摇摆发动机控制执行机构在运载器体坐标系的各轴产生的分量，其中 F_{C,x_B} 为在体坐标系 $O_B x_B$ 轴的分量，F_{C,y_B} 为在体坐标系 $O_B y_B$ 轴的分量，F_{C,z_B} 为在体坐标系 $O_B z_B$ 轴的分量。显然，4 台摇摆发动机的推力 P_C 在运载器纵轴 $O_B x_B$ 方向的投影即为摆动角的余弦与推力 p_C 的乘积，但是在建立运载器质心动力学方程时通常会将推力记为常值 $4P_C$，故而在式(4-4-15)中将其减去以避免重复计算。2 号和 4 号摇摆发动机摆动可使推力 P_C 在体坐标系 $O_B y_B$ 轴平行的方向产生分量，推力分量的大小即为两个摇摆发动机摆动角的正弦投影。相应地，1 号和 3 号摇摆发动机摆动时可产生体坐标系 $O_B z_B$ 轴平行方向的推力分量，不过推力分量的符号与摇摆发动机摆动的角度的符号是相反的。

显然，摇摆发动机分解到运载器体坐标系三轴的推力分量都会相对于运载器的质心产生力对点之矩，即摇摆发动机的控制力矩，采用与燃气舵控制执行机构相同的分析方法可以直观地表征摇摆发动机产生的控制力矩。根据推力分量的空间关系可知，F_{C,y_B} 分量会产生使运载器绕 $O_B z_B$ 轴旋转的负的俯仰控制力矩，F_{C,z_B} 分量会产生使运载器绕 $O_B y_B$ 轴旋转的负的偏航控制力矩，则

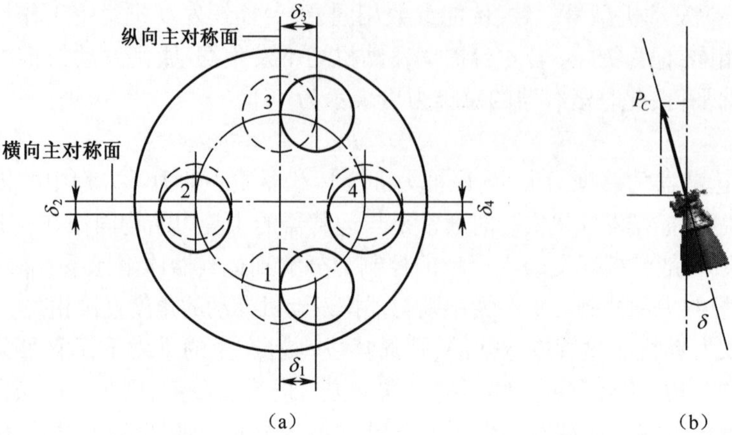

图 4-4-9　摇摆发动机摆角示意图

(a)运载器底部视角;(b)与纵轴垂直的视角。

$$\begin{cases} M_{C,z_B} = -F_{C,y_B}(x_C - x_{c.m.}) \\ M_{C,y_B} = -F_{C,z_B}(x_C - x_{c.m.}) \end{cases} \tag{4-4-16}$$

式中:M_{C,z_B} 为俯仰控制力矩;M_{C,y_B}为偏航控制力矩;x_C 为摇摆发动机的推力轴线与运载器纵轴的交点到运载器头部理论顶端的距离;$x_{c.m.}$ 为运载器的质心到其头部顶端的距离;$x_C - x_{c.m.}$ 为摇摆发动机产生的 O_Bz_B 轴和 O_By_B 轴方向的控制力的力臂。若要产生使运载器绕纵轴 O_Bx_B 旋转的滚转力矩,则可让 1 号和 3 号(或 2 号和 4 号)摇摆发动机摆动不相同的角度来实现。为了讨论的一般性,假设 4 台摇摆发动机均摆动了一定角度,则滚转控制力矩可表示为

$$M_{C,x_B} = -P_C \cdot r_C \cdot (\sin\delta_3 - \sin\delta_1 + \sin\delta_4 - \sin\delta_2) \tag{4-4-17}$$

式中:M_{C,x_B} 为摇摆发动机产生的滚转控制力矩;r_C 为摇摆发动机铰链与发动机推力轴线的交点到运载器纵轴的距离。至此,十字型配置的摇摆发动机控制执行机构产生的控制力和控制力矩的计算方法介绍完毕。可见,当摇摆发动机额定工作时,其产生的控制力和控制力矩就只由各摇摆发动机的摆角决定。

2. X 型配置

下面讨论 X 型布局的摇摆发动机产生的控制力和控制力矩的计算方法。如图 4-4-10 所示,运载器的芯一级动力系统按照 X 型布局装配了 4 台摇摆发动机,4 台摇摆发动机以纵轴为中心轴呈对呈均匀对称分布,每个摇摆发动机的喷管都可以按照事先设计的摆动方向(图中箭头方向)自由摆动。

图 4-4-10 中用“正”标示的箭体方向为摇摆发动机正向摆动的方向,其正向方向的定义与燃气舵、十字型摇摆发动机的定义完全相同,即可以产生使得姿态角不断减小的负向力矩的摆动方向。根据 X 型摇摆发动机的空间布局,采用与十字

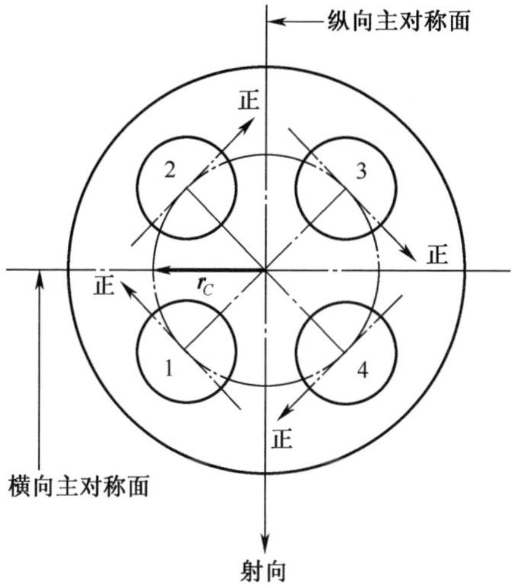

图 4-4-10　X 形配置的摇摆发动机

布局的摇摆发动机相同的分析思路,可以得到体坐标系内表征的控制力为

$$\begin{cases}F_{C,x_B}=P_C\cdot(\cos\delta_1+\cos\delta_2+\cos\delta_3+\cos\delta_4)-4P_C\\F_{C,y_B}=\sin(\pi/4)\cdot P_C\cdot(\sin\delta_3+\sin\delta_4-\sin\delta_1-\sin\delta_2)\\F_{C,z_B}=-\sin(\pi/4)\cdot P_C\cdot(\sin\delta_2+\sin\delta_3-\sin\delta_1-\sin\delta_4)\end{cases}\quad(4-4-18)$$

式中:P_C 为单台摇摆发动机稳定工作时的平均推力;δ_1 为 1 号摇摆发动机的摆角;δ_2 为 2 号摇摆发动机的摆角;δ_3 为 3 号摇摆发动机的摆角;δ_4 为 4 号摇摆发动机的摆角。

相应地,X 型布局摇摆发动机产生的控制力矩有

$$\begin{cases}M_{C,z_B}=-F_{C,y_B}(x_C-x_{c.m.})\\M_{C,y_B}=-F_{C,z_B}(x_C-x_{c.m.})\\M_{C,y_B}=-P_C\cdot r_C\cdot(\sin\delta_1+\sin\delta_2+\sin\delta_3+\sin\delta_4)\end{cases}\quad(4-4-19)$$

式中:x_C 为摇摆发动机的推力轴线与运载器纵轴的交点到运载器理论顶端的距离;$x_{c.m.}$ 为运载器的质心到其头部顶端的距离;$x_C-x_{c.m.}$ 为摇摆发动机产生的 O_Bz_B 轴和 O_By_B 轴方向的控制力的力臂;r_C 为航天运载器的纵轴距离火箭发动机喷管截面中心的距离。

通过比较十字型布局的摇摆发动机和 X 型布局的摇摆发动机的工作原理和计算式不难发现,十字型布局的单个绕质心通道(俯仰运动通道和偏航运动通道)是由两台发动机进行控制,而 X 型布局的摇摆发动机总是 4 台同时工作,故而从控制能力和控制效果来讲,X 型布局的控制执行机构要好一些。同时,当 X 型布局中一台发动机故障时,运载器的 3 个通道的控制仍可以保证稳定和有效,可以保

证控制系统的可靠性。但是,X 型布局的控制执行机构会使得运载器的俯仰、偏航和滚转 3 个运动通道的交互耦合较为严重,通道间相互影响较大,从而使得其控制精度相对于十字型布局会稍差一些。在实际工程应用中,应根据具体的运载器类型和具体的飞行任务来选择合适的控制执行机构布局,以期达到最好的效果。

习 题

1. 查阅资料对比分析地球引力和重力的产生及其计算表达式。

2. 计算位于地球赤道表面的质量为 1kg 的物体所受到的地球引力大小及方向。

3. 查阅文献获取美国“民兵”3 号弹道导弹的空气动力系数表并将其拟合为攻角的解析式。

4. 查阅文献绘制 YF-100 液氧煤油发动机的推力曲线。

5. 试推导 Space X 公司 Falcon 9 火箭 9 台摇摆发动机产生的控制力与控制力矩。

第5章 弹道方程

航天发射弹道方程是航天发射弹道学的数学基础和模型依托，与飞行弹道相关的弹道设计、弹道计算、弹道特性分析等问题必须以弹道方程为出发点进行分析求解，本章主要介绍航天发射飞行的空间弹道方程。首先介绍弹道的内涵与数学本质，概述空间弹道方程的组成；然后介绍弹道方程中的微分方程，主要包括不同坐标系内的运载器质心动力学与运动学方程、体坐标系内的绕质心动力学与运动学方程；其次介绍转动角速率的解算、欧拉角解算、弹道参数解算等弹道辅助解算方程，并建立地面发射坐标系和速度坐标系内的六自由度空间弹道计算方程；最后基于弹道自由度的理念介绍弹道简化基本假设条件、瞬时平衡假设、伪六自由度弹道方程和三自由度弹道方程。本章旨在系统地介绍空间弹道方程建立的基本思路、流程与方法，并对航天发射弹道方程(组)的组成以及主要特点进行全面、深入地讨论。

5.1 发射弹道与弹道方程

本节从定性的角度阐述(发射)弹道的本质、内涵及其重要性，并从总体的角度概述弹道方程的基本构成和主要特点。

5.1.1 发射弹道

弹道(也称为轨迹)，是任意飞行器的质心在空间中运动时产生的位置序列，不同类型的飞行器和同一类型飞行器的不同飞行任务都会生成不同形式的弹道。弹道是研究飞行器总体性能和运动规律的重要依据，也是飞行力学研究中的重要内容，同时弹道也贯穿于飞行器论证、设计、试验和使用的全部过程，在飞行器总体设计与综合运用中的指导性作用十分明显。其实早在《导弹概论》一书中，钱学森教授就已对弹道在导弹设计中的重要性有了非常明确的概括，书中指出在导弹设计工作中，一切以弹道的选择作开始，因为只有完成弹道的各种特性计算，才能开始空气动力学的设计工作并决定导弹的外形，进而计算推进系统的推力要求并设计导弹的推进系统，同时基于弹道特性分析制导控制系统的要求，进行导弹的制导控制系统的设计。弹道的重要性不仅体现在理论层面，在工程和历史层面的重要性也十分突出，与我国的航天和导弹事业发展紧密相关。从我国航天和导弹事业刚起步的国防部第五研究院到航天工业部、航空航天工业部，再到后来的航天工业总公司、航天科技集团公司、航天科工集团公司，我国运载器和导弹的工程研制单位的总体设计部都设置了弹道工程组或飞行力学与控制工程组等与弹道有关的研究团队或工程组，专门负责研究和解决有关型号的弹道学和飞行力学课题，在我国各型各类运载器和导弹的研制工作中发挥了重要的作用。

发射弹道是运载器发射飞行时形成的弹道，是航天运载器质心的位置数据在时间维度和空间维度中的积累，如图 5-1-1 所示。从力学和运动学的角度讲，发射弹道是运载器的质心在发动机推力、空气动力、地球引力、控制力、附加科氏力、离心惯性力和哥氏惯性力等复杂耦合力场的作用下产生的位置变化序列，运载器质心在复杂力场的综合作用下，其运动加速度、飞行速度和空间位置依次发生变化，每一个瞬时时刻运载器质心的位置都在空间中唯一存在，则在任意的时间区间内运载器质心的位置数据就会形成一个序列，这个位置序列就是该时间区间内的弹道。

图 5-1-1　实际的发射弹道

发射弹道是运载器质心位置数据的时空积累，只要运载器在空间中飞行，则都会产生一组质心的位置数据序列，这个数据序列就是发射弹道。运载器的质心是在空间中运动的，质心的位置数据也是与时间一一对应的，所以发射弹道是不可见的，之所以图 5-1-1 中能够看到发射弹道，是因为运载器的尾焰与地球大气相互作用产生了水汽和颗粒等，在空间中勾勒出了发射弹道的基本形态。也就是说，弹道是随着运载器的运动产生的，只要运载器在空间中飞行，其质心都会随着时间的积累形成一条弹道，该弹道便是运载器发射飞行时的真实弹道。真实的发射弹道可以通过光学测量、雷达测量和遥测等方式进行实时测算，而且通过对真实的发射弹道进行测量和分析，我们就可以得到运载器的弹道特性、飞行动态以及运动参数等信息。

其实，除了基于运载器真实运动所得的真实的发射弹道以外，在发射飞行力学分析时还有方案弹道、期望弹道、仿真弹道、偏差弹道等概念。真实发射弹道由运载器质心的真实位置确定，所以真实发射弹道只有一条，但是运载器的方案弹道、期望弹道以及偏差弹道等弹道则可以有很多条，这些弹道都不是由运载器的真实运动决定，而且会决定运载器的真实飞行弹道，因为上述弹道一般都是在运载器方案论证阶段或试验分析阶段利用数值计算方法计算得到的，如图 5-1-2 所示。为了在没有运载器真实飞行数据的情况下得到方案弹道、仿真弹道、偏差弹道等弹道的数据，就必须依托弹道的数学模型（弹道方程），然后从数学和力学的角度完成弹道的分析与计算。

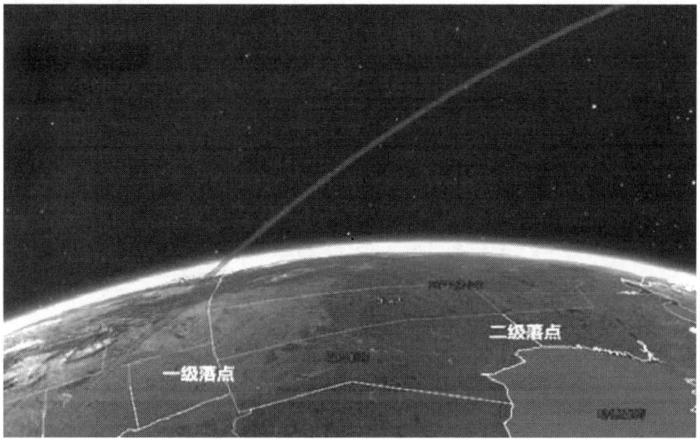

图 5-1-2　计算得到的发射弹道

5.1.2　弹道方程的组成

弹道方程也称弹道数学模型，反映的是运载器质心的空间位置变化的数学表征。我们知道，运载器质心的空间位置由其飞行速度矢量决定，飞行速度矢量由运载器质心的加速度矢量决定，而加速度矢量则由运载器质量和其质心所受合外力共同决定，表征加速度矢量与合外力关系的是运载器质心动力学方程，表征速度矢量与位置矢量空间关系的是质心运动学方程。质心动力学方程是计算运载器质心位置、速度和加速度的基础模型，在计算加速度时必须知道运载器质心的合外力大小，合外力是由发动机推力、地球引力、空气动力、控制力、附加科氏力和惯性力等复杂力场综合作用的结果。为了计算弹道,则必须建立运载器各项受力的计算模型,考虑到计算上述各力时需要用到航天运载器的姿态角和角速率信息,所以弹道方程中也包含运载器绕质心的动力学和运动学方程;同时计算各力时还需要用到运载器的飞行参数如海拔高度、相对于大气的速度、攻角、侧滑角、经度、纬度等信息,所以弹道方程还包含所需参数的辅助解算方程。综上所述,弹道方程通常都是由三部分组成:①质心动力学与运动学方程;②绕质心动力学与运动学方程;③辅助解算方程。

以地面发射坐标系内的弹道方程为例(表 5-1-1),弹道方程中共包含有 12 个微分方程,20 个代数方程,共计 32 个方程。表征地面发射坐标系内的运载器质心速度与位置的运动的方程即为质心的动力学与运动学方程,共 6 个常微分方程;运载器相对于惯性空间的转动角速率和姿态角由绕质心动力学与运动学方程进行数学表征,共 6 个常微分方程;运载器相对于地面发射坐标系的转动角速率和姿态角需要用相对于惯性系的绕质心姿态信息进行代数解算,共 6 个代数方程;速度矢量相对于地面发射坐标系的速度倾角和航迹偏航角的解算,共 2 个代数方程;空气动力计算和分配的攻角、侧滑角和倾侧角的解算,共 3 个代数方程;运载器的速度大小、地心距、地心纬度、弹下点处的地球半径、飞行高度和质量的解算,共 6 个代数方程;运载器控制执行机构的等效俯仰舵偏角、等效偏航舵偏角和等效滚转舵偏角的解算,共 3 个代数方程。表 5-1-1 中各状态变量的名称以其各自的物理意义在后续章节会详细介绍,本部分只是从总体角度阐述运载器弹道方程的组成、方程

表 5-1-1　地面发射系内弹道方程的组成

状态变量	变量类型与含义	方程个数	方程类型
$V_{Gx},V_{Gy},V_{Gz},X_G,Y_G,Z_G$	相对于地面发射坐标系的质心的速度与位置的分量	6	质心的动力学与运动学微分方程
$\omega_{GIx},\omega_{GIy},\omega_{GIz},\varphi_{GI},\psi_{GI},\gamma_{GI}$	相对于惯性空间角速率在体坐标系的分量和欧拉角	6	绕质心动力学与运动学微分方程
$\omega_{Gx},\omega_{Gy},\omega_{Gz},\varphi_G,\psi_G,\gamma_G$	相对于地面发射系角速率在体坐标系分量和欧拉角	6	姿态角解算方程
$\theta_G,\sigma_G,\upsilon_G$	速度坐标系相对于地面发射坐标系坐标转换欧拉角	3	速度矢量角度方程
α,β	速度坐标系与体坐标系之间坐标转换攻角、侧滑角	2	攻角侧滑角解算
$V_G,r,\phi,R_{\phi,e},h,m$	速度、地心距、地心纬度、地球半径、高度以及质量	6	弹道参数解算方程
$\delta_\varphi,\delta_\psi,\delta_\gamma$	俯仰通道、偏航通道和滚转通道的执行机构控制量	3	控制量计算方程

类型和方程个数,让大家从总体的角度了解弹道方程。需要说明的是,不管是在哪个坐标系中建立运载器的弹道方程,都肯定会包含质心动力学与运动学方程、绕质心动力学与运动学方程以及弹道辅助解算方程这三类方程,而且利用弹道辅助解算方程所解得的变量也都是用来解算动力学与运动学方程中力与力矩的值,动力学与运动学方程是典型的时变、非线性常微分方程,各个常微分方程之间存在气动交叉耦合、惯性矩耦合和运动学耦合等,也因此弹道方程的建立是一个比较复杂的问题,下面分别来讨论弹道方程中各组成方程的建立方法。

5.2 质心动力学与运动学方程

质心动力学方程描述的是运载器质心速度矢量的导数(加速度矢量)与质心的综合受力之间的关系方程,质心运动学方程表征的是质心的位置矢量的导数与速度矢量之间的关系方程,考虑到空间矢量的大小和方向需要借助直角坐标系进行描述,所以运载器的质心动力学与运动学方程通常都建立在特定的坐标系内(坐标系根据分析问题的方便灵活选取),目前航天运载器的质心动力学与运动学方程主要在地面发射坐标系、地面发射惯性坐标系和速度坐标系内建立。

5.2.1 地面发射系内质心动力学与运动学方程

地面发射坐标系是描述运载器运动、残骸运动、航迹航区和落点落区等信息的主要参考坐标系,在航天发射飞行力学研究中具有重要作用,本节将讨论地面发射坐标系内运载器质心的动力学与运动学方程的建立方法。在惯性空间内,任何变质量运动物体的质心动力学方程可表示为

$$m \cdot \frac{\mathrm{d}^2 \boldsymbol{r}_{\mathrm{c.m.}}}{\mathrm{d}t^2} = \boldsymbol{F}_S + \boldsymbol{F}'_{\mathrm{rel}} + \boldsymbol{F}'_k \tag{5-2-1}$$

式中:$\boldsymbol{r}_{\mathrm{c.m.}}$为变质量物体的质心相对于惯性空间某固定点的矢径;$\boldsymbol{F}_S$ 为变质量物体质心受到的合外力;$\boldsymbol{F}'_{\mathrm{rel}}$和 $\boldsymbol{F}'_k$ 分别为变质量过程引起的附加相对力和附加科氏力。若将式(5-2-1)应用于航天运载器,则式中各变量就会有更加明确的物理意义:①矢径 $\boldsymbol{r}_{\mathrm{c.m.}}$为运载器的质心 O_{B} 相对于惯性坐标系内某固定点(坐标系原点)的空间位置矢量;②运载器受到的合外力 $\boldsymbol{F}_S$ 包括地球引力 $m\boldsymbol{g}$、空气动力 $\boldsymbol{R}$、因发动机喷管出口处的压强差产生的发动机静推力 $\boldsymbol{P}_{\mathrm{s.t.}}$和运载器控制执行机构产生的控制力 $\boldsymbol{F}_C$;③附加相对力 $\boldsymbol{F}'_{\mathrm{rel}}$和附加科氏力 $\boldsymbol{F}'_{\mathrm{k}}$ 为轴对称结构的运载器产生。数学计算表达式为

$$\begin{cases} \boldsymbol{F}_S = m \cdot \boldsymbol{g} + \boldsymbol{R} + \boldsymbol{P}_{\mathrm{s.t.}} + \boldsymbol{F}_C \\ \boldsymbol{F}'_{\mathrm{rel}} = - \dot{m} \cdot \boldsymbol{u}_e \\ \boldsymbol{F}'_k = - 2\dot{m} \cdot \boldsymbol{\omega}_I \times \boldsymbol{\rho}_e \end{cases} \tag{5-2-2}$$

式中：m 为运载器的质量；$m\boldsymbol{g}$ 为地球引力矢量；$\boldsymbol{R}$ 为空气动力；$\boldsymbol{P}_{\mathrm{s.t.}}$ 为发动机推力静分量；$\boldsymbol{F}_C$ 为控制力矢量；$\dot{m}$ 为运载器的发动机质量秒耗量；$\boldsymbol{u}_e$ 为发动机喷管出口处燃料平均喷出速度；$\boldsymbol{\rho}_e$ 为运载器质心到发动机喷管出口的截面中心点的矢量；$\boldsymbol{\omega}_I$ 为运载器相对于惯性空间的转动角速度。已知火箭发动机的推力静分量 $\boldsymbol{P}_{\mathrm{s.t.}}$ 与附加相对力 $\boldsymbol{F}'_{\mathrm{rel}}$ 的合力即为火箭发动机的推力 $\boldsymbol{P}$，则运载器的质心动力学方程可转化为

$$m \cdot \frac{\mathrm{d}^2 \boldsymbol{r}_{\mathrm{c.m.}}}{\mathrm{d}t^2} = m \cdot \boldsymbol{g} + \boldsymbol{R} + \boldsymbol{P} + \boldsymbol{F}_C + \boldsymbol{F}'_k \tag{5-2-3}$$

式中：$\mathrm{d}^2\boldsymbol{r}_{\mathrm{c.m.}}/\mathrm{d}t^2$ 是运载器质心相对于惯性坐标系的绝对加速度矢量，公式右侧是质心所受的各力的矢量。然而，地面发射坐标系并不是惯性坐标系，而是与地球固联的动坐标系并随着地球自转而自转，因此并不能直接将式中各矢量投影至地面发射坐标系。为了建立地面发射坐标系内的质心动力学与运动学方程，我们必须将左侧的绝对加速度矢量转化为运载器质心相对于地面发射坐标系的相对加速度矢量，同时也必须明确运载器质心的矢径 $\boldsymbol{r}_{\mathrm{c.m.}}$ 具体是相对于惯性空间中哪个固定点的矢量。

需要说明，质心动力学方程中矢径 $\boldsymbol{r}_{\mathrm{c.m.}}$ 是相对于惯性系内某定点的，然而地面发射坐标系却是一个动坐标系，如图 5-2-1 所示，显然地面发射系原点 O 指向运载器质心 O_B 的矢径 $\boldsymbol{r}_G$ 是不能用于替代矢径 $\boldsymbol{r}_{\mathrm{c.m.}}$ 的，于是问题就转化为寻找惯性空间中的一个固定点的问题，该固定点确定后就可以与运载器质心形成一个矢径，且该矢径可以直接代入质心动力学方程式。我们通常将该固定点选取为地球的球心，相应的矢径 $\boldsymbol{r}_{\mathrm{c.m.}}$ 就是运载器质心的地心距矢量 $\boldsymbol{r}_{\mathrm{E}}$，显然地心距 $\boldsymbol{r}_{\mathrm{E}}$ 相对于惯性空间的二阶绝对导数就是运载器质心的绝对加速度矢量。之所以选择地球球心，主要有两点考虑：①任意瞬时时刻或较短的时间区间，我们可以近似认为地球球心在惯性空间是固定的，虽然地球在自转，但是地球的球心位置始终在惯性空间固定；②运载器质心相对于地球球心的地心矢径是计算入轨参数、飞行高度等参数的主要变量，具体重要的物理意义。其实从理论角度讲，只要是惯性空间中的固定点，都可以作为矢径 $\boldsymbol{r}_{\mathrm{c.m.}}$ 的起点，但是也必须保证该矢径相对于惯性空间的二阶导数的物理意义是运载器质心的绝对加速度，且该矢量相对于地面发射坐标系的二阶导数的物理意义是运载器相对于地面发射坐标系的加速度。选取地球的地心作为位置矢径 $\boldsymbol{r}_{\mathrm{c.m.}}$ 的起点后，运载器质心相对于地心的地心矢径 $\boldsymbol{r}_{\mathrm{E}}$ 相对于惯性空间的二阶绝对导数就满足

$$m \cdot \frac{\mathrm{d}^2 \boldsymbol{r}_{\mathrm{c.m.}}}{\mathrm{d}t^2} = \boldsymbol{m} \cdot \frac{\mathrm{d}^2 \boldsymbol{r}_{\mathrm{E}}}{\mathrm{d}t^2} = m \cdot \boldsymbol{g} + \boldsymbol{R} + \boldsymbol{P} + \boldsymbol{F}_C + \boldsymbol{F}'_k \tag{5-2-4}$$

为了表述一致，后续讨论中我们仍用变量 $\boldsymbol{r}_{\mathrm{c.m.}}$ 来表征运载器质心相对于地心的矢径。显然 $\mathrm{d}^2\boldsymbol{r}_{\mathrm{c.m.}}/\mathrm{d}t^2$ 是运载器质心相对于惯性坐标系的绝对加速度矢量，地

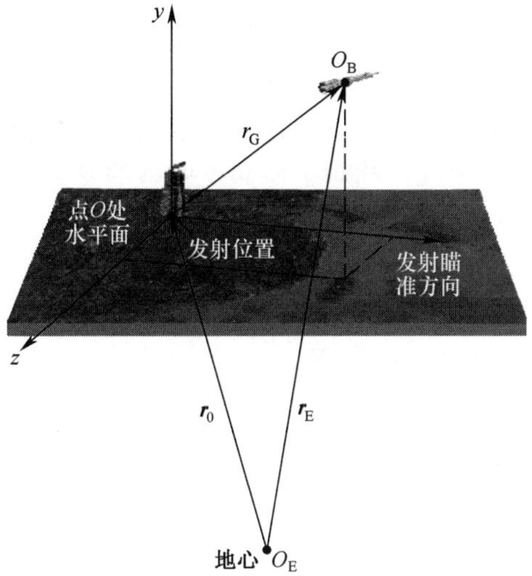

图 5-2-1 （见彩图）运载器质心的矢径

面发射坐标系是动坐标系，其相对于惯性坐标系的转动角速度就是地球的自转角速度 $\boldsymbol{\omega}_e$，则可以利用矢量导数准则得到运载器质心相对于地面发射坐标系的相对加速度矢量为

$$\begin{cases}\dfrac{\mathrm{d}\boldsymbol{r}_{\mathrm{c.m.}}}{\mathrm{d}t}=\dfrac{\delta \boldsymbol{r}_{\mathrm{c.m.}}}{\delta t}+\boldsymbol{\omega}_e\times\boldsymbol{r}_{\mathrm{c.m.}}\\ \dfrac{\mathrm{d}^2\boldsymbol{r}_{\mathrm{c.m.}}}{\mathrm{d}t^2}=\dfrac{\delta^2 \boldsymbol{r}_{\mathrm{c.m.}}}{\delta t^2}+2\boldsymbol{\omega}_e\times\dfrac{\delta \boldsymbol{r}_{\mathrm{c.m.}}}{\delta t}+\dfrac{\delta\boldsymbol{\omega}_e}{\delta t}\times\boldsymbol{r}_{\mathrm{c.m.}}+\boldsymbol{\omega}_e\times(\boldsymbol{\omega}_e\times\boldsymbol{r}_{\mathrm{c.m.}})\end{cases} \tag{5-2-5}$$

式中：$\delta\boldsymbol{r}_{\mathrm{c.m.}}/\delta t$ 为运载器质心相对于地面发射坐标系的速度矢量；$\delta^2\boldsymbol{r}_{\mathrm{c.m.}}/\delta t^2$ 为运载器质心相对于地面发射坐标系的加速度矢量；$\boldsymbol{\omega}_e$ 为地球的自转角速度。考虑到

$$\frac{\mathrm{d}\boldsymbol{\omega}_e}{\mathrm{d}t}=\frac{\delta\boldsymbol{\omega}_e}{\delta t}+\boldsymbol{\omega}_e\times\boldsymbol{\omega}_e=0 \tag{5-2-6}$$

因为地球的自转角速度矢量 $\boldsymbol{\omega}_e$ 是常矢量，所以其导数为零。则运载器质心相对于地心的位置矢量 $\boldsymbol{r}_{\mathrm{c.m.}}$ 相对于地面发射坐标系的加速度可表示为

$$m\cdot\frac{\delta^2\boldsymbol{r}_{\mathrm{c.m.}}}{\delta t^2}=m\cdot\boldsymbol{g}+\boldsymbol{R}+\boldsymbol{P}+\boldsymbol{F}_C+\boldsymbol{F}_k'-2m\cdot\boldsymbol{\omega}_e\times\frac{\delta\boldsymbol{r}_{\mathrm{c.m.}}}{\delta t}-m\cdot\boldsymbol{\omega}_e\times(\boldsymbol{\omega}_e\times\boldsymbol{r}_{\mathrm{c.m.}}) \tag{5-2-7}$$

式中：$\delta^2\boldsymbol{r}_{\mathrm{c.m.}}/\delta t^2$ 为运载器质心相对于地面发射系的加速度矢量。式(5-2-7)右侧为运载器质心所受到的力，式(5-2-7)左侧的加速度和右侧的各个力都是矢量，将式(5-2-7)左右两侧的各个矢量投影至地面发射坐标系的三个坐标轴就可以得

到地面发射坐标系中描述的运载器质心的动力学方程。也就是说,地面发射系内建立的运载器质心的动力学方程,本质上就是建立了一组能够表征运载器质心相对于地面发射系的加速度与运载器质心相对于地面发射坐标系所受各项力之间关系的数学方程,等式左侧为运载器质心相对于地面发射系的加速度在地面发射系三轴的分量,等式右侧为运载器相对于地面发射系的受力在地面发射系三个坐标轴的分量。下面分别介绍各分量。

1. 运载器质心相对于地面发射坐标系的加速度分量

二阶导数 $\delta^2 \boldsymbol{r}_{\text{c.m.}}/\delta t^2$ 就是运载器质心相对于地面发射坐标系的加速度,将该加速度分解至地面发射坐标系的三轴

$$\frac{\delta^2 \boldsymbol{r}_{\text{c.m.}}}{\delta t^2}=\begin{bmatrix} a_{Gx} \\ a_{Gy} \\ a_{Gz} \end{bmatrix}=\begin{bmatrix} \dot{V}_{Gx} \\ \dot{V}_{Gy} \\ \dot{V}_{Gz} \end{bmatrix} \tag{5-2-8}$$

式中: a_{Gx}、a_{Gy}、a_{Gz} 分别为运载器质心相对于地面发射坐标系的加速度矢量 $\boldsymbol{a}_G$ 在地面发射坐标系三轴的分量; V_{Gx}、V_{Gy}、V_{Gz} 分别为运载器质心相对于地面发射坐标系的速度矢量 $\boldsymbol{V}_{\text{G}}$ 在地面发射坐标系三个坐标轴的分量。

2. 地球引力加速度在地面发射坐标系的分量

已知地球外任意一点的地球引力加速度都可以分解到该点的地心距方向和地球自转角速度方向

$$\boldsymbol{g}=g_r' \cdot \boldsymbol{r}^0+g_{\omega_e} \cdot \boldsymbol{\omega}_e^0 \tag{5-2-9}$$

式中:$\boldsymbol{g}$ 为地球的引力加速度; g_r' 为地心距方向的地球引力加速度分量; g_{ω_e} 为地球自转角速度方向的地球引力加速度分量;$\boldsymbol{r}^0$ 为地心距矢径的单位矢量;$\boldsymbol{\omega}_e^0$ 为地球自转角速度的单位矢量。显然,若要解算地球引力加速度 $\boldsymbol{g}$ 在地面发射坐标系的分量,则只需求出分量 $g_r' \boldsymbol{r}^0$ 和分量 $g_{\omega_e} \boldsymbol{\omega}_e^0$ 各自在地面发射坐标系的分量,然后加和即可。为了解算两分量的各自投影,我们分别讨论地心距矢径 $\boldsymbol{r}_{\text{c.m.}}$ 和地球自转角速度 $\boldsymbol{\omega}_e$ 在地面发射坐标系的分量,则单位矢量 $\boldsymbol{r}^0$ 和单位矢量 $\boldsymbol{\omega}_e^0$ 在地面发射坐标系三个坐标轴的分量分别用 $\boldsymbol{r}_{\text{c.m.}}$ 和 $\boldsymbol{\omega}_e$ 的分量除以矢量的模即可,下面我们来详细阐述。

如图 5-2-2 所示,点 O_{E} 为地球的地心,点 O 为地面发射坐标系的原点,点 O_{B} 为运载器的质心,运载器质心相对于地面发射坐标系原点的矢径为 $\overline{OO_{\text{B}}}=\boldsymbol{\rho}=\boldsymbol{r}_G$,原点 O 相对于地球地心的矢径为 $\overline{O_{\text{E}}O}=\boldsymbol{R}_O$,质心 O_{B} 相对于地心的矢径 $\overline{O_{\text{E}}O_{\text{B}}}=\boldsymbol{r}_{\text{c.m.}}$,则

$$\boldsymbol{r}_{\text{c.m.}}=\boldsymbol{R}_O+\boldsymbol{\rho} \tag{5-2-10}$$

下面我们分别计算矢量 $\boldsymbol{R}_O$ 和矢量 $\boldsymbol{\rho}$ 在地面发射坐标系的分量,图 5-2-3 所

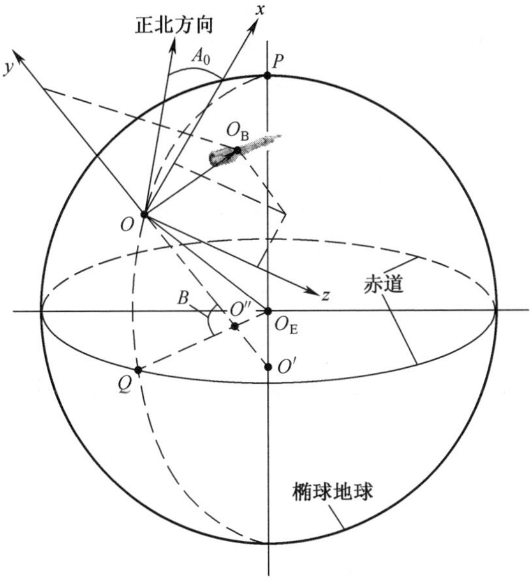

图 5-2-2　用于计算地球引力加速度分量的空间示意图

示为发射点 O 所在的子午平面，O_E 为地球球心，Oy 为垂直于 O 点水平面的主法线，也即地面发射坐标系的 Oy 轴，ϕ_0 为发射点 O 的地心纬度，B 为发射点 O 的地理纬度。

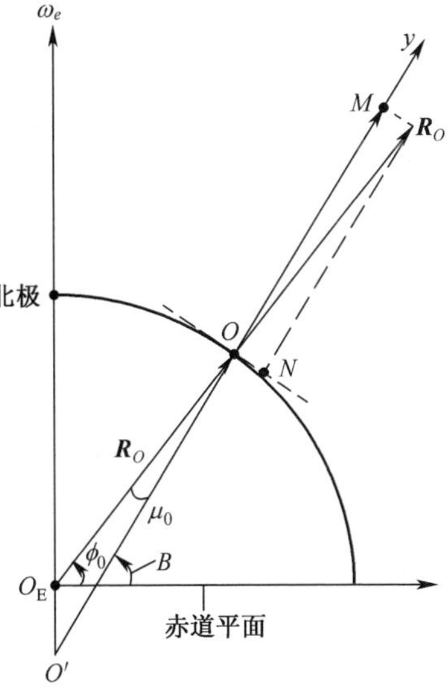

图 5-2-3　发射点所在的子午面内的分量

从图 5-2-3 中几何关系可知，发射点 O 所在的子午平面中矢径 $\boldsymbol{R}_O$ 在地面发射坐标系 Oy 轴的分量 OM 和在当地水平面的分量 ON 可分别表示为

$$\begin{cases} OM = R_O \cdot \cos\mu_0 \\ ON = R_O \cdot \sin\mu_0 \end{cases} \tag{5-2-11}$$

式中：$\mu_0 = B - \phi_0$；R_0 为地球的地心 O_E 指向地面发射坐标系原点 O 的位置矢径 $\boldsymbol{R}_O$ 的数值大小。如图 5-2-3 所示，两轴旋转椭球体地球模型中，赤道半长轴 α_e 和南北极半短轴 b_e 与地心距 R_O 满足

$$\frac{R_O^2 \cos^2\phi_0}{a_e^2} + \frac{R_O^2 \sin\phi_0}{b_e^2} = 1 \tag{5-2-12}$$

则已知发射点的地心纬度 ϕ_0 时，就可以利用式(5-2-13)直接计算发射点 O 的地心距，即发射点 O 处的地球半径为

$$R_O = \frac{a_e \cdot b_e}{\sqrt{a_e^2 \cdot \sin^2\phi_0 + b_e^2 \cdot \cos^2\phi_0}} \tag{5-2-13}$$

图 5-2-3 中分量 ON 其实是矢径 $\boldsymbol{R}_O$ 在点 O 所在的水平面内的分量，也就是 $\boldsymbol{R}_O$ 在地面发射坐标系 xOz 平面内的投影，则 ON 在地面发射坐标系 Ox 轴和 Oz 轴的分量可表示为

$$\begin{cases} OE = - R_O \cdot \sin\mu_0 \cdot \cos A_0 \\ OF = R_O \cdot \sin\mu_0 \cdot \sin A_0 \end{cases} \tag{5-2-14}$$

式中：A_0 为发射点的发射方位角。Ox 为 O 点所在的水平面内指向发射方向的地面发射坐标系的 Ox 轴，Oz 为地面发射系的 Oz 轴，ON 分别在地面发射坐标系 Ox 轴和 Oz 轴形成分量 OE、OF，如图 5-2-4 所示。

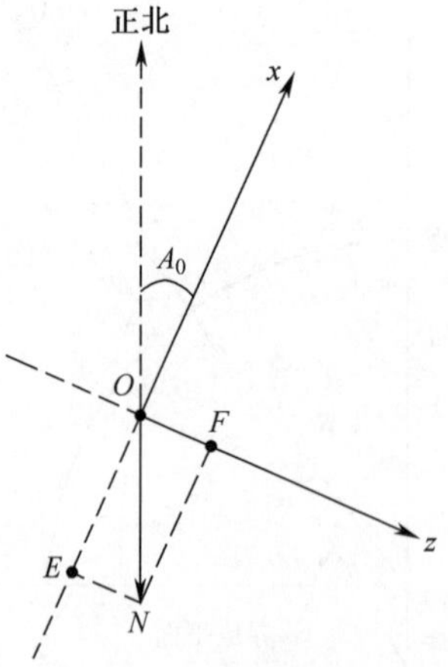

图 5-2-4　发射点所在的水平面内的分量

综上可得，地面发射坐标系原点 O 的地心矢径 $\boldsymbol{R}_O$ 在地面发射坐标系三轴的分量，即

$$\begin{bmatrix} R_{Ox} \\ R_{Oy} \\ R_{Oz} \end{bmatrix} = \begin{bmatrix} -R_O \cdot \sin\mu_0 \cdot \cos A_0 \\ R_O \cdot \cos\mu_0 \\ R_O \cdot \sin\mu_0 \cdot \sin A_0 \end{bmatrix} \tag{5-2-15}$$

式中：R_{Ox}、R_{Oy}、R_{Oz} 分别为矢径 $\boldsymbol{R}_O$ 在地面发射坐标系 Ox、Oy、Oz 轴的分量。若运载器质心 O_{B} 在地面发射坐标系中的矢径 $\boldsymbol{\rho}$ 的分量记为 X_{G}、Y_{G}、Z_{G}，则

$$\boldsymbol{r}_{\mathrm{c.m.}} = \boldsymbol{R}_O + \boldsymbol{\rho} = \begin{bmatrix} -R_O \cdot \sin\mu_0 \cdot \cos A_0 \\ R_O \cdot \cos\mu_0 \\ R_O \cdot \sin\mu_0 \cdot \sin A_0 \end{bmatrix} + \begin{bmatrix} X_{\mathrm{G}} \\ Y_{\mathrm{G}} \\ Z_{\mathrm{G}} \end{bmatrix} = \begin{bmatrix} R_{Ox} + X_{\mathrm{G}} \\ R_{Oy} + Y_{\mathrm{G}} \\ R_{Oz} + Z_{\mathrm{G}} \end{bmatrix} \tag{5-2-16}$$

则地球引力加速度分量 $\boldsymbol{g}_r'$ 在地面发射坐标系三轴的分量可表示为

$$\boldsymbol{g}_r' = \frac{g_r'}{r_{\mathrm{c.m.}}} \cdot \begin{bmatrix} R_{Ox} + X_{\mathrm{G}} \\ R_{Oy} + Y_{\mathrm{G}} \\ R_{Oz} + Z_{\mathrm{G}} \end{bmatrix} \tag{5-2-17}$$

式中：g_r' 为地心距方向的地球引力加速度分量的数值大小，由运载器质心当前时刻的地面投影点的地心纬度 ϕ 和当前时刻的运载器质心的地心距 $r_{\mathrm{c.m.}}$ 共同决定。

采用同样的分析思路，根据图 5-2-5 中所示空间几何关系，可得地球引力加速度在地球自转轴方向的分量 $\boldsymbol{g}_{\omega_e}$ 在地面发射坐标系三轴的分量

$$\boldsymbol{g}_{\omega_e} = \begin{bmatrix} g_{\omega_e} \cdot \cos B \cdot \cos A_0 \\ g_{\omega_e} \cdot \sin B \\ -g_{\omega_e} \cdot \cos B \cdot \sin A_0 \end{bmatrix} \tag{5-2-18}$$

式中：B 为发射点的地理纬度；A_0 为发射方位角。其中，地球引力加速度在地心距方向的分量 g_r' 和地球自转角速度方向的分量 g_{ω_e} 的大小分别为

$$\begin{cases} g_r' = -\dfrac{\mu}{r_{\mathrm{c.m.}}^2}\left[1 + J \cdot \left(\dfrac{a_e}{r_{\mathrm{c.m.}}}\right)^2 \cdot (1 - 5\sin^2\phi)\right] \\ g_{\omega_e} = \dfrac{g_\phi}{\cos\phi} = -2\dfrac{\mu}{r_{\mathrm{c.m.}}^2} \cdot J \cdot \left(\dfrac{a_e}{r_{\mathrm{c.m.}}}\right)^2 \cdot \sin\phi \end{cases} \tag{5-2-19}$$

式中：$r_{\mathrm{c.m.}}$ 为当前时刻的运载器质心的地心距；ϕ 为当前时刻的运载器质心的地面投影点的地心纬度；其他变量的物理意义参看地球引力计算部分的内容。综上，地球引力加速度 $\boldsymbol{g}$ 在地面发射坐标系三个坐标轴的分量可表示为

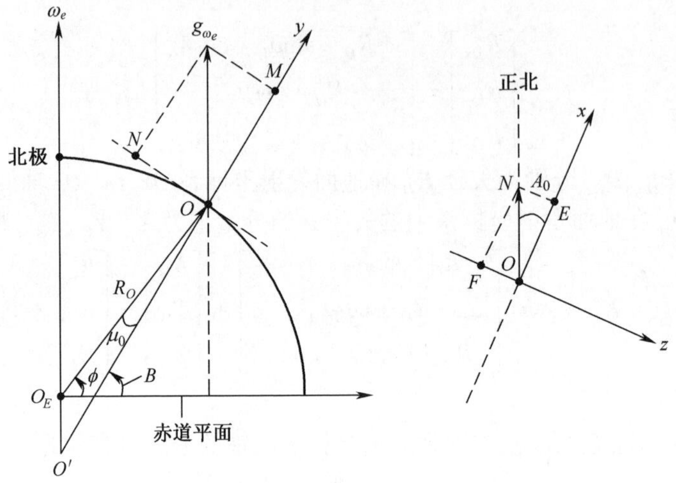

图 5-2-5　地球自转角速度方向的地球引力分量

$$\boldsymbol{g}=\begin{bmatrix} g_{Ox} \\ g_{Oy} \\ g_{Oz} \end{bmatrix}=\frac{g_r'}{\boldsymbol{r}_{\text{c.m.}}}\cdot\begin{bmatrix} R_{Ox}+X_G \\ R_{Oy}+Y_G \\ R_{Oz}+Z_G \end{bmatrix}+g_{\omega_e}\cdot\begin{bmatrix} \cos B\cdot\cos A_0 \\ \sin B \\ -\cos B\cdot\sin A_0 \end{bmatrix} \tag{5-2-20}$$

式中：g_{Ox}、g_{Oy}、g_{Oz} 分别为地球引力加速度 $\boldsymbol{g}$ 在地面发射坐标系三轴的分量。由式(5-2-20)可知，若已知运载器质心在地面发射坐标系三个坐标轴的位置分量 X_G、Y_G、Z_G、发射点 O 处的发射方位角 A_0、发射点的地理纬度 B、发射点的地心纬度 ϕ_0、当前时刻的运载器质心的地面投影点的地心纬度 ϕ 和当前时刻的运载器质心的地心距 $r_{\text{c.m.}}$，就可以计算得到当前时刻运载器质心所处位置的地球引力加速度在地面发射坐标系的分量。

3. 空气动力在地面发射坐标系的分量

根据前面章节的分析，我们知道航天运载器在发射飞行过程中受到的空气动力可以在速度坐标系内进行分解，即

$$\boldsymbol{R}=[-D,L,N]^{\mathrm{T}} \tag{5-2-21}$$

式中：$\boldsymbol{R}$ 为运载器所受的空气动力；D 为气动阻力；L 为气动升力；N 为气动侧向力。式(5-2-21)中各分量的表达式为

$$\begin{cases} D=-q\cdot S_{\text{ref}}\cdot C_D \\ L=q\cdot S_{\text{ref}}\cdot C_L \\ N=q\cdot S_{\text{ref}}\cdot C_N \end{cases} \tag{5-2-22}$$

式中：S_{ref}为运载器气动参考面积；C_D、C_L、D_N 分别为气动阻力系数、升力系数和侧向力系数；动压 q 的计算式为

$$q = \frac{1}{2}\rho V^2 \tag{5-2-23}$$

式中：ρ 为运载器当前高度的地球大气密度；V 为运载器相对于地球大气的速度（若不考虑地球大气自身的运动，可认为地球大气是随地球自转而自转的，运载器相对于地球大气的速度就等于运载器相对于地面的速度）。已知速度坐标系到地面发射坐标系的坐标转换矩阵为 $\boldsymbol{T}_{GV}$，则 $\boldsymbol{R}$ 在地面发射坐标系的分量可表示为

$$\begin{bmatrix} R_{x,\mathrm{G}} \\ R_{y,\mathrm{G}} \\ R_{z,\mathrm{G}} \end{bmatrix} = \boldsymbol{T}_{GV} \cdot \begin{bmatrix} -D \\ L \\ N \end{bmatrix} \tag{5-2-24}$$

式中：$R_{x,\mathrm{G}}$、$R_{y,\mathrm{G}}$、$R_{z,\mathrm{G}}$ 分别为空气动力 $\boldsymbol{R}$ 在地面发射坐标系 Ox、Oy、Oz 轴的分量。要计算空气动力的分量，除了需要知道当前时刻运载器的飞行高度、对地飞行速度等运动状态，还需要知道运载器的气动参考面积和空气动力系数。当前时刻运载器的飞行高度和速度等信息可以通过数值计算得到，运载器的气动参考面积是常值（当运载器确定后该值即可确定），而运载器的空气动力系数一般由工程部门和气动研究单位给出，空气动力系数的形式可以是数据列表，也可以是解析的拟合函数。需要说明，当没有详细的空气动力系数的数据时，也可以根据运载器的空气动力系数的基本规律和量值特点，自主设计近似的函数，以用于空气动力的计算。

4. 发动机推力在地面发射坐标系的分量

如果不考虑火箭发动机的安装偏差和推力方向偏差，则运载器动力系统（可包含多台火箭发动机）产生的总的推力 $\boldsymbol{P}$ 的方向与运载器的纵轴重合并指向运载器的理论顶点的方向，推力在运载器的体坐标系内的分量为

$$\boldsymbol{P} = [P,0,0]^{\mathrm{T}} \tag{5-2-25}$$

式中：P 为运载器的动力系统产生的总的推力大小。已知体坐标系到地面发射坐标系的坐标转换矩阵为 $\boldsymbol{T}_{GB}$，则

$$\begin{bmatrix} P_{x,\mathrm{G}} \\ P_{y,\mathrm{G}} \\ P_{z,\mathrm{G}} \end{bmatrix} = \boldsymbol{T}_{\mathrm{GB}} \cdot \begin{bmatrix} P \\ 0 \\ 0 \end{bmatrix} \tag{5-2-26}$$

式中：$P_{x,\mathrm{G}}$、$P_{y,\mathrm{G}}$、$P_{z,\mathrm{G}}$ 分别为发动机推力 $\boldsymbol{P}$ 在地面发射坐标系 Ox、Oy、Oz 轴的分量。需要说明，运载器的推力和空气动力是进行飞行控制最为常用的控制力，在实际分析时，应准确计算发动机推力、空气动力和控制力的实际值，切记不要进行重复计算。

5. 控制力在地面发射坐标系的分量

对于运载器来讲，控制力主要依托动力系统来实现，在前面的章节我们已经详

细介绍了燃气舵和摇摆发动机两种控制执行机构产生控制力的过程，考虑到控制执行机构也是与运载器的本体是固联的，所以不同的控制执行机构产生的控制力均可以通过其在体坐标系中的分量来进行表示，即

$$\boldsymbol{F}_C = \begin{bmatrix} F_{C,x_B} \\ F_{C,y_B} \\ F_{C,z_B} \end{bmatrix} \tag{5-2-27}$$

式中：F_{C,x_B}、F_{C,y_B}、F_{C,z_B} 分别为控制执行机构产生的控制力 $\boldsymbol{F}_C$ 在体坐标系三轴的分量。已知体坐标系到地面发射坐标系的转换矩阵为 $\boldsymbol{T}_{GB}$，则

$$\begin{bmatrix} F_{C,x} \\ F_{C,y} \\ F_{C,z} \end{bmatrix} = \boldsymbol{T}_{GB} \cdot \begin{bmatrix} F_{C,x_B} \\ F_{C,y_B} \\ F_{C,z_B} \end{bmatrix} \tag{5-2-28}$$

式中：$F_{C,x}$、$F_{C,y}$、$F_{C,z}$ 为控制力 $\boldsymbol{F}_C$ 在地面发射坐标系三轴的分量。

6. 附加科氏力在地面发射坐标系的分量

若运载器相对于惯性坐标系的转动角速度为 $\boldsymbol{\omega}_I$，已知附加科氏力的简化计算式为

$$\boldsymbol{F}'_k = -2\dot{m} \cdot \boldsymbol{\omega}_I \times \boldsymbol{\rho}_e \tag{5-2-29}$$

转动角速度 $\boldsymbol{\omega}_I$ 在体坐标系 O_Bx_B、O_By_B、O_Bz_B 轴的分量可表示为

$$\boldsymbol{\omega}_I = \begin{bmatrix} \omega_{I,x_B} \\ \omega_{I,y_B} \\ \omega_{I,z_B} \end{bmatrix} \tag{5-2-30}$$

式中：$\boldsymbol{\rho}_e$ 为运载器的质心 O_B 相对于发动机喷管出口截面中心点的位置矢量。对于轴对称运载器来讲，则有

$$\boldsymbol{\rho}_e = -x_{Be} \cdot \boldsymbol{x}_B^0 \text{v} \tag{5-2-31}$$

式中：x_{Be}为质心 O_B 到喷管出口截面中心点的距离（质心与喷管截面中心点均在运载器体坐标系 O_Bx_B 轴上）；$\boldsymbol{x}_B^0$ 为体坐标系 O_Bx_B 轴的单位矢量。将式(5-2-30)和式(5-2-31)代入附加科氏力计算式，可得

$$\begin{bmatrix} F'_{k,x_B} \\ F'_{k,y_B} \\ F'_{k,z_B} \end{bmatrix} = -2\dot{m} \cdot \begin{bmatrix} \omega_{I,x_B} \\ \omega_{I,y_B} \\ \omega_{I,z_B} \end{bmatrix} \times \begin{bmatrix} -x_{Be} \\ 0 \\ 0 \end{bmatrix} = -2\dot{m} \cdot x_{Be} \cdot \begin{bmatrix} 0 \\ \omega_{I,z_B} \\ \omega_{I,y_B} \end{bmatrix} \tag{5-2-32}$$

式中：F'_{k,x_B}、F'_{k,y_B}、F'_{k,z_B} 分别为附加科氏力 $\boldsymbol{F}'_k$ 在体坐标系三轴的分量。已知体坐标系到地面发射坐标系的转换矩阵为 $\boldsymbol{T}_{GB}$，附加科氏力在地面发射坐标系的分量为

$$\begin{bmatrix} F'_{k,x} \\ F'_{k,y} \\ F'_{k,z} \end{bmatrix} = \boldsymbol{T}_{\mathrm{GB}} \cdot \begin{bmatrix} F'_{k,x_{\mathrm{B}}} \\ F'_{k,y_{\mathrm{B}}} \\ F'_{k,z_{\mathrm{B}}} \end{bmatrix} \tag{5-2-33}$$

式中：$F'_{k,x}$、$F'_{k,y}$、$F'_{k,z}$ 分别为附加科氏力 $\boldsymbol{F}'_k$ 在地面发射坐标系三轴的分量。

7. 哥氏加速度在地面发射坐标系的分量

哥氏惯性力产生哥氏加速度，该力是由地面发射坐标系相对于惯性坐标系转动而引起的。已知哥氏加速度的计算式为

$$\boldsymbol{a}_k = -2\boldsymbol{\omega}_e \times \frac{\delta \boldsymbol{r}_{\mathrm{c.m.}}}{\delta t} \tag{5-2-34}$$

若记地球自转角速度 $\boldsymbol{\omega}_e$ 在地面发射坐标系的分量为 ω_{ex}、ω_{ey}、ω_{ez}，矢径 $\boldsymbol{r}_{\mathrm{c.m.}}$ 相对地面发射坐标系的导数为

$$\frac{\delta \boldsymbol{r}_{\mathrm{c.m.}}}{\delta t} = \boldsymbol{V}_G = \begin{bmatrix} V_{Gx} \\ V_{Gy} \\ V_{Gz} \end{bmatrix} = \begin{bmatrix} \dot{X}_{\mathrm{G}} \\ \dot{Y}_{\mathrm{G}} \\ \dot{V}_{\mathrm{G}} \end{bmatrix} \tag{5-2-35}$$

式中：$\boldsymbol{V}_G$ 为运载器相对于地面发射系的速度。将 $\boldsymbol{\omega}_e$ 和 $\boldsymbol{r}_{\mathrm{c.m.}}$ 的分量代入式(5-2-34)，可得

$$\boldsymbol{a}_k = \begin{bmatrix} a_{kx} \\ a_{ky} \\ a_{kz} \end{bmatrix} = -2 \cdot \begin{bmatrix} \omega_{ex} \\ \omega_{ey} \\ \omega_{ez} \end{bmatrix} \times \begin{bmatrix} V_{Gx} \\ V_{Gy} \\ V_{Gz} \end{bmatrix} = -\begin{bmatrix} 2\omega_{ey}V_{Gz} - 2\omega_{ez}V_{Gy} \\ 2\omega_{ez}V_{Gx} - 2\omega_{ex}V_{Gz} \\ 2\omega_{ex}V_{Gy} - 2\omega_{ey}V_{Gx} \end{bmatrix} \tag{5-2-36}$$

式中：a_{kx}、a_{ky}、a_{kz} 为科氏加速度 $\boldsymbol{a}_k$ 在地面发射坐标系的分量；V_{Gx}、V_{Gy}、V_{Gz} 为运载器质心相对于地面发射坐标系的速度在地面发射坐标系的分量。

8. 牵连加速度在地面发射坐标系的分量

牵连加速度由离心惯性力产生，当运载器质心的地心距矢径 $\boldsymbol{r}_{\mathrm{c.m.}}$ 相对惯性坐标系做转动运动，两次求导后即出现牵连加速度项，即

$$\boldsymbol{a}_e = -\boldsymbol{\omega}_e \times (\boldsymbol{\omega}_e \times \boldsymbol{r}_{\mathrm{c.m.}}) \tag{5-2-37}$$

前面在分析地球引力加速度分量时，已知

$$\boldsymbol{r}_{\mathrm{c.m.}} = \boldsymbol{R}_O + \boldsymbol{\rho} = \begin{bmatrix} r_{\mathrm{c.m.},Ox} \\ r_{\mathrm{c.m.},Oy} \\ r_{\mathrm{c.m.},Oz} \end{bmatrix} = \begin{bmatrix} R_{Ox+X_G} \\ R_{Oy+Y_G} \\ R_{Oz+Z_G} \end{bmatrix} \tag{5-2-38}$$

又已知地球自转角速度 $\boldsymbol{\omega}_e$ 在地面发射坐标系的分量为

$$\boldsymbol{\omega}_e = \begin{bmatrix} \omega_{ex} \\ \omega_{ey} \\ \omega_{ez} \end{bmatrix} = \omega_e \cdot \begin{bmatrix} \cos B \cdot \cos A_0 \\ \sin B \\ -\cos B \cdot \sin A_0 \end{bmatrix} \tag{5-2-39}$$

将 $\boldsymbol{\omega}_e$、$\boldsymbol{r}_{\text{c.m.}}$ 在地面发射坐标系三轴的分量代入牵连加速度计算式,可得

$$\boldsymbol{a}_e = -\begin{bmatrix} \omega_{ex} \\ \omega_{ey} \\ \omega_{ez} \end{bmatrix} \times \left(\begin{bmatrix} \omega_{ex} \\ \omega_{ey} \\ \omega_{ez} \end{bmatrix} \times \begin{bmatrix} r_{\text{c.m.},Ox} \\ r_{\text{c.m.},Oy} \\ r_{\text{c.m.},Oz} \end{bmatrix} \right) \tag{5-2-40}$$

自转角速度与地心距矢量的叉乘为

$$\begin{bmatrix} \omega_{ex} \\ \omega_{ey} \\ \omega_{ez} \end{bmatrix} \times \begin{bmatrix} r_{\text{c.m.},Ox} \\ r_{\text{c.m.},Oy} \\ r_{\text{c.m.},Oz} \end{bmatrix} = \begin{bmatrix} \omega_{ey} r_{\text{c.m.},Oz} - \omega_{ez} r_{\text{r.m.},Oy} \\ \omega_{ez} r_{\text{c.m.},Ox} - \omega_{ex} r_{\text{r.m.},Oz} \\ \omega_{ex} r_{\text{c.m.},Oy} - \omega_{ey} r_{\text{r.m.},Ox} \end{bmatrix} \tag{5-2-41}$$

将式(5-2-41)代入式(5-2-40)可得

$$\boldsymbol{a}_e = \begin{bmatrix} a_{ex} \\ a_{ey} \\ a_{ez} \end{bmatrix} = -\begin{bmatrix} -\omega_{ey}^2 - \omega_{ez}^2 & \omega_{ey}\omega_{ex} & \omega_{ez}\omega_{ex} \\ \omega_{ex}\omega_{ey} & -\omega_{ex}^2 - \omega_{ez}^2 & \omega_{ez}\omega_{ey} \\ \omega_{ex}\omega_{ez} & \omega_{ey}\omega_{ez} & -\omega_{ex}^2 - \omega_{ey}^2 \end{bmatrix} \begin{bmatrix} r_{\text{c.m.},Ox} \\ r_{\text{c.m.},Oy} \\ r_{\text{c.m.},Oz} \end{bmatrix} \tag{5-2-42}$$

式中:a_{ex}、a_{ey}、a_{ez} 为牵连加速度在地面发射坐标系的分量;ω_{ex}、ω_{ey}、ω_{ez} 为地球自转角速度在地面发射坐标系的分量;$r_{\text{c.m.},Ox}$、$r_{\text{c.m.},Oy}$、$r_{\text{c.m.},Oz}$ 为运载器质心的地心矢径在地面发射坐标系各轴的分量。至此,我们将地面发射坐标系内表示的运载器质心的动力学矢量方程中的各个矢量都投影分解至地面发射坐标系的各坐标轴,并建立以坐标轴分量表示的各力和加速度之间的关系,该关系式就是地面发射坐标系内描述的运载器质心的动力学方程:

$$m \cdot \begin{bmatrix} \dot{V}_{\text{G}x} \\ \dot{V}_{\text{G}y} \\ \dot{V}_{\text{G}z} \end{bmatrix} = m \cdot \frac{g_r'}{r_{\text{c.m.}}} \cdot \begin{bmatrix} R_{Ox} + X_{\text{G}} \\ R_{Oy} + Y_{\text{G}} \\ R_{Oz} + Z_{\text{G}} \end{bmatrix} + m \cdot g_{\omega_e} \cdot \begin{bmatrix} \cos B \cdot \cos A_0 \\ \sin B \\ -\cos B \cdot \sin A_0 \end{bmatrix} + \boldsymbol{T}_{GV} \cdot \begin{bmatrix} -D \\ L \\ N \end{bmatrix}$$
$$+ \boldsymbol{T}_{\text{GB}} \cdot \begin{bmatrix} P \\ 0 \\ 0 \end{bmatrix} + \boldsymbol{T}_{\text{GB}} \cdot \begin{bmatrix} F_{C,x_{\text{B}}} \\ F_{C,y_{\text{B}}} \\ F_{C,z_{\text{B}}} \end{bmatrix} + \boldsymbol{T}_{\text{GB}} \cdot \begin{bmatrix} F'_{k,x_{\text{B}}} \\ F'_{k,y_{\text{B}}} \\ F'_{k,z_{\text{B}}} \end{bmatrix} + m \cdot \begin{bmatrix} a_{kx} \\ a_{ky} \\ a_{kz} \end{bmatrix} + m \cdot \begin{bmatrix} a_{ex} \\ a_{ey} \\ a_{ez} \end{bmatrix} \tag{5-2-43}$$

考虑到式(5-2-43)中发动机推力、控制力、附加科氏力项均左乘体坐标系到地面发射坐标系的转换矩阵 $\boldsymbol{T}_{\mathrm{GB}}$,则式(5-2-43)可简化为

$$m\cdot\begin{bmatrix}\dot{V}_{\mathrm{G}x}\\ \dot{V}_{\mathrm{G}y}\\ \dot{V}_{\mathrm{G}z}\end{bmatrix}=m\cdot\frac{g_r'}{r_{\mathrm{c.m.}}}\cdot\begin{bmatrix}R_{Ox}+X_{\mathrm{G}}\\ R_{Oy}+Y_{\mathrm{G}}\\ R_{Oz}+Z_{\mathrm{G}}\end{bmatrix}+m\cdot g_{\omega_e}\cdot\begin{bmatrix}\cos B\cdot\cos A_0\\ \sin B\\ -\cos B\cdot\sin A_0\end{bmatrix}+\boldsymbol{T}_{GV}\cdot\begin{bmatrix}-D\\ L\\ N\end{bmatrix}+$$

$$\boldsymbol{T}_{GB}\cdot\begin{bmatrix}P+F_{C,x_{\mathrm{B}}}+F'_{k,x_{\mathrm{B}}}\\ F_{C,y_{\mathrm{B}}}+F'_{k,y_{\mathrm{B}}}\\ F_{C,z_{\mathrm{B}}}+F'_{k,z_{\mathrm{B}}}\end{bmatrix}+m\cdot\begin{bmatrix}a_{kx}\\ a_{ky}\\ a_{kz}\end{bmatrix}+m\cdot\begin{bmatrix}a_{ex}\\ a_{ey}\\ a_{ez}\end{bmatrix}\tag{5-2-44}$$

显然,式(5-2-44)直观地描述了运载器质心相对于地面发射坐标系的运动加速度与运载器质心所受合力之间的关系方程,所以该式就是地面发射坐标系内描述的航天运载器质心的动力学方程。若运载器在地面发射坐标系内的受力已知,则可以利用运载器质心的动力学方程得到其速度的变化率(加速度),利用速度的变化率和当前时刻的速度就可以得到下一时刻的速度值。已知运载器质心相对于地面发射坐标系的速度 $\boldsymbol{V}_{\mathrm{G}}$ 在地面发射坐标系三轴的分量,则运载器质心相对于地面发射坐标系位置的分量的变化率满足

$$\begin{bmatrix}\dot{X}_{\mathrm{G}}\\ \dot{Y}_{\mathrm{G}}\\ \dot{Z}_{\mathrm{G}}\end{bmatrix}=\begin{bmatrix}V_{\mathrm{G}x}\\ V_{\mathrm{G}y}\\ V_{\mathrm{G}z}\end{bmatrix}\tag{5-2-45}$$

式中:X_{G}、Y_{G}、Z_{G} 为运载器质心的位置在地面发射坐标系三轴的分量;$V_{\mathrm{G}x}$、$V_{\mathrm{G}y}$、$V_{\mathrm{G}z}$ 分别为运载器相对于地面发射坐标系的速度矢量在地面发射坐标系三轴的分量。显然,式(5-2-45)表征的是运载器的空间位置与其运动速度之间的关系,所以该式就是地面发射坐标系内描述的运载器质心的运动学方程。当前时刻的速度值确定后运载器质心位置的变化率就能确定,利用运动学方程和当前时刻的质心位置就能计算得到运载器质心下一时刻的位置,当确定了任意时刻的运载器质心的位置就确定了运载器的飞行弹道。

5.2.2 地面发射惯性系内质心动力学与运动学方程

地面发射惯性坐标系是描述运载器在惯性空间运动规律的参考系,运载器在惯性空间的飞行弹道、有效载荷发射弹道和有效载荷入轨参数等都需在该坐标系内表征。如图 5-2-6 所示,在地面发射惯性坐标系 $O_{\mathrm{I}}-x_{\mathrm{I}}y_{\mathrm{I}}z_{\mathrm{I}}$ 中,任意瞬时时刻运

载器质心 O_B 相对于原点 O_I 的矢径为 $\boldsymbol{r}_{GI}$，此时质心 O_B 相对于地心惯性坐标系原点 O_E 的矢径为 $\boldsymbol{r}_{EI}$，地面发射惯性坐标系原点 O_I 相对于原点 O_E 的矢径为 $\boldsymbol{R}_{O_I}$，则

$$\boldsymbol{r}_{EI} = \boldsymbol{r}_{GI} + \boldsymbol{R}_{O_I} \tag{5-2-46}$$

在惯性空间中位置矢径 $\boldsymbol{R}_{O_I}$ 为常量矢量，则

$$\frac{d\boldsymbol{r}_{EI}}{dt} = \frac{d\boldsymbol{r}_{GI}}{dt} \Rightarrow \frac{d^2\boldsymbol{r}_{EI}}{dt^2} = \frac{d^2\boldsymbol{r}_{GI}}{dt^2} \tag{5-2-47}$$

根据变质量物体的质心动力学方程可知，运载器质心 O_B 的地心矢径 $\boldsymbol{r}_{c.m.}$ 在惯性空间内对时间的二阶导数满足

$$m \cdot \frac{d^2\boldsymbol{r}_{EI}}{dt^2} = m \cdot \frac{d^2\boldsymbol{r}_{GI}}{dt^2} = m \cdot \frac{d^2\boldsymbol{r}_{c.m.}}{dt^2} = \boldsymbol{F}_S + \boldsymbol{F}'_{rel} + \boldsymbol{F}'_k \tag{5-2-48}$$

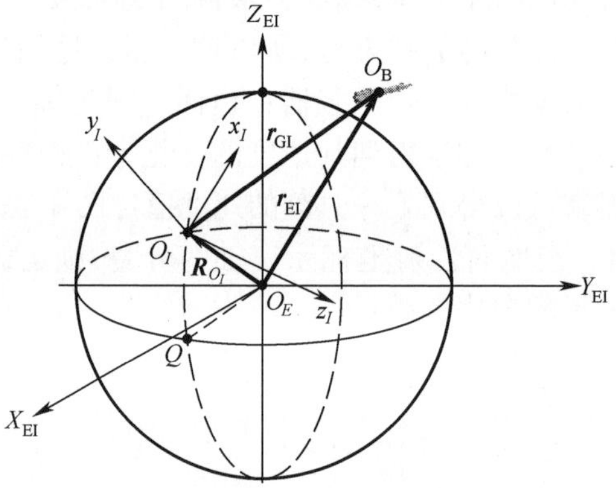

图 5-2-6　地面发射惯性坐标系内空间矢径关系示意图

式中：$\boldsymbol{F}_S$ 为运载器质心所受的合外力主矢；$\boldsymbol{F}'_{rel}$ 为附加相对力；$\boldsymbol{F}'_k$ 为附加科氏力。已知运载器质心所受的合外力、附加相对力和附加科氏力满足

$$\begin{cases} \boldsymbol{F}_S = m \cdot \boldsymbol{g} + \boldsymbol{R} + \boldsymbol{P}_{s.t.} + \boldsymbol{F}_C \\ \boldsymbol{F}'_{rel} = -\dot{m} \cdot \boldsymbol{u}_e \\ \boldsymbol{F}'_k = -2\dot{m} \cdot \boldsymbol{\omega}_I \times \boldsymbol{\rho}_e \end{cases} \tag{5-2-49}$$

式中：m 为质量；$\boldsymbol{g}$ 为地球引力加速度；$\boldsymbol{R}$ 为空气动力；$\boldsymbol{P}_{s.t.}$ 为火箭发动机静推力；$\boldsymbol{F}_C$ 为控制力；$\dot{m}$ 为质量秒耗量；$\boldsymbol{u}_e$ 为喷管出口处燃气的等效排出速度；$\boldsymbol{\omega}_I$ 为运载器相对于惯性空间的转动角速度；$\boldsymbol{\rho}_e$ 为运载器质心到发动机喷管截面中心的矢径。

将式(5-2-49)代入式(5-2-48)可得

$$m \cdot \frac{d^2\boldsymbol{r}_{GI}}{dt^2} = m \cdot g + \boldsymbol{R} + \boldsymbol{P} + \boldsymbol{F}_C + \boldsymbol{F}'_k \tag{5-2-50}$$

式中：运载器动力系统产生的推力 $\boldsymbol{P}$ 是发动机静推力 $\boldsymbol{P}_{s.t.}$ 与附加相对力 $\boldsymbol{F}'_{rel}$ 的合

力。将该矢量表达式中各矢量投影至地面发射惯性坐标系即可得到地面发射惯性坐标系中描述的运载器质心的动力学方程。

1. 运载器质心的绝对加速度在地面发射惯性坐标系的分量

运载器质心相对于地面发射惯性坐标系原点的矢径 $\boldsymbol{r}_{\mathrm{GI}}$ 的二阶绝对导数即为运载器质心相对于地面发射惯性坐标系的绝对加速度,将加速度矢量分解至坐标系三轴为

$$\frac{\mathrm{d}^2\boldsymbol{r}_{\mathrm{GI}}}{\mathrm{d}t^2}=\begin{bmatrix}a_{\mathrm{GI}x}\\a_{\mathrm{GI}y}\\a_{\mathrm{GI}z}\end{bmatrix}=\begin{bmatrix}\dot{V}_{\mathrm{GI}x}\\\dot{V}_{\mathrm{GI}y}\\\dot{V}_{\mathrm{GI}z}\end{bmatrix}\tag{5-2-51}$$

式中:$a_{\mathrm{GI}x}$、$a_{\mathrm{GI}y}$、$a_{\mathrm{GI}z}$ 分别为运载器质心相对地面发射惯性坐标系的加速度 $\boldsymbol{a}_{\mathrm{GI}}$ 在地面发射惯性坐标系三轴的分量;$V_{\mathrm{GI}x}$、$V_{\mathrm{GI}y}$、$V_{\mathrm{GI}z}$ 分别为运载器质心相对于地面发射惯性坐标系的速度矢量 $\boldsymbol{V}$ 在地面发射惯性坐标系三个坐标轴的分量。

2. 地球引力加速度在地面发射惯性坐标系的分量

采用与地面发射坐标系内地球引力加速度分量相同的求解方法,可得地球引力加速度 $\boldsymbol{g}$ 在地面发射惯性坐标系三轴的分量为

$$\begin{bmatrix}g_{\mathrm{GI}x}\\g_{\mathrm{GI}y}\\g_{\mathrm{GI}z}\end{bmatrix}=\frac{g_r'}{\boldsymbol{r}_{\mathrm{EI}}}\cdot\begin{bmatrix}X_{\mathrm{GI}}+R_{OIx}\\Y_{\mathrm{GI}}+R_{OIy}\\Z_{\mathrm{GI}}+R_{OIz}\end{bmatrix}+g_{\omega_e}\cdot\begin{bmatrix}\cos B\cdot\cos A_0\\\sin B\\-\cos B\cdot\sin A_0\end{bmatrix}\tag{5-2-52}$$

式中:$g_{\mathrm{GI}x}$、$g_{\mathrm{GI}y}$、$g_{\mathrm{GI}z}$ 为地球引力加速度在地面发射惯性坐标系三轴的分量;g_r' 为地球引力加速度在地心矢径方向的分量的大小;r_{EI}为当前时刻运载器质心的地心距大小;g_{ω_e}为地球引力加速度在地球自转角速度方向分量的大小;B 为地面发射惯性坐标系原点的地理纬度;A_0 为地面发射惯性坐标系的发射方位角;X_{GI}、Y_{GI}、Z_{GI} 为运载器质心在地面发射惯性坐标系内的位置分量;R_{OIx}、R_{OIy}、R_{OIz} 为地面发射惯性坐标系原点的地心距矢径在地面发射惯性坐标系的分量。

3. 空气动力在地面发射惯性坐标系的分量

已知运载器发射飞行过程中受到的空气动力在速度坐标系的分量及其计算式为

$$\boldsymbol{R}=\begin{bmatrix}-D\\L\\N\end{bmatrix}=\frac{1}{2}\begin{bmatrix}-\rho\cdot V^2\cdot S_{\mathrm{ref}}\cdot C_D\\\rho\cdot V^2\cdot S_{\mathrm{ref}}\cdot C_L\\\rho\cdot V^2\cdot S_{\mathrm{ref}}\cdot C_N\end{bmatrix}\tag{5-2-53}$$

式中:$\boldsymbol{R}$ 为运载器受到的空气动力;D 为分解到速度系 $O_{\mathrm{B}}x_{\mathrm{V}}$ 轴的气动阻力;L 为分

解到速度系 O_By_V 轴的气动升力；N 为分解到速度系 O_Bz_V 轴的气动侧向力；S_{ref} 为运载器的气动参考面积；C_D、C_L、D_N 分别为气动阻力系数、升力系数和侧向力系数；ρ 为运载器当前飞行高度的地球大气密度；V 为运载器相对于大气的速度（大气随地球自转而自转，也即运载器相对于地球表面的速度）。已知速度坐标系到地面发射惯性坐标系的坐标转换矩阵为 $\boldsymbol{T}_{G_IV}$，则 $\boldsymbol{R}$ 在地面发射惯性坐标系的分量为

$$\begin{bmatrix} R_{x,\mathrm{GI}} \\ R_{y,\mathrm{GI}} \\ R_{z,\mathrm{GI}} \end{bmatrix} = \boldsymbol{T}_{G_IV} \cdot \begin{bmatrix} -D \\ L \\ N \end{bmatrix} \tag{5-2-54}$$

式中：$R_{x,\mathrm{GI}}$、$R_{y,\mathrm{GI}}$、$R_{z,\mathrm{GI}}$ 分别为空气动力 $\boldsymbol{R}$ 在地面发射惯性坐标系 O_Ix_I、O_Iy_I、O_Iz_I 轴的分量。

4. 发动机推力在地面发射惯性坐标系的分量

不考虑发动机的安装偏差和推力偏差时，动力系统产生的总推力 $\boldsymbol{P}$ 与运载器的纵轴重合，若已知体坐标系到地面发射惯性坐标系的转换矩阵为 $\boldsymbol{T}_{G_I\mathrm{B}}$，则

$$\begin{bmatrix} R_{x,\mathrm{GI}} \\ R_{y,\mathrm{GI}} \\ R_{z,\mathrm{GI}} \end{bmatrix} = \boldsymbol{T}_{G_IV} \cdot \begin{bmatrix} P \\ 0 \\ 0 \end{bmatrix} \tag{5-2-55}$$

式中：$P_{x,\mathrm{GI}}$、$P_{y,\mathrm{GI}}$、$P_{z,\mathrm{GI}}$ 分别为总推力 $\boldsymbol{P}$ 在地面发射惯性坐标系 O_Ix_I、O_Iy_I、O_Iz_I 轴的分量。

5. 控制力在地面发射惯性坐标系的分量

已知运载器的控制执行机构产生的控制力可以分解到体坐标系内，若已知体坐标系到地面发射惯性坐标系的转换矩阵为 $\boldsymbol{T}_{G_I\mathrm{B}}$，则

$$\begin{bmatrix} F_{C,\mathrm{GI}x} \\ F_{C,\mathrm{GI}y} \\ F_{C,\mathrm{GI}z} \end{bmatrix} = \boldsymbol{T}_{G_I\mathrm{B}} \cdot \begin{bmatrix} F_{C,x_\mathrm{B}} \\ F_{C,y_\mathrm{B}} \\ F_{C,z_\mathrm{B}} \end{bmatrix} \tag{5-2-56}$$

式中：F_{C,x_B}、F_{C,y_B}、F_{C,z_B} 分别为控制力 $\boldsymbol{F}_C$ 在体坐标系三轴的分量；$F_{C,\mathrm{GI}x}$、$F_{C,\mathrm{GI}y}$、$F_{C,\mathrm{GI}z}$ 分别为运载器产生的控制力 $\boldsymbol{F}_C$ 在地面发射惯性坐标系三轴的分量。

6. 附加科氏力在地面发射惯性坐标系的分量

若运载器相对于惯性坐标系的转动角速度记为 $\boldsymbol{\omega}_\mathrm{I}$，已知附加科氏力的计算式为

$$\boldsymbol{F}'_k = -2\dot{m}\boldsymbol{\omega}_\mathrm{I} \times \boldsymbol{\rho}_e \tag{5-2-57}$$

转动角速度 $\boldsymbol{\omega}_\mathrm{I}$ 在体坐标系 $O_\mathrm{B}x_\mathrm{B}$、$O_\mathrm{B}y_\mathrm{B}$、$O_\mathrm{B}z_\mathrm{B}$ 轴的分量表示为

$$\boldsymbol{\omega}_{\mathrm{I}}=\begin{bmatrix}\omega_{\mathrm{I},x_{\mathrm{B}}}\\ \omega_{\mathrm{I},y_{\mathrm{B}}}\\ \omega_{\mathrm{I},z_{\mathrm{B}}}\end{bmatrix} \tag{5-2-58}$$

式中:$\boldsymbol{\rho}_e$ 为运载器质心 O_{B} 相对于发动机喷管出口截面中心点的矢量。对于运载器来讲,有

$$\boldsymbol{\rho}_e=-x_{Be}\cdot\boldsymbol{x}_{\mathrm{B}}^0 \tag{5-2-59}$$

式中:x_{Be}为质心 O_{B} 到喷管出口截面中心点的距离(质心与喷管截面中心点均在运载器体坐标系 $O_{\mathrm{B}}x_{\mathrm{B}}$ 轴上);x_{B}^0 为体坐标系 $O_{\mathrm{B}}x_{\mathrm{B}}$ 轴的单位矢量。将式(5-2-58)和式(5-2-59)代入式(5-2-57)可得

$$\begin{bmatrix}F'_{k,x_{\mathrm{B}}}\\ F'_{k,y_{\mathrm{B}}}\\ F'_{k,z_{\mathrm{B}}}\end{bmatrix}=-2\dot{m}\cdot\begin{bmatrix}\omega_{I,x_{\mathrm{B}}}\\ \omega_{I,y_{\mathrm{B}}}\\ \omega_{I,z_{\mathrm{B}}}\end{bmatrix}\times\begin{bmatrix}-x_{Be}\\ 0\\ 0\end{bmatrix}=-2\dot{m}\cdot x_{Be}\cdot\begin{bmatrix}0\\ \omega_{I,z_{\mathrm{B}}}\\ \omega_{I,y_{\mathrm{B}}}\end{bmatrix} \tag{5-2-60}$$

式中:$F'_{k,x_{\mathrm{B}}}$、$F'_{k,y_{\mathrm{B}}}$、$F'_{k,z_{\mathrm{B}}}$ 为附加科氏力 $\boldsymbol{F}'_k$ 在体坐标系三轴的分量。

已知体坐标系到地面发射惯性坐标系的转换矩阵为 $\boldsymbol{T}_{G_I\mathrm{B}}$,附加科氏力在地面发射惯性坐标系的分量为

$$\begin{bmatrix}F'_{k,\mathrm{GI}x}\\ F'_{k,\mathrm{GI}y}\\ F'_{k,\mathrm{GI}z}\end{bmatrix}=\boldsymbol{T}_{G_IB}\cdot\begin{bmatrix}F'_{k,x_{\mathrm{B}}}\\ F'_{k,y_{\mathrm{B}}}\\ F'_{k,z_{\mathrm{B}}}\end{bmatrix} \tag{5-2-61}$$

式中:$F'_{k,\mathrm{GI}x}$、$F'_{k,\mathrm{GI}y}$、$F'_{k,\mathrm{GI}z}$ 分别为附加科氏力 $\boldsymbol{F}'_k$ 在地面发射惯性坐标系三轴的分量。综上,可得地面发射惯性坐标系内描述的运载器质心的动力学方程

$$m\begin{bmatrix}\dot{V}_{\mathrm{GI}x}\\ \dot{V}_{\mathrm{GI}y}\\ \dot{V}_{\mathrm{GI}z}\end{bmatrix}=m\begin{bmatrix}g_{\mathrm{GI}x}\\ g_{\mathrm{GI}y}\\ g_{\mathrm{GI}z}\end{bmatrix}+\boldsymbol{T}_{G_IV}\begin{bmatrix}-D\\ L\\ N\end{bmatrix}+\boldsymbol{T}_{G_IB}\begin{bmatrix}P\\ 0\\ 0\end{bmatrix}+\boldsymbol{T}_{G_IB}\begin{bmatrix}F_{C,x_{\mathrm{B}}}\\ F_{C,y_{\mathrm{B}}}\\ F_{C,z_{\mathrm{B}}}\end{bmatrix}+\boldsymbol{T}_{G_IB}\begin{bmatrix}F'_{k,x_{\mathrm{B}}}\\ F'_{k,y_{\mathrm{B}}}\\ F'_{k,z_{\mathrm{B}}}\end{bmatrix} \tag{5-2-62}$$

运载器质心在地面发射惯性坐标系的质心运动学方程为

$$\begin{bmatrix}\dot{X}_{\mathrm{GI}}\\ \dot{Y}_{\mathrm{GI}}\\ \dot{Z}_{\mathrm{GI}}\end{bmatrix}=\begin{bmatrix}V_{\mathrm{GI}x}\\ V_{\mathrm{GI}y}\\ V_{\mathrm{GI}z}\end{bmatrix} \tag{5-2-63}$$

式中:X_{GI}、Y_{GI}、Z_{GI} 分别为航天运载器质心的空间位置在地面发射惯性坐标系三

个坐标轴的分量；V_{GIx}、V_{GIy}、V_{GIz} 分别为运载器质心的速度在地面发射惯性系的分量。

5.2.3 速度系内质心动力学与运动学方程

利用地面发射坐标系和地面发射惯性坐标系内建立的运载器质心的动力学与运动学方程,可以直观地描述运载器质心相对于地面发射坐标系或地面发射惯性坐标系的运动速度和空间位置的导数在各自坐标轴上的分量,运载器质心的加速度、速度和位置在地面发射坐标系和地面发射惯性坐标系的分量是运载器导航系统的重要敏感数据,这些坐标分量在运载器的飞行控制和制导控制环节具有重要的工程应用价值。

图 5-2-7 地面观测的发射弹道

然而,地面发射坐标系和地面发射惯性坐标系内的加速度、速度和位置分量却不能从直观的角度来描述运载器飞行弹道的基本特性,如图 5-2-7 所示,例如运载器飞行弹道相对于铅锤方向的弯曲度,运载器弹道平面相对于正北方向的夹角,以及运载器任意时刻的飞行速度矢量的大小、相对于当地水平面的夹角以及相对于铅锤平面的夹角等特征参数,都不能直接用运载器质心在地面发射坐标系和地面发射惯性坐标系的分量来表征,而是需要进行必要的代数转换和求解,这对于直观地理解和掌握运载器的运动规律和飞行特性是十分不便的。为了能够让人们更加准确和直观地掌握运载器的飞行弹道,我们有必要以运载器质心的速度矢量为基本依据建立速度坐标系内的质心动力学与运动学方程。要建立速度坐标系内的动力学与运动学方程,我们需要借助地面发射坐标系内的质心动力学矢量方程

$$m \cdot \frac{\delta^2 \boldsymbol{r}_{c.m.}}{\delta t^2} = m \cdot \boldsymbol{g} + \boldsymbol{R} + \boldsymbol{P} + \boldsymbol{F}_C + \boldsymbol{F}'_k - 2m \cdot \boldsymbol{\omega}_e \times \frac{\delta \boldsymbol{r}_{c.m.}}{\delta t} - m \cdot \boldsymbol{\omega}_e \times (\boldsymbol{\omega}_e \times \boldsymbol{r}_{c.m.}) \tag{5-2-64}$$

式中：等号左侧为运载器质心相对于地面发射坐标系的加速度；等号右侧为运载器质心相对于地面发射坐标系的各项受力；$\boldsymbol{r}_{c.m.}$ 为运载器质心 O_B 的地心矢径；m 为运载器的质量；$\boldsymbol{g}$ 为地球引力加速度；$\boldsymbol{R}$ 为运载器质心受到的空气动力；$\boldsymbol{P}$ 为运载器动力系统产生的总推力；$\boldsymbol{F}_C$ 为控制执行机构产生的控制力；$\boldsymbol{F}'_k$ 为运载器变质量运动产生的附加科氏力；$\boldsymbol{\omega}_e$ 为地球的自转角速度。

假设运载器相对于地面发射坐标系的速度矢量为 $\boldsymbol{V}_G$，则

$$\boldsymbol{V}_G = V_G \boldsymbol{x}_V^0 \tag{6-2-65}$$

式中：V_G 为速度大小；$\boldsymbol{x}_V^0$ 为速度坐标系 $O_B x_V$ 轴的单位矢量，也是速度矢量方向的单位矢量，因为速度矢量 $\boldsymbol{V}_G$ 是相对于地面发射坐标系的，则

$$\frac{\delta^2 \boldsymbol{r}_{c.m.}}{\delta t^2} = \frac{d\boldsymbol{V}_G}{dt} = \frac{d}{dt}(V_G \cdot \boldsymbol{x}_V^0) = \frac{dV_G}{dt}\boldsymbol{x}_V^0 + V_G \frac{d\boldsymbol{x}_V^0}{dt} \tag{6-2-66}$$

由泊松定理可知

$$\frac{d\boldsymbol{x}_V^0}{dt} = \boldsymbol{\omega}_V \times \boldsymbol{x}_V^0 \tag{5-2-67}$$

式中：$\boldsymbol{\omega}_V$ 为速度坐标系相对于地面发射坐标系的转动角速度，可以利用地面发射坐标系到速度坐标系的坐标转换来计算。

当采用 3-2-1 转序时，速度坐标系与地面发射坐标系的空间转换关系如图 5-2-8 所示。

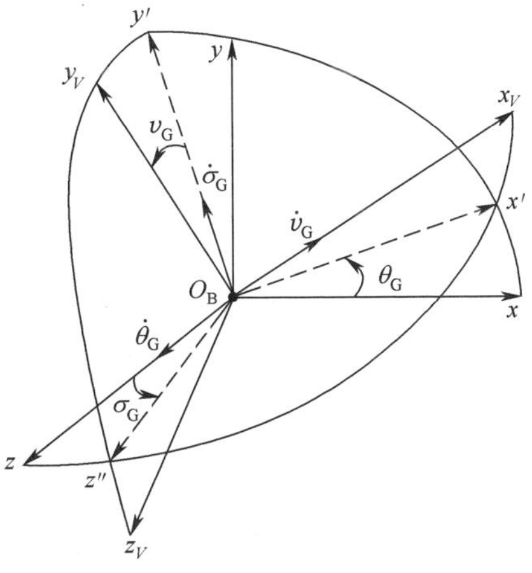

图 5-2-8　地面发射坐标系到速度坐标系的空间转换关系

图 5-2-8 中 $\dot{\boldsymbol{\theta}}_G$ 为绕 O_Bz 轴逆时针旋转 θ_G 角的转动角速度，$\dot{\boldsymbol{\sigma}}_G$ 为绕 O_By' 轴逆时针旋转 $\boldsymbol{\sigma}_G$ 角的转动角速度，$\dot{\boldsymbol{v}}_G$ 为绕 O_Bx_V 轴逆时针旋转 $\boldsymbol{v}_G$ 角的转动角速度。根据常识可知把地面发射坐标系旋转至速度坐标系的旋转欧拉角的角速度其实就是速度坐标系相对于地面发射坐标系的转动角速度，即

$$\boldsymbol{\omega}_V = \dot{\boldsymbol{\theta}}_G + \dot{\boldsymbol{\sigma}}_G + \dot{\boldsymbol{v}}_G \tag{5-2-68}$$

则 $\boldsymbol{\omega}_V$ 在速度坐标系的分量即为 $\dot{\boldsymbol{\theta}}_G$、$\dot{\boldsymbol{\sigma}}_G$、$\dot{\boldsymbol{v}}_G$ 分别在速度坐标系相应分量的和。从坐标系转动空间几何关系可知转动角速度 $\dot{\boldsymbol{\theta}}_G$ 在 O_Bz、O_Bz''、O_Bx'、O_Bx_V 轴组成的平面内，如图 5-2-9 所示。

显然，转动角速度 $\boldsymbol{\omega}_V$ 在速度坐标系 O_Bx_V 轴的分量 $\omega_{V,x}$ 为

$$\omega_{V,x} = \dot{v}_G - \dot{\theta}_G \cdot \sin\sigma_G \tag{5-2-69}$$

同样，角速度矢量 $\dot{\boldsymbol{\sigma}}_G$ 与坐标轴 O_Bz_V、O_Bz''、O_By'、O_By_V 共面，其空间关系如图 5-2-10 所示。

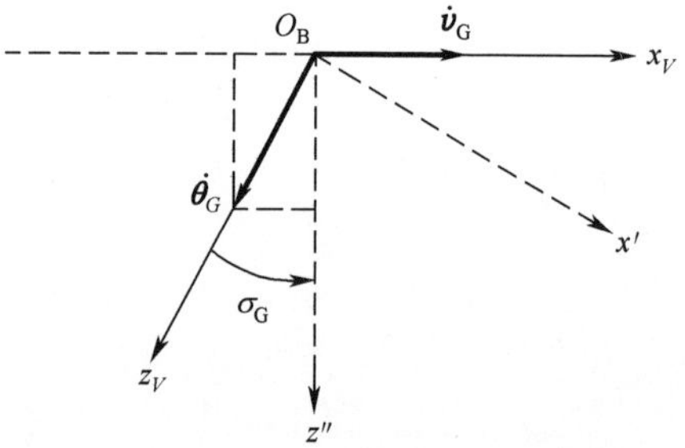

图 5-2-9 平面 $x_VO_Bz_V$ 内的欧拉角关系

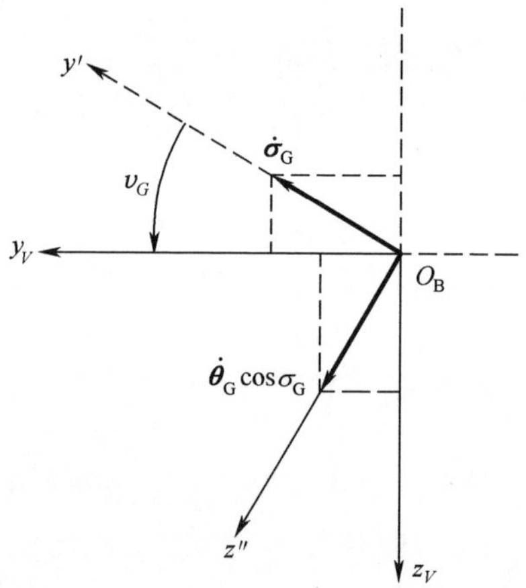

图 5-2-10 平面 $y_VO_Bz_V$ 内的欧拉角关系

转动角速度 $\boldsymbol{\omega}_V$ 在速度坐标系 O_By_V、O_Bz_V 轴的分量 $\omega_{V,y}$、$\omega_{V,z}$ 为

$$\begin{cases}\omega_{V,y} = \dot{\sigma}_G \cdot \cos v_G + \dot{\theta}_G \cdot \cos\sigma_G \cdot \sin v_G \\ \omega_{V,z} = \dot{\theta}_G \cdot \cos\sigma_G \cdot \cos v_G - \dot{\sigma}_G \cdot \sin v_G\end{cases} \tag{5-2-70}$$

将 $\boldsymbol{\omega}_V$ 在速度坐标系的分量代入 $\dot{\boldsymbol{x}}_V^0 = \boldsymbol{\omega}_V \times \boldsymbol{x}_V^0$ 可得

$$\frac{\mathrm{d}\boldsymbol{x}_V^0}{\mathrm{d}t} = \begin{vmatrix} \boldsymbol{x}_V^0 & \boldsymbol{y}_V^0 & \boldsymbol{z}_V^0 \\ \omega_{V,x} & \omega_{V,y} & \omega_{V,z} \\ 1 & 0 & 0 \end{vmatrix} = \omega_{V,z}\boldsymbol{y}_V^0 - \omega_{V,y}\boldsymbol{z}_V^0 \tag{5-2-71}$$

式中：x_V^0、y_V^0、z_V^0 为速度坐标系三轴的单位矢量。

将式(5-2-71)代入速度矢量 $\boldsymbol{V}_G$ 的相对于地面发射坐标系的导数式中可得

$$\begin{aligned}\frac{\delta^2 \boldsymbol{r}_{c.m.}}{\delta t^2} = \frac{d\boldsymbol{V}_G}{dt} &= \dot{V}_G \boldsymbol{x}_V^0 + V_G(\dot{\theta}_G \cos\sigma_G \cos v_G - \dot{\sigma}_G \sin v_G)\boldsymbol{y}_V^0 - \\ &\quad V_G(\dot{\sigma}\cos v_G + \dot{\theta}_G \cos\sigma_G \sin v_G) z_V^0 \end{aligned} \tag{5-2-72}$$

式(5-2-72)表达的就是相对于惯性空间的质心矢径 $\boldsymbol{r}_{c.m.}$ 在速度坐标系的二阶相对导数在速度坐标系各轴的分量。综上运载器在速度坐标系的质心动力学方程可表示为

$$m \cdot \begin{bmatrix} \dot{V}_G \\ V_G \cdot \dot{\theta}_G \cdot \cos\sigma_G \cdot \cos v_G - V_G \cdot \dot{\sigma}_G \cdot \sin v_G \\ -V_G \cdot \dot{\sigma}_G \cdot \cos v_G - V_G \cdot \dot{\theta}_G \cdot \cos\sigma_G \cdot \sin v_G \end{bmatrix} = m \cdot \boldsymbol{g} + \boldsymbol{R} + \boldsymbol{P} + \boldsymbol{F}_C + \boldsymbol{F}'_k - 2m \cdot \boldsymbol{\omega}_e \times \frac{\delta \boldsymbol{r}_{c.m.}}{\delta t} - m \cdot \boldsymbol{\omega}_e \times (\boldsymbol{\omega}_e \times \boldsymbol{r}_{c.m.}) \tag{5-2-73}$$

式中：V_G 为运载器相对于地面发射坐标系的速度大小；θ_G 为地面发射坐标系内描述的速度倾角；σ_G 为地面发射坐标系内描述的航迹偏航角；v_G 为运载器的倾侧角。

显然，式(5-2-73)左侧表征的就是运载器的加速度在速度系内的分量，为了建立速度系内的动力学方程，则只需将式(5-2-73)右侧的各矢量力分解到速度坐标系内即可。在前面章节介绍地面发射坐标系内的质心动力学方程时已经分析过，引力加速度 $\boldsymbol{g}$ 根据其在地心矢径和地球自转轴方向的分量可以很方便地求解其在地面发射坐标系的分量，空气动力 $\boldsymbol{R}$ 在速度坐标系的分量即为阻力、升力和侧向力，运载器产生的总推力 $\boldsymbol{P}$ 和控制力 $\boldsymbol{F}_C$ 一般在体坐标系内表征，附加科氏力 $\boldsymbol{F}'_k$ 可以很方便地在体坐标系内表示，同时哥氏加速度 $-2m \cdot \boldsymbol{\omega}_e \times \dot{\boldsymbol{r}}_{c.m.}$ 和牵连加速度 $-\boldsymbol{\omega}_e \times (\boldsymbol{\omega}_e \times \boldsymbol{r}_{c.m.})$ 在地面发射坐标系的分量的计算式也都已完成推导，利用前面建立的方程可得运载器在速度坐标系的质心动力学方程为

$$m \cdot \begin{bmatrix} \dot{V}_G \\ V_G \dot{\theta}_G \cos\sigma_G \cos v_G - V_G \dot{\sigma}_G \sin v_G \\ -V_G \dot{\sigma}_G \cos v_G - V_G \dot{\theta}_G \cos\sigma_G \sin v_G \end{bmatrix} = m\boldsymbol{T}_{VG} \begin{bmatrix} g_{Ox} \\ g_{Oy} \\ g_{Oz} \end{bmatrix} + \begin{bmatrix} -D \\ L \\ N \end{bmatrix} +$$

$$
\boldsymbol{T}_{VB}\begin{bmatrix}P\\0\\0\end{bmatrix}+\boldsymbol{T}_{VB}\begin{bmatrix}F_{C,x_{\mathrm{B}}}\\F_{C,y_{\mathrm{B}}}\\F_{C,z_{\mathrm{B}}}\end{bmatrix}+\boldsymbol{T}_{VB}\begin{bmatrix}F'_{k,x_{\mathrm{B}}}\\F'_{k,y_{\mathrm{B}}}\\F'_{k,z_{\mathrm{B}}}\end{bmatrix}+m\boldsymbol{T}_{VG}\begin{bmatrix}a_{kx}\\a_{ky}\\a_{kz}\end{bmatrix}+m\boldsymbol{T}_{VG}\begin{bmatrix}a_{ex}\\a_{ey}\\a_{ez}\end{bmatrix}
$$

(5-2-74)

式中：$\boldsymbol{T}_{VG}$为地面发射坐标系到速度坐标系的坐标转换矩阵；g_{Ox}、g_{Oy}、g_{Oz} 为引力加速度在地面发射系的分量；D、L、N 分别为速度坐标系内表征的气动阻力、升力和侧向力；$\boldsymbol{T}_{VB}$为体坐标系到速度坐标系的坐标转换矩阵；P 为反作用动力系统提供的运载器纵轴方向的推力；$F_{C,x_{\mathrm{B}}}$、$F_{C,y_{\mathrm{B}}}$、$F_{C,z_{\mathrm{B}}}$ 为控制力在体坐标系的分量；$F'_{k,x_{\mathrm{B}}}$、$F'_{k,y_{\mathrm{B}}}$、$F'_{k,z_{\mathrm{B}}}$ 为附加科氏力在体坐标系内的分量；a_{kx}、a_{ky}、a_{kz} 为哥氏加速度在地面发射坐标系的分量；a_{ex}、a_{ey}、a_{ez} 为牵引加速度在地面发射坐标系的分量。为便于分析，可将式(5-2-74)左侧等效转换为

$$
\begin{bmatrix}\dot{V}_G\\V_{\mathrm{G}}\dot{\theta}_{\mathrm{G}}\cos\sigma_{\mathrm{G}}\cos\upsilon_{\mathrm{G}}-V_{\mathrm{G}}\dot{\sigma}_{\mathrm{G}}\sin\upsilon_{\mathrm{G}}\\-V_{\mathrm{G}}\dot{\sigma}_{\mathrm{G}}\cos\upsilon_{\mathrm{G}}-V_{\mathrm{G}}\dot{\theta}_{\mathrm{G}}\cos\sigma_{\mathrm{G}}\sin\upsilon_{\mathrm{G}}\end{bmatrix}=\begin{bmatrix}1&0&0\\0&\cos\upsilon_{\mathrm{G}}&\sin\upsilon_{\mathrm{G}}\\0&-\sin\upsilon_{\mathrm{G}}&\cos\upsilon_{\mathrm{G}}\end{bmatrix}\begin{bmatrix}\dot{V}_{\mathrm{G}}\\V_{\mathrm{G}}\dot{\theta}_{\mathrm{G}}\cos\sigma_{\mathrm{G}}\\-V_{\mathrm{G}}\dot{\sigma}_{\mathrm{G}}\end{bmatrix}
$$

$$
=\boldsymbol{T}_{VH}\begin{bmatrix}\dot{V}_{\mathrm{G}}\\V_{\mathrm{G}}\dot{\theta}_{\mathrm{G}}\cos\sigma_{\mathrm{G}}\\-V_{\mathrm{G}}\dot{\sigma}_{\mathrm{G}}\end{bmatrix}\tag{5-2-75}
$$

式中：$\boldsymbol{T}_{VH}$为弹道坐标系(半速度坐标系)到速度坐标系的转换矩阵。联立速度系内的动力学方程表达式并在式(5-2-74)两边同时左乘矩阵 $\boldsymbol{T}_{HV}$，可得

$$
m\begin{bmatrix}\dot{V}_{\mathrm{G}}\\V_{\mathrm{G}}\dot{\theta}_{\mathrm{G}}\cos\sigma_{\mathrm{G}}\\-V_{\mathrm{G}}\dot{\sigma}_{\mathrm{G}}\end{bmatrix}=m\boldsymbol{T}_{HV}\boldsymbol{T}_{VG}\begin{bmatrix}g_{Ox}\\g_{Oy}\\g_{Oz}\end{bmatrix}+\boldsymbol{T}_{HV}\begin{bmatrix}-D\\L\\N\end{bmatrix}+\boldsymbol{T}_{HV}\boldsymbol{T}_{VB}\begin{bmatrix}P\\0\\0\end{bmatrix}+
$$

$$
\boldsymbol{T}_{HV}\boldsymbol{T}_{VB}\begin{bmatrix}F_{C,x_{\mathrm{B}}}\\F_{C,y_{\mathrm{B}}}\\F_{C,z_{\mathrm{B}}}\end{bmatrix}+\boldsymbol{T}_{HV}\boldsymbol{T}_{VB}\begin{bmatrix}F'_{k,x_{\mathrm{B}}}\\F'_{k,y_{\mathrm{B}}}\\F'_{k,z_{\mathrm{B}}}\end{bmatrix}+m\boldsymbol{T}_{HV}\boldsymbol{T}_{VG}\begin{bmatrix}a_{kx}\\a_{ky}\\a_{kz}\end{bmatrix}+m\boldsymbol{T}_{HV}\boldsymbol{T}_{VG}\begin{bmatrix}a_{ex}\\a_{ey}\\a_{ez}\end{bmatrix}
$$

(5-2-76)

式(5-2-76)即为速度坐标系内描述的运载器的质心动力学方程，$\boldsymbol{T}_{HV}$为速度坐标系到弹道坐标系(半速度坐标系)的坐标转换矩阵。利用运载器在速度坐标系内

的质心动力学方程可以直接求出速度 V_G、速度倾角 θ_G 和航迹偏航角 σ_G。其实，运载器的位置在地面发射坐标系的分量也可以用速度、速度倾角和航迹偏航角来表示，参考前面地面发射坐标系到速度坐标系的空间转换关系示意图，并选取 $x_V O_B z$ 平面（图 5-2-11），可见速度矢量 $\boldsymbol{V}$ 在地面发射坐标系 O_z 轴的分量为

$$\dot{Z} = -V_G \cdot \sin\sigma_G \tag{5-2-77}$$

式中：V_G 为速度大小。

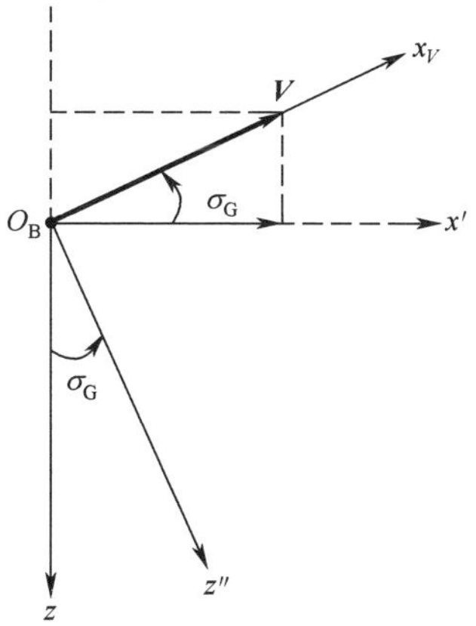

图 5-2-11　速度在地面发射坐标系 Oz 轴的分量

同样地，选取 xO_By 平面（图 5-2-12），速度矢量 $\boldsymbol{V}_G$ 在地面发射坐标系 Ox、Oy 轴的分量为

$$\begin{cases} \dot{X}_G = V_G \cdot \cos\sigma_G \cdot \cos\theta_G \\ \dot{Y}_G = V_G \cdot \cos\sigma_G \cdot \sin\theta_G \\ \dot{Z}_G = -V_G \cdot \sin\sigma_G \end{cases} \tag{5-2-78}$$

式（5-2-78）即为用速度、速度倾角和航迹偏航角描述的运载器质心在地面发射坐标系三轴的位置分量的运载器质心的运动学方程。根据速度系内建立的运载器质心的动力学方程，就可以根据运载器的受力直接计算任意时刻的运载器质心的速度变化率、速度倾角变化率和航迹偏航角变化率，进而可以得到任意时刻运载器质心的速度、速度倾角和航迹偏航角，进而利用该式质心运动学方程得到任意时刻的质心位置在地面发射坐标系三轴的分量，进而得到运载器质心在地面发射坐标系的弹道。

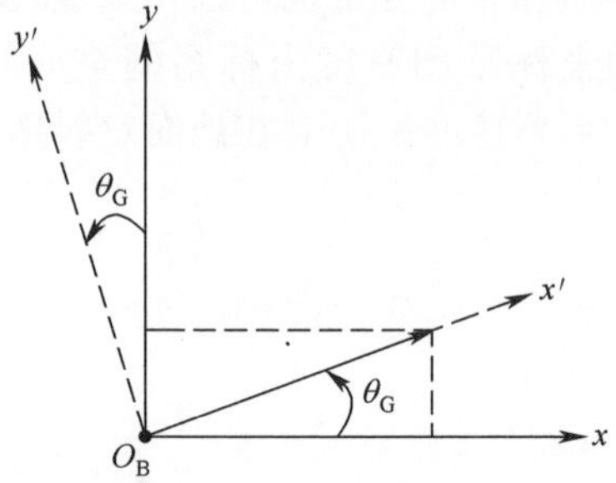

图 5-2-12　速度在地面发射坐标系 Ox、Oy 轴的分量

5.3　绕质心动力学与运动学方程

绕质心动力学方程描述的是运载器相对于惯性空间的绕质心转动角速度与其所受合力矩的关系方程,绕质心运动学方程描述的是运载器相对于惯性空间的姿态角的变化率与转动角速度之间的关系方程。绕质心动力学与运动学方程是分析运载器绕质心运动和姿态运动的基础,也是运载器弹道方程的重要组成部分。本节详细阐述航天运载器的绕质心动力学与运动学方程,重点介绍矢量形式的绕质心动力学方程和体坐标系内描述的绕质心动力学与运动学常微分方程。

5.3.1　体坐标系内绕质心动力学方程

根据变质量物体的绕质心动力学方程建立航天运载器绕质心动力学的矢量形式方程

$$\boldsymbol{I}\cdot\frac{\mathrm{d}\boldsymbol{\omega}_{\mathrm{I}}}{\mathrm{d}t}+\boldsymbol{\omega}_{\mathrm{I}}\times(\boldsymbol{I}\cdot\boldsymbol{\omega}_{\mathrm{I}})=\boldsymbol{M}_{\mathrm{s.t.}}+\boldsymbol{M}_{d}+\boldsymbol{M}_{C}+\boldsymbol{M}'_{\mathrm{rel}}+\boldsymbol{M}'_{k} \qquad (5-3-1)$$

式中:$\boldsymbol{I}$ 为运载器的惯量张量;$\boldsymbol{\omega}_I$ 为运载器相对于惯性空间的转动角速度;$\boldsymbol{M}_{\mathrm{s.t.}}$ 为运载器受到的空气动力稳定力矩;$\boldsymbol{M}_d$ 为运载器受到的空气动力阻尼力矩;$\boldsymbol{M}_C$ 为运载器控制执行机构产生的控制力矩;$\boldsymbol{M}'_{\mathrm{rel}}$ 为运载器变质量过程产生的附加相对力矩;$\boldsymbol{M}'_k$ 为运载器变质量过程产生的附加科氏力矩。式(5-3-1)描述了运载器相对于惯性空间的绕质心转动角速度与其所受力矩的关系方程,式中各项均为矢量,将各矢量分解至体坐标系的各轴即可得到体坐标系内描述的绕质心动力学方程。首先,式(5-3-1)左侧第一项

$$
\boldsymbol{I}\cdot\frac{\mathrm{d}\boldsymbol{\omega}_{\mathrm{I}}}{\mathrm{d}t}=\boldsymbol{I}\cdot\begin{bmatrix}\mathrm{d}\boldsymbol{\omega}_{Ix}/\mathrm{d}t\\ \mathrm{d}\boldsymbol{\omega}_{Iy}/\mathrm{d}t\\ \mathrm{d}\boldsymbol{\omega}_{Iz}/\mathrm{d}t\end{bmatrix}=\boldsymbol{I}\cdot\begin{bmatrix}\dot{\boldsymbol{\omega}}_{Ix}\\ \dot{\boldsymbol{\omega}}_{Iy}\\ \dot{\boldsymbol{\omega}}_{Iz}\end{bmatrix}\tag{5-3-2}
$$

式中：$\boldsymbol{\omega}_I$ 为运载器相对于惯性空间的转动角速度；ω_{Ix}、ω_{Iy}、ω_{Iz} 为转动角速度 $\boldsymbol{\omega}_I$ 在体坐标系三轴的分量。因为运载器通常都是轴对称结构，所以惯量张量 $\boldsymbol{I}$ 可简化为

$$
\boldsymbol{I}=\begin{bmatrix}I_{xx} & -I_{xy} & -I_{xz}\\ -I_{yx} & I_{yy} & -I_{yz}\\ -I_{zx} & -I_{zy} & I_{zz}\end{bmatrix}=\begin{bmatrix}I_{xx} & 0 & 0\\ 0 & I_{yy} & 0\\ 0 & 0 & I_{zz}\end{bmatrix}\tag{5-3-3}
$$

式中：I_{xx}、I_{yy}、I_{zz} 为转动惯量，是运载器分别绕与其固连的体坐标系 $O_B-x_By_Bz_B$ 的三个坐标轴的转动惯量的度量，是描述运载器惯性的基本量。利用惯量张量和转动角速度的分量可将等式左侧第二项转化为

$$
\boldsymbol{I}\cdot\boldsymbol{\omega}_{\mathrm{I}}=\begin{bmatrix}I_{xx} & 0 & 0\\ 0 & I_{yy} & 0\\ 0 & 0 & I_{zz}\end{bmatrix}\cdot\begin{bmatrix}\boldsymbol{\omega}_{Ix}\\ \boldsymbol{\omega}_{Iy}\\ \boldsymbol{\omega}_{Iz}\end{bmatrix}=\begin{bmatrix}I_{xx}\boldsymbol{\omega}_{Ix}\\ I_{yy}\boldsymbol{\omega}_{Iy}\\ I_{zz}\boldsymbol{\omega}_{Iz}\end{bmatrix}\tag{5-3-4}
$$

则

$$
\boldsymbol{\omega}_{\mathrm{I}}\times(\boldsymbol{I}\cdot\boldsymbol{\omega}_{\mathrm{I}})=\begin{bmatrix}\boldsymbol{\omega}_{Ix}\\ \boldsymbol{\omega}_{Iy}\\ \boldsymbol{\omega}_{Iz}\end{bmatrix}\times\begin{bmatrix}I_{xx}\boldsymbol{\omega}_{Ix}\\ I_{yy}\boldsymbol{\omega}_{Iy}\\ I_{zz}\boldsymbol{\omega}_{Iz}\end{bmatrix}=\begin{bmatrix}(I_{zz}-I_{yy})\boldsymbol{\omega}_{Iy}\boldsymbol{\omega}_{Iz}\\ (I_{xx}-I_{zz})\boldsymbol{\omega}_{Ix}\boldsymbol{\omega}_{Iz}\\ (I_{yy}-I_{xx})\boldsymbol{\omega}_{Ix}\boldsymbol{\omega}_{Iy}\end{bmatrix}\tag{5-3-5}
$$

式(5-3-1)右侧第一项的稳定力矩 $\boldsymbol{M}_{\mathrm{s.t.}}$ 是空气动力产生的力对点之矩，将稳定力矩投影至体坐标系的三个坐标轴得

$$
\boldsymbol{M}_{\mathrm{s.t.}}=\begin{bmatrix}M_{x,\mathrm{s.t.}}\\ M_{y,\mathrm{s.t.}}\\ M_{z,\mathrm{s.t.}}\end{bmatrix}\tag{5-3-6}
$$

式中：$M_{x,\mathrm{s.t.}}$、$M_{y,\mathrm{s.t.}}$、$M_{z,\mathrm{s.t.}}$ 为稳定力矩 $\boldsymbol{M}_{\mathrm{s.t.}}$ 在运载器体坐标系的分量，各分量可以利用气动力矩系数、飞行高度、速度、气动参考面积、参考长度计算得到。同样，阻尼力矩和控制力矩也可以按照该式方式在体坐标系进行分解，即

$$
\boldsymbol{M}_d=\begin{bmatrix}M_{x,d}\\ M_{y,d}\\ M_{z,d}\end{bmatrix},\boldsymbol{M}_C=\begin{bmatrix}M_{x,C}\\ M_{y,C}\\ M_{z,C}\end{bmatrix}\tag{5-3-7}
$$

式中：$M_{x,d}$、$M_{y,d}$、$M_{z,d}$ 为阻尼力矩 $\boldsymbol{M}_d$ 在运载器体坐标系的分量，各分量值可利用阻尼力矩计算式计算得到；$M_{x,C}$、$M_{y,C}$、$M_{z,C}$ 为控制力矩 $\boldsymbol{M}_C$ 在运载器体坐标系的分量，控制力矩由运载器采用的控制方式和控制执行机构决定，不同的控制执行机

构的控制力矩的计算式在前面章节已作过详细讨论。附加相对力矩和附加科氏力矩在体坐标系各轴的分解可根据其计算式推导得到，已知附加相对力矩计算式为

$$\boldsymbol{M}'_{\mathrm{rel}} = -\dot{m}\boldsymbol{\rho}_{S_e} \times \boldsymbol{u}_e \tag{5-3-8}$$

式中：$\dot{m}$ 为质量秒耗量；$\boldsymbol{\rho}_{S_e}$ 为运载器质心指向发动机喷管出口截面中心的矢径；$\boldsymbol{u}_e$ 为发动机喷管出口的燃气平均速度。在标称条件下，可近似认为运载器发动机喷管出口处的燃气喷出速度 $\boldsymbol{u}_e$ 与运载器的纵轴平行，而运载器质心 $O_{\mathrm{c.m.}}$ 到发动机喷管出口截面的中心点 O_{S_e} 的矢径 $\boldsymbol{\rho}_{S_e}$ 同样可近似认为与轴对称运载器的纵轴平行，因此附加相对力矩可视为零。如果运载器采用摇摆发动机等控制执行机构使得 $\boldsymbol{u}_e$ 与 $\boldsymbol{\rho}_{S_e}$ 不平行时，则附加相对力产生的力矩即为控制机构产生的控制力矩，需注意此时两者不能重复计算。已知附加科氏力矩的计算式为

$$\boldsymbol{M}'_k = -\boldsymbol{\omega}_{\mathrm{I}} \cdot \frac{\delta \boldsymbol{I}}{\delta t} - \dot{m}\boldsymbol{\rho}_{S_e} \times (\boldsymbol{\omega}_{\mathrm{I}} \times \boldsymbol{\rho}_{S_e}) \tag{5-3-9}$$

同样，可近似认为运载器质心到喷管出口截面中心点的矢径 $\boldsymbol{\rho}_{S_e}$ 满足

$$\boldsymbol{\rho}_{S_e} = -x_{S_e}\boldsymbol{x}_{\mathrm{B}}^0 \tag{5-3-10}$$

式中：x_{S_e} 为质心到喷管出口截面中心的距离在运载器纵轴方向的投影；$\boldsymbol{x}_{\mathrm{B}}^0$ 为运载器体坐标系 $O_{\mathrm{B}}x_{\mathrm{B}}$ 轴的单位矢量。将代入式(5-3-3)，式(5-3-10)式(5-3-9)可得

$$\boldsymbol{M}'_k = -\begin{bmatrix} \dot{I}_{xx}\omega_{Ix} \\ \dot{I}_{yy}\omega_{Iy} \\ \dot{I}_{zz}\omega_{Iz} \end{bmatrix} - \dot{m}\begin{bmatrix} 0 \\ x_{S_e}^2\omega_{Iy} \\ x_{S_e}^2\omega_{Iz} \end{bmatrix} \tag{5-3-11}$$

联立上述各矢量分量，即可得到体坐标系内建立的运载器绕质心动力学方程为

$$\begin{bmatrix} I_{xx}\dot{\omega}_{Ix} \\ I_{yy}\dot{\omega}_{Iy} \\ I_{zz}\dot{\omega}_{Iz} \end{bmatrix} + \begin{bmatrix} (I_{zz} - I_{yy})\omega_{Iy}\omega_{Iz} \\ (I_{xx} - I_{zz})\omega_{Ix}\omega_{Iz} \\ (I_{yy} - I_{xx})\omega_{Ix}\omega_{Iy} \end{bmatrix} = \begin{bmatrix} M_{x,\mathrm{s.t.}} \\ M_{y,\mathrm{s.t.}} \\ M_{z,\mathrm{s.t.}} \end{bmatrix} + \begin{bmatrix} M_{x,d} \\ M_{y,d} \\ M_{z,d} \end{bmatrix} + \begin{bmatrix} M_{x,C} \\ M_{y,C} \\ M_{z,C} \end{bmatrix} - \begin{bmatrix} \dot{I}_{xx}\omega_{Ix} \\ \dot{I}_{yy}\omega_{Iy} \\ \dot{I}_{zz}\omega_{Iz} \end{bmatrix} - \dot{m}\begin{bmatrix} 0 \\ x_{S_e}^2\omega_{Iy} \\ x_{S_e}^2\omega_{Iz} \end{bmatrix} \tag{5-3-12}$$

式(5-3-12)即为运载器绕质心动力学方程在体坐标系内的描述形式，推导该式时虽然作了简化和近似处理，但是长期的工程实践和分析验证表明，该式可较好地表征运载器的绕质心运动特性，并可以基于此式开展运载器绕质心运动控制和姿态控制的设计。

5.3.2 体坐标系内绕质心运动学方程

绕质心动力学方程只是建立了航天运载器相对于惯性空间的绕质心转动角速度与其所受合力矩之间的关系,而相对于惯性空间的转动角速度在体坐标系内的分量与运载器相对于惯性空间的姿态角之间的关系则需要利用绕质心运动学方程来表征。如图 5-3-1 所示,运载器相对于惯性坐标系 $O_{GI}-x_{GI}y_{GI}z_{GI}$(地面发射惯性坐标系)的转动角速度 $\boldsymbol{\omega}_{GI}$与其体坐标系 $O_B-x_By_Bz_B$ 相对于该惯性坐标系的坐标转换欧拉角满足

$$\boldsymbol{\omega}_{GI}=\dot{\boldsymbol{\varphi}}_{GI}+\dot{\boldsymbol{\psi}}_{GI}+\dot{\boldsymbol{\gamma}}_{GI} \tag{5-3-13}$$

式中:$\dot{\boldsymbol{\varphi}}_{GI}$、$\dot{\boldsymbol{\psi}}_{GI}$、$\dot{\boldsymbol{\gamma}}_{GI}$分别为惯性坐标系转换到运载器体坐标系产生的俯仰角、偏航角和滚转角的角度导数。我们知道,从地面发射惯性坐标系(平移坐标系)转换到运载器体坐标系可以采用不同的坐标转换次序,相应的该式的具体形式便不相同。在分析航天运载器和弹道导弹等垂直发射的空天飞行器时,地面发射惯性坐标系的平移系 $O_{GI}-x_{GI}y_{GI}z_{GI}$ 到运载器体坐标系 $O_B-x_By_Bz_B$ 的转换采用 3-2-1 转序的方式。

图 5-3-1 可以直观地表达地面发射惯性坐标系绕不同的坐标轴转动产生的角速度,然后就可以解算得到绕坐标轴转动的角速度在体坐标系各轴的分量。图中绕 $O_{GI}z_{GI}$ 轴的转动角速度矢量 $\dot{\boldsymbol{\varphi}}_{GI}$与 $O_{GI}z_{GI}$、$O_{GI}z''$、$O_{GI}x'$、O_Bx_B 轴共面,如图 5-3-2所示。

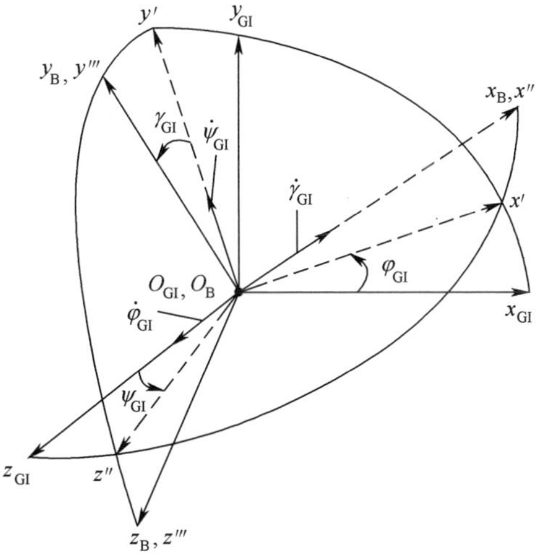

图 5-3-1 地面发射惯性坐标系到体坐标系的坐标转换

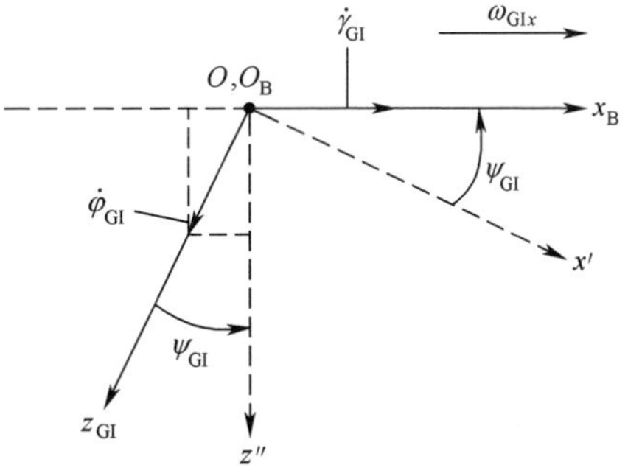

图 5-3-2 转动角速度在 O_Bx_B 轴的分量示意图

图 5-3-2 中绕旋转轴 $O_{GI}z_{GI}$ 产生的角速度 $\dot{\boldsymbol{\varphi}}_{GI}$与绕旋转轴 O_Bx_B 产生的角速度 $\dot{\boldsymbol{\gamma}}_{GI}$共面，而且它们都在体坐标系 O_Bx_B 轴产生分量，则

$$\omega_{GIx} = \dot{\gamma}_{GI} - \dot{\varphi}_{GI}\sin\psi_{GI} \tag{5-3-14}$$

式中：ω_{GIx}为运载器相对于地面发射惯性系的转动角速度 $\boldsymbol{\omega}_{GI}$在运载器体坐标系 O_Bx_B 轴的分量；$\dot{\gamma}_{GI}$为沿体坐标系 O_Bx_B 轴转动的角速度大小；$-\dot{\varphi}_{GI}\sin\psi_{GI}$ 为地面发射惯性坐标系的平移坐标系 $O_{GI}-x_{GI}y_{GI}z_{GI}$ 绕 $O_{GI}z_{GI}$轴旋转的转动角速度 $\dot{\boldsymbol{\varphi}}_{GI}$在 O_Bx_B 轴负方向的投影。

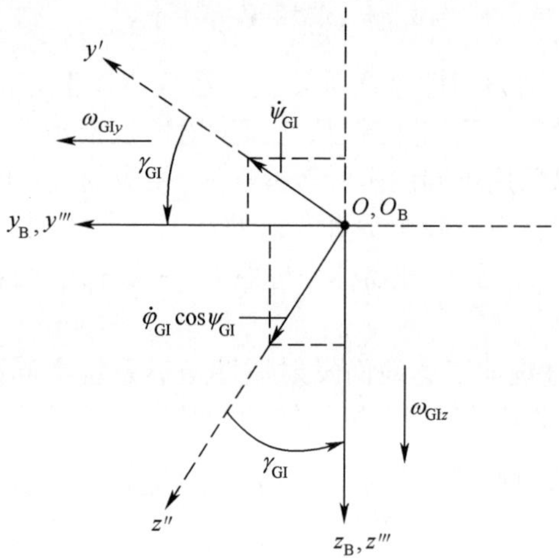

图 5-3-3　转动角速度在 O_By_B 轴和 O_Bz_B 轴的分量示意图

如图 5-3-3 所示，可以采用同样的方法得到运载器相对于惯性空间的转动角速度 $\boldsymbol{\omega}_{GI}$在体坐标系 O_By_B、O_Bz_B 轴的分量为

$$\begin{cases}\omega_{GIy} = \dot{\varphi}_{GI}\cos\psi_{GI}\sin\gamma_{GI} + \dot{\psi}_{GI}\cos\gamma_{GI} \\ \omega_{GIz} = \dot{\varphi}_{GI}\cos\psi_{GI}\cos\gamma_{GI} - \dot{\psi}_{GI}\sin\gamma_{GI}\end{cases} \tag{5-3-15}$$

式中：$\dot{\varphi}_{GI}\cos\psi_{GI}\sin\gamma_{GI}$ 和 $\dot{\varphi}_{GI}\cos\psi_{GI}\cos\gamma_{GI}$ 为转动角速度 $\dot{\boldsymbol{\varphi}}_{GI}$在过渡坐标轴 O_Bz'''的投影分别在体坐标系 O_By_B 轴和 O_Bz_B 轴的投影；$\dot{\psi}_{GI}\cos\gamma_{GI}$和 $-\dot{\psi}_{GI}\sin\gamma_{GI}$ 分别为偏航角速度 $\dot{\boldsymbol{\psi}}_{GI}$在体坐标系 O_By_B 轴和 O_Bz_B 轴的投影。综上，运载器相对于地面发射惯性坐标系的转动角速度 $\boldsymbol{\omega}_{GI}$在体坐标系的分量为

$$\begin{cases}\omega_{GIx} = \dot{\gamma}_{GI} - \dot{\varphi}_{GI}\sin\psi_{GI} \\ \omega_{GIy} = \dot{\varphi}_{GI}\cos\psi_{GI}\sin\gamma_{GI} + \dot{\psi}_{GI}\cos\gamma_{GI} \\ \omega_{GIz} = \dot{\varphi}_{GI}\cos\psi_{GI}\cos\gamma_{GI} - \dot{\psi}_{GI}\sin\gamma_{GI}\end{cases} \tag{5-3-16}$$

将式(5-3-16)转化为矩阵形式为

$$\begin{bmatrix}\omega_{GIx}\\ \omega_{GIy}\\ \omega_{GIz}\end{bmatrix}=\begin{bmatrix}-\sin\psi_{GI} & 0 & 1\\ \cos\psi_{GI}\sin\gamma_{GI} & \cos\gamma_{GI} & 0\\ \cos\psi_{GI}\cos\gamma_{GI} & -\sin\gamma_{GI} & 0\end{bmatrix}\begin{bmatrix}\dot{\varphi}_{GI}\\ \dot{\psi}_{GI}\\ \dot{\gamma}_{GI}\end{bmatrix} \tag{5-3-17}$$

将式(5-3-16)转化为左侧为俯仰、偏航和滚转角的一阶导数的形式

$$\begin{cases}\dot{\varphi}_{GI}=\omega_{GIy}\sin\gamma_{GI}/\cos\psi_{GI}+\omega_{GIz}\cos\gamma_{GI}/\cos\psi_{GI}\\ \dot{\psi}_{GI}=\omega_{GIy}\cos\gamma_{GI}-\omega_{GIz}\sin\gamma_{GI}\\ \dot{\gamma}_{GI}=\omega_{GIx}+\omega_{GIy}\sin\gamma_{GI}\tan\psi_{GI}+\omega_{GIz}\cos\gamma_{GI}\tan\psi_{GI}\end{cases} \tag{5-3-18}$$

上式矩阵形式为

$$\begin{bmatrix}\dot{\varphi}_{GI}\\ \dot{\psi}_{GI}\\ \dot{\gamma}_{GI}\end{bmatrix}=\begin{bmatrix}0 & \sin\gamma_{GI}/\cos\psi_{GI} & \cos\gamma_{GI}/\cos\psi_{GI}\\ 0 & \cos\gamma_{GI} & -\sin\gamma_{GI}\\ 1 & \sin\gamma_{GI}\tan\psi_{GI} & \cos\gamma_{GI}\tan\psi_{GI}\end{bmatrix}\begin{bmatrix}\omega_{GIx}\\ \omega_{GIy}\\ \omega_{GIz}\end{bmatrix} \tag{5-3-19}$$

上式(5-3-19)为运载器相对于地面发射惯性坐标系的绕质心转动的运动学方程,显然利用相对于惯性空间的转动角速度 $\boldsymbol{\omega}_{GI}$ 在体坐标系各轴的分量 ω_{GIx}、ω_{GIy}、ω_{GIz} 就可以积分该式得到运载器相对于地面发射惯性坐标系的俯仰角、偏航角和滚转角。

需要说明,利用运载器的质心动力学与运动学方程不仅可以实现“力→加速度→速度→位置”的计算和分析(弹道计算过程),还可以进行“位置→速度→加速度→力”的反向设计(弹道设计过程),也就是说利用质心动力学与运动学方程可以计算得到运载器在当前受力情形下的运动与弹道,还可以根据设计者希望的运动和弹道反向设计运载器的受力的变化规律。同样,利用绕质心动力学与运动学方程不仅可以进行“力矩→角速率→姿态角变化率→姿态角”的计算与分析(姿态仿真),还可以进行“姿态角→角速率→期望力矩”的设计与计算(姿态控制设计)。运载器质心和绕质心的动力学与运动学方程是航天发射飞行力学的模型基础,航天发射弹道的分析、设计、计算与优化,以及发射飞行动态特性的分析、仿真与计算,都将以动力学与运动学方程为基础进行。

5.4 弹道解算辅助方程

质心动力学与运动学方程建立了运载器质心的位置与其所受合力之间的关系,知道各项受力就可以依次积分动力学与运动学方程解算得到运载器质心的加速度、速度和位置。绕质心动力学与运动学方程表征了运载器的姿态角与其所受

合力矩的关系方程,利用运载器所受力矩就可以依次积分动力学与运动学方程解算得到运载器绕质心的转动角速度、姿态角变化率和姿态角。然而,在计算质心动力学方程中的受力和绕质心动力学方程中的各力矩时,除了要用到运载器的加速度、速度、位置、转动角速度、姿态角等数据,还必须要用到攻角、侧滑角、倾侧角、高度、大气密度、质量等参数,这些参数就是弹道计算的辅助参数,相应的这些参数的计算方程就称为空间弹道解算的辅助方程。本节将详细介绍在进行动力学与运动学方程数值计算时所需的角速率、欧拉角、弹道参数等状态变量及其各自的解算方程。

5.4.1 转动角速率解算方程

假设运载器相对于地面发射坐标系(即地球)的转动角速度为 $\boldsymbol{\omega}_G$,运载器相对于地面发射惯性坐标系(地面发射惯性坐标系的平移坐标系)的转动角速度为 $\boldsymbol{\omega}_{GI}$,考虑到地面发射坐标系与地球固连并随着地球自转而转动,显然运载器相对于上述两坐标系的转动角速度满足

$$\boldsymbol{\omega}_{\mathrm{G}}=\boldsymbol{\omega}_{\mathrm{GI}}-\boldsymbol{\omega}_{e} \tag{5-4-1}$$

式中:$\boldsymbol{\omega}_e$ 为地球的自转角速度,我们将式(5-4-1)中各矢量分解至体坐标系

$$\begin{bmatrix}\omega_{Gx}\\ \omega_{Gy}\\ \omega_{Gz}\end{bmatrix}=\begin{bmatrix}\omega_{\mathrm{GI}x}\\ \omega_{\mathrm{GI}y}\\ \omega_{\mathrm{GI}z}\end{bmatrix}-\boldsymbol{T}_{\mathrm{BG}}\cdot\begin{bmatrix}\omega_{ex}\\ \omega_{ey}\\ \omega_{ez}\end{bmatrix} \tag{5-4-2}$$

式中:ω_{Gx}、ω_{Gy}、ω_{Gz} 为运载器相对于地球发射坐标系(即相对于地面,也就是相对于地球大气)的转动角速度 $\boldsymbol{\omega}_G$ 在体坐标系三轴的分量,这些角速度分量是计算空气动力矩的关键参数;$\omega_{\mathrm{GI}x}$、$\omega_{\mathrm{GI}y}$、$\omega_{\mathrm{GI}z}$ 为运载器相对于地面发射惯性坐标系的转动角速度 $\boldsymbol{\omega}_{\mathrm{GI}}$在体坐标系三轴的分量(这些分量可以利用运载器的惯性导航设备测量,在进行数值分析时可以利用运载器的绕质心动力学方程积分得到);$\boldsymbol{T}_{\mathrm{BG}}$ 为地面发射坐标系到体坐标系的转换矩阵;ω_{ex}、ω_{ey}、ω_{ez} 为地球的自转角速度 $\boldsymbol{\omega}_{\mathrm{e}}$ 在地面发射坐标系三轴的分量。

5.4.2 坐标转换欧拉角关系方程

由坐标转换矩阵的定义可知,速度坐标系三轴的单位矢量 $\boldsymbol{x}_V^0$、$\boldsymbol{y}_V^0$、$\boldsymbol{z}_V^0$ 与地面发射坐标系三轴的单位矢量 $\boldsymbol{x}_{\mathrm{G}}^0$、$\boldsymbol{y}_{\mathrm{G}}^0$、$\boldsymbol{z}_{\mathrm{G}}^0$ 满足

$$\begin{bmatrix}\boldsymbol{x}_V^0\\ \boldsymbol{y}_V^0\\ \boldsymbol{z}_V^0\end{bmatrix}=\boldsymbol{T}_{VG}\cdot\begin{bmatrix}\boldsymbol{x}_{\mathrm{G}}^0\\ \boldsymbol{y}_{\mathrm{G}}^0\\ \boldsymbol{z}_{\mathrm{G}}^0\end{bmatrix} \tag{5-4-3}$$

式中：$\boldsymbol{T}_{VG}$为地面发射坐标系到速度坐标系的坐标转换矩阵。根据坐标转换矩阵的传递性可知，地面坐标系三轴的单位矢量也满足

$$\begin{bmatrix} \boldsymbol{x}_V^0 \\ \boldsymbol{y}_V^0 \\ \boldsymbol{z}_V^0 \end{bmatrix} = \boldsymbol{T}_{VB} \cdot \boldsymbol{T}_{\mathrm{BG}} \cdot \begin{bmatrix} \boldsymbol{x}_{\mathrm{G}}^0 \\ \boldsymbol{y}_{\mathrm{G}}^0 \\ \boldsymbol{z}_{\mathrm{G}}^0 \end{bmatrix} \tag{5-4-4}$$

式中：$\boldsymbol{T}_{VB}$为运载器体坐标系到速度坐标系的坐标转换矩阵；$\boldsymbol{T}_{BG}$为地面发射坐标系到运载器体坐标系的坐标转换矩阵。显然

$$\boldsymbol{T}_{VG} = \boldsymbol{T}_{VB} \cdot \boldsymbol{T}_{\mathrm{BG}} \tag{5-4-5}$$

将式(5-4-5)各坐标转换矩阵写成矩阵形式：

$$\begin{bmatrix} T_{11,VG} & T_{12,VG} & T_{13,VG} \\ T_{21,VG} & T_{22,VG} & T_{23,VG} \\ T_{31,VG} & T_{32,VG} & T_{33,VG} \end{bmatrix} =$$

$$\begin{bmatrix} \cos\alpha\cos\beta & -\sin\alpha\cos\beta & \sin\beta \\ \sin\alpha & \cos\alpha & 0 \\ -\cos\alpha\sin\beta & \sin\alpha\sin\beta & \cos\beta \end{bmatrix} \cdot \begin{bmatrix} T_{11,\mathrm{BG}} & T_{12,\mathrm{BG}} & T_{13,\mathrm{BG}} \\ T_{21,\mathrm{BG}} & T_{22,\mathrm{BG}} & T_{23,\mathrm{BG}} \\ T_{31,\mathrm{BG}} & T_{32,\mathrm{BG}} & T_{33,\mathrm{BG}} \end{bmatrix} \tag{5-4-6}$$

式中：$T_{ij,VG}(i,j=1,2,3)$ 为地面发射坐标系 $\boldsymbol{G}$ 到速度坐标系 $\boldsymbol{V}$ 的坐标转换矩阵的各行列的矩阵元素；$T_{ij,BG}(i,j=1,2,3)$ 为地面发射系到体坐标系的转换矩阵的元素，具体形式见本书中坐标转换部分。已知式(5-4-6)左侧的坐标转换矩阵的欧拉角为速度倾角 θ_G、航迹偏航角 σ_G 和倾侧角 υ_G，而等式右侧的欧拉角则包括俯仰角 φ_G、偏航角 ψ_G、滚转角 γ_G、攻角 α 和侧滑角 β，其中下标为 G 的欧拉角均是指相对于地面发射坐标系产生的欧拉角。虽然等式右侧的两矩阵相乘后所得新矩阵的元素可与左侧矩阵的元素一一对应相等并得到 9 个等式，但坐标转换矩阵的 9 个元素中只有 3 个是独立的，因此可根据左右两侧矩阵中不同行或不同列的 3 个矩阵元素对应相等得到 3 个独立的方程，对于 3-2-1 转序的坐标转换来讲，通常选择以下 3 个方程

$$\begin{cases} \sin\sigma_{\mathrm{G}} = \cos\alpha\cos\beta\sin\psi_{\mathrm{G}} + \sin\alpha\cos\beta\cos\psi_{\mathrm{G}}\sin\gamma_{\mathrm{G}} - \sin\beta\cos\psi_{\mathrm{G}}\cos\gamma_{\mathrm{G}} \\ \cos\sigma_{\mathrm{G}}\sin\upsilon_{\mathrm{G}} = -\sin\psi_{\mathrm{G}}\sin\alpha + \cos\alpha\cos\psi_{\mathrm{G}}\sin\gamma_{\mathrm{G}} \\ \cos\theta_{\mathrm{G}}\cos\sigma_{\mathrm{G}} = \cos\alpha\cos\beta\cos\varphi_{\mathrm{G}}\cos\psi_{\mathrm{G}} - \sin\alpha\cos\beta\cos\varphi_{\mathrm{G}}\sin\psi_{\mathrm{G}}\sin\gamma_{\mathrm{G}} + \\ \qquad \sin\alpha\cos\beta\sin\varphi_{\mathrm{G}}\cos\gamma_{\mathrm{G}} + \sin\beta\cos\varphi_{\mathrm{G}}\sin\psi_{\mathrm{G}}\cos\gamma_{\mathrm{G}} + \\ \qquad \sin\beta\sin\varphi_{\mathrm{G}}\sin\gamma_{\mathrm{G}} \end{cases} \tag{5-4-7}$$

上式中包含了俯仰角 φ_{G}、偏航角 ψ_{G}、滚转角 γ_{G}、攻角 α、侧滑角 β、速度倾角 θ_{G}、航迹偏航角 σ_{G} 和倾侧角 υ_{G} 共 8 个欧拉角，所以这 8 个欧拉角不是相互独立的，只要知道其中 5 个就可以利用该等式进行反三角函数计算解算出剩余 3 个。

5.4.3 地面发惯系与地面发射系的姿态角解算方程

已知地面发射坐标系到体坐标系的坐标转换矩阵为 $\boldsymbol{T}_{BG}$，地面发射惯性坐标系到体坐标系的坐标转换矩阵为 $\boldsymbol{T}_{BT_I}$，同时地面发射惯性坐标系（惯性平移坐标系）到地面发射坐标系的坐标转换矩阵为 T_{GG_I}，根据坐标转换矩阵的传递性，有

$$\boldsymbol{T}_{BG_I}=\boldsymbol{T}_{BG}T_{GG_I} \tag{5-4-8}$$

式(5-4-8)中各转换矩阵的具体形式为

$$\boldsymbol{T}_{BG}=\begin{bmatrix} T_{11,BG} & T_{12,BG} & T_{13,BG} \\ T_{21,BG} & T_{22,BG} & T_{23,BG} \\ T_{31,BG} & T_{32,BG} & T_{33,BG} \end{bmatrix} \tag{5-4-9}$$

$$\begin{cases}\begin{cases}T_{11,BG}=\cos\varphi_G\cdot\cos\psi_G\\ T_{12,BG}=\sin\varphi_G\cdot\cos\psi_G\\ T_{13,BG}=-\sin\psi_G\end{cases}\\ \begin{cases}T_{21,BG}=\cos\varphi_G\cdot\sin\psi_G\cdot\sin\gamma_G-\sin\varphi_G\cdot\cos\gamma_G\\ T_{22,BG}=\sin\varphi_G\cdot\sin\psi_G\cdot\sin\gamma_G-\sin\varphi_G\cdot\cos\gamma_G\\ T_{23,BG}=\cos\psi_G\cdot\sin\gamma_G\end{cases}\\ \begin{cases}T_{31,BG}=\cos\varphi_G\cdot\sin\psi_G\cdot\cos\gamma_G+\sin\varphi_G\cdot\sin\gamma_G\\ T_{32,BG}=\sin\varphi_G\cdot\sin\psi_G\cdot\cos\gamma_G-\cos\varphi_G\cdot\sin\gamma_G\\ T_{33,BG}=\cos\psi_G\cdot\cos\gamma_G\end{cases}\end{cases} \tag{5-4-10}$$

式中：φ_G、ψ_G、γ_G 分别为运载器相对于地面发射坐标系的俯仰角、偏航角和滚转角，为了直观表述，特意为各姿态角加上下角标 G。地面发射惯性坐标系到体坐标系的转换矩阵为

$$\boldsymbol{T}_{BG_I}=\begin{bmatrix} T_{11,BG_I} & T_{12,BG_I} & T_{13,BG_I} \\ T_{21,BG_I} & T_{22,BG_I} & T_{23,BG_I} \\ T_{31,BG_I} & T_{32,BG_I} & T_{33,BG_I} \end{bmatrix} \tag{5-4-11}$$

$$
\begin{cases}
\begin{cases}
T_{11,BG_I} = \cos\varphi_{GI} \cdot \cos\psi_{GI} \\
T_{12,BG_I} = \sin\varphi_{GI} \cdot \cos\psi_{GI} \\
T_{13,BG_I} = -\sin\psi_{GI}
\end{cases} \\
\begin{cases}
T_{21,BG_I} = \cos\varphi_{GI} \cdot \sin\psi_{GI} \cdot \sin\gamma_{GI} - \sin\varphi_{GI} \cdot \cos\gamma_{GI} \\
T_{22,BG_I} = \sin\varphi_{GI} \cdot \sin\psi_{GI} \cdot \sin\gamma_{GI} + \cos\varphi_{GI} \cdot \cos\gamma_{GI} \\
T_{23,BG_I} = \cos\psi_{GI} \cdot \sin\gamma_{GI}
\end{cases} \\
\begin{cases}
T_{31,BG_I} = \cos\varphi_{GI} \cdot \sin\psi_{GI} \cdot \cos\gamma_{GI} + \sin\varphi_{GI} \cdot \sin\gamma_{GI} \\
T_{32,BG_I} = \sin\varphi_{GI} \cdot \sin\psi_{GI} \cdot \cos\gamma_{GI} - \cos\varphi_{GI} \cdot \sin\gamma_{GI} \\
T_{33,BG_I} = \cos\psi_{GI} \cdot \cos\gamma_{GI}
\end{cases}
\end{cases}
\tag{5-4-12}
$$

式中：φ_{GI}、ψ_{GI}、γ_{GI} 分别为运载器相对于地面发射惯性坐标系的俯仰角、偏航角和滚转角。地面发射惯坐标性系到地面发射坐标系的坐标转换矩阵为

$$
\boldsymbol{T}_{GG_I} = \begin{bmatrix} 1 & \omega_{ez}t & -\omega_{ey}t \\ -\omega_{ez}t & 1 & \omega_{ex}t \\ \omega_{ey}t & -\omega_{ex}t & 1 \end{bmatrix} \tag{5-4-13}
$$

一般来讲，运载器点火发射并将载荷送入预定轨道的主动飞行段，其相对于地面发射系和地面发射惯性坐标系的偏航角和滚转角的量值都是很小的，两者都可以视为小量，利用小量假设，其三角函数可简化为

$$
\begin{cases}
\sin\psi_G \approx \psi_G, \cos\psi_G \approx 1, \sin\gamma_G \approx \gamma_G, \cos\gamma_G \approx 1 \\
\sin\psi_{GI} \approx \psi_{GI}, \cos\psi_{GI} \approx 1, \sin\gamma_{GI} \approx \gamma_{GI}, \cos\gamma_{GI} \approx 1
\end{cases}
\tag{5-4-14}
$$

则矩阵计算式 $\boldsymbol{T}_{BG_I}=\boldsymbol{T}_{BG}T_{GGI}$ 可简化为

$$
\begin{bmatrix}
\cos\varphi_{GI} & \sin\varphi_{GI} & -\psi_{GI} \\
-\sin\varphi_{GI} & \cos\varphi_{GI} & \gamma_{GI} \\
\cos\varphi_{GI}\psi_{GI} + \sin\varphi_{GI}\gamma_{GI} & \sin\varphi_{GI}\psi_{GI} - \cos\varphi_{GI}\gamma_{GI} & 1
\end{bmatrix} =
$$

$$
\begin{bmatrix}
\cos\varphi_G & \sin\varphi_G & -\psi_G \\
-\sin\varphi_G & \cos\varphi_G & \gamma_G \\
\cos\varphi_G\psi_G + \sin\varphi_G\gamma_G & \sin\varphi_G\psi_G - \cos\varphi_G\gamma_G & 1
\end{bmatrix}
\begin{bmatrix} 1 & \omega_{ez}t & -\omega_{ey}t \\ -\omega_{ez}t & 1 & \omega_{ex}t \\ \omega_{ey}t & -\omega_{ex}t & 1 \end{bmatrix}
\tag{5-4-15}
$$

矩阵式(5-4-15)中选取不属于同一行或同一列的三个矩阵元素对应相等可建立三个计算等式，从而可以建立航天运载器相对于地面发射坐标系和地面发射惯性坐标系的姿态角之间的关系方程，即

$$
\begin{cases}
\varphi_{G} = \varphi_{GI} - \omega_{ez} \cdot t \\
\psi_{G} = \psi_{GI} - \omega_{ey} \cdot \cos\varphi_{G} \cdot t + \omega_{ex} \cdot \sin\varphi_{G} \cdot t \\
\gamma_{G} = \gamma_{GI} - \omega_{ey} \cdot \sin\varphi_{G} \cdot t - \omega_{ex} \cdot \cos\varphi_{G} \cdot t
\end{cases}
\tag{5-4-16}
$$

式中：ω_{ex}、ω_{ey}、ω_{ez} 为地球自转角速度 $\boldsymbol{\omega}_e$ 在地面发射坐标系三轴的分量；t 为运载器从点火发射时刻到当前时刻的飞行时间。需要说明，当运载器采用惯性导航时，则其相对于地面发射惯性坐标系的俯仰角 φ_{GI}、偏航角 ψ_{GI} 和滚转角 γ_{GI} 就可通过惯性导航器件敏感得到，利用该式就可以解算出运载器相对于地面发射坐标系的俯仰角 φ_G、偏航角 ψ_G 和滚转角 γ_G。运载器相对于地面发射坐标系的俯仰角、偏航角、滚转角与速度倾角、航迹偏航角又决定了飞行攻角、侧滑角和倾侧角，利用这些欧拉角就可以分别解算与它们相关的各项力和力矩。

5.4.4 速度矢量变量的解算方程

航天运载器的飞行速度矢量是重要的运动状态变量，速度矢量的大小和速度矢量相对于地面发射坐标系的欧拉角都可以利用地面发射坐标系内的速度分量来解算。根据速度坐标系和地面发射坐标系的定义，结合地面发射坐标系通过 3-2-1 转序转换到速度坐标系产生的欧拉角的物理意义，可得

$$
\begin{cases}
\theta_{G} = \arctan\left(\dfrac{V_{Gy}}{V_{Gx}}\right) \\
\sigma_{G} = -\arcsin\left(\dfrac{V_{Gz}}{\sqrt{V_{Gx}^2 + V_{Gy}^2 + V_{Gz}^2}}\right)
\end{cases}
\tag{5-4-17}
$$

式中：V_{Gx}、V_{Gy}、V_{Gz} 为运载器速度矢量在地面发射坐标系内的分量；θ_G 为速度倾角；σ_G 为航迹偏航角。当地面发射坐标系按照 3-2-1 转序转换到速度坐标系时，速度倾角 θ_G 是速度矢量在地面发射坐标系 xOy 平面的投影与 Ox 轴的夹角，航迹偏航角 σ_G 是速度矢量与地面发射坐标系 xOy 平面的夹角。解算出 θ_G 和 σ_G 后，只需要知道速度坐标系与体坐标系之间的坐标转换欧拉角 α_G、β_G、υ_G 或体坐标系与地面发射坐标系之间的坐标转换欧拉角 φ_G、ψ_G、γ_G 就可以将这 8 个欧拉角全部解算出来。速度的解算方程为

$$
V_{G} = \sqrt{V_{Gx}^2 + V_{Gy}^2 + V_{Gz}^2}
\tag{5-4-18}
$$

式中：V_{Gx}、V_{Gy}、V_{Gz} 为运载器的速度矢量在地面发射坐标系三轴的分量；V_G 为运载器相对于地面发射坐标系的速度（即相对于地球表面的速度，当不考虑地球大气自身的运动时也就是相对于地球大气的速度）。同样，若要解算运载器速度矢量相对于地面发射惯性系的速度大小 V_{GI}、速度倾角 θ_{GI} 和航迹偏航角 σ_{GI}，则只需将式（5-4-18）中地面发射坐标系内的速度分量 V_{Gx}、V_{Gy}、V_{Gz} 替换为地面发射惯性坐标系内的分量 V_{GIx}、V_{GIy}、V_{GIz} 即可。

5.4.5 高度解算方程

高度不仅是衡量运载器飞行状态的运动变量，也是空气动力、空气动力矩和发动机推力等力/力矩计算的重要输入（在计算时需要大气密度和大气压强，而大气参数均是飞行高度的函数），所以必须给出高度的解算方程。假设某瞬时时刻运载器质心 S 在地面发射坐标系内的位置分量为 X_G、Y_G、Z_G，则该时刻运载器质心相对于地面发射坐标系原点的距离 ρ 和相对于地心的地心距 r 可表示为

$$\begin{cases}\rho = \sqrt{X_G^2 + Y_G^2 + Z_G^2} \\ r = \sqrt{(X_G + R_{Ox})^2 + (Y_G + R_{Oy})^2 + (Z_G + R_{Oz})^2}\end{cases} \tag{5-4-19}$$

式中：R_{Ox}、R_{Oy}、R_{Oz}为地心指向地面发射坐标系原点的位置矢径在地面发射坐标系三轴的分量。当地球为均质圆球时，高度可简单计算如下：

$$h = r - R_e \tag{5-4-20}$$

式中：h 为高度；r 为地心距大小；R_e 为地球平均半径。如图 5-4-1 所示，若地球为两轴旋转椭球体，则此时地球表面任一点距离地心的距离 $R_{\phi,e}$与该点的地心纬度 ϕ_S 有关。已知某瞬时时刻运载器质心的地心矢径 $\boldsymbol{r}$ 与地球赤道平面的夹角即为运载器质心在地球上弹下点位置的地心纬度。考虑到地心矢径 $\boldsymbol{r}$ 与地球自转角速度 $\boldsymbol{\omega}_e$ 的夹角即为地心纬度的余角，所以地心纬度可计算如下：

$$\cos(\boldsymbol{r},\boldsymbol{\omega}_e) = \cos\left(\frac{\pi}{2} - \phi_S\right) = \sin\phi_S = \frac{\boldsymbol{r} \cdot \boldsymbol{\omega}_e}{r\omega_e} \tag{5-4-21}$$

式中：$\boldsymbol{r}$ 为地心距矢量；$\boldsymbol{\omega}_e$ 为地球自转角速度；ϕ_S 为运载器质心对应的地心纬度。

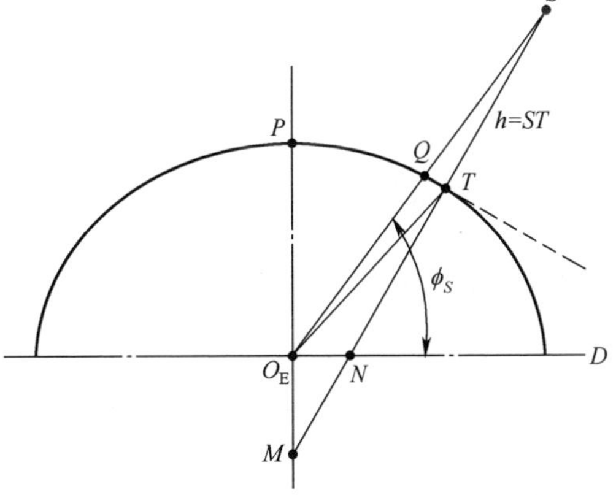

图 5-4-1　高度解算示意图

运载器质心在地面的投影点的地球半径由该点的地心纬度确定，根据两轴旋转椭球体纵向切面的椭圆曲线方程，地心纬度 ϕ_S 处的地球半径为

$$R_{\phi,e} = O_E Q = \frac{a_e b_e}{\sqrt{a_e^2 \sin\phi_S + b_e^2 \cos^2\phi_S}} \tag{5-4-22}$$

式中：a_e 为地球赤道的半径；b_e 为地球的极半径；$R_{\phi,e}$ 为地心纬度 ϕ_S 对应的地球半径。在进行弹道计算和分析时，若忽略地理纬度与地心纬度的偏差对高度的影响，则地心纬度为 ϕ_S 处的高度可利用式(5-4-23)解算

$$h_{\phi_S} = r - R_{\phi,e} \tag{5-4-23}$$

式中：h_{ϕ_S} 为某瞬时时刻运载器质心 S 对应地心纬度为 ϕ_S 处的高度，如图 5-4-1 中 QS；r 为该时刻运载器质心相对于地心的地心距 $O_E S$。

若要以主法线方向的 TS 作为该时刻运载器质心 S 的高度，则应采用迭代求解的方法：图 5-4-1 中 S 是运载器的质心，T 点是运载器质心的地面投影点（ST 为 T 点处的主法线方向），Q 为 S 点的地心距 r_S 与地球表面的交点。O_E 为地心，P 点为地球自转轴与地球表面的交点，N 点为 ST 的延长线与地球赤道平面的交点，M 点为 ST 的延长线与地球自转轴的交点。投影点 T 所在的子午平面内，点 S 的地心纬度 $\phi_S = \angle SO_E D$，地面投影点 T 的地心纬度 $\phi_T = \angle TO_E D$，地面投影点 T 的地理纬度 $B_T = \angle TND$，则运载器当前时刻的飞行高度 $h = ST$ 可计算如下：

$$\begin{cases} B_T = \arctan\left(\dfrac{a_e^2}{b_e^2} \cdot \tan\phi_T\right) \\ R_e = \dfrac{a_e b_e}{\sqrt{a_e^2 \sin\phi_T^2 + b_e^2 \cos\phi_T^2}} \\ h = \sqrt{r^2 - R_e^2 \sin^2(B_T - \phi_T)} - R_e \cos(B_T - \phi_T) \\ \phi_T = \phi_S - \arcsin\left[\dfrac{h \cdot \sin(B_T - \phi_T)}{r_S}\right] \end{cases} \tag{5-4-24}$$

首先给出初值 $\phi_{T,1}$，则可依次计算得到 $B_{T,1}$、$R_{e,1}$、h_1；然后计算如下：

$$\phi_{T,i+1} = \phi_S - \arcsin\left[\frac{h \cdot \sin(B_{T,i} - \phi_{T,i})}{r}\right], i = 1,2,\cdots \tag{5-4-25}$$

迭代计算出地面投影点 T 的地心纬度 ϕ_T；最后再依次计算得到 $B_{T,i+1}$、$R_{e,i+1}$、h_{i+1}，当高度的迭代计算结果满足 $|h_{i+1} - h_i| < \varepsilon$ 时，停止迭代计算。

5.4.6 弹道参数解算方程

本节介绍运载器飞行弹道中任意一点在地面投影点的经度、投影点的速度方

位角和自发射点到投影点射程角等弹道参数的解算方程。已知运载器发射点的经度为 λ_0,若要计算弹道的地面投影点的经度 λ,则只需要计算出弹道的地面投影点处的经度与发射点经度的差值 $\Delta\lambda = \lambda - \lambda_0$ 即可。在地心 O_E 处建立辅助直角坐标系,$O_E X'$轴与地球自转轴重合, $O_E Y'$ 轴在地球赤道平面内并指向发射点所在的子午线平面方向, $O_E Z'$ 轴满足右手准则,如图 5-4-2 所示。

将地面发射系绕 Oy 轴逆时针旋转 A_0(大地方位角),再绕新产生的 Z 方向坐标轴逆时针旋转 B_0(发射点地理纬度),则可实现地面发射系 $O-xyz$ 与辅助笛卡儿坐标系 $O_E-X'Y'Z'$三个坐标轴的平行,运载器质心在两个坐标系的位置分量满足

$$\begin{bmatrix} X' \\ Y' \\ Z' \end{bmatrix} = \boldsymbol{T}_z(B_0) \cdot \boldsymbol{T}_y(A_0) \cdot \begin{bmatrix} X_G + R_{Ox} \\ Y_G + R_{Oy} \\ Z_G + R_{Oz} \end{bmatrix} \tag{5-4-26}$$

式中:X'、Y'、Z' 为运载器质心在 $O_E - X'Y'Z'$ 坐标系三轴的分量;X_G、Y_G、Z_G 为运载器质心在地面发射坐标系 $O-xyz$ 三轴的分量;R_{Ox}、R_{Oy}、R_{Oz} 为地心 O_E 到发射点 O 的矢径为 $\boldsymbol{R}_O$ 在坐标系 $O_E - X'Y'Z'$ 三轴的分量。

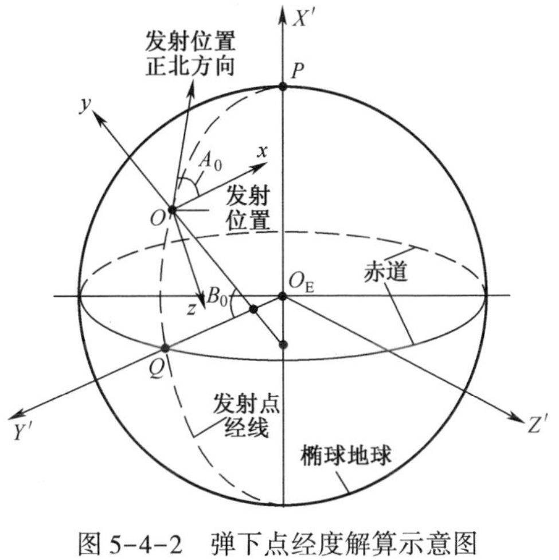

图 5-4-2　弹下点经度解算示意图

将式(5-4-26)展开可得

$$\begin{bmatrix} X' \\ Y' \\ Z' \end{bmatrix} = \begin{bmatrix} \cos B_0 \cos A_0 & \sin B_0 & -\cos B_0 \sin A_0 \\ -\sin B_0 \cos A_0 & \cos B_0 & \sin B_0 \sin A_0 \\ \sin A_0 & 0 & \cos A_0 \end{bmatrix} \begin{bmatrix} X_G + R_{Ox} \\ Y_G + R_{Oy} \\ Z_G + R_{Oz} \end{bmatrix} \tag{5-4-27}$$

显然,某瞬时时刻的运载器质心(空间弹道某点)的地面投影点的经度与地面发射点初始经度的差值满足

$$\Delta\lambda = \arctan\left(\frac{Z'}{Y'}\right) \tag{5-4-28}$$

式(5-4-28)中经度差值 $\Delta\lambda$ 取值的判读条件为

$$\Delta\lambda = \begin{cases} \arctan\left(\dfrac{Z'}{Y'}\right), Y' > 0 \\ \pi + \arctan\left(\dfrac{Z'}{Y'}\right), Y' < 0 \end{cases} \tag{5-4-29}$$

注意,在航天发射飞行力学分析时地球的经度取值范围为 0~2π。我们知道,飞行弹道中任一点的地面投影点都会对应一个方位角,该方位角既可以表征运载器的飞行速度方向,也可以标定该投影点处的地面发射坐标系 Ox 轴的指向。如图 5-4-3 所示,地球为两轴旋转椭球体,在发射点 O 处建立地面发射坐标系 O-xyz,在地心 O_E 处建立一个辅助的笛卡儿坐标系,O_EX'轴与地球自转轴重合,O_EY'轴在地球赤道平面内并指向发射点所在的子午线平面,O_EZ'轴满足右手准则。

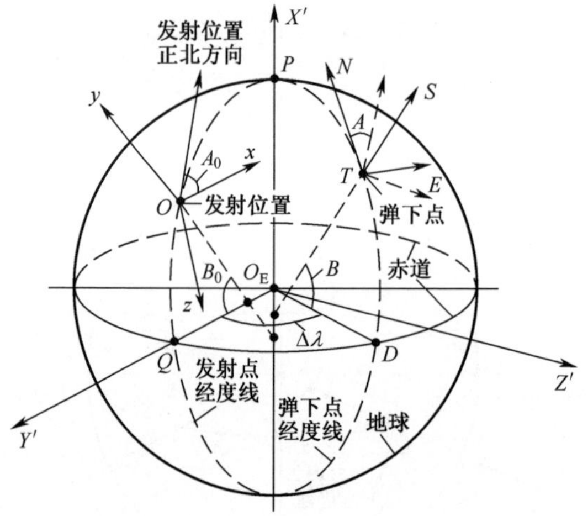

图 5-4-3　弹下点方位角解算示意图

根据坐标转换矩阵的定义,运载器质心在任一时刻相对于地面发射坐标系的速度矢量 $\boldsymbol{V}_G$ 在地面发射坐标系 O-xyz 和辅助坐标系 O_E-$X'Y'Z'$内的分量满足

$$\begin{bmatrix} V'_x \\ V'_y \\ V'_z \end{bmatrix} = \begin{bmatrix} \cos B_0 \cos A_0 & \sin B_0 & -\cos B_0 \sin A_0 \\ -\sin B_0 \cos A_0 & \cos B_0 & \sin B_0 \sin A_0 \\ \sin A_0 & 0 & \cos A_0 \end{bmatrix} \begin{bmatrix} V_{Gx} \\ V_{Gy} \\ V_{Gz} \end{bmatrix} \tag{5-4-30}$$

式中: V_{Gx}、V_{Gy}、V_{Gz} 为速度矢量 $\boldsymbol{V}$ 在地面发射坐标系 $O-xyz$ 的分量; V'_x、V'_y、V'_z 为

速度 $\boldsymbol{V}$ 在辅助坐标系 $O_{\mathrm{E}}-X'Y'Z'$ 的分量。图 5-4-3 中点 T 为弹道中任一点的地面投影点,在点 T 处建立北天东坐标系,即 TN 轴指向点 T 位置的正北方向,TS 轴向上指向当地铅垂线方向,TE 轴满足右手准则,指向正东方向。则坐标系 $O_{\mathrm{E}}-X'Y'Z'$可先绕 $O_{\mathrm{E}}X'$轴逆时针旋转 $\Delta\lambda$ 角,再绕新生成的过渡坐标系的 Z 轴顺时针旋转 B 角即可实现与坐标系 $T-NSE$ 各轴的平行,相应的由坐标系 $O_{\mathrm{E}}-X'Y'Z'$到坐标系 $T-NSE$ 的转换矩阵可表示为

$$\boldsymbol{T}_{\mathrm{G'E'}}=\boldsymbol{T}_z(-B)\cdot\boldsymbol{T}_x(\Delta\lambda) \tag{5-4-31}$$

速度矢量 $\boldsymbol{V}$ 在两坐标系的投影满足

$$\begin{bmatrix} V_{\mathrm{N}} \\ V_{\mathrm{S}} \\ V_{\mathrm{E}} \end{bmatrix}=\begin{bmatrix} \cos B & -\sin B\cos\Delta\lambda & -\sin B\sin\Delta\lambda \\ \sin B & \cos B\cos\Delta\lambda & \cos B\sin\Delta\lambda \\ 0 & -\sin\Delta\lambda & \cos\Delta\lambda \end{bmatrix}\begin{bmatrix} V'_x \\ V'_y \\ V'_z \end{bmatrix} \tag{5-4-32}$$

式中:V_{N}、V_{S}、V_{E} 为速度矢量 $\boldsymbol{V}$ 在 $T-NSE$ 北天东坐标系的分量;V'_x、V'_y、V'_z 为速度 $\boldsymbol{V}$ 在辅助坐标系 $O_{\mathrm{E}}-X'Y'Z'$ 的分量。根据前面的分析,运载器任一时刻弹道的地面投影点的经度与发射点初始经度的经度差 $\Delta\lambda$ 与地理纬度 B 均可计算得到,则利用该式可求出速度分量 V_{N}、V_{S}、V_{E}。已知 V_{N}、V_{E} 为速度在当地水平面内的正北方向和正东方向的分量,则飞行速度与当地正北方向的夹角可通过下式计算:

$$A=\arctan\left(\frac{V_{\mathrm{E}}}{V_{\mathrm{N}}}\right) \tag{5-4-33}$$

式中:A 为飞行弹道中任一点的速度在当地水平面内的投影与正北方向的夹角。若地球采用均质圆球模型,则只需把上面各式中的地理纬度 B 替换为地心纬度 ϕ 即可。同时,假设弹道中任一点 P_T 相对于地心的矢径为 $\boldsymbol{r}$,地面发射坐标系原点即发射点 O 的地心矢径为 $\boldsymbol{R}_O$,则矢径 $\boldsymbol{r}$ 与 $\boldsymbol{R}_O$ 的夹角称为弹道中任一点 P_T 的地面投影点 T 的射程角(从发射点 O 处起算)。两矢径的夹角可由下式计算:

$$\beta_T=\arccos\left(\frac{\boldsymbol{r}\cdot\boldsymbol{R}_O}{|\boldsymbol{r}||\boldsymbol{R}_O|}\right) \tag{5-4-34}$$

矢径 $\boldsymbol{r}$ 与矢径 $\boldsymbol{R}_O$ 在地心坐标系内的分量可表示为

$$\begin{cases} \boldsymbol{r}=[X_{\mathrm{E}}+R_{O\mathrm{E}x},Y_{\mathrm{E}}+R_{O\mathrm{E}y},Z_{\mathrm{E}}+R_{O\mathrm{E}z}]^{\mathrm{T}} \\ \boldsymbol{R}_O=[R_{O\mathrm{E}x},R_{O\mathrm{E}y},R_{O\mathrm{E}z}]^{\mathrm{T}} \end{cases} \tag{5-4-35}$$

式中:X_{E}、Y_{E}、Z_{E} 为弹道上任一点 P_T 相对于地面发射坐标系原点的矢径在地心坐标系的分量;$R_{O\mathrm{E}x}$、$R_{O\mathrm{E}y}$、$R_{O\mathrm{E}z}$为发射点 O 相对于地心的矢径在地心坐标系的分量。

将以上两矢径的坐标分量代入并整理简化,可得

$$\beta_T = \arccos\left(\frac{|\boldsymbol{R}_O|}{|\boldsymbol{r}|} + \frac{X_{\mathrm{E}} \cdot R_{OEx} + Y_{\mathrm{E}} \cdot R_{OEy} + Z_{\mathrm{E}} \cdot R_{OEz}}{|\boldsymbol{r}| \cdot |\boldsymbol{R}_O|}\right) \tag{5-4-36}$$

式中:β_T 为弹道上任一点 P_T 相对于地面发射坐标系原点的地球射程角。结合具体的地球模型就可以求出当前点的射程。

5.4.7 质量方程

运载器的质量不仅与加速度的计算直接相关,还与变质量运动过程产生附加相对力/力矩和附加科氏力/力矩的计算有关。运载器在发射飞行过程中质量时刻发生变化,为了准确计算任意时刻的质量大小,有必要建立质量计算方程。以多级运载器为例,自点火发射开始,火箭发动机就要不断消耗推进剂,燃烧后的推进剂通过发动机喷管喷出使得运载器的质量不断减少,除了燃烧推进剂消耗质量外,运载器飞行过程中还要抛掉完成主动段飞行的各子级,本节给出 $N \geqslant 1$ 级运载器质量的通用计算方程。

为了准确理解本部分讨论的内容并正确掌握和使用本部分给出的结果,首先对多级运载器的基本名词进行明确的定义。多级运载器的"级"与"子火箭"是两个重要的基本概念,"子火箭"由"级"构成但又与"级"有所区别,"级"是构成运载器的最基本元素,"子火箭"是根据需要定义的独立的模块。"级"是一个完整的推进装置,"级"包括发动机、推进剂输送系统、推进剂/燃料、推进剂贮箱、箭体结构和控制系统的部分设备(如伺服机构、惯性导航装置)等。当"级"自身的推进剂全部燃烧消耗完时,这一"级"就被整个地抛掉以用于整体运载器的减重和加速。"子火箭"其实是一个完整的运载器,包括有效载荷、控制系统设备和箭体系统等的一级或多级火箭,图 5-4-4 为 CZ-3B 三级运载火箭。

根据本部分给出的"级"和"子火箭"的定义可以看出,长征三号乙运载火箭有三个"级"和三个"子火箭","第一子火箭"是整个运载火箭,"第二子火箭"是"第一子火箭"减去"第一级","第三子火箭"是"第二子火箭"减掉"第二级"(其实也就是"第三级"和有效载荷组成的部分)。"第三子火箭"的有效载荷即为运载火箭的实际有效载荷,根据该特征可得到以下结论:①"第二子火箭"的有效载荷即为"第三子火箭";②"第一子火箭"的有效载荷即为"第二子火箭"。

假设第 i 级火箭("子级"与"级"的含义相同)的推进剂加注量为 $m_{p,i}$,第 i 级火箭的结构质量为 $m_{g,i}$,该子级火箭点火工作前自然消耗(蒸发消耗、工质消耗等)的总质量为 $m_{x,i}$,该子级携带气瓶中气体的质量 $m_{q,i}$(若该子级没有气瓶,则该项为零),其中 $i=0,1,2,\cdots,N$,N 为运载器的最大级数(有效载荷即为第 N 级),$i=0$表示该子级为运载器的助推器。假设运载器的有效载荷质量(包括部分控制仪器的运载器头部质量)为 m_s,运载器整流罩的质量为 m_{f}(运载器的整流罩在第 i_{f}

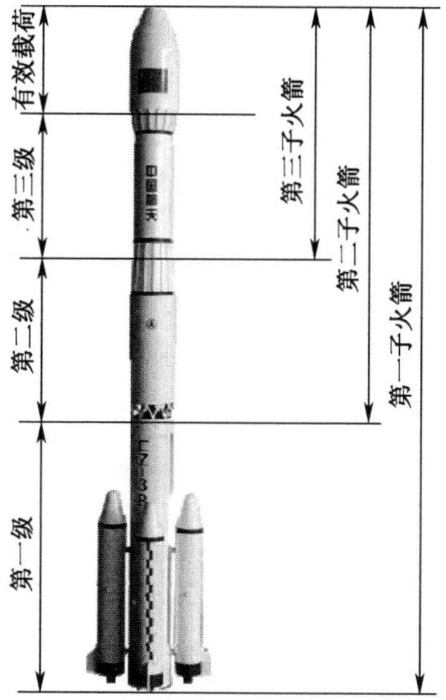

图 5-4-4　弹下点方位角解算示意图

级—完整的推进装置子火箭—完整的火箭

级抛掉,下标 f 为整流罩 fairing 的缩写)。为方便将整流罩质量整合至整个运载器质量计算的公式中,设置整流罩质量表达式

$$m_{i,\mathrm{f}} = \begin{cases} m_{\mathrm{f}}, i = i_{\mathrm{f}} \\ 0,\ \ i \neq i_{\mathrm{f}} \end{cases} \tag{5-4-37}$$

式中:m_{f} 为整流罩质量。

基于上述约定,运载器最上面一级(第 N 级,即运载器有效载荷一级)的质量可表示为

$$\begin{cases} m_{N,0} = m_{p,N} + m_{g,N} + m_{q,N} + m_{i,f} + m_s \\ m_N = m_{N,0} - m_{x,N} \end{cases} \tag{5-4-38}$$

式中:$m_{N,0}$为最上面一级的初始质量;m_N 为最上面一级的发动机开始工作时最上面一级的质量。采用相似的思路,运载器的第 $i(1<i<N)$ 子火箭的初始质量和发动机点火时质量可采用下式计算:

$$\begin{cases} m_{i,0} = m_{p,i} + m_{g,i} + m_{q,v} + m_{i,f} + m_{i+1,0} \\ m_i = m_{i,0} - m_{x,i} \end{cases}, 1 < i < N \tag{5-4-39}$$

式中：$m_{i,0}$为第 i 子火箭的初始质量；m_i 为火箭第 i 级开始工作时的质量；$m_{i+1,0}$为第 $i+1$ 子火箭的初始质量。

采用同样的思路定义助推器的质量

$$\begin{cases} m_{B,0} = m_{p,0} + m_{g,0} + m_{q,0} \\ m_B = m_{B,0} - m_{x,0} \end{cases} \tag{5-4-40}$$

式中：$m_{\mathrm{B},0}$为单个助推器的初始质量；m_{B} 为单个助推器点火工作时的质量。

综上，整个运载器（第一子火箭）点火时的起飞质量可用下式计算得到：

$$\begin{cases} m_1 = m_{p,1} + m_{g,1} + m_{q,1} - m_{x,1} + N_B \cdot m_{B,0} + m_{2,0} \\ m_{i,0} = m_{p,i} + m_{g,i} + m_{q,i} + m_{i,f} + m_{i+1,0}, \quad 2 \leqslant i < N \end{cases} \tag{5-4-41}$$

式中：m_1 为第一子火箭起飞时刻的质量；N_B 为助推器的个数；m_f 为整流罩质量；如果记 $t_{r.f.}$ 为运载器整流罩抛掉时刻。

显然，当第 i_f 子级开始工作且飞行时间大于等于整流罩抛掉时刻 $t_{\mathrm{r.f.}}$ 时，运载器质量的计算式中整流罩质量为零；若火箭第 i_f 子级还未开始工作或者飞行时刻小于整流罩抛掉时刻 $t_{\mathrm{r.f.}}$，在计算运载器质量时整流罩质量计为 m_f。利用该式可以计算得到运载器发射时刻的质量 m_1，如果运载器从点火时刻到当前时刻的总飞行时间记为 t，则运载器在当前时刻的质量可以用下式计算

$$m(t) = m_0 - \dot{m} \cdot t \tag{5-4-42}$$

式中：t 为从发射起飞时刻到当前时刻的飞行时间；m_0 为初始时刻的质量；$\dot{m}$ 为运载器的发动机秒耗量（不同子级的火箭工作对应的质量秒耗量不同，不同的发动机对应的质量秒耗量也不同）。

5.5 六自由度弹道计算方程

本部分介绍地面发射坐标系内描述的六自由度弹道计算方程和速度坐标系内描述的六自由度弹道计算方程。

5.5.1 地面发射系六自由度弹道计算方程

地面发射坐标系是描述运载器运动、残骸运动、航迹航区和落点落区等状态信息的重要参考坐标系，在航天发射飞行力学研究中具有重要作用，综合动力学与运动学方程以及弹道解算辅助方程可得地面发射坐标系内描述的六自由度弹道计算方程：

$$
\begin{cases}
\begin{bmatrix}\dot{V}_{Gx}\\ \dot{V}_{Gy}\\ \dot{V}_{Gz}\end{bmatrix}=\dfrac{g_r'}{r_{\mathrm{c.m.}}}\begin{bmatrix}R_{Ox}+X_{\mathrm{G}}\\ R_{Oy}+Y_{\mathrm{G}}\\ R_{Oz}+Z_{\mathrm{G}}\end{bmatrix}+g_{\omega_e}\begin{bmatrix}\cos B\cdot\cos A_0\\ \sin B\\ -\cos B\cdot\sin A_0\end{bmatrix}+\dfrac{1}{m}\boldsymbol{T}_{GV}\begin{bmatrix}-D\\ L\\ N\end{bmatrix}+\\
\dfrac{1}{m}\boldsymbol{T}_{GB}\begin{bmatrix}P+F_{C,x_{\mathrm{B}}}+F'_{k,x_{\mathrm{B}}}\\ F_{C,y_{\mathrm{B}}}+F'_{k,y_{\mathrm{B}}}\\ F_{C,z_{\mathrm{B}}}+F'_{k,z_{\mathrm{B}}}\end{bmatrix}+\begin{bmatrix}a_{kx}\\ a_{ky}\\ a_{kz}\end{bmatrix}+\begin{bmatrix}a_{ex}\\ a_{ey}\\ a_{ez}\end{bmatrix},\quad\begin{bmatrix}\dot{X}_{\mathrm{G}}\\ \dot{Y}_{\mathrm{G}}\\ \dot{Z}_{\mathrm{G}}\end{bmatrix}=\begin{bmatrix}V_{Gx}\\ V_{Gy}\\ V_{Gz}\end{bmatrix}\\
\begin{bmatrix}I_{xx}\dot{\omega}_{\mathrm{GI}x}\\ I_{yy}\dot{\omega}_{\mathrm{GI}y}\\ I_{zz}\dot{\omega}_{\mathrm{GI}z}\end{bmatrix}+\begin{bmatrix}(I_{zz}-I_{yy})\omega_{\mathrm{GI}z}\omega_{\mathrm{GI}y}\\ (I_{xx}-I_{zz})\omega_{\mathrm{GI}x}\omega_{\mathrm{GI}z}\\ (I_{yy}-I_{xx})\omega_{\mathrm{GI}x}\omega_{\mathrm{GI}y}\end{bmatrix}=\begin{bmatrix}M_{x,\mathrm{s.t.}}\\ M_{y,\mathrm{s.t.}}\\ M_{z,\mathrm{s.t.}}\end{bmatrix}+\begin{bmatrix}M_{x,d}\\ M_{y,d}\\ M_{z,d}\end{bmatrix}+\begin{bmatrix}M_{x,C}\\ M_{y,C}\\ M_{z,C}\end{bmatrix}-\begin{bmatrix}\dot{I}_{xx}\omega_{\mathrm{GI}x}\\ \dot{I}_{yy}\omega_{\mathrm{GI}y}\\ \dot{I}_{zz}\omega_{\mathrm{GI}z}\end{bmatrix}-\dot{m}\begin{bmatrix}0\\ x_{\mathrm{S}_e}^2\omega_{\mathrm{GI}y}\\ x_{\mathrm{S}_e}^2\omega_{\mathrm{GI}z}\end{bmatrix}\\
\begin{bmatrix}\dot{\varphi}_{\mathrm{GI}}\\ \dot{\psi}_{\mathrm{GI}}\\ \dot{\gamma}_{\mathrm{GI}}\end{bmatrix}=\begin{bmatrix}0 & \sin\gamma_{\mathrm{GI}}/\cos\psi_{\mathrm{GI}} & \cos\gamma_{\mathrm{GI}}/\cos\psi_{\mathrm{GI}}\\ 0 & \cos\gamma_{\mathrm{GI}} & -\sin\gamma_{\mathrm{GI}}\\ 1 & \sin\gamma_{\mathrm{GI}}\tan\psi_{\mathrm{GI}} & \cos\gamma_{\mathrm{GI}}\tan\psi_{\mathrm{GI}}\end{bmatrix}\begin{bmatrix}\omega_{\mathrm{GI}x}\\ \omega_{\mathrm{GI}y}\\ \omega_{\mathrm{GI}z}\end{bmatrix},\\
\begin{bmatrix}\omega_{Gx}\\ \omega_{Gy}\\ \omega_{Gz}\end{bmatrix}=\begin{bmatrix}\omega_{\mathrm{GI}x}\\ \omega_{\mathrm{GI}y}\\ \omega_{\mathrm{GI}z}\end{bmatrix}-\boldsymbol{T}_{\mathrm{BG}}\begin{bmatrix}\omega_{ex}\\ \omega_{ey}\\ \omega_{ez}\end{bmatrix},\begin{cases}\varphi_{\mathrm{G}}=\varphi_{\mathrm{GI}}-\omega_{ez}\cdot t\\ \psi_{\mathrm{G}}=\psi_{\mathrm{GI}}-\omega_{ey}\cdot\cos\varphi_{\mathrm{G}}\cdot t+\omega_{ex}\cdot\sin\varphi_{\mathrm{G}}\cdot t\\ \gamma_{\mathrm{G}}=\gamma_{\mathrm{GI}}-\omega_{ey}\cdot\sin\varphi_{\mathrm{G}}\cdot t-\omega_{ex}\cdot\cos\varphi_{\mathrm{G}}\cdot t\end{cases}\\
\theta_{\mathrm{G}}=\arctan(V_{Gy}/V_{Gx})\\
\sigma_{\mathrm{G}}=-\arcsin\left(V_{Gz}/\sqrt{V_{Gx}^2+V_{Gy}^2+V_{Gz}^2}\right)\\
\begin{cases}\sin\beta=\cos(\varphi_{\mathrm{G}}-\theta_{\mathrm{G}})\cos\sigma_{\mathrm{G}}\sin\psi_{\mathrm{G}}\cos\gamma_{\mathrm{G}}+\sin(\varphi_{\mathrm{G}}-\theta_{\mathrm{G}})\cos\sigma_{\mathrm{G}}\sin\gamma_{\mathrm{G}}-\sin\sigma_{\mathrm{G}}\cos\psi_{\mathrm{G}}\cos\gamma_{\mathrm{G}}\\ \sin\alpha=[\sin(\varphi_{\mathrm{G}}-\theta_{\mathrm{G}}))\cos\sigma_{\mathrm{G}}\cos\gamma_{\mathrm{G}}+\sin\sigma_{\mathrm{G}}\cos\psi_{\mathrm{G}}\cos\gamma_{\mathrm{G}}-\cos(\varphi_{\mathrm{G}}-\theta_{\mathrm{G}})\cos\sigma_{\mathrm{G}}\sin\psi_{\mathrm{G}}\cos\gamma_{\mathrm{G}}]/\cos\beta\\ \sin\upsilon=\cos\alpha\cos\psi_{\mathrm{G}}\sin\gamma_{\mathrm{G}}/\cos\sigma_q-\sin\psi_{\mathrm{G}}\sin\alpha/\cos\sigma_q\end{cases}\\
\begin{cases}V_{\mathrm{G}}=\sqrt{V_{Gx}^2+V_{Gy}^2+V_{Gz}^2}\\ m(t)=m_0-\dot{m}\cdot t\\ r=\sqrt{(X_{\mathrm{G}}+R_{Ox})^2+(Y_{\mathrm{G}}+R_{Oy})^2+(Z_{\mathrm{G}}+R_{Oz})^2}\\ \cos(\boldsymbol{r},\boldsymbol{\omega}_{\mathrm{e}})=\cos\left(\dfrac{\pi}{2}-\phi\right)=\sin\phi=\dfrac{\boldsymbol{r}\cdot\boldsymbol{\omega}_e}{r\omega_e}\\ R_{\phi,e}=\dfrac{a_eb_e}{\sqrt{a_e^2\sin^2\phi+b_e^2\cos^2\phi}}\\ h_\phi=r-R_{\phi,e}\end{cases}\\
F_\varphi(\delta_\varphi,X_{\mathrm{G}},Y_{\mathrm{G}},Z_{\mathrm{G}},V_{Gx},V_{Gy},V_{Gz},\varphi_{\mathrm{GI}},\dot{\varphi}_{\mathrm{GI}},\cdots,\boldsymbol{\omega}_{\mathrm{GI}})=0\\
F_\psi(\delta_\psi,X_{\mathrm{G}},Y_{\mathrm{G}},Z_{\mathrm{G}},V_{Gx},V_{Gy},V_{Gz},\varphi_{\mathrm{GI}},\dot{\varphi}_{\mathrm{GI}},\cdots,\boldsymbol{\omega}_{\mathrm{GI}})=0\\
F_\gamma(\delta_\gamma,X_{\mathrm{G}},Y_{\mathrm{G}},Z_{\mathrm{G}},V_{Gx},V_{Gy},V_{Gz},\varphi_{\mathrm{GI}},\dot{\varphi}_{\mathrm{GI}},\cdots,\boldsymbol{\omega}_{\mathrm{GI}})=0
\end{cases}
$$

式中：$\dot{V}_{Gx}$、$\dot{V}_{Gy}$、$\dot{V}_{Gz}$ 和 $\dot{X}_{\mathrm{G}}$、$\dot{Y}_{\mathrm{G}}$、$\dot{Z}_{\mathrm{G}}$ 微分方程分别为运载器质心动力学与运动学方

程；$\dot{\omega}_{GIx}$、$\dot{\omega}_{GIy}$、$\dot{\omega}_{GIz}$ 和 $\dot{\varphi}_{GI}$、$\dot{\psi}_{GI}$，$\dot{\gamma}_{GI}$ 微分方程分别为运载器绕质心动力学与运动方程。动力学与运动学微分方程共有 12 个。除了微分方程形式的质心、绕质心动力学与运动学方程，还包含有 20 个弹道解算辅助方程，辅助方程均为代数方程，微分方程与代数方程总计 32 个，该式包括的所有未知变量见表 5-5-2。

表 5-5-2 地面发射系弹道方程包含的状态变量

状态变量	变量类型与含义	方程个数	获得方式
$V_{Gx},V_{Gy},V_{Gz},X_G,Y_G,Z_G$	相对于地面发射坐标系的质心的速度与位置的分量	6	数值积分/导航解算
$\omega_{GIx},\omega_{GIy},\omega_{GIz},\varphi_{GI},\psi_{GI},\gamma_{GI}$	相对于惯性空间角速率在体坐标系的分量与姿态角	6	数值积分/导航解算
$\omega_{Gx},\omega_{Gy},\omega_{Gz},\varphi_G,\psi_G,\gamma_G$	相对于地面发射系角速率在地面系的分量与姿态角	6	代数解算
$\theta_G,\sigma_G,\upsilon_G$	速度坐标系相对于地面发射坐标系坐标转换欧拉角	3	代数解算
α,β	速度坐标系与体坐标系之间坐标转换攻角、侧滑角	2	代数解算
$V_G,r,\phi,R_{\phi,e},h,m$	速度、地心距、地心纬度、地球半径、高度以及质量	6	代数解算/导航解算
$\delta_\varphi,\delta_\psi,\delta_\gamma$	俯仰通道、偏航通道和滚转通道的执行机构控制量	3	设计输入

从理论上讲，若当前时刻运载器的速度、位置、相对于地面发射惯性坐标系的转动角速度和姿态角已知，则当设计给出运载器控制执行机构的控制方程

$$\begin{cases}F_\varphi(\delta_\varphi,X_G,Y_G,Z_G,V_{Gx},V_{Gy},V_{Gz},\varphi_{GI},\dot{\varphi}_{GI},\cdots,\boldsymbol{\omega}_{GI})=0\\F_\psi(\delta_\psi,X_G,Y_G,Z_G,V_{Gx},V_{Gy},V_{Gz},\varphi_{GI},\dot{\varphi}_{GI},\cdots,\boldsymbol{\omega}_{GI})=0\\F_\gamma(\delta_\gamma,X_G,Y_G,Z_G,V_{Gx},V_{Gy},V_{Gz},\varphi_{GI},\dot{\varphi}_{GI},\cdots,\boldsymbol{\omega}_{GI})=0\end{cases}\tag{5-5-1}$$

就可以依次得到当前时刻运载器相对于地面发射坐标系的转动角速度和姿态角→当前时刻的速度倾角和航迹偏航角→当前时刻的攻角、侧滑角和倾侧角→当前时刻的地心距、飞行高度和质量等→当前时刻速度和位置在地面发射坐标系分量的导数值和当前时刻运载器相对于地面发射惯性坐标系的转动角速度和姿态角的导数值（微分方程中的导数值）→单个积分步长的下一时刻的速度和位置在地面发射坐标系的分量以及下一时刻相对于地面发射惯性坐标系的转动角速度和姿态角的值→完成单步长弹道方程的数值计算。需要说明，32 个未知变量的初值是不能任意给定的，因为部分变量之间存在特定的等式约束条件，主要包括 14 个参数，分别为 ω_{Gx}、ω_{Gy}、ω_{Gz}、φ_G、ψ_G、γ_G、α、β、$\upsilon\cdot V_G$、r、ϕ、$R_{\phi,e}$、h 当与 14 个参数变量对应相

关的参数的初值给定后,即可根据特定的等式约束求出它们的对应初值。

5.5.2 速度系六自由度弹道计算方程

速度坐标系内六自由度弹道计算方程由速度、速度倾角和航迹偏航角的质心动力学微分方程,地面发射坐标系内的质心运动学微分方程,绕质心动力学与运动学方程,以及弹道解算辅助方程组成:

$$
\left\{
\begin{aligned}
& m\begin{bmatrix} \dot{V}_{\mathrm{G}} \\ V_{\mathrm{G}}\dot{\theta}_{\mathrm{G}}\cos\sigma_{\mathrm{G}} \\ -V_{\mathrm{G}}\dot{\sigma}_{\mathrm{G}} \end{bmatrix} = m\boldsymbol{T}_{HV}\boldsymbol{T}_{VG}\begin{bmatrix} g_{Ox} \\ g_{Oy} \\ g_{Oz} \end{bmatrix} + \boldsymbol{T}_{HV}\begin{bmatrix} -D \\ L \\ N \end{bmatrix} + \boldsymbol{T}_{HV}\boldsymbol{T}_{VB}\begin{bmatrix} P \\ 0 \\ 0 \end{bmatrix} + \boldsymbol{T}_{HV}\boldsymbol{T}_{VB}\begin{bmatrix} F_{C,x_{\mathrm{B}}} \\ F_{C,y_{\mathrm{B}}} \\ F_{C,z_{\mathrm{B}}} \end{bmatrix} + \\
& \boldsymbol{T}_{HV}\boldsymbol{T}_{VB}\begin{bmatrix} F'_{k,x_{\mathrm{B}}} \\ F'_{k,y_{\mathrm{B}}} \\ F'_{k,z_{\mathrm{B}}} \end{bmatrix} + m\boldsymbol{T}_{HV}\boldsymbol{T}_{VG}\begin{bmatrix} a_{kx} \\ a_{ky} \\ a_{kz} \end{bmatrix} + m\boldsymbol{T}_{HV}\boldsymbol{T}_{VG}\begin{bmatrix} a_{ex} \\ a_{ey} \\ a_{ez} \end{bmatrix},\ \left\{\begin{aligned} \dot{X}_{\mathrm{G}} &= V_{\mathrm{G}}\cdot\cos\sigma_{\mathrm{G}}\cdot\cos\theta_{\mathrm{G}} \\ \dot{Y}_{\mathrm{G}} &= V_{\mathrm{G}}\cdot\cos\sigma_{\mathrm{G}}\cdot\sin\theta_{\mathrm{G}} \\ \dot{Z}_{\mathrm{G}} &= -V_{\mathrm{G}}\cdot\sin\sigma_{\mathrm{G}} \end{aligned}\right. \\
& \begin{bmatrix} I_{xx}\dot{\omega}_{\mathrm{GI}x} \\ I_{yy}\dot{\omega}_{\mathrm{GI}y} \\ I_{zz}\dot{\omega}_{\mathrm{GI}z} \end{bmatrix} + \begin{bmatrix} (I_{zz}-I_{yy})\omega_{\mathrm{GI}y}\omega_{\mathrm{GI}z} \\ (I_{xx}-I_{zz})\omega_{\mathrm{GI}x}\omega_{\mathrm{GI}z} \\ (I_{yy}-I_{xx})\omega_{\mathrm{GI}x}\omega_{\mathrm{GI}y} \end{bmatrix} = \begin{bmatrix} M_{x,\mathrm{s.t.}} \\ M_{y,\mathrm{s.t.}} \\ M_{z,\mathrm{s.t.}} \end{bmatrix} + \begin{bmatrix} M_{x,d} \\ M_{y,d} \\ M_{z,d} \end{bmatrix} + \begin{bmatrix} M_{x,C} \\ M_{y,C} \\ M_{z,C} \end{bmatrix} - \begin{bmatrix} \dot{I}_{xx}\omega_{\mathrm{GI}x} \\ \dot{I}_{yy}\omega_{\mathrm{GI}y} \\ \dot{I}_{zz}\omega_{\mathrm{GI}z} \end{bmatrix} - \dot{m}\begin{bmatrix} 0 \\ x_{S_e}^2\omega_{\mathrm{GI}y} \\ x_{S_e}^2\omega_{\mathrm{GI}z} \end{bmatrix} \\
& \begin{bmatrix} \dot{\varphi}_{\mathrm{GI}} \\ \dot{\psi}_{\mathrm{GI}} \\ \dot{\gamma}_{\mathrm{GI}} \end{bmatrix} = \begin{bmatrix} 0 & \sin\gamma_{\mathrm{GI}}/\cos\psi_{\mathrm{GI}} & \cos\gamma_{\mathrm{GI}}/\cos\psi_{\mathrm{GI}} \\ 0 & \cos\gamma_{\mathrm{GI}} & -\sin\gamma_{\mathrm{GI}} \\ 1 & \sin\gamma_{\mathrm{GI}}\tan\psi_{\mathrm{GI}} & \cos\gamma_{\mathrm{GI}}\tan\psi_{\mathrm{GI}} \end{bmatrix}\begin{bmatrix} \omega_{\mathrm{GI}x} \\ \omega_{\mathrm{GI}y} \\ \omega_{\mathrm{GI}z} \end{bmatrix},\ \begin{bmatrix} \omega_{Gx} \\ \omega_{Gy} \\ \omega_{Gz} \end{bmatrix} = \begin{bmatrix} \omega_{\mathrm{GI}x} \\ \omega_{\mathrm{GI}y} \\ \omega_{\mathrm{GI}z} \end{bmatrix} - \boldsymbol{T}_{\mathrm{BG}}\cdot\begin{bmatrix} \omega_{ex} \\ \omega_{ey} \\ \omega_{ez} \end{bmatrix} \\
& \left\{\begin{aligned} \varphi_{\mathrm{G}} &= \varphi_{\mathrm{GI}} - \omega_{ez}\cdot t \\ \psi_{\mathrm{G}} &= \psi_{\mathrm{GI}} - \omega_{ey}\cdot\cos\varphi_{\mathrm{G}}\cdot t + \omega_{ex}\cdot\sin\varphi_{\mathrm{G}}\cdot t \\ \gamma_{\mathrm{G}} &= \gamma_{\mathrm{GI}} - \omega_{ey}\cdot\sin\varphi_{\mathrm{G}}\cdot t - \omega_{ex}\cdot\cos\varphi_{\mathrm{G}}\cdot t \end{aligned}\right. \\
& \sin\beta = \cos(\varphi_{\mathrm{G}}-\theta_{\mathrm{G}})\cos\sigma_{\mathrm{G}}\sin\psi_{\mathrm{G}}\cos\gamma_{\mathrm{G}} + \sin(\varphi_{\mathrm{G}}-\theta_{\mathrm{G}})\cos\sigma_{\mathrm{G}}\sin\gamma_{\mathrm{G}} - \sin\sigma_{\mathrm{G}}\cos\psi_{\mathrm{G}}\cos\gamma_{\mathrm{G}} \\
& \sin\alpha = (\sin(\varphi_{\mathrm{G}}-\theta_{\mathrm{G}})\cos\sigma_{\mathrm{G}}\cos\gamma_{\mathrm{G}} + \sin\sigma_{\mathrm{G}}\cos\psi_{\mathrm{G}}\cos\gamma_{\mathrm{G}} - \cos(\varphi_{\mathrm{G}}-\theta_{\mathrm{G}})\cos\sigma_{\mathrm{G}}\sin\psi_{\mathrm{G}}\cos\gamma_{\mathrm{G}})/\cos\beta \\
& \sin\upsilon = \cos\alpha\cos\psi_{\mathrm{G}}\sin\gamma_{\mathrm{G}}/\cos\sigma_{\mathrm{G}} - \sin\psi_{\mathrm{G}}\sin\alpha/\cos\sigma_{\mathrm{G}} \\
& \left\{\begin{aligned} & m(t) = m_0 - \dot{m}\cdot t \\ & r = \sqrt{(X_{\mathrm{G}}+R_{Ox})^2 + (Y_{\mathrm{G}}+R_{Oy})^2 + (Z_{\mathrm{G}}+R_{Oz})^2} \\ & \cos(\boldsymbol{r},\boldsymbol{\omega_e}) = \cos\left(\frac{\pi}{2}-\phi\right) = \sin\phi = \frac{\boldsymbol{r}\cdot\boldsymbol{\omega_e}}{r\omega_e} \\ & R_{\phi,e} = \frac{a_e b_e}{\sqrt{a_e^2\sin^2\phi + b_e^2\cos^2\phi}} \\ & h_\phi = r - R_{\phi,e} \end{aligned}\right. \\
& F_\varphi(\delta_\varphi, X_{\mathrm{G}}, Y_{\mathrm{G}}, Z_{\mathrm{G}}, V_{Gx}, V_{Gy}, V_{Gz}, \varphi_{\mathrm{GI}}, \dot{\varphi}_{\mathrm{GI}}, \cdots, \boldsymbol{\omega}_{\mathrm{GI}}) = 0 \\
& F_\psi(\delta_\psi, X_{\mathrm{G}}, Y_{\mathrm{G}}, Z_{\mathrm{G}}, V_{Gx}, V_{Gy}, V_{Gz}, \varphi_{\mathrm{GI}}, \dot{\varphi}_{\mathrm{GI}}, \cdots, \boldsymbol{\omega}_{\mathrm{GI}}) = 0 \\
& F_\gamma(\delta_\gamma, X_{\mathrm{G}}, Y_{\mathrm{G}}, Z_{\mathrm{G}}, V_{Gx}, V_{Gy}, V_{Gz}, \varphi_{\mathrm{GI}}, \dot{\varphi}_{\mathrm{GI}}, \cdots, \boldsymbol{\omega}_{\mathrm{GI}}) = 0
\end{aligned}
\right.
$$

相较于地面发射坐标系内描述的六自由度弹道方程,速度坐标系内的弹道方程减少了速度、速度倾角和航迹偏航角的辅助解算方程(因为这 3 个变量可以直接积分得到)，所以六自由弹道方程的总数由 32 个减少至 29 个。同样，当给定运载器控制执行机构的等效偏转角的控制方程后，可依次求解弹道方程中的微分方程和代数方程，进而数值积分得到任意时刻的运载器飞行状态变量。

需要说明，地面发射坐标系和速度坐标系内建立的六自由度弹道计算方程是综合考虑了运载器质心和绕质心运动状态建立的弹道的数学计算模型，在实际应用时，可根据具体情况灵活变更运载器绕质心运动环节的数学表征，进而产生了以绕质心运动模型复杂度为基本判定准则的弹道自由度的概念。如果考虑运载器绕质心运动的全部真实的动态过程，则弹道方程应包含 6 个质心动力学与运动学方程、6 个绕质心动力学与运动学方程和 20 个辅助解算方程，由 32 个方程构成的弹道计算方程称为六自由度弹道方程。如果不考虑绕质心的真实动态运动过程，而是仅仅假设运载器在任意瞬时时刻的合力矩大小均为零(瞬时平衡假设条件)，绕质心动力学与运动学方程可以省略，则建立的弹道计算方程称为伪六自由度弹道方程。如果完全不考虑运载器的绕质心动态过程与控制过程，认为任一瞬时时刻的姿态欧拉角都直接等于该瞬时时刻的期望飞行程序角指令，即真实的姿态角与期望的姿态角之间不存在任何偏差，则建立的弹道方程称为三自由度弹道方程。伪六自由度弹道方程和三自由度弹道方程都是在一定假设条件下推导得到的空间弹道简化计算方程。

5.6 空间弹道简化计算方程

本节主要介绍欧拉角简化解算方法、瞬时平衡假设条件、伪六自由度弹道计算方程和三自由度弹道计算方程等内容。

5.6.1 弹道简化计算基本假设条件

在进行新型运载器总体设计时，运载器各分系统的参数还不能完全准确确定，故而只能进行弹道的粗略计算，需要对前面建立的弹道方程进行简化处理。在进行弹道简化计算时，通常设置以下近似条件。

(1)地球视为均质圆球，忽略地球的扁率，同时不考虑地球引力在地球自转轴方向的分量 g_{ω_e}，地球引力的大小与地心矢径 $\boldsymbol{r}$ 满足平方反比关系，即

$$\begin{cases} g = g_r' = \dfrac{\mu}{\boldsymbol{r}^2}, \mu = fM \\ g_{\omega_e} = 0 \end{cases} \tag{5-6-1}$$

同时，在总体设计阶段，工程设计人员通常只关心平均状态下的参数变化，一般可

忽略地球自转的影响,认为 $\omega_e=0$。

(2)在非特定的情况下,由于运载器内部介质相对于其本体流动而引起的附加科氏力、附加相对力矩和附加科氏力矩可视为小量,可以忽略。

(3)在飞行过程中,假设运载器的控制系统是完美的,控制系统可以瞬时完成其控制任务,运载器始终处于平衡状态。

(4) 运载器有控飞行过程中,大部分姿态欧拉角都要控制在特定区间内,且飞行过程中应尽量保持各角平缓稳定变化,所以可以认为运载器相对于地面发射坐标系产生的攻角 α、侧滑角 β、倾侧角 υ_G、偏航角 ψ_G、滚转角 γ_G、航迹偏航角 σ_G 以及角度 $\varphi_G-\theta_G$ 等欧拉角都是小量,运载器相对于地面发射惯性坐标系产生的偏航角 ψ_{GI}、滚转角 γ_{GI} 也可视为小量,所以可将上述小量欧拉角的正弦和余弦展开为泰勒级数并取至一阶,即上述角度的正弦值取角度的弧度值,上述角度的余弦值取为 1。以此准则化简后出现两个及两个以上角度的弧度值的乘积时,可将该项作为二阶小量直接略去:

$$\begin{cases}\cos\psi_{GI}\approx 1,\sin\psi_{GI}\approx\psi_{GI},\cos\psi_G\approx 1,\sin\psi_G\approx\psi_G\\ \cos\gamma_{GI}\approx 1,\sin\gamma_{GI}\approx\gamma_{GI},\cos\gamma_G\approx 1,\sin\gamma_G\approx\gamma_G\\ \sin\psi_{GI}\sin\gamma_{GI}\approx 0,\sin\psi_G\sin\gamma_G\approx 0\\ \sin\psi_{GI}\sin\gamma_{GI}\approx 0,\sin\psi_G\sin\gamma_{GI}\approx 0\\ \cos\alpha\approx 1,\sin\alpha\approx\alpha,\cos\beta\approx 1,\sin\beta\approx\beta,\cos\upsilon_G\approx 1,\sin\upsilon_G\approx\upsilon_G\\ \sin\alpha\sin\beta\approx 0,\sin\beta\sin\upsilon_G\approx 0,\sin\alpha\sin\upsilon_G\approx 0\end{cases}\tag{5-6-2}$$

利用上述小量假设可得

$$\boldsymbol{T}_{HV}\approx\begin{bmatrix}1&0&0\\0&1&-\upsilon_G\\0&\upsilon_G&1\end{bmatrix},\boldsymbol{T}_{VB}\approx\begin{bmatrix}1&-\alpha&\beta\\\alpha&1&0\\-\beta&0&1\end{bmatrix}\tag{5-6-3}$$

式中:$\boldsymbol{T}_{HV}$为速度坐标系到弹道坐标系(半速度坐标系)的转换矩阵;$\boldsymbol{T}_{VB}$为体坐标系到速度坐标系的转换矩阵。地面发射坐标系到速度坐标系的转换矩阵为

$$\boldsymbol{T}_{VG}\approx\begin{bmatrix}\cos\theta_G&\sin\theta_G&-\sigma_G\\-\sin\theta_G&\cos\theta_G&\upsilon_G\\\sigma_G\cos\theta_G+\upsilon_G\sin\theta_G&\sigma_G\sin\theta_G-\upsilon_G\cos\theta_G&1\end{bmatrix}\tag{5-6-4}$$

式中：θ_G 为速度倾角；σ_G 为航迹偏航角；υ_G 为倾侧角。

同样可得

$$\boldsymbol{T}_{HB} \approx \begin{bmatrix} 1 & -\alpha & \beta \\ \alpha & 1 & -\upsilon_G \\ -\beta & \upsilon_G & 1 \end{bmatrix}, \boldsymbol{T}_{HG} \approx \begin{bmatrix} \cos\theta_G & \sin\theta_G & -\sigma_G \\ -\sin\theta_G & \cos\theta_G & 0 \\ \sigma_G\cos\theta_G & \sigma_G\sin\theta_G & 1 \end{bmatrix} \tag{5-6-5}$$

式中：$\boldsymbol{T}_{HB}$为体坐标系到弹道坐标系的转换矩阵；$\boldsymbol{T}_{HG}$为地面发射坐标系到弹道坐标系的转换矩阵。

（5）考虑到运载器在飞行过程中，其攻角 α、航迹偏航角 σ_G、倾侧角 υ_G、偏航角 ψ_G 和滚转角 γ_G 一般是小量，则 5.4.2 节介绍的坐标转换欧拉角关系方程可以简化为

$$\begin{cases} \sigma_G = \cos\alpha \cdot \psi_G + \sin\alpha \cdot \gamma_G - \beta \\ \upsilon_G = -\psi_G \cdot \sin\alpha + \cos\alpha \cdot \gamma_G \\ \cos\theta_G = \cos\alpha \cdot \cos\varphi_G + \sin\alpha \cdot \sin\varphi_G = \cos(\varphi_G - \alpha) \end{cases} \tag{5-6-6}$$

如果攻角 α 也视为小量，则上式可进一步简化为

$$\begin{cases} \sigma_G = \psi_G - \beta \\ \upsilon_G = \gamma_G \\ \theta_G = \varphi_G - \alpha \end{cases} \tag{5-6-7}$$

不管是否采用了小量假设，欧拉角解算的等式中均含有 8 个变量，且 8 个变量满足 3 个等式，所以地面发射坐标系、速度坐标系和体坐标系之间的坐标转换产生的 8 个欧拉角中只有 5 个是相互独立的，已知其中任意 5 个即可求出全部的 8 个欧拉角。注意，此处在对欧拉角进行小量假设分析时，是基于运载器的飞行特点和实践经验选取的可以作为小量的欧拉角，在实际应用时应根据飞行器的类型灵活变更。

（6）相对于运载器动力系统产生的推力和运载器空气动力来讲，运载器控制力数值较小，故而可以将控制力与攻角 α、侧滑角 β、倾侧角 υ_G 的乘积项直接省略。同时，考虑到地球引力在地面发射坐标系 Ox、Oz 轴方向的分量要远小于其在 Oy 轴方向的分量，因而可将它们与航迹偏航角 σ_G 的乘积项略去。需要说明，本部分介绍的弹道简化计算的常用假设条件是在航天发射飞行力学分析时经常使用的近似，在实际应用时要根据具体分析的问题灵活选择各项假设条件。

5.6.2 瞬时平衡假设

运载器的绕质心动力学方程实质上反映的是运载器飞行过程中的力矩平衡过程,若运载器处于姿态稳定飞行过程且控制执行迅捷,则可以近似认为绕质心动态变化过程进行得很快,并可以假设绕质心动态过程是瞬时完成的,不会对运载器的质心运动产生影响。该假设通常称为瞬时平衡假设。基于瞬时平衡假设条件研究运载器质心运动时,可以直接忽略绕质心方程中与转动角速度有关的项,将绕质心运动过程视为完美的瞬时过程,从而可将绕质心动力学方程简化为

$$\begin{bmatrix} M_{x,\mathrm{s.t.}} \\ M_{y,\mathrm{s.t.}} \\ M_{z,\mathrm{s.t.}} \end{bmatrix} + \begin{bmatrix} M_{x,C} \\ M_{y,C} \\ M_{z,C} \end{bmatrix} = 0 \tag{5-6-8}$$

考虑到稳定力矩和控制力矩通常是当前飞行高度 h、速度 V_G、攻角 α、侧滑角 β、倾侧角 υ_G、等效俯仰舵偏 δ_φ、等效偏航舵偏 δ_ψ 和等效滚转舵偏 δ_γ 等变量的函数,即

$$\begin{cases} M_{x,\mathrm{s.t.}}(h,V_G,\alpha,\beta,\upsilon_G,\delta_\varphi,\delta_\psi,\delta_\gamma,\cdots) + M_{x,C}(h,V_G,\alpha,\beta,\upsilon_G,\delta_\varphi,\delta_\psi,\delta_\gamma,\cdots) = 0 \\ M_{y,\mathrm{s.t.}}(h,V_G,\alpha,\beta,\upsilon_G,\delta_\varphi,\delta_\psi,\delta_\gamma,\cdots) + M_{y,C}(h,V_G,\alpha,\beta,\upsilon_G,\delta_\varphi,\delta_\psi,\delta_\gamma,\cdots) = 0 \\ M_{z,\mathrm{s.t.}}(h,V_G,\alpha,\beta,\upsilon_G,\delta_\varphi,\delta_\psi,\delta_\gamma,\cdots) + M_{z,C}(h,V_G,\alpha,\beta,\upsilon_G,\delta_\varphi,\delta_\psi,\delta_\gamma,\cdots) = 0 \end{cases} \tag{5-6-9}$$

在进行弹道学分析时,攻角、侧滑角和倾侧角通常作为弹道设计的控制量由设计人员给出,飞行高度和速度则由质心运动方程解算得到,则上式中只有等效舵偏控制量是未知的,3 个未知量有 3 个方程,等效舵偏控制量可以解出。结合运载器的具体特性和飞行过程,式(5-6-9)的具体形式通常为

$$\begin{cases} M_z^\alpha \alpha + M_z^\delta \delta_\varphi = 0 \\ M_y^\beta \beta + M_y^\delta \delta_\psi = 0 \\ \delta_\gamma = 0 \end{cases} \tag{5-6-10}$$

运载器主动段飞行过程中,等效舵偏控制量一般设计为

$$\begin{cases} \delta_\varphi = a_0^\varphi \Delta\varphi_{GI} + k_\varphi u_\varphi \\ \delta_\psi = a_0^\psi \Delta\psi_{GI} + k_\psi u_\psi \\ \delta_\gamma = a_0^\gamma \Delta\gamma_{GI} \end{cases} \tag{5-6-11}$$

式中:$\Delta\varphi_{GI}$、$\Delta\psi_{GI}$、$\Delta\gamma_{GI}$ 为程序角偏差,其具体形式为

$$\begin{cases} \Delta\varphi_{GI} = \varphi_G + \omega_{ez} \cdot t - \varphi_{\mathrm{p.r.}} \\ \Delta\psi_{GI} = \psi_G + \omega_{ey} \cdot \cos\varphi_G \cdot t - \omega_{ex} \cdot \sin\varphi_G \cdot t \\ \Delta\gamma_{GI} = \gamma_G + \omega_{ey} \cdot \sin\varphi_G \cdot t - \omega_{ex} \cdot \cos\varphi_G \cdot t \end{cases} \tag{5-6-12}$$

式中:$\varphi_{\mathrm{p.r.}}$ 为运载器的程序俯仰角;t 为运载器的飞行时间;ω_{ex}、ω_{ey}、ω_{ez} 为地球的自

转角速度在地面发射坐标系的分量；φ_G、ψ_G、P_G 分别为

$$\begin{cases}\varphi_G = \alpha + \theta_G \\ \psi_G = \beta + \sigma_G \\ \gamma_G = \upsilon_G\end{cases} \tag{5-6-13}$$

该式为近似计算式，在六自由度弹道中 φ_G、ψ_G、γ_G 可利用 φ_{GI}、ψ_{GI}、γ_{GI} 解算，但是在瞬时平衡条件下，φ_{GI}、ψ_{GI}、γ_{GI} 无法积分得到，所以欧拉角 φ_G、ψ_G、γ_G 只能用攻角、侧滑角、倾侧角、速度倾角和航迹偏航角来近似计算。

联立上面各式，可得瞬时平衡假设条件下飞行攻角、侧滑角和倾侧角的解算式为

$$\begin{cases}M_z^\alpha \alpha + M_z^\delta a_0^\varphi \alpha + M_z^\delta a_0^\varphi \theta_G + M_z^\delta a_0^\varphi \omega_{ez} t - M_z^\delta a_0^\varphi \varphi_{\text{p.r.}} + M_z^\delta k_\varphi u_\varphi = 0 \\ M_y^\beta \beta + M_y^\delta a_0^\psi \beta + M_y^\delta a_0^\psi \sigma_G + M_y^\delta a_0^\psi \omega_{ey} \cos\varphi_G t - M_y^\delta a_0^\psi \omega_{ex} \sin\varphi_G t + M_y^\delta k_\psi u_\psi = 0 \\ a_0^\gamma \upsilon_G + a_0^\gamma \omega_{ey} \sin\varphi_G t - a_0^\gamma \omega_{ex} \cos\varphi_G t = 0\end{cases} \tag{5-6-14}$$

整理，可得

$$\begin{cases}\alpha = \dfrac{M_z^\delta \cdot a_0^\varphi}{M_z^\alpha + M_z^\delta \cdot a_0^\varphi}\left(-\theta_G - \omega_{ez} \cdot t + \varphi_{\text{p.r.}} - \dfrac{k_\varphi \cdot u_\varphi}{a_0^\varphi}\right) \\ \beta = \dfrac{M_y^\delta \cdot a_0^\psi}{M_y^\beta + M_y^\delta \cdot a_0^\psi}\left(-\sigma_G - \omega_{ey} \cdot \cos\varphi_G \cdot t + \omega_{ex} \cdot \sin\varphi_G \cdot t - \dfrac{k_\psi \cdot u_\psi}{a_0^\psi}\right) \\ \upsilon_G = \gamma_G = \omega_{ex} \cdot \cos\varphi_G \cdot t - \omega_{ey} \cdot \sin\varphi_G \cdot t\end{cases} \tag{5-6-15}$$

式中：θ_G、σ_G 可以通过地面发射坐标系内的速度分量解算，也可以通过速度坐标系内的弹道方程数值积分得到；t 为飞行时间。式中其他变量均为已知量，根据当前时刻的各状态变量的值，就可以解算得到下一时刻的攻角、侧滑角和倾侧角的值，进而得到下一时刻运载器各个状态变量的值。瞬时平衡假设条件是飞行力学分析的重要依据，可以大大简化六自由度弹道计算方程的形式，提高弹道的计算速度。

5.6.3 基于瞬时平衡假设的地面发射系伪六自由度弹道方程

联立运载器质心动力学与运动学方程、基于瞬时平衡假设条件推导的运载器姿态角和攻角、侧滑角与倾侧角的简化计算方程以及弹道解算辅助方程（利用瞬

时平衡假设条件简化后)得到的就是基于瞬时平衡假设的伪六自由度弹道计算方程,则地面发射坐标系内的伪六自由度弹道方程可简化为

$$
\left\{
\begin{aligned}
&\begin{bmatrix} \dot{V}_{Gx} \\ \dot{V}_{Gy} \\ \dot{V}_{Gz} \end{bmatrix} = \frac{g_r'}{r_{c.m.}} \cdot \begin{bmatrix} R_{Ox} + X_G \\ R_{Oy} + Y_G \\ R_{Oz} + Z_G \end{bmatrix} + g_{\omega_e} \cdot \begin{bmatrix} \cos B \cdot \cos A_0 \\ \sin B \\ -\cos B \cdot \sin A_0 \end{bmatrix} + \frac{1}{m} \cdot \boldsymbol{T}_{GV} \cdot \begin{bmatrix} -D \\ L \\ N \end{bmatrix} + \\
&\frac{1}{m} \cdot \boldsymbol{T}_{GB} \cdot \begin{bmatrix} P + F_{C,x_B} + F'_{k,x_B} \\ F_{C,y_B} + F'_{k,y_B} \\ F_{C,z_B} + F'_{k,z_B} \end{bmatrix} + \begin{bmatrix} a_{kx} \\ a_{ky} \\ a_{kz} \end{bmatrix} + \begin{bmatrix} a_{ex} \\ a_{ey} \\ a_{ez} \end{bmatrix} \\
&\begin{bmatrix} \dot{X}_G \\ \dot{Y}_G \\ \dot{Z}_G \end{bmatrix} = \begin{bmatrix} V_{Gx} \\ V_{Gy} \\ V_{Gz} \end{bmatrix} \\
&\alpha = \frac{M_z^\delta \cdot a_0^\varphi}{M_z^\alpha + M_z^\delta \cdot a_0^\varphi} \left(-\theta_G - \omega_{ez} \cdot t + \varphi_{p.r.} - \frac{k_\varphi \cdot u_\varphi}{a_0^\varphi} \right) \\
&\beta = \frac{M_y^\delta \cdot a_0^\psi}{M_y^\beta + M_y^\delta \cdot a_0^\psi} \left(-\sigma_G - \omega_{ey} (\cos\varphi_G) \cdot t + \omega_{ex} (\sin\varphi_G) \cdot t - \frac{k_\psi \cdot u_\psi}{a_0^\psi} \right) \\
&\theta_G = \arctan(V_{Gy}/V_{Gx}) \\
&\sigma_G = -\arcsin\left(V_{Gz}\Big/\sqrt{V_{Gx}^2 + V_{Gy}^2 + V_{Gz}^2}\right) \\
&\varphi_G = \alpha + \theta_G, \psi_G = \beta + \sigma_G \\
&\delta_\varphi = a_0^\varphi (\varphi_G + \omega_{ez} \cdot t - \varphi_{p.r.}) + k_\varphi \cdot u_\varphi \\
&\delta_\psi = a_0^\psi (\psi_G + \omega_{ey} (\cos\varphi_G) \cdot t - \omega_{ex} (\sin\varphi_G) \cdot t) + k_\psi \cdot u_\psi \\
&r = \sqrt{(X_G + R_{Ox})^2 + (Y_G + R_{Oy})^2 + (Z_G + R_{Oz})^2} \\
&V_G = \sqrt{V_{Gx}^2 + V_{Gy}^2 + V_{Gz}^2} \\
&m(t) = m_0 - \dot{m} \cdot t \\
&\cos(\boldsymbol{r}, \boldsymbol{\omega}_e) = \cos\left(\frac{\pi}{2} - \phi\right) = \sin\phi = \frac{\boldsymbol{r} \cdot \boldsymbol{\omega}_e}{r\omega_e} \\
&R_{\phi,e} = \frac{a_e b_e}{\sqrt{a_e^2 \sin^2\phi + b_e^2 \cos^2\phi}} \\
&h_\phi = r - R_{\phi,e}
\end{aligned}
\right.
$$

该式已近似认为运载器的滚转通道是稳定的,并忽略滚转角 γ_G 和倾侧角 υ_G 的影响,所以式中设定 $\gamma_G = \upsilon_G = 0°$,给出起始条件就可以由简化弹道方程解算出运载器在地面发射坐标系中弹道和运动状态。需要说明,式中除了各状态变量的初值需要给定外,还必须给出唯一的一项未知量的变化,即运载器的飞行程序俯仰角指令 $\varphi_{p.r.}$。给定飞行程序角指令即可求出控制结构的等效舵偏(与发动机的控制力计算直接相关),然后计算得到攻角、侧滑角和倾侧角(与空气动力计算直接相关),给定初始位置就可计算当前所受引力值,利用该式进行数值积分计算得到运载器质心的运动参数和弹道数据,最终完成运载器的弹道计算。

5.6.4 基于瞬时平衡假设的速度系伪六自由度弹道方程

联立速度坐标系内的运载器质心动力学方程,用速度矢量变量表征的地面发射坐标系运动学方程,基于瞬时平衡假设的姿态角和攻角、侧滑角与倾侧角的简化计算方程,以及弹道解算辅助方程得到基于瞬时平衡假设的速度坐标系内描述的伪六自由度弹道计算方程为

$$
\begin{cases}
m\begin{bmatrix} \dot{V}_{\mathrm{G}} \\ V_{\mathrm{G}}\dot{\theta}_{\mathrm{G}}\cos\sigma_{\mathrm{G}} \\ -V_{\mathrm{G}}\dot{\sigma}_{\mathrm{G}} \end{bmatrix} = m\boldsymbol{T}_{HV}\boldsymbol{T}_{VG}\begin{bmatrix} g_{Ox} \\ g_{Oy} \\ g_{Oz} \end{bmatrix} + \boldsymbol{T}_{HV}\begin{bmatrix} -D \\ L \\ N \end{bmatrix} + \boldsymbol{T}_{HV}\boldsymbol{T}_{VB}\begin{bmatrix} P \\ 0 \\ 0 \end{bmatrix} + \boldsymbol{T}_{HV}\boldsymbol{T}_{VB}\begin{bmatrix} F_{C,x_{\mathrm{B}}} \\ F_{C,y_{\mathrm{B}}} \\ F_{C,z_{\mathrm{B}}} \end{bmatrix} + \\
\boldsymbol{T}_{HV}\boldsymbol{T}_{VB}\begin{bmatrix} F'_{k,x_{\mathrm{B}}} \\ F'_{k,y_{\mathrm{B}}} \\ F'_{k,z_{\mathrm{B}}} \end{bmatrix} + m\boldsymbol{T}_{HV}\boldsymbol{T}_{VG}\begin{bmatrix} a_{kx} \\ a_{ky} \\ a_{kz} \end{bmatrix} + m\boldsymbol{T}_{HV}\boldsymbol{T}_{VG}\begin{bmatrix} a_{ex} \\ a_{ey} \\ a_{ez} \end{bmatrix} \\
\begin{cases} \dot{X}_{\mathrm{G}} = V_{\mathrm{G}} \cdot \cos\sigma_{\mathrm{G}} \cdot \cos\theta_{\mathrm{G}} \\ \dot{Y}_{\mathrm{G}} = V_{\mathrm{G}} \cdot \cos\sigma_{\mathrm{G}} \cdot \sin\theta_{\mathrm{G}} \\ \dot{Z}_{\mathrm{G}} = -V_{\mathrm{G}} \cdot \sin\sigma_{\mathrm{G}} \end{cases} \\
\alpha = \dfrac{M_z^{\delta} \cdot a_0^{\varphi}}{M_z^{\alpha} + M_z^{\delta} \cdot a_0^{\varphi}}\left(-\theta_{\mathrm{G}} - \omega_{ez} \cdot t + \varphi_{\mathrm{p.r.}} - \dfrac{k_{\varphi} \cdot u_{\varphi}}{a_0^{\varphi}}\right) \\
\beta = \dfrac{M_y^{\delta} \cdot a_0^{\psi}}{M_y^{\beta} + M_y^{\delta} \cdot a_0^{\psi}}\left(-\sigma_{\mathrm{G}} - \omega_{ey} \cdot \cos\varphi_{\mathrm{G}} \cdot t + \omega_{ex} \cdot \sin\varphi_{\mathrm{G}} \cdot t - \dfrac{k_{\psi} \cdot u_{\psi}}{a_0^{\psi}}\right) \\
\varphi_{\mathrm{G}} = \alpha + \theta_{\mathrm{G}} \\
\psi_{\mathrm{G}} = \beta + \sigma_{\mathrm{G}} \\
\delta_{\varphi} = a_0^{\varphi}(\varphi_{\mathrm{G}} + \omega_{ez} \cdot t - \varphi_{\mathrm{p.r.}}) + k_{\varphi} \cdot u_{\varphi} \\
\delta_{\psi} = a_0^{\psi}(\psi_{\mathrm{G}} + \omega_{ey} \cdot \cos\varphi_{\mathrm{G}} \cdot t - \omega_{ex} \cdot \sin\varphi_{\mathrm{G}} \cdot t) + k_{\psi} \cdot u_{\psi} \\
r = \sqrt{(X_{\mathrm{G}} + R_{Ox})^2 + (Y_{\mathrm{G}} + R_{Oy})^2 + (Z_{\mathrm{G}} + R_{Oz})^2} \\
m(t) = m_0 - \dot{m} \cdot t \\
\cos(\boldsymbol{r}, \boldsymbol{\omega}_e) = \cos\left(\dfrac{\pi}{2} - \phi\right) = \sin\phi = \dfrac{\boldsymbol{r} \cdot \boldsymbol{\omega}_e}{r\omega_e} \\
R_{\phi,e} = \dfrac{a_e b_e}{\sqrt{a_e^2\sin^2\phi + b_e^2\cos^2\phi}} \\
h_{\phi} = r - R_{\phi,e}
\end{cases}
$$

同样近似认为运载器的滚转通道是稳定的,并设定 $\gamma_{\mathrm{G}} = \nu_{\mathrm{G}} = 0$,给出起始条件就可以该简化弹道方程解算出运载器在地面发射坐标系中弹道和运动状态。

在进行弹道和动态特性分析时,通常可以将运载器的运动分为纵向运动通道

和侧向运动通道,与之相对应就是运载器的纵向运动弹道方程和侧向运动弹道方程。如图 5-6-1 所示。纵向运动弹道方程是包含速度 V_G,速度倾角 θ_G,运载器质心在地面发射坐标系 Ox、Oy 坐标轴的分量 X_G、Y_G,地心距 r,高度 h,质量 m,攻角 α,俯仰角 φ_G,等效俯仰舵偏角 δ_φ 等变量的方程:

$$\begin{cases} m\dot{V}_G = P - D - mg(Y_G + R_e)\sin\theta_G r^{-1} - mgX_G\cos\theta_G r^{-1} \\ mV_G\dot{\theta}_G = P \cdot \alpha + L - mg(Y_G + R_e)\cos\theta_G r^{-1} + mgX_G\sin\theta_G r^{-1} + R'\delta_\varphi \\ \dot{X}_G = V_G\cos\theta_G , Y_G = V_G\sin\theta_G \\ r = \sqrt{X_G^2 + (Y_G + R_e)^2}, h = r - R_e, m = m_0 - \dot{m}t \\ \alpha = \dfrac{a_0^\varphi M_z^\delta}{M_z^\alpha + a_0^\varphi M_z^\delta}(\varphi_{p.r.} - \theta_G), \varphi_G = \alpha + \theta_G \\ \delta_\varphi = a_0^\varphi(\varphi_G - \varphi_{\mathrm{p.r.}}) \end{cases} \tag{5-6-16}$$

式中:m 为运载器的质量;V_G 为速度;P 为纵轴方向的合推力;D 为气动阻力, $D = qS_{\mathrm{ref}}C_D$,g 为地球引力加速度, $g = \mu/r^2$;Y_G 为运载器质心在二维地面发射坐标系 Oy 轴方向的分量;R_e 是均质圆球假设时的地球半径;θ_G 为速度倾角;r 为地心距;X_G 为运载器质心在地面发射坐标系 Ox 轴方向的分量;α 为攻角;L 为气动升力, $L = qS_{\mathrm{ref}}C_L$;R'为控制执行机构的常系数;δ_φ 为等效俯仰偏转角;h 为高度(相对于地球表面);m_0 为运载器的初值质量;$\dot{m}$ 为质量秒耗量;φ_G 为俯仰角; a_0^φ、M_z^δ、M_z^α 为控制系统的常系数(事先给定);$\varphi_{\mathrm{p.r.}}$为运载器主动飞行段的程序俯仰角指令,程序指令通常是以时间为自变量的函数或数值序列。

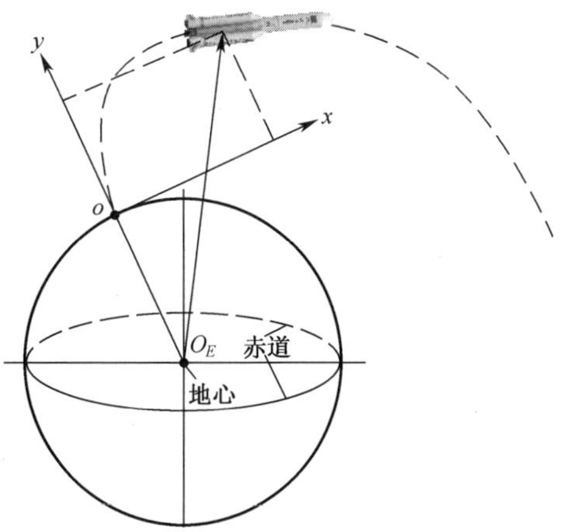

图 5-6-1　运载器纵向运动平面示意图

纵向运动方程只考虑了运载器的速度、速度倾角和纵向平面内位置分量等变量，没有考虑侧向运动通道的运动状态。若要分析运载器侧向的运动特性，必须建立侧向运动平面的弹道方程，侧向运动通道方程包括速度 V_G、航迹偏航角 σ_G、运载器质心在地面发射坐标系 Oz 轴的分量 Z_G、侧滑角 β、偏航角 ψ_G、质量 m、等效偏航舵偏角 δ_ψ 等运动变量，具体如下：

$$\begin{cases} mV_G\dot{\sigma}_G = P\cdot\beta - N + mg\cdot\dfrac{Y_G + R_e}{r}\cdot\sin\theta_G\cdot\sigma_G + mg\cdot\dfrac{Z_G}{r} + R'\delta_\psi \\ \dot{Z}_G = -V_G\cdot\sigma_G \\ \beta = \dfrac{a_0^\psi\cdot M_y^\beta}{M_y^\beta + a_0^\psi\cdot M_y^\delta}\sigma_G \\ \psi_G = \sigma_G + \beta \\ \delta_\psi = a_0^\psi(\psi_G - \psi_{\text{p.r.}}) \end{cases} \tag{5-6-17}$$

式中：m 为运载器的质量；V_G 为速度；σ_G 为相对于地面发射坐标系的航迹偏航角；P 为发动机推力；β 为侧滑角；N 为气动侧向力 $N = qS_{\text{ref}}C_N$；g 为地球引力加速度 $g=\mu/r^2$；Y_G 为运载器质心在地面发射坐标系 Oy 轴的分量；R_e 为地球平均半径；θ_G 为速度倾角；r 为地心距；Z_G 为运载器质心在地面发射坐标系 Oz 轴的分量；R' 为控制执行机构的常系数；δ_ψ 为等效偏航偏转角；a_0^ψ、M_y^δ、M_y^β 为控制力矩相关的常系数；$\psi_{\text{p.t.}}$ 为运载器主动段飞行的程序偏航角指令。利用该侧向通道运动方程，给定必要的仿真初值，则可以利用数值积分方法进行侧向弹道的数值计算。

5.6.5 地面发射系内三自由度弹道方程

若直接将运载器的飞行程序角指令作为姿态欧拉角，进而将攻角、侧滑角和倾侧角的解算方程简化，则可得三自由度弹道方程为

$$\begin{cases} \begin{bmatrix} \dot{V}_{Gx} \\ \dot{V}_{Gy} \\ \dot{V}_{Gz} \end{bmatrix} = \dfrac{g}{r}\begin{bmatrix} X_G \\ R_E + Y_G \\ Z_G \end{bmatrix} + \dfrac{1}{m}\boldsymbol{T}_{GV}\begin{bmatrix} -D \\ L \\ N \end{bmatrix} + \dfrac{1}{m}\boldsymbol{T}_{GB}\begin{bmatrix} P + F'_{k,x_B} \\ F'_{k,y_B} \\ F'_{k,z_B} \end{bmatrix} + \begin{bmatrix} a_{kx} \\ a_{ky} \\ a_{kz} \end{bmatrix} + \begin{bmatrix} a_{ex} \\ a_{ey} \\ a_{ez} \end{bmatrix} \\ \dot{X}_G = V_{Gx}, \dot{Y}_G = V_{Gy}, \dot{Z}_G = V_{Gz} \\ \theta_G = \arctan(V_{Gy}/V_{Gx}), \sigma_G = -\arcsin\left(V_{Gz}/\sqrt{V_{Gx}^2 + V_{Gy}^2 + V_{Gz}^2}\right) \\ \delta_\varphi = 0, \delta_\psi = 0, \varphi_{GI} = \varphi_{\text{p.r.}}, \psi_{GI} = \psi_{\text{p.r.}}, h = r - R_e, m(t) = m_0 - \dot{m}\cdot t \\ \varphi_G = \alpha + \theta_G = \varphi_{GI} - \omega_{ez}t, \psi_G = \beta + \sigma_G = \psi_{GI} - \omega_{ey}\cos\varphi_G t + \omega_{ex}\sin\varphi_G t \\ r = \sqrt{(X_G + R_{Ox})^2 + (Y_G + R_{Oy})^2 + (Z_G + R_{Oz})^2}, V_G = \sqrt{V_{Gx}^2 + V_{Gy}^2 + V_{Gz}^2} \end{cases} \tag{5-6-18}$$

式中：V_{Gx}、V_{Gy}、V_{Gz} 为地面发射坐标系内的速度分量，X_{G}、Y_{G}、Z_{G} 为地面发射系内的位置分量；r 为地心距；g 为均质圆球的地球引力，$g=\mu/r^2$；R_{e} 为地球的平均半径；$\varphi_{\mathrm{p.r.}}$、$\psi_{\mathrm{p.r.}}$ 分别为运载器的程序俯仰角和程序偏航角；φ_{GI}、ψ_{GI} 分别为运载器在地面发射惯性坐标系内的俯仰角和偏航角；φ_{G}、ψ_{G} 分别为运载器在地面发射坐标系内的俯仰角和偏航角。

该式为地面发射坐标系内的三自由度弹道方程，三自由度弹道方程一般在方案论证阶段的弹道设计与优化时使用。该方程将地球视为均质圆球体，同时不考虑运载器的滚转运动。在三自由度弹道方程中，φ_{GI}、ψ_{GI} 与 $\varphi_{\mathrm{p.r.}}$、$\psi_{\mathrm{p.r.}}$ 相等，利用 φ_{GI}、ψ_{GI} 和 $\varphi_{\mathrm{p.r.}}$、$\psi_{\mathrm{p.r.}}$ 可分别解算得到 φ_{G}、ψ_{G}，进而解算得到运载器的攻角和侧滑角，运载器的姿态角不存在偏差，所以控制执行机构的等效偏航角 δ_φ、δ_ψ 均为零。将该式矩阵和矢量展开，可得

$$\begin{cases}m\dot{V}_{Gx}=P\cdot\cos\varphi_{\mathrm{G}}\cdot\cos\psi_{\mathrm{G}}+D\cdot\dfrac{V_{Gx}}{V_{\mathrm{G}}}-mg\cdot\dfrac{X_{\mathrm{G}}}{r}+2m\omega_{ez}\cdot V_{Gy}-2m\omega_{ey}\cdot V_{Gz}\\ m\dot{V}_{Gy}=P\cdot\sin\varphi_{\mathrm{G}}\cdot\cos\psi_{\mathrm{G}}+D\cdot\dfrac{V_{Gy}}{V_{\mathrm{G}}}-mg\cdot\dfrac{R_e+Y_{\mathrm{G}}}{r}+2m\omega_{ex}\cdot V_{Gz}-2m\omega_{ez}\cdot V_{Gx}\\ m\dot{V}_{Gz}=-P\cdot\sin\psi_{\mathrm{G}}+D\cdot\dfrac{V_{Gz}}{V_{\mathrm{G}}}-mg\cdot\dfrac{Z_{\mathrm{G}}}{r}+2m\omega_{ey}\cdot V_{Gx}-2m\omega_{ex}\cdot V_{Gy}\\ \dot{X}_{\mathrm{G}}=V_{Gx},\dot{Y}_{\mathrm{G}}=V_{Gy},\dot{Z}_{\mathrm{G}}=V_{Gz}\end{cases}\tag{5-6-19}$$

式中：V_{Gx}、V_{Gy}、V_{Gz}为运载器速度在地面发射坐标系三轴的分量；X_{G}、Y_{G}、Z_{G} 为运载器质心位置在地面发射坐标系三轴的分量；g 为地球引力加速度；ω_{ex}、ω_{ey}、ω_{ez}为地球自转角速度 $\boldsymbol{\omega}_e$ 在地面发射系三轴的分量；P 为发动机推力；R_{e} 为地球半径；D 为气动阻力；φ_{G} 为俯仰角；ψ_{G} 为偏航角。φ_{G}、ψ_{G} 具体形式为

$$\begin{cases}\varphi_{\mathrm{G}}=\varphi_{\mathrm{p.r.}}-\omega_z\cdot t\\ \psi_{\mathrm{G}}=\psi_{\mathrm{p.r.}}+\omega_x\cdot\sin\varphi_{\mathrm{G}}-\omega_y\cdot\cos\varphi_{\mathrm{G}}\end{cases}\tag{5-6-20}$$

式中：$\varphi_{\mathrm{p.r.}}$为运载器俯仰程序角；$\psi_{\mathrm{p.r.}}$为偏航程序角；t 为自火箭发射开始至当前研究时刻的时间间隔（若零时刻火箭发射，则 t 即为当前时刻）。需要说明，三自由度弹道方程的建立借助了一些必要的假设和近似条件，但所建弹道方程可以满足运载器弹道设计与优化问题的具体要求。同时也要说明，运载器在不同的设计研制阶段其弹道动力学与运动方程的形式会有所不同，分析时应根据具体问题选择合适的弹道方程。

习　题

1. 简述弹道的力学本质与弹道方程的基本构成。

2. 建立地心惯性坐标系内描述的质心动力学矢量方程与标量方程。

3. 阐述空气动力/力矩、控制力/力矩和发动机推力计算所需的运动变量及环境变量。

4. 推导体坐标系到速度坐标系的转动角速度在速度坐标系的分量。

5. 分别列写瞬时平衡假设下和三自由度弹道条件下欧拉角解算方程。

6. 建立地面发射惯性坐标系内描述的六自由度弹道计算方程。

7. 建立速度坐标系内描述的三自由度弹道计算方程。

8. 建立弹道坐标系内描述的六自由度和三自由度弹道计算方程。

第6章 发射弹道设计

弹道设计是弹道学研究的重要内容。弹道方程已直观给出运载器的位置、速度、加速度、姿态角、转动角速度等运动变量与运载器受力、力矩之间的关系，而弹道设计便是利用弹道方程和具体的飞行任务完成运载器期望受力、力矩设计的过程。在进行弹道设计时，基本的出发点往往是具体的飞行任务或战术技术指标，需要根据经验和理论知识将飞行任务与战术技术指标及运载器的运动状态量进行紧密结合，推理得到运动状态量（如位置、速度和姿态等）的期望变化规律。将运动状态的变化规律转化为数学表征模型，并推得运载器加速度和转动角速度的期望表征，进而得到运载器的期望受力与力矩，而运载器的期望受力、力矩的产生必须依托控制机构来执行实现，因此最终得到运载器控制执行机构的期望控制量。上述过程就是弹道设计的基本流程。本章主要围绕有控飞行原理、方案弹道及其基本设计、给定姿态角的弹道设计、发射弹道程序角设计以及多级运载器程序角设计等内容进行详细阐述。

6.1 有控飞行与方案弹道

本节介绍空天飞行器有控飞行的基本原理与基本过程，以及空天飞行器的方案弹道和飞行方案的基本概念与内涵。

6.1.1 有控飞行原理

为了实现期望的飞行任务和战术技术指标，必须对空天飞行器的飞行速度大小和方向进行约束，该过程称为控制飞行。任何飞行器飞行都会在自身控制系统的作用下遵循一定的约束关系，若要按照任务需求改变飞行器飞行方向和速度大小，则必须通过改变作用在飞行器上的合外力的大小和方向来实现。

如图 6-1-1 所示，已知作用在运载器上的外力主要有空气动力 $\boldsymbol{R}$、发动机推

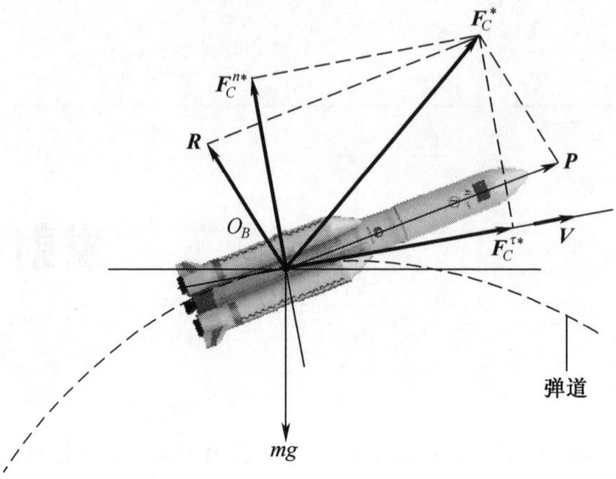

图 6-1-1　有控飞行示意图

力 $\boldsymbol{P}$ 和地球引力 $m\boldsymbol{g}$,地球引力的方向与大小由地球的质量分布和运载器质心的位置确定,且地球引力不能随意改变。因此,控制运载器的飞行只能依靠改变空气动力 $\boldsymbol{R}$ 和发动机推力 $\boldsymbol{P}$ 的合力的大小和方向来实现,记

$$\boldsymbol{F}_C^* = \boldsymbol{R}+\boldsymbol{P} \tag{6-1-1}$$

式中:$\boldsymbol{F}_C^*$ 为飞行器进行有控飞行的可操纵力,考虑到飞行弹道的控制是通过控制速度方向和速度大小来实现的,故而可以将运载器的可操纵力 $\boldsymbol{F}_C^*$ 在速度方向和垂直于速度的方向进行分解,即

$$\boldsymbol{F}_C^* = \boldsymbol{F}_C^{\tau *} + \boldsymbol{F}_C^{n *} \tag{6-1-2}$$

其中:上标 τ 表示速度方向的控制力分量,称为切向控制力;上标 n 表示垂直于速度方向的控制力分量,称为法向控制力。

显然

$$\begin{cases} \boldsymbol{F}_C^{\tau *} = \boldsymbol{R}^{\tau *} + \boldsymbol{P}^{\tau *} \\ \boldsymbol{F}_C^{n *} = \boldsymbol{R}^{n *} + \boldsymbol{P}^{n *} \end{cases} \tag{6-1-3}$$

式中:$\boldsymbol{R}^{\tau *}$、$\boldsymbol{R}^{n *}$ 分别为空气动力 $\boldsymbol{R}$ 在速度方向和垂直于速度方向的分量;$\boldsymbol{P}^{\tau *}$,$\boldsymbol{P}^{n *}$ 分别为发动机推力 $\boldsymbol{P}$ 在速度方向和垂直于速度方向的分量。若要改变和控制速度的大小,则必须改变 $\boldsymbol{F}_C^{\tau *}$ 的大小,即 $\boldsymbol{R}^{\tau *}$ 和 $\boldsymbol{P}^{\tau *}$ 合力的大小;而若要改变和控制速度的方向,则必须改变 $\boldsymbol{F}_C^{n *}$ 的大小,即改变 $\boldsymbol{R}^{n *}$ 和 $\boldsymbol{P}^{n *}$ 合力的大小。

从理论角度讲,同时改变空气动力和发动机推力以实现对飞行的控制是可行的,而且也是较为高效的方式。但是,同时控制 $\boldsymbol{R}$ 和 $\boldsymbol{P}$ 会增加工程实现的难度,$\boldsymbol{R}$ 和 $\boldsymbol{P}$ 也会存在耦合,增加飞行控制系统设计和实现的难度,因此在实际应用时通常根据具体空天飞行器的类型将空气动力与推力分别分配至法向控制和切向控制环节。考虑到空气动力 $\boldsymbol{R}$ 在垂直于速度的方向有气动升力 $\boldsymbol{L}$ 和气动侧向力 $\boldsymbol{N}$ 的分量，工程上通常使用空气动力来改变速度的方向，使用发动机推力改变速度的大小（因为主发动机通常都与其本体固连且与体轴方向平行），如图 6-1-2 所示。

（a）　　　　　　　　　　　　（b）

图 6-1-2　推力与空气动力协同控制的有控飞行器

通过改变发动机推力方向产生控制力和控制力矩以进行运载器飞行控制的基本过程已经在前面章节作过详细描述，这里详细阐述通过改变空气动力来进行飞行控制的基本过程。改变空气动力在速度法向方向的分量，是通过改变飞行器的空中姿态，从而改变飞行器本体相对于气流的方位来获得的。而改变飞行器的姿态是靠控制机构（如空气舵、气动扰流片和摇摆发动机等）偏转实现的，在控制面上产生控制力，控制力对飞行器质心产生控制力矩，在此力矩的作用下飞行器本体就会绕其质心转动，由此改变飞行器的空中姿态。同时，固定在飞行器上的空气动力面（如机翼、弹翼和尾翼等）和本体自身就会获得新的攻角和侧滑角，从而改变作用在飞行器上的气动力。根据空气舵的作用不同，可分为升降舵、方向舵和副翼。不管对于轴对称的飞行器（如火箭、导弹）还是面对称的飞行器（飞机等），升降舵用于操纵飞行器的俯仰姿态，方向舵用于操纵飞行器的偏航姿态，副翼用于操纵飞行器的倾斜姿态。在利用空气动力操纵飞行器时，除了使用上述的空气偏转舵面外，还可以使用伸缩操纵面或气动扰流片等控制机构。用反作用力（发动机推力）来操纵飞行器也是一种可用的方式，通常可以利用偏转主发动机的燃气流或专门的可偏转的小型发动机来实现。小发动机安装在与飞行器质心一定距离的地方，专门用来产生控制力矩，在此控制力矩的作用下，飞行器将绕质心转动改变空间姿态。

综上所述，控制飞行器的俯仰、偏航和滚转运动，其实就是操纵飞行器的三个姿态自由度来改变速度垂直方向的法向控制力的大小和方向，以达到改变飞行方向的目的。为了使控制系统不过于复杂，又要能产生任意方向的法向力，只要操纵飞行器绕某一轴或最多绕两个轴转动即可，而对第三轴加以稳定。例如，对于轴对称结构的飞行器（如运载器）来讲，只需要操纵火箭绕体坐标系 O_Bz_B 轴和 O_By_B 轴转动，就可实现俯仰和偏航运动的操纵控制，而对体坐标系 O_Bx_B 轴保持稳定，以保证俯仰和偏航运动的操纵不发生混乱。而对于面对称结构的飞行器(如飞机),一般只操纵飞行器绕体坐标系 O_Bz_B 轴和 O_Bx_B 轴转动,实现俯仰和滚转运动的操纵控制,改变攻角和倾侧角来产生所需的法向力从而改变飞行方向,但对 O_By_B 轴保持稳定。

上述的飞行控制过程都是由飞行控制系统来具体实施的。首先飞行器利用不同的导航方式获取当前的位置、速度、姿态角和角速率等运动状态信息(目前常用的导航方式有惯性导航、卫星导航、天文导航和脉冲星导航等),然后根据导航系统获得的飞行器的当前状态参数,利用预设的制导方案和制导规律(一般根据飞行任务和飞行阶段提前设定)产生制导信号,完成对飞行器弹道的跟踪控制任务;同时在飞行过程中,根据导航所得状态参数和事先确定的飞行控制方案,产生飞行器控制机构的控制信号,完成对制导子系统指令的跟踪和飞行过程的姿态稳定控制。

6.1.2 方案弹道与飞行方案

目前,有控飞行的空天飞行器的飞行弹道主要可以分为方案型飞行弹道和导引型飞行弹道两种类型。方案型飞行弹道是指飞行器在飞行时严格按照预先设计好的方案弹道进行有控飞行,并控制特定的运动参数按照期望的规律进行变化从而产生的飞行弹道,如运载火箭、弹道导弹、巡航导弹、航天飞机等空天飞行器都是采用该类型的弹道,如图 6-1-3 所示。导引型弹道则一般是具有导引设备或导引头的飞行器按照导引信息进行控制飞行而产生的弹道,该型弹道无须提前设计规划,而是根据导引信息进行弹道的实时修正与变化,使飞行器按照导引目标完成飞行任务,如自主寻的空空导弹、末制导炸弹(导弹)、寻的反坦克导弹、主动导引拦截导弹等都是采用导引型弹道。其实,方案型弹道和导引型弹道通常是同时使用的,许多导弹的弹道除了导向目标的导引段之外,也具有方案飞行段,飞航式导弹在攻击静止或运动的地面各种类型的目标(如桥梁、铁路枢纽、机场、雷达站、港

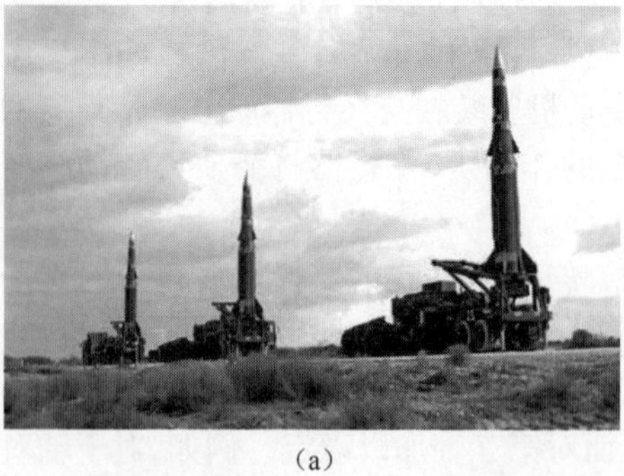
(a)

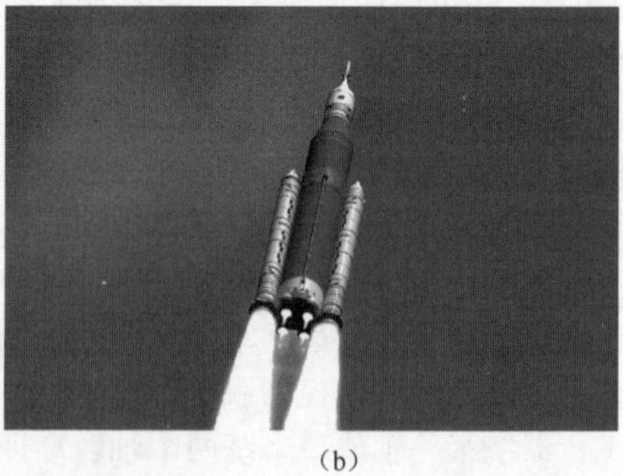
(b)

图 6-1-3 弹道导弹与运载火箭

口、工厂、城市设施、坦克群、军队集结地等)或海上目标(如军舰、运输船、潜艇等)时,其弹道的爬升飞行段(或称初始段)和平飞段就是方案飞行段。反坦克导弹的某些飞行段也是按方案飞行的,垂直发射的地空导弹的初始段也采用方案飞行,无人机、侦察机等也广泛采用方案弹道。考虑到运载器是采用方案型弹道的飞行器,所以本章只介绍方案型弹道设计的相关内容。

在飞行力学中,飞行方案一般是指设计飞行弹道时所选定的某个运动参数随时间的变化规律,这些特定的运动参数通常选取为俯仰角 $\varphi^*(t)$ 、攻角 $\alpha^*(t)$ 、弹道倾角/速度倾角 $\theta^*(t)$ 或飞行高度 $h^*(t)$ 等。飞行方案所选取的运动参数是根据具体飞行任务和飞行器战术技术指标确定的,在设计飞行弹道和确定飞行方案时,不仅要在理论层面给出飞行方案及其运动参数的数学模型,还要针对选定的飞行方案在飞行器上配备产生所设计飞行方案的相关装置,飞行器在实际飞行时实时解算的控制执行机构控制面的偏转规律就是由这套装置来实现的。例如,运载器的飞行程序的工程实现方法和装置就有很多种,根据不同的技术条件和要求,可以采用不同的实现方法:①将飞行程序角的变化规律 $\varphi_{\mathrm{p.r.}}(t)$ 制作成机械的程序凸轮机构,运载器起飞后由凸轮机构再现程序角的变化规律,从而完成对运载器飞行的控制;②飞行程序的实现也可以不采用凸轮机构,而是将飞行程序编制成计算机软件,预先装定在运载器的箭载计算机内,飞行时由箭上的计算机提供程序角的控制信息,并最终实现对运载器飞行的控制。

方案弹道是根据飞行方案生成的基准弹道。飞行方案选定后,飞行器在空间的飞行轨迹就由此而确定。也就是说,该类空天飞行器点火起飞后,它的飞行弹道(轨迹)一般不能随意变更。这类自动实现飞行方案的属于自主控制空天飞行器,飞行器按照预定的飞行方案所做的飞行称为方案飞行,它所对应的飞行弹道称为方案弹道。从某种程度上讲,飞行方案设计其实就是空天飞行器的飞行弹道(轨迹)设计,飞行方案设计的主要依据来源于使用部门提出的战术技术指标和特定的使用需求(如装载发射载体、攻击目标类型、射程、巡航速度和高度、制导模式、动力系统模式、飞行器的几何尺寸及发射质量等)。当要求同一型号的飞行器可以同时从地面固定发射装置、地面车辆、飞机、水面舰艇、潜艇等多种载体上发射时,那么在飞行方案设计时必须考虑各种发射载体的运动特性、结构性能。进行飞行方案设计时,还必须掌握飞行器自身的总体特性,如飞行器的外形尺寸、质量、气动参数、动力系统的性能参数、控制模式、制导方式等,只有掌握了飞行器的总体特性后,才能扬长避短,充分发挥各系统功能,优选出最为理想的飞行方案。

6.2 方案弹道基本设计方法

方案弹道设计的关键是选取能够表征飞行方案的运动参数,这些运动参数既要能够直观反映弹道的特性(如弹道曲线形状、转弯半径、弯曲度等)和飞行任务的特点(如机动性、过载约束、姿态约束等),也要便于进行数学描述和工程设计实现。本节详细阐述方案弹道设计时运动参数的选取方法,以及常用的弹道倾角、俯仰角、攻角、法向过载和高度等运动参数变化规律的基本设计方法。

6.2.1 纵向平面方案弹道设计

纵向运动平面内方案弹道的设计必须以纵向弹道方程为基础。如图 6-2-1 所示,在纵向运动平面内,运载器主要受到地球引力、气动阻力、气动升力和发动机推力的作用,运载器的速度倾角 θ、攻角 α 和俯仰角 φ 等都是纵向弹道的重要运动参数。

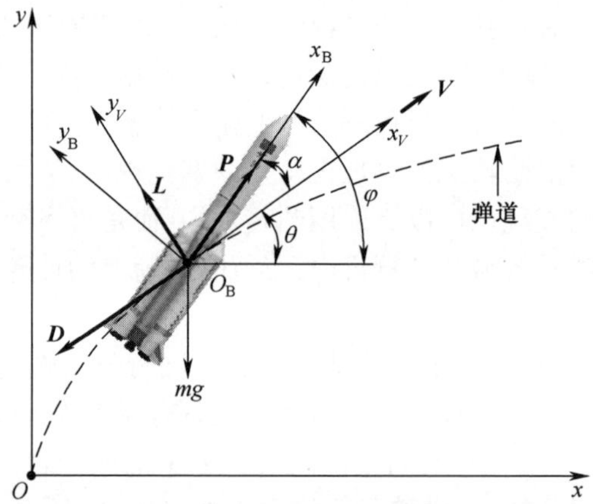

图 6-2-1 纵向平面的运载器受力示意图

运载器的弹道由任意瞬时时刻的速度大小和方向确定,所以弹道设计可以通过设计速度的大小和方向的期望变化来实现。速度的大小由运载器速度坐标系 O_Bx_V 轴方向的合力决定,速度方向由垂直于 O_Bx_V 轴方向的合力决定,能够决定速度坐标系 $x_VO_By_V$ 内各力的分量的运动参数包括速度倾角 θ、俯仰角 φ、攻角 α 等。因此,如果能够按照人们的期望给出上述参数的变化规律,就可以确定运载器质心的受力变化,进而控制运载器的飞行动态和弹道。在进行理论分析和工程设计时,通常是设计给出期望的弹道倾角/速度倾角 $\theta^*(t)$ 、俯仰角 $\varphi^*(t)$ 和攻角 $\alpha^*(t)$ 随时间的函数。

1. 给定速度倾角的变化规律

当速度倾角(弹道倾角)θ 给定后,飞行器的弹道形状和速度方向的变化就能基本确定,若飞行器实际的 θ 按照期望的规律变化,则可以得到与之相对应的弹道,即

$$\theta(t) = \theta^*(t) \tag{6-2-1}$$

式中:t 为当前飞行时刻;$\theta(t)$ 为 t 时刻的真实的速度倾角;$\theta^*(t)$ 为 t 时刻的期望的速度倾角。

该方案要求任一时刻弹道的速度倾角值都需被控制在要求的期望值附近。给定了速度倾角的变化规律,则 θ、$\dot{\theta}$ 就是已知的,也就确定了影响 $\dot{\theta}$ 变化的期望力,只要控制飞行器的受力按照该期望力变化,就可以得到期望的弹道。下面举例说明,假设要设计如图 6-2-2 所示的方案弹道。由图 6-2-2 可知,该弹道要求飞行器以初始时刻 $\theta(t_0)=\theta_0$ 的速度倾角点火发射,然后飞行器不断爬升,飞行至 t_f 时刻速度倾角减小为零,然后进入平飞阶段。

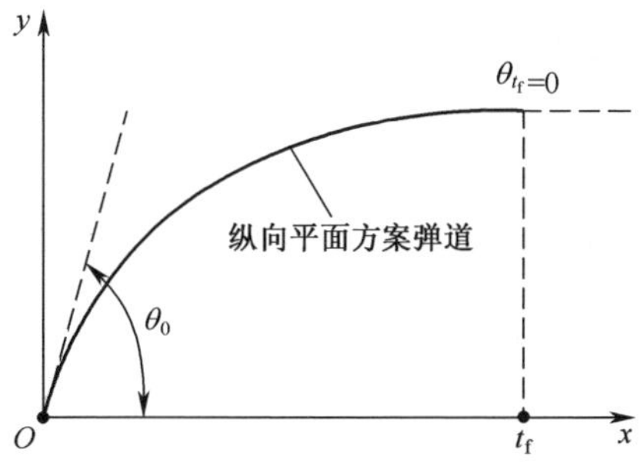

图 6-2-2　纵向平面内的期望弹道示意图

方案弹道的需求很明确,要求速度倾角从初始时刻的 θ_0 逐渐减小至 t_f 时刻的零值速度倾角,只要能够满足速度倾角的初值和终端值的数值要求,飞行方案中的期望速度倾角 $\theta^*(t)$ 的变化规律就可以自主任意设计。如图 6-2-3 所示,可以将期望的速度倾角设计为直线下降形式(图中 a 曲线),也可以设计为任意曲线形式(图中 b 曲线和 c 曲线)。选择不同的设计曲线,方案弹道中每一时刻的速度倾角就各不相同,但是都可以满足要求的飞行弹道任务。这里只是简单地举例说明了利用速度倾角进行弹道设计的基本思路和流程,在实际设计与应用时,应根据飞行器的具体飞行任务和期望的弹道特性来设计规划速度倾角的变化规律。

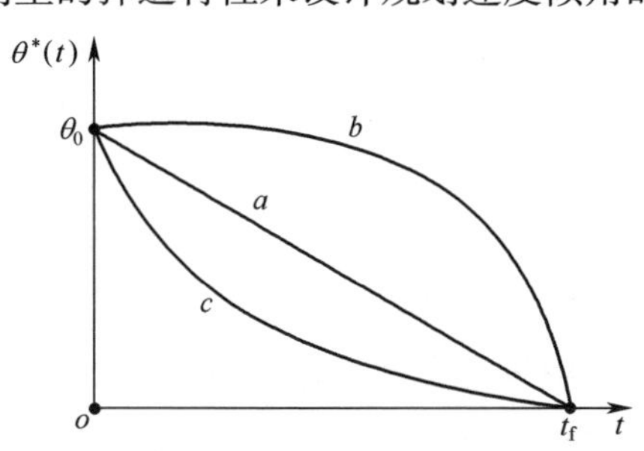

图 6-2-3　期望速度倾角变化示意图

2. 给定俯仰角的变化规律

根据纵向平面的运载器受力示意图 6-2-1 可知,俯仰角与发动机推力和空气动力的分解密切相关。推力与运载器本体固连,俯仰角则决定本体在空间的姿态,也就决定了推力的方向。空气动力由运载器的空间姿态确定,更是与俯仰角关系密切。可以通过设计俯仰角来设计弹道:

$$\varphi(t)=\varphi^*(t) \tag{6-2-2}$$

式中:t 为任意瞬时时刻;$\varphi(t)$ 为该时刻真实的飞行器俯仰角;$\varphi^*(t)$ 为该时刻期望的飞行器俯仰角。

该方案是通过约束飞行器的俯仰姿态角来完成预设弹道的设计任务。给定期望的俯仰角以后,攻角可以根据下式解算:

$$\alpha=\varphi-\theta \tag{6-2-3}$$

式中:α 为攻角;θ 为速度倾角。

给定俯仰角就可以确定推力在空间的作用方向,解算出攻角就能确定空气动力,推力和空气动力都可以根据给定的俯仰角变化规律进行相应的设计,因此俯仰角是弹道设计的重要可选参数。

3. 给定攻角的变化规律

直接给定攻角的变化规律 $\alpha^*(t)$ 也是常用的纵向平面内方案弹道设计的思路。因为直接给定攻角的变化规律可以直接得到空气动力和推力的相应变化规律,而后能确定与期望攻角相对应的方案弹道:

$$\alpha(t)=\alpha^*(t) \tag{6-2-4}$$

式中:t 为任意瞬时时刻;$\alpha(t)$ 为该时刻真实的攻角;$\alpha^*(t)$ 为该时刻预先设计好的期望攻角。

同时,给出攻角的变化规律也可以紧密联系飞行器设计时需要重点考虑的攻角的量值约束。例如,飞行器动力系统正常工作需要攻角限制在特定范围内,飞行器飞行时必须要求法向过载小于其极限值;同时为了使飞行器爬升飞行得最快,可设计飞行所需的攻角始终等于允许的最大攻角值。

速度倾角、俯仰角和攻角与飞行器推力和空气动力密切相关,可以通过设计速度倾角、俯仰角和攻角来达到设计期望受力和飞行弹道的目的,除了这三个欧拉角,通常也可以利用飞行器的法向过载和飞行高度等运动参数进行方案弹道的设计。

4. 给定法向过载的变化规律

法向过载就是飞行器法向合力的直观表现,给出了法向过载也就等同于给出了飞行器在任意时刻的期望法向受力,也就是设计给出了飞行器速度方向改变的规律,显然也就能确定一条方案弹道。同时,直接给定法向过载的变化规律也可以直观地分析飞行器的结构强度,而且法向过载 $mV\dot{\theta}$ 即表征速度也表征速度倾角,结合飞行器纵向平面的法向过载的方程式：

$$n_{y_V} \approx P \cdot \alpha + L = P \cdot \alpha + q \cdot S_{\text{ref}} \cdot C_L \tag{6-2-5}$$

式中：n_{y_V}为法向过载，即飞行器速度系 $O_B y_V$ 轴的加速度；P 为发动机推力；α 为飞行攻角；L 为气动升力；q 为飞行动压；S_{ref}为气动参考面积；C_L 为气动升力系数，若近似认为气动升力系数是攻角的线性函数，则有

$$C_L = C_L^{\alpha} \cdot \alpha \tag{6-2-6}$$

式中：C_L^{α} 为升力系数对攻角的偏导数，则

$$\alpha \approx \frac{n_{y_V}}{P + q \cdot S_{\text{ref}} \cdot C_L^{\alpha}} \tag{6-2-7}$$

可见，若给定法向过载，则攻角可以实时解算，进而能利用攻角的设计流程来进行弹道设计。若联立瞬时平衡假设条件，稳定力矩和控制力矩时刻平衡：

$$m_z^{\delta} \cdot \delta_{\varphi} + m_z^{\alpha} \cdot \alpha = 0 \tag{6-2-8}$$

式中：δ_{φ} 为等效俯仰偏转角；α 为攻角；m_z^{δ}、m_z^{α} 为气动常值系数。

联立式(6-2-7)和式(6-2-8)可得控制机构的等效俯仰偏转角的指令值

$$\delta_{\varphi} = -\frac{m_z^{\alpha}}{m_z^{\delta}} \cdot \frac{n_{y_V}}{P + q \cdot S_{\text{ref}} \cdot C_L^{\alpha}} \tag{6-2-9}$$

任意时刻的等效俯仰偏转角指令 δ_{φ} 可以利用式(6-2-9)解算得到，飞行器按照该式解算得到的等效俯仰偏转角进行控制，会依次产生与之对应的攻角和过载，进而产生与期望过载变化规律相吻合的方案弹道。

5. 给定高度变化规律

多数飞行器的控制系统都装配有测量飞行高度的无线电高度表、气压高度表等传感器，因此，通过设计期望的高度变化规律，将实际高度与期望高度的差值作为飞行器的控制输入完成高度的控制在工程上是完全可以实现的。为了使飞行器按照期望的高度变化规律进行飞行，通常需将期望高度设计为分段函数的形式：

$$h^*(t) = \begin{cases} h_1, t_0 \leqslant t \leqslant t_1 \\ f(h_1, h_2, t_1, t_2, t), t_1 \leqslant t < t_2 \\ h_2, t_2 \leqslant t \end{cases} \tag{6-2-10}$$

该函数的物理意义：在 $t_0 \sim t_2$ 区间使得飞行器的飞行高度从 h_1 变化到 h_2；$t_0 \sim t_1$ 区间，飞行器保持高度 h_1 飞行；$t_1 \sim t_2$ 时间飞行器高度由 h_1 逐渐变化为 h_2；且高度的变化遵循函数 $f(h_1, h_2, t_1, t_2, t)$，函数需提前设计，t_2 瞬时时刻以后，飞行器按照高度 h_2 飞行。从理论上讲，将高度作为待设计参数也是可行的。因为在纵向运动平面内，速度矢量由速度大小和速度倾角来体现，飞行弹道由速度矢量直接决定，所以与速度和速度倾角相关的参数都可以作为方案弹道设计的待选参数。高度的变化就是由速度及速度倾角三角函数共同决定的，而且高度也是飞行器控制的重要参考量，所以可以通过控制实际的飞行高度与期望的飞行高度相等来设计方案弹

道,则有

$$h(t) = h^*(t) \tag{6-2-11}$$

式中:t 为任意瞬时时刻;$h(t)$ 为该瞬时时刻的实际飞行高度;$h^*(t)$ 为该瞬时时刻飞行器的期望飞行高度。

已知纵向运动平面内高度满足

$$\dot{h} = \frac{\mathrm{d}Y}{\mathrm{d}t} = V\sin\theta \tag{6-2-12}$$

式中:Y 为飞行器质心位置在纵向平面内地面发射坐标系 Oy 轴的分量,则

$$\dot{h} = \frac{\mathrm{d}Y}{\mathrm{d}t} = V\sin\theta = \dot{h}^*(t) \tag{6-2-13}$$

式中:V 为飞行器速度;θ 为速度倾角。

对式(6-2-13)两边同时求导

$$\dot{V}\sin\theta + V\cos\theta\dot{\theta} = \ddot{h}^*(\mathrm{t}) \tag{6-2-14}$$

式中:$\ddot{h}^*(t)$ 为 t 瞬时时刻期望飞行高度的二阶导数。已知高度 h^*,所以其二阶导数也可解算得到,则根据该式就可以得到速度和速度倾角的一个等式,再结合其他条件就可以解算出期望的力,进而得到一条期望的方案弹道。在进行纵向平面方案弹道设计时,基本的思路是:首先选取若干个直接或间接与推力和空气动力相关的参数,设计出这些参数的期望变化规律,再依据弹道方程得到期望的方案弹道。

6.2.2 侧向平面方案弹道设计

侧向运动弹道与纵向平面的弹道相比,其运动幅度和弹道特性都是比较小的,因为目前多数飞行器都是主要运动在纵向平面内,通常只需保证侧向运动稳定即可。但随着高品质飞行器和侧向机动的需求日益增加,侧向飞行弹道的设计也逐渐得到完善。与纵向平面内方案弹道设计的思路一致,在侧向运动平面内,速度方向可以直接用航迹偏航角 $\sigma^*(t)$ 给出,或者间接地用偏航角 $\psi^*(t)$ 、侧滑角 $\beta^*(t)$ 、侧向过载 $n_{z_V}^*(t)$ 或侧向距离变化率 $Z^*(t)$ 等给出,然后利用这些运动参数的期望值得到方案弹道。

1. 给定航迹偏航角的变化规律

给定航迹偏航角后,航迹偏航角的导数是已知的,则航迹偏航角微分方程中的受力能按航迹偏航角一阶导数的规律变化并确定一条侧向的方案弹道,即

$$\sigma(t) = \sigma^*(t) \tag{6-2-15}$$

式中:$\sigma(t)$ 为任意瞬时 t 时刻飞行器真实的航迹偏航角;$\sigma^*(t)$ 为 t 时刻的期望的航迹偏航角。

该方案要求任一时刻弹道的航迹偏航角值都需控制在要求的期望值附近。

2. 给定偏航角的变化规律

对侧向的飞行方案弹道进行设计,可利用给定偏航角变化规律的方式实现。通常可设计偏航角变化规律如下式

$$\psi^*(t)=\begin{cases}\psi_0, t_0 \leqslant t < t_1 \\ f(\psi_0,\psi_1,t_1,t_2,t), t_1 \leqslant t < t_2 \\ \psi_1, t_2 \leqslant t\end{cases} \tag{6-2-16}$$

该式的物理意义:在 $t_0 \sim t_2$ 区间使得飞行器的偏航角从 ψ_0 变化到 ψ_1;在 $t_0 \sim t_1$ 时间,飞行器保持偏航角 ψ_0 飞行; $t_1 \sim t_2$ 区间,飞行器的偏航角由 ψ_0 逐渐变化为 ψ_1;期间偏航角的变化遵循函数 $f(\psi_0,\psi_1,t_1,t_2,t)$ 的形式,函数是提前设计好的。t_2 瞬时时刻以后,飞行器按照 ψ_1 飞行。偏航角变化规律设计完毕后,就可以利用偏航角解算得到侧滑角:

$$\beta=\psi-\sigma \tag{6-2-17}$$

式中:ψ 为当前时刻的偏航角;σ 为航迹偏航角,可以通过其微分方程式积分得到。

至此,计算发动机推力和空气动力在速度坐标系内分量时所需的欧拉角就设计完毕,然后就可以直接进行方案弹道的计算。

3. 给定侧滑角的变化规律

直接给定侧滑角的变化规律 $\beta^*(t)$ 是常用的侧向平面内方案弹道设计的思路,因为直接给定侧滑角的变化规律不仅可以直接设计各力的变化规律,也可以紧密联系飞行器设计的具体侧滑角取值要求。此时

$$\beta(t)=\beta^*(t) \tag{6-2-18}$$

式中:t 为任意瞬时时刻; $\beta(t)$ 为该瞬时时刻飞行器真实的侧滑角; $\beta^*(t)$ 为该瞬时时刻期望的侧滑角。

确定侧滑角后,飞行器发动机的推力和空气动力在特定坐标系内的投影就可以确定,期望侧滑角对应的方案弹道也就能解算得到。

除了给定航迹偏航角、偏航角和侧滑角等欧拉角的变化规律来设计侧向运动平面的方案弹道以外,还可以通过设计侧向过载 $n_{z_V}^*(t)$ 和侧向的距离 $Z^*(t)$ 来进行侧向方案弹道的设计,其设计思路和设计流程与纵向运动平面类似。综上,在进行纵向平面和侧向平面的方案弹道设计时,通常会选取各自运动平面内的速度欧拉角、姿态欧拉角或气动欧拉角作为待设计的运动参数,主要考虑两点:①这些参数与飞行器的发动机推力和空气动力最为密切;②这些欧拉角运动参数可以直接测量得到或间接解算得到。除了上述参数,还可以将过载和运动距离作为待设计的运动参数,因为这些参数要么是直接与受力相关,要么通过求导也可以得到与受力相关的显式表达式。本节只是从基本思路和基本方法的角度阐述了平面方案弹道的设计,下面结合工程实际分别介绍工程中常用的弹道设计方法和运载器的弹道设计方法。

6.3 平面弹道的工程设计方法

为了使飞行器按约定的方案上升飞行，在理论上可以给出攻角变化规律 $\alpha^*(t)$、速度倾角变化规律 $\theta^*(t)$、俯仰角变化规律 $\varphi^*(t)$ 和高度变化规律 $h^*(t)$ 等参数的期望变化规律，选取上述方案中的一种或多种，均可实现上升段弹道的设计要求。然而在工程实际中，由于飞行器上的攻角传感器的测量精度较差，不能满足控制精度的要求，而且攻角传感器安装也十分不便。同时，虽然根据预定的方案参数的变化规律可以解算求出飞行器的速度倾角，但也存在一定的误差，且直接测量速度倾角的设备目前还没有可能用于常用的飞行器上。因此，在考虑工程实际的需求和现实后，目前的飞行器通常采用程序俯仰角、程序高度等方案来进行上升段弹道的设计。

6.3.1 纵向平面上升段方案弹道设计

当前，飞行器上装配的自动驾驶仪控制系统或惯性导航控制系统等导航制导控制系统，均能实时提供飞行器当前时刻的俯仰角 $\varphi(t)$ 信息。因此在工程上可以先设计出合适的程序俯仰角，使飞行器的真实俯仰角按照期望的程序俯仰角飞行，并以飞行器的实际俯仰角与程序俯仰角之间的差值作为控制信号来控制飞行器的上升飞行。在进行飞行器程序俯仰角设计时，应充分考虑飞行器自身的特性，如结构强度限制、过载限制、发动机工作要求、飞行攻角变化要求、程序俯仰角在飞行器上实现的可行性等。在上升飞行时，飞行器的程序俯仰角通常可以设计为如下形式：

$$\varphi^*(t)=\begin{cases}\varphi_0, 0 \leqslant t < t_1 \\ f(\varphi_0, \varphi_k, t_1, t_2, t), t_1 \leqslant t < t_2 \\ \varphi_k, t_2 \leqslant t\end{cases} \tag{6-3-1}$$

式中：t 为任意瞬时时刻；$\varphi^*(t)$ 为 t 瞬时时刻飞行器期望的俯仰角；φ_0 为 $0\sim t_1$ 时间区间内的飞行器初始俯仰角，在该时间段内俯仰角保持常值。$t_1\sim t_2$ 时间区间内，俯仰角需要从初始的俯仰角 φ_0 逐渐变化到 φ_k，变化的过程中俯仰角遵循函数 $f(\cdot)$ 的变化规律，式(6-3-1)中函数 $f(\cdot)$ 是关于 φ_0、φ_k、t_1、t_2、t 的函数，其具体形式应根据飞行器的飞行任务和飞行特点合理选择。t_2 时刻以后，飞行器的俯仰角仍保持常值。给定俯仰角变化规律后，纵向运动平面内的弹道方程就可以进行数值积分计算：

$$\begin{cases}\dot{V} = m^{-1} \cdot P \cdot \cos\alpha - m^{-1} \cdot q \cdot S_{\mathrm{ref}} \cdot C_D - g \cdot \sin\theta \\ \dot{\theta} = m^{-1} \cdot V^{-1} \cdot P \cdot \sin\alpha + m^{-1} \cdot V^{-1} \cdot q \cdot S_{\mathrm{ref}} \cdot C_L - V^{-1} \cdot g \cdot \cos\theta \\ \dot{X} = V \cdot \cos\theta \\ \dot{Y} = V \cdot \sin\theta \\ m = m_0 - \dot{m} \cdot t \\ \alpha = \varphi - \theta \end{cases} \tag{6-3-2}$$

因为给定俯仰角后，就可以解算攻角，然后根据常微分方程相关状态变量的初值逐步对该式进行数值积分并得到期望的弹道。需要说明，程序俯仰角在飞行器上的设计实现，会因为飞行器采用的控制系统的不同而不同；对于自动驾驶仪控制系统，程序俯仰角可以装定在俯仰自由陀螺的基盘上；而对于采用惯性控制系统的飞行器，可在飞行器上的综合控制计算中编排程序俯仰角的变化规律来产生期望的俯仰角。下面根据两种常见的方案弹道类型，来推导俯仰角应满足的变化规律。

1. 直线上升弹道的俯仰角设计

若飞行器直线上升，则弹道倾角 θ 为常值，弹道倾角的一阶导数 $\dot{\theta}=0$，联立速度倾角的微分方程可得

$$P \cdot \sin\alpha + q \cdot S_{\mathrm{ref}} \cdot C_L = m \cdot g \cdot \cos\theta \tag{6-3-3}$$

式中：P 为发动机的推力；α 为攻角；q 为动压；S_{ref}为气动参考面积；C_L 为气动升力系数；m 为飞行器质量；g 为地球引力加速度；θ 为速度倾角（常值）。

由式（6-3-3）可知，当飞行器直线上升飞行时，作用在飞行器上的法向控制力（推力和空气动力在垂直于速度方向的分量）必须和重力在速度垂直方向的分量相等。假设飞行攻角为小量，$\sin\alpha \approx \alpha$，且气动升力系数为攻角的线性函数，$C_L = C_L^{\alpha} \cdot \alpha$，则

$$\alpha^* = \frac{m \cdot g \cdot \cos\theta}{P + q \cdot S_{\mathrm{ref}} \cdot C_L^{\alpha}} \tag{6-3-4}$$

式中：α^* 为直线上升弹道的期望攻角。相应地，直线上升飞行时的俯仰角方案就可以设计为如下形式：

$$\varphi^*(t) = \theta + \alpha^* = \theta + \frac{m \cdot g \cdot \cos\theta}{P + q \cdot S_{\mathrm{ref}} \cdot C_L^{\alpha}} \tag{6-3-5}$$

式中：α^* 为飞行器直线上升飞行时所需的期望的俯仰角；速度倾角 θ 为常值；式中其他变量要么是已知的要么是可以解算得到的。将飞行器当前时刻的运动状态代入式（6-3-5），就可以得到当前时刻的期望俯仰角 φ^*，期望俯仰角减去常值速度

倾角得到期望的攻角 α^*,将期望俯仰角和期望攻角代入纵向运动弹道方程的速度倾角的微分方程中即可得到当前时刻的速度倾角的一阶导数值等于零,显然速度倾角会保持不变,从而得到一条直线上升飞行的方案弹道。可见弹道设计与弹道积分计算是一个互逆的过程。

2. 等速直线上升弹道的俯仰角设计

如果要求飞行器进行等速度直线上升飞行,则必须使速度和弹道倾角的一阶导数都为零,联立速度和弹道倾角的微分方程

$$\begin{cases} P \cdot \cos\alpha = m \cdot g \cdot \sin\theta + q \cdot S_{\text{ref}} \cdot C_D \\ P \cdot \sin\alpha + q \cdot S_{\text{ref}} \cdot C_L = m \cdot g \cdot \cos\theta \end{cases} \tag{6-3-6}$$

式中:P 为发动机的推力;α 为攻角;q 为动压;S_{ref}为气动参考面积;C_L 为气动升力系数;C_D 为气动阻力系数;m 为飞行器质量;g 为地球引力加速度;θ 为速度倾角(直线上升时为常值)。

根据式(6-3-6)可知,若飞行器要实现等速飞行,则发动机推力在速度方向的分量必须等于气动阻力与地球引力在速度方向分量的和;若飞行器要实现直线上升飞行,则飞行器的法向控制力(推力和空气动力在垂直于速度方向的分量)必须等于重力在垂直于速度方向的分量。

假设在等速直线上升飞行的过程中发动机的推力恒定为常值,同时近似认为飞行器的高度变化不大(地球引力视为常值,大气密度也视为常值)。考虑到速度和弹道倾角也是常值,则

$$P \cdot \cos\alpha - q \cdot S_{\text{ref}} \cdot C_D^{\alpha} \cdot \alpha = m \cdot g \cdot \sin\theta \tag{6-3-7}$$

该式中就只有攻角 α 是未知量,其他变量均是已知量,利用该等式即可迭代求出期望攻角的值,记为 α_1^*。下面来分析满足直线上升需达到的条件,前面已作讨论,当攻角可视为小量时,使得

$$P \cdot \sin\alpha + q \cdot S_{\text{ref}} \cdot C_L = m \cdot g \cdot \cos\theta \tag{6-3-8}$$

成立的攻角满足

$$\alpha_2^* = \frac{m \cdot g \cdot \cos\theta}{P + q \cdot S_{\text{ref}} \cdot C_L^{\alpha}} \tag{6-3-9}$$

式中:α_2^* 为直线上升飞行时的期望攻角。

综上可知,若要使得飞行器按照等速直线上升的条件飞行,则必须满足

$$\alpha_1^* = \alpha_2^* \tag{6-3-10}$$

也就是说,在任意时刻飞行器的实际攻角既要等于等速飞行对应的期望攻角 α_1^*,又要等于直线爬升飞行对应的期望攻角 α_2^*,实际上在实际工程中是很难满足的。在工程中等速直线上升弹道也是较难实现的,大多只是在特定瞬时时刻或某一小段时间区间内,飞行器的弹道才能满足等速直线上升要求的飞行条件。

6.3.2 纵向平面等高度等速度弹道设计

若要求飞行器在纵向运动平面内进行等高度等速度飞行，则联立飞行器纵向运动平面的弹道方程可知

$$\begin{cases} \dot{V} = 0 \Rightarrow P \cdot \cos\alpha = q \cdot S_{\text{ref}} \cdot C_D \\ \dot{\theta} = 0 \Rightarrow P \cdot \sin\alpha + q \cdot S_{\text{ref}} \cdot C_L = m \cdot g \\ \dot{X} = V \cdot \cos\theta = V \\ \dot{Y} = V \cdot \sin\theta = 0 \\ m = m_0 - \dot{m} \cdot t \\ \alpha = \varphi - \theta = \varphi \end{cases} \tag{6-3-11}$$

式中：V 为速度大小；θ 为速度倾角；α 为攻角；φ 为俯仰角；P 为发动机的推力；q 为动压；S_{ref}为气动参考面积；C_L 为气动升力系数；C_D 为气动阻力系数；m 为当前时刻的飞行器质量；g 为地球引力加速度；m_0 为飞行器初始时刻的质量；$\dot{m}$ 为飞行器的质量秒耗量；t 为当前飞行时间；X 为飞行器位置在纵向平面内地面发射坐标系 Ox 轴的分量；Y 为飞行器位置在纵向平面内地面发射坐标系 Oy 轴的分量。

若飞行器在等高度等速度飞行时的攻角为小量，则式(6-3-11)中第二式可转化为

$$\alpha = \frac{m \cdot g}{P + q \cdot S_{\text{ref}} \cdot C_L^{\alpha}} \tag{6-3-12}$$

下面利用该式对攻角变化的规律进行说明：已知在等高度等速度巡航飞行时，不管是火箭发动机还是航空发动机，动力系统的推力值均可以视为常值的理论恒定推力。因飞行高度保持不变。可认为大气密度恒定，则等速度等高度巡航飞行的动压 $q=0.5\rho V^2$ 可视为常值。同时飞行器气动参考面积 S_{ref}和气动升力系数对攻角的偏导数 C_L^{α} 也是常值，在等高度飞行时，地球引力加速度 g 也为常值，则攻角 α 就只与飞行器质量有关，即

$$\alpha = \frac{(m_0 - \dot{m} \cdot t) \cdot g}{P + q \cdot S_{\text{ref}} \cdot C_L^{\alpha}} = \frac{m_0 \cdot g}{P + q \cdot S_{\text{ref}} \cdot C_L^{\alpha}} - \frac{\dot{m} \cdot g}{P + q \cdot S_{\text{ref}} \cdot C_L^{\alpha}} \cdot t \tag{6-3-13}$$

因为等高度飞行时弹道倾角为零，则

$$\varphi = \alpha = \frac{m_0 \cdot g}{P + q \cdot S_{\text{ref}} \cdot C_L^{\alpha}} - \frac{\dot{m} \cdot g}{P + q \cdot S_{\text{ref}} \cdot C_L^{\alpha}} \cdot t = \varphi_0 - K_{\varphi} \cdot t \tag{6-3-14}$$

该式即为飞行器等高度等速度巡航飞行时俯仰角和攻角的变化规律。只要控制实

际的俯仰角按照该式规律变化，飞行器就可以实现等高度等速度飞行。然而，由于测量飞行器俯仰角元器件的不完善，测量所得的俯仰角与实际的俯仰角之间存在差异，而由于差异的存在，在工程实际中单纯利用姿态角控制来实现等高度飞行的性能是比较差的，尤其对于远程射程飞行器和飞行速度比较高（超声速/高超声速飞行器）的飞行器。随着高度测量技术的不断发展，直接利用飞行器的飞行高度信息来控制飞行器等高度飞行已经在各类飞行器上得到广泛应用。

下面简要讨论飞行器近似为刚体的条件下，利用高度信息来进行等高度飞行控制的基本过程。等高度控制主要与飞行器俯仰运动通道相关，升降舵控制机构的偏转角的变化规律一般设计为高度偏差的线性函数：

$$\begin{cases}\Delta\delta_{\varphi} = K_{\Delta h} \cdot \Delta h \\ \Delta h = h - h_{\mathrm{ref}}\end{cases} \tag{6-3-15}$$

式中：$\Delta\delta_{\varphi}$ 为升降舵控制偏转角；$K_{\Delta h}$ 为待设计常值反馈系数；Δh 为实际的飞行高度与期望的飞行高度之间的差值；h 为实际的飞行高度；h_{ref} 为期望的飞行高度。

当飞行器的实际飞行高度 $h < h_{\mathrm{ref}}$ 时（实际高度低于期望高度），高度差值 $\Delta h<0$，此时升降舵控制偏转角 $\Delta\delta_{\varphi}<0$，负的升降舵偏转角产生正的俯仰控制力矩，正的俯仰控制力矩使得飞行器的俯仰角增加，俯仰角变大后飞行器抬头会产生一个正值的攻角增量 $\Delta\alpha$，正值的攻角增量会产生一个正值的飞行器气动升力增量，正值的升力增量会使得弹道倾角变大，进而飞行器的飞行高度也会增加并逐渐向期望的飞行高度 h_{ref} 逼近。

当飞行器的实际飞行高度 $h > h_{\mathrm{ref}}$ 时，高度差值 $\Delta h>0$，飞行器的实际飞行高度大于期望的飞行高度，此时升降舵控制偏转角 $\Delta\delta_{\varphi} > 0$，正的升降舵偏转角会产生负的俯仰控制力矩，负的俯仰控制力矩会使飞行器的俯仰角减小，俯仰角变小后飞行器的攻角随即减小，攻角减小后飞行器的气动升力就会减小，进而速度倾角就会减小，飞行器的飞行高度就会降低，逐渐地逼近期望的飞行高度，如图 6-3-1 所示。

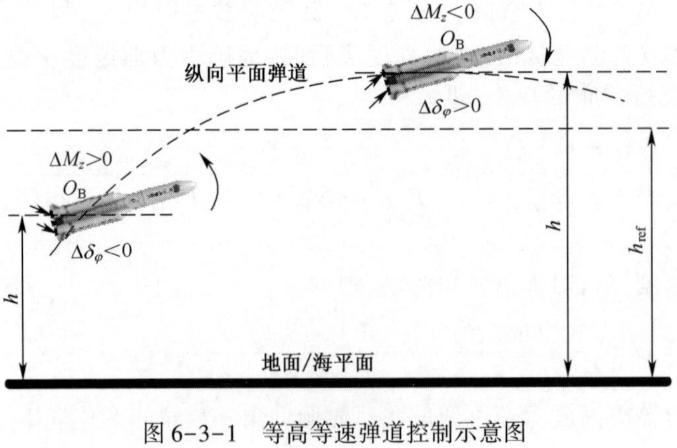

图 6-3-1　等高等速弹道控制示意图

需要说明，简单地用高度差值 Δh 来生成升降舵控制偏转角指令虽然可以使飞行器的飞行高度控制在期望飞行高度附近，但是由于控制系统和飞行器机体惯性的存在，飞行器在预定的等高度飞行的高度线上出现振荡现象。所以，为了使飞行器能尽快地稳定在预定的期望高度，需要在升降舵偏转角指令生成的表达式中增加反应高度变化率的项：

$$\begin{cases} \Delta\delta_\varphi = K_{\Delta h} \cdot \Delta h + K_{\Delta \dot{h}} \cdot \Delta\dot{h} \\ \Delta\dot{h} = \dfrac{\mathrm{d}(\Delta h)}{\mathrm{d}t} \end{cases} \tag{6-3-16}$$

式中：$K_{\Delta \dot{h}}$ 为与高度变化率相关的待设计反馈系数，表示单位高度变化率对应的升降舵需要偏转的角度。

升降舵偏转角指令增加了一项 $K_{\Delta \dot{h}}\Delta\dot{h}$，该项产生阻尼并抑制高度变化率的数值，以减少飞行器在进入预定平飞高度的飞行过程中产生的“超高”或“掉高”现象，使飞行器能在预定的平飞高度上稳定地飞行。需要说明，待设计反馈系数 $K_{\Delta h}$、$K_{\Delta \dot{h}}$ 一般都取正值，反馈系数的正、负也应根据具体的飞行器控制过程来确定。为进一步改善等高飞行品质，进行等高飞行控制的升降舵偏转角控制指令的生成可采用高度的 PID 控制关系：

$$\Delta\delta_\varphi = K_{\Delta h} \cdot \Delta h + K_{\Delta \dot{h}} \cdot \Delta\dot{h} + K_{\int\Delta h} \cdot \int\Delta h\mathrm{d}t \tag{6-3-17}$$

利用飞行高度的误差比例反馈、高度误差微分反馈和高度误差的积分反馈可以更好地对等高度飞行控制的变化过程进行调节和完善，更好地进行等高度飞行弹道控制。

6.4 主动段发射弹道基本设计

前面介绍了弹道设计的基本方程和思路，下面结合运载器的飞行特点阐述主动段发射弹道的基本设计方法。运载器的主要任务是将有效载荷送入预定的空间轨道，运载器从发射点到入轨点这个过程的弹道称为主动段发射弹道。在进行主动段发射弹道设计时，通常采用给定俯仰角和偏航角等姿态角的变化规律的方法，给定的俯仰角决定运载器纵向运动平面的弹道，给定的偏航角决定侧向运动平面的弹道。设计俯仰角和偏航角变化规律的过程称为运载器主动段的飞行程序角设计。运载器的飞行程序角是主动段发射弹道设计的重要内容，也是运载器总体设计工作中很重要的一项工作。主动段程序角的选择既关系到能否正确使用和充分发挥航天运载器战术、技术性能问题，也直接决定具体的战术技术指标（如最大射程、落点散布、主动段过载和气动加热），因此主动段飞行程序角的选择也是运载器总体设计工作中十分重要的内容。

6.4.1 主动段飞行方案弹道

运载器目前大多采用“垂直起飞+程序转弯”的主动段飞行方案弹道模式。航天运载器在发射塔架点火垂直起飞，然后通过控制执行机构逐渐调整姿态进而改变速度倾角并完成弹道转弯，飞行过程中不断调整速度倾角、速度和位置并在关机时刻达到入轨点期望的值，如图 6-4-1 所示。垂直发射使得运载器的发射装置结构简单，运载器起飞后逐渐转弯的过程中其法向过载和控制力也都会比较小，同时气动阻力造成的速度损失和重力造成的速度损失也不会太大。

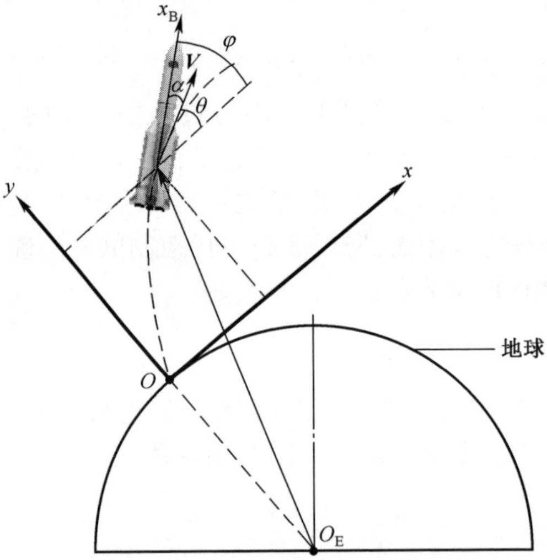

图 6-4-1　主动段发射弹道示意图

由理论分析和工程经验可知，通过控制运载器姿态角变化进行主动段发射弹道设计是一种极其有效的方法，也是目前通用的方法。考虑到运载器的发射弹道主要表现在纵向平面，所以本节主要讨论运载器俯仰角程序的设计方法。该方法由运载器的程序机构产生事先规划好的俯仰角变化规律 $\varphi_{\mathrm{p.r.}}(t)$，并使运载器在主动段飞行时的实际俯仰角 $\varphi_{\mathrm{GI}}(t)$（运载器相对于地面发射惯性坐标系的俯仰角）按俯仰程序角 $\varphi_{\mathrm{p.r.}}(t)$ 的变化规律变化，从而达到间接控制速度倾角并改变弹道形状的目的。而且在选择飞行程序和飞行弹道时，不仅考虑弹道的层面（如速度损失、速度方向变化过程），还要考虑运载器的结构强度、控制系统性能和发射方式等工程约束。需要指出，选择运载器的飞行程序时，还应结合具体的飞行任务和试验任务，不同任务要求的弹道类型不一样，其相应的飞行程序也不一样。例如，发射航天器有效载荷和弹道导弹的飞行程序与进行导弹试验时采用的高弹道和低弹道等试验弹道的飞行程序显然是不同的。经过长期的理论分析和工程试验，人们总结得到了运载器主动段飞行程序角设计的一些基本原则，下面根据主动段弹道的特点来详细介绍。

1. 垂直起飞时间选择

运载器垂直起飞段的时间必须合理选择。因为垂直起飞时间过长会增加速度的重力损失，长时间垂直加速后再进行弹道转弯会因速度过大而需要较大的法向力。但是，如果垂直起飞时间过短，那么很可能运载器的动力系统还未达到额定的工作状态，造成控制执行机构不能产生足够大的控制力，最终影响飞行弹道性能。因此，垂直起飞段时间应至少延续至动力系统进入额定工作状态的时刻，此后运载器的控制执行机构就能产生足够的控制力和控制力矩顺利地控制运载器进行转弯。在设计运载器垂直起飞时间时，通常会根据与运载器推重比（地面额定推力与起飞时的重量）相关的经验公式来确定，推重比越大，垂直起飞加速性能就越好，相应地，垂直起飞上升时间就可以取得短一些。反之，垂直起飞时间就要选得长一些。

2. 转弯法向过载约束

运载器主动飞行段转弯时，主要利用气动升力和地球引力来完成，主动飞行转弯段运载器的法向过载的计算式为

$$n_y = \frac{P\alpha}{mg_0} + \frac{x_{\mathrm{c.p.}} - x_{\mathrm{CJ}}}{x_{\mathrm{c.m.}} - x_{\mathrm{CJ}}} \cdot \frac{C_Y^\alpha S_{\mathrm{ref}} q\alpha}{mg_0} = \frac{V\dot{\theta} - g\cos\theta}{g_0} \tag{6-4-1}$$

式中：n_y 为法向过载；P 为发动机推力；α 为攻角；m 为运载器质量；g_0 为海平面地球引力加速度；$x_{\mathrm{c.p.}}$ 为运载器的压心到其头部理论顶端的距离；x_{CJ} 为控制执行机构特征中心点到运载器理论顶端的距离；$x_{\mathrm{c.m.}}$ 为质心到运载器理论顶端的距离；C_Y^α 为气动升力系数对攻角的偏导数；S_{ref} 为气动参考面积；q 为动压 $q=0.5\rho V^2$；V 为速度；g 为当前时刻地球引力加速度；θ 为速度倾角。

显然，当空运载器进行主动段转弯时，其法向过载不能太大，反映到法向过载的计算式也即必须限制攻角 α 和攻角与动压的乘积 $q\alpha$。同时，转弯飞行时作用在运载器上的空气动力矩以及由此产生的法向过载也与 $q\alpha$ 乘积成正比，故而通常要求在跨声速以及整个具有大飞行动压的转弯段飞行阶段攻角为零或尽可能小。此时，运载器只在重力的法向分量 $-mg\cos\theta$ 的作用下转弯，这种转弯模式称为零攻角转弯或重力转弯。重力转弯可以减少速度的气动阻力损失，同时也可以在空气动力急剧变化的跨声速飞行阶段改善运载器控制系统的工作条件。

3. 程序角变化率约束

若从加速度的角度分析，限制运载器法向过载本质上就是要限制 $V\dot{\theta}$ 的值，而点火起飞后速度 V 会越来越大，因此必须更加严格地限制 $\dot{\theta}$ 的值。考虑到

$$\theta \approx \varphi - \alpha \Rightarrow \dot{\theta} \approx \dot{\varphi} - \dot{\alpha} \tag{6-4-2}$$

当攻角为零或为小量时，速度倾角近似与俯仰角相等，$\dot{\theta} \approx \dot{\varphi}$，所以限制法向过载其实是限制运载器的俯仰角速率 $\dot{\varphi}$，在设计俯仰角程序时必须考虑。同时，运载器的程序俯仰角也应连续有限变化，程序俯仰角指令的一阶导数 $\dot{\varphi}_{\text{p.r.}}$ 和二阶导数 $\ddot{\varphi}_{\text{p.r.}}$ 应保持在一定数值区间内。显然，程序俯仰角 $\varphi_{\text{p.r.}}$ 不会随时间出现间断，而必须是随时间连续变化的，有两个原因，一是必须遵循程序俯仰角的物理意义，二是俯仰角出现突变时 $\dot{\varphi}_{\text{p.r.}}$ 数值必然很大，相应的运载器法向过载也会很大，这都是不希望出现的。同时，程序俯仰角一阶导数 $\dot{\varphi}_{\text{p.r.}}$ 的变化率 $\ddot{\varphi}_{\text{p.r.}}$ 也不能过大，若 $\ddot{\varphi}_{\text{p.r.}}$ 过大则运载器的控制机构就必须产生足够大的控制力矩，这可能会超出控制系统的控制能力。

需要说明，此处所讨论的使 $\dot{\varphi}_{\text{p.r.}}$ 和 $\ddot{\varphi}_{\text{p.r.}}$ 都要连续且有界的要求是与实际的控制过程直接相关的，因为 $\dot{\varphi}_{\text{p.r.}}$ 间断快速变化时 $\ddot{\varphi}_{\text{p.r.}}$ 值就会很大，此时控制力矩就需要无穷大的值，而 $\ddot{\varphi}_{\text{p.r.}}$ 间断变化反映到实际中是控制力矩瞬时变化和控制机构瞬时变化，也就是控制机构的偏转角速度很大。上述过程在实际应用中显然是无法做到的，即便是可以做到，也会存在使运载器短暂失控的风险。当然，若短暂的失控对实际的俯仰角的变化没有造成影响，则可以在一定程度上弱化上述要求。

4. 级间分离约束

运载器一般是多级结构，为保证发射飞行时级间分离的可靠性，在理论和工程上都会要求分离时产生的扰动尽可能小，该要求既能提高级间分离的成功率，也能在一定程度上减少分离残骸的落点散布。级间分离约束反映到工程上通常是要求分离时攻角尽可能小，分离时空气动力的扰动就比较小。若飞行较高，则也可在一定攻角下进行级间分离，因为高空的空气动力的影响已经十分微弱。除了空气动力的扰动，还应充分考虑动力系统推力在分离时的扰动，因此通常是在发动机处于末段关机状态时进行分离，以减少推力的分离扰动。

此外，在设计主动段飞行程序时还应考虑运载器具体的弹道任务。例如，在满足上述条件的基础上，要在规定的射程散布条件下向接近射程上限的射程发射时，就要采用最大射程的主动段飞行程序。规定的射程散布指的是某种射程控制方案规定的散布，包括采用该射程控制方案的工具误差和方法误差。需要说明，射程控制方案对应的工具误差和方法误差也与所选择的弹道密切相关，因为不同弹道关机点处的射程偏导数的数值是不同的，所以当不向最大射程射击但仍采用最大射程的飞行程序时，关机点处射程偏导数改变使射程散布增大。因此，当向射程范围内最大射程以下的射程射击时，应根据具体规定的射程选择使得落点散布最小的飞行程序(通常称为最小散布程序)。同时，为了发射使用时方便，可以把射程范围尽可能少地划分为若干区域。相应地，处于相同射程区域的射程就采用相同的飞行程序，从而尽可能减少飞行程序的准备数目。这也是便于实际战斗使用的一个要求。而对于小射程运载器或射程范围比较窄的大射程运载器,通常只设计使用一种飞行程序;对于近程运载器,最大射程和最小散布的要求则可以统一采用最小能量弹道。显然,上述飞行程序设计所应遵循的基本原则和要求只是一般性的,对于特定的运载器型号或者特定的飞行任务,则还需要考虑具体的要求与约束来设计和选择主动段飞行程序。

6.4.2 稠密大气层内程序俯仰角设计

根据运载器主动段飞行的特点,通常将主动段飞行程序的设计分为大气层飞行段和真空飞行段两部分。通常情况下,运载器的第一级基本上是在稠密大气层内飞行,第二级及其以上的各级则基本上是在稀薄大气层或真空中飞行。当设计稠密大气层内飞行段的飞行程序时,首先应最大限度地减少地球引力引起的速度损失和推力偏离速度方向时造成的攻角速度损失,而主要的是最大可能地减少运载器所受到的空气动力,特别是空气阻力,从而减小运载器速度的气动阻力损失,同时也减小作用在运载器上的气动载荷。运载器在稠密大气层内和稠密大气层外的飞行段的受力状况有明显不同,在稠密大气层外运载器主要受到推力和地球引力的作用,受到的空气动力作用极小,一般可以忽略不计,运载器的载荷基本上由发动机的工作状态决定。因此,稠密大气层外飞行段的飞行程序在设计时应主要考虑怎样使得关机时刻的状态达到有效载荷所要求的运动状态,同时也应尽量减少地球引力作用下的速度损失和发动机推力偏离速度方向造成的攻角速度损失。下面介绍一种比较常用的方法,即在运载器基本设计参数确定后其主动段飞行程序的工程设计方法。在设计稠密大气层内的飞行程序时,通常以纵向平面内简化的动力学与运动学方程为基础

$$\begin{cases}\dot{V}_{GI}=f_V(V_{GI},\theta_{GI},Y_{GI})\\ \dot{\theta}_{GI}=f_\theta(V_{GI},\theta_{GI},Y_{GI},\alpha)\\ \dot{X}_{GI}=f_X(V_{GI},\theta_{GI})\\ \dot{Y}_{GI}=f_Y(V,\theta_{GI})\\ \alpha=f_\alpha(\varphi_{p.r.},\theta_{GI})\end{cases} \tag{6-4-3}$$

式中:V_{GI}为运载器相对于地面发射惯性坐标系的速度;θ_{GI}为运载器相对于地面发射惯性坐标系的速度倾角;X_{GI}、Y_{GI}分别为运载器质心在地面发射惯性坐标系$x_{GI}O_{GI}y_{GI}$纵向运动平面内$O_{GI}x_{GI}$轴和$O_{GI}y_{GI}$轴的位置分量。

需要说明,选用运载器相对于地面发射惯性坐标系的变量,同时为运载器相对于地面发射惯性坐标系的俯仰角φ_{GI}设计俯仰角程序$\varphi_{p.r.}$变化规律,主要考虑两点:①运载器是将有效载荷送入预定的轨道,轨道相对于惯性空间是不变的,所以

有效载荷入轨时的速度和位置参数也都是相对于地面发射惯性坐标系来标定的；②运载器通常使用惯性导航系统敏感其速度和位置信息，而惯性导航系统一般是以地面发射惯性坐标系为标准进行工作的。如果运载器的各项基本参数已确定，则方程组中要求解的未知量为 V_{GI}、θ_{GI}、X_{GI}、Y_{GI}、α、$\varphi_{p.r.}$（后面为了表述方便将下标 GI 省略），5 个方程却有 6 个未知量，则该方程组有无穷解。因此，主动段弹道工程设计方法的基本思路是：首先根据发射弹道设计的基本原则和要求，直接给定攻角 α 或俯仰角 $\varphi_{p.r.}$ 的变化规律；然后根据具体的飞行任务对其相应的参数进行适当调整，得到满足各项要求的主动段飞行程序和发射弹道。

对于运载器来讲，通常要求其稠密大气层内飞行程序能确保第一级关机时能连续地过渡到下一级。多级运载器的第一级在稠密大气层中飞行，因此在设计飞行程序角时要考虑减小运载器的气动阻力损失和作用在运载器上的气动载荷。在具体设计时，通常会将稠密大气层内主动段飞行程序的设计划分为：①垂直上升段、②转弯飞行段和瞄准飞行段。

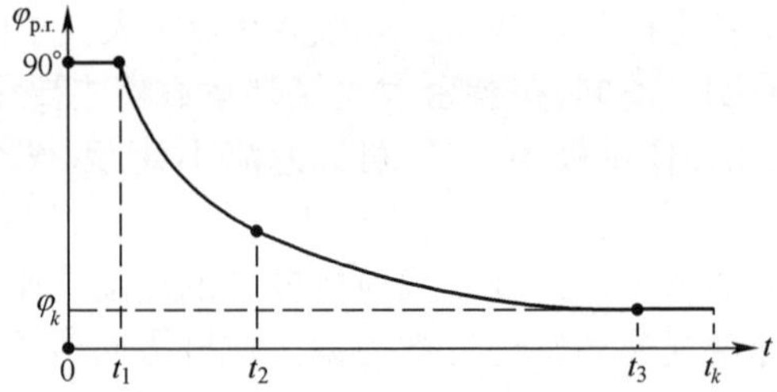

图 6-4-2　稠密大气层内俯仰程序角变化示意图

图 6-4-2 中横轴是时间 t，纵轴是程序俯仰角 $\varphi_{p.r.}$。$0\sim t_1$ 时间段为垂直上升飞行段；$t_1 \sim t_3$ 转弯飞行段，因转弯原理不同又细分为 $t_1 \sim t_2$ 有攻角转弯飞行段和 $t_2 \sim t_3$ 零攻角重力转弯飞行段；$t_3 \sim t_k$ 为瞄准飞行段。需要说明，不同的飞行段所遵循的飞行程序有明显不同，下面分别介绍。

1. 垂直上升段

运载器点火起飞时刻记为 $t=0$，t_1 为垂直上升飞行段结束时刻。在前面讨论垂直上升段飞行程序选择原则时已作过详细说明，t_1 值需要结合运载器的地面推重比值来确定，工程上一般根据经验给定或利用下式计算：

$$t_1 = \sqrt{\frac{40}{\dfrac{P_0}{m_0 g_0} - 1}} \tag{6-4-4}$$

式中：P_0 为初始时刻运载器动力系统的合推力；m_0 为初始时刻的初值质量；g_0 为发射点处的重力加速度。

对于垂直发射的运载器来讲,必须考虑让其快速穿出稠密大气层以减少速度损失,故而在刚起飞的一段时间内需保持垂直向上飞行。此时

$$\begin{cases}\varphi_{\text{p.r.}} = 90^\circ \\ \varphi = 90^\circ\end{cases} \tag{6-4-5}$$

式中:$\varphi_{\text{p.r.}}$ 为俯仰程序角;θ 为速度倾角。

显然,垂直上升的飞行时间与运载器点火起飞时刻的基本参数密切相关,垂直飞行时间过长既增加引力的速度损耗也会增加高速飞行下转弯的难度,垂直飞行时间过短时,动力系统可能达不到额定的工作状态,无法为转弯控制提供足够的控制力和控制力矩。

2. 有攻角转弯

垂直飞行段结束后,运载器开始进行有控转弯飞行。垂直起飞结束时,运载器控制执行机构根据转弯需要(程序俯仰角)产生负向俯仰力矩逐渐减少俯仰角 φ,因此时速度倾角 $\theta=90^\circ$保持不变,就会产生负值攻角。已知

$$mV\dot{\theta} = P \cdot \alpha + L - mg(Y + R_e)\cos\theta \cdot r^{-1} - mgX\sin\theta \cdot r^{-1} + R'\delta_\varphi \tag{6-4-6}$$

显然,负值攻角使得推力 P 和空气动力 L 都会逐渐减小速度倾角的值,进而飞行弹道可由垂直飞行实现转弯飞行。而且,为了减少气动载荷和气动干扰,有攻角转弯必须在气动力急剧变化的跨声速之前结束,通常在飞行马赫数达到 0.7~0.8 时控制攻角使其减小为零或微小区间。确定有攻角转弯段的飞行程序:首先根据对攻角的实际需求设计确定攻角的变化规律;然后推算出相应的俯仰程序角。攻角的变化规律一般根据三角形型函数和指数型函数进行设计。

1) 三角函数型变化

如图 6-4-3 所示,将攻角设计为下式所示飞行时间的三角函数表达式:

$$\alpha(t) = \begin{cases}-\alpha_{\max} \cdot \sin^2 f(t), t_1 < t < t_2 \\ 0, t_2 < t < t_3\end{cases} \tag{6-4-7}$$

式中:$\alpha(t)$ 为任意瞬时 t 时刻的期望攻角值;$\alpha_{\max}$为有攻角转弯段攻角的最大值(攻角为负,即攻角绝对值的最大值),$\alpha_{\max}>0$;$f(t)$ 为与时间 t_1、t_2 相关的函数,形式为

$$f(t) = \frac{\pi(t - t_1)}{k(t_2 - t) + (t - t_1)} \tag{6-4-8}$$

式中:k 为中间变量,其计算式为

$$k = \frac{t_{\alpha,\max} - t_1}{t_2 - t_{\alpha,\max}} \tag{6-4-9}$$

式中:$t_{\alpha,\max}$为攻角达到极值(极小值)时的时刻。

显然,通过调整 $t_{\alpha,\max}$就可以依次实现顺序调整 k、$f(t)$ 和 $\alpha(t)$ 的目标,且攻角在特征时刻的取值满足

$$\begin{cases}\alpha(t_{\alpha,\max}) = -\alpha_{\max} \\ \alpha(t_1) = 0, \alpha(t_2) = 0, \dot{\alpha}(t_1) = 0, \dot{\alpha}(t_2) = 0\end{cases} \tag{6-4-10}$$

需要说明,本部分设计所得攻角变化规律是有攻角转弯过程中攻角的期望变化值。根据该期望攻角就可以解算出对应的俯仰角变化规律,也即程序俯仰角。

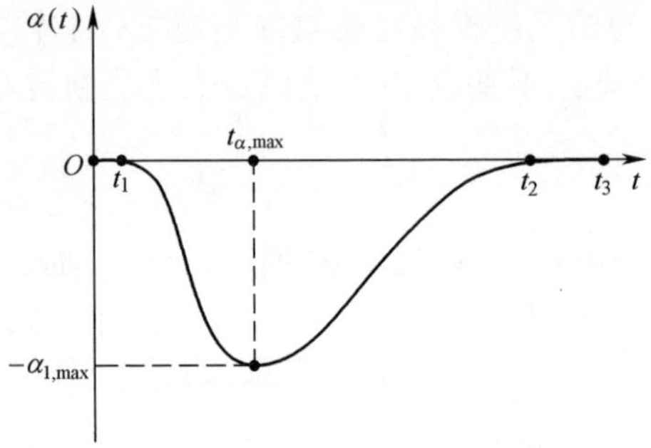

图 6-4-3　三角函数型攻角变化示意图

2）指数型变化

除了利用三角函数曲线来设计有攻角转弯飞行过程中的期望攻角外,还有一种比较常用的利用指数函数设计的方法,形式如下

$$\alpha(t) = -4\alpha_{\max} Z(1 - Z) \tag{6-4-11}$$

式中:$\alpha_{\max}$为攻角绝对值的最大值;Z 是时间的函数,且有

$$Z = e^{-a(t-t_1)} \tag{6-4-12}$$

其中:a 为待设计常值参数。

指数型函数攻角变化曲线如图 6-4-4 所示。

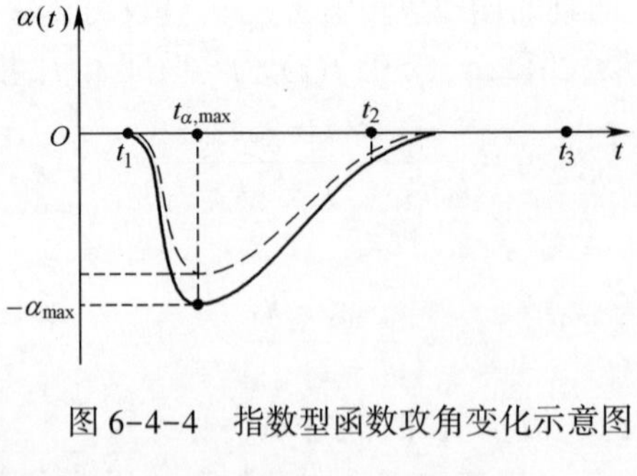

图 6-4-4　指数型函数攻角变化示意图

分析指数型函数攻角的计算式,并与三角函数型攻角对比可明显看出,指数型

函数攻角 $\alpha(t)$ 从转弯时刻 t_1 开始会迅速地达到负的最小值，然后再以指数速率渐进趋向于零，而趋向于零的速度则由待设计参数 a 决定。待设计参数 a 不仅与攻角趋向于零的速度密切相关，而且决定攻角到达负的极小值的时刻。已知 $\alpha(t)$ 的导数为

$$\dot{\alpha}(t) = -4\alpha_{\max}[1-2Z(t)]\dot{Z}(t) \tag{6-4-13}$$

当攻角为负极值时，$\dot{\alpha}=0$，有

$$-4\alpha_{\max}[1-2Z(t)]Z(t)=0 \Rightarrow Z(t_{\alpha,\max})=\frac{1}{2} \tag{6-4-14}$$

联立式(6-4-12)即可求得攻角为负极值的时刻

$$t_{\alpha,\max}=t_1-\frac{\ln[Z(t_{\alpha,\max})]}{a}=t_1-\frac{\ln 0.5}{a}=t_1+\frac{0.6931}{a} \tag{6-4-15}$$

可见，α 越大，$t_{\alpha,\max}$ 就越小，负攻角极值来得越早，弹道转弯越快；反之，弹道转弯越慢。指数型函数攻角的变化规律不能严格保证 $\alpha(t_2)=0$，要使 $\alpha(t_2)$ 足够小，可通过调整参数 a 来实现。通常，a 值也可以根据马赫数 $Ma(t_2)=0.7\sim0.8$ 时攻角要足够小的条件来确定。当马赫数为 0.7~0.8 时，速度 $V(t_2)=230\sim260\text{m/s}$，故而也可以根据速度近似计算公式来计算时刻 t_2，忽略气动阻力和大气静压引起的速度损失，可得速度估算式为

$$V(t_2)\approx -g_0P_{\text{S.I.},0}\ln\left(\frac{m_0-\dot{m}\cdot t_2}{m_0}\right)-g_0\cdot\int_{\left(1-\frac{\dot{m}\cdot t_2}{m_0}\right)}^{1}\sin\theta\mathrm{d}\mu \tag{6-4-16}$$

式中：g_0 为海平面引力加速度；$P_{\text{S.I.},0}$ 为发动机地面比冲量；m_0 为 t_1 时刻运载器质量；$\dot{m}$ 为质量秒耗量。

当给定一个平均的速度倾角 θ 时，可根据该等式计算出对应的 t_2。

3. 零攻角重力转弯段

有攻角转弯段结束后，在后续的全部大动压飞行段（$t_2\sim t_3$）运载器只依靠重力的法向分量缓慢地进行转弯，该过程称为零攻角重力转弯飞行段。重力转弯段的结束时间 t_3 一般对应于运载器的程序转弯截止时间。当确定 $0\sim t_2$ 时间内飞行程序角后，就可以对纵向运动平面的弹道方程进行数值积分，分别解算出速度、速度倾角、位置分量和射程，将射程达到最小射程时的时刻设置为 t_3（采用中近程最小射程关机时间作为重力转弯结束时刻的情况），当然也可以根据经验和任务事先设定 t_3 的数值。

4. 常值瞄准段

零攻角重力转弯结束后，进入瞄准飞行段或常值俯仰角飞行段，该飞行段内程序俯仰角恒为 t_3 时刻的程序俯仰角

$$\varphi_{\text{p.r.}}(t)=\varphi_{\text{p.r.}}(t_3),\ t_3<t\leqslant t_k \tag{6-4-17}$$

因程序俯仰角指令保持不变，速度倾角会在重力法向分量的作用下继续减小，故此飞行段内攻角会正向渐增。需要说明，虽然该飞行段攻角也不为零，但是该飞行段

的弹道计算与 $t_1 \sim t_2$ 有攻角转弯段明显不同,有攻角转弯段是先设计好攻角再计算得到俯仰角进而完成弹道积分计算,该段内攻角是根据常值程序俯仰角和速度倾角计算出来然后再代入运动方程进行积分计算的。至此,利用垂直上升段、有攻角转弯段、零攻角重力转弯段和常值瞄准段设计的程序俯仰角就可以对弹道方程进行分段求解,不同的 α_{max} 和 a 就可以得到不同的程序俯仰角曲线以及对应的关机点参数。

6.4.3 真空段程序俯仰角设计

航天运载器利用第一级穿出稠密大气层后,其第二级及其以上的各级便在稀薄大气层中飞行,此时空气动力对程序俯仰角选择的影响可以忽略,因此该飞行段通常被称为真空飞行段。真空段飞行程序设计的基本方法通常基于以下假设条件:①忽略地球扁率及其自转角速度对主动段终点运动参数的影响;②地球引力场近似为平行力场,引力加速度为常值;③忽略空气动力对空天飞行器的影响。在该飞行段,气动载荷对飞行弹道基本没有特殊要求,所以在设计真空段飞行程序时完全可以从提高运载器弹道性能(射程、入轨精度和落点散布等)的角度来考虑。下面简要介绍利用变分原理来设计真空段程序俯仰角的方法。均质圆球假设条件下二维地面发射坐标系 xOy 内描述的纵向弹道微分方程可表示为

$$\begin{cases}\dot{V}_x = P\cos\varphi(t) - \dfrac{\mu}{r^2} \cdot \dfrac{X}{r} \\ \dot{V}_y = P\sin\varphi(t) - \dfrac{\mu}{r^2} \cdot \dfrac{Y + R_e}{r} \\ \dot{X} = V_x , \dot{Y} = V_y \end{cases} \tag{6-4-18}$$

式中:V_x、V_y 为运载器速度在二维地面发射坐标系 xOy 两坐标轴的分量;P 为发动机推力作用的加速度, $P = P_e/m$,P_e 为发动机推力,m 为运载器的质量; $\varphi(t)$ 为 t 时刻的俯仰角;μ 为地球引力常数和地球质量的乘积, $\mu = fM$;r 为运载器质心到地心的距离;R_e 为地球平均半径;X、Y 为将运载器质心位置在二维地面发射坐标系 xOy 两轴的分量。

已知高度在距离地面 100~200km 空间范围变化时,变量 μr^{-3} 的量值变化在 5%以内,因此可将地球引力项 μr^{-3} 近似为一个小量,进而假设下式成立:

$$\begin{cases}\dfrac{\mu}{r^2} \cdot \dfrac{X}{r} \approx 0 \\ \dfrac{\mu}{r^2} \cdot \dfrac{Y + R_e}{r} \approx \bar{g} \end{cases} \tag{6-4-19}$$

式中:$\bar{g}$ 为该飞行段内地球引力加速度的平均值。

则纵向运动方程可进一步简化为

$$
\begin{cases}
\dot{V}_x = P\cos\varphi \\
\dot{V}_y = P\sin\varphi - \bar{g} \\
\dot{X} = V_x, \dot{Y} = V_y
\end{cases}
\tag{6-4-20}
$$

式中：$\bar{g}$ 为常数。

积分微分方程组(6-4-20)，可得

$$
\begin{cases}
V_{xk} = V_{x0} + \int_0^{t_k} P(t)\cos\varphi(t)\,\mathrm{d}t \\
V_{yk} = V_{y0} + \int_0^{t_k} [P(t)\sin\varphi(t) - g]\,\mathrm{d}t \\
X_k = X_0 + V_{x0}t_k + \int_0^{t_k} (t_k - t)P(t)\cos\varphi(t)\,\mathrm{d}t \\
Y_k = Y_0 + V_{y0}t_k + \int_0^{t_k} (t_k - t)[P(t)\sin\varphi(t) - g]\,\mathrm{d}t
\end{cases}
\tag{6-4-21}
$$

对式(6-4-21)进行变分处理，得到飞行程序角偏差 $\delta\varphi$ 所引起的终点参数的变分为

$$
\begin{cases}
\delta V_{xk} = -\int_0^{t_k} P(t)\sin\varphi(t)\delta\varphi(t)\,\mathrm{d}t \\
\delta V_{yk} = \int_0^{t_k} P(t)\cos\varphi(t)\delta\varphi(t)\,\mathrm{d}t \\
\delta X_k = -\int_0^{t_k} (t_k - t)P(t)\sin\varphi(t)\delta\varphi(t)\,\mathrm{d}t \\
\delta Y_k = \int_0^{t_k} (t_k - t)P(t)\cos\varphi(t)\delta\varphi(t)\,\mathrm{d}t
\end{cases}
\tag{6-4-22}
$$

射程的变分可表示为

$$
\delta L = \left.\frac{\partial L}{\partial V_x}\right|_{t_k} \cdot \delta V_{xk} + \left.\frac{\partial L}{\partial V_y}\right|_{t_k} \cdot \delta V_{yk} + \left.\frac{\partial L}{\partial X}\right|_{t_k} \cdot \delta X_k + \left.\frac{\partial L}{\partial Y}\right|_{t_k} \cdot \delta Y_k
\tag{6-4-23}
$$

将式(6-4-22)代入式(6-4-23)可得

$$
\begin{aligned}
\delta L = \int_0^{t_k} \Bigg\{ & -\left[\left.\frac{\partial L}{\partial V_x}\right|_{t_k} + \left.\frac{\partial L}{\partial X}\right|_{t_k}(t_k - t)\right]\sin\varphi(t) + \\
& \left[\left.\frac{\partial L}{\partial V_y}\right|_{t_k} + \left.\frac{\partial L}{\partial Y}\right|_{t_k}(t_k - t)\right]\cos\varphi(t)\Bigg\} P(t)\delta\varphi(t)\,\mathrm{d}t
\end{aligned}
\tag{6-4-24}
$$

式中：$P(t)$、$\varphi(t)$ 均为时间的函数。因此射程变分 $\delta L = 0$ 的必要条件为

$$-\left[\frac{\partial L}{\partial V_x}\bigg|_{t_k}+\frac{\partial L}{\partial X}\bigg|_{t_k}\cdot(t_k-t)\right]\sin\varphi(t)+\left[\frac{\partial L}{\partial V_y}\bigg|_{t_k}+\frac{\partial L}{\partial Y}\bigg|_{t_k}\cdot(t_k-t)\right]\cos\varphi(t)=0 \tag{6-4-25}$$

即

$$\tan\varphi(t)=\frac{\left[\frac{\partial L}{\partial V_y}\bigg|_{t_k}+\frac{\partial L}{\partial Y}\bigg|_{t_k}\cdot(t_k-t)\right]}{\left[\frac{\partial L}{\partial V_x}\bigg|_{t_k}+\frac{\partial L}{\partial X}\bigg|_{t_k}\cdot(t_k-t)\right]} \tag{6-4-26}$$

式(6-4-26)即为使得射程最大的运载器真空飞行段的程序俯仰角计算式。该式是在一定假设条件下推导得出的,因而它仅仅是真空段弹道的最优程序角的近似计算式。需要注意,用该式确定最优飞行程序角的过程,实际上是一个迭代过程,因为射程对于关机点运动参数的偏导数是未知的。具体计算时,应根据事先初步设计的程序俯仰角进行弹道计算以确定各个偏导数的值,然后利用该式计算最优程序俯仰角的第一次近似值,再进行弹道计算,确定偏导数的进一步近似值,再确定最优程序俯仰角的进一步近似值,如此重复计算直至满足要求时为止。迭代计算的收敛速度取决于程序角的首次近似值对最佳程序角的逼近程度。

6.4.4 稠密大气层关机时刻最佳程序俯仰角

真空段最优程序俯仰角的计算式是在真空飞行段起始点运动参数都确定的情况下推导的,若把真空段起始点运动参数看成稠密大气层飞行段关机时刻的俯仰角 φ_{1k}的函数,则可以求出使得全射程最大所需的稠密大气层关机点的最佳程序俯仰角 $\varphi_{1,\mathrm{opt}}$。已知纵向运动平面内弹道简化方程

$$\begin{cases}\dot{V}_x=P\cos\varphi\\ \dot{V}_y=P\sin\varphi-\bar{g}\\ \dot{X}=V_x,\dot{Y}=V_y\end{cases} \tag{6-4-27}$$

积分式(6-4-27)可得

$$\begin{cases}V_{xk}=V_{x0}+\int_0^{t_k}P(t)\cos\varphi(t)\,\mathrm{d}t\\ V_{yk}=V_{y0}+\int_0^{t_k}[P(t)\sin\varphi(t)-g]\,\mathrm{d}t\\ X_k=X_0+V_{x0}t_k+\int_0^{t_k}(t_k-t)P(t)\cos\varphi(t)\,\mathrm{d}t\\ Y_k=Y_0+V_{y0}t_k+\int_0^{t_k}(t_k-t)[P(t)\sin\varphi(t)-g]\,\mathrm{d}t\end{cases} \tag{6-4-28}$$

式中：V_{x0}、V_{y0}、X_0、Y_0 是稠密大气层飞行段关机时刻俯仰角 φ_{1k} 的函数。利用变分法则求式(6-4-29)中程序俯仰角变分 $\delta\varphi(t)$ 引起的运动参数变分，即

$$\begin{cases}\delta V_{xk}=\dfrac{\partial V_{x0}}{\partial\varphi_{1k}}\cdot\delta\varphi_{1k}-\displaystyle\int_0^{t_k}P(t)\sin\varphi(t)\delta\varphi(t)\,\mathrm{d}t\\ \delta V_{yk}=\dfrac{\partial V_{y0}}{\partial\varphi_{1k}}\cdot\delta\varphi_{1k}+\displaystyle\int_0^{t_k}P(t)\cos\varphi(t)\delta\varphi(t)\,\mathrm{d}t\\ \delta X_k=\dfrac{\partial X_0}{\partial\varphi_{1k}}\cdot\delta\varphi_{1k}+t_k\cdot\dfrac{\partial V_{x0}}{\partial\varphi_{1k}}\cdot\delta\varphi_{1k}-\displaystyle\int_0^{t_k}(t_k-t)P(t)\sin\varphi(t)\delta\varphi(t)\,\mathrm{d}t\\ \delta Y_k=\dfrac{\partial Y_0}{\partial\varphi_{1k}}\cdot\delta\varphi_{1k}+t_k\cdot\dfrac{\partial V_{y0}}{\partial\varphi_{1k}}\cdot\delta\varphi_{1k}+\displaystyle\int_0^{t_k}(t_k-t)P(t)\cos\varphi(t)\delta\varphi(t)\,\mathrm{d}t\end{cases}\tag{6-4-29}$$

式中：真空段起始时刻的初值 V_{x0}、V_{y0}、X_0、Y_0 对稠密大气层飞行段关机时刻的俯仰角 φ_{1k} 的偏导数为

$$V_{x_0}^{\varphi_{1k}}=\frac{\partial V_{x0}}{\partial\varphi_{1k}},V_{y_0}^{\varphi_{1k}}=\frac{\partial V_{y0}}{\partial\varphi_{1k}},X_0^{\varphi_{1k}}=\frac{\partial X_0}{\partial\varphi_{1k}},Y_0^{\varphi_{1k}}=\frac{\partial Y_0}{\partial\varphi_{1k}}\tag{6-4-30}$$

其中偏导数的实际含义是：当确定了稠密大气层飞行段程序角后，关机点时刻的程序角的改变引起关机点时刻状态变量的改变，即稠密大气层飞行关机时刻的程序角改变引起真空段起始时刻状态变量初值的改变。同样，利用射程 L 的一阶变分 $\delta L=0$ 的条件，将各变分的具体形式代入下式

$$\delta L=\left.\frac{\partial L}{\partial V_x}\right|_{t_k}\cdot\delta V_{xk}+\left.\frac{\partial L}{\partial V_y}\right|_{t_k}\cdot\delta V_{yk}+\left.\frac{\partial L}{\partial X}\right|_{t_k}\cdot\delta X_k+\left.\frac{\partial L}{\partial Y}\right|_{t_k}\cdot\delta Y_k\tag{6-4-31}$$

可得

$$\begin{aligned}\delta L=&\left.\frac{\partial L}{\partial V_x}\right|_{t_k}\left[\frac{\partial V_{x-0}}{\partial\varphi_{1k}}\cdot\delta\varphi_{1k}-\int_0^{t_k}P(t)\sin\varphi(t)\delta\varphi(t)\,\mathrm{d}t\right]+\\&\left.\frac{\partial L}{\partial V_y}\right|_{t_k}\left[\frac{\partial V_{y0}}{\partial\varphi_{1k}}\cdot\delta\varphi_{1k}+\int_0^{t_k}P(t)\cos\varphi(t)\delta\varphi(t)\,\mathrm{d}t\right]+\\&\left.\frac{\partial L}{\partial X}\right|_{t_k}\left[\frac{\partial X_0}{\partial\varphi_{1k}}\cdot\delta\varphi_{1k}+t_k\cdot\frac{\partial V_{x0}}{\partial\varphi_{1k}}\cdot\delta\varphi_{1k}-\int_0^{t_k}(t_k-t)P(t)\sin\varphi(t)\delta\varphi(t)\,\mathrm{d}t\right]+\\&\left.\frac{\partial L}{\partial Y}\right|_{t_k}\left[\frac{\partial Y_0}{\partial\varphi_{1k}}\cdot\delta\varphi_{1k}+t_k\cdot\frac{\partial V_{y0}}{\partial\varphi_{1k}}\cdot\delta\varphi_{1k}+\int_0^{t_k}(t_k-t)P(t)\cos\varphi(t)\delta\varphi(t)\,\mathrm{d}t\right]\end{aligned}\tag{6-4-32}$$

将式中各项分别合并为含 $\delta\varphi_{1k}$ 和 $\delta\varphi(t)$ 的项

$$\delta L=\left[\left.\frac{\partial L}{\partial V_x}\right|_{t_k}\cdot\frac{\partial V_{x0}}{\partial\varphi_{1k}}+\left.\frac{\partial L}{\partial V_y}\right|_{t_k}\cdot\frac{\partial V_{y0}}{\partial\varphi_{1k}}+\left.\frac{\partial L}{\partial X}\right|_{t_k}\cdot\left(\frac{\partial X_0}{\partial\varphi_{1k}}+t_k\cdot\frac{\partial V_{x0}}{\partial\varphi_{1k}}\right)+\left.\frac{\partial L}{\partial Y}\right|_{t_k}\cdot\right.$$

$$\left(\frac{\partial Y_0}{\partial \varphi_{1k}} + t_k \cdot \frac{\partial V_{y0}}{\partial \varphi_{1k}}\right)\Bigg]\delta\varphi_{1k} + \int_0^{t_k}\Bigg\{-\left[\frac{\partial L}{\partial V_x}\bigg|_{t_k} + \frac{\partial L}{\partial X}\bigg|_{t_k}(t_k - t)\right]\sin\varphi(t) +$$

$$\left[\frac{\partial L}{\partial V_y}\bigg|_{t_k} + \frac{\partial L}{\partial Y}\bigg|_{t_k}(t_k - t)\right]\cos\varphi(t)\Bigg]P(t)\delta\varphi(t)\,\mathrm{d}t \tag{6-4-33}$$

则 $\delta L=0$ 的必要条件为

$$\begin{cases}\dfrac{\partial L}{\partial V_x}\bigg|_{t_k} \cdot \dfrac{\partial V_{x0}}{\partial \varphi_{1k}} + \dfrac{\partial L}{\partial V_y}\bigg|_{t_k} \cdot \dfrac{\partial V_{y0}}{\partial \varphi_{1k}} + \dfrac{\partial L}{\partial X}\bigg|_{t_k} \cdot \left(\dfrac{\partial X_0}{\partial \varphi_{1k}} + t_k \cdot \dfrac{\partial V_{x0}}{\partial \varphi_{1k}}\right) + \\ \dfrac{\partial L}{\partial Y}\bigg|_{t_k} \cdot \left(\dfrac{\partial Y_0}{\partial \varphi_{1k}} + t_k \cdot \dfrac{\partial V_{y0}}{\partial \varphi_{1k}}\right) = 0 \\ -\left[\dfrac{\partial L}{\partial V_x}\bigg|_{t_k} + \dfrac{\partial L}{\partial X}\bigg|_{t_k}(t_k - t)\right]\sin\varphi(t) + \left[\dfrac{\partial L}{\partial V_y}\bigg|_{t_k} + \dfrac{\partial L}{\partial Y}\bigg|_{t_k}(t_k - t)\right]\cos\varphi(t) = 0\end{cases}$$

(6-4-34)

已知稠密大气层飞行段关机前一般为零攻角重力转弯段,在稠密大气层飞行段关机时刻可近似认为 $\theta_{1k} \approx \varphi_{1k}$,已知纵向运动平面内

$$\begin{cases}V_x = V\cos\theta \\ V_y = V\sin\theta\end{cases} \tag{6-4-35}$$

则真空段起始时刻初值 V_{x0}、V_{y0} 对稠密大气层关机时刻的俯仰角 φ_{1k}的偏导数可表示为

$$\begin{cases}\dfrac{\partial V_{x0}}{\partial \varphi_{1k}} = \dfrac{\partial V_0}{\partial \varphi_{1k}}\cos\varphi_{1k} - V_0\sin\varphi_{1k} \\ \dfrac{\partial V_{y0}}{\partial \varphi_{1k}} = \dfrac{\partial V_0}{\partial \varphi_{1k}}\sin\varphi_{1k} + V_0\cos\varphi_{1k}\end{cases} \tag{6-4-36}$$

通常情况下,可认为真空段起始时刻的位置初值 X_0、Y_0 对稠密大气层结束时刻的程序俯仰角;φ_{1k} 的偏导数是小量,即

$$\frac{\partial X_0}{\partial \varphi_{1k}} \approx 0, \frac{\partial Y_0}{\partial \varphi_{1k}} \approx 0 \tag{6-4-37}$$

联立上述各式,就可得到稠密大气层飞行段关机时刻的最优程序俯仰角表达式

$$\varphi_{1,\mathrm{opt}} = \arctan\frac{\left[\dfrac{\partial V_0}{\partial \varphi_{1k}}\left(\dfrac{\partial L}{\partial V_x}\bigg|_{t_k} + t_k \cdot \dfrac{\partial L}{\partial X}\bigg|_{t_k}\right) + V_0\left(\dfrac{\partial L}{\partial V_y}\bigg|_{t_k} + t_k \cdot \dfrac{\partial L}{\partial Y}\bigg|_{t_k}\right)\right]}{\left(-\dfrac{\partial V_0}{\partial \varphi_{1k}}\left(\dfrac{\partial L}{\partial V_y}\bigg|_{t_k} + t_k \cdot \dfrac{\partial L}{\partial Y}\bigg|_{t_k}\right) + V_0\left(\dfrac{\partial L}{\partial V_x}\bigg|_{t_k} + t_k \cdot \dfrac{\partial L}{\partial X}\bigg|_{t_k}\right)\right)}$$

(6-4-38)

式中，真空段起始时刻的速度初值 V_0 对稠密大气层结束时刻的程序俯仰角 φ_{1k} 的偏导数的含义，实质上是指稠密大气层飞行段关机时刻的程序俯仰角的改变所引起的稠密大气层段关机时刻的速度改变值。

根据主动段飞行程序选择的基本原则，作为与稠密大气层段飞行程序相连接的真空段飞行程序，在飞行段转换处不应该有间断，但是利用上述最优程序俯仰角的计算式计算得到的俯仰角并不一定能满足与稠密大气层段关机时刻程序俯仰角连续的要求，故而可在稠密大气层飞行段关机前的一小段时间内用一个线段连接。但是，这样一个处于一级关机和一级、二级级间分离过程中的连接段有许多不利的影响：①推力随机下降的关机过程中不适宜作程序偏转；②关机时间的偏差也将增大程序角的偏差；③级间分离时刻的控制力矩将造成对下一级的扰动。为了避免稠密大气段和真空段的连接段的不利因素的影响，可将前面推导所得的最优程序俯仰角的表达式转换为下式更具普遍意义的形式：

$$\varphi(t) = \arctan \frac{C_1 + C_2 t}{1 + C_3 t} \tag{6-4-39}$$

式中：C_1、C_2、C_3 为待设计的系数，对其设计时应在保持满足飞行程序选择的基本原则的条件下，使得目标达到最优。

为了使真空飞行段的飞行程序机构能够进一步简化，在工程设计中也可以采用下式所示线性形式的简化形式：

$$\varphi(t) = \varphi + \dot{\varphi} \cdot t \tag{6-4-40}$$

式中：$\varphi(t)$ 为 t 瞬时时刻的程序俯仰角；φ_0 为真空飞行段起始时刻的程序俯仰角（也可认为是任一程序俯仰角线段的初始俯仰角）。

式(6-4-40)所示程序俯仰角线性变化规律也在程序角优化设计分析中得到了验证，大量数值优化方法得到的程序俯仰角最优解很接近线性关系。而且，该式不仅适用于真空飞行段的第二级飞行段，也直接适用于真空飞行段二级以上的各级飞行段，φ_0 为该级飞行起始时刻的程序俯仰角值，它与上一级终止时刻的程序俯仰角相等，$\dot{\varphi}$ 为该级程序俯仰角的常值变化率，显然可以通过选择 φ_0 和 $\dot{\varphi}$ 等参数使得目标弹道最优。在余梦伦等研究基础之上，罗亚中研究表明上述的程序俯仰角的设计和计算方法存在较大的局限性，不能充分挖掘设计潜力，故而在对真空段俯仰角程序进行优化时采用了弹道优化常用的直接打靶法，并将俯仰角程序设计为下式离散化形式

$$\varphi_{\text{p.r.}}(t) = \varphi_{\text{p.r.},i} + \dot{\varphi}_{\text{p.r.},i}(t - t_i), t_i \leqslant t \leqslant t_{i+1}, i = 1,2,\cdots,n \tag{6-4-41}$$

式中：当 $i = 1$ 时，$\varphi_{\text{p.r.},i}$ 为稠密大气层飞行段结束时刻的程序俯仰角；$\dot{\varphi}_{\text{p.r.},i}(t - t_i)$ 为真空飞行段的程序俯仰角的第 i 个线性段的斜率。至此，真空飞行段的程序俯仰角 $\varphi_{\text{p.r.}}(t)$ 就可以由每一段的程序俯仰角的斜率 $\dot{\varphi}_{\text{p.r.},i}$ 来确定，从而运载器的真空飞行段程序俯仰角的设计问题就转化为 n 个参数的设计与优化问题。

6.5 多级运载器主动段程序角设计

以上所述仅是主动段飞行程序设计的一般工程方法和程序角设计时的基本要求，对于不同型号的空天飞行器或不同的飞行任务来说，需要根据具体的任务设计出满足特定要求的实际的飞行程序。下面结合一些典型的空天飞行器类型，来阐述其对应的飞行程序的设计方法。

6.5.1 多级运载器

由齐奥尔科夫斯基公式可知，为了提高火箭的特征速度，需要增加燃料喷射的相对速度 V_r 或者增加火箭的质量比 m_0/m_k，单从表达式来看，增加相对速度 V_r 比增加质量比更加有效。因为当质量恒定，相对速度增加 1 倍时，火箭的特征速度也增加 1 倍；而当相对速度恒定，质量比 m_0/m_k 按几何指数增加时，特征速度也只按线性正比增加。无论是增加燃料喷射速度还是增加质量比，都要考虑实际的实现条件和工程应用条件。相对喷射速度 V_r 受到推进剂特性和发动机技术参数等因素的限制，不可能无限地增加，提高推进剂的燃烧喷射速度必须设法提高推进剂化学能、提高推进剂燃烧效率或提高发动机喷管效率。目前，典型的固体火箭发动机的燃料喷射速度为 2000~3000m/s，液体火箭主发动机要比固体火箭发动机要高，最高可达到 2500~4500m/s。若相对喷射速度为 2000m/s，要使火箭的特征速度达到第二宇宙速度 11.2km/s，则火箭的质量比 $m_0/m_k \approx 270$，即每千克有效载荷至少需要携带 270kg 燃料，这样的质量比是不可想象的。因为即便是将运载器壳体和推进剂质量比作像鸡蛋壳与鸡蛋液的质量比，也大约只等于 10，质量比要达到 270，这在工程上是不能实现的。相应地，若采用目前能达到的最大的燃料相对喷射速度 4600m/s，在火箭质量比为 10 时，其最大理想速度也只能达到 10.36km/s。在上述最大胆的设想下，火箭理想速度达到第一宇宙速度 7.9km/s 在理论上是可行的，但是在实际的飞行过程中还要考虑引力和空气阻力，这两项受力造成的速度损耗约为 15%，当然也要考虑火箭发动机的实际工作效率，可见在现有技术和工程条件下依靠单级火箭实现宇宙航行和航天器发射任务是极其困难的。单级运载器的推进剂贮箱需要根据所需推进剂的总质量和总体积设计，单级火箭动力飞行时，推进剂贮箱和有效载荷一起同时被火箭加速，而加速推进剂贮箱和火箭壳体等非有效载荷装置所消耗的能量其实是没有意义的，为此人们提出了多级运载器的设想。

运载器可以携带多个推进剂贮箱、发动机、推进剂输送系统及相关辅助装置，而在动力飞行过程中不断地将燃料消耗完的贮箱及其配套的无用装置与主箭体分离抛弃,从而减少非有效载荷装置加速所消耗的能量,而由多个需要按飞行程序陆续抛掉的推进剂装置组成的火箭称为多级运载器。总体来看,多级运载器与单级运载器相比主要有以下优点:①多级运载器在每级工作结束后可以抛掉不需要的质量,在飞行中获得更好的加速性能;②多级运载器各级发动机独立工作,可以按照每一级飞行条件设计发动机,使发动机处于最佳工作状态,提高性能;③多级运载器可灵活选择每一级的推力大小和工作时间,以适应发射轨道的要求、轨道测量要求以及载人飞船对飞行过载的要求。多级运载器也存在缺点:结构复杂、使用的发动机数量较多,级与级之间需增加级间段进行连接、分离次数多,运载器结构细长、弯曲刚度差,不易实现气动稳定,从而使得可靠性降低,成本增加。客观来讲,尽可能减少运载器级数一直是人们努力的方向,但是以当前的技术水平和工程实现能力,单级入轨基本上是无法实现的,也因此多级运载器依旧是目前航天领域的首要选择。

多级运载器主要有串联、并联和串-并联混合连接三种形式。串联式运载器是将多个火箭通过级间的连接/分离机构依次同轴配置连成一串纵向连接,底层的第一子级最先点火工作,第一级工作完毕关机后通过连接/分离机构将该级的贮箱、发动机等装置抛掉,接着第二级点火工作,然后各层级火箭依次工作并被依次抛弃,直到有效载荷进入预设的飞行轨道,如图 6-5-1 所示。串联式运载器的优点是对接机构简单、运载器结构紧凑、起飞重量小且总体结构功效较高,各级级间分离的干扰小易分离,同时空气阻力小,而且串联式运载器的装配、运输和发射设备也相对简单。串联式运载器的缺点:①需要设计研制各级及大直径结构,增加研

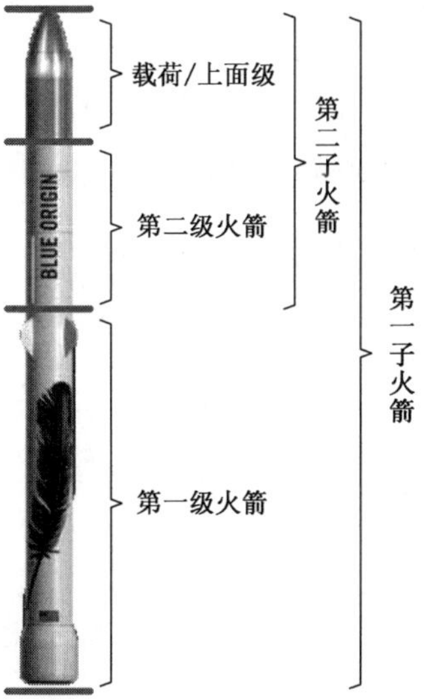

图 6-5-1　串联式运载器示意图

制周期和成本;②第二级及以上各级发动机点火时处于高空低压环境,带来点火复杂性和点火可靠性问题;③结构细长,使得弯曲刚度比较差,增加飞行中弹性振动稳定问题,且运输和飞行过程中的横向载荷加大;④串联式运载器会增加发射设备和勤务工作的困难。

并联式运载器是将多个火箭并排地连接在一起,旁侧的火箭一般称第一级,中间的火箭一般称第二级,多个火箭按照纵轴平行或倾斜一个小角度的空间结构并排组合在一起。运载器点火飞行后,可根据需要规定第一级和第二级的工作顺序。例如,可以先让旁侧的第一级发动机点火工作,当其推进剂消耗完毕后将该级抛掉,然后中间的火箭发动机点火继续飞行直至关机并将有效载荷送入预定轨道;也可以第一级和第二级的火箭同时点火工作,第一级先关机而后直接抛掉,第一级关机抛掉后第二级继续工作直至关机;除了上述开关机配合外,还可以根据具体的任务和技术指标采用其他方案。以这种方式连接的多级运载器又称为捆绑式运载器,如图 6-5-2 所示。并联式运载器的主要优点:①长度短,长细比小,弯曲刚度强,利于飞行中的弹性振动稳定;②发射时发动机可以同时点火,避免高空低压环境的点火过程,可靠性高;③对已有运载器进行组合且很多组件可以通用,研制进度可以明显简化和加速,从而节约研制成本。并联式运载器也存在一些缺点:运载器径向尺寸较大,发射设备相对来讲比较复杂且费用较高,运载器的级间连接装置比较复杂、运载器装配稍显麻烦;同时并联式运载器的推力偏心干扰大且运载器所受的空气阻力较大。

图 6-5-2　并联式与串-并联混合式运载器示意图

串-并联混合式运载器(图 6-5-2)就是将串联式运载器和并联式运载器有机组合在一起,构成一级、二级并联,二级及其以上串联的运载器,串-并联混合式运载器是目前世界各国主力运载器使用最多的构型。串-并联混合式结构可确保运载器结构紧凑,减少级间分离的干扰,同时串-并联混合式运载器的长细比小、弯曲刚度强,研制进度快,研制成本也可以较好控制,且运载器的装配、运输和发射设备也相对简单。

6.5.2 二级构型运载器程序角

下面结合一些典型的运载器类型来阐述其飞行程序角的工程设计方法。对于二级构型的运载器来讲,其飞行程序角 $\varphi_{p.r.}$ 随时间 t 的变化曲线一般如图 6-5-3 所示

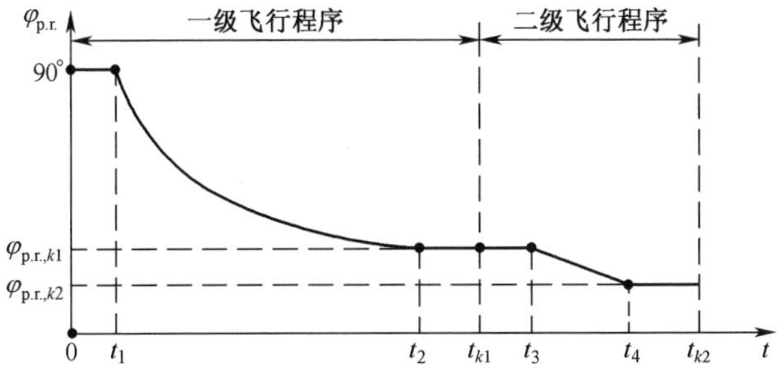

图 6-5-3 二级构型运载器的程序俯仰角示意图

二级构型运载器的主动段俯仰程序角通常由以下 6 段组成。

1. 一级垂直飞行段($0\sim t_1$)

该飞行段内

$$\begin{cases}\alpha(t)=0\\ \varphi_I(t)=\varphi_{p.r.}(t)=\theta(t)=90°\end{cases} \tag{6-5-1}$$

式中:α 为攻角;φ_{GI}为运载器相对于地面发射惯性坐标系的俯仰角;$\varphi_{p.r.}$ 为主动段程序俯仰角;θ 为速度倾角。

2. 一级转弯飞行段($t_1\sim t_2$)

在该飞行段,需根据常用的经验公式事先设计好攻角随飞行时间的变化函数

$$\alpha(t)=-4\alpha_{max}e^{-a(t-t_1)}[1-e^{-a(t-t_1)}] \tag{6-5-2}$$

式中:α_{max}为攻角绝对值的最大值;a 为待设计常值参数。

通过调整 α_{max}和 a(可同时调整也可分别调整)即可根据飞行时间确定攻角,结合速度倾角的数值积分解,使得 t_2 时刻的程序俯仰角满足

$$\varphi_{p.r.}(t_2)=\frac{\alpha(t_2)}{A}+\theta(t_2)=\varphi_{p.r.,k1} \tag{6-5-3}$$

式中：$\varphi_{p.r.,k1}$为事先给定的飞行程序俯仰角值。

3. 一级常值程序飞行段（$t_2 \sim t_{k1}$）

该飞行时间区间内

$$\varphi_{p.r.}(t)=\varphi_{p.r.}(t_2)=\varphi_{p.r.}(t_{k1})=\varphi_{p.r.,k1} \tag{6-5-4}$$

式中：t_{k1}为运载器的一级和二级的分离时刻。

4. 二级常值程序飞行段（$t_{k1} \sim t_3$）

该飞行段内

$$\varphi_{p.r.}(t)=\varphi_{p.r.}(t_{k1})=\varphi_{p.r.}(t_3)=\varphi_{p.r.,k1} \tag{6-5-5}$$

式中：t_3为二级等斜率程序转弯起始时刻。

5. 二级等斜率转弯飞行段（$t_3 \sim t_4$）

该时间区间内

$$\varphi_{p.r.}(t)=\varphi_{p.r.,k1}+\dot{\varphi}_{p.r.,2}\cdot(t-t_3) \tag{6-5-6}$$

式中：$\dot{\varphi}_{p.r.,2}$为二级等斜率转弯段程序角变化率；t_3为二级等斜率转弯开始时刻，t_4为二级等斜率转弯段结束时间。

6. 二级常值程序飞行段（$t_4 \sim t_{k2}$）

该时间区间内程序俯仰角保持为常值。

$$\varphi_{p.r.}(t)=\varphi_{p.r.}(t_4)=\varphi_{p.r.}(t_{k2})=\varphi_{p.r.,k2} \tag{6-5-7}$$

式中：t_{k2}为运载器的有效载荷和运载器箭体分离时刻；$\varphi_{p.r.,k2}$为事先给定的有效载荷和箭体分离时的飞行程序俯仰角。

可见，二级构型航天运载器的第一级飞行程序由垂直段、转弯段和瞄准段3部分组成。在运载器的第二级飞行程序中，为便于一级、二级分离和减小级间分离时的干扰对运载器运动的影响，在二级初始飞行时设置了一段短时间的常值程序段。为了在主动段关机点能够达到给定的程序俯仰角$\varphi_{p.r.,k2}$，另外还设置有一段等斜率飞行程序段，紧接等斜率下降段后面的是二阶常值程序飞行段。需要说明，飞行程序的工程实现方法有很多种，根据不同的技术条件和要求，可采用不同的实现方法。例如，可将飞行程序角的变化规律$\varphi_{p.r.}(t)$制作成机械的程序凸轮机构，运载器起飞后由凸轮机构再现程序角的变化规律，从而完成对运载器飞行的控制。当然，飞行程序的实现也可以不采用凸轮机构，而是将飞行程序编制成计算机软件，预先装定在箭载计算机内，运载器飞行时由箭上的计算机提供程序角的控制信息，并最终实现对运载器运动的控制。

6.5.3 三级构型运载器程序角

以我国三级运载火箭“长征”三号为例，分析三级构型运载器的主动段程序俯仰角的工程设计方法。对于多级运载火箭，运载火箭主动段飞行时基本不进行偏航，因此第一级的俯仰程序主要根据残骸射程要求确定，而上面级的俯仰程序设计以及发射方位角的选择，用于满足有效载荷的入轨要求。

1. 第一级稠密大气层内程序角设计

运载火箭第一级在稠密大气层中飞行，因此程序角设计时要考虑减少运载火箭的气动阻力速度损失以及作用在运载火箭上的气动载荷。运载火箭一级飞行程序一般可分为垂直起飞段、转弯段和常值段。

1）垂直起飞段

由于运载火箭垂直发射，同时考虑到要快速穿出稠密大气层以减少速度损失，在运载火箭刚起飞的一段时间内保持垂直向上飞行，此时飞行程序角为

$$\varphi_{\mathrm{p.r.}}(t) = 90°, \quad 0 \leqslant t \leqslant t_{11} \tag{6-5-8}$$

式中：t 为自点火起飞后飞行时间；t_{11} 为垂直起飞段结束时刻。

显然，垂直起飞段的时间选择太短，运载火箭不利于快速穿出大气层，在稠密大气层内飞行会增加气动阻力引起的速度损失；垂直段时间选择过长，会在速度加速至较大值时进行转弯，转弯的过载会较大，且长时间垂直飞行也会造成引力加速度引起的速度损失增加。工程上，一般根据经验公式计算垂直起飞段时间：

$$t_{11} = \sqrt{\frac{40}{\dfrac{P_0}{G_0} - 1}} \tag{6-5-9}$$

式中：P_0 为运载火箭点火时发动机推力；G_0 为运载火箭起飞时的重量，$G_0 = m_0 g_0$。

可见垂直起飞段时间与运载火箭点火时刻的推重比有关。

2）转弯飞行段

转弯飞行段是运载火箭主动段飞行的主要阶段，在保证射程的前提下应控制该段的最大攻角，以减小气动阻力并保证跨声速飞行段的安全飞行，转弯飞行段飞行程序的设计主要根据攻角变化规律确定。

（1）伪六自由度弹道的程序俯仰角。

在伪六自由度假设下，主动段飞行程序设计需要考虑姿态控制系统的作用。程序俯仰角计算公式如下：

$$\varphi_{\mathrm{p.r.}}(t) = \varphi_{\mathrm{G}}(t) - \Delta\varphi_{\mathrm{GI}}(t) + \omega_{ez} t \tag{6-5-10}$$

式中：t 为飞行时间；ω_{ez} 为地球自转角速度在地面发射坐标系 Oz 轴的分量；$\Phi_{\mathrm{G}}(t)$ 为 t 瞬时时刻运载器相对于地面发射坐标系的俯仰角，计算式为

$$\varphi_{\mathrm{G}}(t) = \theta_{\mathrm{G}}(t) + \alpha(t) \tag{6-5-11}$$

式中：$\theta_{\mathrm{G}}(t)$ 为运载器相对于地面发射坐标系的速度倾角，通过积分弹道方程可以解算得到；$\alpha(t)$ 为事先设计好的攻角函数。

瞬时 t 时刻地面发射惯性坐标系中表征的俯仰角 φ_{GI} 与程序俯仰角 $\varphi_{p.r.}$ 的差值 $\Delta\varphi_{\mathrm{GI}}(t)$ 与控制机构的等效俯仰舵偏 δ_φ 相关（因为等效俯仰舵偏需根据实际俯

仰角和程序俯仰角的差值来计算),具体形式如下:

$$\Delta\varphi_{GI}(t)=\frac{\delta_{\varphi}(t)}{a_0^{\varphi}}=-\frac{1}{a_0^{\varphi}}\cdot\frac{R_Y}{F_{C,y_B}}\cdot\frac{x_{c.p.}-x_{c.m.}}{x_{CJ}-x_{c.m.}} \tag{6-5-12}$$

式中:$\delta_{\varphi}(t)$为 t 瞬时时刻的等效俯仰舵偏;a_0^{φ} 为常值放大系数;F_{C,y_B}为控制力 $\boldsymbol{F}_C$ 在体坐标系 O_By_B 轴的分量;$x_{c.p.}$ 为运载火箭的压心距离其理论顶端的距离;$x_{c.m.}$ 是运载火箭的质心距离其理论顶端的距离;x_{CJ}为运载火箭控制机构的控制力作用线与纵轴的交点距离运载火箭理论顶端的距离。

空气动力 $\boldsymbol{R}$ 在体坐标系 O_By_B 轴的分量 R_Y 的计算式为

$$R_Y=\frac{1}{2}\rho V^2 S_{ref}C_Y^{\alpha}\cdot\alpha(t) \tag{6-5-13}$$

式中:ρ 为大气密度;V 为运载火箭相对于大气的速度;S_{ref}为主动段运载火箭气动参考面积(即最大横截面积);C_Y^{α} 为法向气动力系数对攻角的偏导数;$\alpha(t)$为 t 时刻的攻角值,一般设计为

$$\alpha(t)=-4\alpha_{1,\max}\cdot e^{-a(t-t_{11})}\cdot\left[1-e^{-a(t-t_{11})}\right] \tag{6-5-14}$$

式中:$\alpha_{1,\max}$为攻角绝对值的最大值;a 为待设计常值参数;t_{11}为垂直段结束时刻。

(2) 三自由度弹道的程序俯仰角。

当基于三自由度假设条件进行弹道仿真时,可直接利用欧拉角关系方程计算得到程序俯仰角,已知

$$\varphi_{GI}(t)=\varphi_G(t)+\omega_{ez}t \tag{6-5-15}$$

式中:$\varphi_{GI}(t)$ 为 t 瞬时时刻运载火箭相对于地面发射惯性坐标系的俯仰角;$\Phi_G(t)$ 为 t 瞬时时刻运载火箭相对于地面发射坐标系的俯仰角。

根据飞行程序俯仰角的实际意义可知

$$\varphi_{GI}(t)=\varphi_{p.r.}(t) \tag{6-5-16}$$

在地面发射坐标系中,有

$$\varphi_G(t)=\theta_G(t)+\alpha(t) \tag{6-5-17}$$

因此,程序俯仰角可根据下式解算得到

$$\varphi_{p.r.}(t)=\theta_G(t)+\alpha(t)+\omega_{ez}t \tag{6-5-18}$$

式中:$\theta_G(t)$ 为运载器相对于地面发射坐标系的速度倾角;$\alpha(t)$ 为事先设计好的攻角函数。

利用式(6-5-18)中所示程序俯仰角即可完成主动段飞行弹道的仿真计算。

3) 常值段

转弯飞行段结束后运载火箭进入常值程序俯仰角飞行段,该飞行段开始时运载火箭的第一级一般已接近关机时刻,该段开始后程序俯仰角保持常值,即

$$\varphi_{p.r.}(t)=\varphi_{p.r.}(t_{12}),t_{12}<t\leqslant t_{13} \tag{6-5-19}$$

式中:$\varphi_{p.r.}(t_{12})$为 t_{12}瞬时时刻的程序俯仰角。

2. 运载火箭第二级真空段程序角设计

运载火箭的第二级、第三级在稠密大气层以外飞行,所受气动力影响很小,可近似认为在真空中飞行,运载火箭的载荷基本由发动机的工作状态确定。因此,飞行程序的设计主要考虑如何使火箭关机时达到有效载荷所要求的运动状态,并尽可能减小重力速度损失和攻角速度损失。已知利用变分原理可推得真空飞行段的最优俯仰角程序,但在进行实际的工程设计时通常会采用简化形式,将飞行程序角设计为随时间变化的线性函数(事实上,利用数值方法得到的最优解也是很接近线性关系的)。为保证运载火箭各级分离的可靠性,飞行程序的起始和结束段一般设计为常值,基于该原则通常会将运载火箭一级以上各级的程序俯仰角划分为开始时的常值段、中间阶段的匀速转弯段和结束时的常值段。

我国的"长征"二号、"长征"三号和"长征"四号系列的运载火箭的第二级通常会采用"主机发动机+游机发动机"组合型动力系统。若运载火箭是三级结构,则其第二级一般只包括一个匀速转弯段,二级游机发动机与主机发动机的关机时间也是固定的。若运载火箭是二级结构,则其第二级则一般包括两个匀速转弯段,游机发动机与主机发动机的关机时间也不是固定的。关于多级运载火箭的主机火箭发动机和游机火箭发动机有几点说明:①在推力方面,主机推力比游机大得多,是二级火箭的主要推力来源;②游机工作时间更长,点火时间要比主机长 100 多秒;③主机发动机只提供推力,不改变推力方向,游机发动机既提供推力又能改变推力方向,因此火箭飞行姿态的调整是靠游机实现的,入轨前一直是游机在工作,游机推力也较小,有助于实现较高入轨精度。

如图 6-5-4 所示为三级运载火箭的第二级的俯仰程序角,只包含一个匀速转弯段,二级火箭的主机发动机和游机发动机一般会同时关机。

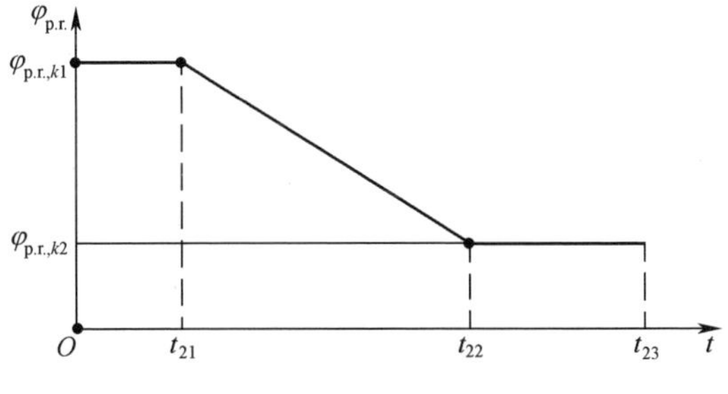

图 6-5-4　二级单次转弯程序俯仰角示意图

运载器第二级匀速转弯段的程序俯仰角为

$$\varphi_{p.r.}(t)=\varphi_{p.r.,k1}+\dot{\varphi}_{p.r.,2}\cdot(t-t_{21}),\quad t_{21}<t\leqslant t_{22} \tag{6-5-20}$$

式中:$\varphi_{p.r.,k1}$ 为运载火箭第一级关机时的程序俯仰角,在运载火箭第二级开始工作的一段时间内仍保持该常值程序角,$t_{21}\sim t_{22}$ 区间内二级开始进行匀速转弯,程序俯仰角以线性规律递减，$t_{22} \sim t_{23}$区间内二级保持常值程序角。

若运载火箭为二级结构，则第二级的程序俯仰角在设计时通常需要设置两个匀速转弯段，首先是主机发动机进行转弯，然后是游机发动机进行转弯，而且二级主机发动机和二级游机发动机也会设置分别关机，如图 6-5-5 所示。

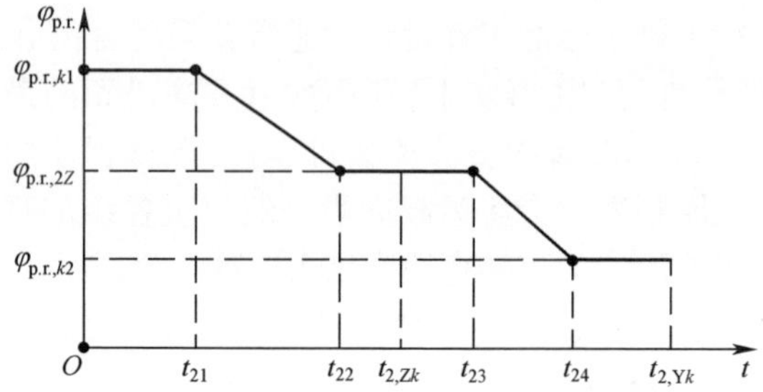

图 6-5-5　二级两次转弯程序俯仰角示意图

图 6-5-5 中下标 Z 表示主机发动机，下标 Y 表示游机发动机，$\varphi_{p.r.,k1}$为运载火箭第一级关机时的程序俯仰角，$\varphi_{p.r.,k2}$ 为运载火箭第二级关机时的程序俯仰角，$\varphi_{p.r.,2z}$为运载火箭第二级主机发动机关机时的常值程序角，$t_{2,Zk}$ 为第二级主机发动机关机时刻，$t_{2,Yk}$为第二级游机发动机关机时刻。二级主机发动机匀速转弯段程序角

$$\varphi_{p.r.}(t) = \varphi_{p.r.,k1} + \dot{\varphi}_{p.r.,2Z} \cdot (t - t_{21}), \quad t_{21} < t \leqslant t_{22} \qquad (6-5-21)$$

式中：$\dot{\varphi}_{p.r.,2Z}$ 为二级主机匀速转弯段的程序俯仰角的变化率。

二级游机发动机匀速转弯段程序角为

$$\varphi_{p.r.}(t) = \varphi_{p.r.,2Z} + \dot{\varphi}_{p.r.,2Z} \cdot (t - t_{23}), \quad t_{23} < t \leqslant t_{24} \qquad (6-5-22)$$

式中：$\dot{\varphi}_{p.r.,2Y}$ 为二级游机匀速转弯段的程序俯仰角的变化率。

需要说明，第二级起始时刻的程序角必须与第一级设计的级间分离时刻的程序角相同。同样，第三级起始时刻的程序角也必须与第二级设计的级间分离时刻的程序角相同。

3. 运载火箭第三级真空段程序角设计

运载火箭第三级一般包括一次动力段和二次动力段两种情况，每个动力段都会进行匀速转弯飞行，相应地第三级运载火箭包含的动力段不同，程序角设计的就不同。如果第三级运载火箭只包括一个动力飞行段，则该动力飞行段通常只会包含一个匀速转弯段，其程序角通常设计为如图 6-5-6 所示形式。

相应地，三级运动火箭一次动力飞行条件下的程序角一般设计为

$$\varphi_{p.r.}(t) = \varphi_{p.r.,k2} + \dot{\varphi}_{p.r.,3} \cdot (t - t_{31}), t_{31} < t \leqslant t_{32} \qquad (6-5-23)$$

式中：$\varphi_{p.r.,k2}$ 为第二级与第三级级间分离时的程序角；$\dot{\varphi}_{p.r.,3}$ 为第三级运载火箭

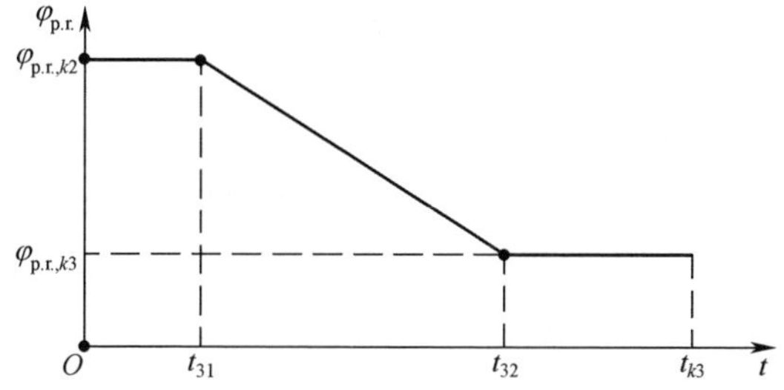

图 6-5-6　三级单次转弯程序俯仰角示意图

匀速转弯段的程序角变化率。

$$\begin{cases}\varphi_{p.r.}(t)=\varphi_{p.r.,k2}+\dot{\varphi}_{p.r.,31}\cdot(t-t_{31}),t_{31}<t\leqslant t_{32}\\ \varphi_{p.r.}(t)=\varphi_{p.r.,31}+\dot{\varphi}_{p.r.,32}\cdot(t-t_{33}),t_{33}<t\leqslant t_{34}\\ \varphi_{p.r.}(t)=\varphi_{p.r.,32}+\dot{\varphi}_{p.r.,33}\cdot(t-t_{35}),t_{35}<t\leqslant t_{36}\end{cases}\tag{6-5-24}$$

若运载火箭的第三级包含二次动力段或三次动力段,则第三级真空飞行段内相应地就会有两个或三个匀速转弯段。以第三级包括三个匀速转弯段为例,介绍该飞行段内程序角的设计方法。运载火箭第三级包含二次动力段和三次匀速转弯且中间飞行阶段进行匀速转弯时运载火箭处于滑行飞行阶段,此时程序角设计为式(6-5-24)形式。图 6-5-7 中 $\varphi_{p.r.,k2}$ 为第二级与第三级级间分离时的程序角,$\dot{\varphi}_{p.r.,31}$ 为第一次动力转弯段程序角变化率,$t_{31}\sim t_{32}$ 为第一次动力转弯飞行段,t_{k31} 为第三级第一次动力段关机时刻。$\varphi_{p.r.,31}$ 为第三级第一次动力转弯结束时的程序角,$\dot{\varphi}_{p.r.,32}$ 为自由滑翔段进行动力转弯飞行的程序角变化率,$t_{33}\sim t_{34}$为无动力滑翔段转弯飞行段,t_{k32}为第三级第二次动力飞行段的开机时刻。$\varphi_{p.r.,32}$为第三级第二次动力转弯开始时的程序俯仰角,$\dot{\varphi}_{p.r.,33}$ 为第一次动力转弯飞行段的程序俯仰角变化率,$t_{35}\sim t_{36}$为第三级第二次动力转弯飞行段,t_{k33}为运载火箭第三级的关机时刻。

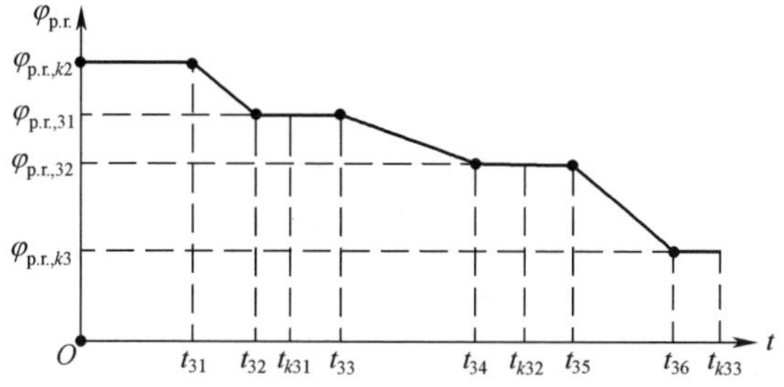

图 6-5-7　三级三次转弯程序俯仰角示意图

6.5.4 其他飞行程序角设计方法

某些空天飞行器的飞行程序的选择并不是通过预先给出攻角变化规律再求出程序角的思路设计的,而是直接给出程序角随时间的变化规律。空天飞行器点火起飞后的飞行程序角随时间的变化规律,有的选择以时间为自变量的二次抛物线的形式,也有的设计为时间的折线函数的形式,如图 6-5-8 所示。

1. 二次抛物线型程序角

如图 6-5-8 所示,$t_1 \sim t_2$ 时间内程序角按照二次抛物线方式进行变化,程序角变化规律为

$$\varphi_{\mathrm{p.r.}}(t) = at^2 + bt + c, \quad t_1 \leqslant t \leqslant t_2 \tag{6-5-25}$$

式中:a、b、c 为待设计参数,它们可以根据 t_2 时刻攻角需减小至零和 t_2 时刻程序俯仰角应达到的期望值等条件具体确定。

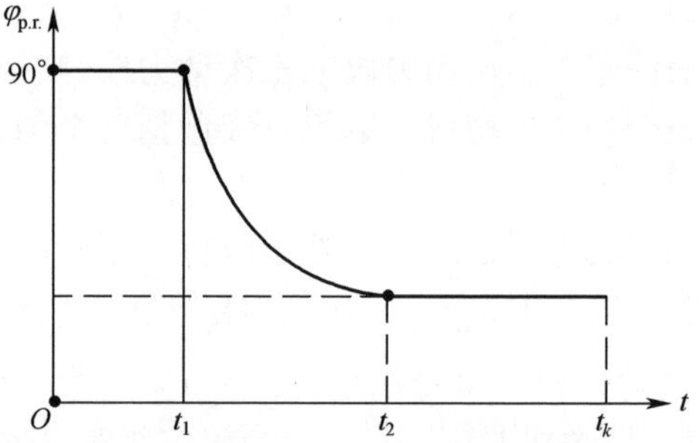

图 6-5-8　抛物线型程序俯仰角示意图

2. 折线型程序角

如图 6-5-9 所示,$t_1 \sim t_3$ 时间区间内程序角是按照两段直线折线方式进行变化的,飞行程序角的具体计算式为

$$\varphi_{\mathrm{p.r.}}(t) = \begin{cases} \pi/2 - \dot{\varphi}_1 \cdot (t - t_1), t_1 \leqslant t \leqslant t_2 \\ \varphi_1 - \dot{\varphi}_2 \cdot (t - t_2), t_2 \leqslant t \leqslant t_3 \end{cases} \tag{6-5-26}$$

式中:$\dot{\varphi}_1$ 为 $t_1 \sim t_2$ 区间直线线段的程序角变化率;$\dot{\varphi}_2$ 为 $t_2 \sim t_3$ 时间区间内直线线段的程序角变化率;φ_1 为 t_2 瞬时时刻的程序角。

$\dot{\varphi}_1$、$\dot{\varphi}_2$ 是程序角的待设计参数,同样可以根据 t_2 时刻攻角需减小至零和 t_2、t_3 时刻程序俯仰角应分别达到期望值等条件具体确定。

本小节详细阐述了多级运载器主动段飞行程序俯仰角的基本设计方法和工程设计方法,是较为经典的方法,也是目前最普遍使用的方法。利用本节介绍的主动

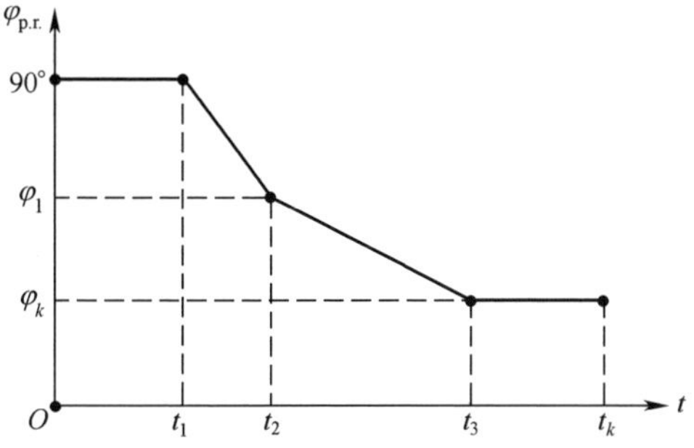

图 6-5-9　折线型程序俯仰角示意图

段程序俯仰角设计方法,结合运载器的弹道方程,就可以计算得到飞行弹道。方案弹道的设计需要综合考虑各项因素进行灵活选择,并结合工程实际和现实约束进行反复迭代和完善。随着技术的发展,弹道设计/规划方法、弹道优化设计技术等不断成熟和完善,可以为运载器的弹道设计提供更好的理论依据和参考。

习　题

1. 阐述利用空气动力和发动机推力进行控制飞行的基本原理与过程。
2. 阐述飞行方案与方案弹道的内在联系。
3. 设计纵向平面内按正弦函数形式变化的方案弹道的俯仰角程序。
4. 设计侧向平面内按椭圆曲线机动飞行弹道的偏航角程序。
5. 画图设计稠密大气层内主动段飞行的程序俯仰角。
6. 画图设计三级构型运载器的主动段程序俯仰角。
7. 试推导六自由度弹道的稠密大气层内程序俯仰角与等效偏转角的关系方程。

第7章 弹道计算

在建立了描述运载器运动规律的弹道方程组后，为深入理解弹道特性，应该在对运动参数进行定性分析的基础上，进一步做系统的定量研究，这就需要对前面所述的在特定条件下建立的空间弹道方程进行解算，进而明确各弹道参数的数值变化规律以及飞行弹道特性与各参数之间的数值变化关系，这些问题都是与弹道解算直接相关的。本部分就弹道计算的有关问题做系统性的讨论，主要包括微分方程的解析解与数值解、常微分方程的数值计算原理、常微分方程的数值积分计算方法、地面发射惯性坐标系内弹道数值积分步骤和弹道积分基本方法等内容。

7.1 解析解与数值解

本节简单阐述解析解与数值解的定义，并给出其各自的示例，进而阐述解析解与数值解的内在联系与区别。

7.1.1 解析解

解析解(analytical solution)是通过严格的数理公式推导得出的，可以用解析表达式来表达的解，解析解也常称为公式解(formula solution)或闭式解(closed-form solution)。一元二次方程

$$ax^2 + bx + c = 0, a \neq 0 \tag{7-1-1}$$

显然，该方程的解具有明确的解析形式

$$x = \frac{-b \pm \sqrt{b^2 - 4ac}}{2a} \tag{7-1-2}$$

式中：x 为自变量；a、b、c 为方程的系数。通常来讲，解析解是一种包含分式、三角函数、指数、对数、幂函数甚至无限级数等基本函数的解的形式。由于解析解给出了解的具体函数形式，因此根据解析解的表达式就可以计算出任意点的函数。在

数学上,如果一个方程或者方程组存在至少一个可由有限次常见运算给出的解,则称该方程存在解析解。用来求得解析解的方法称为解析法。解析解是封闭形式的函数,因此对任一独立变量,皆可将其代入解析函数求得正确的值。

7.1.2 数值解

除了解析解,在求解各类方程和方程组时还经常会用到数值解。数值解是采用有限元方法、数值计算方法、数值逼近方法和插值方法等等,得到的方程或方程组的解。如 t 时刻偏近点角的求解为

$$E = M + e \cdot \sin E \tag{7-1-3}$$

式中:E 为偏近点角;e 为轨道偏心率;M 为 t 时刻平近点角,且有

$$M = \sqrt{\frac{a^3}{\mu}}(t - \tau) \tag{7-1-4}$$

式中:a 为半长轴;μ 为地球引力常数;τ 为卫星过近地点时刻。

显然,偏近点角计算函数 $E=M+e \cdot \sin E$ 是较难求出解析解的,为了能够完成偏近点角的计算,可设计数值迭代计算式为

$$E_{i+1} = M + e \cdot \sin E_i,\ i = 1,2,\cdots \tag{7-1-5}$$

给定初始值 E_1,按该式依次计算得到 E_2,$E_3\cdots$,再计算 $E_{i+1}-E_i$ 的值,若下式成立,则数值迭代求解结束:

$$|E_{i+1} - E_i| < \varepsilon \tag{7-1-6}$$

式中:ε 为事先给定的可接受的计算误差。

此外,若要计算两轴旋转椭球体地球模型假设条件下的飞行高度 h,也需要利用数值计算方法来完成(参看前面章节的对应部分)。显然,数值解只是给出了特定的空间位置点序列的数值计算结果,并不能提供空间中任意自变量位置处的相应值。在数值分析时,通常需要对原方程式进行简化,转化成可以进行数值求解的形式,再代入独立变量,求得相应变量的值。显然,利用数值计算方法求得的相应变量值是离散的数值。可见,数值解是在特定条件下通过数值方法近似计算得到的,得到的数值解是离散的数值序列;而解析解是直接给出解的具体函数形式,根据解的表达式就可以计算任意值。客观地说,实际生活中的大多数问题其实是得不到解析解的,只能得到数值解。

综上可知,简单来讲解析解是指方程的解的形式可以表征为一个显式函数的表达式的解;数值解却不能表达为显式函数的形式,只能通过数值计算的方式进行求解,而且得到的是一系列离散点的数值,不能表示为明确的函数的形式。能得到解析解的问题终究是比较少见的,而且通常有比较严格的限制条件。解析解能够很直观地体现各参数之间的关系,对于定性分析是很重要的。对于得不到解析解的问题,进行数值计算得到数值解,则对于工程应用十分重要。

7.2 动力学与运动学方程解析求解

已知运载器质心和绕质心的动力学与运动学方程都是非线性时变常微分方程,方程强非线性、快时变性且各项耦合严重,若要求得解析解是十分困难的。本节结合真空段上升飞行过程和弹道式再入飞行段的特点,通过合理的简化和近似,以举例的方式完成各自飞行段的近似的解析求解。

7.2.1 真空段纵向平面上升弹道解析求解

对真空段纵向弹道方程进行解析求解,必须根据实际情况对弹道微分方程进行简化处理。在分析纵向平面内的运动特性时,可作如下基本假设:①忽略地球扁率及地球自转角速度;②地球引力场近似为平行力场,地球引力加速度为常值;③忽略空气动力的影响。如图 7-2-1 所示,均质圆球地球假设条件下二维地面发射坐标系 xOy 内描述的纵向平面内运动方程可表示为

$$\begin{cases} \dot{V}_x = P\cos\varphi(t) - \dfrac{\mu}{r^2} \cdot \dfrac{X}{r} \\ \dot{V}_y = P\sin\varphi(t) - \dfrac{\mu}{r^2} \cdot \dfrac{Y + R_e}{r} \\ \dot{X} = V_x \\ \dot{Y} = V_y \end{cases} \tag{7-2-1}$$

式中:V_x、V_y 为运载器的速度在二维地面发射坐标系 xOy 两坐标轴的分量;P 为发动机推力作用的加速度,$P=P_e/m$,P_e 为发动机推力,m 为运载器质量;$\varphi(t)$ 为 t 时刻的俯仰角;μ 为地球引力常数和地球质量的乘积,$\mu=fM$,r 为运载器质心到地心的距离;R_e 为地球平均半径;X、Y 为运载器质心位置在二维地面发射坐标系 xOy 两轴的分量。

已知距离地面 100~200km 范围变化时,变量 μr^{-3} 的量值变化在 5%以内,因此可将地球引力项 μr^{-3} 近似为一个常数,并将式(7-2-1)简化为

$$\begin{cases} \dot{V}_x = P\cos\varphi(t) - a^2 X \\ \dot{V}_y = P\sin\varphi(t) - a^2(Y + R_e) \\ \dot{X} = V_x \\ \dot{Y} = V_y \end{cases} \tag{7-2-2}$$

式中:a^2 为常数,$a^2=\mu r^{-3}$。

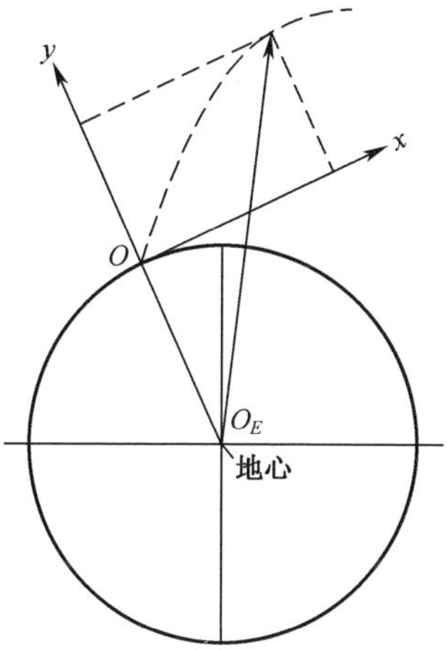

图 7-2-1　纵向平面弹道示意图

真空飞行段开始时刻(运载器第二级工作时刻)的状态变量可由运载器第一级关机时刻的状态参数确定:

$$V_x(t_{20}) = V_x(t_{1k}),V_y(t_{20}) = V_y(t_{1k}),X(t_{20}) = X(t_{1k}),Y(t_{20}) = Y(t_{1k}) \tag{7-2-3}$$

下面来求解 $\dot{V}_x$ 微分式,显然下式成立

$$\ddot{X} + a^2X = P\cos\varphi(t) \tag{7-2-4}$$

该式为一个二阶常系数线性非齐次方程,按一般原理要求解该方程的通解,则需找到其对应齐次方程的一般解以及该非齐次方程的任一特解来组成该非齐次方程的解。显然,下式即为齐次方程 $\ddot{X} + a^2X = 0$ 的一般解形式:

$$X^* = C_1\cos(at) + C_2\sin(at) \tag{7-2-5}$$

式中:C_1、C_2 为常数。

为了求解非齐次方程 $\ddot{X} + a^2X = P\cos\varphi(t)$ 的特解,将式(7-2-5)齐次方程一般解中的常数 C_1、C_2 替换为时间 t 的函数,并假设下式为非齐次方程的解:

$$\bar{X}^* = D_1(t)\cos(at) + D_2(t)\sin(at) \tag{7-2-6}$$

式中:D_1、D_2 为时间的待定函数。

该解的一阶和二阶导数为

$$\begin{cases} \dot{\bar{X}}^* = \dot{D}_1(t)\cos(at) - D_1(t)\sin(at)\cdot a + \dot{D}_2(t)\sin(at) + D_2(t)\cos(at)\cdot a \\ \ddot{\bar{X}}^* = \ddot{D}(t)\cos(at) - \dot{D}_{(}t)\sin(at)\cdot a - \dot{D}_1(t)\sin(at)\cdot a - D_1(t)\cos(at)\cdot a^2 + \\ \qquad \ddot{D}_2(t)\sin(at) + \dot{D}_2(t)\cos(at)\cdot a + \dot{D}_2(t)\cos(at)\cdot a - D_2(t)\sin(at)\cdot a^2 \end{cases}$$

显然 $\bar{X}^*$ 满足微分方程

$$\ddot{\bar{X}}^* + a^2\bar{X}^* = P\cos\varphi(t) \tag{7-2-7}$$

为了满足式(7-2-7),则 $\bar{X}^*$ 的一阶导数必须满足

$$\dot{\bar{X}}^* = -D_1(t)\sin(at)\cdot a + D_2(t)\cos(at)\cdot a \tag{7-2-8}$$

进而

$$\begin{aligned}\ddot{\bar{X}}^* + \bar{X}^*\cdot a^2 &= -\dot{D}_1(t)\sin(at)\cdot a + \dot{D}_2(t)\cos(at)\cdot a - D_1(t)\cos(at)\cdot a^2 - \\ &\quad D_2(t)\sin(at)\cdot a^2 + D_1(t)\cos(at)\cdot a^2 + D_2(t)\sin(at)\cdot a^2 \\ &= P\cos\varphi(t)\end{aligned} \tag{7-2-9}$$

即

$$-\dot{D}_1(t)\sin(at)\cdot a + \dot{D}_2(t)\cos(at)\cdot a = P\cos\varphi(t) \tag{7-2-10}$$

综上,待定函数 D_1、D_2 的导数满足下列方程组

$$\begin{cases}\dot{D}_1(t)\cos(at) + \dot{D}_2(t)\sin(at) = 0 \\ -\dot{D}_1(t)\sin(at)\cdot a + \dot{D}_2(t)\cos(at)\cdot a = P\cos\varphi(t)\end{cases} \tag{7-2-11}$$

转化为矩阵形式

$$\begin{bmatrix}\cos(at) & \sin(at) \\ -\sin(at)\cdot a & \cos(at)\cdot a\end{bmatrix}\begin{bmatrix}\dot{D}_1(t) \\ \dot{D}_2(t)\end{bmatrix} = \begin{bmatrix}0 \\ P\cos\varphi(t)\end{bmatrix} \tag{7-2-12}$$

求解该方程组

$$\begin{cases}\dot{D}_1(t) = -\dfrac{1}{a}\cdot P\cdot\sin(at)\cdot\cos\varphi(t) \\ \dot{D}_2(t) = \dfrac{1}{a}\cdot P\cdot\cos(at)\cdot\cos\varphi(t)\end{cases} \tag{7-2-13}$$

积分式(7-2-13)即可得到函数 D_1、D_2 的具体形式为

$$\begin{cases}D_1(t) = -\displaystyle\int_0^t \frac{1}{a}\cdot P\cdot\sin(a\tau)\cdot\cos\varphi(\tau)\,\mathrm{d}\tau \\ D_2(t) = \displaystyle\int_0^t \frac{1}{a}\cdot P\cdot\cos(a\tau)\cdot\cos\varphi(\tau)\,\mathrm{d}\tau\end{cases} \tag{7-2-14}$$

代入特解 $\bar{X}^*$ 的表达式

$$\begin{aligned}\bar{X}^* &= -\int_0^t \frac{1}{a}\cdot P\cdot\sin(a\tau)\cdot\cos\varphi(\tau)\,\mathrm{d}\tau\cos(at) + \int_0^t \frac{1}{a}\cdot P\cdot\cos(a\tau) \\ &\quad\cdot\cos\varphi(\tau)\,\mathrm{d}\tau\sin(at)\end{aligned} \tag{7-2-15}$$

将式(7-2-15)整理为

$$\bar{X}^* = \frac{1}{a}\int_0^t P\cdot\cos\varphi(\tau)\cdot\sin(at - a\tau)\cdot\mathrm{d}\tau \tag{7-2-16}$$

将一般解与特解组合构成非齐次微分方程 $\ddot{X}+a^2X=P\cos\varphi(t)$ 的通解

$$X = C_1\cos(at) + C_2\sin(at) + \frac{1}{a}\int_0^t P \cdot \cos\varphi(\tau) \cdot \sin(at - a\tau) \cdot \mathrm{d}\tau \tag{7-2-17}$$

已知初始时刻的初值条件

$$\begin{cases} X(0) = X_0 \\ \dot{X}(0) = V_{x0} \end{cases} \tag{7-2-18}$$

联立上面两式可得常系数 C_1、C_2 为

$$\begin{cases} C_1 = X_0 \\ C_2 = a^{-1} \cdot V_{x0} \end{cases} \tag{7-2-19}$$

综上,非齐次微分方程 $\ddot{X}+a^2X=P\cos\varphi(t)$ 的解为

$$X(t) = X_0 \cdot \cos(at) + \frac{V_{x0}}{a} \cdot \sin(at) + \frac{1}{a}\int_0^t P \cdot \cos\varphi(\tau) \cdot \sin(at - a\tau) \cdot \mathrm{d}\tau \tag{7-2-20}$$

相应地,有

$$\dot{X}(t) = V_{x0}\cos(at) - X_0 \cdot a \cdot \sin(at) + \int_0^t P \cdot \cos\varphi(\tau) \cdot \cos(at - a\tau) \cdot \mathrm{d}\tau \tag{7-2-21}$$

至此,纵向运动平面内地面发射坐标系 Ox 轴方向的位置和速度的解析解计算式推导完毕,根据所求解析解可以快速计算运载器任意时刻的位置和速度信息,为运载器的制导和控制提供标准参考。

7.2.2 弹道式再入纵向弹道解析求解

弹道式再入是宇宙飞船、返回式卫星或试验飞行器常用的再入地球飞行模式,飞行器弹道式再入飞行时,由于飞行时间短且主要在纵向平面内运动,通常可以不考虑地球旋转和扁率的影响,此时再入飞行的纵向平面运动方程可表示为

$$\begin{cases} \dot{V} = - D - g \cdot \sin\theta \\ \dot{\theta} = L \cdot V^{-1} + V \cdot r^{-1} \cdot \cos\theta - g \cdot V^{-1} \cdot \cos\theta \\ \dot{r} = V \cdot \sin\theta \\ \dot{X} = V \cdot \cos\theta \cdot r^{-1} \cdot R_e \end{cases} \tag{7-2-22}$$

式中:V 为速度;θ 为速度倾角;r 为地心距;X 为航程;D 为气动阻力加速度;g 为地球引力;L 为气动升力加速度;R_e 为地球平均半径。

考虑到飞行器再入时通常会在大气层外进行自旋以保持姿态稳定,同时使得

进入大气层时的攻角正好为零，所以可以近似认为是零攻角再入模式（零升力再入），且再入时的当地速度倾角较大。已知

$$\frac{dV}{dt} = -\frac{1}{2m} \cdot V^2 \cdot S_{ref} \cdot C_D \cdot \rho - g \cdot \sin\theta \tag{7-2-23}$$

式中：m 为质量；S_{ref}为气动参考面积；C_D 为气动阻力系数；ρ 为大气密度。

由式(7-2-23)可知速度的变化与大气密度密切相关，而大气密度和高度之间有近似的解析计算式，为了便于解析解算，常用高度作为自变量来完成再入运动的解析计算。前面介绍地球大气标称参数计算模型时已做过分析，在 0~80km 高度范围内，大气密度可用下式解析计算

$$\rho = \rho_{SL} \cdot e^{-\beta \cdot h} \tag{7-2-24}$$

式中：ρ_{SL}为海平面标准大气密度；h 为高度；β 为常数，$\beta = 1/7110$。已知

$$\frac{dr}{dt} = \frac{dh}{dt} = V \cdot \sin\theta \tag{7-2-25}$$

联立速度的微分式，则下式成立：

$$\frac{dV}{dh} = -\frac{1}{2m \cdot \sin\theta} \cdot V \cdot S_{ref} \cdot C_D \cdot \rho - \frac{g}{V} \tag{7-2-26}$$

将大气密度解析计算式代入

$$V \cdot \frac{dV}{dh} = -\frac{1}{2m \cdot \sin\theta} \cdot V^2 \cdot S_{ref} \cdot C_D \cdot \rho_{SL} \cdot e^{-\beta \cdot h} - g \tag{7-2-27}$$

式(7-2-27)与式(7-2-28)等价

$$\frac{dV^2}{dh} = -\beta \cdot \frac{S_{ref} \cdot C_D \cdot \rho_{SL}}{\beta \cdot m \cdot \sin\theta} \cdot e^{-\beta \cdot h} \cdot V^2 - 2g \tag{7-2-28}$$

为表达简便，记

$$K_0 = -\frac{S_{ref} \cdot C_D \cdot \rho_{SL}}{\beta \cdot m \cdot \sin\theta} \tag{7-2-29}$$

则

$$\frac{dV^2}{dh} - \beta \cdot K_0 \cdot e^{-\beta \cdot h} \cdot V^2 + 2g = 0 \tag{7-2-30}$$

该式为一阶变系数微分方程，假设初始 $t=0$ 时刻

$$\begin{cases} V(t_0) = V_0 \\ h(t_0) = h_0 \\ \rho(t_0) = \rho_0 \end{cases} \tag{7-2-31}$$

则任意高度的速度的解析计算式可表示为

$$V(h) = \sqrt{V_0^2 e^{\int_{h_0}^{h} \beta \cdot K_0 \cdot e^{-\beta \cdot h} dh} \left[1 - \frac{2}{V_0^2} \int_{h_0}^{h} g \cdot e^{-\int_{h_0}^{h} \beta \cdot K_0 \cdot e^{-\beta \cdot h} dh} dh \right]} \tag{7-2-32}$$

又

$$dt = \frac{dh}{V \cdot \sin\theta} \tag{7-2-33}$$

则飞行时间 t 随高度的变化可表示为

$$t(h) = \int_{h_0}^{h} \frac{e^{-\frac{1}{2}\cdot\int_{h_0}^{h}\beta\cdot K_0\cdot e^{-\beta\cdot h}dh}}{\sin\theta \cdot \sqrt{V_0^2 - 2\int_{h_0}^{h} g \cdot e^{-\int_{h_0}^{h}\beta\cdot K_0\cdot e^{-\beta\cdot h}dh}dh}}dh \tag{7-2-34}$$

利用本部分推导的速度 V 和飞行时间 t 的解析计算式,就可以解析计算任意飞行高度的速度和飞行时间,即再入飞行器只要敏感到当前的飞行高度,就可以快速解析解算得到飞行速度和再入飞行时间。得到速度以后,就可以快速解析计算飞行器的过载和再入热流等状态参数,为飞行器再入提供重要的信息。需要说明,在进行航天发射飞行力学分析时,利用纯数学解析方法和数理逻辑推理方法对特定的飞行状态和运动参数进行解析分析是十分重要的方法,也是分析航天运载器运动特性和动态变化的重要途径。解析分析方法不仅可以直接得到各运动参数和动态变量的变化规律,还可以为航天运载器的制导和姿态控制系统设计提供重要依据。

7.3 动力学与运动学微分方程数值计算

发射弹道的计算需要用到描述运载器在空间的运动方程组,该方程组左侧微分项为运载器的各飞行状态量,右侧为各运动参数的非线性函数,是典型的非线性一阶常微分方程组。这样类型的方程组,求解其解析解通常是不可行的,只有在特殊的情形下,通过大量的模型简化、小量假设和近似转化等方式,才能求出简化近似方程的解析解。考虑到发射弹道学研究中精确弹道计算的重要性,往往不允许对运动方程组进行过分的简化,故而理论研究和工程应用中多采用数值积分方法求解运载器的运动方程组。但是,数值积分无法得到包含任意常数的运动方程组的一般解(通解),只能得到相对于某些初始条件的特解。在进行发射弹道的数值积分时,需要选择适当的积分步长,逐步积分计算,这个过程的计算量一般是十分大的,需借助专业的数值计算机或通用的数字计算机来实现。数值计算机可以在一定的精度范围内获得空间弹道微分方程和绕质心动态微分方程的数值解,借助数值计算机可以快速完成计算量很大的数值积分计算工作,可为飞行力学的分析研究提供十分便利的条件。

7.3.1 微分方程数值积分计算基本原理

数值积分方法(数值解法),就是将连续系统的微分方程转化为离散形式的差

分方程数学模型,然后求出其数值解的过程。已知某连续系统的一阶微分方程为

$$\begin{cases}\dot{y}=f(x,y),\ x\in[a,b]\\ y(a)=y_0\end{cases}\tag{7-3-1}$$

与该式等价的积分方程为

$$y(x)=y_0+\int_a^x f(t,y(t))\mathrm{d}t\tag{7-3-2}$$

求解该连续系统的问题也称为常微分方程的初值问题。常微分方程初值问题的解析法虽然种类很多,但是对于飞行力学问题分析时建立的大多常微分方程无能为力,只能采用数值方法。解常微分方程的数值方法,就是求 $y(x)$ 在区间 $[a,b]$ 中一系列离散点上 $y(x_i)$ 的近似值的方法,即

$$y_1=y(x_1),y_2=y(x_2),y_3=y(x_3),\cdots,y_n=y(x_n),\ a<x_1<x_2<x_3<\cdots<x_n\leqslant b$$

这些近似值 $y_i(i=1,2,\cdots,n)$ 就是该连续系统 y 的数值解。然后,求解微分方程或积分方程的问题就转化为计算离散节点上的近似值的问题,从而将数学问题转化为数值问题。由求解公式计算 $y(x_i)$ 的近似值 y_i 的方法称为数值方法,利用数值方法计算得到的 y_i 统称为数值解。从常微分方程初值问题的表达式中明显可以看出,求初值问题数值解的关键在于计算式中导数项和积分项的数值计算问题。具体计算时,可以从已知条件 $y(a)=y_0$ 出发,先求出 $y_1=y(x_1)$,再由已知信息 y_0、y_1 求出 y_2,以此类推直至求出 y_n。

顺着离散节点的排列顺序一步一步地向前推进计算的求解方法称为步进法。若计算 y_i 时只需用到 y_{i-1},则该数值计算方法称为单步法。若计算 y_i 时不仅要用到 y_{i-1},还需要 $y_{i-2},y_{i-3},\cdots$,则该方法称为多步法。

已知弹道学问题和动态特性分析问题都是与时间密切相关的,将上述连续系统的一阶微分方程的自变量定义为时间,则

$$\dot{y}=f(t,y)\tag{7-3-3}$$

式中:$\dot{y}$ 为变量 y 对时间的一阶导数;t 为时间。

若给定初值 $y(t_0)=y_0$,则式(7-3-3)积分可得

$$y(t)=y(t_0)+\int_0^t f(t,y)\mathrm{d}t\tag{7-3-4}$$

将 $t_0\sim t$ 时间段等分为 k 个时间区间,并记 $t_k=t$,且

$$\begin{cases}\Delta t=\dfrac{t-t_0}{k}\\ t_{i+1}=t_i+\Delta t,i=0,1,2,\cdots,k-1\end{cases}\tag{7-3-5}$$

并称 $y(t_{i+1})$ 为 t_{i+1} 时刻的解,则

$$y(t_{i+1})=y(t_0)+\int_0^{t_{i+1}}f(t,y)\mathrm{d}t\tag{7-3-6}$$

同理可得

$$y(t_{i+2}) = y(t_0) + \int_{t_0}^{t_{i+2}} f(t,y)\,\mathrm{d}t = y(t_0) + \int_{t_0}^{t_{i+1}} f(t,y)\,\mathrm{d}t + \int_{t_{i+1}}^{t_{i+2}} f(t,y)\,\mathrm{d}t \tag{7-3-7}$$

即

$$y(t_{i+2}) = y(t_{i+1}) + \int_{t_{i+1}}^{t_{i+2}} f(t,y)\,\mathrm{d}t \tag{7-3-8}$$

将该式转化为一般形式

$$y(t_{i+1}) = y(t_i) + \int_{t_i}^{t_{i+1}} f(t,y)\,\mathrm{d}t, i = 0,1,2,\cdots,k-1 \tag{7-3-9}$$

令

$$q_i = \int_{t_i}^{t_{i+1}} f(t,y)\,\mathrm{d}t \tag{7-3-10}$$

则

$$y(t_{i+1}) = y(t_i) + q_i \tag{7-3-11}$$

或简记为

$$y_{i+1} = y_i + q_i \tag{7-3-12}$$

上面两公式即为系统 $\dot{y}=f(t,y)$ 的差分方程。可见,当前 t_{i+1} 时刻的系统解 y_{i+1} 可由上一时刻 t_i 的系统解 y_i 和系统的微分式 $\dot{y}=f(t,y)$ 共同计算得到。从更一般的形式讲,系统 $\dot{y}=f(t,y)$ 的数值积分可表示为通用形式,即

$$y_{i+1} = \sum_{j=0}^{i} a_j \cdot y_{i-j} + \Delta t \cdot \sum_{j=-1}^{i-1} b_j \cdot f_{i-j} \tag{7-3-13}$$

综上,数值解法其实就是寻找初值问题微分系统 $\dot{y}=f(t,y)$,$y(t_0)=y_0$ 的解在一系列时间离散点 $t_0,t_1,t_2,\cdots,t_{k-1},t_k$ 处的数值解 $y_1,y_2,\cdots,y_{k-1},y_k$ 的方法,其中相邻两个时间离散点的间距 $\Delta t=t_{i+1}-t_i$ 称为计算步长(或计算步距)。根据已知的初始条件 $y(t_0)=y_0$ 可逐步递推计算出以后各个时刻 t_i 的系统值 y_i,而采用不同的递推算法就会出现不同的数值积分方法。常用的数值积分基本方法包括单步法、多步法和预估-校正法 3 种,且可以分为显式公式和隐式公式,不同的积分方法对系统求解的精度、速度和数值稳定性等均有不同的影响。

7.3.2 常微分方程数值积分方法

目前,常用的几种数值积分方法在数值分析课程中已做过系统的介绍。在飞行力学数值积分应用中,利用数值计算机积分求解微分方程组主要使用的数值解法主要包括欧拉(Euler)法、龙格-库塔(Runge-Kutta)法和阿当姆斯(Adams)法三种,下面简单介绍这三种方法。

1. 欧拉法

欧拉法属于单步积分法,是最简单的数值积分方法。为便于阐述,假设有一个式(7-3-4)所示一阶常微分方程

$$\dot{x}=f(t,x) \tag{7-3-14}$$

式中:x 为状态变量;f 为状态变量 x 的状态方程。

已知某 t_k 瞬时时刻的状态变量 $x(t_k)=x_k$,则根据 t_k 时刻的状态变量值可计算得到该时刻状态变量对应的状态方程的值,也就是状态变量在 t_k 瞬时时刻的变化率 $f_k=f(t_k)=\dot{x}(t_k)$ 。$t_{k+1}=t_k+\Delta t$ 瞬时时刻的状态变量值可利用欧拉数值积分公式计算得到

$$x(t_{k+1})=x_{k+1}=x_k+\dot{x}_k\cdot\Delta t=x_k+f_k\cdot\Delta t \tag{7-3-15}$$

根据该计算式(7-3-15)得到 $t_{k+1}=t_k+\Delta t$ 瞬时时刻的状态变量值后,就可以计算 t_{k+1} 时刻状态变量对应的状态方程,然后再利用式(7-3-15)就可以计算得到 $t_{k+2}=t_{k+1}+\Delta t$ 瞬时时刻的状态变量值和状态方程值,以此类推并逐次循环计算就可以得到任意时刻的状态变量和状态方程的数值。一般来讲,利用前一时刻 t_k 的状态变量数值 x_k 和状态变量的一阶导数值 f_k 就可以利用时间步长 Δt 直接求出后一时刻 t_{k+1} 的状态变量数值 x_{k+1} 的方法称为单步数值积分法。单步欧拉数值积分方法可以直接将微分方程已知的状态变量初值 x_0 作为数值递推计算时的初值,而不需要其他附加信息,因此它是一种自启动的数值积分算法。根据欧拉法的计算公式和原理可知,计算所得微分方程的数值解实际上就是用有限的差分解来近似表示精确解,或者说只是用一条折线来逼近微分方程的精确解,因此欧拉法也称为折线法。欧拉法数值积分误差是比较大的,若减小积分步长 Δt,则可以减小计算误差,但是计算量也会随之增加。

2. 龙格-库塔法

直接采用泰勒展开方法计算函数 f 的高阶导数运用很不方便,而通过几个点上函数 f 值的线性组合确定其中的系数就可以既避免计算高阶导数又可提高数值积分的计算精度,这就是龙格-库塔方法的基本思想。下面从数学角度阐述。已知一阶微分方程 $\dot{y}=f(t,y)$ 可以在其初值 y_0 处展开成泰勒级数,保留泰勒级数的前三项可得

$$y_1\approx y_0+h\cdot\dot{y}_{t_0}+\frac{1}{2}h^2\ddot{y}_{t_0} \tag{7-3-16}$$

式中:h 为计算步长。

已知

$$\begin{cases}\dot{y}_{t_0}=f(t_0,y_0)\\ \ddot{y}_{t_0}=\left(\dfrac{\partial f}{\partial t}+f\cdot\dfrac{\partial f}{\partial y}\right)_{t_0}\end{cases} \tag{7-3-17}$$

代入泰勒级数

$$y_1 \approx y_0 + h \cdot f(t_0, y_0) + \frac{1}{2}h^2\left(\frac{\partial f}{\partial t} + f \cdot \frac{\partial f}{\partial y}\right)_{t_0} \tag{7-3-18}$$

假设一阶微分方程 $\dot{y} = f(t, y)$ 的解可以表示成

$$\begin{cases} y_1 \approx y_0 + (a_1 k_1 + a_2 k_2)h \\ k_1 = f(t_0, y_0) \\ k_2 = f(t_0 + b_1 h, y_0 + b_2 h k_1) \end{cases} \tag{7-3-19}$$

将式中 k_2 在 t_0、y_0 附近用二元函数的泰勒级数展开并只取前三项,可得

$$k_2 \approx f(t_0, y_0) + b_1 h \dot{f}_{t_0} + b_2 k_1 h\left(\frac{\partial f}{\partial y}\right)_{y_0} \tag{7-3-20}$$

将 k_1、k_2 代入 $y_1 \approx y_0 + (a_1 k_1 + a_2 k_2)h$,可得

$$y_1 \approx y_0 + a_1 h f(t_0, y_0) + a_2 h\left[f(t_0, y_0) + b_1 h \dot{f}_{t_0} + b_2 k_1 h\left(\frac{\partial f}{\partial y}\right)_{y_0}\right] \tag{7-3-21}$$

将式(7-3-21)与式(7-3-22)对比

$$y_1 \approx y_0 + h \cdot f(t_0, y_0) + \frac{1}{2}h^2\left(\frac{\partial f}{\partial t} + f \cdot \frac{\partial f}{\partial y}\right)_{t_0} \tag{7-3-22}$$

两表达式对应系数相等,可得

$$\begin{cases} a_1 + a_2 = 1 \\ 2a_2 b_1 = 1 \\ 2a_2 b_2 = 1 \end{cases} \tag{7-3-23}$$

式中方程组有 4 个未知数,只有 3 个方程,故该方程组有无穷个解。若限定 $a_1 = a_2$,则

$$\begin{cases} a_1 = 0.5, a_2 = 0.5 \\ b_1 = 1, b_2 = 1 \end{cases} \tag{7-3-24}$$

将系数代入

$$\begin{cases} y_1 \approx y_0 + (k_1 + k_2)h/2 \\ k_1 = f(t_0, y_0) \\ k_2 = f(t_0 + h, y_0 + hk_1) \end{cases} \tag{7-3-25}$$

将其转换为一般形式

$$\begin{cases} y_{k+1} \approx y_k + (k_1 + k_2)h/2 \\ k_1 = f(t_k, y_k) \\ k_2 = f(t_k + h, y_k + hk_1) \end{cases} \tag{7-3-26}$$

该式即为二阶龙格-库塔数值积分公式,其截断误差正比于 h^3。采用相同的分析

思路分别保留在初值 y_0 处附近展开的 $\dot{y}=f(t,y)$ 的泰勒级数的三阶或四阶导数项,则可以分别得到三阶龙格-库塔和四阶龙格-库塔数值积分公式,相应的其截断误差也就分别正比于 h^4 和 h^5。至此,显式龙格-库塔数值积分方法的一般公式可描述如下:

$$\begin{cases} y_{k+1}=y_k+\sum_{i=1}^{r}a_ik_ih \\ k_i=f\left(t_k+b_ih,y_k+\sum_{j=1}^{i-1}c_{i,j}k_jh\right), \ b_1=0,i=1,2,\cdots,r \end{cases} \tag{7-3-27}$$

式中:r 为需要使用的 k 值的个数,也即阶数。k_i 为不同点的导数值 f。b_i、$c_{i,j}$ 为待定系数;a_i 为权重因子,用来对各个 k_i 值的加和进行权重分配,满足

$$\sum_{i=1}^{r}a_i=1 \tag{7-3-28}$$

根据龙格-库塔计算式的一般描述,当 $r=1$ 时,有

$$y_{k+1}=y_k+hf(t_k,y_k) \tag{7-3-29}$$

可见,当 $r=1$ 时所得数值积分式即为欧拉数值计算公式。

当 $r=2$ 时,有

$$\begin{cases} y_{k+1}=y_k+a_1k_1h+a_2k_2h \\ k_1=f(t_k,y_k) \\ k_2=f(t_k+b_2h,y_k+c_{2,1}k_1h) \end{cases} \tag{7-3-30}$$

显然,该式即为前面刚推导的二阶龙格-库塔数值计算公式。

当 $r=4$ 时,可得到四阶龙格-库塔数值积分计算式

$$\begin{cases} x_{k+1}=x_k+\dfrac{h}{6}(k_1+2k_2+2k_3+k_4) \\ k_1=f(t_k,x_k) \\ k_2=f\left(t_k+\dfrac{h}{2},x_k+\dfrac{h}{2}\cdot k_1\right) \\ k_3=f\left(t_k+\dfrac{h}{2},x_k+\dfrac{h}{2}\cdot k_2\right) \\ k_4=f(t_k+h,x_k+h\cdot k_3) \end{cases} \tag{7-3-31}$$

四阶龙格-库塔数值积分计算公式是飞行力学分析中最常用的一种数值积分计算分析方法(也是其他研究领域中一般数值仿真的最常用方法),其截断误差的阶数为 $o(h^5)$。四阶龙格-库塔数值积分方法的计算精度是比较高的,但每一步积分过程都需要计算 4 次右函数值 f,计算量也比较大。数值仿真分析中若要比较不同算法的计算精度,通常以四阶龙格-库塔的计算结果作为标准。

根据上述分析不难发现,欧拉数值积分方法能统一在龙格-库塔法的计算式

中，两者都可以看作是右函数在初值附近展开为泰勒级数后取一定级数项形成的，两种方法的截断误差分别正比于 h^2 和 h^5。从理论上来说，泰勒级数的项数保留越多，计算精度就越高，但精度的阶数并不是随着计算右函数 f 的次数的增加而等量增加的。因此，经典的四阶龙格-库塔数值积分方法具有一定的优越性，而四阶以上的龙格-库塔计算公式需要计算右函数 f 的次数要多于阶数值，将大大增加计算量，从而限制了四阶以上的龙格-库塔数值积分方法的使用。对于大量的实际问题，四阶龙格-库塔数值积分方法就可以满足仿真精度的要求。

3. 阿当姆斯法

阿当姆斯数值积分计算方法属于预测-校正数值计算方法，同样对于一阶微分方程连续系统有

$$\dot{x}=f(t,x) \tag{7-3-32}$$

式中：x 为状态变量；t 为时间；$f(t,x)$ 为状态方程。

已知 t_k 瞬时时刻的状态变量 x_k，则利用 x_k 计算 $t_{k+1}=t_k+\Delta t$ 瞬时时刻的状态变量值 x_{k+1} 的阿当姆斯数值积分递推计算的预测公式为

$$x_{k+1}=x_k+\frac{\Delta t}{24}(55f_k-59f_{k-1}+37f_{k-2}-9f_{k-3}) \tag{7-3-33}$$

校正计算式为

$$x_{k+1}=x_k+\frac{\Delta t}{24}(9f_{k+1}+19f_k-5f_{k-1}+f_{k-2}) \tag{7-3-34}$$

由式(7-3-33)和式(7-3-34)可知，用阿当姆斯预估-校正计算公式求解 x_{k+1} 时，需要知道 t_k、t_{k-1}、t_{k-2}、t_{k-3} 4 个时刻的 $f(t,x)$ 值，因此阿当姆斯方法不属于单步法，而是典型的多步型数值积分方法，多步型数值积分方法不是自启动的，必须先利用其他单步积分方法获得所求时刻及其所求时刻之前多步时刻的解，然后才能完成求解。利用阿当姆斯预测-校正数值积分方法进行数值积分时，一般先利用龙格-库塔方法自启动，计算出前 4 步的积分结果，再利用阿当姆斯数值积分方法进行递推计算。

通过比较不难发现，龙格-库塔数值积分方法每积分计算一步就需要计算 4 次右函数的数值，计算次数多，计算量较大，但是它可以自启动。阿当姆斯预测-校正数值积分方法每积分一步，只需要计算 2 次右函数数值即可，计算次数少，计算量较小，但是不能自启动。通常，对一个微分方程或微分方程组进行数值积分时，数值积分方法的选取要综合考虑积分精度、计算速度、数值解的稳定性等因素，所以在实际使用时，应根据具体任务灵活选择。

7.3.3 常微分方程组数值积分计算方法

运载器弹道计算方程组和动态特性微分方程都是典型的变系数非线性常微分

方程组，而且许多系数值不是以解析式表示（如推力、空气动力等是以数据表或图形的形式给出），因此只能用数值积分的方法计算其数值解。常微分方程组的解法与常微分方程的解法是一脉相承的，只是计算的维度不同。下面分别介绍欧拉法、龙格-库塔法和阿当姆斯法的常微分方程组数值计算方法。

1. 欧拉法

欧拉法属于单步积分法，是最简单的数值积分方法。为便于阐述，假设有式(7-3-35)所示由 $n \geqslant 1$ 个一阶常微分方程构成的微分方程组

$$\begin{cases} \dot{x}_1 = f_1(t, x_1, x_2, \cdots, x_{n-1}, x_n) \\ \dot{x}_2 = f_2(t, x_1, x_2, \cdots, x_{n-1}, x_n) \\ \vdots \\ \dot{x}_n = f_n(t, x_1, x_2, \cdots, x_{n-1}, x_n) \end{cases} \tag{7-3-35}$$

式中：$x_i(i=1,2,\cdots,n)$ 为状态变量；$f_i(i=1,2,\cdots,n)$ 为第 i 个状态变量 x_i 的状态方程。

若已知某 t_k 瞬时时刻的状态变量取值为

$$\boldsymbol{x}(t_k) = [x_{1,k}, x_{2,k}, \cdots, x_{n-1,k}, x_{n,k}]^{\mathrm{T}} \tag{7-3-36}$$

则根据 t_k 时刻的状态变量值可计算得到该时刻状态变量对应的状态方程的值，也就是各状态变量在 t_k 瞬时时刻的变化率，即

$$\begin{cases} \boldsymbol{f}(t_k) = \dot{x}(t_k) \\ \boldsymbol{f}(t_k) = [f_{1,k}, f_{2,k}, \cdots, f_{n-1,k}, f_{n,k}]^{\mathrm{T}} \\ \dot{\boldsymbol{x}}(t_k) = [\dot{x}_{1,k}, \dot{x}_{2,k}, \cdots, \dot{x}_{n-1,k}, \dot{x}_{n,k}]^{\mathrm{T}} \end{cases} \tag{7-3-37}$$

若要求 $t_{k+1}=t_k+\Delta t$ 瞬时时刻的状态变量值，可利用欧拉数值积分公式计算得到

$$\begin{cases} x_1(t_{k+1}) = x_{1,k+1} = x_{1,k} + \dot{x}_{1,k} \cdot \Delta t = x_{1,k} + f_{1,k} \cdot \Delta t \\ x_2(t_{k+1}) = x_{2,k+1} = x_{2,k} + \dot{x}_{2,k} \cdot \Delta t = x_{2,k} + f_{2,k} \cdot \Delta t \\ \vdots \\ x_{n-1}(t_{k+1}) = x_{n-1,k+1} = x_{n-1,k} + \dot{x}_{n-1,k} \cdot \Delta t = x_{n-1,k} + f_{n-1,k} \cdot \Delta t \\ x_n(t_{k+1}) = x_{n,k+1} = x_{n,k} + \dot{x}_{n,k} \cdot \Delta t = x_{n,k} + f_{n,k} \cdot \Delta t \end{cases} \tag{7-3-38}$$

根据该计算公式得到 $t_{k+1} = t_k + \Delta t$ 瞬时时刻的状态变量值，就可以计算 t_{k+1} 时刻各状态变量对应的状态方程，然后再利用该式可以计算得到 $t_{k+2}=t_{k+1}+\Delta t$ 瞬时时刻的状态变量值和状态方程值，以此类推并逐次循环计算，可以得到任意时刻的状态变量和状态方程的数值。

一般来讲，利用前一时刻 t_k 的状态变量数值 $x_{1,k},x_{2,k},\cdots,x_{n-1,k},x_{n,k}$ 和各状态变量的一阶导数值 $f_{1,k},f_{2,k},\cdots,f_{n-1,k},f_{n,k}$ 就可以利用时间步长 Δt 直接求出后一时刻 t_{k+1} 的状态变量数值 $x_{1,k+1},x_{2,k+1},\cdots,x_{n-1,k+1},x_{n,k+1}$ 的方法称为单步数值积分法。单步欧拉数值积分方法可以直接将微分方程已知的状态变量初值 $x_{1,0}$，$x_{2,0},\cdots,x_{n-1,0},x_{n,0}$ 作为数值递推计算时的初值，而不需要其他附加信息，因此它是一种自启动的数值积分算法。根据欧拉法的计算公式和原理可知，计算所得的微分方程的数值解实际上就是用有限的差分解来近似表示精确解，或者说只是用一条折线来逼近微分方程的精确解，因此欧拉法也称为折线法。欧拉法的数值积分误差是比较大的，若减小积分步长 Δt 则可以减小计算误差，但是计算量也会随之增加。

2. 龙格-库塔法

假设有式(7-3-39)所示由 $n\geqslant 1$ 个一阶常微分方程构成的微分方程组

$$\begin{cases}\dot{x}_1=f_1(t,x_1,x_2,\cdots,x_{n-1},x_n)\\ \dot{x}_2=f_2(t,x_1,x_2,\cdots,x_{n-1},x_n)\\ \vdots\\ \dot{x}_n=f_n(t,x_1,x_2,\cdots,x_{n-1},x_n)\end{cases} \tag{7-3-39}$$

式中：$x_i(i=1,2,\cdots,n)$ 为状态变量；$f_i(i=1,2,\cdots,n)$ 为第 i 个状态变量 x_i 的状态方程。

若已知某 t_k 瞬时时刻的状态变量取值为

$$\boldsymbol{x}(t_k)=[x_{1,k},x_{2,k},\cdots,x_{n-1,k},x_{n,k}]^{\mathrm{T}} \tag{7-3-40}$$

则根据 t_k 时刻的状态变量值可计算得到该时刻状态变量对应的状态方程的值，也就是各状态变量在 t_k 瞬时时刻的变化率，即

$$\begin{cases}\boldsymbol{f}(t_k)=\dot{x}(t_k)\\ \boldsymbol{f}(t_k)=[f_{1,k},f_{2,k},\cdots,f_{n-1,k},f_{n,k}]^{\mathrm{T}}\\ \dot{\boldsymbol{x}}(t_k)=[\dot{x}_{1,k},\dot{x}_{2,k},\cdots,\dot{x}_{n-1,k},\dot{x}_{n,k}]^{\mathrm{T}}\end{cases} \tag{7-3-41}$$

若要求 $t_{k+1}=t_k+h$ 瞬时时刻的状态变量值，可利用下式龙格-库塔方法求解该常微分方程组的数学计算式

$$x_{i,k+1}=x_{x,k}+\frac{h}{6}(k_{1,i}+2k_{2,i}+2k_{3,i}+k_{4,i}),\qquad i=1,2,\cdots,n \tag{7-3-42}$$

式中

$$
\begin{cases}
k_{1,i}=f_i(t_k,x_{1,k},x_{2,k},\cdots,x_{n,k}) \\
k_{2,i}=f_i\left(t_k+\dfrac{h}{2},x_{1,k}+\dfrac{h}{2}\cdot k_{1,1},x_{2,k}+\dfrac{h}{2}\cdot k_{1,2},\cdots,x_{n,k}+\dfrac{h}{2}\cdot k_{1,n}\right) \\
k_{3,i}=f_i\left(t_k+\dfrac{h}{2},x_{1,k}+\dfrac{h}{2}\cdot k_{2,1},x_{2,k}+\dfrac{h}{2}\cdot k_{2,2},\cdots,x_{n,k}+\dfrac{h}{2}\cdot k_{2,n}\right) \\
k_{4,i}=f_i(t_k+h,x_{1,k}+h\cdot k_{3,1},x_{2,k}+h\cdot k_{3,2},\cdots,x_{n,k}+h\cdot k_{3,n})
\end{cases}
\tag{7-3-43}
$$

式中：$x_{i,k+1}$为第 i 个状态变量在 $t_{k+1}=t_k+h$ 时刻的数值近似值；$x_{i,k}$为第 i 个状态变量在 t_k 时刻的数值近似值；h 为积分步长。

3. 阿当姆斯法

假设有式(7-3-44)所示由 $n\geqslant 1$ 个一阶常微分方程构成的微分方程组

$$
\begin{cases}
\dot{x}_1=f_1(t,x_1,x_2,\cdots,x_{n-1},x_n) \\
\dot{x}_2=f_2(t,x_1,x_2,\cdots,x_{n-1},x_n) \\
\qquad\vdots \\
\dot{x}_{n-1}=f_{n-1}(t,x_1,x_2,\cdots,x_{n-1},x_n) \\
\dot{x}_n=f_n(t,x_1,x_2,\cdots,x_{n-1},x_n)
\end{cases}
\tag{7-3-44}
$$

式中：$x_i(i=1,2,\cdots,n)$为状态变量；$f_i(i=1,2,\cdots,n)$为第 i 个状态变量 x_i 的状态方程。

若已知某 t_k 瞬时时刻的状态变量取值 $x_{1,k},x_{2,k},\cdots,x_{n-1,k},x_{n,k}$，则根据 t_k 时刻的状态变量值可计算得到该瞬时时刻状态变量对应的状态方程的值 $f_{1,k},f_{2,k},\cdots,f_{n-1,k},f_{n,k}$，也就是各状态变量在 t_k 瞬时时刻的变化率 $\dot{x}_{1,k},\dot{x}_{2,k},\cdots,\dot{x}_{n-1,k},\dot{x}_{n,k}$。若要求 $t_{k+1}=t_k+h$ 瞬时时刻的状态变量值，可先用预报公式预测 $\bar{x}_{i,k+1}$ 的值，即

$$
\bar{x}_{i,k+1}=x_{i,k}+\frac{h}{24}(55f_{i,k}-59f_{i,k-1}+37f_{i,k-2}-9f_{i,k-3}),i=1,2,\cdots,n
\tag{7-3-45}
$$

然后再用校正公式计算 $x_{i,k+1}$的值，即

$$
x_{i,k+1}=x_{i,k}+\frac{\Delta t}{24}(9f_{i,k+1}+19f_{i,k}-5f_{i,k-1}+f_{i,k-2})
\tag{7-3-46}
$$

式中

$$
\begin{cases}
f_{i,m}=f_i(t_m,x_{1,m},x_{2,m},\cdots,x_{n,m}),m=k,k-1,k-2,k-3 \\
f_{i,k+1}=f_i(t_k+h,\bar{x}_{1,k+1},\bar{x}_{2,k+1},\cdots,\bar{x}_{n,k+1}),i=1,2,\cdots,n
\end{cases}
\tag{7-3-47}
$$

式中：h 为积分步长。

综上可知，龙格-库塔数值积分方法容易起步，但计算量较大，尤其采用高阶

龙格-库塔方法时,其计算量就更大。阿当姆斯数值积分方法虽然不易起步,但是计算速度快,计算量也相对较小。因此,当使用阿当姆斯预测-校正数值积分方法时,通常用龙格-库塔方法来进行数值积分的起步计算。

7.4 地面发射惯性系的弹道积分计算

利用计算机编程求解弹道方程组,必须首先确定计算方案,主要包括数学模型、原始数据、计算方法、计算步长、状态初值、初始条件和计算要求等。不同的设计阶段,不同的设计要求,所应选取的计算方案是不相同的。若在方案设计阶段,通常选用质点弹道计算的数学模型,计算步长以弹道积分计算结果不发散为基本条件确定。若是在设计定型阶段,则应采用空间弹道的数学模型,计算用的原始数据必须是经过多次试验确认后的最可信数据,而计算条件和计算要求则要根据运载器设计定型的有关战术技术指标要求和特定文件要求确定。

7.4.1 弹道数值积分基本步骤

空间运动微分方程组的数值积分基本步骤主要包括:

(1) 建立数学模型。建立特定坐标系下运载器质心和绕质心动力学与运动学方程以及弹道辅助解算方程。

(2) 基础数据。利用数值积分方法求解动力学和运动学微分方程,必须给出所需的原始数据和基础数据。原始数据一般来自初步总体设计、理论估算和试验/实验结果,原始数据通常是以曲线、数据表格或拟合函数的形式给出。对运载器动力学和运动学方程组进行数值积分,一般应给出如下类型的原始数据:①标准大气参数,包括地球大气密度、大气压强、声速、和温度等。②地球基本参数,包括地球形状模型、地球引力模型、地球自转角速度和海平面引力加速度等。③运载器的空气动力系数,包括阻力系数、升力系数和侧向力系数随攻角、侧滑角、马赫数、控制机构等效偏转角和飞行高度等参数变化的关系曲线或相应的表格数据或拟合的多项式函数。或者给出轴向力系数、法向力系数和横向力系数随攻角、侧滑角、马赫数、控制机构等效偏转角和飞行高度等参数变化的关系曲线或相应的表格数据或拟合的多项式函数。④运载器的空气动力矩系数,主要包括静稳定力矩系数、控制机构力矩系数和阻尼力矩系数随攻角、侧滑角、马赫数、控制机构偏转角、欧拉姿态角和飞行高度等变化的关系曲线或相应的表格数据或拟合的多项式函数。⑤运载器动力系统参数,主要包括发动机额定推力、推进剂质量秒耗量(氧化剂和燃料)、工作时间、比冲量、地面推力和真空推力等。⑥运载器的基本参数,包括质心位置变化数据、外形几何尺寸、特征面积、特征长度、初始质量、载荷质量、结构质量、转动惯量和惯量张量等。

(3) 初值数据。运载器质心和绕质心运动相关的状态变量在初始时刻(数值积分开始时刻)的数值,主要包括初始时刻、初始速度、初始速度倾角、初始航向角、初始高度、初始位置、初始俯仰角、初始偏航角、初始滚转角、初始俯仰角速度、初始偏航角速度、初始滚转角速率、初始质量、初始控制量等。

(4) 选取积分方法并确定积分步长。利用计算机编程进行数值积分求解时,通常选取四阶龙格-库塔数值积分方法或阿当姆斯预测-校正数值积分方法进行运动微分方程组的数值积分,本书主要采用四阶龙格-库塔方法。数值积分方法选定后,还需要确定合适的积分步长,绕质心动力学和运动微分方程积分时通常选取 1ms 积分步长,质心动力学和运动微分方程积分时选取的积分步长通常是绕质心运动积分的 100~500 倍。当然,具体的积分步长还需要在程序运算过程中,根据不同积分步长所得的积分结果的精确来灵活选取。

(5) 选取编程语言并编制计算机程序。航天发射弹道学和发射飞行动态特性数值计算程序的编制主要选取基于 Visual Studio 软件的 C++编程语言、基于 Matlab 软件的 M 编程语言和 Fortran 编程语言等。弹道学和姿态动力学数值分析程序通常采用模块化编程结构,以便于各模块分别调试,然后进行功能模块组调试,最后进行总体调试。模块化编程可以大量地缩短程序的调试时间。在编制发射弹道的计算机程序时,一般包括微分方程组模块、控制量解算模块、推力计算模块、大气模块、地球引力计算模块、空气动力计算模块、科氏力计算模块、牵引力计算模块、辅助状态变量解算模块和弹道地面投影点参数解算模块等。在编制姿态动力学计算程序时,通常包括微分方程组模块、控制量解算模块、推力力矩计算模块、大气模块、空气动力矩计算模块、附加科氏力矩计算模块、附加相对力矩计算模块、欧拉角解算模块和辅助解算模块等。

(6) 计算机程序调试。单个功能函数运行并验证函数的正确性,单个功能模块函数集合联合调试并验证其正确性,集成联调整个程序,验证输出结果的正确性。

(7) 数值计算结果分析。根据计算机程序输出结果整理完成数据表、二维图形曲线、三维图形曲线/曲面或者动态图形的展示。

7.4.2 质心与绕质心动力学与运动学微分方程

已知地面发射惯性坐标系中描述的矢量形式的运载器的质心动力学方程为

$$m \cdot \frac{\mathrm{d}^2 \boldsymbol{r}_{\mathrm{GI}}}{\mathrm{d}t^2} = m \cdot \boldsymbol{g} + \boldsymbol{R} + \boldsymbol{P} + \boldsymbol{F}_C + \boldsymbol{F}'_k \tag{7-4-1}$$

将式(7-4-1)中各矢量在地面发射惯性坐标系的分量形式代入可得

$$m\begin{bmatrix}\dot{V}_{GIx}\\ \dot{V}_{GIy}\\ \dot{V}_{GIz}\end{bmatrix}=m\begin{bmatrix}g_{GIx}\\ g_{GIy}\\ g_{GIz}\end{bmatrix}+\boldsymbol{T}_{G_IV}\begin{bmatrix}-D\\ L\\ N\end{bmatrix}+\boldsymbol{T}_{G_IB}\begin{bmatrix}P\\ 0\\ 0\end{bmatrix}+\boldsymbol{T}_{G_IB}\begin{bmatrix}F_{C,x_B}\\ F_{C,y_B}\\ F_{C,z_B}\end{bmatrix}+\boldsymbol{T}_{G_IB}\begin{bmatrix}F'_{k,x_B}\\ F'_{k,y_B}\\ F'_{k,z_B}\end{bmatrix} \tag{7-4-2}$$

该式即为运载器在地面发射惯性坐标系内描述的质心动力学方程。运载器在地面发射惯性坐标系内描述的质心运动方程为

$$\begin{bmatrix}\dot{X}_{GI}\\ \dot{Y}_{GI}\\ \dot{Z}_{GI}\end{bmatrix}=\begin{bmatrix}V_{GIx}\\ V_{GIy}\\ V_{GIz}\end{bmatrix} \tag{7-4-3}$$

式中:X_{GI}、Y_{GI}、Z_{GI}为运载器的位置在地面发射惯性坐标系三轴的分量;V_{GIx}、V_{GIy}、V_{GIz}为运载器的速度在地面发射惯性坐标系三轴的分量。

体坐标系中描述的运载器的绕质心动力学方程为

$$\begin{bmatrix}I_{xx}\dot{\omega}_{GIx}\\ I_{yy}\dot{\omega}_{GIy}\\ I_{zz}\dot{\omega}_{GIz}\end{bmatrix}+\begin{bmatrix}(I_{zz}-I_{yy})\omega_{GIy}\omega_{GIz}\\ (I_{xx}-I_{zz})\omega_{GIx}\omega_{GIz}\\ (I_{yy}-I_{xx})\omega_{GIx}\omega_{GIy}\end{bmatrix}=\begin{bmatrix}M_{x,\mathrm{s.t.}}\\ M_{y,\mathrm{s.t.}}\\ M_{z,\mathrm{s.t.}}\end{bmatrix}+\begin{bmatrix}M_{x,d}\\ M_{y,d}\\ M_{z,d}\end{bmatrix}+\begin{bmatrix}M_{x,C}\\ M_{y,C}\\ M_{z,C}\end{bmatrix}-\begin{bmatrix}\dot{I}_{xx}\omega_{GIx}\\ \dot{I}_{yy}\omega_{GIy}\\ \dot{I}_{zz}\omega_{GIz}\end{bmatrix}-\dot{m}\begin{bmatrix}0\\ x_{S_e}^2\omega_{GIy}\\ x_{S_e}^2\omega_{GIz}\end{bmatrix}$$

体坐标系内描述的绕质心运动学方程为

$$\begin{bmatrix}\dot{\varphi}_{GI}\\ \dot{\psi}_{GI}\\ \dot{\gamma}_{GI}\end{bmatrix}=\begin{bmatrix}0 & \sin\gamma_{GI}/\cos\psi_{GI} & \cos\gamma_{GI}/\cos\psi_{GI}\\ 0 & \cos\gamma_{GI} & -\sin\gamma_{GI}\\ 1 & \sin\gamma_{GI}\tan\psi_{GI} & \cos\gamma_{GI}\tan\psi_{GI}\end{bmatrix}\begin{bmatrix}\omega_{GIx}\\ \omega_{GIy}\\ \omega_{GIz}\end{bmatrix} \tag{7-4-4}$$

综上,运载器的质心动力学与运动学方程和绕质心动力学与运动学方程建立完毕,通过对上述 12 个微分方程进行数值积分就可以得到各状态变量的数值解。

7.4.3 运动状态量初值数据准备

运载器发射点 O 的地理经度为 λ_0,发射方位角为 A_0,发射点的海拔高度为 h_0,发射点的地理纬度 B_0 和地心纬度 Φ_0。地理纬度和地心纬度满足

$$\tan B_0=\frac{a_e^2}{b_e^2}\cdot\tan\Phi_0 \tag{7-4-5}$$

式中:a_e 为地球赤道半径;b_e 为地球极半径。地球模型为两轴旋转椭球体。

运载器发射点在地面发射惯性坐标系和地面发射坐标系中的位置分量为

$$\begin{bmatrix} X_{GI,0} \\ Y_{GI,0} \\ Z_{CI,0} \end{bmatrix} = \begin{bmatrix} X_{G,0} \\ Y_{G,0} \\ Z_{G,0} \end{bmatrix} = \begin{bmatrix} 0 \\ 0 \\ 0 \end{bmatrix} \tag{7-4-6}$$

式中：下标 GI 表示地面发射惯性坐标系，下标 G 表示地面发射坐标系。

在运载器点火发射的瞬时时刻，发射点 O 的地心矢径 R_O 在地面发射惯性坐标系和地面发射坐标系内的分量分别为

$$\begin{bmatrix} R_{Ox,\mathrm{GI}} \\ R_{Oy,\mathrm{GI}} \\ R_{Oz,\mathrm{GI}} \end{bmatrix} = \begin{bmatrix} R_{Ox,\mathrm{G}} \\ R_{Oy,\mathrm{G}} \\ R_{Oz,\mathrm{G}} \end{bmatrix} = \begin{bmatrix} -R_O \cdot \sin\mu_0 \cdot \cos A_0 \\ R_O \cdot \cos\mu_0 + h_0 \\ R_O \cdot \sin\mu_0 \cdot \sin A_0 \end{bmatrix} \tag{7-4-7}$$

式中：μ_0 为发射点地理纬度与地心纬度的差值，$\mu_0 = B_0 - \Phi_0$。如图 7-4-1 所示，$O_{\mathrm{E}}-X_{\mathrm{I}}Y_{\mathrm{I}}Z_{\mathrm{I}}$ 为地心惯性坐标系，$O-x_{\mathrm{GI}}y_{\mathrm{GI}}z_{\mathrm{GI}}$为地面发射惯性坐标系，则运载器在地面发射惯性坐标系内的矢径$\boldsymbol{\rho}_{\mathrm{GI}}$，由图 7-4-1 可知$\boldsymbol{\rho}_{\mathrm{GI}} = \overline{OS}$，$\boldsymbol{r}_I = \overline{O_{\mathrm{E}}S}$，记地面发射惯性坐标系原点 O 的地心矢径 $\boldsymbol{R}_{OI} = \overline{O_{\mathrm{E}}O}$，则

$$\begin{cases} \overline{O_ES} = \overline{O_EO} + \overline{OS} \\ \boldsymbol{r}_I = \boldsymbol{R}_{OI} + \boldsymbol{\rho}_{GI} \end{cases} \tag{7-4-8}$$

地面发射惯性坐标系原点 O 的地心矢径 $\boldsymbol{R}_{OI}$在地面发射惯性坐标系的分量为

$$\boldsymbol{R}_{OI} = \begin{bmatrix} R_{Ox,\mathrm{GI}} \\ R_{Oy,\mathrm{GI}} \\ R_{Oz,\mathrm{GI}} \end{bmatrix} = \begin{bmatrix} -R_O \cdot \sin\mu_0 \cdot \cos A_0 \\ R_O \cdot \cos\mu_0 + h_0 \\ R_O \cdot \sin\mu_0 \cdot \sin A_0 \end{bmatrix} \tag{7-4-9}$$

运载器质心位置在地面发射惯性坐标系三轴的分量为

$$\boldsymbol{\rho}_{\mathrm{GI}} = \begin{bmatrix} X_{\mathrm{GI}} \\ Y_{\mathrm{GI}} \\ Z_{\mathrm{CI}} \end{bmatrix} \tag{7-4-10}$$

则运载器质心位置在地心惯性坐标系的矢径 $\boldsymbol{r}_I$ 为

$$\begin{bmatrix} \boldsymbol{r}_{\mathrm{GI}x} \\ \boldsymbol{r}_{\mathrm{GI}y} \\ \boldsymbol{r}_{\mathrm{CI}z} \end{bmatrix} = \boldsymbol{r}_I = \boldsymbol{R}_{OI} + \boldsymbol{\rho}_{\mathrm{GI}} = \begin{bmatrix} -R_O \cdot \sin\mu_0 \cdot \cos A_0 \\ R_O \cdot \cos\mu_0 + h_0 \\ R_O \cdot \sin\mu_0 \cdot \sin A_0 \end{bmatrix} + \begin{bmatrix} X_{\mathrm{GI}} \\ Y_{\mathrm{GI}} \\ Z_{\mathrm{CI}} \end{bmatrix} \tag{7-4-11}$$

根据坐标系的空间关系可知，地面发射惯性坐标系的原点 O 在地球表面的位置可以用角度 Ω_0 和地理纬度 B_0 来表示，Ox_I 轴在当地水平面内指向发射方向，与过 O 点子午北切线方向的夹角为发射方位角 A_0。

如图 7-4-1 所示，若要让 $O_{\mathrm{E}}-X_{\mathrm{I}}Y_{\mathrm{I}}Z_{\mathrm{I}}$ 坐标系旋转使得其各轴与 $O-x_{\mathrm{I}}y_{\mathrm{I}}z_{\mathrm{I}}$ 坐标系的各轴相应平行，则 $O_{\mathrm{E}}-X_{\mathrm{I}}Y_{\mathrm{I}}Z_{\mathrm{I}}$ 坐标系可首先绕 $O_{\mathrm{E}}Z_{\mathrm{I}}$ 轴顺时针旋转 $\pi/2-\Omega_0$，使 $Y_{\mathrm{I}}O_{\mathrm{E}}Z_{\mathrm{I}}$ 平面与过点 O 的子午面重合，然后绕新坐标系的 $O_{\mathrm{E}}X_{\mathrm{I}}'$ 轴逆时针旋转

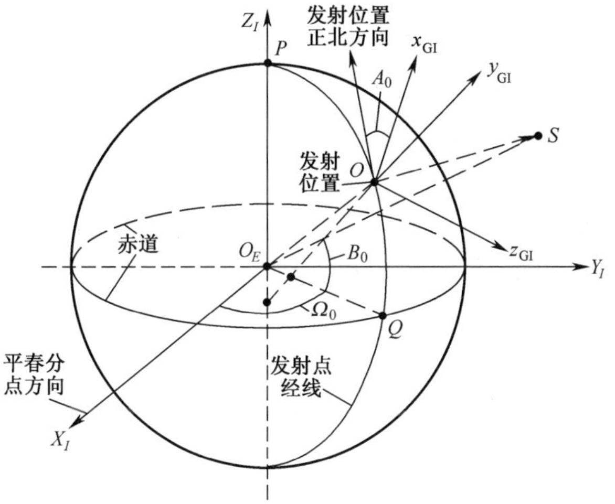

图 7-4-1　空间位置关系示意图

B_0 使得 $O_E Y_I''$ 轴与 Oy_I 轴平行，最后再绕 $O_E Y_I''$ 轴顺时针旋转 $\pi/2+A_0$ 使 $O_E Z_I'''$ 轴与 Oz_I 轴平行、$O_E X_I'''$ 轴与 Ox_I 轴平行。根据坐标系方向余弦阵的传递特性可得

$$\boldsymbol{T}_{G_I E_I} = \boldsymbol{T}_y[-(\pi/2 + A_0)] \cdot \boldsymbol{T}_x(B_0) \cdot \boldsymbol{T}_z[-(\pi/2 - \Omega_0)] \tag{7-4-12}$$

将式(7-4-12)展开可得

$$\boldsymbol{T}_{G_I E_I} = \begin{bmatrix} T_{11,G_I E_I} & T_{12,G_I E_I} & T_{13,G_I E_I} \\ T_{21,G_I E_I} & T_{22,G_I E_I} & T_{23,G_I E_I} \\ T_{31,G_I E_I} & T_{32,G_I E_I} & T_{33,G_I E_I} \end{bmatrix} \tag{7-4-13}$$

式中：$T_{ij,G_I E_I}(i=1,2,3,j=1,2,3)$ 为地心惯性坐标系到地面发射惯性坐标系的转移矩阵 $\boldsymbol{T}_{G_I E_I}$ 的矩阵元素，其具体形式为

$$\begin{cases} T_{11,G_I E_I} = -\sin A_0 \cdot \sin \Omega_0 - \cos A_0 \cdot \sin B_0 \cdot \cos \Omega_0 \\ T_{12,G_I E_I} = \sin A_0 \cdot \cos \Omega_0 - \cos A_0 \cdot \sin B_0 \cdot \sin \Omega_0 \\ T_{13,G_I E_I} = \cos A_0 \cdot \cos B_0 \end{cases} \tag{7-4-14a}$$

$$\begin{cases} T_{21,G_I E_I} = \cos B_0 \cdot \cos \Omega_0 \\ T_{22,G_I E_I} = \cos B_0 \cdot \sin \Omega_0 \\ T_{23,G_I E_I} = \sin B_0 \end{cases} \tag{7-4-14b}$$

$$\begin{cases} T_{31,G_I E_I} = -\cos A_0 \cdot \sin \Omega_0 + \sin A_0 \cdot \sin B_0 \cdot \cos \Omega_0 \\ T_{32,G_I E_I} = \cos A_0 \cdot \cos \Omega_0 + \sin A_0 \cdot \sin B_0 \cdot \sin \Omega_0 \\ T_{33,G_I E_I} = -\sin A_0 \cdot \cos B_0 \end{cases} \tag{7-4-14c}$$

式中：A_0 为地面发射惯性坐标系原点的发射方位角；B_0 为发射点位置的地理纬

度；Ω_0 为发射点所在天子午圈的恒星时时角。

运载器在地心惯性坐标系的矢径 $\boldsymbol{r}_I$ 在地心惯性坐标系三轴的分量为

$$\begin{bmatrix} r_{EIx} \\ r_{EIy} \\ r_{EIz} \end{bmatrix} = \boldsymbol{T}_{E_I G_I} \begin{bmatrix} r_{GIx} \\ r_{GIy} \\ r_{GIz} \end{bmatrix}, \boldsymbol{T}_{E_I G_I} = \boldsymbol{T}_{G_I E_I}^{\mathrm{T}} \tag{7-4-15}$$

根据地球自转角速度的空间指向，将地球自转角速度 $\boldsymbol{\omega}_e$ 分解到地面发射惯性坐标系的 3 个坐标轴（图 7-4-2）：

$$\boldsymbol{\omega}_e = \begin{bmatrix} \omega_{ex,\mathrm{GI}} \\ \omega_{ey,\mathrm{GI}} \\ \omega_{ez,\mathrm{GI}} \end{bmatrix} = \begin{bmatrix} \omega_e \cdot \cos B_0 \cdot \cos A_0 \\ \omega_e \cdot \sin B_0 \\ -\omega_e \cdot \cos B_0 \cdot \sin A_0 \end{bmatrix} \tag{7-4-16}$$

式中：A_0 为地面发射惯性坐标系原点的发射方位角；B_0 为发射点位置的地理纬度；ω_e 为地球自转角速度大小。

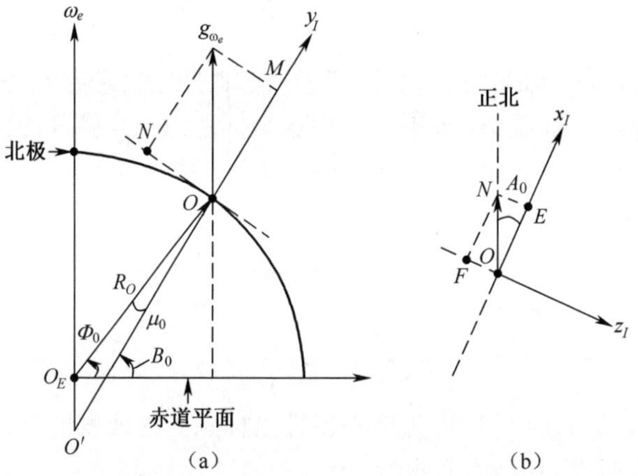

图 7-4-2　地球自转角速度的分解

运载器采用垂直发射方式，点火的瞬时时刻运载器在地面发射坐标系中的初始速度的分量可表示为

$$\boldsymbol{V}_{0,G} = \begin{bmatrix} 0 \\ 0 \\ 0 \end{bmatrix} \tag{7-4-17}$$

因为地面发射坐标系相对于惯性空间的旋转角速度为 $\boldsymbol{\omega}_e$，则

$$\boldsymbol{V}_{0,\mathrm{GI}} = \frac{\mathrm{d}\boldsymbol{R}_{OI}}{\mathrm{d}t} = \frac{\delta \boldsymbol{R}_{OI}}{\delta t} + \boldsymbol{\omega}_e \times \boldsymbol{R}_{OI} = \boldsymbol{V}_{0,\mathrm{G}} + \boldsymbol{\omega}_e \times \boldsymbol{R}_{OI} \tag{7-4-18}$$

式中：$\boldsymbol{R}_{OI}$为发射瞬时时刻发射点的地心矢径；$\boldsymbol{V}_{0,\mathrm{GI}}$为点火起飞的瞬时时刻运载器相对于地面发射惯性坐标系的速度。

发射瞬时时刻地面发射惯性坐标系中描述的运载器的初始姿态数据为

$$\begin{cases}\varphi_{0,\mathrm{GI}} = 90°, \psi_{0,\mathrm{GI}} = 0°, \gamma_{0,\mathrm{GI}} = 0° \\ \omega_{x0,\mathrm{GI}} = 0(°)/\mathrm{s}, \omega_{y0,\mathrm{GI}} = 0(°)/\mathrm{s}, \omega_{z0,\mathrm{GI}} = 0(°)/\mathrm{s}\end{cases} \tag{7-4-19}$$

发射瞬时时刻地面发射惯性坐标系内描述的运载器的速度倾角和航向角为

$$\theta_{0,\mathrm{GI}} = 90°, \sigma_{0,\mathrm{GI}} = 0° \tag{7-4-20}$$

发射瞬时时刻地面发射惯性坐标系内描述的运载器的攻角、侧滑角和倾侧角为

$$\alpha_{0,\mathrm{GI}} = 0°, \beta_{0,\mathrm{GI}} = 0°, \upsilon_{0,\mathrm{GI}} = 0° \tag{7-4-21}$$

发射瞬时时刻运载器控制执行机构的等效偏转角为

$$\delta_{\varphi 0} = 0°, \delta_{\psi 0} = 0°, \delta_{\gamma 0} = 0° \tag{7-4-22}$$

给定绕质心运动回路的各个状态变量的初值后,就可以利用绕质心动力学和运动学方程进行逐步数值积分计算。如前所述,求解运载火箭的质心和绕质心动力学与运动学微分方程组,也需要给出标准大气参数、地球基本参数、运载器空气动力系数、运载器空气动力矩系数、运载器动力系统参数和运载器基本参数等基础数据。

7.4.4 基于发惯系数据的发射系状态更新

每完成一步数值积分后,就可以根据运载器的质心和绕质心动力学与运动学微分方程积分得到运载器的质心和绕质心的运动状态。质心的位置和速度为

$$\boldsymbol{\rho}_{\mathrm{GI}} = \begin{bmatrix} X_{\mathrm{GI}} \\ Y_{\mathrm{GI}} \\ Z_{\mathrm{GI}} \end{bmatrix}, \boldsymbol{V}_{\mathrm{GI}} = \begin{bmatrix} V_{\mathrm{GI}x} \\ V_{\mathrm{GI}y} \\ V_{\mathrm{GI}z} \end{bmatrix} \tag{7-4-23}$$

式中:$\boldsymbol{\rho}_{\mathrm{GI}}$为运载器的质心在地面发射惯性坐标系内的矢径;$\boldsymbol{V}_{\mathrm{GI}}$为运载器相对于地面发射惯性坐标系的速度。

运载器绕质心运动的转动角速度为

$$\boldsymbol{\omega}_{\mathrm{GI}} = \begin{bmatrix} \omega_{\mathrm{GI}x} \\ \omega_{\mathrm{GI}y} \\ \omega_{\mathrm{GI}z} \end{bmatrix} \tag{7-4-24}$$

式中:$\boldsymbol{\omega}_{\mathrm{GI}}$为运载器相对于地面发射惯性系的转动角速度;$\omega_{\mathrm{GI}x}$、$\omega_{\mathrm{GI}y}$、$\omega_{\mathrm{GI}z}$为$\boldsymbol{\omega}_{\mathrm{GI}}$在运载器体坐标系的分量。

φ_{GI}为运载器相对于地面发射惯性系的俯仰角,ψ_{GI}为运载器相对于地面发射惯性坐标系的偏航角,γ_{GI}为运载器相对于地面发射惯性系的滚转角。

运载器通常会采用惯性制导方式,地面发射惯性坐标系内质心动力学方程中除地球引力之外的力均可利用加速度计敏感得到,进而可以完成地面发射惯坐标性系内速度和位置的导航解算。地面发射惯性坐标系与有效载荷入轨密切相关,

故而惯性导航系统解算的地面发射惯性坐标系内的状态信息将会直接应用于运载器的制导和控制。除了将有效载荷送入轨道，运载器发射飞行时还应充分考虑残骸落点和地面站测控等因素，这些工作均与地球自转直接相关，要解决这些问题就必须分析地面发射坐标系内的运载火箭运动状态。地面发射系与地面发惯系空间关系如图 7-4-3 所示。

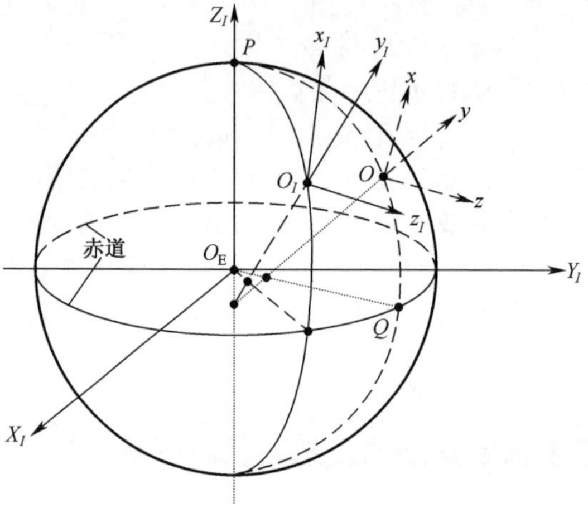

图 7-4-3　地面发射系与地面发惯系空间示意图

除了上述实际工程需求的原因，从理论分析角度也必须解算出地面发射系内的各状态变量值。因为地面发射惯性系内描述的质心动力学方程中包含发动机推力、空气动力和控制力的解算，计算这些力时需要知道运载器当前所处高度的大气压强、密度、相对于大气的速度、相对于大气的转动角速度（大气随地球自转，即相对于地球的转动角速度，地面发射系与地球固连，因此也就是相对于地面发射系的转动角速度）。同时，计算空气动力和空气动力矩时应知道当前时刻的飞行攻角、侧滑角和倾侧角值，解算这些角又必须知道当前时刻运载器相对于地面发射系的俯仰角、偏航角、滚转角、速度倾角和航向角，所以必须根据地面发射惯性坐标系内的运载器飞行数据解算出运载器相对于地面发射坐标系的数据，只有解算出这些数据，才能利用理论模型分析运载器的动态特性和运动规律。综上，不管是从工程应用角度讲还是理论分析角度讲，地面发射坐标系内的运载火箭数据都必须解算，所以本部分将详细讨论地面发射惯性坐标系和地面发射坐标系内的状态变量的相互解算问题。首先，运载器相对于地面发射坐标系转动角速度的解算为

$$\boldsymbol{\omega}_G = \begin{bmatrix} \omega_{Gx} \\ \omega_{Gy} \\ \omega_{Gz} \end{bmatrix} = \begin{bmatrix} \omega_{GIx} \\ \omega_{GIy} \\ \omega_{GIz} \end{bmatrix} - \boldsymbol{T}_{BG} \cdot \begin{bmatrix} \omega_{ex} \\ \omega_{ey} \\ \omega_{ez} \end{bmatrix} \tag{7-4-25}$$

式中：$\boldsymbol{\omega}_{\mathrm{G}}$ 为运载器相对于地面发射坐标系的转动角速度；ω_{Gx}、ω_{Gy}、ω_{Gz} 为 $\boldsymbol{\omega}_{\mathrm{G}}$ 在运载器体坐标系的分量；ω_{ex}、ω_{ey}、ω_{ez} 为地球的自转角速度 $\boldsymbol{\omega}_e$ 在地面发射坐标系内的分量；$\boldsymbol{T}_{\mathrm{BG}}$ 为地面发射坐标系到体坐标系的坐标转换矩阵，转换矩阵的矩阵元素是运载器相对于地面发射坐标系的俯仰角 φ_{G}、偏航角 ψ_{G} 和滚转角 γ_{G} 的三角函数，解算公式为

$$\begin{cases}\varphi_G = \varphi_{\mathrm{GI}} - \omega_{ez} \cdot t \\ \psi_G = \psi_{\mathrm{GI}} - \omega_{ey} \cdot \cos\varphi_G \cdot t + \omega_{ex} \cdot \sin\varphi_G \cdot t \\ \gamma_G = \gamma_{\mathrm{GI}} - \omega_{ey} \cdot \sin\varphi_G \cdot t - \omega_{ex} \cdot \cos\varphi_G \cdot t\end{cases} \tag{7-4-26}$$

式中：t 为运载器自点火时刻开始计算的飞行时间；φ_G 为运载器相对于地面发射坐标系的俯仰角；ψ_G 为运载器相对于地面发射坐标系的偏航角；γ_G 为运载器相对于地面发射坐标系的滚转角。

已知地面发射惯性坐标系内描述的运载器的地心矢径、相对于地面发射惯性坐标系原点的矢径和速度分别为

$$\begin{bmatrix} r_{\mathrm{GI}x} \\ r_{\mathrm{GI}y} \\ r_{\mathrm{GI}z} \end{bmatrix} = \boldsymbol{r}_{\mathrm{I}} = \boldsymbol{R}_{OI} + \boldsymbol{\rho}_{\mathrm{GI}} = \begin{bmatrix} -R_O \cdot \sin\mu_0 \cdot \cos A_0 \\ R_O \cdot \cos\mu_0 + h_0 \\ R_O \cdot \sin\mu_0 \cdot \sin A_0 \end{bmatrix} + \begin{bmatrix} X_{\mathrm{GI}} \\ Y_{\mathrm{GI}} \\ Z_{\mathrm{CI}} \end{bmatrix}, \boldsymbol{\rho}_{\mathrm{GI}} = \begin{bmatrix} X_{\mathrm{GI}} \\ Y_{\mathrm{GI}} \\ Z_{\mathrm{GI}} \end{bmatrix}, \boldsymbol{V}_{\mathrm{GI}} = \begin{bmatrix} V_{\mathrm{GIx}} \\ V_{\mathrm{GIy}} \\ V_{\mathrm{GIz}} \end{bmatrix} \tag{7-4-27}$$

式中：$\boldsymbol{\rho}_{\mathrm{GI}}$为运载器的质心在地面发射惯性坐标系内的矢径；$\boldsymbol{V}_{\mathrm{GI}}$为运载器相对于地面发射惯性坐标系的速度。

运载器相对于地心坐标系原点的矢径、相对于地面发射坐标系原点的矢径和速度在地面发射坐标系内分别表示为

$$\boldsymbol{r}_{\mathrm{E}} = \boldsymbol{R}_O + \boldsymbol{\rho}_{\mathrm{G}}, \boldsymbol{\rho}_{\mathrm{G}} = \begin{bmatrix} X_{\mathrm{G}} \\ Y_{\mathrm{G}} \\ Z_{\mathrm{G}} \end{bmatrix}, \boldsymbol{V}_{\mathrm{G}} = \begin{bmatrix} V_{Gx} \\ V_{Gy} \\ V_{Gz} \end{bmatrix} \tag{7-4-28}$$

地面发射惯性坐标系到地面发射坐标系的坐标转换矩阵为

$$\boldsymbol{T}_{GGI} = \begin{bmatrix} 1 & \omega_{ez} \cdot t & -\omega_{ey} \cdot t \\ -\omega_{ez} \cdot t & 1 & \omega_{ex} \cdot t \\ \omega_{ey} \cdot t & -\omega_{ex} \cdot t & 1 \end{bmatrix} \tag{7-4-29}$$

式中：ω_{ex}、ω_{ey}、ω_{ez}为地球的自转角速度 $\boldsymbol{\omega}_e$ 在地面发射坐标系内的分量；t 为运载器自点火时刻开始的飞行时间。

在任意瞬时时刻，当运载器位置确定后，地面发射惯性系内描述的地心矢径 $\boldsymbol{r}_{\mathrm{I}}$ 与地面发射坐标系内描述的地心矢径 $\boldsymbol{r}_{\mathrm{E}}$ 就是同一个矢量。同一个矢量在两个不同坐标系内的投影的分量满足

$$
\boldsymbol{r}_{\mathrm{E}} = \boldsymbol{T}_{GG_I}\boldsymbol{r}_I = \boldsymbol{T}_{GG_I}\boldsymbol{R}_{OI} + \boldsymbol{T}_{\mathrm{GG_I}}\boldsymbol{\rho}_{\mathrm{GI}} = \boldsymbol{T}_{GG_I}\begin{bmatrix} -R_O \cdot \sin\mu_0 \cdot \cos A_0 \\ R_O \cdot \cos\mu_0 + h_0 \\ R_O \cdot \sin\mu_0 \cdot \sin A_0 \end{bmatrix} + \boldsymbol{T}_{GG_I}\begin{bmatrix} X_{\mathrm{GI}} \\ Y_{\mathrm{GI}} \\ Z_{\mathrm{GI}} \end{bmatrix} \tag{7-4-30}
$$

显然,地面发射坐标系内的速度 $\boldsymbol{V}_G$ 和地面发射惯性坐标系内的速度 $\boldsymbol{V}_{\mathrm{GI}}$满足

$$
\frac{\mathrm{d}\boldsymbol{r}_{\mathrm{E}}}{\mathrm{d}t} = \frac{\mathrm{d}\boldsymbol{T}_{GG_I}}{\mathrm{d}t} \cdot \boldsymbol{r}_{\mathrm{I}} + \boldsymbol{T}_{GG_I} \cdot \frac{\mathrm{d}\boldsymbol{r}_{\mathrm{I}}}{\mathrm{d}t} \Rightarrow \frac{\delta \boldsymbol{r}_{\mathrm{E}}}{\delta t} + \boldsymbol{\omega}_e \times \boldsymbol{r}_{\mathrm{E}} = \boldsymbol{T}_{GG_I} \cdot \frac{\mathrm{d}\boldsymbol{r}_1}{\mathrm{d}t} \Rightarrow \boldsymbol{V}_{\mathrm{G}} = \boldsymbol{T}_{GG_I}\boldsymbol{V}_{\mathrm{GI}} - \boldsymbol{\omega}_e \times \boldsymbol{r}_{\mathrm{E}}
$$

则地面发射坐标系内的速度矢量为

$$
\boldsymbol{V}_{\mathrm{G}} = \begin{bmatrix} V_{Gx} \\ V_{Gy} \\ V_{Gz} \end{bmatrix} = \boldsymbol{T}_{GG_I}\begin{bmatrix} V_{\mathrm{GI}x} \\ V_{\mathrm{GI}y} \\ V_{\mathrm{GI}z} \end{bmatrix} - \boldsymbol{\omega}_e \times \boldsymbol{r}_{\mathrm{E}} \tag{7-4-31}
$$

地面发射坐标系内描述的运载火箭的地心矩为

$$
\boldsymbol{r}_{\mathrm{E}} = \begin{bmatrix} r_{Gx} \\ r_{Gy} \\ r_{Gz} \end{bmatrix} = \boldsymbol{T}_{GG_I}\begin{bmatrix} -R_O \cdot \sin\mu_0 \cdot \cos A_0 \\ R_O \cdot \cos\mu_0 + h_0 \\ R_O \cdot \sin\mu_0 \cdot \sin A_0 \end{bmatrix} + \boldsymbol{T}_{GG_I}\begin{bmatrix} X_{\mathrm{GI}} \\ Y_{\mathrm{GI}} \\ Z_{\mathrm{GI}} \end{bmatrix} \tag{7-4-32}
$$

地面发射坐标系内描述的地球自转角速度为

$$
\boldsymbol{\omega}_e = \begin{bmatrix} \omega_{ex} \\ \omega_{ey} \\ \omega_{ez} \end{bmatrix} = \begin{bmatrix} \omega_e \cdot \cos B_0 \cdot \cos A_0 \\ \omega_e \cdot \sin B_0 \\ -\omega_e \cdot \cos B_0 \cdot \sin A_0 \end{bmatrix} \tag{7-4-33}
$$

则地心纬度 ϕ 即为地心矩 $\boldsymbol{r}_{\mathrm{E}}$ 和地球自转角速度 $\boldsymbol{\omega}_e$ 夹角的余角,即

$$
\sin\phi = \cos\left(\frac{\pi}{2} - \phi\right) = \frac{\boldsymbol{r}_{\mathrm{E}} \cdot \boldsymbol{\omega}_e}{r_{\mathrm{E}}\omega_e} \tag{7-4-34}
$$

式中:r_{E} 为地心矩,$r_{\mathrm{E}}=\sqrt{r_{Gx}^2+r_{Gy}^2+r_{Gz}^2}$;$\omega_e$ 为地球自转角速度。

地心矩 r_{E} 与地球表面的交点位置的地心矩为

$$
R_e = \frac{a_e b_e}{\sqrt{a_e^2 \sin\phi^2 + b_e^2 \cos\phi^2}} \tag{7-4-35}
$$

式中:a_e 为地球的赤道半径;b_e 为地球的极半径。地球为两轴旋转椭球体。而运载器质心的飞行高度可以根据前面所述的方程解算得到。

7.4.5 欧拉角解算

1. 速度矢量欧拉角计算

地面发射坐标系内描述的运载器的速度为

$$\boldsymbol{V}_G = \begin{bmatrix} V_{Gx} \\ V_{Gy} \\ V_{Gz} \end{bmatrix}, V_G = \sqrt{V_{Gx}^2 + V_{Gy}^2 + V_{Gz}^2} \tag{7-4-36}$$

则运载器速度矢量 $\boldsymbol{V}_G$ 相对于地面发射系的速度倾角和航迹偏航角可利用下式解算：

$$\begin{cases} \theta_G = \arctan\left(\dfrac{V_{Gy}}{V_{Gx}}\right) \\ \sigma_G = -\arctan\left(\dfrac{V_{Gz}}{V_G}\right) \end{cases} \tag{7-4-37}$$

式中：θ_G 为运载器相对于地面发射坐标系的速度倾角；σ_G 为运载器相对于地面发射坐标系的航迹偏航角。

在计算坐标系之间的坐标转换矩阵、运载器空气动力和空气动力矩时，需要用到飞行攻角、侧滑角和倾侧角等欧拉角信息，这些欧拉角的解算会由于弹道自由度的不同而对应有各自的解算方程。

2. 六自由度弹道的攻角、侧滑角和倾侧角解算

已解算得到运载器相对于地面发射坐标系的俯仰角 φ_G、偏航角 ψ_G、滚转角 γ_G、速度倾角 θ_G 和航迹偏航角 σ_G，则运载器相对于大气运动时体坐标系和速度坐标系之间形成的攻角、侧滑角和倾侧角可用下式解算：

$$\begin{cases} \sin\beta = \cos(\varphi_G - \theta_G)\cos\sigma_G \sin\psi_G \cos\gamma_G + \sin(\varphi_G - \theta_G)\cos\sigma_G \sin\gamma_G - \sin\sigma_G \cos\psi_G \cos\gamma_G \\ \sin\alpha\cos\beta = \sin(\varphi_G - \theta_G)\cos\sigma_G \cos\gamma_G + \sin\sigma_G \cos\psi_G \sin\gamma_G - \cos(\varphi_G - \theta_G)\cos\sigma_G \sin\psi_G \cos\gamma_G \\ \sin\upsilon_G = \cos\alpha\cos\psi_G \sin\gamma_G / \cos\sigma_G - \sin\psi_G \sin\alpha / \cos\sigma_G \end{cases} \tag{7-4-38}$$

式中：α 为攻角；β 为侧滑角；υ_G 为倾侧角。

根据该式利用反三角函数即可分别解算出攻角、侧滑角和倾侧角。

3. 伪六自由度弹道的攻角、侧滑角和倾侧角解算

瞬时假设条件下，运载器绕质心转动角速度的导数恒为零，绕质心动力学方程中稳定力矩和控制力矩相互平衡，即

$$\begin{cases} M_z^2\alpha + M_z^\delta\delta_\varphi = 0 \\ M_y^\beta\beta + M_y^\delta\delta_\psi = 0 \\ \delta_r = 0 \end{cases} \tag{7-4-39}$$

运载器主动段飞行时，其控制执行机构的控制量是根据程序角的跟踪误差和平面导引量实时解算生成的。运载器控制执行机构的等效舵偏控制量通常设计为如下形式

$$
\begin{cases}
\delta_{\varphi} = a_0^{\varphi} \Delta\varphi_{\mathrm{GI}} + k_{\varphi} u_{\varphi} \\
\delta_{\psi} = a_0^{\psi} \Delta\psi_{\mathrm{GI}} + k_{\psi} u_{\psi} \\
\delta_{\gamma} = a_0^{\gamma} \Delta\gamma_{\mathrm{GI}}
\end{cases} \tag{7-4-40}
$$

式中：$\Delta\varphi_{\mathrm{GI}}$、$\Delta\psi_{\mathrm{GI}}$、$\Delta\gamma_{\mathrm{GI}}$为运载器的程序俯仰角跟踪误差，是地面发射惯性坐标系内描述的运载器的实际的俯仰角 φ_{GI}、偏航角 ψ_{GI}和滚转角 γ_{GI}与期望的程序俯仰角 $\varphi_{\mathrm{p.r.}}$、程序偏航角 $\psi_{\mathrm{p.r.}}$ 和程序滚转角 $\gamma_{\mathrm{p.r.}}$ 的差值

$$
\begin{cases}
\Delta\varphi_{\mathrm{GI}} = \varphi_{\mathrm{GI}} - \varphi_{\mathrm{p.r.}} \\
\Delta\psi_{\mathrm{GI}} = \psi_{\mathrm{GI}} - \psi_{\mathrm{p.r.}} \\
\Delta\gamma_{\mathrm{GI}} = \gamma_{\mathrm{GI}} - \gamma_{\mathrm{p.r.}}
\end{cases} \tag{7-4-41}
$$

地面发射惯性坐标系和地面发射坐标系内描述的俯仰角、偏航角和滚转角满足

$$
\begin{cases}
\varphi_{\mathrm{G}} = \varphi_{\mathrm{GI}} - \omega_{ez} \cdot t \\
\psi_{\mathrm{G}} = \psi_{\mathrm{GI}} - \omega_{ey} \cdot \cos\varphi_{\mathrm{G}} \cdot t + \omega_{ex} \cdot \sin\varphi_{\mathrm{G}} \cdot t \\
\gamma_{\mathrm{G}} = \gamma_{\mathrm{GI}} - \omega_{ey} \cdot \sin\varphi_{\mathrm{G}} \cdot t - \omega_{ex} \cdot \cos\varphi_{\mathrm{G}} \cdot t
\end{cases} \tag{7-4-42}
$$

代入式(7-4-41)可得

$$
\begin{cases}
\Delta\varphi_{\mathrm{GI}} = \varphi_{\mathrm{G}} + \omega_{ez} \cdot t - \varphi_{\mathrm{p.r.}} \\
\Delta\psi_{\mathrm{GI}} = \psi_{\mathrm{G}} + \omega_{ey} \cdot \cos\varphi_{\mathrm{G}} \cdot t - \omega_{ex} \cdot \sin\varphi_{\mathrm{G}} \cdot t - \psi_{\mathrm{p.r.}} \\
\Delta\gamma_{\mathrm{GI}} = \gamma_{\mathrm{G}} + \omega_{ey} \cdot \sin\varphi_{\mathrm{G}} \cdot t - \omega_{ex} \cdot \cos\varphi_{\mathrm{G}} \cdot t - \gamma_{\mathrm{p.r.}}
\end{cases} \tag{7-4-43}
$$

式中：运载器相对于地面发射系的俯仰角 φ_G、偏航角 ψ_G 和滚转角 γ_G 为未知量。

已知运载器在地面发射系内描述的攻角、侧滑角、倾侧角、速度倾角、航迹偏航角、俯仰角、偏航角和滚转角等 8 个欧拉角只有 5 个相互独立，其计算式前面章节已作阐述，且若将攻角、航迹偏航角、倾侧角、偏航角和滚转角视为小量，则欧拉角关系方程可简化为

$$
\begin{cases}
\sigma_{\mathrm{G}} = \cos\alpha \cdot \psi_{\mathrm{G}} + \sin\alpha \cdot \gamma_{\mathrm{G}} - \beta \\
\upsilon_{\mathrm{G}} = -\psi_{\mathrm{G}} \cdot \sin\alpha + \cos\alpha \cdot \gamma_{\mathrm{G}} \\
\cos\theta_{\mathrm{G}} = \cos\alpha\cos\varphi_{\mathrm{G}} + \sin\alpha\sin\varphi_{G} = \cos(\varphi_{G} - \alpha)
\end{cases} \tag{7-4-44}
$$

若将攻角 α 也视为小量，则

$$
\begin{cases}
\psi_{\mathrm{G}} = \sigma_{\mathrm{G}} + \beta \\
\gamma_{\mathrm{G}} = \upsilon_{\mathrm{G}} \\
\varphi_{\mathrm{G}} = \theta_{\mathrm{G}} + \alpha
\end{cases} \tag{7-4-45}
$$

联立以上各式，可得瞬时平衡假设条件下用于计算弹道的攻角、侧滑角和倾侧角控制量的计算式为

$$
\begin{cases}
\alpha = \dfrac{M_z^{\delta} \cdot a_0^{\varphi}}{M_z^{\alpha} + M_z^{\delta} \cdot a_0^{\varphi}}\left(- \theta_{\mathrm{G}} - \omega_{ez} \cdot t + \varphi_{\mathrm{p.r.}} - \dfrac{k_{\varphi} \cdot u_{\varphi}}{a_0^{\varphi}} \right) \\
\beta = \dfrac{M_y^{\delta} \cdot a_0^{\psi}}{M_y^{\beta} + M_y^{\delta} \cdot a_0^{\psi}}\left(- \sigma_{\mathrm{G}} - \omega_{ey} \cdot \cos\varphi_G \cdot t + \omega_{ex} \cdot \sin\varphi_{\mathrm{G}} \cdot t + \psi_{\mathrm{p.r.}} - \dfrac{k_{\psi} \cdot u_{\psi}}{a_0^{\psi}} \right) \\
\upsilon_{\mathrm{G}} = \gamma_{\mathrm{G}} = \omega_{ex} \cdot \cos(\theta_{\mathrm{G}} + \alpha) \cdot t + \gamma_{\mathrm{p.r.}} - \omega_{ey} \cdot \sin(\theta_{\mathrm{G}} + \alpha) \cdot t
\end{cases}
\tag{7-4-46}
$$

式中：θ_G、σ_G 可根据地面发射坐标系内的速度分量解算，其他各变量也都是已知的，故而可解算得到攻角、侧滑角和倾侧角。

4. 三自由度弹道的攻角、侧滑角和倾侧角解算

进行三自由度弹道积分计算时，可直接认为运载器在地面发射惯性坐标系内描述的俯仰角 φ_{GI}、偏航角 ψ_{GI} 和滚转角 γ_{GI} 等于各自的主动段飞行程序角。

$$
\begin{cases}
\varphi_{\mathrm{GI}} = \varphi_{\mathrm{p.r.}} \\
\psi_{\mathrm{GI}} = \psi_{\mathrm{p.r.}} \\
\gamma_{\mathrm{GI}} = \gamma_{\mathrm{p.r.}}
\end{cases}
\tag{7-4-47}
$$

地面发射坐标系内的姿态欧拉角满足

$$
\begin{cases}
\varphi_{\mathrm{G}} = \varphi_{\mathrm{GI}} - \omega_{ez} \cdot t \\
\psi_{\mathrm{G}} = \psi_{\mathrm{GI}} - \omega_{ey} \cdot \cos\varphi_{\mathrm{G}} \cdot t + \omega_{ex} \cdot \sin\varphi_{\mathrm{G}} \cdot t \\
\gamma_{\mathrm{G}} = \gamma_{\mathrm{GI}} - \omega_{ey} \cdot \sin\varphi_{\mathrm{G}} \cdot t - \omega_{ex} \cdot \cos\varphi_{\mathrm{G}} \cdot t
\end{cases}
\tag{7-4-48}
$$

则

$$
\begin{cases}
\alpha = \varphi_{\mathrm{G}} - \theta_{\mathrm{G}} \\
\beta = \psi_{\mathrm{G}} - \sigma_{\mathrm{G}} \\
\upsilon = \gamma_{\mathrm{G}}
\end{cases}
\tag{7-4-49}
$$

此时，运载器完全按照期望的姿态程序角飞行，不存在任何误差，所以 3 个通道的等效偏转角均为零。而由于攻角和侧滑角的存在，发动机推力也会直接影响速度、速度倾角和航迹偏航角，进而改变运载器的飞行状态。

综上所述，不管是计算六自由、伪六自由度还是三自由度弹道，在给定基础数据和计算准备数据后，地面发射惯性坐标系内运载器质心的位置和速度分量就可以直接数值积分得到，在计算导数项时(微分方程右函数)需分别计算地球引力、空气动力、发动机推力、控制力和附近科氏力在地面发射惯性坐标系的分量。计算地球引力在地面发射惯性坐标系的分量需要已知运载器相对于地心的地心矢径 $\boldsymbol{r}_I$，$\boldsymbol{r}_I$ 可由发射点位置和运载器在地面发射惯性坐标系内的位置分量计算得到。计算空气动力在地面发射惯性系的分量时，需要知道地面发射坐标系内描述的速度、高度(大气密度和马赫数)、速度倾角、航迹偏航角和地面发射坐标系到地面发射惯性坐标系的坐标转换矩阵，上述变量均已给出解算公式。计算发动机推力、控

制力和附近科氏力在地面发射惯性坐标系的分量时,需要知道地面发射坐标系内描述的地心矢径、速度、高度(大气密度)、俯仰角、偏航角、滚转角、控制机构等效偏转角和地面发射坐标系到地面发射惯性坐标系的坐标转换矩阵,上述各变量也已给出解算公式。因此,地面发射惯性坐标系内的质心动力学和运动方程就可以按数值计算方法进行逐步积分计算,从而得到任意时刻的质心和绕质心的运动状态。

7.5 标准弹道与偏差弹道

本节简要介绍弹道计算标准条件、标准条件弹道、偏差条件、干扰条件、偏差弹道以及偏差弹道的计算等内容。

7.5.1 标准条件弹道

在弹道学分析中,通常把飞行弹道分为初步弹道和精确弹道两种类型(也称为理论弹道和实际弹道)。初步弹道是指略去影响运载器运动的一些次要因素后解算出来的运载器质心的运动轨迹,它反映的是运载器运动的基本规律和飞行弹道特性,是运载器初步设计和方案论证的重要依据。精确弹道是指考虑诸多实际影响因素时解算出的运载器质心的运动轨迹,可以比较准确地反映运载器实际飞行状态和各弹道参数之间的相互关系,精确弹道是运载器型号定型和实际应用的基本依据。精确弹道通常又会根据弹道计算条件的不同分为标准精确弹道和实际精确弹道(干扰弹道)。标准精确弹道是指在给定的初始条件下,求解相对于标准条件建立的标准弹道方程所得到的运载器质心的运动轨迹。标准条件是指人们根据所研究问题的内容和性质不同,预先假定的一组可以保证实际弹道与标准弹道之间的偏差尽可能小的弹道计算条件。

1. 弹道计算标准条件

尽管由于运载器类型的不同,标准条件会存在差异,但是总体上讲标准条件都会包含四个方面:①标准的地球物理条件,包括地球形状、地球自转角速度、地球扁率、地面重力加速度、发射点经纬度和高度、目标点经纬度和高度和瞄准方位角等;②标准的大气条件,包括标准大气参数、地面标准温度、标准大气压力、标准大气密度、标准声速和不同高度的风速等;③运载器标称参数,包括几何尺寸、运载器重量、运载器质量、主动段程序角、发动机推力、发动机比推力、动力系统推进剂秒耗量、结构质量、发动机安装角、空气动力系数、空气动力矩系数、压心位置、质心位置和控制系统系数等;④弹道数值计算所需的其他标准数据。

2. 标准弹道微分方程组

在给定的标准条件下,在特定坐标系内建立的用以描述运载器质心运动规律的弹道方程组称为标准弹道微分方程组。在上述标准条件下，利用标准弹道微分方程组计算所得的弹道称为标准条件弹道。

7.5.2 偏差弹道

标准弹道是通过求解在标准条件下建立起来的标准弹道方程组得到的，反映的是运载器质心“平均运动”的规律。实际上，影响运载器运动的因素有很多，而且影响因素中有很多因素的具体值也不能事先确定，有的影响因素即便能够预知大小，也通常会与假定的标准值不一致而存在明显的差异。在弹道学中，把实际飞行条件与标准飞行条件之间的差异称为干扰。也正是这些干扰的影响，导致运载器实际运动弹道会偏离标准飞行弹道，存在弹道参数偏差和射程偏差等。

通常情况下，干扰可以分为两大类：一类干扰是在运载器点火前可以预测而且又能进行修正的干扰，这类干扰称为常值干扰或系统干扰，它们引起的弹道参数偏差和射程偏差称为系统偏差；另一类干扰是无法实现预知的干扰（如阵风等），这类干扰称为随机干扰或偶然干扰，这类干扰无法事先确定，因而也就无法在发射前进行预先修正，而只能在发射后依靠运载器的控制系统实时测量并加以补偿。需要说明，这里所述的干扰与运载器实际飞行中作用在运载器上的干扰也不可能完全相同，实际的干扰既包含事先无法预知的一些量，也包含实际发射条件与标准条件的偏差。综上，干扰因素和标准条件应根据实际的飞行器类型和具体的飞行任务灵活确定。

1. 干扰条件/偏差因素

运载器的实际飞行条件与标准条件的偏差称为干扰。运载器的常值干扰条件一般包括：①运载器箭体的纵向和横向弹性系数；②发动机推力轴线与横对称面的偏角；③发动机推力轴线与纵对称面的偏角；④发动机安装轴线与横对称面的线性偏差；⑤发动机安装轴线与纵对称面的线性偏差；⑥运载器的箭体相对于横向对称面的偏角；⑦运载器的箭体相对于纵向对称面的偏角；⑧程序俯仰角偏差；⑨程序偏航角偏差；⑩推进剂质量秒耗量偏差；⑪推力偏差；⑫起飞重量偏差；⑬质心在纵对称面内的偏移量；⑮质心在横对称面内的偏移量；⑮大气压强偏差；⑯大气密度偏差；⑰风的影响。

2. 干扰弹道微分方程组

将上述各项干扰因素添加至标准弹道方程组对应的项上，得到干扰弹道的微分方程组。在实际条件下，求解干扰弹道方程组所得的弹道称为干扰弹道或实际弹道。显然，标准弹道的微分方程组和干扰弹道的微分方程组都是变系数非线性常微分方程组，而且许多变系数的数值又不是以解析式表示，而是以数据表格或图形的形式给出的，因此只能用数值积分的方法求解其数值解，无法求出其解析解。

3. 干扰弹道微分方程组的解算

描述各项干扰因素对弹道的影响及其与弹道参数偏差之间关系的数学模型主要有两种：一种是将互为独立的各种干扰因素分别计入标准弹道方程中建立干扰弹道微分方程组，该模型是非线性变系数常微分方程组，只能用数值积分“求差法”求解；另一种是在小干扰情况下推导出弹道参数偏差与各干扰呈线性关系的摄动方程组，该模型是线性常微分方程组，通常采用微分法(摄动法)来求解。

1) 数值积分求差方法

数值积分求差方法的基本思路：在给定初始条件下，应用数值积分方法分别求解标准弹道微分方程组和干扰弹道微分方程组，分别数值积分获得标准弹道的参数值和实际弹道的参数值，然后用实际弹道参数值减去标准弹道参数值，所得差值即为干扰作用下所产生的弹道参数的偏差。将上述定性描述定量化，首先假设

$$\begin{cases}\dot{x}_i = f_i(t, x_i) \\ \dot{\bar{x}}_i = f_i(\bar{t}, \bar{x}_i, \lambda_j), \qquad i = 1,2,\cdots, j = 1,2,\cdots\end{cases} \tag{7-5-1}$$

式中：x_i 为运载器的第 i 个状态变量；$\bar{x}_i$ 为引入干扰项以后运载器的第 i 个状态变量；$\dot{x}_i = f_i(t, x_i)$ 为运载器标准弹道方程组；$\dot{\bar{x}}_i = f_i(\bar{t}, \bar{x}_i, \lambda_j)$ 为运载器干扰弹道方程组；$\boldsymbol{\lambda}_j$ 为第 j 种干扰项。

给定初始条件和干扰量后，可以分别对标准弹道方程组和干扰弹道方程组进行数值积分求解，进而可以求出关机点时刻的标准弹道参数和干扰弹道参数：

$$\begin{cases}x_{ik} = x_i(t_k) \\ \bar{x}_{ik,j} = x_i(\bar{t}_k), \qquad i = 1,2,\cdots, j = 1,2,\cdots\end{cases} \tag{7-5-2}$$

式中：x_{ik}为标准条件下解算得到的第 i 个状态变量的关机时刻值；$\bar{x}_{ik,j}$为第 j 种干扰项作用情况下得到的第 i 个状态变量的关机时刻值。

显然，第 j 种干扰项引起的弹道参数偏差可以表示为

$$\Delta x_{i,j}(t_k) = x_i(\bar{t}_k) - x_i(t_k) \tag{7-5-3}$$

第 j 种干扰项的单位干扰量引起的弹道参数偏差为

$$\overline{\Delta} x_{i,j}(t_k) = \frac{x_i(\bar{t}_k) - x_i(t_k)}{\boldsymbol{\lambda}_j} \tag{7-5-4}$$

所有干扰项引起的总的弹道参数偏差为

$$\Delta x_i = \sum_{j=1}^{m} \Delta x_{i,j}(t_k) \tag{7-5-5}$$

式中：m 为干扰项的个数。

数值积分求差是解算干扰弹道方程组的一种行之有效的方法。其优点是无论干扰量数值的大小，均可进行精确计算；主要缺点是计算工作量比较大且可能引起较大的计算误差。计算量大是因为只要有一种干扰项存在，就需要解算一次干扰弹道方程组，而当干扰比较小时，所得干扰弹道参数值与标准弹道参数值就会比较

接近,而两个相差很小的大数进行相减,必然会带来较大的计算误差。随着电子计算机技术的飞速发展,上述缺点已经被逐渐完全克服。然而,求差方法还有一个明显的缺点是,因为无法求出解析解,故而无法分析各干扰项对弹道参数的相互影响规律,这就会限制其在某些问题上的研究应用(制导控制)。即便如此,由于求差方法所具有的优点以及计算工具的发展,该方法仍然被广泛采用。

2) 摄动方法

一般情况下在工程应用中,如果标准条件选择适当,则各项干扰可视为小干扰,相应的干扰弹道与标准弹道也会相差很小。该条件下可将干扰弹道在标准弹道附近展开成泰勒级数(泰勒公式),并且只保留泰勒级数中的一阶项来进行研究,故而微分方法实质上也就是小扰动线性化法。显然,线性化后的弹道微分方程组可应用线性常微分方程理论来求解,从而得到干扰引起的弹道参数偏差。

泰勒公式主要应用于数学、物理领域,是一个用函数在某个点的信息描述其附近取值的公式。泰勒公式是将一个在 $x=x_0$ 处具有 n 阶导数的函数 $f(x)$ 利用关于 $x-x_0$ 的 n 次多项式来逼近函数的方法。若函数 $f(x)$ 在包含 x_0 的某个闭区间 $[a,b]$ 上具有 n 阶导数,且在开区间 (a,b) 上具有 $n+1$ 阶导数,则对闭区间 $[a,b]$ 上任意一点 x,下式成立:

$$f(x)=\frac{1}{0!}f(x_0)+\frac{1}{1!}f'(x_0)(x-x_0)+\cdots+\frac{1}{n!}f^{(n)}(x_0)(x-x_0)^n+R_n(x) \tag{7-5-6}$$

式中:$f^{(n)}(x_0)$ 为 $f(x)$ 的 n 阶导数。等式右侧的多项式称为函数 $f(x)$ 在 x_0 处的泰勒展开式,剩余的 $R_n(x)$ 是泰勒公式的余项,是 $(x-x_0)^n$ 的高阶无穷小项。

假设 m 个小干扰项 $\lambda_j(j=1,2,\cdots,m)$ 作用下的 n 个弹道状态量 $x_i(i=1,2,\cdots,n)$ 的非线性干扰弹道微分方程组为

$$\dot{x}_i=\vartheta_i(t,x_i,\lambda_j),i=1,2,\cdots,n;j=1,2,\cdots,m \tag{7-5-7}$$

根据上述微分方法的基本思路,将该式在标准弹道附加展开成泰勒级数并只保留泰勒级数中一阶项,可得与该式相对应的线性微分方程组为

$$\begin{cases}\delta\dot{x}_1=\sum\limits_{i=1}^{n}\dfrac{\partial\vartheta_1}{\partial x_i}\cdot\delta x_i+\sum\limits_{j=1}^{m}\dfrac{\partial\vartheta_1}{\partial\lambda_j}\cdot\delta\lambda_j\\ \delta\dot{x}_2=\sum\limits_{i=1}^{n}\dfrac{\partial\vartheta_2}{\partial x_i}\cdot\delta x_i+\sum\limits_{j=1}^{m}\dfrac{\partial\vartheta_2}{\partial\lambda_j}\cdot\delta\lambda_j\\ \qquad\vdots\\ \delta\dot{x}_n=\sum\limits_{i=1}^{n}\dfrac{\partial\vartheta_n}{\partial x_i}\cdot\delta x_i+\sum\limits_{j=1}^{m}\dfrac{\partial\vartheta_n}{\partial\lambda_j}\cdot\delta\lambda_j\end{cases} \tag{7-5-8}$$

该式即为摄动方程组。

为便于表示,常把式(7-5-8)简化为

$$
\begin{cases}
\delta \dot{x}_1 = \sum_{i=1}^{n} a_{1,i} \cdot \delta x_i + \sum_{j=1}^{m} b_{1,j} \cdot \delta \lambda_j \\
\delta \dot{x}_2 = \sum_{i=1}^{n} a_{2,i} \cdot \delta x_i + \sum_{j=1}^{m} b_{2,j} \cdot \delta \lambda_j \\
\qquad \vdots \\
\delta \dot{x}_n = \sum_{i=1}^{n} a_{n,i} \cdot \delta x_i + \sum_{j=1}^{m} b_{n,j} \cdot \delta \lambda_j
\end{cases} \tag{7-5-9}
$$

式中

$$
a_{i,i} = \frac{\partial \vartheta_i}{\partial x_i}, b_{i,j} = \frac{\partial \vartheta_i}{\partial \lambda_j}, i = 1,2,\cdots,n; j = 1,2,\cdots,m \tag{7-5-10}
$$

该式所示各偏导系数均为标准弹道方程对状态变量和干扰项的函数，$a_{i,i}$与状态变量相关而与干扰的性质无关，$b_{i,j}$取决于干扰的特性。在给定初始条件后，求解上述摄动弹道方程组便可求出各弹道参数偏差值，如此求解弹道参数偏差的问题就转化为求解摄动方程组的问题。

习 题

1. 阐述数值解的数学内涵，并举例说明解析解与数值解的区别。
2. 推导“嫦娥”五号上升器在月面点火起飞时纵向运动平面内的弹道解析解。
3. 阐述常微分方程和常微分方程组的常用数值积分方法。
4. 阐述弹道数值积分计算的基本步骤。
5. 画出阐述地面发射惯性坐标系内弹道积分计算的数据流程图。
6. 阐述标准弹道与偏差弹道的区别和联系。

第8章 满足入轨要求的发射弹道规划

前面在介绍发射弹道方程、发射弹道设计方法和弹道数值积分计算方法等内容时主要偏重于基本方法和基础理论层面,并未充分地考虑运载器将有效载荷精确送入轨道等问题。鉴于此,本章结合实际的发射任务需求,详细阐述满足入轨要求的发射弹道规划设计方法,主要包括二体运动、入轨参数的选取、入轨点参数的解算、满足入轨要求的发射弹道的程序角设计等内容。

8.1 航天器的二体运动

在天体力学分析中,研究两个天体之间万有引力作用下的运动问题称为二体问题。研究二体问题时通常会把被研究的两个物体视为质点,在研究航天器相对于地球的运动时,航天器尺寸远小于其地心距离,可视为质点。在研究航天器绕地心运动特性时,地球通常可近似为均质圆球模型,在此假设下,地球也可以看成一个质量集中在地心的质点,此时航天器和地球近似地组成一个二体问题。

8.1.1 二体问题动力学方程

在惯性空间 $O_I\text{-}X_IY_IZ_I$ 中,质点 P_1 相对于原点 O_I 的矢径为 $\boldsymbol{r}_1$,质点 P_2 相对于原点 O_I 的矢径为 $\boldsymbol{r}_2$,质点 P_1 的质量为 m_1,质点 P_2 的质量为 m_2,两个质点的质心为 $O_{\mathrm{c.m.}}$,质心相对于原点 O_I 的矢径为 $\boldsymbol{r}_{\mathrm{c.m.}}$,如图 8-1-1 所示。

质点 P_2 到质点 P_2 的矢径为

$$\boldsymbol{r}=\boldsymbol{r}_1-\boldsymbol{r}_2 \tag{8-1-1}$$

根据质心定义

$$m_1(\boldsymbol{r}_1-\boldsymbol{r}_{\mathrm{c.m.}})+m_2(\boldsymbol{r}_2-\boldsymbol{r}_{\mathrm{c.m.}})=0 \tag{8-1-2}$$

联立两式可得

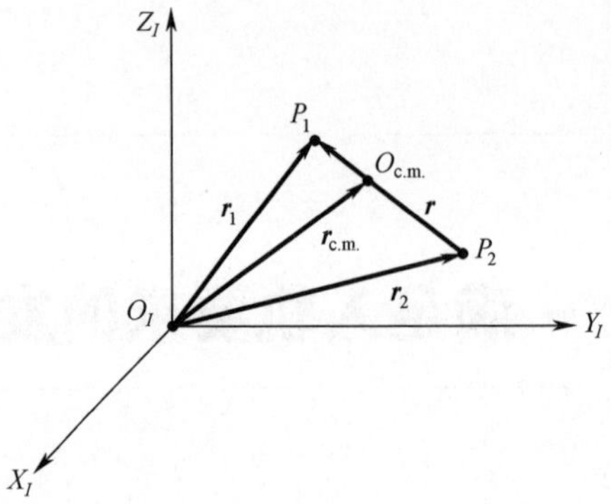

图 8-1-1　二体运动示意图

$$\begin{cases} \boldsymbol{r}_1 = \boldsymbol{r}_{c.m.} + \dfrac{m_2}{m_1 + m_2}\boldsymbol{r} \\ \boldsymbol{r}_2 = \boldsymbol{r}_{c.m.} - \dfrac{m_1}{m_1 + m_2}\boldsymbol{r} \end{cases} \tag{8-1-3}$$

质点 P_1 和质点 P_2 仅受到两质点之间的引力作用,则有

$$\begin{cases} m_1\ddot{\boldsymbol{r}}_1 = \boldsymbol{F}_1 \\ m_2\ddot{\boldsymbol{r}}_2 = \boldsymbol{F}_2 \end{cases} \tag{8-1-4}$$

式中:$\boldsymbol{F}_1$ 为 P_2 对 P_1 的引力;$\boldsymbol{F}_2$ 为 P_1 对 P_2 的引力。

显然,$\boldsymbol{F}_1=-\boldsymbol{F}_2$。联立上面各式可得

$$(m_1 + m_2)\ddot{\boldsymbol{r}}_{c.m.} = 0 \tag{8-1-5}$$

显然,$\ddot{\boldsymbol{r}}_{c.m.}=0$,该式说明二体系统的质心 $O_{c.m.}$ 时刻处于平衡状态,则有

$$\begin{cases} m_1\ddot{\boldsymbol{r}}_1 = \dfrac{m_1 m_2}{m_1 + m_2}\ddot{\boldsymbol{r}} = \boldsymbol{F}_1 \\ m_2\ddot{\boldsymbol{r}}_2 = -\dfrac{m_1 m_2}{m_1 + m_2}\ddot{\boldsymbol{r}} = -\boldsymbol{F}_1 \end{cases} \tag{8-1-6}$$

万有引力为

$$\boldsymbol{F}_1 = -\frac{Gm_1m_2}{r^3}\boldsymbol{r} \tag{8-1-7}$$

代入式(8-1-6)可得

$$\ddot{\boldsymbol{r}} + \frac{\mu}{r^3}\boldsymbol{r} = 0 \tag{8-1-8}$$

式中:μ 为引力计算参数,$\mu=Gm_1+Gm_2$,该式即为二体系统运动的基本微分方程。

将上述二体问题中质点 P_1 和质点 P_2 分别用航天器质心 O_B 和地球地心 O_{E} 来替换，则矢径 $\boldsymbol{r}$ 就是航天器的地心矢径，如图 8-1-2 所示。

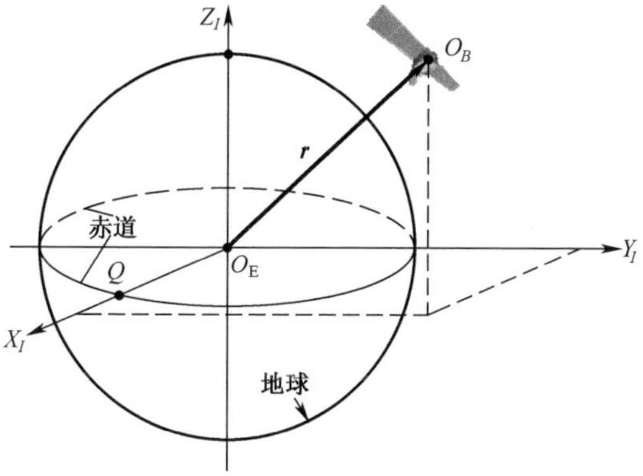

图 8-1-2　航天器和地心空间关系示意图

图 8-1-2 中 $O_{\mathrm{E}}-X_IY_IZ_I$ 坐标系为地心第一赤道坐标系（地心惯性系），$O_{\mathrm{E}}Z_I$ 轴垂直于地球赤道平面与地球自转轴重合指向北极方向，$O_{\mathrm{E}}X_I$ 轴在赤道平面内指向春分点方向，$O_{\mathrm{E}}Y_I$ 轴与 $O_{\mathrm{E}}X_I$ 轴、$O_{\mathrm{E}}Z_I$ 轴构成笛卡儿坐标系。假设地心矢径 $\boldsymbol{r}$ 在坐标系 $O_{\mathrm{E}}-X_IY_IZ_I$ 三轴的分量为(x,y,z)，则二体系统基本微分方程可转化为

$$\begin{bmatrix}\ddot{x}\\ \ddot{y}\\ \ddot{z}\end{bmatrix}+\frac{\mu}{r^3}\begin{bmatrix}x\\ y\\ z\end{bmatrix}=0 \tag{8-1-9}$$

式中：地心距 r 和引力常数 μ 分别为

$$\begin{cases}r=\sqrt{x^2+y^2+z^2}\\ \mu=398600.5\mathrm{km}^3/\mathrm{s}^2\end{cases} \tag{8-1-10}$$

若给定变量组$(x,y,z,\dot{x},\dot{y},\dot{z})$的一组初值，则二体运动基本微分方程就可以进行数值求解并解算得到任意时刻航天器在地心惯性坐标系的位置和速度分量。推广至一般情况，即只需给出一组独立积分常数，则二体运动微分方程便可解，而且独立积分常数与航天器的质心运动状态是一一对应的。根据二体运动基本微分方程，也可以归纳出二体运动的一些典型特点，已知

$$\begin{cases}\ddot{x}+\dfrac{\mu}{r^3}x=0\\ \ddot{y}+\dfrac{\mu}{r^3}y=0\\ \ddot{z}+\dfrac{\mu}{r^3}z=0\end{cases} \tag{8-1-11}$$

显然,下式成立:

$$\begin{cases}\ddot{x}y-\ddot{y}x=0\\ \ddot{x}z-\ddot{z}x=0\Rightarrow\dfrac{\mathrm{d}}{\mathrm{d}t}(\dot{x}y-\dot{y}x)=0,\dfrac{\mathrm{d}}{\mathrm{d}t}(\dot{x}z-\dot{z}x)=0,\dfrac{\mathrm{d}}{\mathrm{d}t}(\dot{y}z-\dot{z}y)=0\\ \ddot{y}z-\ddot{z}y=0\end{cases} \tag{8-1-12}$$

则

$$\begin{cases}\dot{x}y-\dot{y}x=C_1\\ \dot{z}x-\dot{x}z=C_2\\ \dot{y}z-\dot{z}y=C_3\end{cases}\Rightarrow\begin{cases}\dot{x}xyz-x\dot{y}z=zC_1\\ xy\dot{z}-\dot{x}yz=yC_2\\ x\dot{y}z-xy\dot{z}=xC_3\end{cases}\Rightarrow xC_3+yC_2+zC_1=0 \tag{8-1-13}$$

式中:C_1、C_2、C_3 为常数。

由该式可知,遵循二体运动规律的航天器是在一个特定的平面内运动,且该平面经过地球地心,这个平面通常称为轨道平面。

8.1.2 基于动量矩的轨道倾角和升交点赤经解算

地心矢径 $\boldsymbol{r}$ 与其绝对导数 $\dot{\boldsymbol{r}}$ 的叉乘的绝对导数为

$$\frac{\mathrm{d}}{\mathrm{d}t}(\boldsymbol{r}\times\dot{\boldsymbol{r}})=\frac{\mathrm{d}\boldsymbol{r}}{\mathrm{d}t}\times\dot{\boldsymbol{r}}+\boldsymbol{r}\times\frac{\mathrm{d}^2\boldsymbol{r}}{\mathrm{d}t^t}=\boldsymbol{r}\times\frac{\mathrm{d}^2\boldsymbol{r}}{\mathrm{d}t^t}=\boldsymbol{r}\times\left(-\frac{\mu}{r^3}\boldsymbol{r}\right)=0 \tag{8-1-14}$$

显然 $\boldsymbol{r}\times\dot{\boldsymbol{r}}=\boldsymbol{h}$,常数 h 称为二体系统的单位质量动量矩。动量矩 $\boldsymbol{h}$ 的导数为零,可见动量矩是常值矢量,也说明二体系统内载荷绕地球运动过程中动量矩守恒。同时,动量矩不仅大小不变,方向也不发生变化,考虑到动量矩 $\boldsymbol{h}$ 与地心距离 $\boldsymbol{r}$ 和地心距绝对导数 $\dot{\boldsymbol{r}}$ 构成的平面垂直,也进一步说明了二体运动是在一个平面内运动。

因动量矩 $\boldsymbol{h}$ 是常矢量,所以二体系统的动量矩是守恒的;动量矩 $\boldsymbol{h}$ 垂直于二体运动平面,故而二体系统的运动平面是惯性固定的(图 8-1-3)。动量矩 h 的大小

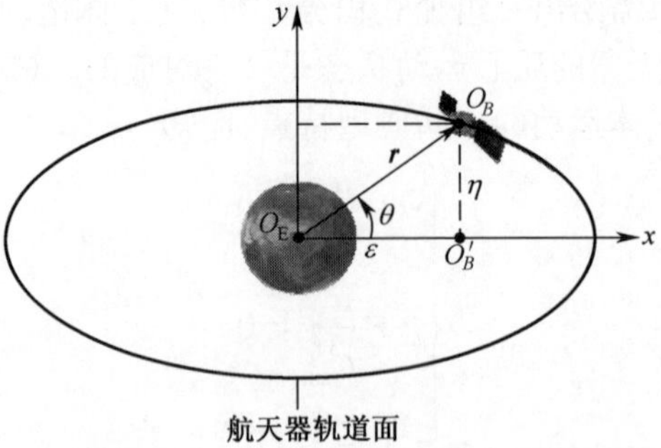

图 8-1-3 航天器轨道平面示意图

$$r^2\dot{\theta} = h \tag{8-1-15}$$

式中:h 为积分常数($r^2\dot{\theta}$ 的导数为零,即 $r\ddot{\theta} - 2\dot{r}\dot{\theta} = 0$)。

该式的物理意义是航天器的地心矢径在单位时间内扫过的面积的 2 倍。航天器在单位时间内扫过的面积越大,航天器运行的轨道尺寸就越大,h 可在一定程度上反映轨道的大小。

如图 8-1-4 所示,在地心惯性坐标系 $O_E-X_{EI}Y_{EI}Z_{EI}$ 中,当二体运动平面(轨道平面)相对于 $X_{EI}O_EY_{EI}$ 平面的倾角 i 和轨道升交点相对于 O_EX_{EI} 轴的经度夹角 Ω 一定时,轨道平面在惯性空间的方向是确定的。在二体运动轨道平面内建立辅助坐标系 $O_E - x'y'z'$,O_Ex' 轴与航天器的地心矢径 $\boldsymbol{r}$ 重合,O_Ey'轴在轨道平面内垂直于 O_Ex'轴并指向航天器此刻速度方向,而 O_Ez'轴满足右手定则,则动量矩 $\boldsymbol{h}$ 与 O_Ez'轴重合。定义 u 为从轨道升交点的方向到 O_Ex'轴方向的夹角,该角度称为纬度幅角。显然,当$-90° \leqslant u \leqslant 90°$时,轨道为上升轨道段,当 $90° \leqslant u \leqslant 270°$时,轨道为下降轨道段。辅助坐标系 $O_E-x'y'z'$到地心惯性坐标系 $O_E-X_{EI}Y_{EI}Z_{EI}$ 的坐标转换矩阵为

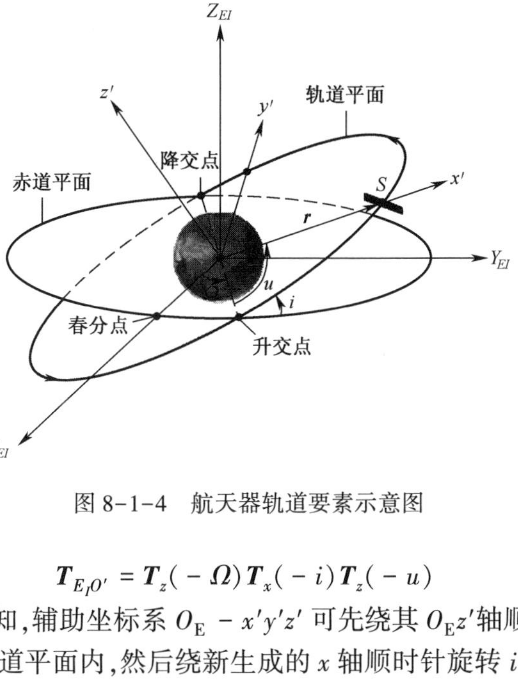

图 8-1-4　航天器轨道要素示意图

$$\boldsymbol{T}_{E_IO'} = \boldsymbol{T}_z(-\Omega)\boldsymbol{T}_x(-i)\boldsymbol{T}_z(-u) \tag{8-1-16}$$

由空间关系可知,辅助坐标系 $O_E - x'y'z'$ 可先绕其 O_Ez'轴顺时针旋转 u 角度将 O_Ex'轴转动至赤道平面内,然后绕新生成的 x 轴顺时针旋转 i 角度将 O_Ey'轴转动至赤道平面内,最后绕新生成的 z 轴顺时针旋转 Ω 角度便可与地心惯性坐标系 $O_E-X_{EI}Y_{EI}Z_{EI}$重合。坐标转换矩阵的具体形式为

$$\boldsymbol{T}_{E_IO'} = \begin{bmatrix} \cos\Omega\cos u - \sin\Omega\sin u\cos i & -\cos\Omega\sin u - \sin\Omega\cos u\cos i & \sin\Omega\sin i \\ \sin\Omega\cos u + \cos\Omega\sin u\cos i & -\sin\Omega\sin u + \cos\Omega\cos u\cos i & -\cos\Omega\sin i \\ \sin u\sin i & \cos u\sin i & \cos i \end{bmatrix}$$

动量矩 $\boldsymbol{h}$ 在辅助坐标系 $O_{\mathrm{E}}-x'y'z'$中的分量为

$$\boldsymbol{h}=\begin{bmatrix}h_{x'}\\h_{y'}\\h_{z'}\end{bmatrix}=\begin{bmatrix}0\\0\\h\end{bmatrix}\tag{8-1-17}$$

则动力矩 $\boldsymbol{h}$ 在地心惯性坐标系内的分量可表示为

$$\boldsymbol{h}=\begin{bmatrix}h_X\\h_Y\\h_Z\end{bmatrix}=\boldsymbol{T}_{E_IO'}\begin{bmatrix}0\\0\\h\end{bmatrix}=\begin{bmatrix}h\cdot\sin\Omega\cdot\sin i\\-h\cdot\cos\Omega\cdot\sin i\\h\cdot\cos i\end{bmatrix}\tag{8-1-18}$$

显然

$$\begin{cases}\cos i=\dfrac{h_Z}{h}\\\tan\Omega=-\dfrac{h_X}{h_Y}\end{cases}\tag{8-1-19}$$

式中:h 为动量矩的数值;i 为轨道倾角;Ω 为升交点赤经;h_X、h_Y、h_Z 为动力矩 $\boldsymbol{h}$ 在地心惯性坐标系的分量。

8.1.3 偏心率矢量与近地点幅角

二体相对运动基本微分方程中各项右侧叉乘动量矩 $\boldsymbol{h}$,可得

$$\ddot{\boldsymbol{r}}+\boldsymbol{h}+\frac{\mu}{r^3}\boldsymbol{r}\times(\boldsymbol{r}\times\dot{\boldsymbol{r}})=0\tag{8-1-20}$$

则

$$\boldsymbol{A}\times(\boldsymbol{B}\times\boldsymbol{C})=(\boldsymbol{A}\cdot\boldsymbol{C})\boldsymbol{B}-(\boldsymbol{A}\cdot\boldsymbol{B})\boldsymbol{C}\Rightarrow\boldsymbol{r}\times(\boldsymbol{r}\times\dot{\boldsymbol{r}})=(\boldsymbol{r}\cdot\dot{\boldsymbol{r}})\boldsymbol{r}-(\boldsymbol{r}\cdot\boldsymbol{r})\dot{\boldsymbol{r}}\tag{8-1-21}$$

因为 $\boldsymbol{r}\cdot\dot{\boldsymbol{r}}=\dot{r}r$,$\boldsymbol{r}\cdot\boldsymbol{r}=r^2$,则

$$\ddot{\boldsymbol{r}}\times\boldsymbol{h}+\frac{\mu}{r^2}(\dot{r}\boldsymbol{r}-r\dot{\boldsymbol{r}})=0\tag{8-1-22}$$

即

$$\ddot{\boldsymbol{r}}\times\boldsymbol{h}=\mu\cdot\frac{\mathrm{d}}{\mathrm{d}t}\left(\frac{r}{r}\right)\Rightarrow\dot{\boldsymbol{r}}\times\boldsymbol{h}=\boldsymbol{\mu}\cdot\left(\frac{\boldsymbol{r}}{r}+e\right)\tag{8-1-23}$$

则常值矢量为

$$\boldsymbol{e}=\frac{r\dot{\boldsymbol{r}}\times\boldsymbol{h}-\mu\boldsymbol{r}}{\mu r}=\frac{r\dot{\boldsymbol{r}}\times(\boldsymbol{r}\times\dot{\boldsymbol{r}})-\mu\boldsymbol{r}}{\mu r}\tag{8-1-24}$$

利用矢量叉乘法则 $\dot{\boldsymbol{r}}\times(\boldsymbol{r}\times\dot{\boldsymbol{r}})=\dot{r}^2\boldsymbol{r}-(\dot{\boldsymbol{r}}\cdot\boldsymbol{r})\dot{\boldsymbol{r}}$,则式(8-1-24)可转化为

$$\boldsymbol{e}=\frac{r\dot{r}^2\boldsymbol{r}-r(\dot{\boldsymbol{r}}\cdot\boldsymbol{r})\dot{\boldsymbol{r}}-\mu\boldsymbol{r}}{\mu r}=\frac{\dot{r}\boldsymbol{r}}{\mu}-\frac{(\dot{\boldsymbol{r}}\cdot\boldsymbol{r})\dot{\boldsymbol{r}}}{\mu}-\frac{\boldsymbol{r}}{r}\tag{8-1-25}$$

若已知地心矢径 $\boldsymbol{r}$ 和绝对速度 $\dot{\boldsymbol{r}}$，则偏心率矢量就可利用式(8-1-25)解算。已知三重矢量的叉乘、点乘混合运算遵循 $(\boldsymbol{A}\times\boldsymbol{B})\cdot\boldsymbol{C}=\boldsymbol{A}\cdot(\boldsymbol{B}\times\boldsymbol{C})$，则

$$(\dot{\boldsymbol{r}}\times\boldsymbol{h})\cdot\boldsymbol{h}=\dot{\boldsymbol{r}}\cdot(\boldsymbol{h}\times\boldsymbol{h})=0 \tag{8-1-26}$$

又

$$(\dot{\boldsymbol{r}}\times\boldsymbol{h})\cdot\boldsymbol{h}=\mu\cdot\left(\frac{\boldsymbol{r}}{r}+\boldsymbol{e}\right)\cdot\boldsymbol{h}=\mu\cdot\frac{\boldsymbol{r}\cdot\boldsymbol{h}}{r}+\mu\boldsymbol{e}\cdot\boldsymbol{h}=\mu\boldsymbol{e}\cdot\boldsymbol{h}\Rightarrow\boldsymbol{e}\cdot\boldsymbol{h}=0 \tag{8-1-27}$$

可见，偏心率矢量 $\boldsymbol{e}$ 在轨道平面内。如图 8-1-5 所示，建立辅助轨道坐标系 $O_E-x''y''z''$，O_Ex''轴与偏心率矢量 $\boldsymbol{e}$ 重合，O_Ez''轴与动量矩 $\boldsymbol{h}$ 重合，O_Ey''轴满足右手直角准则，图中 ω 是从升交点方向到偏心率矢量方向的夹角。

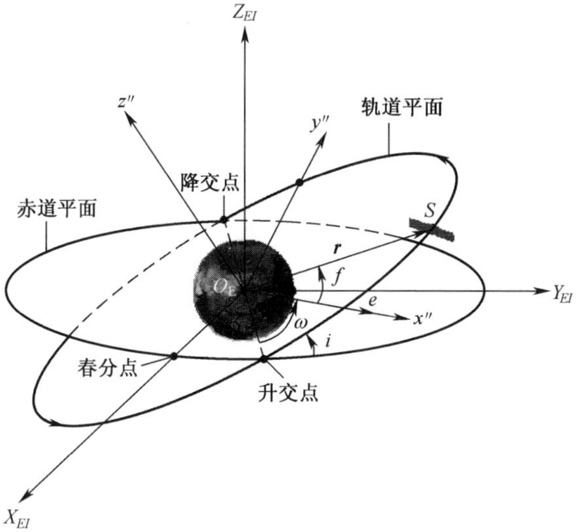

图 8-1-5 （见彩图）航天器空间轨道示意图

辅助轨道坐标系 $O_E-x''y''z''$到地心惯性坐标系 $O_E-X_{EI}Y_{EI}Z_{EI}$的坐标转换矩阵为

$$\boldsymbol{T}_{E_IO''}=\boldsymbol{T}_z(-\Omega)\boldsymbol{T}_x(-i)\boldsymbol{T}_z(-\omega) \tag{8-1-28}$$

角度 ω 称为近地点幅角。由空间关系可知，辅助坐标系 $O_E-x''y''z''$可先绕其 O_Ez''轴顺时针旋转 ω 角度将 O_Ex''轴转动至赤道平面内，然后绕新生成的 x 轴顺时针旋转 i 角度将 O_Ey''轴也转动至赤道平面内，最后绕新生成的 z 轴顺时针旋转 Ω 角度便可与地心惯性坐标系 $O_E-X_{EI}Y_{EI}Z_{EI}$ 重合。坐标转换矩阵的具体形式为

$$\boldsymbol{T}_{E_IO''}=\begin{bmatrix}\cos\Omega\cos\omega-\sin\Omega\sin\omega\cos i & -\cos\Omega\sin\omega-\sin\Omega\cos\omega\cos i & \sin\Omega\sin i\\ \sin\Omega\cos\omega+\cos\Omega\sin\omega\cos i & -\sin\Omega\sin\omega+\cos\Omega\cos\omega\cos i & -\cos\Omega\sin i\\ \sin\omega\sin i & \cos\omega\sin i & \cos i\end{bmatrix} \tag{8-1-29}$$

偏心率矢量在辅助轨道坐标系 $O_E\text{-}x''y''z''$内的分量为

$$\boldsymbol{e} = \begin{bmatrix} e \\ 0 \\ 0 \end{bmatrix} \tag{8-1-30}$$

则偏心率矢量在地心惯性坐标系内的分量为

$$\begin{bmatrix} e_X \\ e_Y \\ e_Z \end{bmatrix} = \boldsymbol{e} = \boldsymbol{T}_{E_I O''} \begin{bmatrix} e \\ 0 \\ 0 \end{bmatrix} = \begin{bmatrix} e \cdot \cos\Omega \cdot \cos\omega - e \cdot \sin\Omega \cdot \sin\omega \cdot \cos i \\ e \cdot \cos\Omega \cdot \cos\omega - e \cdot \cos\Omega \cdot \sin\omega \cdot \cos i \\ e \cdot \sin\omega \cdot \sin i \end{bmatrix} \tag{8-1-31}$$

由此可得

$$\tan\omega = \frac{e_Z}{e_Y \cdot \sin\Omega \cdot \sin i + e_X \cdot \cos\Omega \cdot \sin i} \tag{8-1-32}$$

可见,偏心率矢量在地心惯性坐标系内的三个分量只有两个是相互独立的,知道其中两个就可以求出第三个。

8.1.4 轨道方程

将二体系统的动力学方程两边同时叉乘动量矩 $\boldsymbol{h}$,可得

$$\ddot{\boldsymbol{r}} + \frac{\mu}{r^3}\boldsymbol{r} = 0 \Rightarrow \ddot{\boldsymbol{r}} \times \boldsymbol{h} = -\frac{\mu}{r^3}\boldsymbol{r} \times \boldsymbol{h} \tag{8-1-33}$$

等式左侧

$$\ddot{\boldsymbol{r}} \times \boldsymbol{h} = \frac{\mathrm{d}\dot{\boldsymbol{r}}}{\mathrm{d}t} \times \boldsymbol{h} + \dot{\boldsymbol{r}} \times \frac{\mathrm{d}\boldsymbol{h}}{\mathrm{d}t} = \frac{\mathrm{d}}{\mathrm{d}t}(\dot{\boldsymbol{r}} \times \boldsymbol{h}) \tag{8-1-34}$$

相应地,有

$$-\frac{\mu}{r^3}\boldsymbol{r} \times \boldsymbol{h} = -\frac{\mu}{r^3}\boldsymbol{r} \times (\boldsymbol{r} \times \dot{\boldsymbol{r}}) \tag{8-1-35}$$

将右侧叉乘展开,首先

$$\boldsymbol{r} \times \dot{\boldsymbol{r}} = \begin{vmatrix} \boldsymbol{i} & \boldsymbol{j} & \boldsymbol{k} \\ r_x & r_y & r_z \\ \dot{r}_x & \dot{r}_y & \dot{r}_z \end{vmatrix} = (r_y\dot{r}_z - r_z\dot{r}_y)\boldsymbol{i} + (r_z\dot{r}_x - r_x\dot{r}_z)\boldsymbol{j} + (r_x\dot{r}_y - r_y\dot{r}_x)\boldsymbol{k} \tag{8-1-36}$$

然后

$$\boldsymbol{r}\times(\boldsymbol{r}\times\dot{\boldsymbol{r}})=\begin{vmatrix}\boldsymbol{i} & \boldsymbol{j} & \boldsymbol{k}\\ r_x & r_y & r_z\\ r_y\dot{r}_z-r_z\dot{r}_y & r_z\dot{r}_x-r_x\dot{r}_z & r_x\dot{r}_y-r_y\dot{r}_x\end{vmatrix}=\begin{bmatrix}r_xr_y\dot{r}_y-r_y^2\dot{r}_x\\ r_yr_z\dot{r}_z-r_z^2\dot{r}_y\\ r_x\dot{r}_xr_z-r_x^2\dot{r}_z\end{bmatrix}-\begin{bmatrix}r_z^2\dot{r}_x-r_xr_z\dot{r}_z\\ r_x^2\dot{r}_y-r_x\dot{r}_xr_y\\ r_y^2\dot{r}_z-r_y\dot{r}_yr_z\end{bmatrix} \tag{8-1-37}$$

又

$$r\dot{r}\boldsymbol{r}=(r_x\dot{r}_x+r_y\dot{r}_y+r_z\dot{r}_z)\begin{bmatrix}r_x\\ r_y\\ r_z\end{bmatrix}=\begin{bmatrix}r_x^2\dot{r}_x+r_xr_y\dot{r}_y+r_xr_z\dot{r}_z\\ r_x\dot{r}_xr_y+r_y^2\dot{r}_y+r_yr_z\dot{r}_z\\ r_x\dot{r}_xr_z+r_y\dot{r}_yr_z+r_z^2\dot{r}_z\end{bmatrix} \tag{8-1-38}$$

考虑到

$$r^2\cdot\frac{\mathrm{d}\boldsymbol{r}}{\mathrm{d}t}=(r_x^2+r_y^2+r_z^2)\begin{bmatrix}\dot{r}_x\\ \dot{r}_y\\ \dot{r}_z\end{bmatrix}=\begin{bmatrix}r_x^2\dot{r}_x+\dot{r}_xr_y^2+\dot{r}_xr_z^2\\ r_x^2\dot{r}_y+r_y^2\dot{r}_y+\dot{r}_yr_z^2\\ r_x^2\dot{r}_z+r_y^2\dot{r}_z+r_z^2\dot{r}_z\end{bmatrix} \tag{8-1-39}$$

则

$$-\frac{\mu}{r^3}\boldsymbol{r}\times(\boldsymbol{r}\times\dot{\boldsymbol{r}})=\begin{bmatrix}r_xr_y\dot{r}_y-r_y^2\dot{r}_x\\ r_yr_z\dot{r}_z-r_z^2\dot{r}_y\\ r_x\dot{r}_xr_z-r_x^2\dot{r}_z\end{bmatrix}-\begin{bmatrix}r_z^2\dot{r}_x-r_xr_z\dot{r}_z\\ r_x^2\dot{r}_y-r_x\dot{r}_xr_y\\ r_y^2\dot{r}_z-r_y\dot{r}_yr_z\end{bmatrix}=-\frac{\mu}{r^2}\dot{r}\boldsymbol{r}+\frac{\mu}{r}\dot{\boldsymbol{r}} \tag{8-1-40}$$

已知

$$\frac{\mathrm{d}}{\mathrm{d}t}\left(\frac{1}{r}\right)=-\frac{1}{r^2}\cdot\dot{r}\Rightarrow-\frac{\mu}{r^3}\boldsymbol{r}\times(\boldsymbol{r}\times\dot{\boldsymbol{r}})=-\frac{\mu}{r^2}\dot{r}\boldsymbol{r}+\frac{\mu}{r}\dot{\boldsymbol{r}}=\mu\frac{\mathrm{d}}{\mathrm{d}t}\left(\frac{\boldsymbol{r}}{r}\right) \tag{8-1-41}$$

进而可得

$$\frac{\mathrm{d}}{\mathrm{d}t}(\dot{\boldsymbol{r}}\times\boldsymbol{h})=\mu\frac{\mathrm{d}}{\mathrm{d}t}\left(\frac{\boldsymbol{r}}{r}\right) \tag{8-1-42}$$

显然,下式成立:

$$\dot{\boldsymbol{r}}\times\boldsymbol{h}=\mu\left(\frac{\boldsymbol{r}}{r}+\boldsymbol{e}\right) \tag{8-1-43}$$

式中:$\boldsymbol{e}$ 为积分常矢量(偏心率矢量)。

将等式两侧同时点乘矢量 $\boldsymbol{r}$,可得

$$\boldsymbol{r}\cdot(\dot{\boldsymbol{r}}\times\boldsymbol{h})=\boldsymbol{r}\cdot\mu\left(\frac{\boldsymbol{r}}{r}+e\right)=\mu r+\mu re\cos(\boldsymbol{r},\boldsymbol{e})=\boldsymbol{h}\cdot(\boldsymbol{r}\times\dot{\boldsymbol{r}})=\boldsymbol{h}\cdot\boldsymbol{h}=h^2 \tag{8-1-44}$$

整理可得

$$r = \frac{\mu^{-1} \cdot h^2}{1 + e \cdot \cos(\boldsymbol{r},\boldsymbol{e})} \tag{8-1-45}$$

该式称为二体相对运动的轨道方程，是极坐标形式的圆锥曲线方程（是开普勒第一定律的直接证明），也称为轨道积分。矢量 $\boldsymbol{e}$ 表征的是轨道的圆锥形状，若用 e 来表示矢量 $\boldsymbol{e}$ 的模的大小：当 $e=0$ 时，地心距 r 恒为常数，此时航天器运行为圆周运动；当 $0<e<1$ 时，为椭圆方程，地心处在椭圆的一个焦点上，当 e 为，椭圆的扁率；当 $e=1$ 时，圆锥曲线为抛物线；当 $e>1$ 时，为双曲线。令

$$p_{\text{hp}} = \mu^{-1} \cdot h^2 \tag{8-1-46}$$

式中：p_{hp} 为椭圆轨道的半通径，根据圆锥曲线知识可知

$$p_{\text{hp}} = \frac{b^2}{a} = a(1 - e^2) \tag{8-1-47}$$

式中：a 为椭圆轨道的长半轴；b 为椭圆轨道的半短轴；e 为椭圆轨道的偏心率。

真近点角 f 实质上是航天器地心矢径 $\boldsymbol{r}$ 与偏心率矢量 $\boldsymbol{e}$ 在轨道平面内夹角（图 8-1-6），真近点角满足

$$\cos(\boldsymbol{r},\boldsymbol{e}) = \cos f = \frac{\boldsymbol{r} \cdot \boldsymbol{e}}{re}, f = u - \omega \tag{8-1-48}$$

式中：u 纬度幅角；ω 为近地点幅角。

因此

$$\begin{cases} \dot{u} = \dot{f} \\ h = r^2 \cdot \dot{f} \end{cases} \tag{8-1-49}$$

则

$$r = \frac{\mu^{-1} \cdot h^2}{1 + e \cdot \cos f} = \frac{\mu^{-1} \cdot h^2}{1 + e \cdot \cos(u - \omega)} \tag{8-1-50}$$

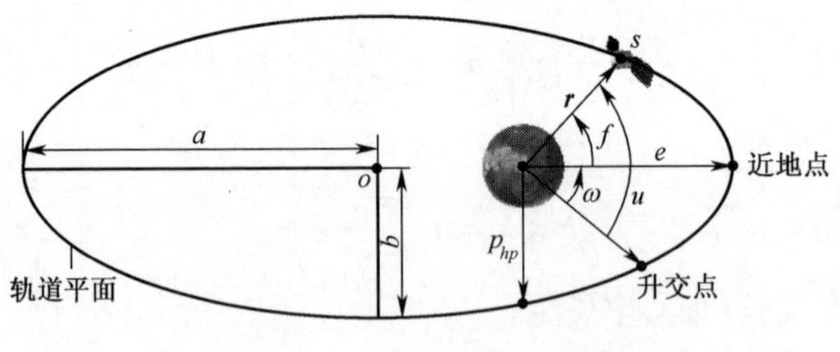

图 8-1-6　轨道方程示意图

需要说明，$e=0$ 和 $0<e<1$ 对应的圆轨道和椭圆轨道是最常见的人造地球卫星飞行的轨道，抛物线轨道是介于椭圆轨道和双曲线轨道的中间状态，抛物线轨道和双曲线轨道也具有物理上的真实性，特别是在宇宙航行中双曲线轨道对行星际飞行任务十分重要。显然，当真近点角 $f=0°$ 时，地心距 r 达到最小（航天器到达近地

点位置)，偏心率矢量 $\boldsymbol{e}$ 与地心距矢量 $\boldsymbol{r}$ 的夹角为0°，可见矢量 $\boldsymbol{e}$ 指向轨道近地点，所以 $\boldsymbol{e}$ 也称为近地点矢量。因为航天器大多是绕地球飞行，所以地心距最小和地心距最大的点称为近地点和远地点。从更一般的角度讲，轨道长轴的两个顶点通常称为拱点，离主焦点近的拱点称为近拱点，离主焦点远的点称为远拱点。

8.1.5 速度方程

将二体系统的基本动力学方程左侧点乘速度矢量，可得

$$\ddot{\boldsymbol{r}} + \frac{\mu}{r^3}\boldsymbol{r} = 0 \Rightarrow \boldsymbol{V} \cdot \ddot{\boldsymbol{r}} + \boldsymbol{V} \cdot \frac{\mu}{r^3}\boldsymbol{r} = 0 \tag{8-1-51}$$

该式与下式等价：

$$\frac{1}{2} \cdot \frac{\mathrm{d}\boldsymbol{V}^2}{\mathrm{d}t} + \frac{\mu}{r^3}\left(\frac{1}{2} \cdot \frac{\mathrm{d}\boldsymbol{r}^2}{\mathrm{d}t}\right) = 0 \tag{8-1-52}$$

考虑到

$$\begin{cases} \boldsymbol{V}^2 = \boldsymbol{V} \cdot \boldsymbol{V} = V^2 \\ \boldsymbol{r}^2 = \boldsymbol{r} \cdot \boldsymbol{r} = r^2 \end{cases} \tag{8-1-53}$$

则

$$\frac{1}{2} \cdot \frac{\mathrm{d}V^2}{\mathrm{d}t} = \frac{\mathrm{d}}{\mathrm{d}t}\left(\frac{\mu}{r}\right) \tag{8-1-54}$$

显然

$$\frac{1}{2}V^2 = \frac{\mu}{r} + E \tag{8-1-55}$$

式中：E 为积分常数。

下面讨论常值 E 的计算式，在航天器轨道平面内(图8-1-7)，速度矢量 $\boldsymbol{V}$ 可分解为地心距方向分量 $\boldsymbol{V}_{\mathrm{r}}$(径向速度)和垂直于地心距的分量 $\boldsymbol{V}_{\mathrm{n}}$(周向速度)，显然

$$\begin{cases} V_{\mathrm{r}} = \dot{r} \\ V_{\mathrm{n}} = r \cdot \dot{f} \end{cases} \tag{8-1-56}$$

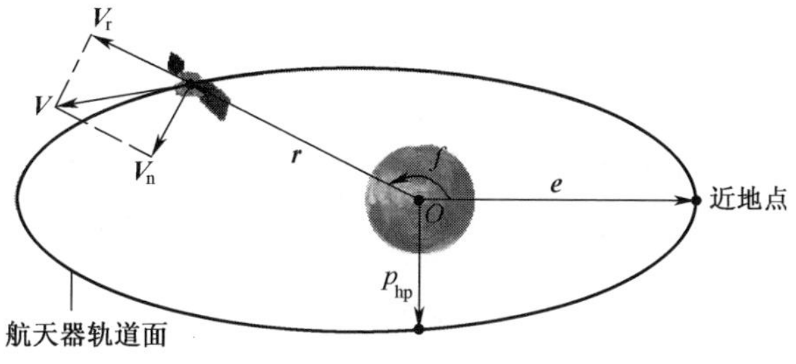

图8-1-7 速度矢量的分量示意图

已知

$$\begin{cases} h = r^2 \cdot \dot{f} \\ r = \dfrac{\mu^{-1} \cdot h^2}{1 + e \cdot \cos f} \end{cases} \tag{8-1-57}$$

则

$$\begin{cases} V_{\mathrm{n}} = r \cdot \dot{f} = \dfrac{h}{r} = \dfrac{h}{p_{\mathrm{hp}}} \cdot (1 + e \cdot \cos f) = \sqrt{\dfrac{\mu}{p_{\mathrm{hp}}}} \cdot (1 + e \cdot \cos f) \\ V_{\mathrm{r}} = \dot{r} = \dfrac{r^2}{p_{\mathrm{hp}}} \cdot e \cdot \sin f \cdot \dot{f} = \dfrac{h}{p_{\mathrm{hp}}} \cdot e \cdot \sin f = \sqrt{\dfrac{\mu}{p_{\mathrm{hp}}}} \cdot e \cdot \sin f \end{cases} \tag{8-1-58}$$

速度为

$$V = \sqrt{V_{\mathrm{n}}^2 + V_{\mathrm{r}}^2} = \frac{h}{p_{\mathrm{hp}}}\sqrt{1 + 2 \cdot e \cdot \cos f + e^2} = \sqrt{\frac{\mu}{p_{\mathrm{hp}}}(1 + 2 \cdot e \cdot \cos f + e^2)} \tag{8-1-59}$$

真近点角 $f=90°$ 时，$r=p_{\mathrm{hp}}$，此时速度为

$$V^2 = \left(\frac{h}{p_{\mathrm{hp}}}\right)^2 (1 + e^2) \tag{8-1-60}$$

联立能量表达式

$$\frac{1}{2}V^2 = \frac{\mu}{r} + E \Rightarrow \frac{\mu}{p_{\mathrm{hp}}}(e^2 - 1) = 2E \Rightarrow E = -\frac{1}{2} \cdot \frac{\mu}{p_{\mathrm{hp}}}(1 - e^2) \tag{8-1-61}$$

半通径 p_{hp} 与长半轴 a 满足

$$a = \frac{p_{\mathrm{bp}}}{1 - e^2} \tag{8-1-62}$$

则能量为

$$E = -\frac{\mu}{2a} \tag{8-1-63}$$

可见，E 是只与长半轴有关的量。确定能量常数后，速度公式可转化为

$$V = \sqrt{\frac{2\mu}{r} - \frac{\mu}{a}} \tag{8-1-64}$$

利用该公式就可以快速地计算航天器轨道上任意一点的速度大小，结合具体的轨道类型该公式会有不同的形式。圆轨道上任一点的速度大小计算公式为

$$a = r, V = \sqrt{\frac{\mu}{r}} \tag{8-1-65}$$

圆轨道长半轴等于任意时刻的地心距，圆轨道上任一点的速度大小相等。椭圆轨

道上任一点的速度大小计算公式为

$$V=\sqrt{\frac{2\mu}{r}-\frac{\mu}{a}},a>0 \tag{8-1-66}$$

式中:长半轴 a 为定值,速度大小只与当前位置的地心距有关。当航天器地心距 r 等于中心天体的平均半径 R_0,即 $r=R_0$ 时,则速度 $V_{\mathrm{F.c.v}}=\sqrt{\mu\cdot R_0^{-1}}$ 就是航天器成为该中心天体的卫星所需的最小速度,称为第一宇宙速度。若地球为中心天体,则第一宇宙速度为 $V_{\mathrm{F.c.v}}=7.9\mathrm{km/s}$ 。当长半轴 $a\to\infty$ 时,航天器轨道为抛物线形状,此时速度运行轨道上任一点的速度 $V=\sqrt{2\mu\cdot r^{-1}}$ 。地心距 r 等于中心天体的平均半径 R_0 时,航天器速度 $V_{\mathrm{S.c.v}}=\sqrt{2\mu\cdot R_0^{-1}}$,称为第二宇宙速度(逃逸速度),该速度是航天器脱离该中心天体引力场所需的最小的速度,达到此速度后航天器将沿抛物线轨道飞行并不再返回中心天体。当地球为中心天体时,第二宇宙速度 $V_{\mathrm{S.c.v}}=11.2\mathrm{km/s}$。

根据能量 E 的计算式可知,当航天器轨道为圆轨道和椭圆轨道时,长半轴 $a>0$,此时能量 $E<0$,均为负值;当航天器轨道为抛物线轨道时,长半轴 $a\to\infty$,则能量 $E=0$;而当航天器轨道长半轴 $a<0$ 时(双曲线轨道),能量 $E>0$。当航天器绕中心天体运动时,可认为地心距 $r\to\infty$ 时(航天器距离中心天体无穷远)势能为零,即航天器若能够飞到无穷远位置则认为其已经完全脱离了中心天体的引力场。当航天器无穷远处的速度为零时,其动能正好等于将航天器从初始位置移动至无穷远处克服引力场做功所需的能量,即动能全部转化为势能时,航天器刚好可以脱离中心天体的引力场作用,此时飞行轨道为抛物线轨道,而二体系统的总机械能 $E=0$。当航天器速度大于抛物线轨道的速度时,在无穷远位置其动能未全部转化为势能,还保留一部分速度,此时轨道为双曲线轨道,总机械能 $E>0$。当航天器速度小于抛物线轨道的速度时,航天器无法飞到无穷远位置,其轨道为周期性的椭圆轨道,此时总机械能 $E<0$。

8.1.6 时间方程

已知动量矩 h、真近点角 f 和地心距 r 之间的关系方程为

$$\begin{cases} h=r^2\cdot\dot{f}=\sqrt{p_{\mathrm{hp}}2\mu} \\ r=\dfrac{p_{\mathrm{hp}}}{1+e\cdot\cos f} \end{cases} \tag{8-1-67}$$

则下式成立:

$$\frac{\mathrm{d}f}{\mathrm{d}t}=\sqrt{\frac{\mu}{p_{\mathrm{hp}}^3}}(1+e\cdot\cos f)^2 \tag{8-1-68}$$

时间微分为

$$\mathrm{d}t = \sqrt{\frac{p_{\mathrm{hp}}^3}{\mu}} \cdot \frac{\mathrm{d}f}{(1 + e \cdot \cos f)^2} \tag{8-1-69}$$

上式两边积分,可得

$$t - t_0 = \sqrt{\frac{p_{\mathrm{hp}}^3}{\mu}} \cdot \int_{f_0}^{f} \frac{\mathrm{d}f}{(1 + e \cdot \cos f)^2} \tag{8-1-70}$$

式中:t_0 为初始时刻;f_0 为初始 t_0 时刻航天器的真近点角;t 为当前时刻;f 为当前时刻的真近点角。该式即为航天器在轨道上的位置 f 与其飞行时间的关系方程。

1. 圆轨道周期

圆轨道偏心率 $e=0$,半通径 $p_{\mathrm{hp}}=r_{\mathrm{c}}$,则时间关系方程可简化为

$$t - t_0 = \sqrt{\frac{p_{\mathrm{hp}}^2}{\mu}} \cdot \int_{f_0}^{f} \mathrm{d}f = \sqrt{\frac{p_{\mathrm{hp}}^3}{\mu}} \cdot (f - f_0) = \sqrt{\frac{r_{\mathrm{c}}^3}{\mu}} \cdot (f - f_0) \tag{8-1-71}$$

当 $f-f_0=2\pi$ 时,说明航天器沿圆轨道运行一周,即为航天器圆轨道的运行周期

$$T_c = 2\pi\sqrt{\frac{r_{\mathrm{c}}^3}{\mu}} \tag{8-1-72}$$

式中:下标 c 表示圆轨道。该式为圆轨道的运行周期。

2. 椭圆轨道运行周期

航天器在椭圆轨道上的平均转动角速度为

$$n = \sqrt{\frac{\mu}{a^3}} \tag{8-1-73}$$

则转动一周(2π)所需的时间即为轨道运行周期,其表达式为

$$T_{\mathrm{e}} = \frac{2\pi}{n} = 2\pi \cdot \sqrt{\frac{a^3}{\mu}} \tag{8-1-74}$$

式中:T_{e} 为椭圆轨道的运行周期。

稍做变换,可得

$$\frac{a^3}{T_{\mathrm{e}}^2} = \frac{\mu}{4\pi^2} \tag{8-1-75}$$

该式即为开普勒第三定律的数学式,显然椭圆轨道的运行周期只与长半轴有关,而与椭圆轨道的形状无关。

3. 真近点角与偏近点角

对于椭圆轨道,时间积分式是很难直接解析求解的,为了建立椭圆轨道的时间关系方程,引入偏近点角 E 定义。如图 8-1-8 所示,以椭圆轨道长半轴 a 为半径,以椭圆轨道中心 O 为圆心作一个辅助圆,点 S 为航天器,过点 S 作垂直于椭圆轨道长轴的垂线,该垂线与椭圆轨道长轴交于点 S'',与辅助圆交于点 S',连接点 O 与

点 S'，$\angle S'OS''=E$ 称为偏近点角，显然 $\angle SO_ES''$ 为真近点角。

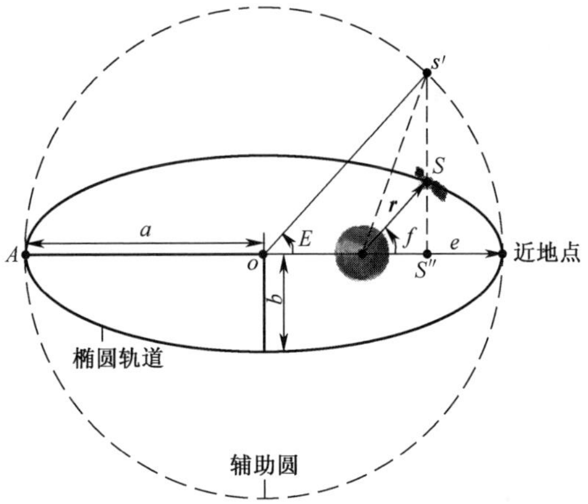

图 8-1-8　真近点角与偏近点角示意图

根据圆锥曲线特点可知

$$\begin{cases} OS' = a \\ OO_E = e \cdot a = c \\ O_ES = r \end{cases} \tag{8-1-76}$$

显然

$$O_ES'' = OS'' - OO_E = a \cdot \cos E - a \cdot e = r \cdot \cos f \tag{8-1-77}$$

已知

$$\begin{cases} (OS'')^2 + (S'S'')^2 = a^2 \Rightarrow \dfrac{(OS'')^2}{a^2} + \dfrac{(S'S'')^2}{a^2} = 1 \\ \dfrac{(OS'')^2}{a^2} + \dfrac{(SS'')^2}{b^2} = 1 \end{cases} \tag{8-1-78}$$

则

$$\frac{(SS'')^2}{b^2} = \frac{(S'S'')^2}{a^2} \Rightarrow \frac{SS''}{S'S''} = \frac{b}{a} \tag{8-1-79}$$

考虑到

$$b^2 = a^2(1 - e^2) = a^2 - c^2, S'S'' = a \cdot \sin E, SS'' = r \cdot \sin f \tag{8-1-80}$$

可得

$$\begin{cases} r \cdot \sin f = b \cdot \sin E = a\sqrt{1 - e^2} \cdot \sin E \\ r \cdot \cos f = a \cdot \cos E - a \cdot e \end{cases} \tag{8-1-81}$$

将式中各项平方后相加，可得

$$r^2 = a^2 \cdot (1-e^2) \cdot \sin^2 E + a^2\cos^2 E + a^2 \cdot e^2 - 2a^2 \cdot e \cdot \cos E = a^2 \cdot (1 - e \cdot \cos E)^2 \tag{8-1-82}$$

用偏近点角 E 表示的地心距方程为

$$r = a \cdot (1 - e \cdot \cos E) \tag{8-1-83}$$

已知真近点角满足

$$r \cdot \cos f = a \cdot \cos E - a \cdot e \tag{8-1-84}$$

则

$$\cos f = \frac{\cos E - e}{1 - e \cdot \cos E} \tag{8-1-85}$$

已知半角公式

$$\tan^2 \frac{f}{2} = \frac{1 - \cos f}{1 + \cos f} \tag{8-1-86}$$

将 $\cos f$ 与偏近点角 E 的关系式代入上式,可得

$$\tan^2 \frac{f}{2} = \frac{1 - e \cdot \cos E - \cos E + e}{1 - e \cdot \cos E + \cos E - e} = \frac{1+e}{1-e} \cdot \frac{1 - \cos E}{1 + \cos E} = \frac{1+e}{1-e} \cdot \tan^2 \frac{E}{2} \tag{8-1-87}$$

真近点角 f 与偏近点角 E 的关系式为

$$\tan \frac{f}{2} = \sqrt{\frac{1+e}{1-e}} \cdot \tan \frac{E}{2} \tag{8-1-88}$$

根据真近点角和偏近点角的空间几何关系可知,角度 $f/2$ 与角度 $E/2$ 在同一象限,可以排除根号前出现负号的可能性。

$$\begin{cases} \dfrac{f}{2} = \arctan\left(\sqrt{\dfrac{1+e}{1-e}} \cdot \tan \dfrac{E}{2}\right), 0 \leqslant \dfrac{E}{2} \leqslant \dfrac{\pi}{2} \\ \dfrac{f}{2} = \arctan\left(\sqrt{\dfrac{1+e}{1-e}} \cdot \tan \dfrac{E}{2}\right) + \pi, \dfrac{\pi}{2} \leqslant \dfrac{E}{2} \leqslant \pi \end{cases} \tag{8-1-89}$$

式中:e 为运行轨道的偏心率。

4. 开普勒方程

对地心距计算式

$$r = a \cdot (1 - e \cdot \cos E)$$

两边同时求导数,可得

$$\frac{\mathrm{d}r}{\mathrm{d}t} = a \cdot e \cdot \sin E \cdot \frac{\mathrm{d}E}{\mathrm{d}t} \tag{8-1-90}$$

已知

$$\begin{cases}\dfrac{\mathrm{d}r}{\mathrm{d}t}=V_r=\dfrac{h}{p_{\mathrm{hp}}}\cdot e\cdot\sin f=\dfrac{\mu}{h}\cdot e\cdot\sin f\\ \sin f=\dfrac{a}{r}\cdot\sqrt{1-e^2}\cdot\sin E=\dfrac{\sin E}{1-e\cdot\cos E}\cdot\sqrt{1-e^2}\end{cases}\tag{8-1-91}$$

又 $h^2=\mu\cdot a\cdot(1-e^2)$，则偏近点角的微分式可转化为

$$\frac{\mathrm{d}E}{\mathrm{d}t}=\sqrt{\frac{\mu}{a^3}}\cdot\frac{1}{1-e\cdot\cos E}\tag{8-1-92}$$

该式等价于

$$(1-e\cdot\cos E)\mathrm{d}E=\sqrt{\frac{\mu}{a^3}}\cdot\mathrm{d}t\Rightarrow E-e\cdot\sin E=\sqrt{\frac{\mu}{a^3}}\cdot(t-t_0)\tag{8-1-93}$$

当 $E=0$ 时，$t=t_0$，可见 t_0 为过近地点时刻。引入一个平均角速度

$$n=\sqrt{\frac{\mu}{a^3}}\tag{8-1-94}$$

同时假设

$$M=\sqrt{\frac{\mu}{a^3}}\cdot(t-t_0)=n\cdot(t-t_0)\tag{8-1-95}$$

式中：M 为平近点角。

则

$$M=E-E\cdot\sin E\tag{8-1-96}$$

式中：M、E 单位为 rad。该式即为著名的开普勒方程，它将天体在椭圆轨道上的位置与过近地点后所经历的时间联系起来，为研究天体和航天器在轨道上的运行时间和当前位置的关系奠定了基础。开普勒方程是一个超越方程，需要迭代求解，常用牛顿迭代方法（微分改正方法）进行求解。

8.1.7 经典轨道根数与改进轨道根数

圆轨道、椭圆轨道、抛物线轨道和双曲线轨道的轨道方程、时间方程和速度方程等所有的运行轨道和相关方程都是二体系统基本运动微分方程的解：

$$\ddot{\boldsymbol{r}}+\frac{\mu}{r^3}\boldsymbol{r}=0\tag{8-1-97}$$

在求解二体系统运动微分方程的解时，必须给出 6 个独立的积分常数。在工程应用中，通常选取一组意义明确且相互独立的 6 个常数来代表航天器运动轨道的基本参数，这些参数称为轨道根数（图 8-1-9）。

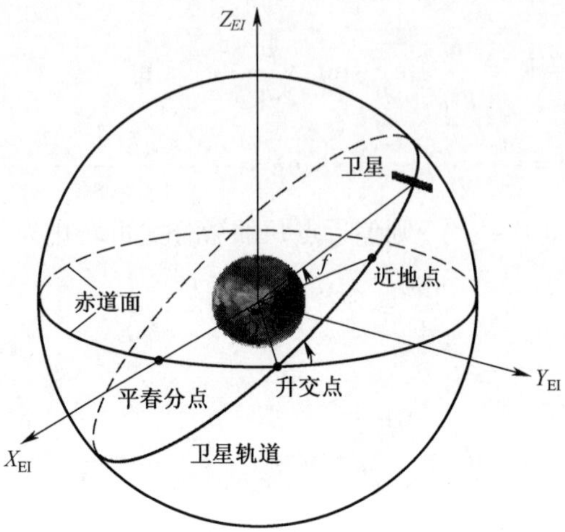

图 8-1-9 (见彩图)轨道根数示意图

1. 经典轨道根数

对于椭圆轨道,通常选取以下轨道根数:

$$\boldsymbol{\sigma} = (a, e, i, \Omega, \omega, \tau) \tag{8-1-98}$$

式中:$\boldsymbol{\sigma}$ 为轨道根数,所选轨道根数可以直接决定轨道大小、轨道形状、轨道面空间位置、轨道在轨道面的位置以及航天器在轨道中的位置。确定轨道大小与形状:①长半轴 a,确定圆锥曲线运动轨道的大小;②偏心率 e,确定圆锥曲线运动轨道的形状。确定轨道面在空间位置:①升交点赤经 Ω,轨道升交点与历元平春分点相对于地心的张角,即由平春分点沿着平赤道逆时针度量至轨道升交点的角度;②轨道倾角 i,赤道面按逆时针旋转到轨道面的角度,$0 \leqslant i \leqslant \pi$,$i \leqslant \pi/2$ 时的轨道称为顺行轨道,$i > \pi/2$ 的轨道称为逆行轨道。在描述近地航天器轨道时常采用地心惯性坐标系,$O_E X_{EI}$ 轴指向历元平春分点方向,$O_E Z_{EI}$ 轴指向历元平天极,轨道升交点是航天器从南向北运动时运行轨道与历元平赤道的交点。

确定运行轨道在轨道平面内位置:近地点纬度角距/近地点幅角 ω,该角度为从轨道升交点开始在轨道平面内沿轨道运行方向度量至近地点的角度。确定任一时刻航天器在轨道中位置:航天器过轨道近地点时间 τ,已知时间 τ 和当前时刻 t 可根据开普勒方程求解当前时刻的平近点角 M、偏近点角 E 和真近点角 f,也因此可以用上述表征航天器运动的变量来代替过近地点时刻 τ 作为第六个轨道根数。

2. 改进轨道根数

在实际应用时,针对圆轨道和其具体情况,可以选择其他参数作为等效的轨道根数,主要包括两种情况:

第一种是偏心率 $e \to 0$ 的近圆轨道,此时近地点不确定,与近地点相关的近地点幅角 ω 和过近地点时刻 τ 两个根数无实际意义,导致真近点角 f、偏近点角 E 和

平近点角 M 都失去了度量起点，但纬度幅角 $u=\omega+f$ 的物理意义是明确的。因此，需要选择一组新的参数来代替偏心率 e、近地点幅角 ω 和过近地点时刻 τ，进而方便地描述任意偏心率 $0\leqslant e<1$ 的轨道，通常选取以下无奇点参数：

$$\begin{cases}a,i,\Omega\\ h_{e,\omega}=e\cdot\cos\omega\\ k_{e,\omega}=-e\cdot\sin\omega\\ L_{M,\omega}=M+\omega\end{cases}\tag{8-1-99}$$

式中：a 为长半轴；i 为轨道倾角；Ω 为升交点赤经；$h_{e,\omega}$、$k_{e,\omega}$ 分别为与偏心率、近地点幅角相关的无奇点参数；$L_{M,\omega}$ 为与平近点角、近地点幅角相关的无奇点参数。

第二种情况是偏心率 $e\to0$ 且 $i\to0$，$i\to\pi$ 的轨道，此时升交点不确定，近地点幅角 ω 和升交点赤经 Ω 无意义，真近点角 f、偏近点角 E 和平近点角 M 也都无法度量，故引入无奇点参数

$$\begin{cases}a\\ p_{i,\Omega}=\sin i\cdot\cos\Omega, q_{i,\Omega}=-\sin i\cdot\sin\Omega\\ h_{e,\omega,\Omega}=e\cdot\cos(\omega+\Omega), k_{e,\omega,\Omega}=-e\cdot\sin(\omega+\Omega)\\ L_{M,\omega,\Omega}=M+\omega+\Omega\end{cases}\tag{8-1-100}$$

式中：含"±"的无奇点参数，当轨道顺行时取"+"，当轨道逆行时取"-"。可见 $h_{e,\omega,\Omega}$、$k_{e,\omega,\Omega}$ 共同描述了轨道的形状和近地点的位置，$p_{i,\Omega}$、$q_{i,\Omega}$ 共同描述了轨道面的方向。

8.2 利用发射弹道数据解算入轨点参数

给定一组发射初始条件，就可以对空间弹道进行数值积分计算，假设在瞬时 t 时刻有效载荷进入轨道，此时有效载荷的速度和位置在地面发射惯性系内的分量分别为

$$\boldsymbol{V}_{\mathrm{GI}}=[V_{\mathrm{GI}x},V_{\mathrm{GI}y},V_{\mathrm{GI}z}]^{\mathrm{T}},\boldsymbol{r}_{\mathrm{GI}}=[x_{\mathrm{GI}},y_{\mathrm{GI}},z_{\mathrm{GI}}]^{\mathrm{T}}\tag{8-2-1}$$

式中：下标 GI 为地面发射惯性系的简写；$\boldsymbol{V}_{\mathrm{GI}}$、$\boldsymbol{r}_{\mathrm{GI}}$ 分别为有效载荷相对于地面发射惯性坐标系原点的速度矢量和位置矢量，该瞬时时刻有效载荷的地心矢径可表示为

$$\boldsymbol{r}_{\mathrm{E,GI}}=\begin{bmatrix}r_{\mathrm{E,GI}x}\\ r_{\mathrm{E,GI}y}\\ r_{\mathrm{E,GI}z}\end{bmatrix}=\boldsymbol{r}_{\mathrm{GI}}+\boldsymbol{r}_{GO}\tag{8-2-2}$$

式中：$\boldsymbol{r}_{\mathrm{E,GI}}$ 为地面发射惯性系内描述的有效载荷的地心矢径；$\boldsymbol{r}_{GO}$ 为地面发射惯性系原点的地心矢径。

8.2.1 升交点经度解算

如图 8-2-1 所示,已知地面发射惯性坐标系 $O_{GI}-x_{GI}y_{GI}z_{GI}$ 到发射瞬时时刻发射点所在子午线对应的地心赤道惯性坐标系 $O_E-X_{GIE}Y_{GIE}Z_{GIE}$ 的坐标转换矩阵为

$$\boldsymbol{T}_{E_{GI}G_I} = \boldsymbol{T}_z(\pi/2)\boldsymbol{T}_x(-B_0)\boldsymbol{T}_y(A_0+\pi/2) \tag{8-2-3}$$

地面发射惯性坐标系 $O_{GI}-x_{GI}y_{GI}z_{GI}$ 首先绕 $O_{GI}y_{GI}$ 轴逆时针旋转 $A_0+\pi/2$ 角度,使得 $O_{GI}z_{GI}$ 轴旋转至发射点 O_{GI} 所在子午面内,然后绕新产生的 $O_{GI}x'$ 轴顺时针旋转 B_0 使得 $O_{GI}z_{GI}$ 轴与地球自转轴 O_EZ_{GIE} 轴平行,再绕新的 $O_{GI}z_{GI}$ 轴逆时针旋转 $\pi/2$,此时地面发射惯性坐标系 $O_{GI}-x_{GI}y_{GI}z_{GI}$ 与发射点子午平面的地心赤道惯性坐标系 $O_E-X_{GIE}Y_{GIE}Z_{GIE}$ 各轴平行。

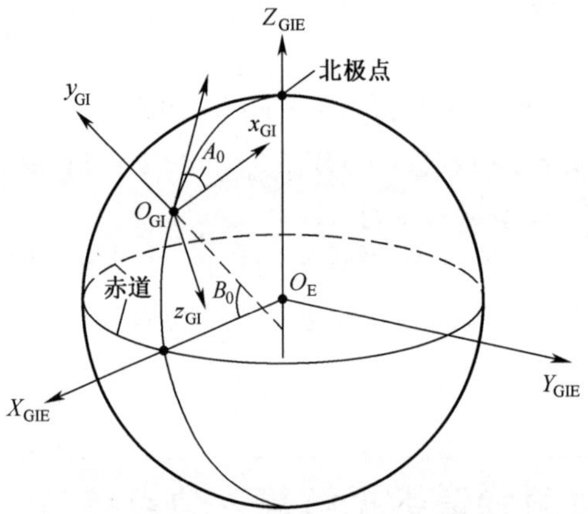

图 8-2-1　经度解算辅助坐标系

已知有效载荷在入轨时刻相对于地面发射惯性系的速度为 $\boldsymbol{V}_{GI}$,该时刻有效载荷在地面发射惯性系内描述的地心矢径为 $\boldsymbol{r}_{E,GI}$,则其在地面发射惯性系中的动量矩为

$$\boldsymbol{h}_{GI} = \begin{bmatrix} h_{GIx} \\ h_{GIy} \\ h_{GIz} \end{bmatrix} = \boldsymbol{r}_{E,GI} \times \boldsymbol{V}_{GI} = \boldsymbol{r}_{E,GI} \cdot V_{GI} \cdot \sin\left(\frac{\pi}{2} - \Theta\right) = r_{E,GI} \cdot V_{GI} \cdot \cos\Theta \tag{8-2-4}$$

式中:h_{GIx}、h_{GIy}、h_{GIz} 为动量矩 $\boldsymbol{h}_{GIE}$ 在地面发射惯性系三轴的分量;Θ 为速度矢量 $\boldsymbol{V}_{GI}$ 与矢径 $\boldsymbol{r}_{E,GI}$ 垂线的夹角。发射时刻地心赤道惯性坐标系内描述的动量矩为

$$\boldsymbol{h}_{GIE} = \begin{bmatrix} h_{GIEx} \\ h_{GIEy} \\ h_{GIEz} \end{bmatrix} = \boldsymbol{T}_{E_{GI}G_I}\boldsymbol{h}_{GI} = \boldsymbol{T}_{E_{GI}G_I}\begin{bmatrix} h_{GIx} \\ h_{GIy} \\ h_{GIz} \end{bmatrix} \tag{8-2-5}$$

式中：h_{GIEx}、h_{GIEy}、h_{GIEz}为角动量矢量$\boldsymbol{h}_{GIE}$在发射瞬时时刻发射点所在子午线对应的地心赤道惯性坐标系三轴的分量。

已知地面发射惯性系内描述的地心矢径为$\boldsymbol{r}_{E,GI}$，发射瞬时时刻发射点所在子午线对应的地心赤道惯性系内描述的地心矢径为$\boldsymbol{r}_{E,GIE}$，则有

$$\boldsymbol{r}_{E,GIE}=\begin{bmatrix} r_{E,GIEx} \\ r_{E,GIEy} \\ r_{E,GIEz} \end{bmatrix}=\boldsymbol{T}_{E_{GI}G_I}\boldsymbol{r}_{E,GI}=\boldsymbol{T}_{E_{GI}G_I}\begin{bmatrix} r_{E,GIx} \\ r_{E,GIy} \\ r_{E,GIz} \end{bmatrix} \tag{8-2-6}$$

式中：$r_{E,GIEx}$、$r_{E,GIEy}$，$r_{E,GIEz}$为地心赤道惯性坐标系$O_E-X_{GIE}Y_{GIE}Z_{GIE}$内描述的地心矢径。

发射瞬时时刻发射点所在子午线对应的地心赤道惯性坐标系$O_E-X_{GIE}Y_{GIE}Z_{GIE}$与轨道坐标系的空间关系如图8-2-2所示。$O_E-x''y''z''$为轨道坐标系，$O_Ex'$轴指向近地点方向（与偏心率矢量$\boldsymbol{e}$重合），$O_Ey''$轴在轨道平面内垂直于$O_Ex''$轴并指向当前时刻载荷的运动速度方向，$O_Ez''$轴满足右手定则。两坐标系之间的坐标转换矩阵可描述为

$$\boldsymbol{T}_{E_{GI}O''}=\boldsymbol{T}_z(-\Omega_0)\boldsymbol{T}_x(-i)\boldsymbol{T}_z(-u) \tag{8-2-7}$$

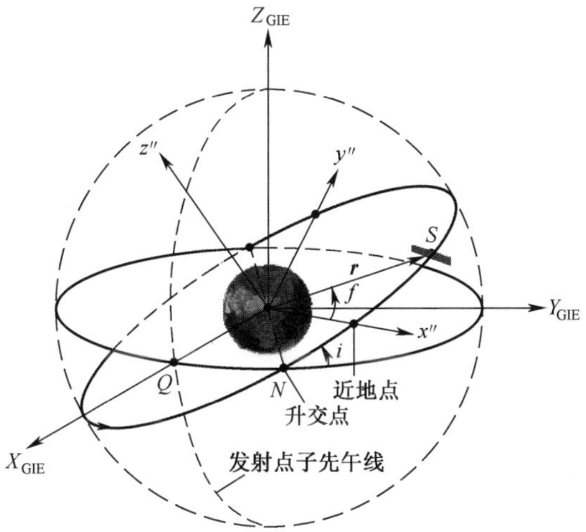

图8-2-2　升交点角距解算示意图

轨道坐标系$O_E-x''y''z''$可先绕其O_Ez''轴顺时针旋转$u=\omega+f$角度将O_Ex''轴转动至赤道平面内，然后绕新生成的x轴顺时针旋转i角度将O_Ey''轴转动至赤道平面内，最后绕新生成的z轴顺时针旋转Ω_0角度，便可与发射瞬时时刻发射点所在子午线对应的地心赤道惯性系$O_E-X_{GIE}Y_{GIE}Z_{GIE}$重合。动量矩在轨道系$O_E-x''y''z''$中的分量为

$$\boldsymbol{h}_{O''}=\begin{bmatrix}h_{x''}\\h_{y''}\\h_{z''}\end{bmatrix}=\begin{bmatrix}0\\0\\h\end{bmatrix}\tag{8-2-8}$$

发射瞬时时刻发射点所在子午线对应的地心赤道惯性坐标系 $O_{\mathrm{E}}-X_{\mathrm{GIE}}Y_{\mathrm{GIE}}Z_{\mathrm{GIE}}$ 内描述的动力矩为 $\boldsymbol{h}_{\mathrm{GIE}}$，则 $\boldsymbol{h}_{\mathrm{GIE}}$ 在 $O_{\mathrm{E}}-X_{\mathrm{GIE}}Y_{\mathrm{GIE}}Z_{\mathrm{GIE}}$ 惯性坐标系的分量可表示为

$$\boldsymbol{h}_{\mathrm{GIE}}=\begin{bmatrix}h_{\mathrm{GIE}x}\\h_{\mathrm{GIE}y}\\h_{\mathrm{GIE}z}\end{bmatrix}=\boldsymbol{T}_{E_{GI}O''}\begin{bmatrix}0\\0\\h\end{bmatrix}=\begin{bmatrix}h\cdot\sin\Omega_0\cdot\sin i\\-h\cdot\cos\Omega_0\cdot\sin i\\h\cdot\cos i\end{bmatrix}\tag{8-2-9}$$

根据式(8-2-9)可得

$$\begin{cases}\cos i=\dfrac{h_{\mathrm{GIE}z}}{h}\Rightarrow i=\arccos\left(\dfrac{h_{\mathrm{GIE}z}}{h}\right),h=\sqrt{h_{\mathrm{GIE}x}^2+h_{\mathrm{GIE}y}^2+h_{\mathrm{GIE}z}^2}\\ \tan\Omega_0=-\dfrac{h_{\mathrm{GIE}x}}{h_{\mathrm{GIE}y}},\sin\Omega_0=\dfrac{h_{\mathrm{GIE}x}}{\sqrt{h_{\mathrm{GIE}x}^2+h_{\mathrm{GIE}y}^2}},\cos\Omega_0=-\dfrac{h_{\mathrm{GIE}y}}{\sqrt{h_{\mathrm{GIE}x}^2+h_{\mathrm{GIE}y}^2}}\end{cases}\tag{8-2-10}$$

式中：h 为动量矩大小；i 为轨道倾角；Ω_0 为升交点相对于地心赤道惯性系 $O_{\mathrm{E}}X_{\mathrm{GIE}}$ 轴的角度；$h_{\mathrm{GIE}x}$、$h_{\mathrm{GIE}y}$、$h_{\mathrm{GIE}z}$ 为角动量矢量 $\boldsymbol{h}_{\mathrm{GIE}}$ 在发射时刻发射点所在子午线对应的地心赤道惯性系三轴的分量。

已知发射点经度为 λ_0，则升交点的经度为

$$\lambda_{\mathrm{A.N.}}=\Omega_0+\lambda_0-\omega_e\cdot t\tag{8-2-11}$$

式中：$\lambda_{\mathrm{A.N.}}$ 为当前 t 瞬时时刻升交点位置的经度值(下标 A. N. 为升交点英文 Ascending node 的首字母缩写)；ω_e 为地球自转角速度；t 为运载器自点火时刻到当前时刻的飞行时间。

8.2.2 升交点角距与入轨时刻当地速度倾角

有效载荷的纬度幅角等于其近地点幅角与真近点角的和，即

$$u=\omega+f\tag{8-2-12}$$

轨道坐标系 $O_{\mathrm{E}}-x''y''z''$ 中描述的当前时刻的地心矢径为 $\boldsymbol{r}$，发射时刻发射点所在子午线对应的地心赤道惯性系内描述的当前时刻有效载荷的地心矢径为 $\boldsymbol{r}_{\mathrm{E,GIE}}$，则

$$r\cdot\cos u=r\cdot\cos(\omega+f)=r_{\mathrm{E,GIE}x}\cdot\cos\Omega_0+r_{\mathrm{E,GIE}y}\cdot\sin\Omega_0\tag{8-2-13}$$

式中：r 为当前时刻的地心距大小；$r\cdot\cos u$ 为地心矩在直线 $O_{\mathrm{E}}N$ 上的投影；矢径 $\boldsymbol{r}_{\mathrm{E,GIE}}$ 与矢径 $\boldsymbol{r}$ 表示的都是当前时刻有效载荷的地心矢径。

如图 8-2-2 所示，地心矢径 $\boldsymbol{r}_{\mathrm{E,GIE}}$ 在直线 $O_{\mathrm{E}}N$ 上的投影可以表示为矢径 $\boldsymbol{r}_{\mathrm{E,GIE}}$ 在 $O_{\mathrm{E}}X_{\mathrm{GIE}}$ 轴和 $O_{\mathrm{E}}Y_{\mathrm{GIE}}$ 轴上的分量分别在直线 $O_{\mathrm{E}}N$ 上投影的加和形式：$r_{\mathrm{E,GIE}x}\cdot\cos\Omega_0+r_{\mathrm{E,GIE}y}\cdot\sin\Omega_0$，进而可得

$$u = \arccos(r^{-1} \cdot r_{\mathrm{E,GIE}x} \cdot \cos\Omega_0 + r^{-1} \cdot r_{\mathrm{E,GIE}y} \cdot \sin\Omega_0) \qquad (8-2-14)$$

已知有效载荷在入轨瞬时时刻 t 在地面发射惯性坐标系内描述的绝对速度为 $\boldsymbol{V}_{\mathrm{GI}}$，在地面发射惯性坐标系内描述的地心矢径为 $\boldsymbol{r}_{\mathrm{E},GI}$，则由矢量 $\boldsymbol{V}_{GI}$和矢量 $\boldsymbol{r}_{\mathrm{E,GI}}$构成的平面与有效载荷二体运动的轨道平面是重合的，如图 8-2-3 所示。

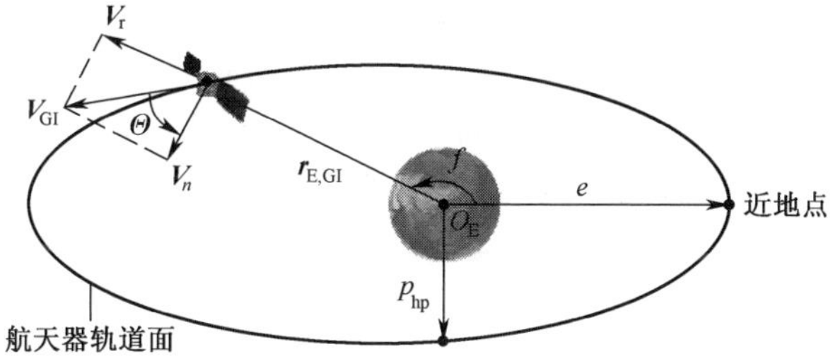

图 8-2-3　升交点角距解算示意图

速度 $\boldsymbol{V}_{\mathrm{GI}}$与垂直于矢径 $\boldsymbol{r}_{\mathrm{E,GI}}$的周向速度分量 $\boldsymbol{V}_n$ 夹角为 $\boldsymbol{\Theta}$，则

$$\sin\Theta = \cos\left(\frac{\pi}{2} - \Theta\right) = \frac{\boldsymbol{r}_{\mathrm{E,GI}} \cdot \boldsymbol{V}_{\mathrm{GI}}}{\boldsymbol{r}_{\mathrm{E,GI}} \boldsymbol{V}_{\mathrm{GI}}} \Rightarrow \Theta = \arcsin\left(\frac{\boldsymbol{r}_{\mathrm{E,GI}} \cdot \boldsymbol{V}_{\mathrm{GI}}}{\boldsymbol{r}_{\mathrm{E,GI}} V_{\mathrm{GI}}}\right) \qquad (8-2-15)$$

式中：Θ 为轨道平面内有效载荷的当地速度倾角。

8.2.3　轨道参数解算

1. 偏心率矢量和半通径解算

在轨道坐标系 $O_{\mathrm{E}} - x''y''z''$ 中描述的速度矢量分量可表示为

$$\begin{bmatrix} V_{\mathrm{GI}} \cdot \sin\Theta \\ V_{\mathrm{GI}} \cdot \cos\Theta \\ 0 \end{bmatrix} = \boldsymbol{V}_{O''} = \boldsymbol{V}_{\mathrm{GI}} \qquad (8-2-16)$$

在轨道坐标系 $O_{\mathrm{E}} - x''y''z''$ 中描述的动量矩矢量分量可表示为

$$\begin{bmatrix} 0 \\ 0 \\ h \end{bmatrix} = \boldsymbol{h}_{O''} = \boldsymbol{h}_{\mathrm{GI}} \qquad (8-2-17)$$

有效载荷动量矩的大小为

$$h = |\boldsymbol{r}_{\mathrm{E,GI}} \times \boldsymbol{V}_{\mathrm{GI}}| = r_{\mathrm{E,GI}} \cdot V_{\mathrm{GI}} \cdot \cos\Theta \qquad (8-2-18)$$

则下式成立

$$\boldsymbol{V}\times\frac{\boldsymbol{h}}{\mu}=\begin{vmatrix} \boldsymbol{i}'' & \boldsymbol{j}'' & \boldsymbol{k}'' \\ V_{\mathrm{GI}}\cdot\sin\Theta & V_{\mathrm{GI}}\cdot\cos\Theta & 0 \\ 0 & 0 & \mu^{-1}\cdot r_{\mathrm{E,GI}}\cdot V_{\mathrm{GI}}\cdot\cos\Theta \end{vmatrix} \tag{8-2-19}$$

式中：$\boldsymbol{i}''$、$\boldsymbol{j}''$、$\boldsymbol{k}''$为轨道坐标系 $O_{\mathrm{E}}-x''y''z''$ 三个坐标轴的单位矢量，将该式展开可得叉乘所得矢量在轨道坐标系 $O_{\mathrm{E}}-x''y''z''$ 的分量。

为便于计算，记

$$v=\mu^{-1}\cdot r_{\mathrm{E,GI}}\cdot V_{\mathrm{GI}}^2=\frac{V_{\mathrm{GI}}^2}{\mu^{-1}\cdot r_{\mathrm{E,GI}}} \tag{8-2-20}$$

式中：ν 为能量参数，其物理意义是有效载荷运行轨道上某一点的动能的 2 倍与该点的势能的比值。

已知

$$\boldsymbol{V}\times\frac{\boldsymbol{h}}{\mu}=\frac{\boldsymbol{r}}{r}+\boldsymbol{e} \tag{8-2-21}$$

而地心矢径 $\boldsymbol{r}_{\mathrm{E,GI}}$在轨道坐标系 $O_{\mathrm{E}}-x''y''z''$ 内各轴的分量为 $r_{\mathrm{E,GI}}$、0、0，将上述推导结果代入式(8-2-21)可得偏心率矢量的表达式为

$$\boldsymbol{e}=\boldsymbol{V}\times\frac{\boldsymbol{h}}{\mu}-\frac{\boldsymbol{r}}{r}=\begin{bmatrix} \mu^{-1}\cdot r_{\mathrm{E,GI}}\cdot V_{\mathrm{GI}}^2\cdot\cos^2\Theta \\ -\mu^{-1}\cdot r_{\mathrm{E,GI}}\cdot V_{\mathrm{GI}}^2\cdot\cos\Theta\cdot\sin\Theta \\ 0 \end{bmatrix}-\begin{bmatrix}1\\0\\0\end{bmatrix}=\begin{bmatrix} \nu\cdot\cos^2\Theta-1 \\ -\nu\cdot\cos\Theta\cdot\sin\Theta \\ 0 \end{bmatrix} \tag{8-2-22}$$

偏心率的大小为

$$e=\sqrt{1-\nu(2-\nu)\cos^2\Theta} \tag{8-2-23}$$

轨道半通径的大小为

$$p_{\mathrm{hp}}=\frac{h^2}{\mu}=\frac{r_{\mathrm{E,GI}}^2\cdot V_{\mathrm{GI}}^2\cdot\cos^2\Theta}{\mu}=r_{\mathrm{E,GI}}\cdot\nu\cdot\cos^2\Theta \tag{8-2-24}$$

得到半通径 p_{hp}和偏心率 e 以后，由轨道方程可知，轨道上任意一点的地心距仅与真近点角 f 有关。

2. 真近点角解算

已知

$$r=\frac{p_{\mathrm{hp}}}{1+e\cdot\cos f} \tag{8-2-25}$$

则真近点可通过下式计算：

$$f=\arccos\left(\frac{p_{\mathrm{hp}}-r_{\mathrm{E,GI}}}{e\cdot r_{\mathrm{E,GI}}}\right)=\arccos\left(\frac{r_{\mathrm{E,GI}}\cdot\nu\cdot\cos^2\Theta-r_{\mathrm{E,GI}}}{e\cdot r_{\mathrm{E,GI}}}\right) \tag{8-2-26}$$

式中：$r_{E,GI}$为入轨时刻的有效载荷的地心距大小；Θ 为入轨时刻有效载荷的当地速度倾角；ν 为入轨时刻速度和地心距确定的能量参数；e 为偏心率。

当 $\Theta \geqslant 0$ 时，$0 \leqslant f \leqslant \pi$；当 $\Theta<0$ 时，$-\pi<f<0$。解算得到真近点角后，则近地点幅角为

$$\omega = u - f = \arccos\left(\frac{r_{E,GIEx} \cdot \cos\Omega_0}{r} + \frac{r_{E,GIEy} \cdot \sin\Omega_0}{r}\right) - \arccos\left(\frac{r_{E,GI} \cdot v \cdot \cos^2\Theta - r_{E,GI}}{e \cdot r_{E,GI}}\right) \tag{8-2-27}$$

式中各变量均可根据入轨时刻的速度和位置解算得到。

3. 轨道长半轴解算

已知入轨瞬时时刻在地面发射惯性坐标系内描述的速度 $\boldsymbol{V}_{GI}$ 和地心距矢量 $\boldsymbol{r}_{E,GI}$，则入轨时刻的机械能可表示为

$$E = \frac{V_{GI}^2}{2} - \frac{\mu}{r_{E,GI}} \tag{8-2-28}$$

偏心率的计算式为

$$e=\sqrt{1-\nu(2-\nu)\cos^2\Theta}$$

将上式转换为

$$e = \sqrt{1 + 2 \cdot \frac{r_{E,GI}^2 \cdot V_{GI}^2 \cdot \cos^2\Theta}{\mu^2} \cdot \left(\frac{V_{GI}^2}{2} - \frac{\mu}{r_{E,GI}}\right)} = \sqrt{1 + 2 \cdot \frac{p_{hp}}{\mu} \cdot E} \tag{8-2-29}$$

则

$$a = \frac{p_{hp}}{1 - e^2} =- \frac{p_{hp}}{2 \cdot \frac{p_{hp}}{\mu} \cdot E} =- \frac{\mu}{2E} =- \frac{\mu}{2\left(\frac{V_{GI}^2}{2} - \frac{\mu}{r_{E,GI}}\right)} = \frac{r_{E,GI}}{\frac{r_{E,GI} \cdot V_{GI}^2}{\mu} - 2} = \frac{r_{E,GI}}{2 - \nu} \tag{8-2-30}$$

式中：$r_{E,GI}$为地心距大小；ν 为入轨时刻的能量参数。

8.2.4 入轨点经度和地心纬度解算

有效载荷入轨时刻，其在发射瞬时时刻发射点所在子午线对应的地心赤道惯性坐标系 $O_E - X_{GIE}Y_{GIE}Z_{GIE}$ 内描述的地心矢径的分量为

$$\boldsymbol{r}_{E,GIE} = \begin{bmatrix} \boldsymbol{r}_{E,GIEx} \\ \boldsymbol{r}_{E,GIEy} \\ \boldsymbol{r}_{E,GIEz} \end{bmatrix} = \boldsymbol{T}_{E_{GI}G_I}\boldsymbol{r}_{E,EI} = \boldsymbol{T}_{E_{GI}G_I}\begin{bmatrix} \boldsymbol{r}_{E,GIx} \\ \boldsymbol{r}_{E,GIy} \\ \boldsymbol{r}_{E,GIz} \end{bmatrix} \tag{8-2-31}$$

式中：$r_{E,GIEx}$、$r_{E,GIEy}$、$r_{E,GIEz}$为地心赤道惯性坐标系 $O_E - X_{GIE}Y_{GIE}Z_{GIE}$ 内描述的地

心矢径。

显然，地心矢径 $\boldsymbol{r}_{\mathrm{E,GIE}}$ 在 $X_{\mathrm{GIE}}O_{\mathrm{E}}Y_{\mathrm{GIE}}$ 平面的投影与 $O_{\mathrm{E}}X_{\mathrm{GIE}}$ 轴的夹角 ϖ 可用分量 $r_{\mathrm{E,GIE}x}$ 和分量 $r_{\mathrm{E,GIE}y}$ 计算：

$$\varpi = \arctan \frac{r_{\mathrm{E,GIE}y}}{r_{\mathrm{E,GIE}x}} \tag{8-2-32}$$

已知发射点的经度为 λ_0，则入轨点的经度可用下式计算：

$$\lambda_k = \begin{cases} \varpi + \lambda_0 - \omega_e \cdot t, r_{\mathrm{E,GIE}x} \geqslant 0 \\ \varpi + \lambda_0 + \pi - \omega_e \cdot t, r_{\mathrm{E,GIE}x} < 0 \end{cases} \tag{8-2-33}$$

式中：λ_k 为入轨点在地面投影点的经度；ω_e 为地球自转角速度；t 为运载火箭自点火开始至入轨时刻的飞行时间。

已知入轨时刻有效载荷在地面发射惯性坐标系中描述的地心矢径 $\boldsymbol{r}_{\mathrm{E,GI}}$ 和地球自转角速度 $\boldsymbol{\omega}_e$，则运载器质心的地心纬度可用下式解算：

$$\phi_S = \frac{\pi}{2} - \angle PO_E S = \arcsin \frac{\boldsymbol{r}_{\mathrm{E,GI}} \cdot \boldsymbol{\omega}_e}{|\boldsymbol{r}_{\mathrm{E,GI}}||\boldsymbol{\omega}_e|} \tag{8-2-34}$$

式中：ϕ_S 为运载器质心相对于地球赤道的地心纬度；$\boldsymbol{\omega}_e$ 为地球自转角速度。其中角度的定义可参看升交点角距解算示意图。

8.3 基于任务的轨道参数提取

航天器位置矢量和速度矢量在坐标系的 6 个分量可转化为航天器轨道的 6 个轨道根数，即椭圆半长轴 a、偏心率 e、轨道倾角 i、近地点幅角 ω、升交点赤经 Ω 和航天器过近地点时刻 τ（或初始时刻 t_0 的平近点角 M_0），而轨道选择其实就是选择上述 6 个轨道根数使之满足轨道设计的要求。

8.3.1 轨道参数的等效替换

以低轨道为例，航天器轨道 6 要素中半长轴 a 和偏心率 e 可根据下式由近地点高度和远地点高度计算得到：

$$\begin{cases} r_a = a(1 + e) \\ r_p = a(1 - e) \end{cases} \tag{8-3-1}$$

式中：r_a 为远地点地心距；r_p 为近地点地心距。其中 $r_a = h_a + R_e$，$r_p = h_p + R_e$，h_a 为航天器远地点高度，h_p 为航天器近地点高度，R_e 为地球平均半径。

另外，半长轴 a 与轨道周期 T 满足下式条件（开普勒第三定律）：

$$T = 2\pi \cdot \sqrt{\frac{a^3}{\mu}} \tag{8-3-2}$$

由上述分析可知,设计航天器轨道的半长轴与偏心率就是选择航天器的近地点高度和远地点高度,也就是选择轨道的近地点高度和轨道周期。近地点幅角 ω 是从升交点顺着航天器运动方向在轨道平面内度量到近地点的,根据球面三角公式可得

$$\sin\phi_p = \sin i \cdot \sin\omega \tag{8-3-3}$$

式中:ϕ_p 为轨道近地点的星下点对应的地心纬度,近地点幅角 ω 圆弧段对应的角度为 $\pi/2$。

当近地点处于升轨轨道时,近地点幅角为

$$\omega = \arcsin\left(\frac{\sin\phi_p}{\sin i}\right) \tag{8-3-4}$$

当近地点处于降轨轨道时,近地点幅角为

$$\omega = \pi - \arcsin\left(\frac{\sin\phi_p}{\sin i}\right) \tag{8-3-5}$$

综上可知,近地点幅角 ω 是由轨道倾角 i 和近地点位置(近地点地心纬度 ϕ_p)共同决定的,即近地点幅角的选择可以用近地点位置来等价。

航天器升交点赤经 Ω 由春分点处逆时针度量至升交点得到,通常在卫星轨道设计中由发射时间来最后确定。而且,在轨道设计中,通常用入轨时刻的升交点地理经度 Ω_G 来代替 Ω,两者满足

$$\Omega = \Omega_G + S \tag{8-3-6}$$

式中:S 为卫星入轨时刻的格林尼治地方恒星时(以角度计量)。

通过查阅“中国天文年历”可以得到卫星发射当天世界时为零时的格林尼治恒星时 S_0,然后利用卫星入轨时刻的世界时 $t_{\mathrm{U.T.}}$ 可计算得到卫星入轨时刻格林尼治地方恒星时,即

$$S = S_0 + t_{\mathrm{U.T.}} \tag{8-3-7}$$

则升交点赤经为

$$\Omega = \Omega_G + S_0 + t_{\mathrm{U.T.}} \tag{8-3-8}$$

式中:Ω 为卫星轨道的升交点赤经。

根据球面三角形可知,当卫星入轨点在升轨时,入轨时刻的升交点地理经度为

$$\Omega_G = \lambda - \arcsin(\tan\delta \cdot \cot i) \tag{8-3-9}$$

当卫星入轨点在降轨时,入轨时刻的升交点地理经度为

$$\Omega_G = 180° + \lambda + \arcsin(\tan\delta \cdot \cot i) \tag{8-3-10}$$

式中:λ 为入轨点地面投影点的地理经度;δ 为入轨点地面投影点的地心纬度;i 为卫星轨道倾角。

根据式(8-3-9)、式(8-3-10)可知,入轨时刻升交点地理经度最终便可以由卫星的入轨点的位置来确定。综上,卫星轨道半长轴 a、偏心率 e、轨道倾角 i、近地点幅角 ω、升交点赤经 Ω 和卫星过近地点时刻 τ 6 个轨道根数的设计选择可以用轨道近地点高度 h_p、轨道周期 T、轨道倾角 i、近地点位置、发射时间和卫星入轨点位置来代替。

8.3.2 轨道倾角的选择

航天器轨道倾角 i 必须大于或等于航天器目标区域的最高纬度(或大于或等于目标区域的最低纬度的绝对值),目标区域即航天器用来重点观测或支援的区域(待摄影侦查区域、待干扰区域、待提供通信支援区域等),航天器目标区域由航天器用户确定(图 8-3-1)。根据球面三角形可知,航天器星下点的地心纬度 ϕ 与轨道倾角 i 满足

$$\sin\phi = \sin i \cdot \sin u \tag{8-3-11}$$

式中:u 为纬度幅角, $u + \omega + f$,ω 为近地点幅角,f 为真近点角。

则有

$$\begin{cases} i = \arcsin\left(\dfrac{\sin\phi}{\sin u}\right), 0° \leqslant i \leqslant 90° \\ i = 180° - \arcsin\left(\dfrac{\sin\phi}{\sin u}\right), 90° < i < 180° \end{cases} \tag{8-3-12}$$

式中:轨道倾角 $0° \leqslant i \leqslant 90°$时的轨道称为顺行轨道,$90° < i < 180°$时的轨道称为逆行轨道。由该式可知,$i \geqslant |\phi|$。因此,若目标区域的最大纬度 $\phi_{\mathrm{T.max}}$(或最小纬度的绝对值$|\phi_{\mathrm{T.min}}|$)大于航天器的轨道倾角,则航天器是不能实现对该纬度区域覆盖的。

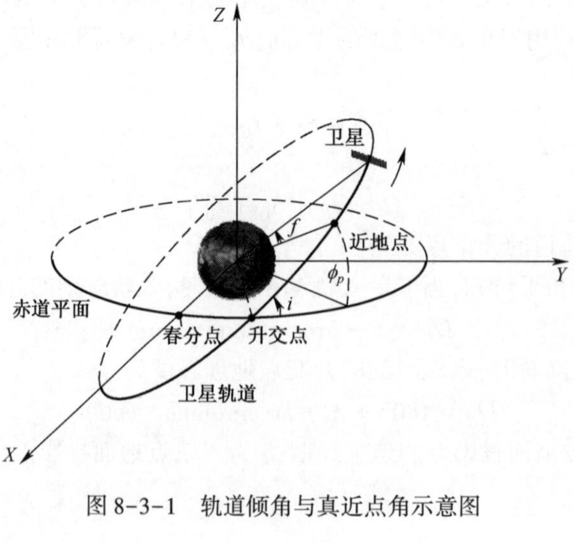

图 8-3-1　轨道倾角与真近点角示意图

航天器轨道倾角 i 不小于所选取的航天发射场的地心纬度 $\phi_{L.S.}$（下标 L. S. 为发射场英文 Launch Site 的英文首字母缩写）。轨道倾角选取必须考虑航天运载器的能力。轨道倾角越大，消耗航天运载器的能量就越大。通常，人们选取顺行轨道即向东南方向或东北方向发射以借助地球自转速度来节省能量。轨道倾角选取也必须与轨道周期相配合，使得航天器星下点轨迹经过目标区域内的重点目标。轨道倾角的选取还必须考虑地面测控站的分布情况，以保证航天器主动段、入轨段、运行段和再入返回段的跟踪、测量与控制。轨道倾角的选取还必须注意运载器发射方向的限制，因为不仅考虑发射场瞄准间的方位，而且考虑运载器残骸的落点和落区的安全。此外，轨道倾角的选取还必须考虑航天运载器偏航方向的机动能力。

8.3.3 近/远地点高度的选取

航天器近/远地点高度、轨道周期与航天器轨道密切相关，本部分仅从一般角度来讨论航天器轨道高度的选择问题，主要讲述设计与选取航天器轨道高度时需要考虑的因素。

首先是地面分辨率（也称空间分辨率），它是衡量遥感图像（或影像）能有差别地区分开两个相邻地物的最小距离的能力。超过分辨率的限度，相邻两物体在图像/影像上即表现为一个单一的目标。通常用单位长度内所能分辨出来的黑白相间的线对数（线对/毫米）来表示分辨率的大小。地面分辨率可表示为

$$S_\omega = \frac{h_s}{R_z \cdot f} \tag{8-3-13}$$

式中：h_s 为摄像时的卫星轨道高度；R_z 为摄影综合分辨率（由具体载荷确定，一般用每毫米所摄线对来表示）；f 为载荷相机的焦距。

由式（8-3-13）可知，轨道高度越低，地面分辨率越高。因此，要提高卫星的地面分辨率，在相机的焦距和摄影综合分辨率确定时，必须使摄影时的轨道高度尽可能低。

其次考虑卫星地面覆盖。如图 8-3-2 所示，卫星地面覆盖截面示意图中，点 S 代表卫星，O_E 为地球地心，图中弧段 AC 表示卫星的覆盖区间，卫星与地心连线与地球表面相交于点 B，角 α 为卫星的覆盖半视场角，β 为地面覆盖区间的地心半张角。

根据图中所示空间几何关系，则有

$$\frac{\sin\alpha}{R_e} = \frac{\sin(\pi - \alpha - \beta)}{SO_E} \tag{8-3-14}$$

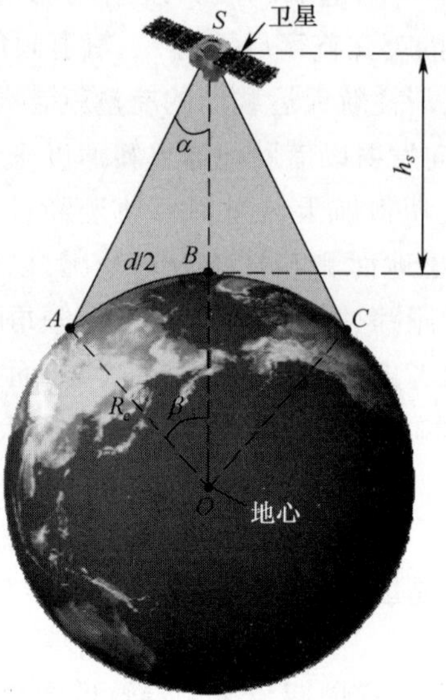

图 8-3-2　卫星地面覆盖示意图

式中：R_e 为地球平均半径，$O_EA = O_EB = O_EC = R_e$。线段 SO_E 可表示为

$$SO_E = h_s + R_e \tag{8-3-15}$$

式中：h_s 为卫星当前高度。

联立上面两式并化简，可得

$$\beta = \arcsin\left(\frac{h_s + R_e}{R_e} \cdot \sin\alpha\right) - \alpha \tag{8-3-16}$$

则 β 对应的地球弧段 $AB=d/2$ 的 2 倍为卫星的地面覆盖宽度，即

$$d = 2R_e \cdot \left[\arcsin\left(\frac{h_s + R_e}{R_e} \cdot \sin\alpha\right) - \alpha\right] \tag{8-3-17}$$

根据式(8-3-17)可知，首先，当载荷相机视场角一定时，轨道越高，地面覆盖的宽度就越大；反之，则覆盖宽度越小。同时，高度选取还要考虑地面测控，轨道越高，地面测控站对卫星的跟踪弧段就越长，为保证卫星入轨段、运行段和返回段的跟踪、测量、测控，卫星的轨道需满足一定高度。其次，还要考虑轨道寿命，近地轨道越高，所受大气阻力摄动就越小，轨道的寿命就越长；反之，轨道高度越低，轨道寿命就越短。因此，近地卫星的轨道不能过低，必须保证其轨道寿命大于卫星的工作寿命。最后，要考虑卫星测轨精度，影响测轨精度的误差因素很多，大气阻力摄动是主要误差源之一，因此，适当提高卫星的轨道高度，减少大气阻力摄动力，也是提高测轨精度的一个重要措施。

除了要选取合适的近/远地点高度还要综合设计轨道的周期和入轨点位置等

参数。选择航天器轨道周期时应综合考虑以下因素:①航天器的摄影/像旁向重叠率;②摄影系统的图像处理对星下点轨迹排列形式要求较高,通常近地轨道会选择偏心率较小的轨道,以保证摄影比例尺在摄影区域内相对稳定;③有轨控的航天器,为减少轨控燃料消耗,通常在入轨周期中设置正的偏置量。对于可再入返回式航天器,还应考虑返回制动时刻制动火箭点火点的轨道高度、速度、速度方向和方位等,且最后一圈星下点轨迹应通过落区的期望落点。航天器入轨点位置由发射场、运载火箭主动段弹道的飞行程序确定,入轨点(入轨航程)的选取与主动段、入轨段的测控以及火箭各子级的落点散布等因素有关。

8.4 满足入轨要求的弹道规划

发射方案是确定和控制运载器主动段飞行过程的一组可调参数,使得运载器在标准条件下能够为航天器提供所需的入轨参数。确定运载器发射方案需要解决的问题主要包括:①发射方位角 A_0;②俯仰控制程序角 $\varphi_{p.r.}$ 和偏航控制程序角 $\psi_{p.r.}(t)$;③末级动力系统关机时间。发射方案要适用于不同地理位置的发射场和不同的发射方式。发射方案选择要满足测控约束条件,即发射弧段有测控,星箭分离点有测控。为满足有效载荷的入轨要求,需要结合具体的运载器类型和结构,以及相应的飞行程序变化规律,合理地对程序角各计算式中的设计参数进行选择。本部分以三级运载火箭为例,系统阐述满足入轨要求的程序角设计方法。

8.4.1 满足入轨要求的程序角设计

根据前面的分析,运载火箭第三级含一次动力段时程序角包含一个匀速转弯段,运载火箭的第三级包含二次动力段时程序角通常会设计三个匀速转弯段。为了分析满足入轨要求的程序角设计的基本方法,这里以第三级含一次动力段的情形为例。三级运载火箭的主动段程序角设计包含的特征参数:①稠密大气层内第一级飞行程序各时间节点和最大攻角 α_{max};②真空飞行段内第二级飞行程序各时间节点、程序角斜率 $\dot{\varphi}_{p.r.,2}$;③真空飞行段内第三级运载火箭的飞行程序各时间节点、均匀转弯阶段的程序角斜率 $\dot{\varphi}_{p.r.,3}$ 和三级的关机时刻 t_{k3}。

为了保证有效载荷能正确地进入预定的轨道平面,也需要正确地选择发射方位角 A_0。由于主动段运动复杂,发射方位角需要通过大量的迭代计算才能确定,而在迭代计算之前需要估算出发射方位角 A_0 的近似值并将其作为发射方位角的初值。如图 8-4-1 所示,假设运载火箭在发射点 O 点火起飞后上升入轨的标准发射弹道 OK 位于轨道平面内,轨道平面的轨道倾角为 i,即球面三角形 OAB 中面夹

角 $\angle OAB=i$，则发射弹道上任一点的方位角均可表示为

$$A_0=\arcsin\frac{\cos i}{\cos\varphi} \tag{8-4-1}$$

式中：φ 为发射弹道上该点的地心纬度。

选取发射点 O，点 O 所在的子午线与赤道相交于点 B，卫星轨道的星下点轨迹与赤道相交于点 A，不考虑地球自转的影响，则发射点处的发射方位角为

$$A_0=\arcsin\frac{\cos i}{\cos\varphi_0} \tag{8-4-2}$$

式中：i 为轨道倾角；φ_0 为发射点地心纬度。

综上，在利用程序角参数迭代方法进行运载火箭主动段弹道设计时，通常会选取二级程序角斜率 $\dot{\varphi}_{\mathrm{p.r.},2}$、三级程序角斜率 $\dot{\varphi}_{\mathrm{p.r.},3}$、三级关机时刻 t_{k3} 和发射方位角 A_0 4 个参数作为迭代参数变量。

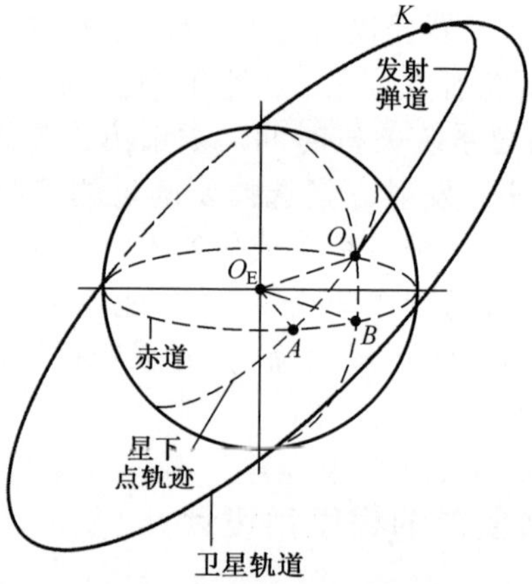

图 8-4-1　发射弹道示意图

运载火箭在进行发射方案规划设计时，通常会给定远地点高度、近地点高度、轨道倾角、入轨点真近点角等。在进行运载火箭发射弹道设计时，通常将上述要求转化为 4 个终端等式约束（关机点约束），表达如下：

$$\begin{cases} r_k=h_k+R_e \\ V_k=\sqrt{2\mu\cdot r_k^{-1}-\mu\cdot a^{-1}} \\ \theta_k=\arccos\sqrt{a\cdot r_k^{-1}(1-e^2)\cdot(2-r_k\cdot a^{-1})^{-1}} \\ i_k=i_0 \end{cases} \tag{8-4-3}$$

式中：h_k 为入轨关机时刻的高度；R_e 为入轨点的地面投影点位置的地球半径；μ 为地球引力常数；a 为轨道半长轴；e 为轨道偏心率；i_0 为轨道倾角。

显然，式(8-4-3)将发射弹道设计时目标轨道要求的数据统一转化为入轨点

关机时刻的地心距 r_k、速度 V_k、速度倾角 θ_k 和轨道倾角 i_k。相应地,运载火箭将有效载荷送入轨道时需要满足的入轨精度问题也就转化为地心距、速度、弹道倾角和轨道倾角的终端满足问题:

$$\begin{cases} r(t_k) = r_k^* \\ V(t_k) = V_k^* \\ \theta(t_k) = \theta_k^* \\ i(t_k) = i_k^* \end{cases} \tag{8-4-4}$$

式中:$r(t_k)$、$V(t_k)$、$\theta(t_k)$、$i(t_k)$ 分别为 t_k 关机时刻(入轨时刻)地心距、速度、速度倾角和轨道倾角;r_k^*、V_k^*、θ_k^*、i_k^* 分别为有效载荷入轨时要求的地心距、速度、速度倾角和轨道倾角。

通常来讲,运载火箭第一级的相关程序角设计参数主要用于满足残骸射程和级间分离时的约束,所以满足入轨要求则主要通过调整第二级和第三级的程序角设计参数。实际上,同时调节所有相关参数,程序角设计过程的计算难度和计算量会比较大,因此在工程上通常只迭代设计其中的部分参数。前面章节已作过阐述,对于三级构型的运载火箭来讲,比较重要的程序角设计参数包括第二级程序角斜率 $\dot{\varphi}_{\mathrm{p.r.},2}$、第三级程序角斜率 $\dot{\varphi}_{\mathrm{p.r.},3}$ 和第三级的关机时刻 t_{k3},以及保证发射弹道能尽量与轨道平面重合的发射方位角 A_0,也因此,在进行满足入轨条件的程序角设计时,通常将这 4 个参数作为迭代变量。当运载火箭发射有效载荷进入低轨圆轨道时,通常采用图 8-4-2 所示发射弹道迭代计算流程图来完成满足入轨要求的发射方案设计。

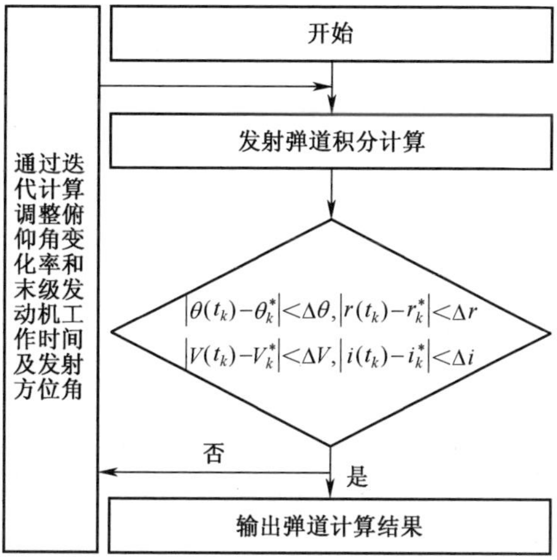

图 8-4-2　发射弹道迭代计算流程图

对于比较常见的圆轨道来讲,需要在入轨时刻满足地心距、速度、速度倾角和轨道倾角的要求,当终端的地心距、速度、速度倾角和轨道倾角与期望的地心距、速度、速度倾角和轨道倾角的差值满足入轨精度的要求时,即认为有效载荷顺利入轨:

$$\begin{cases} |r(t_k) - r_k^*| < \Delta r_{\text{ref}} \\ |V(t_k) - V_k^*| < \Delta V_{\text{ref}} \\ |\theta(t_k) - \theta_k^*| < \Delta \theta_{\text{ref}} \\ |i(t_k) - i_k^*| < \Delta i_{\text{ref}} \end{cases} \tag{8-4-5}$$

注意,对于椭圆轨道来讲,虽然从理论角度可以用长半轴、偏心率(近地点高度)、近心点角距等参数分别代替地心距、速度与弹道倾角作为迭代计算参数,但实际计算结果证明这种替换的计算收敛性比较差,所以目前大部分轨道的入轨时刻的参数判定都是基于地心距、速度、速度倾角和轨道倾角是否满足期望值来实现的。

8.4.2 程序角迭代计算步骤

在运载火箭主动段弹道设计时,要通过迭代二级程序角变化率、三级程序角变化率、三级关机时刻和发射方位角来完成。下面以三级运载火箭发射圆轨道卫星为例,就迭代方法进行讨论。假设运载火箭将有效载荷送入轨道的时刻要求的地心距和轨道要求分别为 r_k^*、i_k^*,则当目标轨道为圆轨道时入轨时刻的速度倾角和速度可分别表示为

$$\begin{cases} \theta_k^* = 0 \\ V_k^* = \sqrt{\dfrac{\mu}{r_k^*}} \end{cases} \tag{8-4-6}$$

选取 $\dot{\varphi}_{\text{p.r.},2}$、$\dot{\varphi}_{\text{p.r.},3}$、$t_{k3}$、$A_0$ 作为弹道迭代计算和程序角求解的参数变量,则三级运载火箭主动段发射弹道迭代计算的步骤如下:

第一步:迭代次数变量 $i=0$。给定迭代参量的初值

$$\dot{\varphi}_{\text{p.r.},2}(i) = \dot{\varphi}_{\text{p.r.},2}^{(i)}, \dot{\varphi}_{\text{p.r.},3}(i) = \dot{\varphi}_{\text{p.r.},3}^{(i)}, t_{k3}(i) = t_{k3}^{(i)}, A_0(i) = A_0^{(i)} \tag{8-4-7}$$

式中:i 为弹道计算时各参数变量迭代的次数,$i=0$ 表示第 0 次迭代,即弹道计算时各参数变量开始的初值。

第二步:弹道数值积分计算。给定上述各参量的初值后,即可利用弹道微分方程进行弹道积分计算,数值积分至入轨点关机时刻就可以得到该组迭代变量对应的地心距、速度、速度倾角和轨道倾角的值:

$$\begin{cases} r(t_k) = r_k^{(i)} \\ V(t_k) = V_k^{(i)} \\ \theta(t_k) = \theta_k^{(i)} \\ i(t_k) = i_k^{(i)} \end{cases} \tag{8-4-8}$$

第三步:判断入轨精度。将数值积分计算所得的入轨时刻的地心距、速度、速度倾角和轨道倾角与入轨期望的地心距 r_k^*、速度 V_k^*、速度倾角 θ_k^* 和轨道倾角 i_k^* 对比:

$$\begin{cases} |r_k^{(i)} - r_k^*| < \Delta r_{\text{ref}} \\ |V_k^{(i)} - V_k^*| < \Delta V_{\text{ref}} \\ |\theta_k^{(i)} - \theta_k^*| < \Delta \theta_{\text{ref}} \\ |i_k^{(i)} - i_k^*| < \Delta i_{\text{ref}} \end{cases} \tag{8-4-9}$$

式中:Δr_{ref}为入轨时要求的最大地心距偏差;ΔV_{ref}为入轨时要求的最大速度偏差;$\Delta \theta_{\text{ref}}$为入轨时要求的最大速度倾角偏差;$\Delta i_{\text{ref}}$为入轨时要求的最大轨道倾角偏差。

该式成立,则说明入轨精度满足要求,迭代计算过程停止。转入第五步。

第四步:迭代参数的数值更新。若有效载荷入轨精度不满足要求,则说明基于当前迭代参数值进行数值积分得到的弹道不能满足要求,需要对迭代参数变量的值进行修改,若采用 Newton 迭代法对迭代参数数值进行更新,则计算式如下:

$$\begin{bmatrix} \dot{\varphi}_{\text{p. r. },2}^{(i+1)} \\ \dot{\varphi}_{\text{p. r. },3}^{(i+1)} \\ t_{k3}^{(i+1)} \\ A_0^{(i+1)} \end{bmatrix} = \begin{bmatrix} \dot{\varphi}_{\text{p. r. },2}^{(i)} \\ \dot{\varphi}_{\text{p. r. },3}^{(i)} \\ t_{k3}^{(i)} \\ A_0^{(i)} \end{bmatrix} + \begin{bmatrix} \dfrac{\partial r_k}{\partial \dot{\varphi}_{\text{p. r. },2}} & \dfrac{\partial r_k}{\partial \dot{\varphi}_{\text{p. r. },3}} & \dfrac{\partial r_k}{\partial t_{k3}} & \dfrac{\partial r_k}{\partial A_0} \\ \dfrac{\partial V_k}{\partial \dot{\varphi}_{\text{p. r. },2}} & \dfrac{\partial V_k}{\partial \dot{\varphi}_{\text{p. r. },3}} & \dfrac{\partial V_k}{\partial t_{k3}} & \dfrac{\partial V_k}{\partial A_0} \\ \dfrac{\partial \theta_k}{\partial \dot{\varphi}_{\text{p. r. },2}} & \dfrac{\partial \theta_k}{\partial \dot{\varphi}_{\text{p. r. },3}} & \dfrac{\partial \theta_k}{\partial t_{k3}} & \dfrac{\partial \theta_k}{\partial A_0} \\ \dfrac{\partial i_k}{\partial \dot{\varphi}_{\text{p. r. },2}} & \dfrac{\partial i_k}{\partial \dot{\varphi}_{\text{p. r. },3}} & \dfrac{\partial i_k}{\partial t_{k3}} & \dfrac{\partial i_k}{\partial A_0} \end{bmatrix}^{-1} \begin{bmatrix} r_k^* - r_k^{(i)} \\ V_k^* - V_k^{(i)} \\ \theta_k^* - \theta_k^{(i)} \\ i_k^* - i_k^{(i)} \end{bmatrix} \tag{8-4-10}$$

利用该式计算得到在第 i 次弹道计算时的迭代参数的更新值 $\dot{\varphi}_{\text{p. r. },2}^{(i+1)}$、$\dot{\varphi}_{\text{p. r. },3}^{(i+1)}$、$t_{k3}^{(i+1)}$、$A_0^{(i+1)}$,迭代次数变量 $i=i+1$,进行第 $i+1$ 次迭代计算。转入第二步。

第五步:结束迭代计算过程,输出结果。

8.4.3 迭代计算中的偏导数计算

俯仰程序角迭代计算过程中涉及的入轨时刻的地心距 r_k、速度 V_k、速度倾角

θ_k 和轨道倾角 i_k 对 $\dot{\varphi}^{(i)}_{\text{p.r.},2}$、$\dot{\varphi}^{(i)}_{\text{p.r.},3}$、$t^{(i)}_{k3}$、$A^{(i)}_0$ 的偏导数一般利用下面所述求差方法计算。

1. 入轨时刻变量 r_k、V_k、θ_k、i_k 对二级程序角变化率 $\dot{\varphi}^{(i)}_{\text{p.r.},2}$ 的偏导数

第一步：发射弹道积分计算。对于给定的一组迭代参量 $\dot{\varphi}^{(i)}_{\text{p.r.},2}$、$\dot{\varphi}^{(i)}_{\text{p.r.},3}$、$t^{(i)}_{k3}$、$A^{(i)}_0$，数值积分计算相应的主动段发射弹道，得到入轨时刻的状态参数 $r^{(i)}_k$、$V^{(i)}_k$、$\theta^{(i)}_k$、$i^{(i)}_k$。

第二步：引入参量偏差。二级程序角变化率 $\dot{\varphi}^{(i)}_{\text{p.r.},2}$ 引入小偏差，取小偏差增量 $\delta\dot{\varphi}^{(i)}_{\text{p.r.},2}$，令

$$\bar{\dot{\varphi}}^{(i)}_{\text{p.r.},2} = \dot{\varphi}^{(i)}_{\text{p.r.},2} + \delta\dot{\varphi}^{(i)}_{\text{p.r.},2} \tag{8-4-11}$$

式中：$\bar{\dot{\varphi}}^{(i)}_{\text{p.r.},2}$ 为引入小偏差后的二级程序角变化率。

然后利用 $\bar{\dot{\varphi}}^{(i)}_{\text{p.r.},2}$ 和 $\dot{\varphi}^{(i)}_{\text{p.r.},3}$、$t^{(i)}_{k3}$、$A^{(i)}_0$ 积分计算引入二级程序角变化率偏差的发射弹道，得到入轨时刻状态变量 $\bar{r}^{(i)}_k$、$\bar{V}^{(i)}_k$、$\bar{\theta}^{(i)}_k$、$\bar{i}^{(i)}_k$。

第三步：计算偏导数。入轨时刻的地心距、速度、速度倾角和轨道倾角对二级程序角变化率的偏导数可用下式计算得到：

$$\begin{cases} \dfrac{\partial r_k}{\partial \dot{\varphi}_{\text{p.r.},2}} = \dfrac{\bar{r}^{(i)}_k - r^{(i)}_k}{\delta\dot{\varphi}^{(i)}_{\text{p.r.},2}} \\ \dfrac{\partial V_k}{\partial \dot{\varphi}_{\text{p.r.},2}} = \dfrac{\bar{V}^{(i)}_k - V^{(i)}_k}{\delta\dot{\varphi}^{(i)}_{\text{p.r.},2}} \\ \dfrac{\partial \theta_k}{\partial \dot{\varphi}_{\text{p.r.},2}} = \dfrac{\bar{\theta}^{(i)}_k - \theta^{(i)}_k}{\delta\dot{\varphi}^{(i)}_{\text{p.r.},2}} \\ \dfrac{\partial i_k}{\partial \dot{\varphi}_{\text{p.r.},2}} = \dfrac{\bar{i}^{(i)}_k - i^{(i)}_k}{\delta\dot{\varphi}^{(i)}_{\text{p.r.},2}} \end{cases} \tag{8-4-12}$$

至此，发射弹道程序角迭代计算过程中所需的入轨时刻变量 r_k、V_k、θ_k、i_k 对二级程序角变化率 $\dot{\varphi}_{\text{p.r.},2}$ 的偏导数就计算完毕。

2. 入轨时刻变量 r_k、V_k、θ_k、i_k 对三级程序角变化率 $\dot{\varphi}^{(i)}_{\text{p.r.},3}$ 的偏导数

第一步：发射弹道积分计算。对于给定的一组迭代参量 $\dot{\varphi}^{(i)}_{\text{p.r.2}}$、$\dot{\varphi}^{(i)}_{\text{p.r.},3}$、$t^{(i)}_{k3}$、$A^{(i)}_0$，数值积分计算相应的主动段发射弹道，得到入轨时刻的状态参数 $r^{(i)}_k$、$V^{(i)}_k$、$\theta^{(i)}_k$、$i^{(i)}_k$。

第二步：引入参量偏差。三级程序角变化率 $\dot{\varphi}^{(i)}_{\text{p.r.},3}$ 引入小偏差，取小偏差增量 $\delta\dot{\varphi}^{(i)}_{\text{p.r.},3}$

$$\bar{\dot{\varphi}}_{\text{p.r.},3}^{(i)} = \dot{\varphi}_{\text{p.r.},3}^{(i)} + \delta\dot{\varphi}_{\text{p.r.},3}^{(i)} \tag{8-4-13}$$

式中：$\bar{\dot{\varphi}}_{\text{p.r.},3}^{(i)}$为引入小偏差后的三级程序角变化率。

然后利用$\bar{\dot{\varphi}}_{\text{p.r.},3}^{(i)}$和$\dot{\varphi}_{\text{p.r.},2}^{(i)}$、$t_{k3}^{(i)}$、$A_0^{(i)}$积分计算引入三级程序角变化率偏差的发射弹道，得到入轨时刻的状态变量$\bar{r}_k^{(i)}$、$\bar{V}_k^{(i)}$、$\bar{\theta}_k^{(i)}$、$\bar{i}_k^{(i)}$。

第三步：计算偏导数。入轨时刻的地心距、速度、速度倾角和轨道倾角对三级程序角变化率的偏导数可用下式计算得到：

$$\begin{cases} \dfrac{\partial r_k}{\partial \dot{\varphi}_{\text{p.r.},3}} = \dfrac{\bar{r}_k^{(i)} - r_k^{(i)}}{\delta\dot{\varphi}_{\text{p.r.},3}^{(i)}} \\ \dfrac{\partial V_k}{\partial \dot{\varphi}_{\text{p.r.},3}} = \dfrac{\bar{V}_k^{(i)} - V_k^{(i)}}{\delta\dot{\varphi}_{\text{p.r.},3}^{(i)}} \\ \dfrac{\partial \theta_k}{\partial \dot{\varphi}_{\text{p.r.},3}} = \dfrac{\bar{\theta}_k^{(i)} - \theta_k^{(i)}}{\delta\dot{\varphi}_{\text{p.r.},3}^{(i)}} \\ \dfrac{\partial i_k}{\partial \dot{\varphi}_{\text{p.r.},3}} = \dfrac{\bar{i}_k^{(i)} - i_k^{(i)}}{\delta\dot{\varphi}_{\text{p.r.},3}^{(i)}} \end{cases} \tag{8-4-14}$$

至此，发射弹道程序角迭代计算过程中所需的入轨时刻变量r_k、V_k、θ_k、i_k对三级程序角变化率$\dot{\varphi}_{\text{p.r.},3}$的偏导数计算完毕。

3. 入轨时刻变量r_k、V_k、θ_k、i_k对三级关机时刻t_{k3}的偏导数

第一步：发射弹道积分计算。对于给定的一组迭代参量$\dot{\varphi}_{\text{p.r.},2}^{(i)}$、$\dot{\varphi}_{\text{p.r.},3}^{(i)}$、$t_{k3}^{(i)}$、$A_0^{(i)}$，数值积分计算相应的主动段发射弹道，得到入轨时刻的状态参数$r_k^{(i)}$、$V_k^{(i)}$、$\theta_k^{(i)}$、$i_k^{(i)}$。

第二步：引入迭代参量偏差。三级关机时刻$t_{k3}^{(i)}$引入小偏差，取小偏差增量$\delta t_{k3}^{(i)}$，令

$$\bar{t}_{k3}^{(i)} = t_{k3}^{(i)} + \delta t_{k3}^{(i)} \tag{8-4-15}$$

式中：$\bar{t}_3^{(i)}$为引入小偏差后的三级关机时刻。

然后利用$\bar{t}_{k3}^{(i)}$和$\dot{\varphi}_{\text{p.r.},2}^{(i)}$、$\dot{\varphi}_{\text{p.r.},3}^{(i)}$、$A_0^{(i)}$积分计算引入三级关机时刻偏差的发射弹道，得到入轨时刻的状态变量$\bar{r}_k^{(i)}$、$\bar{V}_k^{(i)}$、$\bar{\theta}_k^{(i)}$、$\bar{i}_k^{(i)}$。

第三步(3)计算偏导数。入轨时刻的地心距、速度、速度倾角和轨道倾角对三级关机时刻的偏导数可用下式计算得到：

$$\begin{cases}\dfrac{\partial r_k}{\partial t_{k3}}=\dfrac{\bar{r}_k^{(i)}-r_k^{(i)}}{\delta t_{k3}^{(i)}}\\ \dfrac{\partial V_k}{\partial t_{k3}}=\dfrac{\bar{V}_k^{(i)}-V_k^{(i)}}{\delta t_{k3}^{(i)}}\\ \dfrac{\partial \theta_k}{\partial t_{k3}}=\dfrac{\bar{\theta}_k^{(i)}-\theta_k^{(i)}}{\delta t_{k3}^{(i)}}\\ \dfrac{\partial i_k}{\partial t_{k3}}=\dfrac{\bar{i}_k^{(i)}-i_k^{(i)}}{\delta t_{k3}^{(i)}}\end{cases} \tag{8-4-16}$$

至此,发射弹道程序角迭代计算过程中所需的入轨时刻变量 r_k、V_k、θ_k、i_k 对三级关机时刻 t_{k3} 的偏导数计算完毕。

4. 入轨时刻变量 r_k、V_k、θ_k、i_k 对发射方位角 A_0 的偏导数

第一步:发射弹道积分计算。对于给定的一组迭代参量 $\dot{\varphi}_{\text{p.r.},2}^{(i)}$、$\dot{\varphi}_{\text{p.r.},3}^{(i)}$、$t_{k3}^{(i)}$、$A_0^{(i)}$,数值积分计算相应的主动段发射弹道,得到入轨时刻的状态参数 $r_k^{(i)}$、$V_k^{(i)}$、$\theta_k^{(i)}$、$i_k^{(i)}$。

第二步:引入迭代参量偏差。发射方位角 A_0 引入小偏差,取小偏差增量 δA_0,令

$$\bar{A}_0^{(i)}=A_0^{(i)}+\delta A_0 \tag{8-4-17}$$

式中:$\bar{A}_0^{(i)}$ 为引入小偏差后的发射方位角。然后利用 $\bar{A}_0^{(i)}$ 和 $\dot{\varphi}_{\text{p.r.},2}^{(i)}$、$\dot{\varphi}_{\text{p.r.},3}^{(i)}$、$t_{k3}^{(i)}$ 积分计算引入发射方位角偏差的发射弹道,得到入轨时刻的状态变量 $\bar{r}_k^{(i)}$、$\bar{V}_k^{(i)}$、$\bar{\theta}_k^{(i)}$、$\bar{i}_k^{(i)}$。

第三步:计算偏导数。入轨时刻的地心距、速度、速度倾角和轨道倾角对发射方位角的偏导数可用下式计算得到:

$$\begin{cases}\dfrac{\partial r_k}{\partial A_0}=\dfrac{\bar{r}_k^{(i)}-r_k^{(i)}}{\delta A_0}\\ \dfrac{\partial V_k}{\partial A_0}=\dfrac{\bar{V}_k^{(i)}-V_k^{(i)}}{\delta A_0}\\ \dfrac{\partial \theta_k}{\partial A_0}=\dfrac{\bar{\theta}_k^{(i)}-\theta_k^{(i)}}{\delta A_0}\\ \dfrac{\partial i_k}{\partial A_0}=\dfrac{\bar{i}_k^{(i)}-i_k^{(i)}}{\delta A_0}\end{cases} \tag{8-4-18}$$

至此,发射弹道程序角迭代计算过程中所需的入轨时刻变量 r_k、V_k、θ_k、i_k 对发

射方位角 A_0 的偏导数计算完毕。

需要注意,利用以上方法计算关机时刻的运动状态对各迭代参数的偏导数时,各迭代参数的小增量选择要恰当,否则得到的结果的偏差会很大。而为了保证各偏导数的计算精度,也可以采用理查德外推法。考虑到发射方位角主要影响有效载荷的轨道倾角,为了减少偏导数计算的工作量,可以分内、外两层分别进行迭代。内层迭代 $\dot{\varphi}_{\mathrm{p.r.},2}$、$\dot{\varphi}_{\mathrm{p.r.},3}$、$t_{k3}$ 3 个参量,使发射弹道满足入轨时刻地心距、速度、弹道倾角的要求,外层迭代 A_0 参量,使发射弹道满足入轨时刻轨道倾角的要求;由于开始计算时采用的方位角与最终迭代出的方位角存在差别,因此迭代完成后,要复核一级残骸射程是否满足要求。如不满足要求,应重新调整。

习　题

1. 推导轨道倾角和升交点赤经的解算方程。
2. 推导航天器的二体轨道方程。
3. 推导航天器入轨点和入轨时刻的运动参数解算方程。
4. 说明航天器近地点和远地点高度的选取方法。
5. 给出满足入轨要求的发射弹道迭代计算的基本流程。

第9章 扰动运动方程

运载器发射动态特性分析就是将运载器看作质点系来研究其运动情况,不仅考虑作用在质心上的力,还要考虑绕质心运动的力矩。主要研究以下问题:①运载器在干扰力和干扰力矩的作用下,能否保持原来的飞行状态;②在控制机构作用下,运载器改变飞行状态的能力如何,即运载器的稳定性和操纵性问题。上述内容直接与运载器总体设计有关,它将涉及气动外形的选择、结构布局的安排,以及制导系统参数的确定。因此,这部分知识是运载器总体设计、制导系统设计以及准确度分析的基础。

9.1 扰动运动过程

运载器是复杂的空间运动体,研究其动态特性必须分析其质心运动过程和绕质心运动过程,再分析其稳定性和操纵性特性。

9.1.1 扰动因素

考虑运载器制导控制系统的工作过程时,不能像弹道学中一样把运载器当作质点来处理。另外,在飞行过程中,除了控制作用外,运载器还会受到以下干扰:①风引起的气动力和气动力矩的变化;②箭体制造的工艺误差和安装误差以及安装误差会使运载器结构外形偏离理论值,形成附加的气动力和气动力矩;③发动机推力与额定值不一致,推力偏心也会引起附加作用力和力矩;④发动机开机/关机瞬间引起的作用力和力矩的突然变化;⑤制导系统的元件有工艺误差和受外界干扰产生起伏误差,使控制舵面出现不必要的偏转。上述干扰因素的存在,使得运载器在飞行过程中总是绕质心不断地转动,这种转动导致运载器在飞行过程中的弹道参数与按力矩平衡假设的理想条件下求得的结果并不完全相同。

用标准条件计算的弹道称为标准弹道(或称为未扰动弹道、未干扰弹道、理想弹道),其运动参数称为未扰动运动参数,其运动称为未扰动运动。但运载器在实际飞行中并不完全满足上述条件,作用在运载器上除了规定的力和力矩外,还会有附加的力和力矩(称为干扰力和干扰力矩)。在干扰力和干扰力矩作用下,运载器的运动参数会发生变化,有干扰作用下的运动称为扰动运动(也称为干扰运动或实际运动),其弹道为实际弹道(也称为干扰弹道)。由于有干扰的存在,运动参数会有变化,而运动参数如何变化是与干扰的种类和运动的稳定与否有关,所以先讨论干扰的性质。干扰就其作用在运载器上的特点可分为两类。

1. 瞬时干扰(或脉冲干扰)

这类干扰是瞬时作用,瞬时消失,或者说短时间作用,很快消失。例如飞行中偶然的阵风,发射时的起始扰动,运载器一、二级分离的干扰,受无线电干扰引起控制机构的突然偏转等。对这一类干扰我们是研究在干扰作用消失之后,由于干扰作用而引起的恢复运动的运动特性,因而干扰只影响描述这些运动微分方程的初始条件,本书不研究这类干扰如何引起初始条件的改变。

2. 经常干扰

这类干扰作用是经常作用在运载器上,例如运载器箭体,箭身各段的制造公差、安装误差、发动机的推力偏心、控制系统的误差,以及建立未干扰运动时所略去的力。对运载器箭体而言,也可以把控制执行机构的舵偏转产生的控制力矩看成经常干扰。很明显,这类干扰不仅对运动的初始条件有影响,而且干扰力和干扰力矩本身会影响运动方程,所以要研究干扰作用下的运动特性。

干扰的存在会引起运动参数对未干扰运动方程所确定的运动参数产生偏差,对某些运动这种影响在整个过程中并不显著,因而干扰运动和未干扰运动所确定的运动参数相差不大。这种未干扰运动称为稳定的。对某一些运动,干扰的影响随时间的增加越来越明显,以致无论干扰作用多么小,干扰运动和未干扰运动所确定的运动参数都相差很大,这种未干扰运动称为不稳定的。

9.1.2 运载器扰动运动

运载器制导系统是有反馈的闭合系统,无论在制导系统还是在控制系统中,运载器箭体都是作为系统中的一个环节,即控制对象。当利用自动控制理论对运载器控制系统和制导系统进行分析与设计时,运载器的动态特性也完全可以用自动控制理论中的概念和定义来表示。通常可以把运载器操纵机构的偏转看作运载器的控制作用,而表示操纵机构位置或状态的量当作输入变量。运载器的输出变量可以是表征运载器运动参数的任何一个量,如攻角、俯仰角、速度倾角变化率、飞行高度和飞行速度等,输出变量的选取由研究的问题来确定。对运载器的干扰作用,一般是在运载器运动方程中引入干扰力和干扰力矩,或者相应地用改变输入或输出变量加以考虑。

对于方案控制、惯性制导和星光制导等自主式制导，是根据运载器需要完成的任务，预先设计好飞行弹道。运载器飞行时，制导系统和目标没有直接关系，而是通过程序装置输出预定的飞行参数，并与运载器实际飞行参数相比，如有偏差就形成控制信号，并将控制信号输入给控制系统。运载器导航制导系统的主要功能：①测量运载器和目标的相对位置及其实际的飞行参数；②计算运载器沿着要求的飞行弹道所需的控制信号并输入给控制系统。运载器的控制系统也称为姿态控制系统、角运动控制系统或稳定系统，主要功能：①准确而迅速地执行由运载器制导系统输出的改变运载器弹道的控制信号；②保证运载器在各种干扰作用下能在要求的弹道上稳定地飞行。也就是说，控制系统既要保证运载器的机动性，也要保证运载器的稳定性。

运载器扰动运动是指运载器在控制作用或干扰作用下的运动特性。如果运载器的结构、外形、气动等参数为理论值，发动机参数、控制系统参数也为标称值，大气状态参数符合标准值，则按给定的初始条件计算得出的弹道称为未扰动弹道或基准弹道，此时的运载器运动称为未扰动运动或基准运动。然而，运载器实际飞行的弹道总是不同于未扰动的理论弹道，这不仅是因为所采用的方程只能近似地描述运载器和制导系统的动力学特性，还因为有一系列随机因素作用在运载器和制导系统上，实际的初始条件总是不同于所给定的数值，大气扰流所引起的随机空气动力也作用在运载器上等。所有这些因素都不可避免地存在于实际飞行之中，并对运载器的运动产生扰动，这时运载器的运动称为扰动运动，其对应的弹道称为扰动弹道。

9.2 运动微分方程线性化

9.2.1 微分方程线性化基本方法

在地面发射坐标系内，运载器的运动方程一般形式为

$$\begin{cases}\dfrac{\mathrm{d}x_1}{\mathrm{d}t}=f_1(x_1,x_2,\cdots,x_n)\\ \dfrac{\mathrm{d}x_2}{\mathrm{d}t}=f_2(x_1,x_2,\cdots,x_n)\\ \qquad\vdots\\ \dfrac{\mathrm{d}x_n}{\mathrm{d}t}=f_n(x_1,x_2,\cdots,x_n)\end{cases}\tag{9-2-1}$$

式中：$x_1,x_2,\cdots,x_n$ 分别为运载器的运动参数；f_n 为 $x_1,x_2,\cdots,x_n$ 的非线性函数。

为表述方便,各变量省略地面发射坐标系的简写 G 的下标。

以 $x_{10},x_{20},\cdots,x_{n0}$ 表示未扰动运动的运动参数,则

$$\begin{cases}\dfrac{dx_{i0}}{dt}=f_{i0},i=1,2,3,\cdots,n\\ f_{i0}=f_i(x_{10},x_{20},\cdots,x_{n0})\end{cases} \tag{9-2-2}$$

令

$$\Delta x_i=x_i-x_{i0} \tag{9-2-3}$$

则

$$\frac{dx_i}{dt}=\frac{dx_{i0}}{dt}+\frac{d\Delta x_i}{dt} \tag{9-2-4}$$

在 f_i 在 $x_{10},x_{20},\cdots,x_{n0}$ 处用泰勒级数展开,可得

$$\begin{aligned}f_i(x_1,\cdots,x_n)&=f_i(x_{10}+\Delta x_1,x_{20}+\Delta x_2,\cdots,x_{n0}+\Delta x_n)\\&=f_i(x_{10},x_{20},\cdots,x_{n0})+\left(\frac{\partial f_i}{\partial x_i}\right)_0\Delta x_1+\\&\quad\left(\frac{\partial f_i}{\partial x_2}\right)_0\Delta x_2+\cdots+\left(\frac{\partial f_i}{\partial xn}\right)_0\Delta x_n+R_i\end{aligned} \tag{9-2-5}$$

式中:R_i 为泰勒级数展开时二阶以上的余量;$\left(\dfrac{\partial f_i}{\partial x_1}\right)_0,\left(\dfrac{\partial f_i}{\partial x_2}\right)_0,\cdots,\left(\dfrac{\partial f_i}{\partial x_n}\right)_0$ 为在 t 时刻$\dfrac{\partial f_i}{\partial x_i}$在未扰动运动参数 $x_{10},x_{20},\cdots,x_{n0}$上取的值,除特殊情况外,它是已知的时间函数。

综上可得

$$\begin{cases}\dfrac{d\Delta x_1}{dt}=\left(\dfrac{\partial f_1}{\partial x_1}\right)_0\Delta x_1+\cdots+\left(\dfrac{\partial f_1}{\partial x_n}\right)_n\Delta x_n+R_1\\ \dfrac{d\Delta x_2}{dt}=\left(\dfrac{\partial f_2}{\partial x_1}\right)_0\Delta x_1+\cdots+\left(\dfrac{\partial f_2}{\partial x_n}\right)_0\Delta x_n+R_2\\ \quad\vdots\\ \dfrac{d\Delta x_n}{dt}=\left(\dfrac{\partial f_n}{\partial x_1}\right)_0\Delta x_1+\cdots+\left(\dfrac{\partial f_n}{\partial x_n}\right)_0\Delta x_n+R_n\end{cases} \tag{9-2-6}$$

该式对 $\Delta x_1,\Delta x_2,\cdots,\Delta x_n$ 而言,因为包含 $R_1,R_2,\cdots,R_n$ 二阶以上的项,所以是一非线性微分方程组。如果 Δx_i 是微量,则可以把方程组中的高阶项略去。这样,便得到其一次近似方程,即非线性微分方程组的线性化:

$$\begin{cases} \dfrac{d\Delta x_1}{dt} = \left(\dfrac{\partial f_1}{\partial x_1}\right)_0 \Delta x_1 + \cdots + \left(\dfrac{\partial f_1}{\partial x_n}\right)_0 \Delta x_n \\ \dfrac{d\Delta x_2}{dt} = \left(\dfrac{\partial f_2}{\partial x_1}\right)_0 \Delta x_1 + \cdots + \left(\dfrac{\partial f_2}{\partial x_n}\right)_0 \Delta x_n \\ \vdots \\ \dfrac{d\Delta x_n}{dt} = \left(\dfrac{\partial f_n}{\partial x_1}\right)_0 \Delta x_1 + \cdots + \left(\dfrac{\partial f_n}{\partial x_n}\right)_0 \Delta x_n \end{cases} \tag{9-2-7}$$

上述把非线性微分方程组线性化的方法,如果用矢量和矩阵来表示,则十分简洁,把微分方程组写成标准形式

$$\frac{d\boldsymbol{x}}{dt} = \boldsymbol{f} \tag{9-2-8}$$

式中

$$\boldsymbol{x} = (x_1, x_2, \cdots, x_n)^{\mathrm{T}} \tag{9-2-9}$$

另外

$$\boldsymbol{f} = (f_1, f_2, \cdots, f_n)^{\mathrm{T}} \tag{9-2-10}$$

已知未干扰运动满足方程

$$\frac{d\boldsymbol{x}_0}{dt} = \boldsymbol{f}_0 \tag{9-2-11}$$

为了线性化,把 f 在 f_0 近旁展开,令

$$\Delta\boldsymbol{x} = \boldsymbol{x} - \boldsymbol{x}_0 \tag{9-2-12}$$

且

$$\boldsymbol{f} = \boldsymbol{f}_0 + \left(\frac{\partial \boldsymbol{f}}{\partial \boldsymbol{x}}\right)_0 \Delta\boldsymbol{x} + O\{|\Delta\boldsymbol{x}|\} \tag{9-2-13}$$

式中

$$\frac{\partial \boldsymbol{f}}{\partial \boldsymbol{x}} = \begin{Bmatrix} \dfrac{\partial f_1}{\partial x_1} & \dfrac{\partial f_1}{\partial x_2} & \cdots & \dfrac{\partial f_1}{\partial x_n} \\ \dfrac{\partial f_2}{\partial x_1} & \dfrac{\partial f_2}{\partial x_2} & \cdots & \dfrac{\partial f_2}{\partial x_n} \\ \vdots & \vdots & & \vdots \\ \dfrac{\partial f_n}{\partial x_1} & \dfrac{\partial f_n}{\partial x_2} & \cdots & \dfrac{\partial f_n}{\partial x_n} \end{Bmatrix} \tag{9-2-14}$$

该式为雅可比矩阵。$O\{|\Delta x|\}$ 为包括二阶以上的项。联立上面各式,可得

$$\frac{d\Delta x}{dt} = \left(\frac{\partial f}{\partial x}\right)_0 \Delta x + O\{|\Delta x|\} \tag{9-2-15}$$

该式为非线性微分方程组。如果忽略二阶以上的项,则可以得到线性化的方程为

$$\frac{\mathrm{d}\Delta x}{\mathrm{d}t}=\left(\frac{\partial f}{\partial x}\right)_0\Delta x \tag{9-2-16}$$

该式即为前面推导的展开式的矢量形式。

9.2.2 空气动力/力矩的线性化

运载器运动方程中包含有空气动力、重力、推力和控制力及相应的力矩。为了线性化运载器的一般运动方程,需要求雅可比矩阵

$$\begin{bmatrix} \dfrac{\partial f_1}{\partial x_1} & \dfrac{\partial f_1}{\partial x_2} & \cdots & \dfrac{\partial f_1}{\partial x_n} \\ \dfrac{\partial f_2}{\partial x_1} & \dfrac{\partial f_2}{\partial x_2} & \cdots & \dfrac{\partial f_2}{\partial x_n} \\ \vdots & \vdots & & \vdots \\ \dfrac{\partial f_n}{\partial x_1} & \dfrac{\partial f_n}{\partial x_2} & \cdots & \dfrac{\partial f_n}{\partial x_n} \end{bmatrix} \tag{9-2-17}$$

的各元素,为此首先要研究哪些运动参数与上述力和力矩有关,然后求出其偏导数,其中对与稳定性和操纵性有密切关系的空气动力和空气动力矩更应该进行较详细的研究,以便了解空气动力和空气动力矩与哪些主要因素有关,而哪些因素可以忽略。

作用在箭上的空气动力/力矩与参数 V、h、α、β、$\dot{\alpha}$、$\dot{\beta}$、ω_x、ω_y、ω_z、δ_φ、δ_ψ、δ_γ 有关,但在研究稳定性和操纵性时,并不是将上面的参数都加以考虑,一般忽略阻力、升力、侧力与转动角速度的关系。运载器旋转对这些力的数值影响很小,且运载器相对于 $O_\mathrm{B}x_\mathrm{B}y_\mathrm{B}$ 面总是对称的,同时总希望侧向力和侧向力矩不与纵向参数如攻角等有关系,而纵向力矩也不要与侧向运动参数如侧滑角发生关系,也不希望不同通道的等效舵偏角与空气动力矩发生关系等,所以实际上空气动力和力矩仅与某些运动参数有关:

$$\begin{cases} D=C_D\dfrac{\rho V^2}{2}S_{\mathrm{ref}}=D(V,h,\alpha,\beta) \\ L=C_L\dfrac{\rho V^2}{2}S_{\mathrm{ref}}=L(V,h,\alpha,\delta_\varphi) \\ N=C_N\dfrac{\rho V^2}{2}S_{\mathrm{ref}}=N(V,h,\beta,\delta_\psi) \\ M_x=m_x\dfrac{\rho V^2}{2}S_{\mathrm{ref}}L_{\mathrm{ref}}=M_x(V,h,\alpha,\beta,\omega_x,\omega_y,\omega_z,\delta_\gamma) \\ M_y=m_y\dfrac{\rho V^2}{2}S_{\mathrm{ref}}L_{\mathrm{ref}}=M_y(V,h,\beta,\omega_x,\omega_y,\dot{\beta},\delta_\psi) \\ M_z=m_z\dfrac{\rho V^2}{2}S_{\mathrm{ref}}L_{\mathrm{ref}}=M_z(V,h,\alpha,\omega_x,\omega_z,\dot{\alpha},\delta_\varphi) \end{cases} \tag{9-2-18}$$

式中:D 为气动阻力;L 为气动升力;N 为气动侧向力;V 为运载器相对于地球大气的速度大小;ρ 为大气密度;C_D、C_L、C_N 分别为气动阻力系数、气动升力系数和气动侧向力系数;h 为飞行高度;α 为飞行攻角;β 为侧滑角;M_x、M_y、M_z 为滚转、偏航和俯仰力矩;S_{ref}为运载器的气动参考面积;L_{ref}为气动参考长度。

假设运载器的未干扰运动参数为 V_0、h_0、α_0、β_0、$\dot{\alpha}_0$、$\dot{\beta}_0$、ω_{x0}、ω_{y0}、ω_{z0}、$\delta_{\varphi0}$、$\delta_{\psi0}$、$\delta_{\gamma0}$,运载器干扰运动参数为 V、h、α、β、$\dot{\alpha}$、$\dot{\beta}$、ω_x、ω_y、ω_z、δ_φ、δ_ψ、δ_γ,则各运动参数的增量为

$$\begin{cases}\Delta V = V - V_0 \\ \Delta h = h - h_0 \\ \Delta\alpha = \alpha - \alpha_0 \\ \Delta\beta = \beta - \beta_0 \\ \Delta\dot{\alpha} = \dot{\alpha} - \dot{\alpha}_0 \\ \Delta\dot{\beta} = \dot{\beta} - \dot{\beta}_0 \\ \Delta\omega_x = \omega_x - \omega_{x0} \\ \Delta\omega_y = \omega_y - \omega_{y0} \\ \Delta\omega_z = \omega_z - \omega_{z0} \\ \Delta\delta_\gamma = \delta_\gamma - \delta_{\gamma0} \\ \Delta\delta_\psi = \delta_\psi - \delta_{\psi0} \\ \Delta\delta_\varphi = \delta_\varphi - \delta_{\varphi0}\end{cases} \tag{9-2-19}$$

把空气动力和空气动力矩的计算式在未扰动运动的近旁展开,忽略一阶以上的项,可得

$$\begin{cases}\Delta D = D^V\Delta V + D^\alpha\Delta\alpha + D^\beta\Delta\beta + D^h\Delta h \\ \Delta L = L^V\Delta V + L^\alpha\Delta\alpha + L^h\Delta h + L^{\delta_\varphi}\Delta\delta_\varphi \\ \Delta N = N^V\Delta V + N^\beta\Delta\beta + N^h\Delta h + N^{\delta_\psi}\Delta\delta_\psi\end{cases} \tag{9-2-20}$$

$$\begin{cases}\Delta M_x = M_x^V\Delta V + M_x^\alpha\Delta\alpha + M_x^\beta\Delta\beta + M_x^{\omega_x}\Delta\omega_x + M_x^{\omega_y}\Delta\omega_{y1} + M_x^{\omega_z}\Delta\omega_{z1} + M_x^h\Delta h + M_x^\delta\Delta\delta_\gamma \\ \Delta M_y = M_y^V\Delta V + M_y^\beta\Delta\beta + M_y^{\omega_z}\Delta\omega_{x1} + M_y^{\omega_y}\Delta\omega_y + M_y^{\dot{\beta}}\Delta\dot{\beta} + M_y^h\Delta h + M_y^\delta\Delta\delta_\psi \\ \Delta M_z = M_z^V\Delta V + M_z^\alpha\Delta\alpha + M_z^{\omega_x}\Delta\omega_{x1} + M_z^{\omega_z}\Delta\omega_z + M_z^{\dot{\alpha}}\Delta\dot{\alpha} + M_z^h\Delta h + M_z^\delta\Delta\delta_\varphi\end{cases}$$

式中

$$L^\alpha = \frac{\partial L}{\partial\alpha}, M_z^\alpha = \frac{\partial M_z}{\partial\alpha}, M_z^{\omega_z} = \frac{\partial M_z}{\partial\omega_z} \tag{9-2-21}$$

称为空气动力偏导数,它可以通过计算和实验求得。下面讨论空气动力和空气动力矩偏导数的表达式。在研究稳定性时,一般不考虑扰动运动中高度的变化对空气动力的影响,原因是它很小,可以认为该项等于零。

9.2.3 空气动力和空气动力矩的导数

气动阻力为

$$D = C_D \frac{\rho V^2}{2} S_{\text{ref}} \tag{9-2-22}$$

而 C_D 一般是迎角 α 和侧滑角 β 的函数，即 $C_D = C_D(\alpha, \beta)$，因此

$$\begin{cases} D^\alpha = \dfrac{\partial D}{\partial \alpha} = \dfrac{D}{C_D} \cdot \dfrac{\partial C_D}{\partial \alpha} = \dfrac{D}{C_D} C_D^\alpha \\ D^\beta = \dfrac{\partial D}{\partial \beta} = \dfrac{D}{C_D} \cdot \dfrac{\partial C_D}{\partial \beta} = \dfrac{D}{C_D} C_D^\beta \end{cases} \tag{9-2-23}$$

式中：D^α、D^β 分别为运载器的气动阻力对飞行攻角和侧滑角的偏导数。

运载器气动升力为

$$L = C_L \frac{\rho V^2}{2} S_{\text{ref}} \tag{9-2-24}$$

而

$$C_L = C_L(V, \alpha) \tag{9-2-25}$$

则

$$\begin{cases} L^V = \dfrac{\partial L}{\partial v} = \dfrac{L}{V}\left(2 + \dfrac{Ma}{C_L} C_L^{Ma}\right) \\ L^\alpha = \dfrac{\partial L}{\partial \alpha} = \dfrac{L}{C_L} C_L^\alpha \end{cases} \tag{9-2-26}$$

式中：L^V、L^α 分别为运载器的气动升力对飞行速度和飞行攻角的偏导数。

运载器气动侧向力为

$$N = C_N \frac{\rho V^2}{2} S_{\text{ref}} \tag{9-2-27}$$

而 $C_N = C_N(Ma, \beta)$，则

$$\begin{cases} N^V = \dfrac{N}{V}\left(2 + \dfrac{Ma}{C_N} C_N^{Ma}\right) \\ N^\beta = \dfrac{N}{C_N} C_N^\beta \\ C_N^\beta = - C_L^\alpha \end{cases} \tag{9-2-28}$$

需要说明，气动升力和气动侧向力增量中的 $L^{\delta_\varphi}\Delta\delta_\varphi$、$N^{\delta_\psi}\Delta\delta_\psi$，采用空气舵时，该两项存在，采用燃气舵和摇摆发动机时，可认为该两项等于零。

下面介绍运载器空气动力矩对运动参数的偏导数。空气动力滚转力矩、偏航

力矩和俯仰力矩分别为

$$\begin{cases} M_x = \dfrac{\rho V^2}{2} m_x S_{\text{ref}} L_{\text{ref}} \\ M_y = \dfrac{\rho V^2}{2} m_y S_{\text{ref}} L_{\text{ref}} \\ M_z = \dfrac{\rho V^2}{2} m_z S_{\text{ref}} L_{\text{ref}} \end{cases} \tag{9-2-29}$$

式中

$$\begin{cases} m_x = m_x(Ma, \alpha, \beta, \omega_x, \omega_y, \omega_z) \\ m_y = m_y(Ma, \beta, \dot{\beta}, \omega_x, \omega_y) \\ m_z = m_z(Ma, \alpha, \dot{\alpha}, \omega_x, \omega_z) \end{cases} \tag{9-2-30}$$

当采用空气舵时，上述 3 个力矩系数还应是舵偏角的函数；当采用燃气舵和摇摆发动机时，力矩系数就与舵偏角无关。类似前面推导，可以得力矩导数如下：

$$\begin{cases} M_x^V = \dfrac{M_x}{V}\left(2 + \dfrac{Ma}{m_x} \cdot \dfrac{\partial m_x}{\partial Ma}\right) \\ M_y^V = \dfrac{M_y}{V}\left(2 + \dfrac{Ma}{m_y} \cdot \dfrac{\partial m_y}{\partial Ma}\right) \\ M_z^V = \dfrac{M_z}{V}\left(2 + \dfrac{Ma}{m_z} \cdot \dfrac{\partial m_z}{\partial Ma}\right) \end{cases} \tag{9-2-31}$$

$$\begin{cases} M_x^\alpha = \dfrac{M_x}{m_x} m_x^\alpha \\ M_x^\beta = \dfrac{M_x}{m_x} m_x^\beta \\ M_y^\beta = \dfrac{M_y}{m_y} m_y^\beta \\ M_z^\alpha = \dfrac{M_z}{m_z} m_z^\alpha \end{cases} \tag{9-2-32}$$

$$\begin{cases} M_x^{\omega_x} = \dfrac{M_x}{m_x} m_x^{\omega_x}, M_x^{\omega_y} = \dfrac{M_x}{m_x} m_x^{\omega_y}, M_x^{\omega_z} = \dfrac{M_x}{m_x} m_x^{\omega_z} \\ M_y^{\omega_y} = \dfrac{M_y}{m_y} m_y^{\omega_y}, M_y^{\omega_x} = \dfrac{M_y}{m_y} m_y^{\omega_x}, M_y^{\dot{\beta}} = \dfrac{M_y}{m_y} m_y^{\dot{\beta}} \\ M_z^{\omega_z} = \dfrac{M_z}{m_z} m_z^{\omega_z}, M_z^{\omega_x} = \dfrac{M_z}{m_z} m_z^{\omega_x}, M_z^{\dot{\alpha}} \dfrac{M_z}{m_z} m_z^{\dot{\alpha}} \end{cases} \tag{9-2-33}$$

在上述的阻尼导数中 m_z^α、m_y^β、m_x^α、m_x^β 为静导数，$m_x^{\omega_x}$、$m_y^{\omega_y}$、$m_z^{\omega_z}$ 为动导数。

9.3 动力学与运动学微分方程线性化

考虑到运载器运动轨迹基本上是在一个平面，为了分析方便，通常把运载器体坐标系对称面 $O_Bx_By_B$ 与地面发射坐标系内的射面完全重合的运动称为纵向平面的运动，相应地，运动参数 V、θ、X、Y、h、α、φ、ω_z、δ_φ 称为纵向平面运动参数。在纵向运动中只有这些参数变化，要实现这一点，要求运载器有一个对称面，而且当纵向参数变化时不产生侧向力和侧向力矩，或者说侧向力和侧向力矩很小。从线性化的内涵上讲，要线性化运载器的运动方程只需要一个假设：运载器各运动参数的增量为一阶微量，二阶以上的增量均可略去，就可得到线性化微分方程组。为了简化问题，在线性化时做如下假设：①稳定性和操纵性分析中，认为地球是一个不旋转的平面；②由外界干扰而引起的运动参数的增量是微量，这些运动参数增量的高次项及相互之间的乘积可以略去，这个假设简称小扰动；③运动参数对舵偏角的反应以及运动参数对干扰的反应是重要的研究内容，可忽略其他次要因素，如结构参数的偏差 Δm、ΔI_x、ΔI_y、ΔI_z 对干扰运动的影响和高度增量 Δh 对空气动力、空气动力矩和推力的影响等；④假设未扰动运动的运载器侧向运动参数 σ、ψ、γ、υ、β、ω_y、ω_x，等效舵偏角 δ_γ、δ_ψ，纵向运动的参数 $\dot{\theta}$、ω_z、$\dot{\alpha}$ 均是微量，可以在线性化时忽略其乘积；⑤运载器以 $O_Bx_By_B$ 平面为基准对称，该条件是分解为纵向扰动运动和侧向扰动运动的基础。下面以上述假设为依据进行方程的线性化。

9.3.1 质心动力学与运动学方程线性化

列写线性化方程时考虑干扰力和干扰力矩，则线性化后的方程也用于有经常性干扰的问题的分析。速度微分方程为

$$m\dot{V} = P\cos\alpha\cos\beta - D - mg\sin\theta\cos\sigma + T_V \tag{9-3-1}$$

式中：T_V 为推力在速度方向的分量。

根据线性化原理，同时认为侧向未扰动参数为一阶微量，则式(9-3-1)可线性化为

$$m\frac{\mathrm{d}\Delta V}{\mathrm{d}t} = (P^V\cos\alpha\cos\beta - D^V)\Delta V - (P\sin\alpha\cos\beta + D^\alpha)\Delta\alpha - mg\cos\theta\cos\sigma\Delta\theta + \Delta T_V \tag{9-3-2}$$

式中：m 为运载器质量；P 为推力；α 为攻角；β 为侧滑角；g 为地球引力加速度；ΔT_V 为推力干扰。

更进一步，令 $\cos\beta \approx 1$，$\cos\sigma \approx 1$，则式(9-3-2)变成

$$m\frac{\mathrm{d}\Delta V}{\mathrm{d}t}=(P^V\cos\alpha-D^V)\Delta V+(-P\sin\alpha-D^\alpha)\Delta\alpha-mg\cos\theta\Delta\theta+\Delta T_V \tag{9-3-3}$$

速度倾角的微分方程为

$$mV\cos\sigma\frac{\mathrm{d}\theta}{\mathrm{d}t}=P(\sin\alpha\cos\upsilon+\cos\alpha\sin\beta\sin\upsilon)+L\cos\upsilon-N\sin\upsilon- \\ mg\cos\theta+R'\delta_\varphi\cos\upsilon+R'\delta_\psi\sin\upsilon+T_\theta \tag{9-3-4}$$

式中:θ 为速度倾角;V 为速度大小;L 为气动升力;N 为气动侧向力;R'为控制系统常数;δ_φ 为等效俯仰偏转角;δ_ψ 为等效偏航偏转角。

将运载器侧滑角 β 和倾侧角 υ 视为小量,则式(9-3-4)可简化为

$$mV\cos\sigma\frac{\mathrm{d}\theta}{\mathrm{d}t}=P\sin\alpha\cos\upsilon+L\cos\upsilon-mg\cos\theta+R'\delta_\varphi\cos\upsilon+T_\theta \tag{9-3-5}$$

式中:T_θ 为推力在速度倾角方向的分量。

根据线性化公式(略去二阶以上的小项),式(9-3-5)可线性化为

$$mV\cos\sigma\frac{\mathrm{d}\Delta\theta}{\mathrm{d}t}=\left(P^V\sin\alpha\cos\upsilon+L^V\cos\upsilon-m\cos\sigma\frac{\mathrm{d}\theta}{\mathrm{d}t}\right)\Delta V+(P\cos\alpha\cos\upsilon+L^\alpha\cos\upsilon)\Delta\alpha+ \\ mg\sin\theta\Delta\theta+R'\cos\upsilon\Delta\delta_\varphi+\Delta T_\theta \tag{9-3-6}$$

假设 $\cos\upsilon\approx1$,$\cos\sigma\approx1$,则有

$$mV\cos\sigma\frac{\mathrm{d}\Delta\theta}{\mathrm{d}t}=\left(P^V\sin\alpha+L^V-m\frac{\mathrm{d}\theta}{\mathrm{d}t}\right)\Delta V+(P\cos\alpha+L^\alpha)\Delta\alpha+mg\sin\theta\Delta\theta+R'\Delta\delta_\varphi+\Delta T_\theta \tag{9-3-7}$$

航迹偏航角的微分方程为

$$-mV\frac{\mathrm{d}\sigma}{\mathrm{d}t}=P(\sin\alpha\sin\upsilon-\cos\alpha\sin\beta\cos\upsilon)+L\sin\upsilon+N\cos\upsilon- \\ mg\sin\theta\sin\sigma+R'\delta_\varphi\sin\upsilon-R'\delta_\psi\cos\upsilon+T_\sigma \tag{9-3-8}$$

假设倾侧角为一阶小量,$R'\delta_\varphi$ 与 L 相比也为小量,那么可忽略 $R'\delta_\varphi\sin\upsilon$ 项,则有

$$-mV\frac{\mathrm{d}\sigma}{\mathrm{d}t}=P(\sin\alpha\sin\upsilon-\cos\alpha\sin\beta\cos\upsilon)+L\sin\upsilon+N\cos\upsilon- \\ mg\sin\theta\sin\sigma-R'\delta_\psi\cos\upsilon+T_\sigma \tag{9-3-9}$$

把式(9-3-9)用线性化公式展开可得

$$
\begin{aligned}
-mV\frac{\mathrm{d}\Delta\sigma}{\mathrm{d}t} = &\left[P^V(\sin\alpha\sin\upsilon - \cos\alpha\sin\beta\cos\upsilon) + L^V\sin\upsilon + N^V\cos\upsilon + m\frac{\mathrm{d}\sigma}{\mathrm{d}t}\right]\Delta V + \\
&[P(\cos\alpha\sin\upsilon + \sin\alpha\sin\beta\cos\upsilon) + L^\alpha\sin\upsilon]\Delta\alpha - mg\cos\theta\sin\sigma\Delta\theta + \\
&(-P\cos\alpha\cos\upsilon\cos\beta + N^\beta\cos\upsilon)\Delta\beta - mg\sin\theta\cos\sigma\Delta\sigma + \\
&[P(\sin\alpha\cos\upsilon + \cos\alpha\sin\beta\sin\upsilon) + L\cos\upsilon - N\sin\upsilon + R'\delta_\psi\sin\upsilon]\Delta\upsilon - \\
&R'\cos\upsilon\Delta\delta_\psi + \Delta T_\sigma
\end{aligned} \tag{9-3-10}
$$

略去二阶以上的项,并近似认为 $\cos\upsilon = 1$,$\cos\sigma \approx 1$,可得

$$
-mV\frac{\mathrm{d}\Delta\sigma}{\mathrm{d}t} = (-P\cos\alpha + N^\beta)\Delta\beta - mg\sin\theta\Delta\sigma + (P\sin\alpha + L)\Delta\upsilon - R'\Delta\delta_\psi + \Delta T_\sigma \tag{9-3-11}
$$

至此,速度坐标系内描述的质心动力学方程的线性化方程推导完毕。上述线性化方程组是讨论质心扰动运动的基本方程。

下面继续对地面发射坐标系内的运载器质心的运动学方程进行线性化。因 $\dot{X} = V\cos\theta\cos\sigma$,则有

$$
\Delta\dot{X} = \cos\theta\cos\sigma\Delta V - V\sin\theta\cos\sigma\Delta\theta - V\sin\theta\sin\sigma\Delta\sigma \tag{9-3-12}
$$

将 σ 视为小量,则有

$$
\Delta\dot{X} = \cos\theta\Delta V - V\sin\theta\Delta\theta \tag{9-3-13}
$$

已知 $\dot{Y} = V\sin\theta\cos\sigma$,则有

$$
\begin{aligned}
\Delta\dot{Y} &= \sin\theta\cos\sigma\Delta V + V\cos\sigma\cos\theta\Delta\theta - V\sin\theta\sin\sigma\Delta\sigma \\
&\approx \sin\theta\Delta V + V\cos\theta\Delta\theta
\end{aligned} \tag{9-3-14}
$$

已知 $\dot{Z} = -V\sin\sigma$,则有

$$
\Delta\dot{Z} = -\sin\sigma\Delta V - V\cos\sigma\Delta\sigma \approx -V\Delta\sigma \tag{9-3-15}
$$

本节完成了速度坐标系内描述的运载器质心动力学方程的线性化处理,以及地面发射坐标系内描述的运载器质心运动学方程的线性化处理。本节所建立的质心动力学和运动学微分方程的线性化方程组是进行扰动运动分析的模型基础。

9.3.2 绕质心动力学与运动学方程线性化

本节讨论运载器绕质心动力学与运动学微分方程的线性化方法。需要说明,本节在推导绕质心转动线性化方程时,认为运载器体坐标系 $O_B - x_B y_B z_B$ 与箭体的主惯性轴相接近(惯量积为0),即 $I_{xy} = I_{yz} = I_{xz} = 0$。考虑干扰力矩的影响时,则有

$$\begin{cases}I_x\dot{\omega}_x = M_x + M_x^{\delta}\delta_\gamma + (I_y - I_z)\omega_y\omega_z + \Delta Mx \\ I_y\dot{\omega}_y = M_y + M_y^{\delta}\delta_\psi + (I_z - I_x)\omega_x\omega_z + \Delta My \\ I_z\dot{\omega}_z = M_z + M_z^{\delta}\delta_\varphi + (I_x - I_y)\omega_x\omega_y + \Delta Mz\end{cases} \tag{9-3-16}$$

式中：ΔMx、ΔMy、ΔMz 为干扰力矩；ω_x、ω_y、ω_z 分别为滚转角、偏航角和俯仰角速率；M_x 为滚转力矩；M_y 为偏航力矩；M_z 为俯仰力矩。

式中第一式等号右侧，当运载器为对轴对称结构时，可认为 $I_{y_1} \approx I_{z_1}$，则有

$$I_x\dot{\omega}_x = M_x + M_x^{\delta}\delta_\gamma + \Delta Mx \tag{9-3-17}$$

已知 $M_x = M_x(V,h,\alpha,\beta,\omega_x,\omega_y,\omega_z)$，故

$$\begin{cases}I_x\dfrac{\mathrm{d}\Delta\omega_x}{\mathrm{d}t} = M_x^V\Delta V + M_x^{\alpha}\Delta\alpha + M_x^{\beta}\Delta\beta + M_x^{\omega_x}\Delta\omega_x + \\ M_x^{\omega_y}\Delta\omega_y + M_x^{\omega_z}\Delta\omega_z + M_x^{\delta}\Delta\delta_\gamma + \Delta Mx\end{cases} \tag{9-3-18}$$

考虑到运载器侧向运动参数比较小，可近似认为 $M_x^V\Delta V$、$M_x^{\alpha}\Delta\alpha$、$M_x^{\omega_z}\Delta\omega_z$ 等于 0，则式(3-3-18)可进一步简化为

$$I_x\frac{\mathrm{d}\Delta\omega_x}{\mathrm{d}t} = M_x^{\beta}\Delta\beta + M_x^{\omega_x}\Delta\omega_x + M_x^{\omega_y}\Delta\omega_y + M_x^{\delta}\Delta\delta_y + \Delta Mx \tag{9-3-19}$$

需要说明，运载器的绕质心动力学方程中偏航角速率和俯仰角速率微分方程中认为 ω_x、ω_y、ω_z 都比较小，可以忽略。利用同样的方法对偏航角速率和俯仰角速率的微分方程进行线性化处理：

$$I_y\frac{\mathrm{d}\Delta\omega_y}{\mathrm{d}t} = M_y^{\beta}\Delta\beta + M_y^{\dot{\beta}}\Delta\dot{\beta} + M_y^{\omega_y}\Delta\omega_y + M_y^{\omega_x}\Delta\omega_x + M_y^{\delta}\Delta\delta_\psi + \Delta My \tag{9-3-20}$$

已知

$$I_z\frac{\mathrm{d}\omega_z}{\mathrm{d}t} = M_z + M_z^{\delta}\delta_\varphi + \Delta Mz \tag{9-3-21}$$

且 $M_z = M_z(V,\alpha,\dot{\alpha},\omega_x,\omega_z)$，故

$$I_z\frac{\mathrm{d}\Delta\omega_z}{\mathrm{d}t} = M_z^V\Delta V + M_z^{\alpha}\Delta\alpha + M_z^{\dot{\alpha}}\Delta\dot{\alpha} + M_z^{\omega_x}\Delta\omega_x + M_z^{\omega_z}\Delta\omega_z + M_z^{\delta}\Delta\delta_\varphi + \Delta Mz \tag{9-3-22}$$

已知 $M_z^{\omega_x}\Delta\omega_x$ 为小量，在侧向参数很小时应等于 0，则有

$$I_z\frac{\mathrm{d}\Delta\omega_z}{\mathrm{d}t} = M_z^V\Delta V + M_z^{\alpha}\Delta\alpha + M_z^{\dot{\alpha}}\Delta\dot{\alpha} + M_z^{\omega_z}\Delta\omega_z + M_z^{\delta}\Delta\delta_\varphi + \Delta Mz \tag{9-3-23}$$

根据线性化假设，未扰动运动侧向参数是微量，则方程

$$\begin{cases}\omega_x = \dot{\gamma} - \dot{\varphi}\sin\psi \\ \omega_y = \psi\cos\gamma + \dot{\varphi}\cos\psi\sin\gamma \\ \omega_z = \dot{\varphi}\cos\psi\cos\gamma - \psi\sin\gamma\end{cases} \tag{9-3-24}$$

可写为

$$\begin{cases}\Delta\omega_x = \Delta\dot{\gamma} - \dot{\varphi}\Delta\psi \\ \Delta\omega_y = \Delta\psi + \dot{\varphi}\Delta\gamma \\ \Delta\omega_z = \Delta\dot{\varphi}\end{cases} \tag{9-3-25}$$

因为

$$\begin{cases}-\sin\alpha\cos\beta = \sin\psi\sin\gamma\cos\sigma\cos(\varphi-\theta) - \cos\gamma\cos\sigma\sin(\varphi-\theta) - \sin\sigma\cos\psi\sin\gamma \\ \sin\beta = \sin\psi\cos\gamma\cos\sigma\cos(\varphi-\theta) + \sin\gamma\cos\sigma\sin(\varphi-\theta) - \sin\sigma\cos\psi\cos\gamma \\ \sin\nu\cos\sigma = \cos\alpha\cos\psi\sin\gamma - \sin\alpha\sin\psi\end{cases}$$

若认为侧向参数 β、ψ、σ、γ、υ 为一阶微量,则式(9-3-25)几何关系可线性化为

$$\begin{cases}\Delta\alpha = \Delta\varphi - \Delta\theta \\ \Delta\beta = \Delta\psi\cos\alpha + \Delta\gamma\sin\alpha - \Delta\sigma \\ \Delta\nu = \cos\alpha\Delta\gamma - \sin\alpha\Delta\psi\end{cases} \tag{9-3-26}$$

为了分析问题方便,通常还可以继续对式(9-3-26)进行简化。因为运载器的飞行攻角较小,也可以认为是小量,故而

$$\begin{cases}\Delta\theta = \Delta\varphi - \Delta\alpha & (9\text{-}3\text{-}27\text{a}) \\ \Delta\sigma = \Delta\psi - \Delta\beta & (9\text{-}3\text{-}27\text{b}) \\ \Delta\nu = \Delta\gamma & (9\text{-}3\text{-}27\text{c})\end{cases}$$

显然式(9-3-27a)在侧向参数为零时自然成立,且物理意义清楚;式(9-3-27b)在纵向参数为零时,物理意义也很清晰。本节建立了运载器质心和绕质心的动力学与运动学线性化运动方程,式中凡是带有增量符号 Δ 的参数均是待求解的未知函数,而这些增量的系数是由未扰动运动的参数 V_0、α_0、β_0,… 确定的。显然,除非未扰动运动参数不变化,否则这些系数都是变系数,故本节建立的线性方程是一组变系数线性微分方程。

9.4 纵向和侧向扰动运动方程组

为了提高问题分析的针对性,可以在特定条件下分别分析运载器的纵向和侧向运动特性;同时,根据线性化假设可知,将运载器扰动运动方程分解为纵向扰动运动方程和侧向扰动运动方程是可行的。纵向扰动运动方程为

$$
\begin{cases}
m\dfrac{\mathrm{d}\Delta V}{\mathrm{d}t}=(P^V\cos\alpha-D^V)\Delta V+(-P\sin\alpha-D^\alpha)\Delta\alpha-mg\cos\theta\Delta\theta+\Delta T_V\\
mV\cos\sigma\dfrac{\mathrm{d}\Delta\theta}{\mathrm{d}t}=\left(P^V\sin\alpha+L^V-m\dfrac{\mathrm{d}\theta}{\mathrm{d}t}\right)\Delta V+(P\cos\alpha+L^\alpha)\Delta\alpha+\\
\qquad mg\sin\theta\Delta\theta+R'\Delta\delta_\varphi+\Delta T_\theta\\
I_z\dfrac{\mathrm{d}\Delta\omega_z}{\mathrm{d}t}=M_z^V\Delta V+M_z^\alpha\Delta\alpha+M_z^{\dot\alpha}\Delta\dot\alpha+M_z^{\omega_z}\Delta\omega_z+M_z^\delta\Delta\delta_\varphi+\Delta Mz\\
\Delta\varphi=\Delta\theta+\Delta\alpha\\
\Delta\omega_z=\Delta\dot\varphi\\
\Delta\dot X=\cos\theta\Delta V-V\sin\theta\Delta\theta\\
\Delta\dot Y=\sin\theta\Delta V+V\cos\theta\Delta\theta
\end{cases}
\tag{9-4-1}
$$

纵向扰动运动参数为 ΔV、$\Delta\alpha$、$\Delta\theta$、$\Delta\varphi$、$\Delta\omega_z$、$\Delta\delta_\varphi$、ΔX、ΔY。

侧向扰动运动方程为

$$
\begin{cases}
-mV\dfrac{\mathrm{d}\Delta\sigma}{\mathrm{d}t}=(-P\cos\alpha+N^\beta)\Delta\beta-mg\sin\theta\Delta\sigma+(P\sin\alpha+L)\Delta\upsilon-R'\Delta\delta_\psi+\Delta T_\sigma\\
I_x\dfrac{\mathrm{d}\Delta\omega_x}{\mathrm{d}t}=M_x^\beta\Delta\beta+M_x^{\omega_x}\Delta\omega_x+M_X^{\omega_y}\Delta\omega_y+M_x^\delta\Delta\delta_\gamma+\Delta Mx\\
I_y\dfrac{\mathrm{d}\Delta\omega_y}{\mathrm{d}t}=M_y^\beta\Delta\beta+M_y^{\dot\beta}\Delta\dot\beta+M_y^{\omega_x}\Delta\omega_x+M_y^{\omega_y}\Delta\omega_y+M_y^\delta\Delta\delta_\psi+\Delta My\\
\Delta\omega_x=\Delta\dot\gamma-\dot\varphi\Delta\psi\\
\Delta\omega_y=\Delta\psi+\varphi\Delta\gamma\\
\Delta\sigma=\Delta\psi-\Delta\beta\\
\Delta\gamma=\Delta\upsilon\\
\Delta\dot Z=-V\Delta\sigma
\end{cases}
\tag{9-4-2}
$$

侧向扰动运动参数为 $\Delta\sigma$、$\Delta\psi$、$\Delta\beta$、$\Delta\gamma$、$\Delta\upsilon$、$\Delta\omega_x$、$\Delta\omega_y$、$\Delta\delta_\gamma$、$\Delta\delta_\psi$、ΔZ。本节把运载器扰动运动分解成两组独立的扰动方程组。如果干扰因素作用时仅使得纵向运动参数发生变化,而侧向运动参数与未扰动运动时一样,则这种扰动运动称为纵向扰动运动。如果干扰因素作用使得运载器纵向运动参数和未扰动运动的一样,且仅有侧向运动参数发生变化,则这种扰动运动称为侧向扰动运动。

9.4.1 纵向扰动运动方程

纵向和侧向扰动运动分别分析只有在线性化假设条件成立时才是正确的,如果不满足线性化假设条件,这时纵向扰动运动和侧向扰动运动就需要一起考虑。

前面建立的扰动运动方程并非标准形式，为了分析方便要化成标准形式，即方程组每个方程均为一阶方程，且导数项的系数为 1，即

$$\begin{cases}\dfrac{\mathrm{d}\Delta V}{\mathrm{d}t}=\dfrac{1}{m}(P^V\cos\alpha-D^V)\Delta V+\dfrac{1}{m}(-P\sin\alpha-D^\alpha)\Delta\alpha-g\cos\theta\Delta\theta+\dfrac{1}{m}\Delta T_V\\ \dfrac{\mathrm{d}\Delta\theta}{\mathrm{d}t}=\dfrac{\left(P^V\sin\alpha+L^V-m\dfrac{\mathrm{d}\theta}{\mathrm{d}t}\right)\Delta V}{mV\cos\sigma}+\dfrac{(P\cos\alpha+L^\alpha)\Delta\alpha}{mV\cos\sigma}+\dfrac{g\sin\theta\Delta\theta}{V\cos\sigma}+\dfrac{R'\Delta\delta_\varphi}{mV\cos\sigma}+\dfrac{\Delta T_\theta}{mV\cos\sigma}\\ \dfrac{\mathrm{d}\Delta\omega_z}{\mathrm{d}t}=\dfrac{1}{I_z}M_z^V\Delta V+\dfrac{1}{I_z}M_z^\alpha\Delta\alpha+\dfrac{1}{I_z}M_z^{\dot\alpha}\Delta\dot\alpha+\dfrac{1}{I_z}M_z^{\omega_z}\Delta\omega_z+\dfrac{1}{I_z}M_z^\delta\Delta\delta_\varphi+\dfrac{1}{I_z}\Delta Mz\\ \Delta\varphi=\Delta\theta+\Delta\alpha\\ \Delta\omega_z=\Delta\dot\varphi\\ \Delta\dot X=\cos\theta\Delta V-V\sin\theta\Delta\theta\\ \Delta\dot Y=\sin\theta\Delta V+V\cos\theta\Delta\theta\end{cases}\tag{9-4-3}$$

式中：V 为速度大小；θ 为速度倾角；ω_z 为俯仰角速率；m 为质量；α 为攻角；g 为地球引力加速度；σ 为航迹偏航角。

因为增量 ΔX、ΔY 不包括在其他方程中，不影响其他方程的求解，所以上式中后两个方程可以单独计算，先积分前面几个方程，再单独求解后面两个方程。在短促干扰作用下的稳定性分析中 $\Delta T_V=\Delta T_\theta=\Delta Mz=0$，在运载器箭体的稳定性讨论中假设俯仰舵偏角 $\Delta\delta_\varphi=0$，就可以得到纵向扰动运动的标准形式：

$$\begin{cases}\Delta\dot V=a_{11}\Delta V+a_{12}\Delta\theta+a_{13}\Delta\alpha\\ \Delta\dot\theta=a_{21}\Delta V+a_{22}\Delta\theta+a_{23}\Delta\alpha\\ \Delta\dot\alpha=a_{31}\Delta V+a_{32}\Delta\theta+a_{33}\Delta\alpha+a_{34}\Delta\omega_z\\ \Delta\dot\omega_z=a_{41}\Delta V+a_{42}\Delta\theta+a_{43}\Delta\alpha+a_{44}\Delta\omega_z\end{cases}\tag{9-4-4}$$

式中

$$\begin{cases}a_{11}=\dfrac{P^V\cos\alpha-D^V}{m},a_{12}=-g\cos\theta,a_{13}=\dfrac{-P\sin\alpha-D^\alpha}{m},a_{14}=0\\ a_{21}=\dfrac{P^V\sin\alpha+L^V-m\dfrac{\mathrm{d}\theta}{\mathrm{d}t}}{mV},a_{22}=\dfrac{g\sin\theta}{V},a_{23}=\dfrac{P\cos\alpha+L^\alpha}{mV},a_{24}=0\\ a_{31}=-a_{21},a_{32}=-a_{22},a_{33}=-a_{23},a_{34}=1\\ a_{41}=M_z^VI_z^{-1}-M_z^{\dot\alpha}I_z^{-1}\left(P^V\sin\alpha+L^V-m\dfrac{\mathrm{d}\theta}{\mathrm{d}t}\right),a_{42}=-M_z^{\dot\alpha}I_z^{-1}g\sin\theta V^{-1}\\ a_{43}=M_z^\alpha I_z^{-1}-M_z^{\dot\alpha}I_z^{-1}m^{-1}V^{-1}(P\cos\alpha+L^\alpha),a_{44}=M_z^{\omega_z}I_z^{-1}+M_z^{\dot\alpha}I_z^{-1}\end{cases}\tag{9-4-5}$$

写成矩阵形式

$$\begin{bmatrix}\Delta\dot{V}\\ \Delta\dot{\theta}\\ \Delta\dot{\alpha}\\ \Delta\dot{\omega}_z\end{bmatrix}=\begin{bmatrix}a_{11} & a_{12} & a_{13} & a_{14}\\ a_{21} & a_{22} & a_{23} & a_{24}\\ a_{31} & a_{32} & a_{33} & a_{34}\\ a_{41} & a_{42} & a_{43} & a_{44}\end{bmatrix}\begin{bmatrix}\Delta V\\ \Delta\theta\\ \Delta\alpha\\ \Delta\omega_z\end{bmatrix} \tag{9-4-6}$$

令

$$\boldsymbol{x}=[\Delta V,\Delta\theta,\Delta\alpha,\Delta\omega_z]^{\mathrm{T}},\boldsymbol{A}=\begin{bmatrix}a_{11} & a_{12} & a_{13} & a_{14}\\ a_{21} & a_{22} & a_{23} & a_{24}\\ a_{31} & a_{32} & a_{33} & a_{34}\\ a_{41} & a_{42} & a_{43} & a_{44}\end{bmatrix} \tag{9-4-7}$$

则式(9-4-6)可写成

$$\dot{\boldsymbol{x}}=\boldsymbol{A}\cdot\boldsymbol{x} \tag{9-4-8}$$

式中:系数 $a_{11},a_{12},\cdots,a_{43},a_{44}$取决于未扰动运动参数的参数值,由于未扰动运动的参数是随时间变化的,所以这些系数也是时变的,因此该方程是变系数线性微分方程。变系数线性微分方程只有在简单的情况下才可以求得解析解,为了求解该复杂方程,一般采用固化系数法。固化系数法又称为系数冻结法,该方法的实质是在系统的整个工作时间区间$[0,T]$内,选取一些代表性的时刻$0\leqslant t_1<t_2<t_3<\cdots\leqslant T$,在每一特定时刻 t_i,令方程中的系数等于 t_i 时刻的值,然后把方程当作常系数线性微分方程组来研究其零解的稳定性。如果常系数线性微分方程的零解是稳定的,则认为变系数系统在该时刻附近也是稳定的。如果在每个特征时刻常系数线性微分方程的零解都是稳定的,则认为整个未干扰运动是稳定的。目前研究运载器运动稳定性时,在弹道上取若干个特征点,采用固化系数法将变系数线性微分方程转化为常系数线性微分方程组来进行研究,但要利用计算机对所得到的结论进行数值仿真验证。

9.4.2 侧向扰动运动方程

通常可以把侧向运动分成偏航和滚转运动,即使不能完全做到这一点,在初步控制系统设计时也可把偏航运动和滚转运动分开研究。偏航扰动运动方程为

$$\begin{cases}-mV\dfrac{\mathrm{d}\Delta\sigma}{\mathrm{d}t}=(-P\cos\alpha+N^{\beta})\Delta\beta-mg\sin\theta\Delta\sigma+(P\sin\alpha+L)\Delta\upsilon-R'\Delta\delta_{\psi}+\Delta T_{\sigma}\\ I_y\dfrac{\mathrm{d}\Delta\omega_y}{\mathrm{d}t}=M_y^{\beta}\Delta\beta+M_y^{\dot{\beta}}\Delta\dot{\beta}+M_y^{\omega_x}\Delta\omega_x+M_y^{\omega_y}\Delta\omega_y+M_y^{\delta}\Delta\delta_{\psi}+\Delta My\\ \Delta\omega_y=\Delta\psi+\varphi\Delta\gamma\\ \Delta\sigma=\Delta\psi-\Delta\beta\end{cases} \tag{9-4-9}$$

若只考虑短促干扰，研究箭体的稳定性，即 $\Delta T_{\sigma}=\Delta My=0, \Delta\delta_{\psi}=0$，则有

$$\begin{cases} -mV\dfrac{\mathrm{d}\Delta\sigma}{\mathrm{d}t}=(-P\cos\alpha+N^{\beta})\Delta\beta \\ I_y\dfrac{\mathrm{d}\Delta\omega_y}{\mathrm{d}t}=M_y^{\beta}\Delta\beta+M_y^{\omega_y}\Delta\omega_y \\ \Delta\omega_y=\Delta\psi \\ \Delta\sigma=\Delta\psi-\Delta\beta \end{cases} \tag{9-4-10}$$

滚转扰动运动方程为

$$I_x\frac{\mathrm{d}\Delta\omega_x}{\mathrm{d}t}-M_x^{\omega_x}\Delta\omega_x=M_x^{\beta}\Delta\beta+M_x^{\delta}\Delta\delta_{\gamma}+\Delta Mx \tag{9-4-11}$$

若只考虑短促干扰，只研究箭体稳定性，可以令 $\Delta Mx=0, \Delta\delta_{\gamma}=0$，把 $M_x^{\beta}\Delta\beta$ 当成干扰力矩，则滚转扰动运动的稳定性方程可写为

$$I_x\frac{\mathrm{d}\Delta\omega_x}{\mathrm{d}t}-M_x^{\omega_x}\Delta\omega_x=0 \tag{9-4-12}$$

只有满足假设条件才可将侧向扰动运动分解为偏航扰动运动和滚转扰动运动。对航天飞机、飞航导弹等，侧向扰动运动不能进行这种分解，否则会带来较大的误差。

习　　题

1. 简述运载器发射飞行时的扰动因素。
2. 阐述运载器发射飞行时制导控制系统如何控制运载器按期望方案飞行。
3. 阐述微分方程线性化基本方法。
4. 推导动力学与运动学方程线性化模型。
5. 推导纵向和侧向扰动运动方程。

第10章 动态特性分析

本章简要介绍航天发射过程中的运载器发射飞行动态特性，主要介绍运动稳定性和运动操纵性的概念、表征、研究方法等内容。

10.1 运动稳定性

10.1.1 运动稳定性概念

运载器的运动通过微分方程来描述，弹道方程中既有微分方程也有代数方程，且通过变量置换可以消除代数方程得到一个微分方程组，这个微分方程组的解就可以代表运载器的运动。受不同干扰后的运动特性，从数学的观点来看，瞬时干扰是引起微分方程组初值的变化，而经常干扰是微分方程组本身有微小变化，所以初值条件变化或微分方程本身的微小变化对微分方程组解的影响就是干扰对运载器运动的影响。研究运动的稳定性也就是研究描述这个运动的微分方程组某一解的稳定性问题。下面基于李雅普诺夫意义下的运动稳定性对运动稳定性进行定义。任一动力学系统可用以下规范形式的微分方程组表示

$$\frac{\mathrm{d}y_i}{\mathrm{d}t} = Y_i(t, y_1, y_2, \cdots, y_n), \qquad i = 1,2,3,\cdots,n \tag{10-1-1}$$

式中：y_i 为与运动有关的参数，对于运载器运动来讲，它可以是速度、位置、攻角、速度倾角等。

对于式(10-1-1)未受干扰的特解，用下式表示

$$y_i = f_i(t), \qquad i = 1,2,3,\cdots,n \tag{10-1-2}$$

对于瞬时干扰作用下的运动稳定性，李雅普诺夫给出如下定义：如果对于任意正数 ε，无论它多么小，都可以找到另一个正数 $\eta(\varepsilon)$，使得对于所有的受干扰的运动，当其初始时刻 $t=t_0$ 时满足

$$|y_i(t_0)-f_i(t_0)|\leq\eta(\varepsilon),\quad i=1,2,3,\cdots,n \tag{10-1-3}$$

在 $t>t_0$ 时,满足

$$|y_i(t_0)-f_i(t_0)|\leq\varepsilon,\quad i=1,2,3,\cdots,n \tag{10-1-4}$$

则称未受干扰的运动对于 y_i 是稳定的。未受干扰运动如果不是稳定的,则称为运动不稳定,相应地该运动肯定无法满足上述不等式。

10.1.2 基于状态空间的描述

为了研究运动的稳定性,可将微分方程组改写为

$$x_i=y_i(t)-f_i(t),\quad i=1,2,\cdots,n \tag{10-1-5}$$

式中:x_i 为扰动运动和未扰动运动在同一时刻对应参数的增量。

对式(10-1-5)两边同时求导,可得

$$\begin{aligned}\frac{dx_i}{dt}&=X_i(t,x_1,x_2,\cdots,x_n)\\&=Y_i(t,x_1+f_1,x_2+f_2,\cdots,x_n+f_n)-Y_i(t,f_1,f_2,\cdots,f_n),i=1,2,\cdots,n\end{aligned} \tag{10-1-6}$$

式(10-1-6)称为干扰运动的微分方程。受干扰后的每一运动都对应于该方程一个特解。未干扰运动显然是对应零解,即

$$x_1=x_2=\cdots=x_n=0 \tag{10-1-7}$$

所以对于未干扰运动的微分方程,其零解对应于未受干扰的运动,对于这个零解的稳定性也就是未干扰运动的稳定性,这一点在以后的讨论中常用到。相应地下式成立:

$$\begin{cases}|x_i(t_0)|\leq\eta(\varepsilon)\\|x_i(t)|\leq\varepsilon\end{cases} \tag{10-1-8}$$

此时稳定性的定义可以改为:如果对于任意正数 ε,无论它多么小,总可以找到另一个正数 $\eta(\varepsilon)$,使得对于所有受干扰的运动,当其初始时刻和 $t>t_0$ 的时刻分别满足上述不等式,则未受干扰的运动是稳定的。如果未受干扰的运动是稳定的,并且 η 可以选择得如此之小,使对于所有满足

$$|x_i(t_0)|=|y_i(t_0)-f_i(t_0)|<\eta \tag{10-1-9}$$

的干扰运动满足

$$\lim_{t\to\infty}x_i(t)=0 \tag{10-1-10}$$

则未受干扰的运动称为渐进稳定。

上述稳定性定义若用状态矢量、状态方程来叙述要简单得多,假设

$$\boldsymbol{x}=(x_1,x_2,\cdots,x_n)^{\mathrm{T}} \tag{10-1-11}$$

则有

$$\dot{\boldsymbol{x}}=\boldsymbol{f}(\boldsymbol{x},t) \tag{10-1-12}$$

式中:$\boldsymbol{x}$ 为 n 维矢量;$\boldsymbol{f}(x,t)$ 为 n 维矢量函数。

式(10-1-12)为状态方程,根据前面假设 $x=0$ 为系统的平衡状态,其解对应于未干扰运动。稳定性定义可改为:对任意给定小数 $\varepsilon>0$,可以找到另一个正数 $\boldsymbol{\eta}(\varepsilon)$,使得一切满足 $|x(0)| \leqslant \boldsymbol{\eta}(\varepsilon)$ 的系统响应 $x(t)$,在所有的时间内满足 $|x(t)| < \varepsilon$,则称系统的平衡状态 $x=0$ 是稳定的。对上述定义的几何解释:若所有的初始扰动都包括在状态空间中半径为 $\boldsymbol{\eta}(\varepsilon)$ 的超球域(n 维球域)内,即

$$|x(0)| = \left[\sum_{i=1}^{n} x_i^2(0)\right]^{\frac{1}{2}} \leqslant \boldsymbol{\eta}(\varepsilon) \tag{10-1-13}$$

当 $\boldsymbol{\eta}(\varepsilon)$ 足够小时,由初始扰动引起的系统响应在所有时间内包含在另一个超球域中,即

$$|x(t)| = \left[\sum_{i=1}^{n} x_i^2(t)\right]^{\frac{1}{2}} < \varepsilon \tag{10-1-14}$$

渐进稳定性定义为:若系统是稳定的,且任何起点靠近平衡状态的响应,在时间趋于无穷大时,都收敛于平衡状态。换句话说,设有一实常数 $\boldsymbol{\eta}(t_0) > 0$,对每个实数 $\mu>0$,对应着一个时间 T,当 $|x_0| \leqslant \boldsymbol{\eta}(t_0)$ 时,对于所有的 $t>t_0+T$ 都有 $|x(t)| \leqslant \mu$ 成立,则系统的平衡状态是渐进稳定的。

李雅普诺夫的稳定性定义是考察未干扰运动对初始条件的稳定,物理上表示的是对于瞬时干扰的稳定性。实际上,动力学系统还经常受到某一些力和力矩的作用,而在建立方程时要完全考虑它们,实际上又不可能,所以常把这些量当作干扰量来处理。因此研究运动对这种经常干扰作用的稳定性也是很重要的。从数学角度来看,这就表示不但考虑初始条件的扰动,而且必须考虑运动方程本身的扰动,即研究经常干扰作用下的稳定性。上面讨论了李雅普诺夫定义的运动稳定性,即研究 $t\to\infty$ 时系统的渐进性能。但该定义并不完全适合所有运动,为了适应这种需要,有人提出有限时间内的稳定性。设系统的微分方程组为

$$\frac{\mathrm{d}x}{\mathrm{d}t} = \boldsymbol{A}(t)x,\ 0 \leqslant t < \infty \tag{10-1-15}$$

式中:$x = (x_1, x_2, \cdots, x_n)^{\mathrm{T}}$;$\boldsymbol{A}(t)$ 为矩阵。

如果有 3 个常数 e、σ、T,其中 T 是系统工作的时间,若系统的初始扰动满足限制条件

$$|x_0| \leqslant \sigma \tag{10-1-16}$$

且对时间区间$[t_0, t_0+T]$内的任何 t 都有

$$|x(t)| \leqslant \varepsilon, t_0 \leqslant t \leqslant t_0 + T \tag{10-1-17}$$

则系统对给定的 σ 和 ε 在 T 时间内稳定。相应地,有一些定理可用来判定有限时间内运动稳定性问题(可参见有关文献)。在运载器的稳定性分析中,从实际情况出发,提出一部分变量的稳定性更合适。例如控制绕质心运动时,一般对扰动运动中速度变化并不感兴趣,而仅注意迎角 α 的稳定性问题,有些情况对位置的稳定

性不要求，也可能有的参数是渐进稳定的，有的参数仅是稳定，但不是渐进稳定的，这以后会经常遇到。除上述经常干扰作用下运载器的运动稳定性、运载器在有限时间内的运动稳定性外，有的文献还提出输入与输出稳定性问题。本书只讨论在短促干扰作用下，李雅普诺夫意义下的运载器的运动稳定性问题。

10.2 运动稳定性求解方法

研究运动的稳定性，就是要讨论受干扰后运动参数的增量如何变化，也就是要解干扰运动的微分方程

$$\frac{\mathrm{d}x_i}{\mathrm{d}t} = X_i(t, x_1, x_2, \cdots, x_n), \qquad i = 1, 2, \cdots, n \tag{10-2-1}$$

该方程可能是非线性的微分方程组，也可能是线性微分方程组，而线性微分方程组又分为变系数线性微分方程组，所以先讨论动力学系统的分类。如果微分方程的每项中最多只包含有未知函数或者未知函数各阶时间导数的一次幂，而不包括未知函数和它的各阶时间导数的高次幂，也不包括这些函数的乘积，这类方程称为线性微分方程，而把它描述的系统称为线性系统。反之就称为非线性微分方程，它描述的系统成为非线性系统。线性系统又可以分为常系数线性系统和变系数线性系统两类，前者是描述系统状态的线性微分方程的每一项系数都是常数，后者中这些系数不全是常数，有些是时间 t 的函数。除了常系数线性微分方程组可以求得解析解外，其他的情况一般得不到解析解，要得到解只有借助数值积分来求得数值解。为求解运动稳定性问题，李雅普诺夫最早给出了答案，把受干扰后运动解的性质来判断未扰动运动是否稳定的方法称为判别稳定性的第一种方法（间接法）。他提出来的不需要求干扰运动方程的解，问题归结于是否能找到满足某些性质的函数 $V(x_1, x_2, \cdots, x_n)$（此函数称为李雅普诺夫函数），称为判别稳定性的第二种方法（直接法）。

10.2.1 李雅普诺夫第一种方法

第一种方法的思想是根据每个受干扰后的运动参数的变化来判断未干扰运动的稳定性，即要解出干扰运动的微分方程进而判断其运动稳定性。前面章节给出了运载器的一般运动方程，设未受干扰时运动参数分别为 $V_0, \theta_0, \alpha_0, \cdots$，而受干扰后的运动参数为 $V, \theta, \alpha, \cdots$，在同一时刻运动参数的增量为 $\Delta V, \Delta\theta, \Delta\alpha, \cdots$，则有

$$\begin{cases} V = V_0 + \Delta V \\ \theta = \theta_0 + \Delta\theta \\ \quad\vdots \\ \alpha = \alpha_0 + \Delta\alpha \end{cases} \tag{10-2-2}$$

未受干扰的运动参数 $V_0,\theta_0,\alpha_0\cdots$可以由未受干扰的运动方程解出,所以可以认为它们是已知的时间函数。根据稳定性定义,只要解出运动参数的增量 $\Delta V,\Delta\theta,\Delta\alpha,\cdots$便可以判断其稳定性。而如果把运动参数的增量 $\Delta V,\Delta\theta,\Delta\alpha,\cdots$看作变量,将其代入运动方程后则方程组就是典型的非线性微分方程组。

非线性微分方程一般不能用解析法求解,为了研究运载器干扰运动的运动特性,可以在给定的初始条件下对上述方程组用数值积分的方法求解,根据求得的实际运动参数和未干扰运动的运动参数的偏差来判断干扰运动的稳定性。如果外界干扰作用小,尽管受干扰作用后干扰弹道与未干扰弹道不同,但仍然在未干扰弹道附近,即扰动运动和未扰动运动的运动参数偏差很小,因而可以在方程式里忽略二阶以上的项。这一事实就是把描述实际弹道的微分方程线性化的依据。

线性化的微分方程,要判断其稳定性是比较容易的,也可以得到一般性的结论,从而避免了用数值积分方法求解的缺点。这种方法在稳定性分析中称为小扰动法,在研究运载火箭、航空飞行器、飞航导弹运动稳定性问题中得到了广泛应用。运动方程均可表达为

$$\begin{cases}\dfrac{\mathrm{d}x_1}{\mathrm{d}t}=f_1(x_1,x_2,\cdots,x_n)\\\dfrac{\mathrm{d}x_2}{\mathrm{d}t}=f_2(x_1,x_2,\cdots,x_n)\\\qquad\vdots\\\dfrac{\mathrm{d}x_n}{\mathrm{d}t}=f_n(x_1,x_2,\cdots,x_n)\end{cases}\tag{10-2-3}$$

对该式进行处理,可得

$$\begin{cases}\dfrac{\mathrm{d}\Delta x_1}{\mathrm{d}t}=\left(\dfrac{\partial f_1}{\partial x_1}\right)_0\Delta x_1+\cdots+\left(\dfrac{\partial f_1}{\partial x_n}\right)_0\Delta x_n+R_1\\\dfrac{\mathrm{d}\Delta x_2}{\mathrm{d}t}=\left(\dfrac{\partial f_2}{\partial x_1}\right)_0\Delta x_1+\cdots+\left(\dfrac{\partial f_2}{\partial x_n}\right)_0\Delta x_n+R_2\\\qquad\vdots\\\dfrac{\mathrm{d}\Delta x_n}{\mathrm{d}t}=\left(\dfrac{\partial f_n}{\partial x_1}\right)_0\Delta x_1+\cdots+\left(\dfrac{\partial f_n}{\partial x_n}\right)_0\Delta x_n+R_n\end{cases}\tag{10-2-4}$$

该方程组对 $\Delta x_1,\Delta x_2,\cdots,\Delta x_n$ 而言,因为包含 $R_1,R_2,\cdots,R_n$ 二阶以上的项,因此是一个非线性微分方程组。如果增量 Δx_i 是微量,则可以把方程组中的高阶项略去,这样便得到其一次近似方程,也就是非线性微分方程组的线性化方程,即

$$
\begin{cases}
\dfrac{\mathrm{d}\Delta x_1}{\mathrm{d}t} = \left(\dfrac{\partial f_1}{\partial x_1}\right)_0 \Delta x_1 + \cdots + \left(\dfrac{\partial f_1}{\partial x_n}\right)_0 \Delta x_n \\
\dfrac{\mathrm{d}\Delta x_2}{\mathrm{d}t} = \left(\dfrac{\partial f_2}{\partial x_1}\right)_0 \Delta x_1 + \cdots + \left(\dfrac{\partial f_2}{\partial x_n}\right)_0 \Delta x_n \\
\vdots \\
\dfrac{\mathrm{d}\Delta x_n}{\mathrm{d}t} = \left(\dfrac{\partial f_n}{\partial x_1}\right)_0 \Delta x_1 + \cdots + \left(\dfrac{\partial f_n}{\partial x_n}\right)_0 \Delta x_n
\end{cases}
\tag{10-2-5}
$$

因为运动稳定性是研究干扰运动方程在小干扰 $\Delta x_{10},\Delta x_{20},\cdots,\Delta x_{n0}$ 作用下的稳定性,研究非线性微分方程组很困难,那么它的解的性质能否由线性化后的微分方程组的性质来决定?李雅普诺夫正面肯定了在很广泛的条件下,原微分方程组零解的稳定性确实能由一次线性近似方程决定,关键是微分方程组满足某些条件。

1. 情况一

当一次线性近似方程是常系数线性微分方程时,如果研究的前提是扰动引起的 $\Delta x_1,\Delta x_2,\cdots,\Delta x_n$ 值充分小,则有定理如下。

定理 1:假设一次线性近似方程的特征方程式的根都有负的实部,则无论干扰运动方程的高次项是怎样的,它的零解是稳定的且是渐进稳定的。

定理 2:假设一次线性近似方程的特征方程的根,至少有一个具有正的实部,则无论干扰运动方程的高次项是怎样的,它的零解是不稳定的。

定理 3:假设一次线性方程的特征方程的根没有正实部,而有实部等于零的根,这时干扰运动微分方程的零解的稳定性并不能由一次近似方程零解的稳定性来决定,而需要考察高次项 R_i。这种状况称为临界状况,而前两种状况称为非临界状况。

2. 情况二

当一次线性近似方程是变系数线性微分方程时,问题就比较复杂,首先要对变系数微分方程零解的稳定性进行研究,即使变系数微分方程零解是稳定的,非线性微分方程的解是否稳定,还要看是否满足某些条件。考察干扰运动方程:

$$
f'(t_0) = \left(\frac{\partial f_i}{\partial x_j}\right)_0, \quad i = 1,2,\cdots,n;j = 1,2,\cdots,n \tag{10-2-6}
$$

有界且连续,若存在李雅普诺夫函数 $V(t,x_1,x_2,\cdots,x_n)$ 使一次近似方程的零解是渐进稳定的,那么在

$$
|\Delta x_i| \leqslant b, t \geqslant 0 \tag{10-2-7}
$$

且满足

$$
|R_i(t,x_1,\cdots,x_n)| < A\{|\Delta x_1| + |\Delta x_2| + \cdots + |\Delta x_n|\}^m \quad (m > 1, A\text{ 为足够小的正数}) \tag{10-2-8}
$$

时,则干扰运动微分方程的零解是渐进稳定的。简单地说,只要满足一些条件,一

次线性近似方程零解的稳定性是可以代表干扰运动微分方程的零解稳定性的，但条件是不易找到的。对干扰运动微分方程来讲，要找出上述条件是困难的，但经验告诉我们，用线性化的方法来解决运动稳定性问题是可行的，具有一定的理论根据，一次近似方程为常系数线性方程时更是如此，但对临界状况要特别注意。设干扰运动微分方程为

$$\begin{cases}\dfrac{d\Delta x_1}{dt}=-\Delta x_2+A\Delta x_1^3\\ \dfrac{d\Delta x_2}{dt}=-\Delta x_1+A\Delta x_2^3\end{cases}\tag{10-2-9}$$

现讨论其零解的稳定性。当 Δx_1、Δx_2 很小时，可以忽略 $A\Delta x_1^3$、$A\Delta x_2^3$，得到线性方程为

$$\begin{cases}\dfrac{d\Delta x_1}{dt}=-\Delta x_2\\ \dfrac{d\Delta x_2}{dt}=-\Delta x_1\end{cases}\tag{10-2-10}$$

方程组特征方程为 $\lambda^2+1=0$，有两个纯虚根 $\lambda_{1,2}=\pm i$，对于初始扰动，其解为

$$\begin{cases}\Delta x_1=\Delta x_{10}\cos t-\Delta x_{20}\sin t\\ \Delta x_2=\Delta x_{10}\sin t-\Delta x_{20}\cos t\end{cases}\tag{10-2-11}$$

根据稳定性的定义，它的零解 $\Delta x_1=0$、$\Delta x_2=0$ 是稳定的，但不是渐进稳定的。因为对于任意正数 ε，取 $\eta=0.5\varepsilon$，当 $|\Delta x_{10}|<0.5\varepsilon$，$|\Delta x_{20}|<0.5\varepsilon$ 时，对 $t\geqslant 0$ 下列不等式成立：

$$\begin{cases}|\Delta x_1|<\varepsilon\\ |\Delta x_2|<\varepsilon\end{cases}\tag{10-2-12}$$

故它是稳定的。然而

$$\lim_{t\to\infty}\Delta x_1(t)\neq 0\tag{10-2-13}$$

所以不是渐进稳定的。如果由此得出非线性微分方程的零解也是稳定的，就错了。因为它正好是临界状况，所以非线性微分方程的零解的稳定性要考虑非线性项。事实上，前面已讨论此时的李雅普诺夫函数为

$$V(\Delta x_1,\Delta x_2)=\frac{1}{2}(\Delta x_1^2+\Delta x_2^2)\tag{10-2-14}$$

而

$$\frac{dV(\Delta x_1,\Delta x_2)}{dt}=A(\Delta x_1^4+\Delta x_2^4)\tag{10-2-15}$$

因此，当 $A>0$ 时，干扰运动微分方程的零解是不稳定的，当 $A<0$ 时，零解则是渐进稳定的，当 $A=0$ 时，是稳定的。总之，对于飞行器运动稳定性的研究是采用在小扰

动的假设下,用干扰运动方程的一次近似方程进行讨论的,认为它得到的结论能表示非线性微分方程的稳定特性,但也需要用数值积分来验证。目前应用最广泛的是系数冻结法,也称固化系数法。固化系数法在实际问题中常常很有效,很少出现结果矛盾的现象。但这一方法的应用不是没有限制的,容易举例反证有的变系数线性微分方程用固化系数法去研究也是不成立的。如何去简捷地判别应用固化系数法的可靠性和正确性,目前尚未找到答案,当解决了这一个问题时,对固化系数法的怀疑将完全消除。但固化系数法仍然是研究变系数线性微分方程的一个行之有效的方法,在航天运载器运动稳定性的研究中得到了广泛应用。

10.2.2 李雅普诺夫第二种方法

李雅普诺夫直接方法不需要去寻求微分方程组的一般解,而仅依靠方程组右端 x_i 的性质和借助一个李雅普诺夫函数 V 的有关性质来直接判断其稳定性,它是判断运动稳定性的一个重要方法。为便于分析,干扰运动的微分方程为

$$\begin{cases}\dfrac{\mathrm{d}x_1}{\mathrm{d}t}=X_1(x_1,x_2)\\[2mm]\dfrac{\mathrm{d}x_2}{\mathrm{d}t}=X_2(x_1,x_2)\end{cases}\tag{10-2-16}$$

其中 $X_1(x_1,x_2)$ 在区域

$$|x_i|\leqslant h,i=1,2\tag{10-2-17}$$

上是连续的,h 为一正常数,且对微分方程中任何一组初值 x_1^0、x_2^0 有唯一解。

1. 基本定义

要考虑的李雅普诺夫函数 $V(x_1,x_2)$ 是实变数 x_1、x_2 的实函数,定义区间域

$$|x_i|\leqslant h,\ i=1,2;h>0\tag{10-2-18}$$

式中:h 为常数。

假设在该域内 $V(x_1,x_2)$ 为单值函数且满足 $V(0,0)=0$,有连续偏导数。

定义 1:如果存在 $h>0$,使当 $|x_i|\leqslant h$ 及 $x_1^2+x_2^2>0$ 时,$V(x_1,x_2)$ 除了可取零值外,恒保持同一符号,则称 $V(x_1,x_2)$ 为常号的。如 $V(x_1,x_2)>0$,则称 $V(x_1,x_2)$ 为常正的(也称半正定);如果 $V(x_1,x_2)\leqslant 0$,则称 $V(x_1,x_2)$ 为常负的(也称半负定)。

定义 2:如果存在 $h>0$,使当 $|x_i|\leqslant h$ 及 $x_1^2+x_2^2>0$ 时,$V(x_1,x_2)$ 保持同一符号,则称 $V(x_1,x_2)$ 为定号的。如果恒有 $V(x_1,x_2)>0$,则称 $V(x_1,x_2)$ 为定正的,也称正定的;如果恒有 $V(x_1,x_2)<0$,则称 $V(x_1,x_2)$ 为定负的,也称负定的。

定义 3:如果函数 $V(x_1,x_2)$ 不是定号,也不是常号的,则称 $V(x_1,x_2)$ 是变号的。显然在原点附近的任一邻域内,$V(x_1,x_2)$ 既可以取正值也可以取负值。

需要说明,若 $V(\cdot)$ 是 n 个变量 $x_1,x_2,\cdots,x_n$ 的实函数,其定号的、常号的、变

号的定义同两个变量是一样的。为了明确起见，设 $V(x_1,x_2)$ 是定正的，则方程

$$V(x_1,x_2)=C,\ C>0 \tag{10-2-19}$$

当 C 足够小时，它表示一簇围绕原点的闭曲线。当 $C_1>C_2$ 时，曲线 $V(x_1,x_2)=C_2$ 包含在曲线 $V(x_1,x_2)=C_1$ 内。当 $C\to\infty$ 时，曲线 $V(x_1,x_2)=C$ 收缩为原点。

2. 函数 $V(x_1,x_2)$ 对 t 的全导数

函数 $V(x_1,x_2)$ 是 x_1、x_2 的函数，但 x_1、x_2 是 t 的函数，则 $V(x_1,x_2)=V[x_1(t),x_2(t)]$ 是 t 的复合函数，对 t 可以求导。根据复合函数求导法则可得

$$\frac{\mathrm{d}V}{\mathrm{d}t}=\frac{\partial V}{\partial x_1}\cdot\frac{\mathrm{d}x_1}{\mathrm{d}t}+\frac{\partial V}{\partial x_2}\cdot\frac{\mathrm{d}x_2}{\mathrm{d}t}=\frac{\partial V}{\partial x_1}X_1+\frac{\partial V}{\partial x_2}X_2 \tag{10-2-20}$$

由于 V、X_1、X_2 已知，所以 $\mathrm{d}V/\mathrm{d}t$ 是函数 $V[x_1(t),x_2(t)]$ 对时间的全导数，称为根据干扰运动微分方程组组成的函数 $V(x_1,x_2)$ 对时间的全导数。

3. 李雅普诺夫直接方法的基本定理

定理 1：对于干扰运动的微分方程，如果能找到一个正定的函数 $V(x_1,x_2)$，它对于时间的全导数 $\mathrm{d}V/\mathrm{d}t$ 是一个常负的或恒等于零的函数，则未干扰运动是稳定的。这个定理的正确性可以从几何上来证明。作曲线簇

$$V(x_1,x_2)=C \tag{10-2-21}$$

式中：C 是足够小正数。沿着轨线 $x_1=x_1(t)$，$x_2=x_2(t)$，有 $\mathrm{d}V/\mathrm{d}t\leqslant 0$，意味着 $V(x_1,x_2)$ 对于一切 $t\geqslant t_0$ 是 t 的不增函数，因此任何轨线 $x_1=x_1(t)$，$x_2=x_2(t)$ 将随着 $t\geqslant t_0$ 增加而一层层地进入闭曲线簇 $V(x_1,x_2)=C$，或者沿着这些曲线（整条曲线或某一段）运动，始终不会由 $V(x_1,x_2)=C$ 的任一闭曲线内部走到外部。现在给一个完全位于区域 $|x_i|\leqslant h$ 内，边长为 2ε 的正方形，在其内函数 $V(x_1,x_2)$ 是定正的。考虑完全位于边长为 2ε 正方形内的闭曲线 $V(x_1,x_2)=L$（此闭曲线一定存在），再在此闭曲线 $V(x_1,x_2)=L$ 内作一边长为 2η 的正方形，于是任何正方形内起始的轨线（也就是满足 $|x_i^0|<\eta$ 的曲线）永远在曲线 $V(x_1,x_2)=L$ 内，因而也就永远在边长为 2ε 的正方形内。所以对任何一条这样的轨线都有 $|x_i|<\varepsilon(i=1,2)$，按照李雅普诺夫稳定性的定义，未干扰运动是稳定的。

定理 2：对于干扰运动方程，如果可以找到一个正定函数 $V(x_1,x_2)$，它对于时间的全导数是定负的，则未干扰运动是渐进稳定的。考察由原点附近出发的轨线，它必与曲线 $V(x_1,x_2)=C$ 自外向内地相交。因为 $\mathrm{d}V/\mathrm{d}t<0$，故 V 随着 t 增大而不断的减小，且

$$\lim_{t\to\infty}(x_1,x_2)=0 \tag{10-2-22}$$

在某一时刻 $V(x_1,x_2)=0$，则因 $\mathrm{d}V/\mathrm{d}t<0$，下一时刻 V 变成负值，这与 $V(x_1,x_2)$ 是定正的矛盾，故只有 $t\to\infty$ 时，$V(x_1,x_2)=0$。根据 $V(x_1,x_2)$ 的定号性，故得 $t\to\infty$，$x_i\to 0$。所以未干扰运动是稳定的，而且是渐进稳定的。

定理 3：对于干扰运动的微分方程组，如果可以找到函数 $V(x_1,x_2)$，它对于时

间的全导数是正定的，而函数 V 本身在原点的任一邻域内总能找到正值，则未干扰运动是不稳定的。

这些定理的条件都是充分的，但不是必要的，也就是说，如果对给定的干扰运动微分方程可以找到一个满足上述条件的 $V(x_1,x_2)$ 函数，则未干扰运动是稳定的，但找不到上述的 $V(x_1,x_2)$ 函数，并不意味着未干扰运动是不稳定的，而且找到的 $V(x_1,x_2)$ 函数也不是唯一的，结论却是一致的。

李雅普诺夫直接方法把稳定性问题转化为对受干扰的方程建立某些具有特殊性质的函数，特别是对非线性系统和变系数线性系统，直接方法显示出诸多优点。用李雅普诺夫第二种方法能解决许多问题，但同时也应看到在每个场合，这种函数的建立都具有与所讨论的具体问题的特殊性有关。寻找和建立满足上述定理的函数 V，实质上是依赖于人们的高度技巧和经验。李雅普诺夫和他的后继者也提出了某些建立李雅普诺夫函数 V 的方法和观念，它可以成功地用来解决许多具体问题，然而普遍情况下建立李雅普诺夫的一般法则还不存在。如果能有这样的规则，运动稳定性问题就完全地得到了解决，但现在还不能实现。关于李雅普诺夫直接方法定理的证明、推广，以及如何用李雅普诺夫方法解决控制问题，可参见有关文献。

综上，分析运动稳定性有两种方法：一是直接方法，它不需要求微分方程的解，而直接提供运动稳定性的信息，这对非线性系统特别有效；二是需要求微分方程的解，以分析运动的稳定性。鉴于非线性和变系数线性微分方程求解困难，在运载器运动稳定性研究中广泛采用这种方法，首先把干扰运动方程线性化，得到一次近似方程，然后进一步把变系数的一次近似方程在各特征点固化，得到常系数线性微分方程，用研究常系数线性微分方程的稳定性来表示运载器的运动稳定性。

10.3 纵向运动稳定性分析

介绍完运动稳定性的分析方法，以小扰动状态下建立的纵向线性方程组为基础，对运载器的运动稳定性进行分析。

10.3.1 特征方程的解

运载器的纵向小扰动方程为

$$\begin{cases}\Delta\dot{V} = a_{11}\Delta V + a_{12}\Delta\theta + a_{13}\Delta\alpha \\ \Delta\dot{\theta} = a_{21}\Delta V + a_{22}\Delta\theta + a_{23}\Delta\alpha \\ \Delta\dot{\alpha} = a_{31}\Delta V + a_{32}\Delta\theta + a_{33}\Delta\alpha + a_{34}\Delta\omega_z \\ \Delta\dot{\omega}_z = a_{41}\Delta V + a_{42}\Delta\theta + a_{43}\Delta\alpha + a_{44}\Delta\omega_z\end{cases} \tag{10-3-1}$$

写成矩阵形式，有

$$\dot{\boldsymbol{x}} = \boldsymbol{A}\boldsymbol{x}$$

式中

$$\boldsymbol{x} = [\Delta V, \Delta\theta, \Delta\alpha, \Delta\omega_z]^{\mathrm{T}}, \boldsymbol{A} = \begin{bmatrix} a_{11} & a_{12} & a_{13} & a_{14} \\ a_{21} & a_{22} & a_{23} & a_{24} \\ a_{31} & a_{32} & a_{33} & a_{34} \\ a_{41} & a_{42} & a_{43} & a_{44} \end{bmatrix} \tag{10-3-2}$$

a_{ij}称为动力系数，它们取决于未扰动运动参数的参数值，由于未扰动运动的参数是随时间变化的，这些系数也是随时间变化的，因此方程组是变系数线性微分方程组。对变系数线性微分方程只有在极简单的情况下可以求得解析解，所以一般采用固化系数法求解。

具体对运载器的运动，固化系数法可阐述如下：在研究运载器的动态特性时，如果未扰动运动已经给出，则在该弹道上的任意点上的运动参数都是已知值。近似地认为方程各运动参数增量前面的系数在研究的弹道点的附近固化不变，变系数线性微分方程组就变成常系数线性微分方程组。对常系数线性微分方程组是不难求解的。关于解常系数线性微分方程，可以先求特征方程式的根，再根据初始条件确定待定常数；也可以用拉普拉斯变换方法求解。根据常系数线性微分方程组的解法可以设

$$\Delta V = A\mathrm{e}^{\lambda t}, \Delta\theta = B\mathrm{e}^{\lambda t}, \Delta\alpha = C\mathrm{e}^{\lambda t}, \Delta\omega_z = D\mathrm{e}^{\lambda t} \tag{10-3-3}$$

代入纵向小扰动方程组，可得

$$\begin{cases} (a_{11} - \lambda)A + a_{12}B + a_{13}C = 0 \\ a_{21}A + (a_{22} - \lambda)B + a_{23}C = 0 \\ a_{31}A + a_{32}B + (a_{33} - \lambda)C + a_{34}D = 0 \\ a_{41}A + a_{42}B + a_{43}C + (a_{44} - \lambda)D = 0 \end{cases} \tag{10-3-4}$$

这是一个齐次的代数方程组。以A、B、C、D为自变量，方程组的特征行列式为

$$\Delta(\lambda) = \begin{vmatrix} a_{11} - \lambda & a_{12} & a_{13} & 0 \\ a_{21} & a_{22} - \lambda & a_{23} & 0 \\ a_{31} & a_{32} & a_{33} - \lambda & a_{34} \\ a_{41} & a_{42} & a_{43} & a_{44} - \lambda \end{vmatrix} \tag{10-3-5}$$

令其等于零，将上式展开得四次方程，称为特征方程式，即

$$\lambda^4 + a_1\lambda^3 + a_2\lambda^2 + a_3\lambda + a_4 = 0 \tag{10-3-6}$$

式中

$$\begin{cases} a_1 = - a_{44} + a_{23} - a_{22} - a_{11} \\ a_2 = a_{11}a_{22} - a_{11}a_{23} - a_{12}a_{21} + a_{13}a_{21} - a_{44}a_{23} + a_{44}a_{11} + a_{44}a_{22} - a_{43} \\ a_3 = - a_{11}a_{22}a_{44} + a_{11}a_{23}a_{44} + a_{12}a_{21}a_{44} - a_{13}a_{21}a_{44} + a_{11}a_{43} + a_{43}a_{22} \\ - a_{23}a_{42} - a_{13}a_{41} \\ a_4 = - a_{11}a_{43}a_{22} + a_{11}a_{23}a_{42} + a_{12}a_{21}a_{43} - a_{12}a_{23}a_{41} - a_{13}a_{21}a_{42} + a_{13}a_{41}a_{22} \end{cases} \tag{10-3-7}$$

假设这 4 个根不同,分别为 λ_1、λ_2、λ_3、λ_4,对应的系数为 $A_1, B_1, C_1, D_1, \cdots, A_4, B_4, C_4, D_4$,则纵向运动方程的通解形式为

$$\begin{cases} \Delta V = A_1 e^{\lambda_1 t} + A_2 e^{\lambda_2 t} + A_3 e^{\lambda_3 t} + A_4 e^{\lambda_4 t} \\ \Delta \theta = B_1 e^{\lambda_1 t} + B_2 e^{\lambda_2 t} + B_3 e^{\lambda_3 t} + B_4 e^{\lambda_4 t} \\ \Delta \alpha = C_1 e^{\lambda_1 t} + C_2 e^{\lambda_2 t} + C_3 e^{\lambda_3 t} + C_4 e^{\lambda_4 t} \\ \Delta \omega_z = D_1 e^{\lambda_1 t} + D_2 e^{\lambda_2 t} + D_3 e^{\lambda_3 t} + D_4 e^{\lambda_4 t} \end{cases} \tag{10-3-8}$$

由于特征方程式有 4 个根,则特征方程式可以表示成

$$F(\lambda) = \lambda^4 + a_1\lambda^3 + a_2\lambda^2 + a_3\lambda + a_4 = (\lambda - \lambda_1)(\lambda - \lambda_2)(\lambda - \lambda_3)(\lambda - \lambda_4) = 0 \tag{10-3-9}$$

设 $|\lambda_1| \geqslant |\lambda_2| \gg |\lambda_3| \geqslant |\lambda_4|$,将上式展开,可以改写成

$$F(\lambda) = (\lambda^2 + c\lambda + d)(\lambda^2 + m\lambda + n) = 0 \tag{10-3-10}$$

对比上述两式,由相对应的系数相等可得

$$\begin{cases} c = - (\lambda_1 + \lambda_2) = a_1 - m \\ d = \lambda_1\lambda_2 = a_2 - Am - n \\ m = - (\lambda_3 + \lambda_4) = \dfrac{a_3 - An}{d} \\ n = \lambda_3\lambda_4 = \dfrac{a_4}{d} \end{cases} \tag{10-3-11}$$

由于 $|\lambda_1| \geqslant |\lambda_2| \gg |\lambda_3| \geqslant |\lambda_4|$,$c$、$d$、$m$、$n$ 可用逐次逼近法求出,一次近似时,可认为 $c_1 = a_1, d_1 = a_2$,然后将其代入 m、n 的表达式,得其一次近似值为

$$n_1 = \frac{a_4}{a_2}, m_1 = \frac{a_3 - a_1 n}{a_2} \tag{10-3-12}$$

如此往复,直到前后两次所得参数值十分相近,能满足精度要求为止(一般迭代两三次即可)。特征方程式的根为

$$\lambda_{1,2} = - \frac{c}{2} \pm \sqrt{\frac{c^2}{4} - d}, \lambda_{3,4} = - \frac{m}{2} \pm \sqrt{\frac{m^2}{4} - n} \tag{10-3-13}$$

将纵向扰动方程的线性化方程特征多项式改写为

$$(\lambda - \lambda_1)(\lambda - \lambda_2)(\lambda - \lambda_3)(\lambda - \lambda_4) = 0 \tag{10-3-14}$$

则有

$$\begin{cases}a_1=-(\lambda_1+\lambda_2+\lambda_3+\lambda_4)\\a_2=\lambda_1\lambda_2+\lambda_1\lambda_3+\lambda_1\lambda_4+\lambda_2\lambda_3+\lambda_2\lambda_4+\lambda_3\lambda_4\\a_3=-(\lambda_1\lambda_2\lambda_3+\lambda_1\lambda_2\lambda_4+\lambda_1\lambda_3\lambda_4+\lambda_2\lambda_3\lambda_4)\\a_4=\lambda_1\lambda_2\lambda_3\lambda_4\end{cases} \tag{10-3-15}$$

方程中的系数取决于空气动力系数和弹体特征参数,都是实数,那么方程式的根只能是实数或成对的共轭复数。

10.3.2 四种模态的分析讨论

本节讨论当特征方程式的四个根皆为实根,两个为实根、两个为共轭复根,四个组成两对共轭复根时的扰动运动的特性。

1. 特征方程式的四个根皆为实根

当四个根都是实根时,每个运动参数可以直接写出。以攻角为例进行说明

$$\Delta\alpha=C_1\mathrm{e}^{\lambda_1 t}+C_2\mathrm{e}^{\lambda_2 t}+C_3\mathrm{e}^{\lambda_3 t}+C_4\mathrm{e}^{\lambda_4 t}$$

上式等号右边的每一项均按非周期形式随时间变化,当时间变化时,$\Delta\alpha$ 是增长还是减小视特征方程式的根的性质而定。如果 $\lambda_i<0$,则 $\Delta\alpha$ 将随时间的增加而减小;如果 $\lambda_i>0$,则 $\Delta\alpha$ 随时间的增加而增加。为了更明显地表示非周期运动的性质,图 10-3-1 表示各种 λ 值时函数 $\mathrm{e}^{\lambda t}$ 随时间的变化情况。

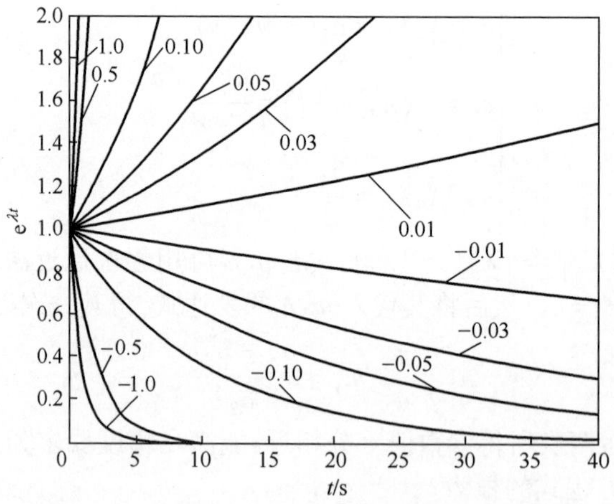

图 10-3-1 特征根与解析解变化曲线

与 $\Delta\alpha$ 相仿,同样可以写出 ΔV、$\Delta\theta$、$\Delta\omega_z$ 的表达式,故如果特征方程式的根中有一个根为正值,则扰动运动的参数 ΔV、$\Delta\theta$、$\Delta\alpha$、$\Delta\omega_z$ 的绝对值将随时间的增加而

增大,运动参数将越来越偏离未扰动运动的参数值,根据稳定性定义这种未扰动运动是不稳定的。由此得到结论,在特征方程式的 4 个根皆为实根的情况下,欲使运载器运动为纵向渐近稳定,必须使 4 个根皆为负根。

2. 特征方程式的两根为共轭复根、两根为实根

假设 λ_1、λ_2 为共轭复根即 $\lambda_1=\overline{\lambda}_2$,且令 $\lambda_1=a+bi$,$\lambda_2=a-bi$,其中 a、b 为实数。仍以 $\Delta\alpha$ 为例来讨论,对应于 λ_1、λ_2 的特解,有

$$\Delta\alpha_1 = C_1\mathrm{e}^{\lambda_1 t} + C_2\mathrm{e}^{\lambda_2 t} \tag{10-3-16}$$

由于研究的是真实飞行,解中的所有量最终必须是实数,因此在共轭复根的情况下,解中所有与此复根相对应的常数也应互为共轭复数,令

$$C_1 = \overline{C}_2 \tag{10-3-17}$$

这些常数也可以表示成 $C_1 = R - I\mathrm{i}$,$C_2 = R + I\mathrm{i}$,则有

$$\Delta\alpha_1 = (R - I\mathrm{i})\mathrm{e}^{(a+bi)t} + (R + I\mathrm{i})\mathrm{e}^{(a-bi)t} = R\mathrm{e}^{at}(\mathrm{e}^{bit} + \mathrm{e}^{-bit}) - I\mathrm{i}\mathrm{e}^{at}(\mathrm{e}^{bit} - \mathrm{e}^{-bit}) \tag{10-3-18}$$

利用欧拉公式 $\mathrm{e}^{bit} + \mathrm{e}^{-bit} = 2\cos(bt)$,$\mathrm{e}^{bit} - \mathrm{e}^{-bit} = 2\mathrm{i}\sin(bt)$, 有

$$\begin{aligned}\Delta\alpha_1 &= R\mathrm{e}^{at}(\mathrm{e}^{bit} + \mathrm{e}^{-bit}) - I\mathrm{i}\mathrm{e}^{at}(\mathrm{e}^{bit} - \mathrm{e}^{-bit})\\ &= 2\sqrt{R^2+I^2}\,\mathrm{e}^{at}\left(\frac{R}{\sqrt{R^2+I^2}}\cos(bt) + \frac{I}{\sqrt{R^2+I^2}}\sin(bt)\right)\end{aligned}$$

则

$$\Delta\alpha_1 = C_{12}\mathrm{e}^{at}\sin(bt+\psi_C)$$

式中

$$\sin\psi_C = \frac{R}{\sqrt{R^2+I^2}},\cos\psi_C = \frac{I}{\sqrt{R^2+I^2}}$$

由此可见,一对共轭复根所给出的运动是周期性的振荡运动,此振荡运动的振幅为 $C_{12}\mathrm{e}^{at}$,而角频率为 b,初始相位为 ψ_C,振荡运动是衰减还是增强取决于复根的实部 a。如果 a 为负值,则振幅 $C_{12}\mathrm{e}^{at}$ 将随时间增长而减少,因而是衰减振荡;若 a 为正值,则为增幅振荡;如果 $a=0$,则为等幅振荡。其关系如图 10-3-2 所示。

整个扰动运动由一振荡运动和两个非周期运动组成:

$$\Delta\alpha = C_{12}\mathrm{e}^{at}\sin(bt + \psi_C) + C_3\mathrm{e}^{\lambda_3 t} + C_4\mathrm{e}^{\lambda_4 t} \tag{10-3-19}$$

从上面分析知,若要运载器运动是渐近稳定的,其实根和复根的实部必须为负值。

3. 特征方程式的根为两对共轭复根

若 $\lambda_1 = a + b\mathrm{i}$,$\lambda_2 = a - b\mathrm{i}$,$\lambda_3 = \alpha + \beta\mathrm{i}$,$\lambda_4 = \alpha - \beta\mathrm{i}$, 则扰动为两个振荡运动的合成

$$\Delta\alpha = C_{12}\mathrm{e}^{at}\sin(bt + \psi_C) + C_{34}\mathrm{e}^{\alpha t}\sin(\beta t + \varphi_C) \tag{10-3-20}$$

若运载器运动是渐近稳定的,其两对复根的实部必须为负值。从以上叙述可知,若特征方程式的各根的实部皆为负值,则所有由干扰引起的运动参数增量的绝

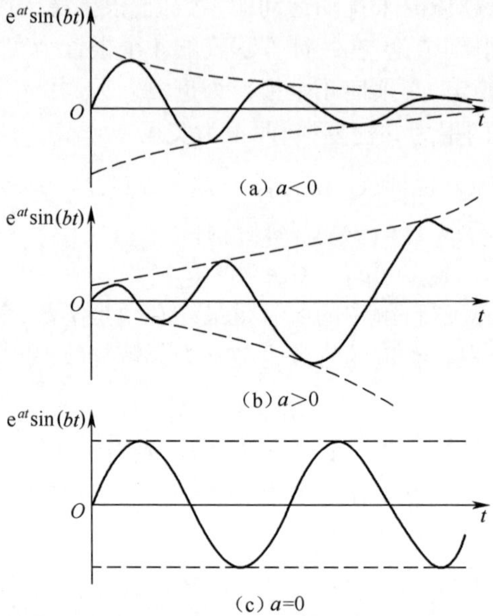

图 10-3-2　根的实部与振荡特性的关系

对值将随时间的增长而无限地减小。因此,运载器的纵向运动具有渐近稳定性。只要有一个正实根或者一对共轭复根的实部为正,运动参数将随时间增长无限地偏离其未扰动的值,故运载器纵向运动是不稳定的。所以特征方程式的各个根具有负实部是运载器具有纵向渐近稳定性的充要条件。根的规律性可以根据特征方程的系数来判断,在经典控制理论中,根据特征方程的系数来判断根的性质,从而判断系统的稳定性。常用的方法有劳斯(Routh)判据、赫尔维茨(Hurwitz)判据、奈奎斯特(Nyquist)判据和根轨迹方法等。在分析运载器动态特性时,如果特征方程式的阶次不高于四次,采用赫尔维茨判据最为方便。赫尔维茨稳定判据的使用方法为

$$a_0\lambda^n + a_1\lambda^{n-1} + \cdots + a_{n-1}\lambda + a_n = 0 \tag{10-3-21}$$

作下表

$$\begin{vmatrix} a_1 & a_0 & 0 & 0 & 0 & 0 & \cdots \\ a_3 & a_2 & a_1 & a_0 & 0 & 0 & \cdots \\ a_5 & a_4 & a_3 & a_2 & a_1 & a_0 & \cdots \\ a_7 & a_6 & a_5 & a_4 & a_3 & a_1 & \cdots \\ \vdots & \vdots & \vdots & \vdots & \vdots & \vdots & \cdots \end{vmatrix}$$

其中,下标大于方程式次数的所有系数用零代替,称

$$\boldsymbol{\Delta}_1 = a_1, \boldsymbol{\Delta}_2 = \begin{vmatrix} a_1 & a_0 \\ a_3 & a_2 \end{vmatrix}, \boldsymbol{\Delta}_3 = \begin{vmatrix} a_1 & a_0 & 0 \\ a_3 & a_2 & a_1 \\ a_5 & a_4 & a_3 \end{vmatrix}, \cdots \tag{10-3-22}$$

为赫尔维茨多项式。则稳定的充分必要条件是

$$a_0 > 0, \Delta_1 > 0, \cdots, \Delta_n > 0 \tag{10-3-23}$$

需要说明,运载器纵向运动的渐近稳定是针对 ΔV、$\Delta\theta$、$\Delta\alpha$、$\Delta\omega_z$ 而言,而对 ΔX、ΔY 并不是渐近稳定,仅仅是稳定,即弹道并不能回到未扰动弹道上去。因为不考虑扰动运动高度变化对空气动力、空气动力矩和推力的影响,所以不研究高度的变化。不研究高度变化对扰动运动影响的原因是这些因素的影响小,如果考虑高度变化的影响,会使扰动运动特征方程式变成一个五次代数方程。

10.4 动态操纵性分析

10.4.1 操纵性的概念

运载器在飞行过程中需要进行操纵,使其运动参数能够按照要求规律变化,改变运载器运动状态,就要使控制舵面发生偏转,当舵面发生偏转时,箭体的运动参数变化有快有慢,有大有小,即操纵性问题。操纵性其实就是运载器的运动参数(如攻角、俯仰角、速度等)对舵面偏转的反应,或者说箭的运动参数随着舵面偏转相应变化的能力。这里对“控制”和“操纵”两词进行说明,从字义上讲两者是相近的,但是在自动控制领域很少用“操纵”两字,而在飞行力学中表示人对飞行器施加的影响,或者舵面运动对飞行器施加的影响,称为操纵。“操纵”或“控制”都是表示某事物(人或物)对另一事物(在此指飞行器)施加影响,使它按某种方式运动。操纵性就是自动控制原理中提到的,舵面偏转引起飞行器运动参数变化的过渡过程品质,因此自动控制原理中的一些概念、判据在这里均是可以用的。研究箭体操纵性时,舵面的偏转方式很多,下面仅讨论两种典型的偏转。

1. 阶跃偏转

控制机构阶跃偏转,即

$$\delta_\varphi(t) = \delta_0 1(t) \tag{10-4-1}$$

式中

$$1(t) = \begin{cases} 0, t < 0 \\ 1, t \geqslant 0 \end{cases} \tag{10-4-2}$$

当控制机构(舵)突然偏转时,运载器的反应用过渡过程来描述,此种反应相当于舵做快速偏转的情形。

2. 正弦偏转

控制机构正弦偏转时，即

$$\Delta\delta_{\varphi}=\Delta\delta_{\varphi 0}\sin(\omega t) \tag{10-4-3}$$

运载器的反应称为火箭的箭体对舵偏转的跟随性，运动参数随着控制机构做类似规律变化，$\Delta\alpha$ 和 $\Delta\delta_{\varphi}$ 振幅不等且达到最大振幅的时间有延迟。如果反应迅速，则 $\Delta\alpha$ 的振幅大，跟随性好，反之则箭体的跟随能力差，在控制系统中这种特性往往用频率特性来研究。上面谈到的操纵性仅仅是说运载器的运动参数对舵偏转的反应能力，实际上是箭体的操纵性，对运载器而言，程序角 $\varphi_{\text{p.r.}}$ 变化时，φ 角变化的快慢也可以看作是运载器操纵性的好坏。稳定性和操纵性是箭体的两个重要的特性，二者有共同的地方，如描述运动的微分方程组的齐次方程相同，对性能的要求有些相同，但也有区别，甚至矛盾的地方，所以既要注意二者的联系，又要注意二者的区别。

10.4.2 纵向操纵性分析

从自动控制的角度看，箭体的操纵性实际上是把舵的偏转作输入、箭的运动参数作输出来研究其传递函数，只不过这个环节复杂一些。在箭体的稳定性研究中，为了简化，总是要把运动方程线性化，把扰动运动分成纵向扰动运动和侧向扰动运动分别进行研究，这一点在箭体的操纵性研究中仍然适用。在工程上，人们总是利用等效俯仰舵来控制攻角的变化，同时利用等效偏航舵来控制箭体侧滑角的变化，所以在下面的讨论中认为等效偏航舵和等效俯仰舵偏转时相互之间不发生交连，即扰动运动可以分成纵向扰动运动和侧向扰动运动。

这里只对纵向操纵动态特性进行简单分析。当控制机构等效舵偏转时，运载器由原来的飞行状态过渡到新的稳定飞行状态的时间是很短的，在此时间内运载器的空气动力系数、结构参数和弹道特性参数的变化都不会特别大，可以作为常数来考虑。因此，在研究运载器的操纵性时，确定动态特性的线性微分方程的齐次方程和研究干扰运动的线性微分方程完全一样，都是常系数线性微分方程。在进行操纵性分析时，首先推导出一般形式的传递函数，然后基于一定的假设条件对传递函数进行简化，再基于简化的传递函数进一步分析各种参数对操纵性的影响，并求出过渡过程。纵向扰动运动方程已在前面章节推导完成，这里不专门讨论等效舵偏转时运载器位置的变化，故不考虑扰动运动方程中关于 ΔX、ΔY 位置的两个方程。由于运载器的操纵性是研究等效舵偏转后运载器运动参数的变化规律，故首先提出假设：运动参数初始条件为零；不考虑经常干扰作用。记

$$a_{41}^{*}=\frac{M_z^V}{I_z},a_{43}^{*}=\frac{M_z^{\alpha}}{I_z},a_{43}'=\frac{M_z^{\dot{\alpha}}}{I_z},a_{44}^{*}=\frac{M_z^{\omega_z}}{I_z} \tag{10-4-4}$$

则纵向扰动运动方程可改写为

$$
\begin{cases}
\dfrac{\mathrm{d}\Delta V}{\mathrm{d}t} - a_{11}\Delta V - a_{12}\Delta\theta - a_{13}\Delta\alpha = 0 \\
- a_{21}\Delta V + \dfrac{\mathrm{d}\Delta\theta}{\mathrm{d}t} - a_{22}\Delta\theta - a_{23}\Delta\alpha = \dfrac{R'}{mV}\Delta\delta_{\varphi} \\
- a_{41}^{*}\Delta V + \dfrac{\mathrm{d}^2\Delta\varphi}{\mathrm{d}t^2} - a_{44}^{*}\dfrac{\mathrm{d}\Delta\varphi}{\mathrm{d}t} + \left(- a'_{43}\dfrac{\mathrm{d}\Delta\alpha}{\mathrm{d}t} - a_{43}^{*}\Delta\alpha\right) = \dfrac{M_z^{\delta}}{I_z}\Delta\delta_{\varphi} \\
\Delta\varphi - \Delta\theta - \Delta\alpha = 0
\end{cases}
\tag{10-4-5}
$$

对于常系数线性系统,传递函数的定义为初始条件为零时输出量的拉普拉斯变换式与输入量的拉普拉斯变换式之比。对式(10-4-5)进行拉普拉斯变换,可得

$$
\begin{cases}
(s - a_{11})\Delta V(s) - a_{12}\Delta\theta(s) - a_{13}\Delta\alpha(s) = 0 \\
- a_{21}\Delta V(s) + (s - a_{22})\Delta\theta(s) - a_{23}\Delta\alpha(s) = \dfrac{R'}{mV}\Delta\delta_{\varphi}(s) \\
- a_{41}^{*}\Delta V(s) + s(s - a_{44}^{*})\Delta\varphi(s) + (- a'_{43}s - a_{43}^{*})\Delta\alpha(s) = \dfrac{M_z^{\delta}}{I_z}\Delta\delta_{\varphi}(s) \\
\Delta\varphi(s) - \Delta\theta(s) - \Delta\alpha(s) = 0
\end{cases}
\tag{10-4-6}
$$

式中:s 为拉普拉斯算子;$\Delta V(s)$、$\Delta\theta(s)$、$\Delta\alpha(s)$、$\Delta\varphi(s)$、$\Delta\delta_{\varphi}(s)$ 为 $\Delta V(t)$、$\Delta\theta(t)$、$\Delta\alpha(t)$、$\Delta\varphi(t)$、$\Delta\delta_{\varphi}(t)$ 的拉普拉斯变换式。

已知

$$
\Delta V(s) = \frac{\Delta V}{\Delta}, \Delta\theta(s) = \frac{\Delta_{\theta}}{\Delta}, \Delta\varphi(s) = \frac{\Delta_{\varphi}}{\Delta}, \Delta\alpha(s) = \frac{\Delta_{\alpha}}{\Delta} \tag{10-4-7}
$$

式中:Δ 为系数行列式;Δ_V、Δ_{θ}、Δ_{φ}、Δ_{α}为计算所需的辅助行列式。

进而可得

$$
\boldsymbol{\Delta} = \begin{vmatrix}
s - a_{11} & - a_{12} & 0 & - a_{13} \\
- a_{21} & s - a_{22} & 0 & - a_{23} \\
- a_{41}^{*} & 0 & s(s - a_{44}^{*}) & - a'_{43}s - a_{43}^{*} \\
0 & -1 & 1 & -1
\end{vmatrix} = -(s^4 + A_1 s^3 + A_2 s^2 + A_3 s + A_4)
$$

式中

$$\begin{cases} A_1 = -a_{44}^* - a_{22} - a_{11} + a_{23} - a'_{43} \\ A_2 = a_{11}a_{22} - a_{11}a_{23} - a_{12}a_{21} + a_{13}a_{21} + a_{22}(a_{44}^* + a'_{43}) + (a_{44}^* + a'_{43})a_{11} - a_{44}^* a_{23} - a_{43}^* \\ A_3 = -a_{43}^* a_{22} - a_{44}^* a_{22} a_{11} + a_{44}^* a_{22} a_{11} + a_{43}^* a_{11} + a_{44}^* a_{21} a_{12} - a_{44}^* a_{21} a_{13} - a_{41}^* a_{13} + a'_{43} a_{21} a_{12} \\ A_4 = -a_{43}^* a_{22} a_{11} + a_{43}^* a_{12} a_{21} - a_{41}^* a_{23} a_{12} + a_{41}^* a_{13} a_{22} \end{cases}$$

又已知

$$\boldsymbol{\Delta}_V = \begin{vmatrix} 0 & -a_{12} & 0 & -a_{13} \\ m^{-1}V^{-1}R'\Delta\delta_\varphi & s-a_{22} & 0 & -a_{23} \\ I_z^{-1}M_z^\delta\Delta\delta_\varphi & 0 & s(s-a_{44}^*) & -a'_{43}s - a_{43}^* \\ 0 & -1 & 1 & -1 \end{vmatrix} \tag{10-4-8a}$$

$$\boldsymbol{\Delta}_\theta = \begin{vmatrix} s-a_{11} & 0 & 0 & -a_{13} \\ -a_{21} & m^{-1}V^{-1}R'\Delta\delta_\varphi & 0 & -a_{23} \\ -a_{41}^* & I_z^{-1}M_z^\delta\Delta\delta_\varphi & s(s-a_{44}^*) & -a'_{43}s - a_{43}^* \\ 0 & 0 & 1 & -1 \end{vmatrix} \tag{10-4-8b}$$

$$\boldsymbol{\Delta}\varphi = \begin{vmatrix} s-a_{11} & -a_{12} & 0 & -a_{13} \\ -a_{21} & s-a_{22} & m^{-1}V^{-1}R'\Delta\delta_\varphi & -a_{23} \\ -a_{41}^* & 0 & I_z^{-1}M_z^\delta\Delta\delta_\varphi & -a'_{43}s - a_{43}^* \\ 0 & -1 & 0 & -1 \end{vmatrix} \tag{10-4-8c}$$

$$\boldsymbol{\Delta}_\alpha = \begin{vmatrix} s-a_{11} & -a_{12} & 0 & 0 \\ -a_{21} & s-a_{22} & 0 & m^{-1}V^{-1}R'\Delta\delta_\varphi \\ -a_{41}^* & 0 & s(s-a_{44}^*) & I_z^{-1}M_z^\delta\Delta\delta_\varphi \\ 0 & -1 & 1 & 0 \end{vmatrix} \tag{10-4-8d}$$

根据传递函数的定义

$$G_{V\delta_\varphi}(s)=-\frac{\Delta V(s)}{\Delta\delta_\varphi(s)},G_{\theta\delta_\varphi}(s)=-\frac{\Delta\theta(s)}{\Delta\delta_\varphi(s)},G_{\varphi\delta_\varphi}(s)=-\frac{\Delta\varphi(s)}{\Delta\delta_\varphi(s)},G_{\alpha\delta_\varphi}(s)=-\frac{\Delta\alpha(s)}{\Delta\delta_\varphi(s)}$$

按传递函数的一般定义,上面几个等式右边不应加负号。但当俯仰舵产生正向偏转时,使 ΔV、$\Delta\theta$、$\Delta\alpha$ 为负值,而通常都是将传递系数写成正值,所以要加一负号。综上,得到箭体纵向扰动运动的传递函数为

$$\begin{cases}G_{V\delta_\varphi}(s)=\dfrac{1}{-\Delta}\left[\dfrac{R'}{mV}(a_{13}-a_{12})s^2+\dfrac{R'}{mV}(a_{12}a_{44}^*-a_{13}a_{44}^*+a_{43}'a_{12})s-\dfrac{M_z^\delta}{I_z}a_{13}s\right]+\\ \qquad\dfrac{1}{-\Delta}\left[+\dfrac{R'}{mV}a_{12}a_{43}^*-\dfrac{M_z^\delta}{I_z}(a_{12}a_{23}-a_{22}a_{13})\right]\\ G_{\theta\delta_\varphi}(s)=\dfrac{1}{-\Delta}\left[-\dfrac{R'}{mV}s^3+\dfrac{R'}{mV}(a_{44}^*+a_{11}+a_{43}')s^2-\dfrac{M_z^\delta}{I_z}(a_{13}a_{21}-a_{11}a_{23})\right]+\\ \qquad\dfrac{1}{-\Delta}\left[\dfrac{R'}{mV}(a_{43}^*-a_{11}a_{44}^*-a_{11}a_{43}')-\dfrac{M_z^\delta}{I_z}a_{23}\right]s-\dfrac{1}{-\Delta}\dfrac{R'}{mV}(a_{11}a_{43}^*-a_{13}a_{41}^*)\\ G_{\varphi\delta_\varphi}(p)=\dfrac{1}{-\Delta}\left(\dfrac{-M_z^\delta}{I_z}+a_{43}'\dfrac{R'}{mV}\right)s^2+\dfrac{1}{-\Delta}\left[(a_{23}-a_{22}-a_{11})\dfrac{-M_z^\delta}{I_z}+\dfrac{R'}{mV}(a_{43}^*-a_{11}a_{43}')\right]s+\\ \qquad\dfrac{1}{-\Delta}\left\{\dfrac{M_z^\delta}{I_z}(a_{11}a_{23}-a_{11}a_{22}-a_{13}a_{21}+a_{12}a_{21})+\dfrac{R'}{mV}(-a_{11}a_{43}^*+a_{13}a_{41}^*-a_{12}a_{41}^*)\right\}\\ G_{\alpha\delta_\varphi}(p)=\dfrac{1}{-\Delta}\dfrac{R'}{mV}s^3+\dfrac{1}{\Delta}\left[\dfrac{R'}{mV}(a_{11}+a_{44}^*)+\dfrac{M_z^\delta}{I_z}\right]s^2-\\ \qquad\dfrac{1}{\Delta}\left[\dfrac{R'}{mV}a_{11}a_{44}^*+\dfrac{M_z^\delta}{I_z}(a_{22}+a_{11})\right]s+\dfrac{1}{-\Delta}\left[-\dfrac{M_z^\delta}{I_z}(a_{11}a_{22}-a_{12}a_{21})-\dfrac{R'}{mV}a_{41}^*a_{12}\right]\end{cases}$$

运载器控制执行由于有舵偏转会产生外力和外力矩,使运载器由一个飞行状态过渡到另一个飞行状态,如果认为没有惯性,则由这一飞行状态过渡到另一飞行状态是瞬时完成的。实际上运载器是有惯性的,运动参数的改变需要一定的时间,这一过程就叫作过渡过程。为了说明过渡过程的品质,有如下几个指标。

1. 传递系数

传递系数是运动参数增量稳态值和相应舵偏角增量的比值,即

$$\kappa=\frac{x_s}{\Delta\delta_\varphi}\tag{10-4-9}$$

单位阶跃输入时,$\Delta\delta_\varphi=1$,传递系数就等于相应运动参数增量的稳态值。传递系数在数值上等于传递函数中令 $s=0$ 时的值。

2. 过渡过程的时间

过渡过程的时间是从过渡过程开始到参数 x 对其稳态值 x_s 的偏差小于某一

规定的微量 Δ 所需时间，微量 Δ 一般为新的稳态值 x_s 与原稳态值之差的2%~5%。

3. 上升时间

上升时间是指过渡过程曲线从其稳态值的10%上升到90%所需的时间，对欠阻尼二阶系统来说，上升时间通常指输出量从零开始，第一次上升到稳态值所需的时间。

4. 超调量

超调量就是参数 x 超过其稳态值 x_s 最大的偏量，用分数或百分数表示：

$$\sigma_d = \frac{x_{\max} - x_s}{x_s} \tag{10-4-10}$$

式中：x_s 为稳态值；$x_{\max}$ 为参数的最大值。

对于参数 $\Delta\alpha$、$\Delta\dot{\varphi}$、$\Delta\dot{\theta}$，它们的特征方程均为

$$T_C^2\lambda^2 + 2\xi_C T_C\lambda + 1 = 0 \tag{10-4-11}$$

而过渡过程的特性是由特征方程的根由下式来确定：

$$\lambda_{1,2}^* = \frac{-\xi_C \pm \sqrt{\xi_C^2 - 1}}{T_C} \tag{10-4-12}$$

式中：ξ_C 为阻尼系数；T_C 为系统的时间常数。

系统的自振频率（自然频率）为

$$\omega_C = \frac{1}{T_C} \tag{10-4-13}$$

对一般二阶系统，当 $\xi_C>1$ 时，特征方程的根是两个不相等的负实根，称为过阻尼状态；当 $\xi_C=1$ 时，特征方程的根是一对相等的负实根，称为临界阻尼状态，临界阻尼和过阻尼状态下，系统时间响应均无振荡；当 $0<\xi_C<1$ 时，特征方程的根是一对实部为负的共轭复根，系统的时间响应具有振荡特性，称为欠阻尼状态；当 $\xi_C=0$ 时，特征方程的根是一对纯虚根，系统的时间响应为持续的等幅振荡，称为零阻尼状态；当 $\xi_C<0$ 时，特征方程的根是正实根或实部为正的复根，系统不稳定，一般称为负阻尼状态。根据 ξ_C 的定义可知，对于运载器而言，始终有 $\xi_C>0$，故下面只讨论 $\xi_C>0$ 的情况。当 $0<\xi_C<1$ 时，特征方程的根是一对实部为负的共轭复根，即

$$\lambda_{1,2}^* = \frac{-\xi_C}{T_C} \pm \mathrm{i}\frac{\sqrt{\xi_C^2 - 1}}{T_C} \tag{10-4-14}$$

系统为欠阻尼状态。在阶跃函数 $\Delta\delta_\varphi=\delta(1)$ 作用下，以 $\Delta\alpha$ 为例，其解为

$$\begin{cases} \Delta\alpha = -K_{\alpha\delta}\delta_0\left[1 - \dfrac{1}{\sqrt{1-\xi_C^2}}\mathrm{e}^{-\frac{\xi_C}{T_C}t}\cos\left(\dfrac{\sqrt{1-\xi_C^2}}{T_C}t - \psi\right)\right] \\ \psi = \arctan\left(\dfrac{\xi_C}{\sqrt{1-\xi_C^2}}\right) \end{cases} \tag{10-4-15}$$

显然,此时的运动为振荡运动,其衰减的快慢仅取决于 $\xi_C T_C^{-1}$。也就是说,$\xi_C T_C^{-1}$ 的数值越大,衰减得越快。

当 $\xi_C \geqslant 1$ 时,静稳定度较小,或者阻尼力矩较大。当 $\xi_C \geqslant 1$ 时,运动不是振荡运动,而是非周期的衰减运动。仍以 $\Delta\alpha$ 为例,有

$$\Delta\alpha = -K_{\alpha\delta}\delta_0\left[1 - \frac{\lambda_2 e^{\lambda_1 t} - \lambda_1 e^{\lambda_2 t}}{\lambda_2 - \lambda_1}\right] \tag{10-4-16}$$

利用简化的扰动运动方程得到的运动参数的解虽然不够准确,但对运动参数的解的分析工作仍然具有重要意义,主要体现在两个方面:一个是分析运动参数的变化规律,对运动过程的理解是有益的;另一个是短周期简化分析得到的结果,反映了前几秒中运动参数的变化,而这正是我们研究的对象。

习　题

1. 给出运动稳定性的定义。
2. 阐述用李雅普诺夫间接方法求解运动稳定性的基本流程。
3. 阐述用李雅普诺夫直接方法求解运动稳定性的基本流程。
4. 阐述特征方程根的 4 种模态。
5. 阐述操纵性分析的基本思路与常用参数。

参 考 文 献

[1] 崔吉俊．航天发射试验工程[M]．北京:中国宇航出版社,2010.

[2] 贾沛然．陈克俊,何力.远程火箭弹道学[M]．长沙:国防科技大学出版社,1993.

[3] 徐克俊．发射工程学概论[M]．北京:国防工业出版社,2003.

[4] 赵汉元．飞行器再入动力学与制导[M]．长沙:国防科技大学出版社,1997.

[5] 封建湖,车刚明,聂玉峰.数值分析原理[M]．北京:科学出版社,2007.

[6] 陈克俊,刘鲁华,孟云鹤．远程火箭飞行动力学与制导[M]．北京:国防工业出版社,2014.

[7] 张雅声．弹道与轨道基础[M]．北京:国防工业出版社,2019.

[8] 程国采．弹道导弹制导与最优控制[M]．长沙:国防科技大学出版社,1997.

[9] 于小红,张雅声,李智．发射弹道与轨道基础[M]．北京:国防工业出版社,2007.

[10] 张毅,肖龙旭,王顺宏．弹道导弹弹道学[M]．长沙:国防科技大学出版社,2005.

[11] 王希季．航天器进入与返回技术[M]．北京:中国宇航出版社,2005.

[12] 赵文策,高家智．远程火箭弹道与控制理论基础[M]．北京:机械工业出版社,2020.

[13] 贾沛然．弹道导弹弹道学[M]．长沙:国防科技大学出版社,1980.

[14] 钱杏芳,林瑞雄,赵亚男．导弹飞行力学[M]．北京:北京理工大学出版社,2008.

[15] 张洪波．航天器轨道力学理论与方法[M]．北京:国防工业出版社,2015.

[16] 唐国金,罗亚中,雍恩米．航天器轨迹优化理论、方法及应用[M]．北京:科学出版社,2012.

[17] 孙世贤,黄圳圭．理论力学教程[M]．长沙:国防科技大学出版社,1997.

[18] 郑伟,汤国建．扰动引力场中弹道导弹飞行力学[M]．北京:国防工业出版社,2009.

[19] 薛成位．弹道导弹工程[M]．北京:中国宇航出版社,2002.

[20] 任萱．人造地球卫星轨道力学[M]．长沙:国防科技大学出版社,1988.

[21] 梅凤翔．分析力学[M]．北京:北京理工大学出版社,2013.

[22] 肖亚伦．飞行器运动方程[M]．北京:航空工业出版社,1987.

[23] 赵汉元．大气飞行器姿态动力学[M]．长沙:国防科技大学,1987.

[24] 陈世年．控制系统设计[M]．北京:中国宇航出版社,1996.

[25] 杨嘉墀．航天器轨道动力学与控制[M]．北京:中国宇航出版社,2001.

[26] 刘林．人造地球卫星轨道力学[M]．北京:高等教育出版社,1992.

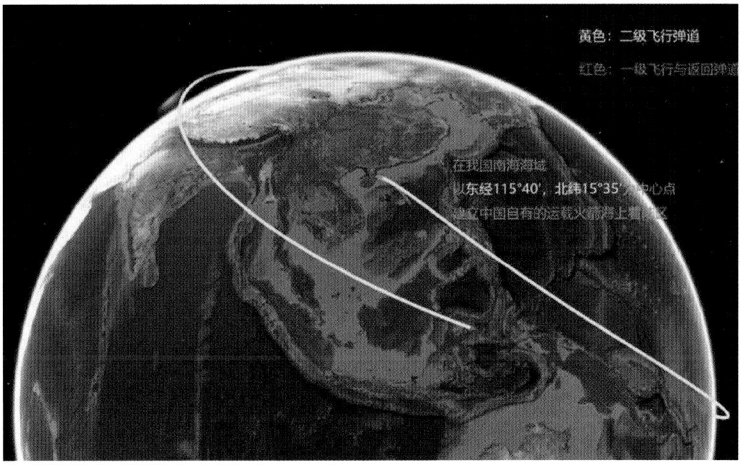

图 1-1-4　设计计算所得弹道

图 1-2-3　风洞试验与发动机试验

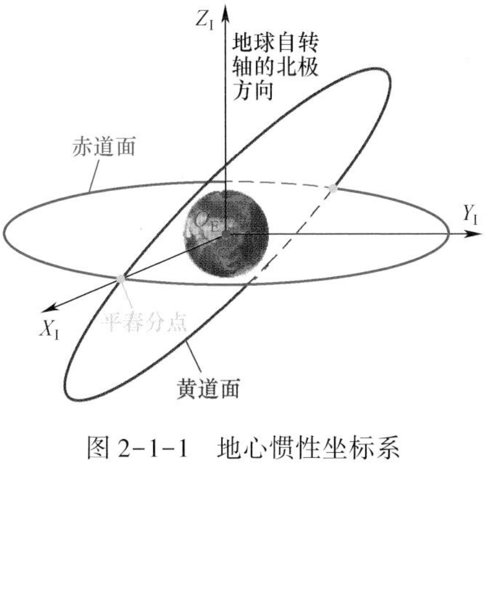

图 2-1-1　地心惯性坐标系

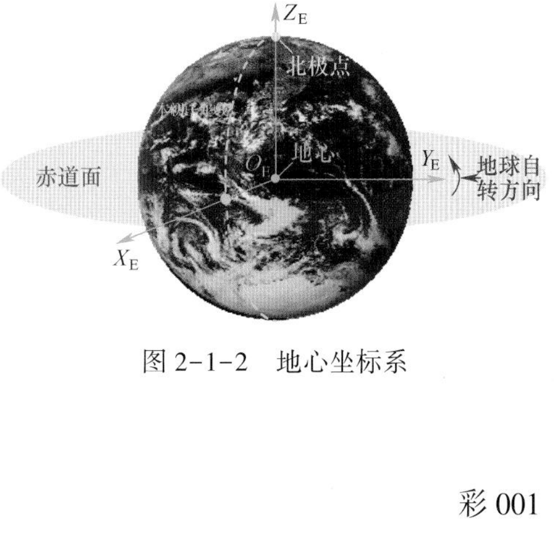

图 2-1-2　地心坐标系

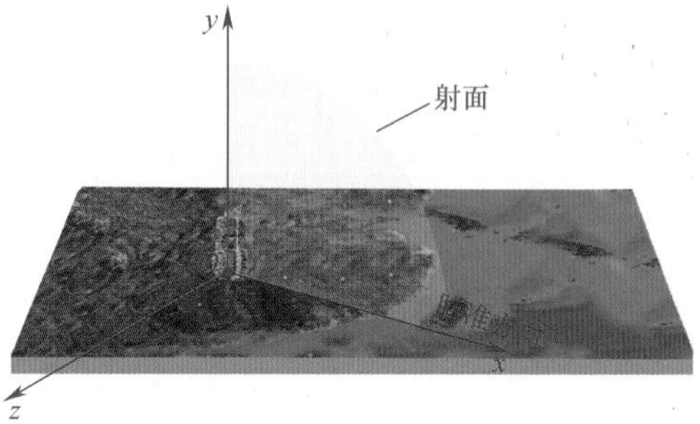

图 2-1-3　地面发射坐标系

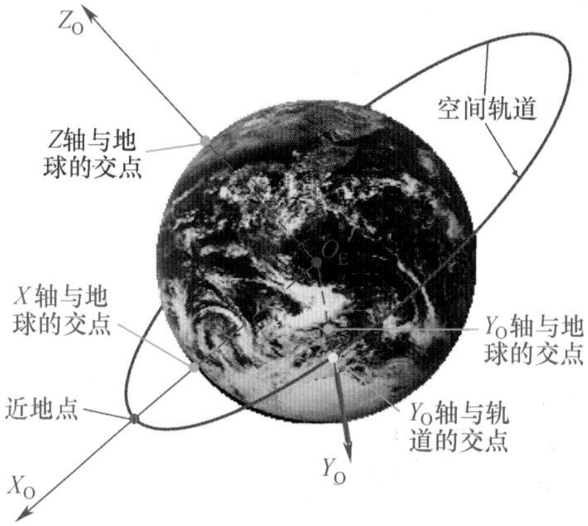

图 2-1-9　地心轨道坐标系

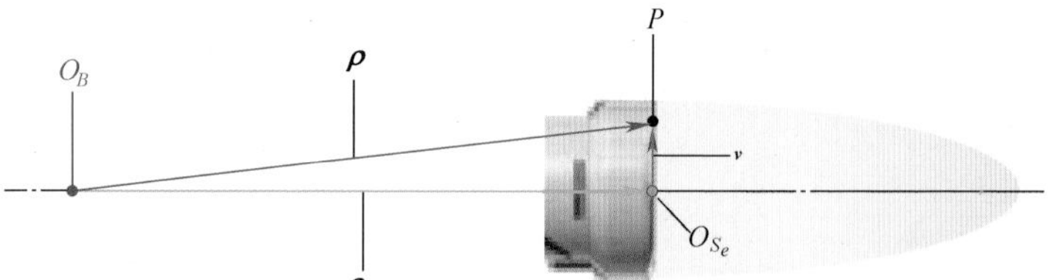

图 3-3-2　矢径空间结构示意图

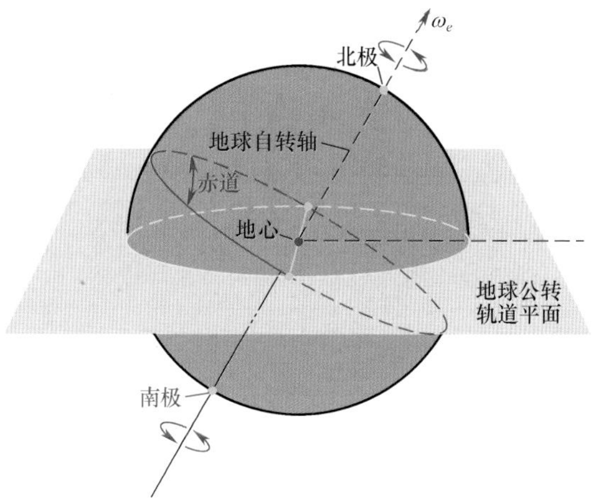

图 4-1-1　地球自转示意图

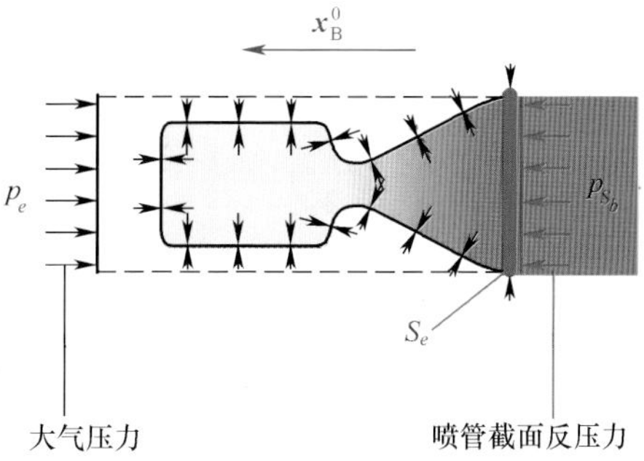

图 4-3-2　因压力差产生的火箭发动机静推力

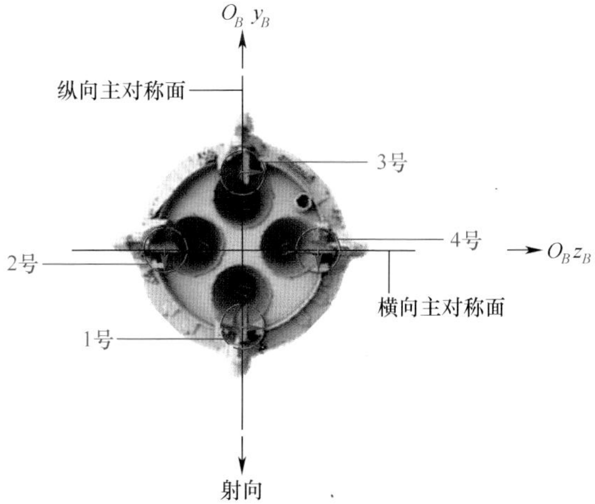

图 4-4-4　十字型燃气舵示意图

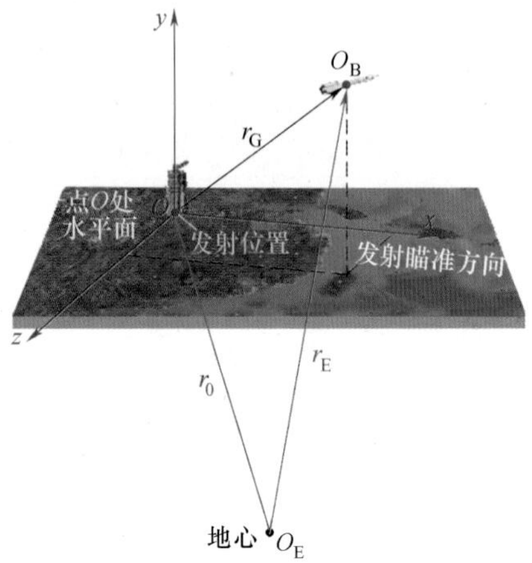

图 5-2-1 运载器质心的矢径

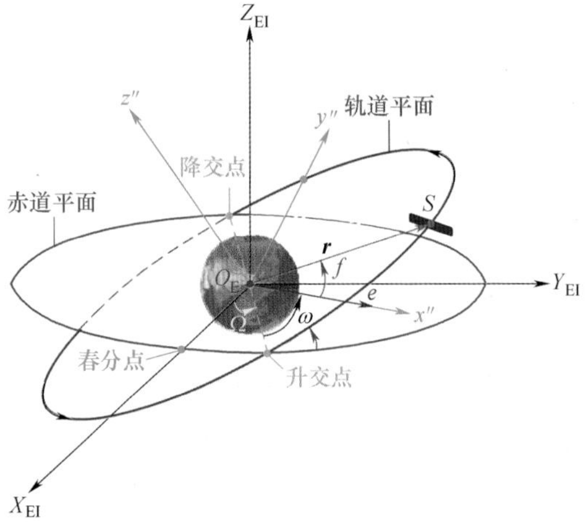

图 8-1-5 航天器空间轨道示意图

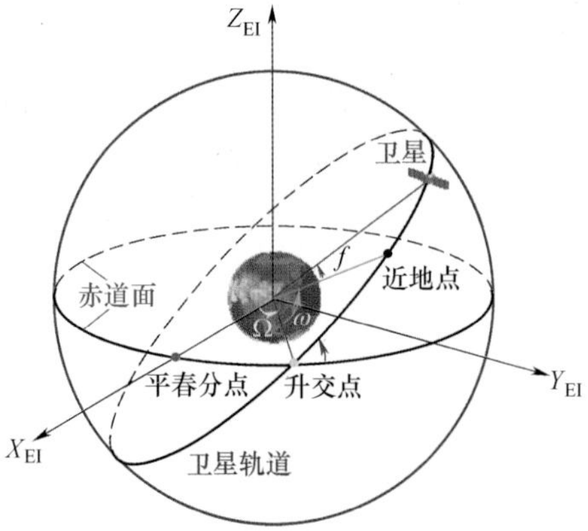

图 8-1-9 轨道根数示意图